Anna Schober

IRONIE, MONTAGE, VERFREMDUNG

Anna Schober

IRONIE, MONTAGE, VERFREMDUNG

Ästhetische Taktiken und die politische
Gestalt der Demokratie

Wilhelm Fink

Gedruckt mit freundlicher Unterstützung des Bundesministeriums
für Wissenschaft und Forschung in Wien

Umschlagabbildung:
Spiegeln, protestieren, Belgrad, 1996/97
© Vesna Pavlović

Bibliografische Information der Deutschen Nationalbibliothek

Die Deutsche Nationalbibliothek verzeichnet diese Publikation in der Deutschen
Nationalbibliografie; detaillierte bibliografische Daten sind im Internet über
http://dnb.d-nb.de abrufbar.

Alle Rechte, auch die des auszugsweisen Nachdrucks, der fotomechanischen Wiedergabe
und der Übersetzung, vorbehalten. Dies betrifft auch die Vervielfältigung und Übertragung
einzelner Textabschnitte, Zeichnungen oder Bilder durch alle Verfahren wie Speicherung und
Übertragung auf Papier, Transparente, Filme, Bänder, Platten und andere Medien, soweit es
nicht §§ 53 und 54 URG ausdrücklich gestatten.

© 2009, Wilhelm Fink Verlag, München
(Wilhelm Fink GmbH & Co. Verlags-KG, Jühenplatz 1, D-33098 Paderborn)

Internet: www.fink.de

Einbandgestaltung: Evelyn Ziegler, München
Printed in Germany.
Herstellung: Ferdinand Schöningh GmbH & Co. KG, Paderborn

ISBN 978-3-7705-4705-0

Inhalt

Vorwort 9

Einleitung 13

I. Die Behauptung der politischen Effektivität ästhetischer Taktiken . 21

I.1. Die Beharrlichkeit des Neuerfindens: das Erzeugen von
„Vorfahren" und von Ähnlichkeiten 21
    Zurückweisen und Neuaufrichten 26
    Ästhetische „Tricks": Ironie, Montage, Verfremdung 33
    Krise des In-der-Welt-Seins 37
    (Massenmediale) Erlebnisse und die Evidenz von Befreiung
        und Bruch 42
    Sich definieren: Dressing down 48
    Ungleiche Körper und die Taktiken des Verführens 59

I.2. Umbrüche: Konflikthaftes In-der-Welt-Sein und die Form
der Wahrnehmung 65
    Die Französische Revolution und die Ausbreitung von Emanzipation . . . 65
    Das Auf-den-Tisch-Steigen der Revolutionäre 69
    Indizien der Unterscheidbarkeit 74
    Jenseits der „rettenden Küsten" überkommener Autorität 83
    Das Gemenge der Körper und Bilder und die Form der
        Wahrnehmung 87
    Das Regime einer globalisierten Welt 90
    Sich konfrontieren, spiegeln, fotografiert und distribuiert werden 93

II. Die Geschichte des Beurteilens 103

II.1. Eckpunkte langer Ahnenreihen und die Bündelungen
der Romantik 105
    Verzweigte Anfänge 106
    Die deutsche Romantik als Brutstätte 114

II.2. Dada, der Surrealismus und Bertolt Brecht:
den Chock aus den Dingen herauslocken 118
    Bewusstwerdung durch Collage und Montage 121
    Die Zuspitzung Benjamins: Kluge Fallen, die die Aufmerksamkeit
        festhalten 125
    Affinitäten, Verbrüderungen und einseitige Abgrenzungen 130
    Zerstreuung und Erwachen 136
    Ästhetisierung der Politik versus Politisierung der Kunst 139
    Chock – punctum – dritter Sinn: über das Reale stolpern 142

II.3. Festgelegte Taktiken und ein Experimentieren mit
Kollektivkörpern seit den 1960er Jahren 148
    Tabubruch und Destruktionsästhetik 151
    Das wissenschaftliche Identifizieren von „Strategien der Subversion" . . 163
    Experimentieren mit animierten Situationen und Kollektivkörpern ... 172

II.4. Dekonstruktion, die Ausbreitung queerer ‚Tricks' und ein
neues Anerkennen des Publikums 188
    Das Unvorhersehbare der Rezeption 188
    Parallelaktionen: eine Art Mainstreamkonzept der „Gegenkultur" 195
    Eine andere Beziehung zum Publikum: Go to your Delirium! 199

III. **Sequenzen der Neu-Ordnung von ästhetisch-politischer
Hegemonie** 211

III.1. Dadaismus und Demokratie im Berlin der 1920er Jahre 211
    Zwischen revolutionärem Proletariat und Dada-merika 217
    Der Streit um die „richtige" Verwendung von Parodie 224
    Die Ereignisse der Ironie und die Innovationen des Mythischen 234
    Exil, Neupositionierungen und die Gespenster der Demokratie 247

III.2. Pornografie und Avantgarde: das Expanded Cinema und
die 1968er-Bewegung 253
    Porno-Popkultur und das offensive Ausstellen einer Lust an
        der Überschreitung 254
    Historische und aktuelle Verwandte und am Horizont:
        die Französische Revolution 262
    Zock-Schock-Ästhetik und die Provokation der herrschenden
        (Geschichts-)kultur 277
    Pornografie und der Umbau von Gesellschaft 288

III.3. Philanthropie, Neo-Avantgarde und die Politik der
,geborgten' Zeichen im Serbien der 1990er Jahre............ 297
        Glaube und Bilderkult in einer zerbrechenden Welt............. 304
        Die Auseinandersetzung mit dem Mehrparteiensystem........... 308
        Parodie und das Befestigen der beiden Pole: Zentrum und
            Peripherie... 313
        Management und die Re-Definition von Kunst als politische
            Intervention....................................... 320
        Populismus und eine neue Ästhetik der Armut................. 330

IV. **Kontingente Ereignisse, Öffentlichkeit und die Spannung zwischen Werkkonstitution und politischem Handeln**........... 341

IV.1. Das Ereignis... 342

IV.2. Kontingentes Entstehen von Gemeinschaft..................... 348

IV.3. Vielstimmige Öffentlichkeit................................. 355

IV.4. Das Erfinden der Avantgarde-Tradition....................... 360

IV.5. Verführungstaktiken und das Hervorbringen eines neuen,
      jungen Lebens.. 368

IV.6. Politischer Aktivismus und der Werkcharakter der Kunst......... 373

Verwendete Literatur.. 381

Personenregister.. 401

Vorwort

Das vorliegende Buch ist Ergebnis des Forschungsprojekts *Ästhetische Kunstgriffe als Mittel politischer Emanzipation*, das zwischen 2003 und 2006 vom ‚FWF. Austrian Science Fund' gefördert wurde. Vorstudien dazu entstanden jedoch bereits im Rahmen von längeren Forschungsaufenthalten am ‚Centre for Theoretical Studies in the Humanities and Social Sciences' an der University of Essex in Colchester (GB) sowie am Theory Department der ‚Jan van Eyck Academie' in Maastricht (NL). Besonders hervorzuheben ist dabei die ausführliche und auch über die Projektlaufzeit fortdauernde Diskussion mit Ernesto Laclau (University of Essex). An der ‚Jan van Eyck Academie' hatte ich die Gelegenheit, das Projekt u.a. mit Sue Golding, Norman Bryson, John Murphy und Eva Meyer zu besprechen. Die Arbeit wurde zudem unterstützt durch die Wissenschafts- und Forschungsförderung der Kulturabteilung der Stadt Wien und die Österreichische Gesellschaft für Zeitgeschichte.

Wichtig für die Diskussion des Vorhabens war auch die internationale Konferenz *Ironie, Montage, Verfremdung. Politik der Form: Zur Anwendbarkeit einer zentralen These der Moderne*, die ich 2001 gemeinsam mit Vrääth Öhner veranstaltete (finanziert von der Kulturabteilung [MA 7] der Stadt Wien in der Person von Hubert Christian Ehalt und dem Cultural Studies Fund des österreichischen Bundesministeriums für Bildung, Wissenschaft und Kultur). Darüber hinaus flossen auch die Diskussionen des von mir konzipierten und am *Forum Stadtpark* (Graz) 2001 durchgeführten Workshops *Die doppelte Sprache der Kleider, Gebärden und Bauten. Der öffentliche Raum in der Begriffswelt Hannah Arendts* in die Vorbereitung des Projekts ein.

Parallel zur Recherche- und Schreibarbeit führte ich verschiedene Lehrveranstaltungen, unter anderem an der Universität für Angewandte Kunst, am Institut für Zeitgeschichte der Universität Wien und am Modul Visuelle Kultur an der Technischen Universität Wien durch, wobei ich Teile des gewonnenen Materials und einzelne Thesen präsentieren konnte. Ich möchte mich bei den Studierenden recht herzlich für ihre Bereitschaft, sich auf diese teilweise sehr experimentell angelegten Veranstaltungen einzulassen, bedanken.

Das vorliegende Buch beruht auf Archiv- und Feldforschung, die ohne bereitwillige Unterstützung von Kollegen und Kolleginnen vor Ort nicht zu bewerkstelligen gewesen wäre. Neben den Interviewpartnern und -partnerinnen, die je einzeln im Text genannt werden, bei denen ich mich aber auch an dieser Stelle noch einmal explizit und gesammelt bedanken möchte, waren folgende Personen in besonders entscheidender Weise daran beteiligt, dass ich die richtigen Weichen stellen und das von mir gesteckte Ziel erreichen konnte: Anita Metelka von der Kunstsammlung der Akademie der Bildenden Künste in Berlin und Ralf Burmeister von der Berlinischen Galerie, Roland Fischer-Briand vom österreichischen Filmmuseum sowie Birgit und Wilhelm Hein; Jasmina Čubrilo, Škart, Raša Todosijević, Mirjana Boksan, Aleksandrija Ajduković und Saša Marković sowie Goranka Matić, die mir Zugang zum Archiv des Magazins *Vreme* gewährte.

Im Zeitraum der Durchführung des Projekts war ich in mehrere Forschungsnetzwerke involviert, die mir ebenfalls ein Forum zur Verfügung stellten, um Arbeitshypothesen und erste Thesen zur Diskussion zu stellen. Dies war zum einen das ‚European Science Foundation Scientific Network The Politics and History of European Democratisation' (PHED, 2003-2005), wobei in Zusammenhang mit diesem Projekt insbesondere der Austausch mit Simona Forti und Kari Palonen weiterführend war. Über diese Einbindung wurde auch der Kontakt zur ‚Politics and the Arts Group' des ‚European Consortium for Political Research' (ECPR) hergestellt. Zum anderen nahm ich – unter anderem über die Durchführung eines Workshops – auch an der ‚Marie Curie Conference and Workshop Series (SCF) European Protest Movements Since The Cold War. The Rise and Fall of a (Trans)national Civil Society and the Transformation of the Public Sphere' (2006-2007) teil und möchte mich insbesondere bei dem Team Martin Klimke, Joachim Scharloth und Kathrin Fahlenbach für die bereichernde Kooperation bedanken. Ein größeres Kapitel dieser Arbeit wurde schließlich während eines Aufenthaltes als Theorie-Fellow am ‚Künstlerhaus Büchsenhausen' in Innsbruck fertiggestellt.

Das Gesamtprojekt sowie einzelne Milieustudien oder Thesen konnte ich auch auf verschiedenen internationalen Konferenzen, Workshops und Symposien präsentieren. Speziell hervorzuheben sind dabei: *Narrationen und medialer Wandel*, Universität Wien; *Thinking and saying ritual*, ‚Centro Internationale di Semiotica e Linguistica', Università degli Studi di Urbino (Urbino/I); *Modernism – Avant-gard – Postmodernism*, Universität Brno/CZ; *Film/Denken. Der Beitrag der Philosophie zu aktuellen Debatten in den Film Studies*, Kunsthalle Wien; *Skintimacies. Skininterventions. Bodies, Politics & Theories in Contemporary European Dance and Performance*, Tanzquartier Wien; *Imagining the City*, St John's College Cambridge/UK; *3rd ECPR* (=European Consortium for Political Research) *Conference*, Budapest/H; *Was ist politisch? Das Beispiel Kunst*, Hochschule für Gestaltung und Kunst Zürich/CH; *SUBversionen. Zum Verhältnis von Politik und Ästhetik in der Gegenwart*, Künstlerhaus Edenkoben/D; *Trope, Affect, and Democratic Subjectivity*, Northwestern University, Evanston/USA. Die Verhandlung des Präsentierten durch Kollegen und Kolleginnen wie Publikum hat maßgeblich zur Differenzierung der Thesen beigetragen.

Über diese mehr oder minder institutionellen Einbindungen hinaus haben einzelne Leser und Leserinnen des Manuskripts oder auch früherer, bereits als Aufsätze publizierter Fassungen einzelner Kapitel die Arbeit begleitet und durch Anregungen, Hinterfragungen und Kritik weiter gebracht. Insbesondere waren dies: Ric Allsopp, Gustavo Castagnola, Ivan Čolović, Melanie Conroy, Sorin Cucu, Ješa Denegri, Christian Emden, Wladimir Fischer, Barbara Grubner, Dominiek Hoens, Johan Kneihs, Ernesto Laclau, Margareth Lanzinger, Christoph Leitgeb, Christine

Lemke, Gundula Ludwig, David Midgley, Emilia Palonen, Frank Stern, Ferdinand Sutterlüty, Elisabeth Timm, Eva Waniek und Stefanie Warnke.

Ich danke Willem A. de Graaf für seine liebevolle Unterstützung.

Für das sorgfältige Korrekturlesen des Textes und das Lektorat danke ich Martina Bauer und Martina Gaigg.

Wien, im Oktober 2008 ANNA SCHOBER

Einleitung

Auf einer Ausstellungseröffnung in Wien im Jahr 2006[1] tauchten einige Personen auf, deren Schuhbänder geöffnet waren: Sie standen nebeneinander, plauderten und wurden zwischendurch fotografiert. Innerhalb der Szenerie der Eröffnung erzeugten die losen Bänder ihres Schuhwerks eine leichte Irritation, die manche der Anwesenden veranlasst haben mag, sich zu fragen, ob sie dem Entstehen eines neuen Modestils, dem mehr oder minder zufälligen Zusammentreffen einer Geheimgesellschaft oder einem Spiel beiwohnen, wie man es von britischen Hochzeitsritualen her kennt. Der Museumskontext legte jedoch noch die weitere Möglichkeit nahe, dass ein solches Auftreten mit geöffneten Schuhbändern Kunst sei, und vor allem für diejenigen, die mit Konzeptkunst vertraut sind, war offensichtlich, dass diese Art der Verfremdung von Alltagsgesten einem Kunstwerk dieser Tradition entsprechen könne. Und in der Tat, ein zur Eröffnung geladener Künstler, Roman Ondák, hatte verschiedenste Leute vorab kontaktiert und angewiesen, diese kleine Unregelmäßigkeit, beiläufig, im Fluss des Geschehens zu hinterlassen. Dabei ließ er das Publikum zugleich aber noch in Unwissenheit darüber, von wem genau eigentlich diese „Störung" ausging.

Erst im Nachhinein erschienen einige Polaroids (Abbildung) unter dem Titel „Resistance" und Ondák wurde als Gestalter dieser Intervention benannt – was der temporären Performance auch das Potenzial zur Dauerhaftigkeit verlieh. Indem der Künstler diese „Störung" retrospektiv als „Resistance" bezeichnete und sie so auch als künstlerische Performance erkennbar machte, produzierte er jedoch nicht nur einen Eingriff in die spezifische, ritualisierte Situation der Ausstellungseröffnung, sondern intervenierte zugleich in ein viel breiteres Feld. Er schrieb diese Verfremdung von Alltagsgesten in eine weit verzweigte, zugleich künstlerische und kulturkritische Tradition ein, in der Formen der Störung von Sprache und Unterbrechung von Konvention als Akt politischen Widerstands bewertet werden. Die Beziehung von Ondáks Aktion zu dieser Tradition erscheint demnach als eine zweifache: Der Künstler bindet sie in eine lange, vielgliedrige Überlieferungsgeschichte ein und hebt zugleich ganz besonders ihre Beurteilung als „widerständig" hervor. Indem er für diesen Eingriff den Raum des Museums und die öffentliche Zusammenkunft eines Kunst-Publikums nutzte, trat zudem der Bewertungsprozess selbst in den Vordergrund und wurde so der Reflexion und Befragung zugeführt.

---

1 Am ‚Museum Moderner Kunst. Stiftung Ludwig (MUMOK)'.

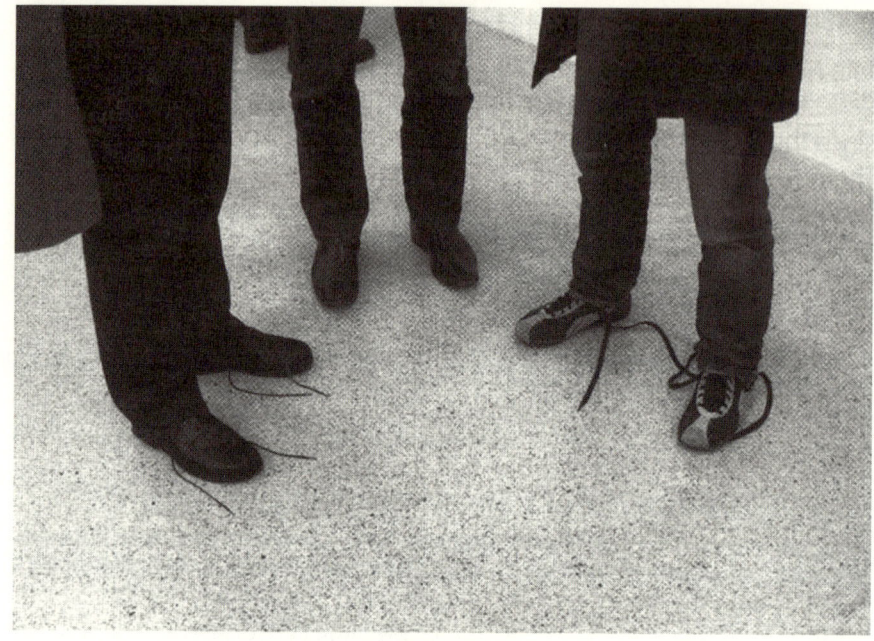

1. Roman Ondák, *Resistance*, 2006. © Roman Ondák,
courtesy Galerie Martin Janda, Wien

In dieser „doppelten Bedeutung" stellt Ondáks Arbeit gewissermaßen ein bildhaftes Äquivalent zu den Ausgangsüberlegungen eines Forschungsprojekts[2] dar, dessen Ergebnisse ich in diesem Buch präsentiere. Denn auch dieses wurde entworfen, um eine ganz spezifische künstlerische, politische und kulturkritische Tradition zu untersuchen, zu befragen und eventuell auch zu überwinden, in der bestimmte ästhetische Taktiken des Erzeugens von Irritation und Störung – wie etwa die Montage, die Verfremdung, die Parodie oder Ironie – stets als „widerständig" oder „subversiv" bewertet und sogenannten „dominanten" oder „hegemonialen" ästhetisch-politischen Stilen dichotom gegenübergestellt werden. In dieser binären Zuordnung werden den einzelnen ästhetischen Taktiken dann gleichsam essenzielle politische Bedeutungen verliehen, ganz abgesehen davon, wie sie genutzt werden und welche öffentlichen Reaktionen sie hervorrufen.

Anstoß für die Untersuchung einer solchen Geschichte der Nutzung und Beurteilung ästhetischer Taktiken als Mittel politischer Emanzipation war demnach ein Unbehagen, das sich angesichts von gängigen Rezeptionsweisen ästhetischer Interventionen im öffentlichen Raum eingestellt hat. Denn hier findet sich allzu oft ein scheinbar perfektes Ineinanderpassen von künstlerischem Anspruch und Einlö-

---

2 *Ästhetische Kunstgriffe als Mittel politischer Emanzipation* (2003-2006), finanziert vom ‚FWF. Austrian Science Fund'.

sung dieses Anspruchs postuliert: Eine von Aktivisten und Aktivistinnen – kommen sie aus der Kunst, aus politischen Bewegungen oder aus sogenannten Subkulturen – mit ihren ästhetischen Praktiken beanspruchte gesellschaftliche „Subversivität" wird von den sie begleitenden oder retrospektiv über sie reflektierenden Analysen oft einfach festgeschrieben, ohne dass Zweifel präsent gehalten werden, ob das, was bei dieser Intervention geschieht und in der Öffentlichkeit miteinander in Austausch tritt, wirklich so kontrolliert werden kann, wie einzelne Aussagen vermuten lassen. Dieses Unbehagen warf also die Frage auf, ob so eindeutig über die verwendeten Taktiken entscheidbar ist, ob ästhetische Interventionen im öffentlichen Raum der „Subversion" oder der „Affirmation" zugerechnet werden können, oder ob sich bei genauerer Betrachtung nicht eher zeigt, dass ein solches „Oder" – wie die Abgrenzungen und Identifikationen, die damit zusammenhängen – von einem „Und" bzw. dem Feststellen einer unentscheidbaren Zwiespältigkeit und multiplen Geschichte der Weiterverhandlung abgelöst werden müsste.

Um das diesem Buch zugrundeliegende Forschungsvorhaben anschaulicher zu beschreiben, kann es auch hilfreich sein, meine eigene Geschichte der Auseinandersetzung mit der Ästhetik des öffentlichen Raums kurz zu rekapitulieren. Vor mehr als zehn Jahren, als ich mit der Geschichte von historischen Schaustellungen beschäftigt war, fand ich mich u. a. mit folgender Gegenüberstellung konfrontiert, mit der ich damals durchaus selbst sympathisierte: Auf der einen Seite wurde die Gestaltung von historischen Großausstellungen und anderen Events (in Form von Historienparks und anderen detailgetreuen Rekonstruktionen), die damals durchwegs in ausladender Weise Stilmittel klassischer Theaterinszenierungen einsetzten, als ein gegenüber der Erinnerung abgedichtetes „Pastiche" beschrieben. Demgegenüber wurde eine Form des Ausstellens platziert, die sich von der ästhetischen Theorie Walter Benjamins bzw. der Praxis der Dadaisten und Surrealisten inspiriert zeigte, und in der historische Objekte unter Zuhilfenahme der ästhetischen „Tricks" der Ironie, der Parodie, der Montage und der Verfremdung zu Inszenierungen vereint wurden, denen im Gegensatz zu einer dominanten Ästhetik das Potenzial zur Erinnerungsveranlassung und darüber zur ästhetischen und politischen Subversion zugeschrieben wurde.[3] Ich war sehr überrascht, als ich ein paar Jahre später, als ich mit der Untersuchung von Selbstdarstellungsstilen von Konsumenten- bzw. Jugendkulturen[4] beschäftigt war, auf exakt dasselbe Muster der Argumentation und sogar auf den Einsatz derselben Zitate aus dem Literaturfundus der Dadaisten und Surrealisten stieß. Nun wurden jedoch zum Beispiel der Subkultur des britischen Punk die ästhetischen Taktiken der Ironie, der Parodie, der forcierten Objektmontage und der Verfremdung zugeordnet, deren Selbstdarstellung damit wieder als „subversiv" und „Identität-dekonstruierend" beschrieben und von

---

3 Eine Zusammenschau dieser Ausstellungstheorien ist publiziert als: Anna Schober, *Montierte Geschichten. Programmatisch inszenierte historische Ausstellungen*, Wien, 1994.
4 Im Zuge meiner Arbeit an dem Buch: Anna Schober, *Blue Jeans. Vom Leben in Stoffen und Bildern*, Frankfurt am Main und New York, 2001.

den gewöhnlichen, „hegemonialen" Selbstdarstellungskonventionen anderer Bevölkerungsgruppen abgegrenzt.[5] Auch in der Auseinandersetzung mit einem nächsten Untersuchungsgegenstand – Film und Kino – traf ich auf dieselbe binäre Sichtweise: So gibt es eine ganze Reihe von Arbeiten, in denen die Filmproduktion Hollywoods als manipulierend, zur Identifikation verleitend und hegemonial beschrieben und von einer „dekonstruktiven", „subversiven" Avantgardefilm-Praxis abgesetzt wird.[6] Auch wenn diese immer ähnliche, jedoch auf ganz unterschiedliche thematische Felder angewandte Argumentationsweise überdeutlich werden ließ, dass solche gleichsam eingefrorenen Beurteilungen der Analyse des komplexen Wirkungsfeldes ästhetischer Interventionen im öffentlichen Raum – sind diese nun der Popkultur oder der sogenannten „Hochkultur" zuzurechnen – wohl kaum angemessen sind, überraschte mich doch die Hartnäckigkeit und weitreichende Unhinterfragtheit, mit der diese häufig auftraten. Diese Irritation führte mich schließlich zu der Frage, woher diese Hartnäckigkeit kommt und inwiefern und in welcher Art sich neben solchen Handhabungen nicht auch differente Umgangsweisen mit diesen ästhetischen Taktiken ausmachen lassen. Dies verband sich mit der Suche nach einem konzeptuellen Rahmen dafür, wie eine solche binäre Sichtweise überwunden werden könne, ohne dass die ästhetischen Qualitäten von öffentlichen Handlungen ignoriert und die Gewalt des Formalen, die im 20. Jahrhundert ja meist als politische Gewalt beschrieben wurde, aus den Augen verloren werden. Zudem sollte dabei die Eingebundenheit ästhetischer Taktiken in das je kontingente Sich-Ergeben von ästhetischer wie politischer Hegemonie berücksichtigt werden können. Diese Fragen und diese Suche führten schließlich zu einer Projektskizze, in der die Verwendung ästhetischer Taktiken als Mittel politischer Emanzipation sowie die Herkunfts-, Verbreitungs- und Beurteilungsgeschichte dieser Praxis zu einem expliziten Gegenstand der Analyse erhoben wurde.

Da in den dabei versammelten Praxis- und Theoriebeispielen verschiedene ästhetische Formen wie die forcierte Montage, die Ironie, die Parodie oder die Verfremdung oft in fast austauschbarer Weise als effiziente Mittel zur Erzeugung einer auch politisch „brüchigen" bzw. „irritierenden" Ästhetik verhandelt werden und auch die Argumentation bezüglich der jeweils angepeilten Wirkungen stets eine ganz ähnliche ist, schien es mir angebracht, auch in der genealogischen Rekonstruktion diese Querbezüge und die stets ähnliche Legitimierung ins Zentrum zu stellen. Dementsprechend untersuche ich in diesem Buch den Einsatz verschiedener ästhetischer Taktiken innerhalb ein- und desselben Prozesses der Traditionserfindung – worin sich das vorliegende Projekt vielleicht am deutlichsten von der bisherigen Forschung unterscheidet, die aus der Tradition der Rhetorik, Literatur-

---

5 Zum Beispiel von: Dick Hebdige, *Subculture. The Meaning of Style*, London, 1979.
6 Diese Zusammenführung einer modernistischen Textpraxis mit einer postmodernen Epistemologie und mit linken politischen Vorstellungen wurde vor allem rund um die britische Filmzeitschrift *Screen* in den 1970er Jahren praktiziert. Einflussreich waren, wie ich später ausführlicher darlegen werde, v.a. die Thesen von Stephen Heath, Jean-Luc Comolli und Paul Narboni, Laura Mulvey oder Colin MacCabe.

wissenschaft oder Kunstgeschichte heraus stets nur den je einzelnen ästhetische Taktiken Untersuchungen gewidmet hat.

Die Notwendigkeit einer solchen Studie wurde aber auch durch die aktuelle Parallelexistenz von zwei völlig gegensätzlichen Einschätzungen des Potenzials der Ironie oder Parodie unterstrichen: Einerseits wird seit Anfang der 1980er Jahre wiederholt behauptet, diese ästhetischen Taktiken seien heute zu nicht mehr wirksamen Formen des politischen Sprechens und Zeigens geworden, da sie als gesellschaftlich dominante, allgegenwärtige Rede- und Darstellungsweise auftreten würden. Auf diese Weise werden Parodie und Ironie als völlig entleerte Formen beschrieben, denen keine politische Sprengkraft mehr zukommen kann.[7] Andererseits gibt es aber auch die gänzlich konträre Position, die Parodie und Ironie als der Gegenwart außerordentlich adäquate und speziell auf die Zukunft ausgerichtete Formen des Agierens darstellt – was in so unterschiedlichen Ansätzen wie der pragmatistischen Philosophie von Richard Rorty oder der von Judith Butler in Umlauf gesetzten und vor allem von der Queer-Theorie beharrlich aufgegriffenen These von der Subversion der Geschlechterordnung durch parodistische Performance zum Ausdruck kam. Auch angesichts solcher pauschaler Aburteilungen bzw. Heroisierungen bestimmter ästhetischer Taktiken schien es adäquat, genauer und expliziter zu betrachten, in welcher Weise ästhetische Formen von ganz unterschiedlicher Seite her aufgegriffen, mit politischen Ansprüchen verbunden und in einen öffentlichen Streit um Anerkennung eingebracht werden, und welche Prozesse der Traditionserfindung und -umformung sich diesbezüglich feststellen lassen.

Die Methode, die ich zur Durchführung dieses Vorhabens gewählt habe, ist die einer verzweigten Genealogie: Indem ich den Prozess der „Erfindung" einer solchen Tradition quer durch unterschiedliche Milieus nachvollziehe, in der die Anwendung bestimmter ästhetischer Taktiken als politisch „widerständig" oder „subversiv" beurteilt wird, lässt sich – so meine Kalkulation – besser verstehen, auf welche historisch und geografisch spezifischen Situationen dieser Traditionsbildungsprozess je antwortet sowie welche Gruppen und was für Faszinationsgeschichten er involviert. Des weiteren machte ich mich so auch daran, zu untersuchen, ob er immer in ähnlicher Weise abläuft, oder ob es, wie ich bald vermutete, nicht doch stärker „eingefrorene" Beurteilungsweisen neben solchen gibt, die beweglicher und erfinderischer sind. Und schließlich war ich, wie bereits bemerkt, auch auf der Suche nach Wegen, um einer solchen binären Sicht auf die ästhetische und politische Welt zu entkommen und eine Konzeptualisierung dafür zu finden.

Dabei war mir bewusst, dass dieses Vorhaben in ein weites Forschungsfeld führt, in dem sich die Geschichten von Avantgarde-Gruppen, von politischen Kollektiven und neuen sozialen Bewegungen, der Schaustellung von Politik, von Konsum und öffentlicher Sichtbarwerdung miteinander verquicken. Um dieses so vielfältige Recherchefeld meisten zu können, entschied ich mich für eine mehrstufige Vor-

---

[7] Die prominenteste diesbezügliche Position wurde formuliert in: Frederic Jameson, „Postmodernism, or the cultural logic of late capitalism", in: *New Left Review*, Nr. I/ 146, 1984, S. 53-92.

gangsweise. Im ersten Kapitel dieses Buches wird die untersuchte Tradition in zweifacher Weise vorgestellt: Zunächst wird das Gefüge an Konnotationslinien zwischen den verschiedenen Praxisfeldern in seiner Verzweigtheit und in seinen Grundzügen thematisiert; in einem zweiten Teil werden dann die wichtigsten historischen Umbrüche und geografischen Verlagerungen nachvollzogen.

Die Permanenz des Auftretens dieser politisch orientierten Avantgarde-Praktiken wird dabei aus einer in der westlichen Welt seit etwa dem Ende des 18. Jahrhunderts stattfindenden, nachdrücklichen Veränderung des historischen Wahrnehmungsregimes heraus erklärt. Die der französischen Revolution folgenden Emanzipationsbewegungen stehen damit in Beziehung zu einer gleichzeitig erfolgenden Transformation von Wahrnehmung, Aufmerksamkeit und Glaube in der Moderne, die sich etwa in den neuen Formen der Wareninszenierung, des Transports und der Arbeitsorganisation bzw. in den Medien Fotografie oder Film äußern. Über diesen Wandel, so lautet eine der Ausgangsthesen, setzte sich eine neuartige Konflikthaftigkeit des In-der-Welt-Seins genauso durch wie eine außerordentliche Wertschätzung und Aufmerksamkeit für das Sichtbare, Hörbare und Greifbare. Politische wie künstlerische Bewegungen reagieren demnach auf solche Verschiebungen, indem sie versuchen, die so aufgewerteten „sichtbaren" oder „hörbaren" Formen in je eigener Weise politisch zu nutzen. Dabei treten sie jedoch stets mit den Strategien anderer sozialer Kräfte, die eher den gewichtigen – staatlichen oder privatwirtschaftlichen – Institutionen der Produktion, Verwaltung, Erziehung und Vermarktung zuzurechnen sind, in einen Streit um Anerkennung ein. Politische Öffentlichkeit erscheint so als eine auch mit ästhetischen Taktiken geführte Auseinandersetzung um die Gestaltung von Gegenwart und Zukunft, in die immer schon verschiedenste Kollektive, Handlungsweisen, Beurteilungen, Optionen, Vorbilder sowie Ungewissheit und die Abhängigkeit von anderen involviert sind.

Der darauf folgende Abschnitt zeichnet die weit verzweigte, kritische Genealogie des politischen Beurteilens der ästhetischen Taktiken der Parodie, Ironie, Verfremdung und forcierten Montage im Detail nach und stellt so gewissermaßen das „Herzstück" des in diesem Buch verfolgten Vorhabens dar. Dabei geht es mir nicht darum, einen einzigen „Ursprung" dieser Traditionen aufzuspüren, noch eine lineare Geschichte voller Kausalitäten, Unausweichlichkeiten und Notwendigkeiten zu konstruieren. Über verschiedenste, nebeneinander bestehende und sich manchmal kreuzende Traditionslinien sowie über ein Darstellen von Parallelaktionen und von Brüchen vollziehe ich die Weitergabe von ästhetischen Praktiken und von mit diesen verbundenen Überzeugungen quer durch verschiedenste historische Milieus vor allem seit der deutschen Romantik und quer durch das 20. Jahrhundert nach. Dabei wird sowohl deren Beharrungsvermögen als auch deren Adaptionsfähigkeit im Blick behalten.

Dieses gleichsam archäologische Freilegen eines Traditionserfindungsprozesses bringt einerseits eine bis heute präsente Tendenz zum Vorschein, die Ungewissheit solcher unberechenbarer Wahrnehmungsmomente zu bannen und sie in die Gewissheiten einer „Befreiung", der Erreichbarkeit eines „neuen" und „besseren" Lebens bzw. von Freund- und Feindbildern zu verwandeln. Andererseits lässt dieser

Prozess auch deutlicher erkennbar werden, in welch zwiespältiger Weise wir uns auch über solche ästhetische Auseinandersetzungen miteinander zu Gemeinschaften verbinden bzw. voneinander abgrenzen.

In einem dritten Abschnitt wird auf Basis des in dieser kritischen Genealogie Erarbeiteten nochmals der Blick auf die einzelnen Milieus selbst gelenkt, wobei in drei ausführlichen Studien jeweils die Involvierung avantgardistischer und neoavantgardistischer Gruppen in die von unvorhersehbaren Allianzen gekennzeichnete Neuordnung von politischer und ästhetischer Hegemonie untersucht wird. Als Milieus wurden gewählt: die dadaistische Kunstpraxis im Berlin der 1910er und 1920er Jahre, das Expanded Cinema der 1960er und 1970er Jahre in Deutschland und Österreich sowie Künstlerkollektive und oppositionelle Gruppierungen im Serbien der 1990er Jahre. Diese Beispiele wurden herausgegriffen, weil sie zusammen das gesamte 20. Jahrhundert zur Diskussion stellen und jeweils von einer außerordentlich dichten Verflechtung von künstlerischen (Neo-)Avantgarde-Bewegungen und breiteren sozialen und politischen Bestrebungen gekennzeichnet sind – etwa jener zwischen Dada und kommunistischer Bewegung im Berlin der 1910er und 1920er Jahre, zwischen dem Expanded Cinema und der 1968er Bewegung und zwischen den neoavantgardistischen künstlerischen Erscheinungen und der Anti-Milošević-Bewegung im Serbien der 1990er Jahre.

Das Schlusskapitel verhandelt dann die Konsequenzen aus dieser schrittweisen Befragung für die Untersuchung von Öffentlichkeit noch einmal in expliziter Weise. Der Raum des Politischen wird dabei als ein Möglichkeitsraum diskutiert, in dem auch mittels ästhetischer Provokationen ein Anfang gesetzt werden kann, wobei die ästhetischen „Provokateure" jedoch auf die Reaktionen Mitstreitender angewiesen sind, die das je Begonnene aufnehmen, weiter verhandeln und es dabei notwendigerweise für sich adaptieren. Dabei geht es mir vor allem um die Darstellung von – neben aller Ähnlichkeit ebenfalls bestehenden – Differenzen zwischen ästhetischem und politischem Handeln und um die sich daraus ergebenden Konflikte. Schließlich setze ich die gewonnenen Thesen zu anderen zeitgenössischen Denkrichtungen in Beziehung – etwa jener von Richard Rorty, der, wie bereits bemerkt, die ästhetische Taktik der Ironie ebenfalls ins Zentrum seiner Weltbeschreibung gestellt hat, sowie zu den für die „Alter-Globalisierungs"-Bewegung so wichtigen Thesen von Michael Hardt und Toni Negri, in denen mit den Begriffen „Empire" und „Multitude" wieder auf neue Weise mit überlieferten binären Schemata operiert wird.

Abschließend sollen noch ein paar Bemerkungen zum Stil dieses Buches selbst angeführt werden. Ästhetische und politische Theorie steht immer schon in einer bestimmten Tradition der Vermittlung, die – vor allem im deutschsprachigen Raum – meist mit bilderlosen, nicht einfach zugänglichen Texten gleichgesetzt wird, die wiederum auf ein anderes, weiträumigeres Netz an Texten verweisen. Dieses Buch bricht in einigen Punkten mit dieser Tradition. Zum einen stützt es sich auf eine Vielzahl von in Archiven und über Feldforschung gewonnenen Beispielen, die jedoch stets auch zu theoretischen Konzeptionen in Beziehung gesetzt werden. Zum anderen wurde der Text eng entlang von „Bild-Montagen" entwickelt, was sich auch in einer zum Teil sehr erzählerischen Struktur mancher Kapitel abbildet. Auf diese Weise wird keine chronologische Geschichte erzählt, sondern einzelne Beispiele und Situationen werden bewusst vergrößert vorgeführt, andere Linien der Erzählung dagegen eher verknappt zusammengefasst und manche Zusammenhänge bezogen auf verschiedene Fragestellungen mehrfach diskutiert. Bildern – der Populärkultur wie der Kunst – kam dabei eine wichtige Rolle im Recherche- und Schreibprozess zu, da sie in einzelnen Fällen auch neue Wege des Forschens aufgemacht oder die Rekonzeptualisierung einzelner Fragen provoziert haben. All dies bildet sich in der Architektur dieses Buches insofern ab, als die einzelnen Kapitel gleichsam eigenständige, jedoch eng aufeinander bezogene und immer wieder aufeinander verweisende Essays darstellen, die sequenzartig aufeinanderfolgen, und zudem eine ausgiebig bestückte Bildebene eingezogen wurde.

I.

Die Behauptung der politischen Effektivität ästhetischer Taktiken

„Es gilt, das ungeheure, ferne und so versteckte Land der Moral – der wirklich dagewesenen, wirklich gelebten Moral – mit lauter neuen Fragen und gleichsam mit neuen Augen zu bereisen: und heißt dies nicht beinahe soviel, als dieses Land erst *entdecken* (...)"[1]

In diesem ersten Kapitel werde ich die Praxis, ästhetische Taktiken als Mittel politischer Emanzipation zu benutzen, diskutieren. Indem zwischen diversen, sich an unterschiedlichen Orten zeigenden, einander ähnelnden Praktiken Konnotationslinien gezogen werden, kommt zunächst die Vernetzung in den Blick: Verwandtschaftsgefüge werden sichtbar. Den Begriff der „Avantgarde", der in Zusammenhang mit den hier verhandelten Praktiken oft gebraucht wird, möchte ich dabei zunächst etwas zurücktreten lassen. Denn er hat quer durch die verschiedensten Bereiche der Kunst und der Wissenschaft hinweg zu viele Definitionen und – zum Teil pathetische – Aufladungen erfahren, die alle stets mit- und gegeneinander präsent sind, wenn dieser Begriff fällt, und die den Blick auf das, was über ihn verhandelt werden soll, oft eher verstellen als schärfen. Als zentrales Hindernis fällt zunächst die sofort auftauchende Assoziation von „Avantgarde" mit „Hochkultur", „Elite" und „Kunst im engeren Sinn" ins Auge, die das Wahrnehmen von parallelen Erscheinungen in Kunst, Alltagskultur und politischer Praxis sowie das Herstellen von diesbezüglichen Querbezügen eher behindert als erleichtert. Dies bedeutet jedoch nicht, dass ich dafür plädiere, den Begriff ganz aufzugeben oder ihn gar durch einen anderen zu ersetzen. Er soll nur zunächst einmal im Hintergrund belassen werden, um eingefahrene Bewertungen und Schemata leichter verlassen zu können.

I.1. Die Beharrlichkeit des Neuerfindens: das Erzeugen von „Vorfahren" und von Ähnlichkeiten

In einer aus den 1980er Jahren stammenden autobiografischen Schilderung hat der französische Cineast Serge Daney folgendes Resümee seiner Kinoerfahrungen gezogen: „Deswegen habe ich auch denjenigen nie geglaubt – selbst wenn ich sie ge-

---

[1] Friedrich Nietzsche, *Zur Genealogie der Moral. Eine Streitschrift*, Frankfurt am Main und Leipzig, 1991, S. 15.

fürchtet habe –, die nach der Filmclubvorführung am Gymnasium verachtungsvoll von den armen Irren sprachen, die sich des ‚Formalismus' schuldig machten, weil ihnen der Genuß der ‚Form' mehr bedeutete als der ‚Inhalt' des Films. Nur derjenige, der früh genug auf die Gewalt des Formalen gestoßen ist, wird schließlich wissen – aber dazu braucht es ein Leben, das eigene Leben –, inwiefern diese Gewalt auch einen ‚Inhalt' hat."[2] Serge Daney beschreibt hier ein Genießen des Formalen, die Gewalt, die ein solches Genießen ausüben kann, sowie die Reaktionen auf diese Erfahrung: Beharrliches Festhalten und Glauben einerseits und die von manchen Mitschülern ausgesprochene Verurteilung als „arme Irre" andererseits, die dann ihrerseits wieder Furcht und Abschließung nach sich zieht. Den Genuss des Formalen bringt er mit einem körperlichen Sich-Berühren bzw. Sich-Stoßen, aber auch mit dem Leben allgemein und mit Prozessen der Formierung von Gemeinschaften bzw. der Abgrenzung in Zusammenhang. Dabei versteht Serge Daney die hier angesprochene Gewalt des Formalen auch als eine politische Gewalt. Dies kommt explizit in einem weiteren Text zur Sprache, wo er nacheinander und aufeinander bezogen die beiden Fragen „Politik: *Wie* den Klassenkampf ‚filmen'?" und „Politik. *Wie* die ‚Bewußtwerdung' filmen?"[3] (Herv. A.S.) stellt.

Mit einer solchen politischen Beurteilung der Frage nach dem „Wie" des Filmens verbindet sich Serge Daney mit einer ganzen Reihe von quer durch das 20. Jahrhundert dicht gestreut auftretenden Praxisbeispielen, in denen ebenfalls formale Kunstgriffe und Effekte auf politischer Ebene in eine kausale Beziehung gesetzt auftreten. Ganz massiv wurde dieser Glaube an die politische Mächtigkeit formaler Kunstgriffe beispielsweise in den zu Jahrhundertbeginn florierenden künstlerischen Bewegungen[4] praktiziert. So haben der russische konstruktivistische Künstler Alexander Rodtschenko und seine rund um die Zeitschrift *Novyi Lef* tätigen Kolleginnen und Kollegen den ästhetischen Kunstgriff der Verfremdung alltäglicher Objekte hervorgehoben und als revolutionäre Praxis definiert: „When I present a tree taken from below like an industrial object such as a chimney, this is a revolution in the eyes of the philistine and the old connoisseur of landscapes. In this manner I am expanding our conception of the ordinary, everyday object."[5] In dieser Hinwendung zum alltäglichen Leben traf sich das Lef-Kollektiv mit den in Zürich, Berlin und New York in etwa zeitgleich aktiven Dadaisten, die allerdings

---

2 Serge Daney, *Im Verborgenen. Kino – Reisen – Kritik*, Wien, 2000, S. 35f.
3 Serge Daney, „Die Leinwand des Phantasmas (Bazin und die Tiere)", in: *Serge Daney. Von der Welt ins Bild. Augenzeugenberichte eines Cinephilen*, hg. v. Christa Blümlinger, Berlin: Vorwerk 8, 2000, S. 68-77, S. 75 und S. 77.
4 Die hier verhandelten Kollektive können deshalb eher als „Bewegungen" denn als „Gruppen" bezeichnet werden, da sie als Zusammenhang in erster Linie über die öffentlichen Aktivitäten der Mitglieder hergestellt wurden und zudem meist nicht einer einzigen Institution entstammen.
5 Alexander Rodtschenko, „Downright Ignorance or a Mean Trick", in: *Novyi Lef*, Nr. 6, 1928. Zitiert nach: Victor Margolin, *Struggle for Utopia: Rodchenko. Lissitzky. Moholy-Nagy. 1917-1946*, Chicago und London, 1997, S. 133.

die ästhetischen Kunstgriffe der Groteske, der Assemblage und der Montage⁶ von gewöhnlich nicht zusammen auftretenden Dingen bevorzugten und als Mittel verstanden, um den „Zerfall (der herrschenden, A.S.) Ausbeuterkultur zu beschleunigen."⁷ Die französischen Surrealisten praktizierten wenig später einen „Automatismus" des Schreibens oder Sprechens sowie die Collage und Montage als Verfahren, um die Imagination aus der „Versklavung" zu befreien.⁸

Ein weiterer heftiger Schub in der Verwendung ästhetischer Taktiken als Mittel politischer Emanzipation ist mit der Studentenbewegung der 1960er zu verzeichnen. Der Glaube an die politische Effektivität ästhetischer Kunstgriffe verbindet hier so unterschiedliche Bewegungen wie die Situationisten, das Cinéma Lettriste, das Expanded Cinema oder etwas später dann, die italienischen Indiani Metropolitani oder die Punks. Vertreter des Expanded Cinema etwa sprachen von einer „nicht-affirmativen Kunst", die gegen die in ihrem Umfeld präsenten Ideologien und Kulturpraktiken eingesetzt werden könne: „Mit Abstinenz oder Verkauf von Seele und Traum, mit Diffamierung oder Besudelung von Schönheit und Würde, mit einer umfassenden Zersetzung der ‚höheren Werte' etc. kann nicht-affirmative Kunst das Individuum loseisen aus dem allgemeinen Prozeß der Verschleierung, der Entfremdung und Verdinglichung."⁹

Eine der jüngsten aufsehenerregenden Manifestationen dieses Konzepts findet sich dann wiederum einige Jahrzehnte später in den Gebieten des ehemaligen „Ostblocks", wo Neoavantgarde-Gruppen und politische Oppositionsbewegungen nun ebenfalls wieder versuchten, die herkömmlichen Bedeutungen der Dinge zu unterbrechen und neu zu organisieren, indem sie sich auf die historischen Bewegungen der 1910er und 1960er Jahre bezogen und vergleichbare ästhetische „Tricks" anwendeten. Die Gruppe Škart war beispielsweise seit 1992 Teil der lebhaften und breiten Protestbewegung gegen das Milošević-Regime in Serbien und operierte unter anderem über Parodien von herkömmlicher Kommunikation im öffentlichen Raum: etwa indem sie Gutscheine verteilten, die den im Zweiten Weltkrieg ausgegebenen Essensmarken täuschend ähnlich waren, auf denen jedoch anstatt „Mehl" und „Zucker" Begriffe (in mehrsprachiger Übersetzung) wie „más/mehr", „strah/frike/fear" oder „masturbacija/masturbation" zu lesen waren (siehe Abbildung 100).

Auffällig ist, dass von all diesen verschiedenen, das gesamte 20. Jahrhundert durchziehenden Bewegungen ganz ähnliche Begründungen ihrer Praktiken in Umlauf gesetzt wurden: Alle argumentieren, dass mit Hilfe ästhetischer Kunstgriffe wie

---

6 Bezeichnet als „radikale neufilmtechnische An- und Raumordnung". Zitiert nach: „John Heartfield. Ein wiederentdeckter Brief über expressionistische Filmpläne", in: *kintop 8. Film und Projektionskunst*, hg. v. Frank Kessler, Sabine Lenk, Martin Loiperdinger, Frankfurt am Main 1999, S. 169-180, S. 174.

7 George Grosz und John Heartfield, „Der Kunstlump" (1919/29), in: *Dada Berlin. Texte, Manifeste, Aktionen*, hg. v. Hanne Bergius und Karl Riha, Stuttgart: Reclam, 1977, S. 84-87, S. 86.

8 „Erstes Manifest des Surrealismus" (1924), in: *Die Manifeste des Surrealismus*, hg. v. André Breton, Reinbek bei Hamburg: Rowohlt 1986, S. 99-43, S. 38.

9 Peter Weibel, *Kritik der Kunst. Kunst der Kritik. Es says & I say*, München, 1973, 37f.

der Montage, der Verfremdung oder der Ironie gängige Mythen sowie „falsche" Vorstellungen und Ideologien verunsichert und eine „wahrere", „authentischere", „gerechtere" oder „emanzipiertere" Schau der Dinge herbeigeführt werden könne. Bestimmten ästhetischen Verfahren wird so eine entlegitimierende Wirkung auf einer politischen[10] Ebene zugeschrieben. Den verschiedenen Bewegungen ist folglich ein politischer, „didaktischer" Anspruch zu eigen, der ganz deutlich auch in folgendem Text von László Moholy-Nagy zum Ausdruck kommt: „We, who today have become one with the necessity and condition of class-struggle in all respects, do not think it important that a person should find enjoyment in a picture, in music, or in poetry. The primary requirement is that those who have not yet reached the contemporary standard of mankind should be enabled to do so as soon as possible through our work."[11] Eine solche Selbstverpflichtung bezüglich Emanzipation und Bildung wird von den Dadaisten ironisch inszeniert, wenn sie für den schlussendlich nicht veröffentlichten *Dadaco. Dadaistischen Handatlas* eine Seite mit der Schlagzeile „Dada in den Schulen" entwerfen, die mit dem Bild des Modells einer „Dada-Vorführung auf Petra-Tageslichtapparat für Schulen" illustriert werden sollte.[12] Die Surrealisten bekennen sich in einer Art Resümee der Ziele ihrer Bewegung ebenso zu einem solchen, die Massen ideologisch beeinflussenden Auftrag, wenn sie festhalten: „Wird man letztlich doch zugestehen müssen, dass er (der Surrealismus, A.S.) nichts so sehr erstrebte, als in intellektueller und moralischer Hinsicht eine Bewußtseinskrise allgemeinster und schwerwiegendster Art auszulösen."[13] Auf ähnliche Weise haben dann auch die Aktivisten und Aktivistinnen des Expanded Cinema ihre Verfahren ausführlich in Deklarationen, Manifesten und Interviews politisch begründet. Valie Export beispielsweise hat die bekannte Aktion *Tapp- & Tastkino* selbst in den Jahren ihrer Durchführung folgendermaßen beschrieben: „tapp und tastfilm ist ein beispiel für die aktivierung des publikums qua neue interpretation, taktile statt visuelle kommunikation. (...) die sinne werden befreit und dieser prozess läßt sich in keiner weise in die staatlichen regeln integrieren. denn er führt zur direkten befreiung der sexualität."[14] Und neo-avantgardistische Gruppen im Serbien der 1990er Jahre wie Škart setzen eine Bezugnahme auf die klassische Avantgarde nicht allein durch formale ästhetische Anleihen, son-

---

10 Unter dem „Politischen" verstehe ich einen Moment der Offenheit und Unentscheidbarkeit, der auftaucht, wenn Strukturprinzipien der Gesellschaft infrage gestellt oder Neuordnungen vorgeschlagen werden; „Politik" dagegen ist ein separater sozialer Komplex, der diese prekäre Logik des Politischen verhandeln muss. Genauere Ausführungen dazu finden sich auch im folgenden Kapitel dieses Buches. Zu dieser Unterscheidung: Ernesto Laclau, *New Reflections on the Revolution of Our Time*, London und New York, 1990, S. 68f.
11 László Moholy-Nagy, „On the Problem of New Content and New Form" (1922), zitiert nach: Krisztina Passuth, *Moholy-Nagy,* London, 1985, S. 286ff.
12 Die Seite ist reproduziert in: *John Heartfield*, hg. v. Akademie der Künste Berlin, Köln: DuMont, 1991, S. 15.
13 „Zweites Manifest des Surrealismus" (1930), in: *Die Manifeste des Surrealismus*, hg. v. André Breton, Reinbek bei Hamburg: Rowohlt 1986, S. 49-99, S. 55.
14 Valie Export, *TAPP- UND TASTFILM*, unveröffentl. Manuskript, o.O., o.J.

dern auch mit politisch-didaktisch ausgerichteten Slogans wie „kritische Kommunikation" in Szene.

In der steten Wiederholung dessen, dass bestimmte ästhetische Taktiken genutzt werden können, um eine „Verschiebung" auf politischer Ebene zu erreichen, gibt es eine erste Korrelation zwischen all diesen unterschiedlichen Texten, eine Korrelation, die so ausgeprägt ist, dass gleichsam von einer „These" gesprochen werden kann, die all den verschiedenen Manifesten, Bekenntnissen und Praktiken innewohnt. Zugleich ist uns eine solche These allerdings nur in ihrer je partikularen Ausformulierung greifbar. Diese Spannung zwischen dem Allgemeinen dieser These und ihrer je spezifischen Ausformulierung kann in der Analyse demnach nicht in eine Richtung hin aufgelöst werden, sondern muss produktiv in Schwebe gehalten werden.

Im Folgenden werde ich eine Reihe weiterer Konnotationslinien zwischen den von den verschiedenen Bewegungen in Umlauf gesetzten Bekenntnissen und Praktiken aufzeigen. Dabei geht es mir jedoch nicht darum, aus ihnen einen einzigen Sinn herauszufiltern. Die hier verfolgte Herangehensweise unterscheidet sich demnach zum Beispiel von jener Peter Bürgers, der genau dies gemacht hat, indem er dargelegt hat, dass die verschiedenen avantgardistischen Gruppen Anhänger ein und desselben Prinzips seien, das modellhaft im Dadaismus und Surrealismus formuliert wurde und darin bestand, die Aufhebung der autonomen Kunst in Lebenspraxis als Basis für eine soziale und zugleich politische Revolution zu verfechten.[15] Indem zunächst eine Vielzahl an Konnotationen – verstanden als Beziehungen, Linien, die auf vorhergehende, spätere oder parallel existierende Beispiele hinweisen – dargestellt und Brüche aufgezeigt werden, soll im Gegensatz zu solchen,

---

15 Peter Bürger hat in seinem sehr einflussreichen Beitrag versucht, die in seiner Zeit kanonische marxistische Theorie mit dem Phänomen der Avantgarde in Zusammenhang zu setzen. Er identifiziert dabei ein Prinzip, dass allen avantgardistischen Aktionen zugrunde liegt – die Aufhebung von Kunst in Lebenspraxis –, macht zugleich jedoch von Anfang an deutlich, dass eine solche Aufhebung innerhalb der bürgerlichen Gesellschaft nur eine „falsche" sein kann. Trotz der vielen produktiven Diskussionsanregungen, die sein Beitrag auslöste, ist dieser in einer orthodoxen Auslegung des Marxismus mit sehr rigiden Vorstellungen von zum Beispiel bereits vorab legitimierten revolutionären Subjekten (das Proletariat), von „wahr" und „falsch", „authentisch" und „inauthentisch", „Selbstkritik" und „systemimmanenter Kritik" verankert. Der grundsätzlichen Offenheit historischer Auseinandersetzungen und der Kontingenz des Werdens von Gesellschaft wird dabei eine zu geringe Bedeutung beigemessen, als dass sein Beitrag als Ausgangspunkt für die hier angestrebte weiterführende Auseinandersetzung mit dem politischen Potenzial ästhetischer Taktiken fungieren könnte. Zudem geht Bürger nicht, wie es in diesem Buch praktiziert wird, von einer Vielzahl von aus verschiedenen „Zeitschnitten" stammenden Beispielen aus, sondern sein Ausgangspunkt ist die marxistische Theorie seiner Zeit, um deren recht unkritische „Auslegung" er bemüht ist, was zu einem für heutige Begriffe in sich recht abgeschlossenen Zugang führt. Siehe: Peter Bürger, *Theorie der Avantgarde*, Frankfurt am Main, 1974, S. 69f. Zur wenige Jahre nach Erscheinen seines Buches erfolgten Auseinandersetzung von Vertretern und Vertreterinnen marxistischer Theorie mit dem Phänomen der Kontingenz siehe auch Kapitel IV.2. in diesem Buch.

einen einzigen Sinn entziffernden und festschreibenden Herangehensweisen die Spur pluraler Bedeutungsproduktionen abgesteckt werden, die quer durch verschiedene Zeiten und Milieus in Gang gesetzt werden.[16] Dabei wird das so sichtbar gemachte Plurale, notwendigerweise unvollständig, d.h., mehr oder weniger beschränkt realisiert und relativ gesetzlos zergliedert, also bruchstückhaft dargestellt erscheinen. Dies ändert jedoch nichts daran, dass auf diese Weise ein Netz an Bedeutungen bezüglich der politisch motivierten Nutzung der ästhetischen Taktiken der Ironie, der Montage oder der Verfremdung greifbar gemacht werden kann.

Zurückweisen und Neuaufrichten

Im August 1922 verfassten die Mitglieder der russischen Kinoki-Gruppe eine Streitschrift mit dem Titel „Wir. Variante eines Manifestes". Die Vertov-Brüder und Elizaveta Svilova wenden sich hier gegen eine ihrer Meinung nach überkommene Kulturauffassung: „Wir säubern die Filmsache von allem, was sich einschleicht, von der Musik, der Literatur und dem Theater; wir suchen ihren nirgendwo gestohlenen Rhythmus und finden ihn in den Bewegungen der Dinge. Wir fordern auf: Weg – von den süßdurchfeuchteten Romanzen, vom Gift des psychologischen Romans, aus den Fängen des Liebhabertheaters, mit dem Rücken zur Musik! Weg – ins reine Feld, in den Raum der vier Dimensionen (drei + Zeit)! Auf zur Suche nach ihrem Material, ihrem Jambus, ihrem Rhythmus! Das ‚Psychologische' stört den Menschen, so genau wie eine Stoppuhr zu sein, es hindert ihn in seinem Bestreben, sich mit der Maschine zu verschwägern."[17] Film wird hier programmatisch von seinen Bezügen zu den traditionellen Künsten Musik, Literatur und Theater herausgelöst, welche gleichzeitig mit Verführung, Vergiftung und Betrug gleichgesetzt erscheinen. Parallel wird die Verbindung dieser traditionellen Kunstformen zum „Psychologischen" betont, dieses allerdings bloß als Hindernis in Szene gesetzt. Aber nicht allein diese traditionellen Kunstformen, auch konkurrierende Richtungen der Gegenwart wurden von den russischen Revolutionskünstlern als „bürgerlich" oder „ästhetizistisch" zurückgewiesen. So schrieb etwa Alexander Rodtschenko 1915: „Yet I held the bourgeoisie in contempt and despised their favorite art as well as the aesthetes of the Association of Russian Artists and *Mir Iskusstva*."[18]

---

16 Die Konnotation ist, so Roland Barthes, Grundlage dessen, was er als „lesbaren Text" bezeichnet: Sie ist das Konventionelle, gut Bekannte am Text, das in Einklang mit dem Kanon steht. Sie ist nicht mit „Ideenassoziation" zu verwechseln. Denn wo jene auf das System des Subjektes verweist, ist die Konnotation eine den Texten immanente Korrelation. Siehe: Roland Barthes, *S/Z*, Frankfurt am Main, 1987, insbes. S. 12f.
17 „Wir. Variante eines Manifestes" (1922), in: *Texte zur Theorie des Films*, hg. v. Franz-Josef Albersmaier, Stuttgart: Reclam, 1973, S. 20.
18 Alexander Rodtschenko, zitiert nach: German Karginov, *Rodchenko*, London, 1986, S. 13. Mir Iskusstva war eine Ende des 19. Jahrhunderts ins Leben gerufene Kunstzeitschrift, um die sich eine vorwiegend aus Malern, Illustratoren, Restauratoren und Bühnenbildnern be-

Eine ähnliche Geste der Zurückweisung findet sich in etwa zeitgleich auch bei den Dadaisten und etwas später bei den Surrealisten. In ihren Manifesten und Vorführungen bestritten diese ebenfalls herrschende, mythische Weltsichten, lineare Formen der Narration oder sogenannte „naturalistische" Formen der bildlichen Darstellung, die sie zudem mit den Begriffen „gestrig", „ästhetizistisch", „konformistisch" bzw. „bürgerlich-ideologisch" oder „kapitalistisch" belegten und so abwerteten: „Wir leben dem Unsicheren" heißt es beispielsweise in dem „Pamphlet gegen die Weimarische Lebensauffassung" aus dem Jahr 1919, „wir wollen nicht Wert und Sinn, die dem Bourgeois schmeicheln – wir wollen Unwert und Unsinn! Wir empören uns gegen die Verbindlichkeiten des Potsdam-Weimar, sie sind nicht für uns geschaffen. Wir wollen Alles selbst schaffen – unsere neue Welt!"[19] Zugleich wandten sich die Dadaisten mit ihren ästhetischen Verfahren der Montage, Collage und Parodie (z.B. *Republikanische Automaten*, George Grosz, 1920, Abbildung) ebenfalls gegen andere zeitgenössische, sich als „oppositionell" verstehende Kunstauffassungen – etwa die des Expressionismus oder die von der ‚Sturm'-Galerie in Berlin verbreiteten Positionen.[20] Was durch Wiederholung zunächst ins Blickfeld gebracht wird, ist demnach die hier zutage tretende Zurückweisung überlieferter Weltsichten sowie zeitgenössisch konkurrierender Kunstformen und weniger die immer unterschiedlichen Qualitäten, die hier zurückgewiesen werden, auf die ich deshalb erst später zu sprechen kommen werde.

In dieser Geste der Zurückweisung verläuft dann eine Konnotationslinie zu den Proklamationen des Expanded Cinema. Birgit und Wilhelm Hein, Mitbegründer der Gruppe XSCREEN in Köln, sprachen bezogen auf ihre aus den 1960er Jahren stammenden Arbeiten von einer „brüchigen Ästhetik": „Wir verstanden uns in der Tradition von Dada und Fluxus. Unsere Vorstellung war, dass man, indem man die

---

stehende künstlerische Bewegung bildete, die sich eng auf traditionelle Volkskunst und den Rokoko-Sil bezog und die oft mit dem Schlagwort „neo-romantisch" bezeichnet wird. 1904 hat sich *Mir Iskusstva* in die *Union of Russian Artists* transformiert, die offiziell bis 1910, inoffiziell jedoch bis 1924 weiterbestand.

19 Raoul Hausmann, „Pamphlet gegen die Weimarische Lebensauffassung" (1919), in: *Dada Berlin. Texte, Manifeste, Aktionen*, hg. v. Hanne Bergius und Karl Riha, Stuttgart: Reclam, 1977, S. 49-52, S. 52.

20 Raoul Hausmann spricht bezogen auf Arbeiten des zeitweilig in Berlin ansässigen Dada-Künstlers Jefim Golyscheff von „Assemblagen aus den unmöglichsten Materialien, die im Gegensatz zur ‚großen expressionistischen Kunst' standen, die der *Sturm* seinem eingeweihten Publikum bot." Raoul Hausmann, Dada empört sich, regt sich und stirbt in Berlin" (1970), in: *Dada Berlin. Texte, Manifeste, Aktionen*, hg. v. Hanne Bergins und Karl Riha, Stuttgart: Reclam, 1977, S. 3-12, S. 9. Die Galerie *Der Sturm* wurde von Herwarth Walden 1912 in Berlin als Verkaufsgalerie für internationale Avantgarde gegründet, speziell für Expressionismus und Futurismus. Zugleich gab Walden auch eine gleichnamige Zeitschrift heraus, die von Höch und Hausmann 1915/16 gelesen wurde. In diesen Jahren waren beide vom Programm der Sturm-Galerie beeindruckt, auch wenn Hausmann sich später davon distanzieren sollte. Dazu: *Hannah Höch. Eine Lebenscollage*, hg. v. Künstlerarchiv der Berlinischen Galerie. Landesmuseum für Moderne Kunst, Photographie und Architektur, Bd. I, Berlin: Archiv Ed., 2001, Fußnote 3, S. 132.

2. *Republikanische Automaten*, George Grosz, 1920. © VG Bild-Kunst und The Museum of Modern Art, New York.

Kunst verändert, auch die Gesellschaft verändert."[21] Ganz in diesem Sinn riefen dann auch Peter Weibel und Valie Export, Mitglieder des Wiener Expanded Cinema, zum *kriegskunstfeldzug* (1969, Abbildung) auf. Als Waffe in diesem Feldzug gegen bestimmte Ideologien und Mythen der Gegenwart dient, so Weibel, eine „nicht-affirmative Kunst". Denn diese könne, wie bereits erwähnt, „das Individuum loseisen aus dem allgemeinen Prozeß der Verschleierung, der Entfremdung und Verdinglichung."[22] Auch hier wieder wurde über eine solche Ästhetik eine Abgrenzung gegenüber anderen, sich gleichfalls als oppositionell verstehenden Kinobewegungen errichtet. So beschrieb Birgit Hein die damals ebenfalls aktiven, jedoch expliziter politisch engagierten Kinoaktivisten der späten 1960er Jahre, die meist mit den sogenannten „K-Gruppen" (kommunistischen, radikal-sozialistischen oder maoistischen Zusammenschlüssen) sympathisierten, in ihrem ästhetischen Verständnis als „viel zu simpel": „Differenzen bestanden aber auch von unserer Seite aus. So kann ich die linke Kunst, die sich als explizit politisch darstellt, nicht akzeptieren, obwohl ich uns als absolut links ansehe. Aber man muss auf einer tieferen Schicht gegen bestehende Verhältnisse sein, um das in der Arbeit adäquat ausdrücken zu können. Wenn man einen sterbenden Soldaten malt, rüttelt

---

21 Birgit Hein, „Interview mit Gabriele Jutz", in: *X-Screen. Filmische Installationen und Aktionen der Sechziger- und Siebzigerjahre*, hg. v. Mathias Michalka, Köln: König, 2004, S. 122-133, S. 125.
22 Weibel, Kritik der Kunst, 1973, 37f.

3. *Auspeitschen des Publikums*, Valie Export während des *kriegskunstfeldzugs* am Festival *underground explosion*, 1969 in München. © Weibel/Export, bildkompendium wiener aktionismus und film, MUMOK, Museum Moderner Kunst Stiftung Ludwig Wien und VG Bild-Kunst, courtesy Peter Weibel.

man keinen Menschen gegen den Krieg auf. Die Eins-zu-eins-Ideologie in der sogenannten Linken um '68 ist viel zu simpel. Die Umformung, die da stattfinden muss, ist viel komplizierter."[23]

Mehrere Jahrzehnte später stellten sich die Oppositionsbewegungen im Serbien der 1990er Jahre dann ebenfalls wieder in eine Traditionslinie zu Dadaismus oder Surrealismus, um eine gesellschaftliche und ästhetische Dominanz zu bekämpfen. So beschrieb der Künstler Jovan Čekić, der für die Marketingagentur ‚Saatchi & Saatchi' sowie als Herausgeber des Magazins *New Moments* in Belgrad arbeitete und der von den 1996/97 gegen das Milošević-Regime protestierenden Studierenden als „PR-Berater" angeheuert worden war, die damals angewandte Taktik folgendermaßen: „In my opinion it was also important to have some strong images which will go to the world, you know, for CNN, BBC (...) Some kind of a performance. They (die Demonstrierenden, A.S.) were just walking around and did some things; they made the monuments ‚blind', (...) sculptures from very famous people

---

23 Birgit Hein in: Mo Beyerle, Noll Brinckmann, Karola Gramann, Katharina Sykora, „Ein Interview mit Birgit Hein", in: *Frauen und Film*, Nr. 37 (Avantgarde und Experiment), 1984, S. 95-101, S. 96.

4. *Your shit, your responsibility*, Werbeflugblatt, Škart, Belgrad, 2000. © Škart

from our history (...) all papers shot it and showed it on the first page (...) We had a very strong experience with the avant-garde, with Dadaism and Surrealism, the first Dadaists and Surrealists here in Belgrade had strong connections with Paris and in my opinion it was our experience, our culture and that's the reason I think it's the best (method A.S.). In my opinion it was a good strategy, because all strong nationalists were very angry, because of that kind of joke, because of that kind of surrealist approach."[24] Wenig später ist dann die Bewegung Otpor! in Belgrad in Erscheinung getreten – unter anderem mit Flugblättern, auf denen „Bite the system" zu lesen stand, mit parodistischen Performances[25] wie „I am Alexander the Great, and who are you?" und „National-Hero-Decoration" oder mit im Internet veröffentlichten Programmschriften, in denen sie alle politischen Kräfte Serbiens – jene an der Macht und jene in der Opposition – aufforderten: „Get real!"[26]

Von all diesen Gruppen und Bewegungen wurde die Geste der Zurückweisung mit Begriffen wie „wir säubern", „wir fordern auf: weg!", „I (...) despised", „wir wollen nicht", „wir empören uns gegen (...)", „leben wir auf eigene Kosten", „muss

---

24 Interview mit Jovan Čekić, am 17.02.2004 in Belgrad. Dieses und alle folgenden, den serbischen Kontext verhandelnden Interviews wurden auf Englisch geführt und werden hier im Originallaut zitiert.

25 Dazu siehe: „Gespräch mit Milja Jovanović", in: *Belgrad Interviews. Jugoslawien nach NATO-Angriff und 15 Jahren nationalistischem Populismus. Gespräche und Texte*, hg. v. Katja Eydel und Katja Diefenbach, Berlin: bbooks, 2000, S. 145-155, S. 153.

26 Decisions of Otpor! Congress, Belgrad, http://www.otpor.net/documents/090100_Congres_Decisions.html (25.06.02).

5. *Your shit, your responsibility*, urbane Intervention, Škart, Belgrad, 2000. © Škart

destruiert werden", „zertrümmern", „soll (...) attackiert werden", „Bite the system", „calls for" etc. untermauert. Diese Vokabeln der Zurückweisung wurden von öffentlich durchgeführten Aktionen unterstützt, die ebenfalls den gewohnten Gang der Dinge zu unterbrechen bzw. zu stören suchten. So hat, wie Jovan Čekić beschrieb, die Studentenbewegung im Serbien der 1990er Jahre den auf öffentlichen Plätzen aufgestellten Skulpturen und Büsten demonstrativ die Augen verbunden, um ein Reflektieren über historische Autorität und zeitgenössische Ignoranz zu provozieren, oder die Gruppe Škart führte im April 2000 die Aktion *Your Shit Your Responsibility* (Abbildung) durch, um eine Stellungnahme zu den Kriegsgeschehnissen herauszufordern. Ähnlich provokant waren auch die Aktionen des Expanded Cinema – beispielsweise *Exit*, eine Performance, die Peter Weibel in einem kleinen Kino in Schwabing im November 1968 präsentierte und mit welcher er die herkömmliche Weise des Sich-Aufhaltens im Kinoraum stören wollte. Dabei wurden Raketen und Feuerwerkskörper auf einer aus Silberfolie gebastelten Leinwand befestigt, die dann, als sie gezündet wurden, zischend, rauchend und funkensprühend ins Publikum flogen, während der Künstler selbst gleichzeitig über ein Megafon unentwegt verkündete: „Licht ist Feuer, Feuer ist Licht."[27] Raoul Hausmann berichtet über vergleichbare Aktionen der Berliner Dadaisten, insbesondere des Ober-DADA Johannes Baader – etwa wie dieser am 17. November 1918, also un-

---

27 Das Publikum versuchte, aus dem Raum zu flüchten oder hinter Sesseln und Säulen in Deckung zu gehen. Am nächsten Tag titelte die Presse „Warum schießen sie nicht auf das Publikum?" Von dieser Aktion berichtet: u.a. Birgit Hein in: Christiane Habich, *W+B Hein: Dokumente 1967-1985. Fotos, Briefe, Texte,* Frankfurt am Main, 1985, S. 24.

mittelbar nach den Ereignissen der Revolution, im Dom zu Berlin den Prediger Dr. Dryander mit dem Ausruf unterbrach „Was ist euch Jesus Christus? Er ist euch Wurst!" – was ihm die Verhaftung sowie eine Anklage wegen Gotteslästerung einbrachte.[28]

Mit solchen Gesten der Provokation und Zurückweisung sind die genannten Bewegungen jedoch auch an die jeweils attackierten herrschenden Konformismen und konkurrierenden Optionen gebunden. Sie benötigen dominante und alternative Ästhetiken, um sich im Bestreiten derselben aufrichten und ein je anders bestimmtes „Neues" befreien zu können. So sind die Dadaisten wie auch das Expanded Cinema oder die serbischen Oppositionsgruppen auf das Publikum der attackierten Kunstformen bzw. auf die Vertreter der bestrittenen Mythen und Ideologien und die Bewohner und Bewohnerinnen der zurückgewiesenen Gesellschaftsordnungen angewiesen, um diese irritieren, schockieren, aufklären oder anderweitig didaktisch „bearbeiten" zu können. Die Avantgarde ist auf diese Weise, wie Roland Barthes es formulierte, „eine Familienangelegenheit" und transportiert, wie alle Familienangelegenheiten, „eine eingeschränkte Aggressivität".[29]

Dabei wird von den verschiedenen Gruppen das, was zurückgewiesen wird, ebenfalls immer neu und anders bestimmt: Die russischen Revolutionskünstler wenden sich zum Beispiel gegen einen psychologischen Naturalismus der traditionellen Künste, die Dadaisten gegen den Kapitalismus, das Expanded Cinema gegen das Bürgertum und seine Wahrnehmungsapparate und die Oppositionsgruppen in Serbien gegen „das System" des Milošević-Sozialismus generell. Die hier untersuchten Bewegungen konstituieren sich demnach vor allem darüber, dass sie die von der Tradition und von konkurrierenden Gruppen der Gegenwart in Umlauf gesetzten mythischen oder ideologischen[30] Weltsichten problematisieren, de-

---

28 Hausmann, Dada empört sich, 1977, S. 5.
29 Siehe: Roland Barthes, „Das französische Avantgardetheater", in: *Roland Barthes. Ich habe das Theater immer sehr geliebt, und dennoch gehe ich fast nie mehr hin*, hg. v. Jean-Loup Rivière, Berlin: Alexander Verlag, 2001, S. 253-264, S. 253.
30 Wie ich an anderer Stelle dargelegt habe, sind Mythen und Ideologie konstitutiv für unser Verständnis von Welt. Über Mythen erscheint uns die Welt natürlich und selbstverständlich, zugleich sind sie nicht-institutionelle Weltsichten, die unser Tun erklären bzw. ein solches motivieren. Ideologien sind ebenfalls darin involviert, dass uns die Welt selbstverständlich erscheint, im Unterschied zu den Mythen werden sie jedoch eher von Institutionen wie dem Staat, der Kirche oder von den Erziehungsinstitutionen ausgeschickt. Zwischen Mythen und Ideologie kann aber keine strikte Grenze gezogen werden – sie können ineinander übergehen. Darüber hinaus sind sie dadurch verbunden, dass sie stets kollektiv Bedeutung besitzen und dass in ihnen etwas – ein Inhalt, Begriff, ein Objekt, eine Geste oder eine ästhetische Form – für etwas anderes steht bzw. beginnt, etwas anderes zu verkörpern. Wir können Mythen und Ideologien nie völlig verlassen und etwa von einer gänzlich außer-mythischen oder außer-ideologischen Position aus argumentieren. Dennoch werden Mythen oder Ideologie kollektiv fallen gelassen, wenn ihre Erklärungen verbraucht und nicht mehr stimmig erscheinen, und zugleich gibt es eine stete kollektive Innovation von Mythen und Ideologien, in die wir mit unserem Tun verstrickt sind. Kritik kann jedoch von „innerhalb"

ren Legitimität in Frage stellen und das Publikum mit neuen Ansprüchen konfrontieren.

Im Zuge dieser Bekämpfung gängiger Weltsichten organisieren sie ihre Ansprüche jedoch wiederum in Form von neuen Geschichten, Verführungspraktiken, Mythen, Utopien und Begründungen, warum so und nicht anders gehandelt wird, oder warum dieses bzw. jenes abgelehnt wird. Ihre Manifeste und Geschichten und Aktionen sind so in das Hervorbringen einer je „neuen Realität" involviert.[31] Diese „neue Realität" soll aber – und das verbindet all diese Gruppen so eng miteinander – nicht als ein „Ganzes" formuliert vorgelegt, sondern durch eine auf das abgelehnte Überkommene bzw. Gegenwärtige gerichtete „Störungsarbeit" greifbar werden.

Wie jedoch dasjenige, was die einzelnen Gruppen zurückweisen, stets anders bestimmt ist, so wird auch die zu errichtende „neue Welt" immer anders definiert und scheint von höchst unterschiedlichen Qualitäten gekennzeichnet zu sein. Bei den russischen Revolutionskünstlern ist es „das Offene", „der vierdimensionale Raum", „das eigene Material, das eigene Maß und der eigene Rhythmus", ein „Präzise-Sein wie eine Stoppuhr" und ein „Begehren von Ähnlichkeit mit der Maschine"; der Dadaismus erstrebt „das primitivste Verhältnis zur Wirklichkeit, mit dem Dadaismus tritt eine neue Realität in ihre Rechte"[32]; das Expanded Cinema intendiert eine „Perzeption neuer Relationen" und eine „befreite Sinnlichkeit"[33]; und die neo-avantgardistischen Gruppen in Ex-Jugoslawien peilen ein mittels „kritischer Kommunikation"[34] erzeugtes, friedliches, nicht-nationalistisches Zusammenleben an.

Ästhetische „Tricks": Ironie, Montage, Verfremdung

Als zentrales Mittel der Zurückweisung überkommener oder konkurrierender Kunstformen und der Hervorbringung eines „neuen Lebens" werden von all diesen Gruppen ganz bestimmte ästhetische Taktiken genannt. Alexander Rodtschenko macht zum Beispiel den Kunstgriff der Verfremdung für eine „Revolution in den Augen"[35] verantwortlich. Die Dadaisten setzen auf die „Einführung des simultanis-

---

heraus geschehen, indem verschiedene Mythen und Ideologien verglichen und ihre Transformation aufgezeigt werden. Dazu: Schober, Blue Jeans, 2001, S. 40ff.
31 Vgl. Birgit Wagner, „Auslöschen, vernichten, gründen, schaffen: zu den performativen Funktionen der Manifeste", in: *Die ganze Welt ist eine Manifestation. Die europäische Avantgarde und ihre Manifeste*, hg. v. Wolfgang Asholt und Walter Fähnders, Darmstadt: Wissenschaftliche Buchgesellschaft , 1997, S. 39-57, S. 39ff.
32 „Dadaistisches Manifest" (1918), in: *Dada Berlin. Texte, Manifeste, Aktionen*, hg. v. Hanne Bergius und Karl Riha, Stuttgart: Reclam, 1977, S. 22-25, S. 23f.
33 Weibel, Kritik der Kunst, 1973, S. 42.
34 „Critical communication" lautet ein Slogan von ŠKART.
35 Rodtschenko, Downright Ignorance or a Mean Trick, 1997, S. 133.

tischen Gedichtes als kommunistisches Staatsgebet"[36] bzw. auf die „poetische Assemblage" als „Ausdruck unserer vollen Verachtung für alle *Faust* oder *Räuber*, keine Achtung mehr für die *geistige Nahrung* des deutschen Soldaten, der sie übrigens nie in seinem Tornister trug. Weimar ist nichts als Lüge, die Verkleidung der teutonischen Barbarei."[37] Die Surrealisten favorisieren einen „psychischen Automatismus, durch den man mündlich oder schriftlich oder auf jede andere Weise den wirklichen Ablauf des Denkens auszudrücken sucht"[38] und, „um von gewissen Assoziationen den erwünschten Überraschungseffekt zu erlangen", die „so zufällig wie möglich gemachte Assemblage" sowie die Collage.[39] Das Expanded Cinema konzentriert sich auf Verfahren der Destruktion, der Parodie und der „Zertrümmerung": „Der tradierte Apperzeptionsapparat muß destruiert werden, damit die Perzeption neuer Relationen möglich werde. Die Begriffe zertrümmern, um die Sinnlichkeit zu befreien."[40] Und die Studentin Milja Jovanović beschreibt die attackierende, parodistische ästhetische Taktik der Oppositionsbewegung Otpor! in einem 1999 geführten Interview folgendermaßen: „Wir können machen, was keine Organisation und keine Partei tun kann, die subversive Karte ausspielen, sprayen gehen und Farbeier auf JUL-Plakatwände schmeißen. (...) An Miloševićs Geburtstag am 20. August werden wir ein kleines Happening veranstalten, ihm symbolisch ein Geschenk überreichen und parallel zur Kampagne der Sozialistischen Partei ‚1 Dinar für die Ernte' ‚1 Dinar für den Rücktritt' sammeln. (...) Gleichzeitig organisieren wir schon seit Längerem eine Happeningreihe. Der Arbeitstitel lautet ‚Vampire vertreiben'. Wir geben den Termin immer einen Tag vorher bekannt, und es kommen die unterschiedlichsten Leute. Sie sprechen sehr offen und sagen zum Teil überraschende Sachen. Manchmal bleibt mir der Mund offen stehen."[41]

Verfremdung, psychischer Automatismus des Schreibens, Assemblagen, Collagen, Montage, Zertrümmerung, Parodie werden hier als Verfahren genannt, mit deren Hilfe gewohnte Formen des öffentlichen Sich-Austauschens – der Wahrnehmung, der Selbstdarstellung, des Erzählens, des Kommunizierens und künstlerischen Formens überhaupt – problematisiert und Situationen verwandelt werden können. Auf diese Weise werden bestimmte Verfahren aus der Fülle der Umgangsmöglichkeiten mit der Welt als spezifische „Kunstgriffe" herausgehoben und identifiziert und mit ganz bestimmten politischen Effekten in kausale Zusammenhänge gesetzt. Walter Benjamin hat dafür den Begriff „Tricks" geprägt, wenn er schreibt: „Der Trick, der diese (alltägliche, A.S.) Dingwelt bewältigt – es ist anständiger hier

---

36 Jefim Golyscheff, Raoul Hausmann, Richard Huelsenbeck, „Was ist der Dadaismus und was will er in Deutschland?" (1919), in: *Dada Berlin. Texte, Manifeste, Aktionen*, hg. v. Hanne Bergius und Karl Riha, Stuttgart: Reclam, 1977, S. 61-62, S. 62.
37 Hausmann, Dada empört sich, 1977, S. 6.
38 Erstes Manifest des Surrealismus, 1986, S. 26.
39 Ebd., S. 38.
40 Weibel, Kritik der Kunst, 1973, S. 42.
41 Milja Jovanović in: Belgrad Interviews, 2000, S. 153.

von einem Trick als von einer Methode zu reden – besteht in der Auswechslung des historischen Blicks auf das Gewesene gegen den politischen."[42] Mit Taschenspielertricks teilen diese Verfahren den Effekt der Überraschung sowie, dass ihnen zugeschrieben wird, plötzlich, blitzartig Wirklichkeit verwandeln zu können. Zudem ähneln sie, so Benjamin, auch den machiavellischen politischen Strategien[43] bzw. der Produktwerbung,[44] die zeitgleich ebenfalls angetreten sind, die mögliche Effekte ihrer Interventionen im sozialen, urbanen Wahrnehmungsraum neu zu berechnen.

All die von den verschiedenen Bewegungen erwähnten „Tricks" treffen sich in dem Punkt, dass mit ihnen je zwei Bilder, Objekte oder Begriffe miteinander konfrontiert zu einem Aufeinanderprallen gebracht werden, um durch eine solche „Kollision" Irritation und Verstörung erwecken und darüber wiederum die Aufmerksamkeit der Rezipienten und Rezipientinnen über längere Zeitspannen hinweg halten zu können. Ganz explizit wird dies von André Breton im „Ersten Manifest des Surrealismus" (1924) an jener Stelle dargelegt, an der er seinen Kollegen Pierre Reverdy zitiert: „Das Bild ist eine reine Schöpfung des Geistes. Es kann nicht aus einem Vergleich entstehen, vielmehr aus der Annäherung von zwei mehr oder weniger voneinander entfernten Wirklichkeiten. Je entfernter und je genauer die Beziehungen der einander angenäherten Wirklichkeiten sind, umso stärker ist das Bild – umso mehr emotionale Wirkung und poetische Realität besitzt es (...)."[45] Auf ganz ähnliche Weise beschreibt John Heartfield in einem retrospektiv geführten Interview die Montage als eine von ihm als junger Soldat während des Krieges übernommene Technik, um der offiziellen Verwendung der Fotografie zu Zwecken der Kriegspropaganda entgegenzutreten und die Zensur zu umgehen, indem durch Reproduktion und das Zusammenbringen von Gegensätzlichem etwas anderes aus dem Dargestellten herausgeholt wird: „Ich war ja schon sehr früh Soldat. Wir haben dann geklebt, ich hab' geklebt und Fotos schnell ausgeschnitten und ein anderes dann drunter. Das ergab natürlich schon wieder einen Kontrapunkt, einen Widerspruch, und es sagte etwas anderes aus. Das war dort die Idee."[46] Dieses „Einmontieren" hat dann auch Bertolt Brecht für die von ihm als „Verfremdung"

---

42 Benjamin, „Der Sürrealismus" (1929), in: GS II.1, S. 300. Alle Benjamin-Zitate in diesem Buch stammen aus: *Walter Benjamin. Gesammelte Schriften in 7 Bänden*, unter Mitwirkung von Theodor W. Adorno und Gershom Sholem, hg. v. Rolf Tiedemann und Hermann Schweppenhäuser, Frankfurt am Main: Suhrkamp, 1999. Zitate werden im Folgenden durch Beitragstitel, Angabe des Bandes (I-VII) und Seitenzahlen gekennzeichnet. Innerhalb der Zitate werden meine Auslassungen durch (…) markiert.
43 Benjamin, „Der Sürrealismus", in: GS II.1, S. 205.
44 Er spricht von der Reklame als der „List, mit der der Traum sich der Industrie aufdrängt." Benjamin, „Passagen-Werk", in: GS V.1, G1,1.
45 Pierre Reverdy, *Nord-Sud*, März 1918. Zitiert in: Erstes Manifest des Surrealismus, 1986, S. 23.
46 „John Heartfield in einem Gespräch mit Bengt Dahlbäck vom Moderna Museet in Stockholm (1967)", in: *John Heartfield*, hg. v. Akademie der Künste Berlin, Köln: DuMont, 1991, S. 14.

6. *Aus der Mappe der Hundigkeit*, Peter Weibel und Valie Export, 1968.
© Peter Weibel, Valie Export und VG Bild-Kunst, courtesy Peter Weibel

bezeichnete ästhetische Taktik benutzt: „Die belehrenden Elemente waren sozusagen *einmontiert*; sie ergaben sich nicht organisch aus dem Ganzen; sie standen in einem Gegensatz zum Ganzen; sie unterbrachen den Fluss des Spiels und der Begebenheiten, sie vereitelten die Einfühlung, sie waren kalte Güsse für den Mitfühlenden." Und wenige Seiten später im selben Text: „Was ist Verfremdung? Einen Vorgang oder Charakter verfremden heißt zunächst einfach, dem Vorgang oder dem Charakter das Selbstverständliche, Bekannte, Einleuchtende zu nehmen und über ihn Staunen und Neugierde zu erzeugen."[47] Vertreter des Expanded Cinema forderten ebenfalls die Umformung von Filmen und Kinosituationen durch das Zusammenbringen von Elementen, die herkömmlicherweise nicht zusammen auftreten, etwa das Einfügen von „Kopierfehlern" in die täglichen Nachrichten: „In jeder Wochenschau müssten zwei, drei solcher Fehler eingeschmuggelt werden, damit die Kontinuität unterbrochen und die Manipulation sichtbar gemacht wird, das Ganze als Künstliches, Gemachtes anerkannt werden kann und jede Verwechslung

---

47 Bertolt Brecht, „Über experimentelles Theater" (1939/40), in: *Bertolt Brecht. Über experimentelles Theater*, hg. v. Werner Hecht, Frankfurt am Main: Suhrkamp, 1970, S. 103-121, S. 110 und S. 117.

mit der Wirklichkeit verhindert wird."⁴⁸ Zugleich führten sie – ähnlich der von Milja Janović beschriebenen Auftritte der Oppositionsgruppen im Serbien der 1990er Jahre – Performances durch, die herkömmliche Auftrittsweisen im öffentlichen Raum parodierten – etwa *Aus der Mappe der Hundigkeit* (1968, Abbildung), eine Aktion, bei der die Künstlerin Valie Export durch Wien spazierte und ihren Kollegen Peter Weibel an einer Hundeleine und auf allen Vieren sich fortbewegend mit sich führte. Auch im Fall solcher parodistischer Szenarien werden wiederum zwei „Texte" miteinander in eine sich wechselseitig befragende und herausfordernde Beziehung gesetzt.⁴⁹

Dabei zielen all diese Verfahren darauf ab, „ein Neues, einen Trick der Evidenz"⁵⁰ aus dem Gewohnten herauszuholen und zwar zu dem Zwecke, das alltägliche In-der-Welt-Sein zu problematisieren. Noch einmal der Dadaist Raoul Hausmann: „Dies alles (...) ist ein herrlicher Blödsinn, den wir bewußt lieben und verfertigen – eine ungeheure Ironie, wie das Leben selbst: die exakte Technik des endgültig eingesehenen Unsinns als Sinn der Welt."⁵¹

Krise des In-der-Welt-Seins

Die Nutzung dieser ästhetischen Verfahren wird von den Bewegungen selbst stets durch einen Verweis auf die krisenhafte Verfasstheit ihres Environments begründet. So schreibt etwa der Züricher Dadaist Hugo Ball in seinem Tagebuch *Die Flucht aus der Zeit*: „Der Dadaist kämpft gegen die Agonie und den Todestaumel der Zeit (...) Er weiß, daß die Welt der Systeme in Trümmer ging, und daß die auf Barzahlung drängende Zeit einen Ramschausverkauf der entgötterten Philosophien eröffnet hat. Wo für den Budenbesitzer der Schreck und das schlechte Gewissen beginnt, da beginnt für den Dadaisten ein helles Gelächter und eine milde Begütigung."⁵² Und Wieland Herzfelde stellt in seiner „Einführung in die Erste internationale Dada-Messe" (1920) in Berlin fest: „An sich ist jedes Erzeugnis dadaistisch, das unbeeinflußt, unbekümmert um öffentliche Instanzen und Wertbegriffe hergestellt wird, sofern der Darstellende illusionsfeindlich, aus dem Bedürfnis heraus arbeitet, die gegenwärtige Welt, die sich offenbar in Auflösung, in einer Metamor-

---

48 Ernst Schmidt Jr., „Filmtext (Ausschnitt)", in: *Avantgardistischer Film 1951-1971: Theorie*, hg. v. Gottfried Schlemmer, München: Hanser, 1973, S. 82-87, S. 84.
49 Die von Simon Dentith vorgeschlagene Definition der Parodie lautet: „Parody (...) is part of everyday processes by which one utterance alludes to or takes distance from another." Simon Dentith, *Parody*, London und New York, 2000, S. 6.
50 Benjamin, „Bekränzter Eingang", in: GS IV.1, S. 560.
51 Raoul Hausmann, „Der deutsche Spießer ärgert sich" (1919), in: *Dada Berlin. Texte, Manifeste, Aktionen*, hg. v. Hanne Bergius und Karl Riha, Stuttgart: Reclam, 1977, S. 66-69, S. 69.
52 Hugo Ball, „Die Flucht aus der Zeit" (1916), in: *Dada Zürich. Texte, Manifeste, Dokumente*, hg. v. Karl Riha und Waltraud Wende-Hohenberger, Stuttgart: Reclam, 1992, S. 7-25, S. 17.

phose befindet, zersetzend weiterzutreiben. Die Vergangenheit ist nur noch insofern wichtig und maßgebend, als ihr Kult bekämpft werden muß."[53] Das In-der-Welt-Sein wird hier als ein zerbrechendes, desintegrierendes und zu „entgötterndes", inszeniert, d.h. als eines, das nicht mehr von einer außerhalb der Welt liegenden Instanz zusammengehalten wird. Zugleich wird eine bestimmte ästhetische Form des Umgangs mit einer solchen Krise vorgestellt, die dann ein Doppeltes bewirken soll: die kultgeleitete Vergangenheit und die krisengebeutelte Gegenwart zurückzuweisen und etwas anderes und Neues hervorzutreiben. Dabei wird stets insistiert, dass ein solches Problematisieren der Darstellung der Gegenwart adäquat sei.

Letzteres wird aber nicht nur von den Dadaisten selbst, sondern auch von ihren zeitgenössischen Rezipienten wiederholt hervorgehoben – zu deren Schriften sich demnach ebenso Konnotationslinien ziehen lassen. So beschreibt Walter Benjamin die Montage als eine Technik, die „entstand, als es gegen Ende des Krieges der Avantgarde deutlich wurde: die Wirklichkeit hat nun aufgehört, sich bewältigen zu lassen. Uns bleibt – um Zeit und einen kühlen Kopf zu bekommen – nichts weiter übrig, als sie vor allem einmal ungeordnet, selber, anarchisch, wenn es sein muß, zu Worte kommen zu lassen. Die Avantgarde waren damals die Dadaisten. Sie montierten Stoffreste, Straßenbahnbillets, Glasscherben, Köpfe, Streichhölzer und sagten damit: Ihr werdet mit der Wirklichkeit nicht mehr fertig. Mit diesem kleinen Kehricht ebenso wenig wie mit Truppentransporten, Grippe und Reichsbanknoten."[54] Wie in den Bekenntnissen der Dadaisten selbst, so wird auch hier wieder die sogenannte „Wirklichkeit", Fragmente der Alltagswelt, als Ausgangspunkt dargestellt – von wo aus potenziell ein neuer Sinn gewonnen werden könne.

Ein ähnlicher allgemeiner Sinnverlust und bestimmte ästhetische Taktiken als Mittel einer neuen Sinngewinnung werden auch mehrere Jahrzehnte später wieder massiv thematisiert. Protagonisten und Protagonistinnen des Expanded Cinema der 1960er Jahre stellten für ihr Umfeld ebenfalls eine Krisenhaftigkeit fest, die nun aber entweder der technologischen Explosion zugeschrieben wird wie von Stan VanDerBeek[55] oder einem „allgemeinen Prozeß der Verdinglichung, der Entfremdung und der Ideologisierung"[56] wie von einigen österreichischen Kino-Aktivisten. Dabei wird auch hier eine bestimmte Form der Kunst gegen diese problematische Verfasstheit der Gegenwart aufgeboten – etwa ein Kino, das zu einer

---

53 Wieland Herzfelde, „Zur Einführung in die Erste internationale Dada-Messe" (1920), in: *Dada Berlin. Texte, Manifeste,* Aktionen, hg. v. Hanne Bergius und Karl Riha, Stuttgart: Reclam, 1977, S. 117-119, S. 119.
54 Benjamin, „Bekränzter Eingang", in: GS IV.1, S. 560.
55 „The technological explosion of this last half century, and the implied future are overwhelming, man is running the machines of his own invention (...) while the machine that is man (...) runs the risk of running wild. Technological research, development and involvement of the world community has almost completely out-distanced the emotional-sociological (socio-‚logical') comprehension of this technology." Stan VanDerBeek, „Culture: Intercom and Expanded Cinema. A Proposal and Manifesto", in: *Film Culture,* Nr. 40 (Frühjahr), 1966, S. 15-18, S.15.
56 Weibel, Kritik der Kunst, 1973, S. 51.

darstellenden Kunst und zu einer Bilder-Bibliothek wird und die „Gegenwart, das Hier und Jetzt, sofort" realisiert[57] oder ein Aktionismus, der versucht, „dem Material seine Möglichkeiten zurückzugeben, die im Material liegende, noch ungenutzte Information frei zu machen. Den assoziativen Reichtum des Materials und der Aktion freizulegen, um der Unlust des entfremdeten Individuums beizukommen."[58] Auffällig sind auch hier wieder ein Herausstellen „des Materials" und ein Beschwören des in ihm steckenden „reichen" Potenzials einer neuen Sinnfindung. Ausgeprägte Konnotationslinien laufen gerade in diesem Punkt auch zu den Kunstpraktiken im Serbien der 1990er Jahre. Dabei wird Ex-Jugoslawien besonders häufig und wortreich als krisengebeutelt sowie dem Verfall und der Selbstzerstörung preisgegeben charakterisiert. Um nur ein paar Beispiele zu nennen: Mitte der 1990er Jahre wurden von der „freien" Radiostation B 92 mehrere Dokumentarfilme produziert, die das Leben der ehemals so florierenden Rockszene im zeitgenössischen Belgrad als *Zombie Town* (1994)[59] oder als „Ghetto" (*Geto – Tajni Zivot Grada*/Ghetto – The Secret Life of a City, 1996)[60] charakterisierten. Letzterer Film beispielsweise beschreibt die Stadt mit folgendem, von einer Off-Stimme gesprochenen Text: „Back then when it felt good to live in this city I liked to stroll around it and to observe the people. Now, I walk only to get to some place and even that is a problem. I keep feeling that most of the people give off negative vibes (...) They're down in the dumps because most of them find life in Belgrade an agony. Those who grew up here are propably ashamed, like me, to have consented to live such miserable lives." Parallel dazu hat das DAH-Theater Stücke aufgeführt wie *The Legend about the End of the World* (1995) und im September 1997 wurde während des zweiwöchigen Festivals *Lust for Life. Reich in Belgrade* die damalige Hoffnungslosigkeit folgendermaßen umrissen: als „surrounded by populism and spiritual misery, heated nationalistic consciousness and manipulation with the ‚little' ordinary man."[61] Aber auch im Umgang mit dieser krisenhaften Verfasstheit der Gegenwart lassen sich Konnotationslinien zwischen den Kunstpraktiken der serbischen Opposition und den Avantgardebewegungen der 1920er und 1960er Jahre ziehen. Denn auch von Ersterer wurde eine Hinwendung zu den Straßen und den materiellen Fundstücken in der Welt als Mittel der Zurückweisung der Krise und als Möglichkeit des Neubeginns in Szene gesetzt. So heißt es in der Ankündigung für das Reich-Festival *Lust for Life* u.a.: „Arts and culture offer the possibility of (...) the critique of ideological obsession that kept some of us under hypnosis and some, simply, under control. Returning to this phenomenon

---

57 „Cinema will become a ‚performing art' (...) and image-library", „ mankind (...) must realize the present (...) The here and the now – (...) right now. An international picture language is a tool to fulfill that future (...)". VanDerBeek, Culture, 1966, S. 18.
58 Weibel, Kritik der Kunst, 1973, S. 51.
59 Regie: Mark Hawker.
60 Regie: Mladen Matičević und Ivan Markov, Belgrad B 92.
61 *Worried September '97. Lust for Life. Reich in Belgrade,* unpublizierter Folder, S. 4. Archiv Cinema Rex, Belgrad.

and relating it to our present confusion and awakening will create conditions for bringing together and creating new initiatives (...) Besides cultural, theatre and cinema venues, the actions will take place on the streets of Belgrade, on buses, at the university. Newspaper, pamphlets, posters, stickers, slogans, cordons, tables, old shoes, reminders of our experiences also make part of the project."[62]

In all diesen Statements wird eine Krise in Szene gesetzt, die stets auch als eine Krise des Sinns charakterisiert ist, d.h., in ihnen ist Sinn nicht oder nicht mehr durch den Verweis auf ein Außerhalb der Welt – auf einen Gott oder ein im Jenseits angesiedeltes Paradies – abgesichert, sondern er wird als etwas dargestellt, das potenziell den Dingen und Erscheinungen in der Welt abgerungen werden kann und muss. Raoul Hausmann spricht explizit davon, dass die ästhetische Praxis des Dadaismus von dem Motto „an den Tod Gottes denken und ihn bekannt machen"[63] geprägt sei. Dementsprechend sollen sich die Aktionen der „neuen Kunst" auf die Straße, die „nackten" Buchstaben und die Mauern beziehen.[64] Vergleichbar formuliert Peter Weibel für das Expanded Cinema der 1960er Jahre: „Die Materialien werden in neue Umgebungen gebracht, mit ungewöhnlichen Materialien verknüpft – dadurch werden sie ent-identifiziert, dekonserviert."[65] Auf diese Weise erscheint die Welt als ein Terrain, das die Potenzialität der Erfindung eines neuen Sinns in sich selbst trägt. Dabei wird eine solche „Sinnmöglichkeit" der Welt mit ihrer Materialität in Beziehung gesetzt und als etwas dargestellt, das sich stets singulär zeigt, dabei jedoch von einer prinzipiellen Offenheit der Bedeutung gekennzeichnet ist, mit der eine neuartige Unsicherheit einhergeht. Noch einmal Raoul Hausmann: „wir wollen Freunde sein dessen, was die Geißel ist des beruhigten Menschen: wir leben dem Unsicheren, wir wollen nicht Wert und Sinn, die dem Bourgeois schmeicheln – wir wollen Unwert und Unsinn!"[66]

Ein solches gleichzeitiges Inszenieren einer Krisenhaftigkeit der Welt und von bestimmten, der Gegenwart adäquaten Umgangsformen damit steht in einer Tradition des Abendlandes, in der, wie Jean-Luc Nancy[67] herausgearbeitet hat, stets eine Krise inszeniert und von dieser dann eine Neuordnung der Bedeutung abgesetzt wird. Wir haben es hier also mit einer hartnäckigen Darstellung eines Übergangs zu tun, dem begeisterten Erleben des Eintretens in eine Ordnung von Bedeutung und dem gleichzeitigen Zurückstoßen einer anderen. Mit der Krise wird also stets auch ein Wille zur Bedeutung ausgedrückt.

---

62 Ebd.
63 Raoul Hausmann, Dada empört sich, 1977, S. 5.
64 Er hält fest: „Der Ober-DADA und ich tragen die Literatur und die Poesie auf die Straße, im wahren Sinn des Wortes. Das Wort ist ein Signal in der Straße. (...) Das Wort, wir haben es abgelenkt und verzerrt in jedem Sinn, seine Bedeutung verinnerlicht, und ich, ich habe es auf Mauern ohne Mauern angeschlagen, Plakatgedichte aus Druckerbuchstaben, die die neue Nacktheit ausriefen." Ebd., S. 6.
65 Weibel, Kritik der Kunst, 1973, S. 55.
66 Hausmann, Pamphlet gegen die Weimarische Lebensauffassung , 1977, S. 52.
67 Dazu: Jean-Luc Nancy, *Das Vergessen der Philosophie*, Wien, 2001, S. 23f.

Die genannten Beispiele sind dieser Tradition verhaftet, modifizieren sie jedoch zugleich auch. Denn sie gehen nicht mehr davon aus, dass es früher eine gesicherte, verfügbare und von der Gemeinschaft geteilte Bedeutung gegeben hätte, die es wiederzufinden und zu beleben gälte, sondern stellen den Bruch mit der Tradition als unüberwindbar und unkittbar dar. Darüber hinaus erheben sie vehement die Forderung, sich der je aktuellen Gegenwart zuzuwenden und Umgangsformen zu suchen, die dieser angemessen sind.

Ein solcher Übergang wird von den genannten Bewegungen meist mit Euphorie aufgeladen. Der Tod Gottes und die Vernichtung des Kults werden – begleitet von Lärm, Aktion und heftiger Zurückweisung – ausgerufen. So erklären die Wiener Expanded-Cinema-Aktivisten in einem Manifest „jene zeit der visuellen kommunikation als profanisierte religiöse bilderverehrung, der theater als säkularisierte tempel, der kinos als profanisierte kirchen – als herrschaftsinstrument, um die individuen an die werte, ziele, normen des staates zu binden (abzubilden, anzubilden, anzubinden) (...) für BEENDET!!!"[68] Die eigene Praxis wird auf diese Weise auch als Anfang markiert – als Stelle, von der aus das Unternehmen einer neuen Sinnfindung ausgehen könne. Zugleich wird das Begehren nach Sinn meist auch als Sehnsucht nach dem Unsinn, als Destruktion anderer Sinnangebote oder als unmittelbar an der alltäglichen Materialwelt erlebbar dargestellt.

Die in den bisher genannten Textbeispielen vorgeführte Hinwendung zu den Materialien und den Dingen in der Welt demonstriert aber noch etwas Weiteres. Sie zeigt, dass Sinn (bzw. Unsinn) oder Bedeutung (Verwirrung und Ablenkung der Bedeutung) nun einerseits präsent, verfügbar, greifbar und sichtbar sein müssen, d.h., an den Assemblagen, den Collagen und „Materialverwertungen" bzw. an den Bild-Zusammenstößen und der Ironie der Aussagen und Handlungen ablesbar zu sein haben. Zugleich werden Sinn und Bedeutung aber stets auch als gegenwärtig unerreicht und der Anwendung bestimmter Taktiken und Veranstaltungen bedürftig in Szene gesetzt. Sinn und Bedeutung der Welt sind also offensichtlich immer anderswo, d.h., ihre Realisierung ist stets aufgeschoben, immer nur potenziell, steht dabei allerdings mit den materiellen Erscheinungen der Welt in engem Zusammenhang.

Bei ihrer Unternehmung einer Neuerfindung des Sinns stehen die genannten Bewegungen, wie ich noch genauer zeigen werde, stets mit den Aktionen anderer gesellschaftlicher Instanzen – der Produktwerbung und politischen Propaganda, der Hollywoodfilmindustrie, den Erziehungsdiskursen der Schulen und sozialen Reformeinrichtungen, verschiedenen Kunstrichtungen, einem aufkommenden Ethno-Nationalismus etc. – in Auseinandersetzung bzw. gegenseitiger Abgrenzung oder Annäherung, wobei es in diesem Streit immer zugleich um eine ästhetische und politische Dominanz geht.

---

68 Zitiert nach: Weibel, Kritik der Kunst, 1973, S. 62.

(Massenmediale) Erlebnisse und die Evidenz von Befreiung und Bruch

Der neue Sinn bzw. der Unsinn oder die Destruktion des Sinns müssen sichtbar, greifbar, hörbar oder schmeckbar werden, d.h. sich an Indizien in der Welt zeigen. Die hier untersuchten Praktiken treffen sich also auch in einer Neuinszenierung der Form von Wahrnehmung und der Ausrichtung von Aufmerksamkeit, die zudem immer auf die je neuen Massenmedien – zunächst die Massenpresse, das Kino und die Fotografie, dann auf Video, Computer und schließlich das Internet – bezogen wird. Stets wird ein solcher „Sprung" von einem Erleben hin zu einem anderen dargestellt.

So beziehen sich die Dadaisten auf eine „neue Realität", der sie mit veränderten ästhetischen Verfahren wie dem „simultanistischen Gedicht" gerecht werden wollen. Im „Dadaistischen Manifest" (1918) etwa heißt es: „Mit dem Dadaismus tritt eine neue Realität in ihre Rechte. Das Leben erscheint als ein simultanes Gewirr von Geräuschen, Farben und geistigen Rhythmen, das in die dadaistische Kunst unbeirrt mit allen sensationellen Schreien und Fiebern seiner verwegenen Alltagspsyche und in seiner gesamten brutalen Realität übernommen wird." Spezifischer zu der für diese Form des Erlebens vorgeschlagenen Ausrichtung der Kunst halten die Dadaisten fest: „Das SIMULTANISTISCHE Gedicht lehrt den Sinn des Durcheinanderjagens aller Dinge, während Herr Schulze liest, fährt der Balkanzug über die Brücke bei Nisch, ein Schwein jammert im Keller des Schlächters Nuttke."[69] Diese Passagen bieten eine bestimmte Beschreibung von Welt an: Hier sind die Sinne den Erscheinungen, den Geräuschen, Farben und Rhythmen zugewandt und dabei gleichzeitig zerstreut und auf Details fixiert. Die Simultaneität unterschiedlicher Eindrücke und Bilder, das „Durcheinanderjagen" der Dinge stehen im Vordergrund, wobei diese Weltzugewandtheit zugleich von einer neuartigen gesteigerten Ereignishaftigkeit geprägt ist. Das Grelle, Schreiende sowie das körperliche Berührtwerden durch die Dinge und Erscheinungen werden hervorgehoben – etwa wenn festgehalten wird: „Rühren Sie nur aus Leibeskräften die Trommel Ihres geistigen Geschäfts, schlagen Sie nur feste auf Ihrem Bauch herum, daß ein Gott sich des Schalls erbarme – wir haben längst diese alte Trommel beiseite geschmissen. Wir dudeln, quietschen, fluchen, lachen die Ironie: Dada!"[70] Dieses Beharren auf ein neuartiges, anders geartetes Erleben des Körpers und der Sinne soll – wie bereits erwähnt – die herrschende bürgerliche Kultur und ihren Humanismus bzw. ihr Bildungsideal zurückstoßen: „Fabelhaft bunt und klar, wie nie ein Tafelbildchen, – von kosmischer Komik, brutal, materiell, bleichsüchtig, verwaschen – drohend und mahnend gleich Ragtimestepptanzmelodie immer wieder sich ins Gehirn bohrend – Das grölt in einem fort" und weiter „Sag mal? – (...)

---

69 Dadaistisches Manifest, 1977, S. 23f.
70 Hausmann, Der deutsche Spießer, 1977, S. 66.

graults Dir da nicht in den Kunstsalons? In den Ölgemäldegalerien (...)? in den literarischen Soiréen (...)?"[71]

Dabei korrelieren solche Beobachtungen des Wandels der Wahrnehmung mit jener anderer zeitgenössischer Beobachter, etwa von Walter Benjamin oder Georg Simmel, die sich ebenfalls auf die künstlerische Avantgarde (die Dadaisten, Bertolt Brecht) beziehen. Auch sie streichen den Bruch gegenüber überlieferten, traditionellen Formen des Wahrnehmens und der Gemeinschaftsbildung hervor und sprechen etwa von einer neuartigen „schockförmigen" Erlebnisweise, einem Verschwinden von Kontemplation und auratischer Erfahrung sowie der Gleichzeitigkeit diverser Eindrücke und Bilder. Für Walter Benjamin zum Beispiel „unterwarf" in den Großstädten der Jahrhundertwende „die Technik das menschliche Sensorium einem Training komplexer Art."[72] Und Georg Simmel identifiziert die Mode oder den modernen Geldverkehr als Indizien des Umbruchs hin zu einer gesteigerten Gegenwartsbezogenheit und einer neuartigen Flüchtigkeit und Veränderbarkeit der Erscheinungen und des Erlebens: „Der Bruch mit der Vergangenheit, den zu vollziehen die Kulturmenschheit seit mehr als hundert Jahren sich unablässig bemüht, spitzt das Bewußtsein mehr und mehr auf die Gegenwart zu. Diese Betonung der Gegenwart ist ersichtlich zugleich Betonung des Wechsels."[73]

Von verschiedener Seite wird also hervorgehoben, dass es mit dieser Wahrnehmungsverschiebung auch zu einer Aufwertung des Gesichtssinns, der Dinge und den Erscheinungen in der Welt überhaupt kommt. Sowohl von den Künstlern als auch von den kulturwissenschaftlichen und soziologischen Beobachtern wird ein neuartiges, intensiviertes Sehen konstatiert, ein Urteilen, das „blitzhaft"[74] funktioniert und das nun von der Bilderpresse und Dokumentarfotografie genauso herausgefordert wird wie von den Großausstellungen und den Einkaufspassagen oder den Filmen in den Kinos: „The objects receive a meaning, they become friends and comrades of humans and humans begin to learn how to laugh, to rejoice and to converse with objects"[75] stellt etwa Alexander Rodtschenko fest. Und für Raoul Hausmann ist „Dada: (...) die vollendete gütige Bosheit, neben der exakten Photographie die einzig berechtigte bildliche Mitteilungsform und Balance im gemeinsamen Erleben."[76]

Besetzungen und Energien traditioneller Glaubensformen werden dabei umgelenkt. Dies führen beispielsweise die Dadaisten vor, wenn sie formulieren: „Der

---

71 George Grosz, „Kannst Du radfahren?", in: *Neue Jugend. Prospekt zur Kleinen Grosz Mappe*, Berlin, Juni 1917, S. 1.
72 Benjamin, „Über einige Motive bei Baudelaire", in: GS I.2, S. 630.
73 Georg Simmel, „Die Mode", in: *Die Listen der Mode*, hg. v. Silvia Bovenschen, Frankfurt am Main: Suhrkamp, 1986, S. 179-215, S. 189.
74 Benjamin, „Passagen-Werk", in: GS V.1, N1,1.
75 Zitiert nach: Margolin, Struggle for Utopia, 1997, S. 10.
76 Raoul Hausmann, „Synthetisches Cino der Malerei" (1918), in: *Dada Berlin. Texte, Manifeste, Aktionen*, hg. v. Hanne Bergius und Karl Riha, Stuttgart: Reclam, 1977, S. 29-32, S. 31.

Chinese hat sein *tao* und der Inder sein *brama*. *dada* ist mehr als *tao* und *brama*. *dada* verdoppelt Ihre Einnahmen"[77] – womit die traditionellen Zufluchtsorte „Tao" und „Brahma" auf ironische Weise mit der nicht minder von Magie geprägten modernen Geldkultur zusammengebracht werden. Dabei scheint die Aktivität des Auges in spezifischer Weise mit einer neuen Erscheinungsform von Glaube verbunden zu sein, indem das „eigenste", „wirkliche", authentische Innere der handelnden Personen favorisiert und gefordert wird, dieses solle im Äußeren sichtbar angezeigt werden. So bemerkt Raoul Hausmann: „Jeder, der in sich seine eigenste Tendenz zur Erlösung bringt, ist Dadaist. In Dada werden Sie Ihren wirklichen Zustand erkennen: wunderbare Konstellationen in wirklichem Material, Draht, Glas, Pappe, Stoff, organisch entsprechend Ihrer eigenen, geradezu vollendeten Brüchigkeit, Ausgebeultheit."[78] In Kontinuität damit charakterisiert Walter Benjamin dann die „Phantasmagorie des Flaneurs", des neuartigen Bewohners der modernen Environments, als „das Ablesen des Berufs, der Herkunft, des Charakters von den Gesichtern."[79]

Für diesen Glauben an eine enge und abhängige Beziehung zwischen dem Inneren einer Person und ihrem Äußeren bzw. für die Praxis, dass an Details der äußeren Erscheinung oder des Sprechens – den Gesichtszügen, den Nasen- oder Ohrenformen oder der Körperhaltung oder gewissen, in einer Konversation eingestreuten „Versprechern" – Qualitäten des Charakters, der Seele oder von „Rasse" abgelesen werden, hat Carlo Ginzburg auch die Bezeichnung „Indizienparadigma" geprägt. Gleichsam archäologisch hat er diesbezüglich gezeigt, dass sich dieses als epistemologisches Modell Ende des 19. Jahrhunderts in den Humanwissenschaften durchgesetzt hat und so unterschiedliche Disziplinen wie Morellis Methode der Bildbestimmung, Sherlock Holmes detektivischen Spürsinn, die Freudsche Psychoanalyse oder die neuen, das Mittel der Fotografie verwendenden Methoden der Klassifizierung Krimineller und „rassisch" anderer Völker verbindet.[80] Konnotationslinien verlaufen hier also auch zu den bald ebenso auftauchenden faschistischen (speziell auch den nationalsozialistischen) Rassenlehren, die sowohl genetische als auch platonische Theorien verwenden, gleichfalls jedoch das Innere und Äußere, die Seele und die Form der Erscheinung in direkte Abhängigkeit zueinander setzen.[81]

---

77 „Legen Sie Ihr Geld in dada an!" (1919), in: *Dada Berlin. Texte, Manifeste, Aktionen*, hg. v. Hanne Bergius und Karl Riha, Stuttgart: Reclam, 1977, S. 59-60, S. 59.
78 Hausmann, Synthetisches Cino, 1977, S. 31.
79 Benjamin, „Passagen-Werk", in: GS V.1, M 6,6.
80 Carlo Ginzburg, „Spurensicherung. Der Jäger entziffert die Fährte, Sherlock Holmes nimmt die Lupe, Freud liest Morelli – Die Wissenschaft auf der Suche nach sich selbst", in: *Spurensicherung. Die Wissenschaft auf der Suche nach sich selbst*, hg. v. ders., Berlin: Wagenbach, 1995, S. 7-44, insbes. S. 14f.
81 So stellte etwa Alfred Rosenberg, einer der prominentesten Vertreter dieser Ideologie fest, die „Freiheit der Seele (...) ist stets Gestalt" und „Gestalt ist plastisch begrenzt", wobei diese „Begrenzung (...) rassisch bedingt" ist. Dies führt ihn zu dem Schluss: „Diese Rasse (die sogenannte „arische", A.S.) sei das Außenbild einer bestimmten Seele", während er den Juden abspricht, eine Seelengestalt zu besitzen, womit er ihre Vernichtung legitimiert. Siehe:

Aber auch marxistisch gesinnte Regimekritiker wie die Dadaisten selbst und Kulturkritiker aus deren Umfeld wie Walter Benjamin verorten sich Anfang des 20. Jahrhunderts innerhalb dieses Paradigmas. Letzterer wendet es in eine revolutionäre Richtung, wenn er festhält: „Das winzigste authentische Bruchstück des täglichen Lebens sagt mehr als die Malerei. So wie der blutige Fingerabdruck eines Mörders auf einer Buchseite mehr sagt als der Text. Von diesen revolutionären Gehalten hat sich vieles in die Photomontage hineingerettet. Sie brauchen nur an die Arbeiten von John Heartfield zu denken, dessen Technik den Buchdeckel zum politischen Instrument gemacht hat."[82] Dies zeigt, dass das Indizienparadigma von ganz unterschiedlicher, zum Teil ideologisch entgegengesetzter Seite her beansprucht wird. Es dient nicht allein der Identifikation und der Kontrolle, sondern „dasselbe Indizienparadigma, das dazu gebraucht wurde, immer subtilere und kapillarere Formen sozialer Kontrolle zu erarbeiten", kann, wie Ginzburg es ausdrückt, auch zu einem „Mittel werden, um die ideologischen Nebel zu lichten, die die komplexe soziale Struktur des Spätkapitalismus immer mehr verschleiern."[83]

Wenn jedoch die Dadaisten von der „eigensten Tendenz" sprechen, die „zur Erlösung" gebracht werden oder vom „wirklichen Zustand", der sich in neuen Formen zeigen soll, und wenn Walter Benjamin vom „authentischen Bruchstück des täglichen Lebens" spricht, das „mehr sagt" als die Repräsentation, dann verweist dies nicht nur auf ein solches Indizienparadigma, sondern auch auf einen damit in enger Verbindung stehenden Mythos des „Authentischen und Inneren".[84] Hier wird etwas „Eigenes" postuliert, das „echt" und „authentisch" und jeder Repräsentation und konventionellen Maske überlegen sei, das jedoch „befreit" und durch neue Formen angezeigt werden könne. Ein „Inneres" wird demnach auf- und alles „Äußere" als Konvention und Hülle abgewertet. Dabei bedarf dieses nun emporgehobene Innere und Authentische sichtbarer und greifbarer Veranstaltungen, um wahrgenommen werden zu können. Das Inszenieren eines Zertrümmerns herrschender gesellschaftlicher Codes erfüllt eine solche Funktion – es wird als ein Zum-Ausdruck-Bringen eines „wahren" Inneren angesehen und unter Umständen,

---

Alfred Rosenberg, *Der Mythus des 20. Jahrhunderts. Eine Wertung der seelisch-geistigen Gestaltungskämpfe unserer Zeit*, München, 1942, S. 529. Die Involviertheit des Indizienparadigmas in die nazistische „morphologische" Rassentheorie wie jener von Rosenberg, die parallel zur evolutionistischen – welche die soziale und politische Geschichte naturalisiert – existierte und speziell die Beziehung von Körper und Seele unter Rückbezug auf die griechische Philosophie verhandelt und diese dabei rassistisch umdeutet, hat Simona Forti untersucht. Siehe: Simona Forti, „Biopolitica delle anime", in: *Filosofia Politica*, Nr. XVII/ 3 (Dezember), 2003, S. 397-418.

82 Benjamin, „Der Autor als Produzent", in: GS II.2, S. 692f.
83 Ginzburg, Spurensicherung, 1995, S. 36.
84 Siehe: Roland Barthes, „Verbeugungen", in: *Das Reich der Zeichen*, hg. v. ders., Frankfurt am Main: Suhrkamp, 1981, S. 87-93. Eine ausführliche Auseinandersetzung mit dieser Mythologie und deren Relevanz für die Entstehung einer modernen Selbstkultur findet sich in: Schober, Blue Jeans, 2001, S. 63ff.

wie das Beispiel der Dadaisten zeigt, als Wegbereiter von revolutionären Umbrüchen hin zu einer emanzipierteren, befreiteren Welt interpretiert.

Diese zuletzt angesprochenen Bezüge zeigen noch einmal, dass Konnotationslinien nicht allein zwischen den Praktiken der verschiedenen Avantgardebewegungen, sondern auch zu den Strategien verschiedener anderer kollektiver Agenten gezogen werden können. All diese Korrelationen in den Problematisierungen und Thematisierungen der Form des Repräsentierens, von Wahrnehmung und von Sehen und Glauben, zeugen davon, dass die hier untersuchten Bewegungen zugleich Ausdruck wie auch Agenten eines sich veränderten In-der-Welt-Seins sind. Avantgardistische Praktiken wie jene der Dadaisten oder der russischen Revolutionskünstler waren demnach auch deshalb erfolgreich und haben Aufmerksamkeit sowie Faszination provoziert, weil sie die Zwangslagen und Zustände des Individuums in der Moderne offenbar in einer Weise dargestellt haben, die anderen plausibel vorgekommen ist und diese angeregt hat, ihre Erlebnisweisen und ihre Gegenwart in ähnlicher Weise zu verstehen.

Dadaismus, Expanded Cinema und die gegen das Milošević-Regime aktiven Gruppen im Serbien der 1990er Jahre treffen sich also auch darin, dass alle die Welt als eine beschreiben, die sich verändert, indem sie von der Malerei zu Fotografie und Film, vom Film zu Video und Computer und von dort zu Handy und Internet voranschreitet. Wie sich die Dadaisten programmatisch auf die für sie aktuellen Medien – illustrierte Zeitung, Fotografie und Film – bezogen haben, so wenden sich die Aktivisten des Expanded Cinema Anfang der 1970er Jahre dem Video und dem Computer zu. Valie Export stellte beispielsweise 1973 fest: „filme sehen ist wie ein gang durch ein museum, von bild zu bild (von kader zu kader). video übertrifft die erkennung der wirklichkeit durch das auge, indem zb das auge real eine totale wahrnimmt und nur durch standortsveränderung des objektes bzw des auges großaufnahmen erzielt, video aber instant totale und großaufnahme ohne ortswechsel vornehmen kann."[85] Aber auch die Aktivisten und Aktivistinnen der serbischen Opposition der 1990er Jahre schreiben einem sich nun durchsetzenden, aus Fernsehen, Radio, Computer und Live-Auftritten bestehenden Medien-Verbund zu, die Beziehung von Mensch und Information auf neue Weise definieren zu können.[86] Dabei wird jedoch nicht nur für das Milošević-Regime eine solcherart verstärkte Bezugnahme auf Bilder und Medien und eine Verselbstständigung von Rezeptions- und Faszinationsgeschichten festgestellt, auch die Oppositionsbewegung

---

85 Valie Export, „gedanken zur video kunst" (1973), in: *Split:Reality Valie Export*, hg. v. Monika Faber, Wien: Springer, 1997, S. 92.

86 Milena Dragićević-Šešić, damalige Direktorin der Belgrader Theaterakademie und gleichzeitig auch im Rahmen der Soros-Foundation tätige Aktivistin, schildert den 1992/93 herrschenden „Zeitgeist" folgendermaßen: „The postmodernism, as the spiritual essence of the presence, (...) emphasizes the communication as such, mediation in itself and for itself. The reality becomes a message, TV news and picture, while thus created messages acquire the function of a newly created virtual reality, more real than itself." Milena Dragićević-Šešić, *Populist War Culture – Kitsch Patriotism*, Belgrad, 1992, unveröffentl. Manuskript, S. 7.

selbst definierte sich ganz programmatisch über eine mit Begeisterung ausgelebte Nutzung des Medienbündels Radio und Internet. Wichtigstes und sowohl im Inland wie im Ausland bekanntestes Medium der Opposition war ‚Radio B92', ein „freier" Sender, der – vom Milošević-Regime mehrfach geschlossen bzw. temporär übernommen – zugleich auch das Kulturzentrum ‚Cinema Rex' in Belgrad betrieb und zeitweise von dem dort angesiedelten Medienlabor ‚Cyber Rex' aus operierte. Das Zusammenspiel dieser Medien beschrieb Dejan Sretenović für die hitzig ausgetragenen Proteste von 1996/97 folgendermaßen: „What was remarkable (...) was the new awareness of the use of the media, where medium was not only a technological artifact, but also a medium of communication, opening various spaces, channels, platforms for production, transmission, decoding of messages. These were mobile, performative and pragmatic ‚tactical media (...)' which functioned by being flexibly adapted to circumstances and created events and situations in dynamic interaction with state-controlled media, police brutality, censorship and bannings.[87]

Zugleich nutzen all diese Bewegungen die Möglichkeit der Selbstpräsentation in den verschiedenen Medien programmatisch für eine Darstellung ihrer Programme, für die Bewerbung spektakulärer Ereignisse sowie für die Kommunikation mit dem jeweiligen Publikum und umgekehrt hat die Repräsentation der Bewegungen in den Magazinen, den Journalen, in Film und Fernsehen oder im Internet die Ausformung all dieser Bewegungen mitdefiniert. Gerade in der Beschreibung des je eigenen Medienregimes und der Wahrnehmungen und Erlebnisse, die dieses je provoziert, gibt es jedoch neben solchen Parallelen auch unterschiedliche Bezugspunkte, differente Akzentuierungen sowie Brüche und Abgrenzungen – gleichzeitig mit den in diesem Kapitel aufgezeigten Konnotationslinien und Ähnlichkeiten sind auch Veränderungen in der Beschreibung des In-der-Welt-Seins feststellbar, die ausführlich im nächsten Abschnitt dieses Buches dargestellt werden.

Zunächst aber nochmals zu den Verbindungslinien bezüglich Wahrnehmung, Glauben und Selbstdarstellung: Die Dadaisten, aber auch die Aktivisten und Aktivistinnen des Expanded Cinema oder die serbische Opposition der 1990er Jahre betonen die diesbezüglichen je aktuellen Verschiebungen und treiben einen solchen Bruch mit voran, indem sie die neuartigen Ereignisse der Wahrnehmung auf ihre je eigene Weise politisch nutzen wollen, auch um die krisenhafte Gegenwart bewältigen zu können. Sie handhaben die je veränderten Wahrnehmungskonstellationen mit einer utopistischen Sensibilität und mit Engagement für das Erreichen einer „neuen", d.h. „besseren" und „befreiteren" Gesellschaft und stehen dabei in Auseinandersetzung mit anderen urbanen Eliten oder Institutionen, die in ihrem jeweiligen Umfeld nun ebenfalls versuchen, die neuen Wahrnehmungskonstellationen zu kalkulieren, zu beherrschen und sie zum Beispiel in Unternehmens- oder Erziehungsstrategien einzubinden.

---

87 Dejan Stretenović, „Buka /Noise", in: Šetnja u mestu: građanski protest u Srbiji 17.11.1996-20.3.1997 /Walking on the Spot: civil protest in Serbia November 17 1996 - March 20, 1997, hg. v. Darka Radosavljević, Belgrad: B92, 1997, S. 86-104, S. 86f.

Sich definieren: Dressing down

Ein Zurückweisen des Gegebenen und die Neuerfindung eines „eigenen Sinns" wird von den genannten Bewegungen auch durch am Körper angebrachte Zeichen und Zeichnungen kommuniziert. Dies wird von ihnen selbst häufig emphatisch angesprochen, etwa wenn die Dadaisten angeben, eine Kunst zu suchen, „die uns die Essenz des Lebens ins Fleisch brennt."[88] Die im Gemenge der Großstadt erfolgende neuartige und ausgiebige wechselseitige Bezugnahme zwischen Akten der Selbst-Bezeichnung und der Darstellung von Körpern in den neuen Bildwelten wird aufgegriffen und für irritierende, verstören wollende Eingriffe in die Wahrnehmungsgefüge genutzt. Dabei wird häufig der eigene Körper zum Ort für die Austragung der Auseinandersetzung mit der Welt gemacht. Auch dabei gibt es vielfältige Konnotationen zwischen den diversen Avantgardebewegungen des 20. Jahrhunderts. So zeigt beispielsweise ein Foto von Man Ray (1919, Abbildung) eine Nahaufnahme von Marcel Duchamps Hinterkopf, auf dem aus dem bereits sehr kurz geschnittenen Haar eine „Tonsur" in Form eines fünfzackigen Sternes ausrasiert ist. Mit diesem Eingriff wird Duchamp aus seiner Verwachsenheit mit der ihn umgebenden bürgerlich-kapitalistischen Umwelt gewissermaßen „herausgeschnitten", ihm wird die „Form" eines „Dadaisten" verliehen. Dabei nimmt diese Selbstinszenierung das bereits erwähnte, das gesamte 20. Jahrhundert über so einflussreiche Paradigma auf, das darin besteht, die äußeren Merkmale einer Erscheinung mit „inneren" Qualitäten in direkte Beziehung zu setzen. Diese Gestaltung der Körperoberfläche bewegt sich innerhalb eines solchen „Indizienparadigmas" – auch wenn es sich hier um eine ungewöhnliche Inszenierung des Selbst handelt, die herkömmliche Zuordnungen und Nutzungen der Zeichen – die Tonsur des Mönchs, den Kommunistenstern, die kurz geschnittene Frisur des Intellektuellen etc. – zugleich stört und verwirrt. Dennoch: Die ungewöhnliche äußere Erscheinung verweist auch in diesem Fall auf das unkonventionelle, kreative, von Witz und Ironie beherrschte „Innere" des Künstlers, wobei verschiedene Mythen weiterverarbeitet und so auch affirmiert werden.

Die dabei neben der Verwirrung von Bedeutung präsente Abgrenzung wird besonders deutlich, wenn man diese Selbstdarstellung Duchamps mit einer seiner anderen Arbeiten vergleicht: dem kleinen, gerahmten Porträt eines lächelnden halbwüchsigen „Jungen aus gutem Haus". Der Junge ist in Anzug, Hemd und Krawatte gekleidet – was Eduard Fuchs so treffend als „Uniform des äußeren Anstandes"[89] bezeichnete, und seine Haare sind, dazu passend, aus dem Gesicht frisiert. Über das Foto ist jedoch das pfeilartig auf das Gesicht deutende, papierene Dreieck eines Briefumschlagverschlusses montiert, das den handschriftlichen Verweis „The Non-Dada!" trägt (1922, Abbildung). Auf diese Weise wird die Aufmachung dieses Sprösslings der Oberschicht, der den Anzug mit selbstverständlichem

---

[88] Dadaistisches Manifest, 1977, S. 22.
[89] Eduard Fuchs, *Illustrierte Sittengeschichte vom Mittelalter bis zur Gegenwart.*, Bd. 1 (Renaissance), München, 1912, S. 116.

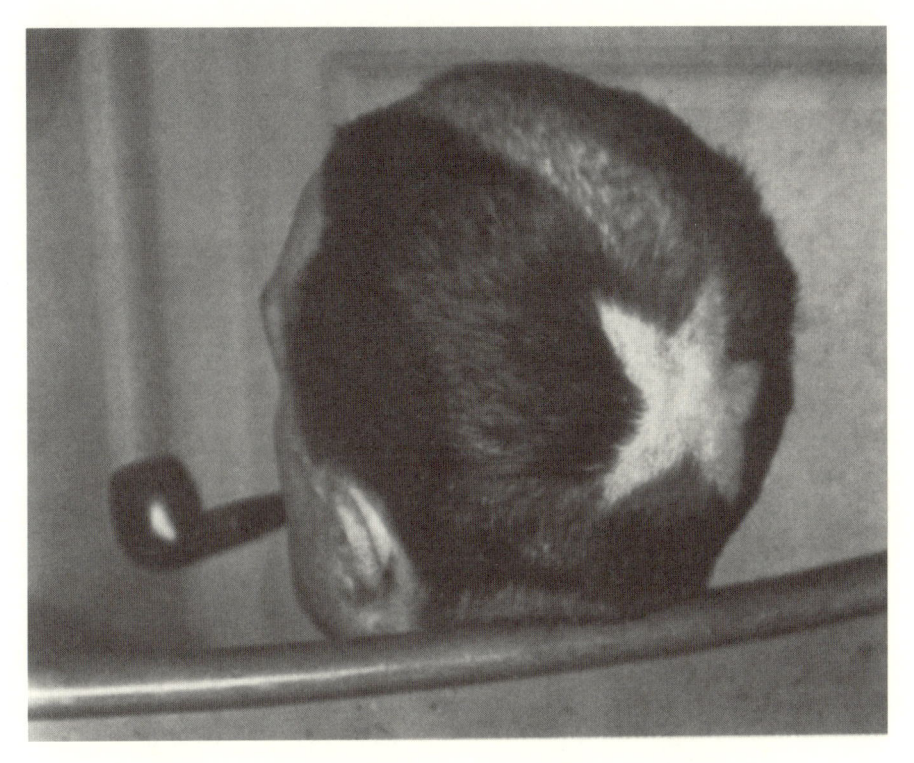

7. *Tonsur von Marcel Duchamp*, Man Ray, 1919. © VG Bild-Kunst und Collection Sylvio Perlstein, Anvers, courtesy galerie 1900-2000, Paris

Lächeln trägt und durch seine Jugend zugleich auch für das Fortdauern dieser Form der öffentlichen Performance steht, als eine Kontrast-Maske präsentiert, von der dann zum Beispiel die mit der Rasur des Sternes gesetzte Markierung an der äußeren Hülle des Dadaisten umso greller abstechen kann. In beiden Fällen regt unser Eingebundensein in das erwähnte Indizienparadigma an, über die jeweilige Inszenierung sowie über das Verhältnis von Maske und Person, Äußerem und Innerem etc. zu reflektieren. Die Konnotationslinien laufen hier in ganz unterschiedliche Richtungen: zur Kriminalfotografie wie zur Rassenlehre, zur während des Nazi-Regimes verordneten Kennzeichnung durch den Judenstern wie zu den Skinheads oder den Punks.

Die in der Tonsur-Arbeit Duchamps vorgeführte „Geste des Rasierens"[90] wanderte ebenfalls durch verschiedene Avantgarde-Kontexte. Wir finden sie zum Beispiel in einer Arbeit der beiden Expanded-Cinema-Künstler Peter Weibel und Valie Export. In *Cutting. Expanded Movie*, eine Aktion, die zum Beispiel auf der Veran-

---

90 Vilém Flusser, „Die Geste des Rasierens", in: *Gesten. Versuch einer Phänomenologie*, hg. v. ders., Frankfurt am Main: Fischer Taschenbuch Verlag, 1994, S. 143-150.

8. Marcel Duchamp,
Der Non-Dada, 1922.
© VG Bild-Kunst und Scottish
National Gallery of Modern Art,
Dean Gallery, Edinburgh

staltung *XSCREEN* in Köln (1968, Abbildung)[91] durchgeführt wurde, bearbeiten Weibel und Export nacheinander mit der Schere die „papierleinwand, stoffleinwand, hautleinwand" und demonstrieren dabei eine „progression vom manipulierten zeichen zum unmittelbaren ding. abbild um abbild, haut um haut fallen, bis nur mehr die direkte, menschliche haut bleibt."[92] Diese „Progression" beginnt mit einer Filmprojektion – ein Haus erscheint auf einer Papierleinwand und wird von der Künstlerin „geöffnet", indem sie die Fenster ausschneidet. Danach bearbeitet sie die Leinwand, aus der sie die Buchstaben des Marshall-McLuhan-Zitats „the content of the writing is the" ausschneidet und dieses dann verbal durch Ausrufen des Wortes „speech" vervollständigt. In einem nächsten Akt nähert sie sich ihrem Aktionspartner Peter Weibel, der ein T-Shirt mit einem Werbeaufdruck für die Kaugummi-Firma ‚Bazooka' trägt, aus dem sie einen kreisrunden Ballon mit der Schere entfernt, sodass seine Brusthaare sichtbar werden. Sie geht noch einen Schritt weiter und beginnt, seine Brusthaare abzurasieren. Schließlich wird die erotische Dimension des Umgangs mit Material, Haut und Haaren explizit „verwirklicht", indem die Künstlerin an Weibel einen sexuellen Akt, einen „Blow Job", vollzieht. Wie

---

91 Davon berichtet Birgit Hein: Habich, W+B Hein, 1985, S. 13.
92 Peter Raoul Weibel, „Expanded Cinema", in: *Film*, November 1969, S. 41-52, S. 52. In einer Art Überidentifikation mit dem Dadaisten Raoul Hausmann hat sich Weibel als Herausgeber dieser Zeitschriftennummer „Peter Raoul Weibel" genannt.

9. *Cutting. Expanded Movie*, Peter Weibel und Valie Export, Ankündigung des Wien-Buches für die Frankfurter Buchmesse 1970. © Weibel/Export, MUMOK, Museum Moderner Kunst Stiftung Ludwig Wien und VG Bild-Kunst, courtesy Peter Weibel

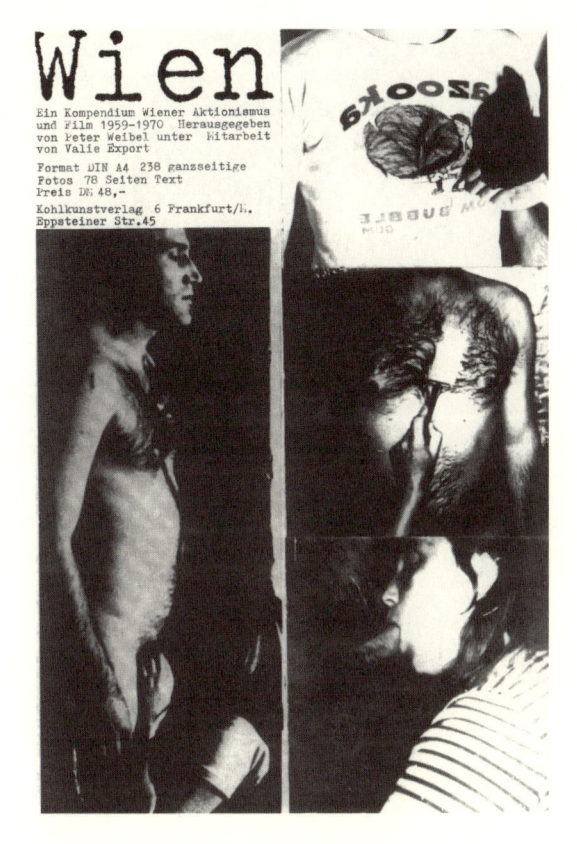

schon bei Man Ray und Duchamp so wird auch hier das Rasieren als Mittel der Definition von Welt und der Thematisierung von Wirklichkeit und Direktheit präsentiert. Die Verhüllungen des Körpers durch Zeichen, Kleider oder Architekturen werden nach und nach zerschnitten – zunächst das Haus, dann die programmatische Selbstdarstellung des Künstlers im Trash-T-Shirt und schließlich die „haarige" Verwachsenheit des Selbst mit der Umwelt. Mit der Realisierung des Geschlechtsakts führen Export und Weibel ganz zum Schluss dann eine Kommunikation jenseits der Worte und Bilder vor und bringen so das Begehren ins Spiel. Das triebhafte Verlangen, das all diese Bedeutung verleihenden Gesten speist – das Rasieren der Brusthaare wie das Formulieren eines Satzes oder das Kreieren eines Bildnisses des Anti-Dada – wird so gewissermaßen ausgestellt, d.h., es wird demonstriert, was Raoul Hausmann bereits 1918 formulierte: „Alle Äußerungen sind sexuell".[93] Sexuelles Verlangen und Begehren nach Sinn (bzw. Unsinn) erscheinen in dieser Aktion somit nicht fein säuberlich voneinander getrennt, sondern fallen in eins und sind als

---

93 Hausmann, Synthetisches Cino, 1977, S. 29.

10. *Protestfrisur*, Branislav Stanković, Belgrad, 1996/97.
© Branislav Stanković, courtesy Vreme archive.

Motor für das Erfinden diverser Praktiken in Szene gesetzt, mit denen wir unsere je spezifisch ästhetische Existenz in der Welt bedeuten.

Zugleich werden herrschende Mythen und Zuordnungen auch hier wieder aufgegriffen und dabei bestätigt und verwirrt zugleich. Denn mit der progressiven Zerschneidung von Hüllen bestätigt die Aktion einerseits die Vorstellung, Wirklichkeit könne „hinter" den Zeichen und Bildern freigelegt, d.h. durch Gesten der Destruktion und des Zerschneidens gleichsam „befreit" werden. Andererseits werden andere Bedeutungen und Zuordnungen – etwa von Hochkultur und Massenkultur, öffentlich und privat – auch durcheinandergebracht.

Das Rasieren als Mittel der Selbstdefinition fand dann auch in den von der serbischen Opposition 1996/97 geschaffenen, bunten, karnevalesken Straßenszenarien Verwendung. So zeigt ein in Zusammenhang mit den Demonstrationen häufig zu sehendes Foto (von Branislav Stanković, Abbildung) den Hinterkopf eines Mannes, der eine auffällige, punkartige Frisur trägt: Die oberen Scheitelhaare sind lang und zu einem kleinen Knoten zusammengebunden, wie ihn etwa auch die japanischen Samurai tragen, die Haare darunter abrasiert, nur ein Stück eines etwas längeren „Haar-Rasens" in Form eines aufwärts gerichteten dicken Pfeils ist ungeschoren. Diesem Pfeil kommt in diesem Wahrnehmungsmilieu eine zwiespältige, plurale Bedeutung zu: Zum einen ist er eines der Symbole, die von der Opposition unter dem Motto „PRAVO" in Umlauf gesetzt wurden, um 1996/97 die eigenen Proteste zu bewerben. „Pravo" kann mit „geradeaus" bzw. „geradewegs" übersetzt werden und wurde aufgegriffen, um zu kommunizieren: „Wir sind weder links noch rechts, sondern marschieren geradewegs in die Zukunft." Zugleich war der Pfeil aber auch Abzeichen der SPS, der Partei Slobodan Miloševićs, und wurde als solches auch in anderen Aktionen aufgegriffen und verspottet – etwa indem eine Puppe in Gestalt von Milošević in einem pfeilförmigen Sarg in der Donau versenkt wurde. Der Träger der Pfeil-Frisur setzt all diese Bedeutungen in herausfordernde Beziehungen zueinander, auch wenn er sich mit der punkartigen Selbst-Performance zugleich eindeutig auf Seiten der Opposition ansiedelt. Im Unterschied zu Marcel Duchamp, Valie Export und Peter Weibel hat er den eng abgezirkelten Bereich der Kunst jedoch endgültig verlassen – auch wenn Bezüge zur Kunst im engeren Sinn stets aufrechtbleiben. Er agiert auf der Straße, zusammen mit anderen, als Teil einer Menge, in der verschiedenenorts und in vielfältiger Weise über am Körper angebrachte Zeichen sichtbar und öffentlich der herrschende Sinn zurückgewiesen und eine differente, kollektive Sinnproduktion versucht wurde: mit bemalten Gesichtern, dem Tragen von Abzeichen und Stickern, mit Trillerpfeifen oder mit Verkleidungen mittels Indianerfederschmuck, Hexenlarve oder selbstgemachten, fantastischen Masken sowie mit parodistischen, ironischen oder obszönen Botschaften und Performances.

Diese Wanderung des Motivs der Rasur, aber auch die Eingesponnenheit der einzelnen Selbstdefinitionen in ein je etwas anders geartetes Netz von Bezügen – etwa die Verbindung Duchamps zu den Mönchen und Kommunisten, retrospektiv aber auch zur Stigmatisierung der Juden durch die Nazis – zeigt, dass der solcherart gewonnene Sinn stets ein gemeinsamer, mit anderen geteilter und nie endgültig fixierter ist. Mit der je spezifischen Form der „Zuschneidung" des Selbst werden stets herrschende Codes bestritten und zugleich wird etwas „Eigenes" postuliert, das „echt" und „authentisch" durch ein Rasiermesser etwa zutage gebracht werden kann. Auf diese Weise werden das Indizienparadigma und der Mythos des „Authentischen und Inneren" weiter tradiert, auch wenn spezifischere Bedeutungen und Zuordnungen zugleich zerstreut und verwirrt werden.

Die hier genannten Selbstkreationen durch Rasur treffen sich darüber hinaus in einem weiteren Punkt: Alle setzen eher ein *Dressing down* in Szene denn ein *Dressing up*, d.h. alle orientieren sich eher an den Selbstdarstellungskonventionen von in der gesellschaftlichen Hierarchie weiter unten angesiedelten Bevölkerungsgruppen. Besondere Bedeutung kommt hierbei dem revolutionären Proletarier zu, des Weiteren den körperlich, etwa auch durch Tätowierung oder andere Veränderungen an der Haut gekennzeichneten Marginalisierten (Duchamp), den Konsumenten und Konsumentinnen von Massenkulturprodukten wie Film und Werbung (Export/ Weibel) oder auffälligen, am Rand der Gesellschaft angesiedelten Jugendsubkulturen wie Punks und Skinheads (der anonyme Demonstrant in Belgrad). Gesten und Elemente der Selbstkennzeichnung dieser Gruppen werden übernommen und so zu Transfer-Objekten oder -Gesten, die ein Sich-Identifizieren markieren. Wie das Beispiel des „Anti-Dada" gezeigt hat, grenzen sich all diese Bewegungen auf diese Weise zugleich auch vehement von den herrschenden Eliten ab.

Diese Orientierung „nach unten" wird auch mehrfach ganz explizit thematisiert. So gab der Dada-Sympathisant Franz Jung, der zugleich auch revolutionär-marxistischer Aktivist und Co-Redakteur der Zeitschrift *Neue Jugend* in Berlin war, seiner diese Jahre beschreibenden Autobiografie den programmatischen Titel *Der Weg nach unten*[94]. Vergleichbar veröffentlichte Hugo Ball 1918 einen Roman mit dem Titel *Flametti oder Vom Dandysmus der Armen*.[95] Die Berliner Dadaisten verbrüderten sich selbst mit dem „einfachen Menschen", den sie als „Proletarier" spezifizierten, wenn sie ihren Künstlerkollegen vorwarfen: „Die Dichter, diese Idealisten mit gangbarem Marktwert, sie haben die Weisheit des einfachen Menschen zerstört – sie haben den Drang nach Bildung als Fiktion des Mehrwerts gereimter Worte bis in die Köpfe der Proletarier gepreßt."[96] Auch mit dieser Ausstellung von Sympathie werden zugleich vehemente Abgrenzungen aufgerichtet – etwa wenn dieselben Künstlerkollegen als „Handlungsgehilfen der Moralidiotie des Rechtsstaates" bezeichnet werden oder wenn von „dem Bürger" als der „Libretto-Maschine mit auswechselbarer Moralplatte"[97] gesprochen wird. Eine solche Identifikation mit dem Niederen und den Ausgeschlossenen kommt allerdings auch dort zum Ausdruck, wo die eigenen Arbeiten nicht als strahlende, auf einem Sockel erhöhte Beeindruckungsdinge präsentiert werden, sondern als „trostlose Trivialitäten aus Lumpen, Abfällen und Müll."[98] Mit der Fokussierung auf Kino und Film und der Verwendung von Bruchstücken aus der Popkultur – Bilder aus Pornofilmen (B+W Hein) oder Werbe-T-Shirts (Export, Weibel) – bezog sich das Expanded Cinema ebenso auf die alltägliche Kultur der Massen. Zugleich wurde eine Identifikation damit auch in Manifesten und Bekenntnissen ausgestellt, etwa wenn Valie Export von „der frau" im Gegensatz zum „staat"[99] spricht oder wenn Peter Weibel das „Individuum" und den „sinnlichen menschlichen Körper" vom „bürgerlichen Don Quichotte"[100] abgrenzt. Aber auch von der serbischen Opposition wurde eine solche programmatische Orientierung „nach unten" wiederholt in Szene gesetzt. In ihren Selbstdarstellungen zeigten die Demonstrierenden beispielsweise eine Identifikation mit den Subkulturen der Punks, aber auch mit aufrührerischen Hunger-Demonstrationen, die sich lautstark mittels Einschlagen auf Töpfe und Deckeln Gehör verschafften. Ganz explizit ausgestellt wurde eine solche Bezugnahme jedoch dann, wenn während des bereits angesprochenen Reich-Festivals (1997) *Lust*

---

94 Franz Jung, *Der Weg nach unten. Aufzeichnungen aus einer großen Zeit*, Hamburg, 1961.
95 Hugo Ball, *Flametti oder Vom Dandysmus der Armen*, Berlin, 1918.
96 Hausmann, Pamphlet gegen die Weimarische Lebensauffassung, 1977, S. 50.
97 Ebd.
98 Raoul Hausmann, „Was die Kunstkritik nach Ansicht des Dadasophen zur Dada-Ausstellung sagen wird" (1920), in: *Dada Berlin. Texte, Manifeste, Aktionen,* hg. v. Hanne Bergius und Karl Riha, Stuttgart: Reclam, 1977, S. 115-116, S. 115.
99 Valie Export, TAPP UND TASTFILM.
100 Weibel, Kritik der Kunst, 1973, S. 43.

DIE BEHARRLICHKEIT DES NEUERFINDENS 55

11. *Listen, Little Man, Lust for Life – Wilhelm Reich Festival,*
Kalemegdan, Belgrad, 1997. © Vesna Pavlović

for Life oppositionelle Gruppen eine umfangreiche Performance-Reihe mit dem Titel *Listen Little Men* (Abbildung)[101] veranstalteten oder als 1992 die bereits erwähnte Künstlergruppe namens „Škart" gegründet wurde, was soviel wie „Abfall", „Abschaum" oder „Ausschuss" bedeutet.

Diese Bezugnahme auf die Masse, den Mann oder die Frau von der Straße bzw. den „kleinen Mann", sichert den Diskurs ab, indem dieser über solche Figuren eng an das Wirkliche, Echte, Wahre und Authentische angebunden wird. Denn solchen, wie Michel de Certeau[102] sie genannt hat, „allgemeinen Personen", wird meist zugesprochen, einen unmittelbaren, direkten Bezug zur Wirklichkeit und zum Authentischen unterhalten zu können. Ästhetische Verfahren sind allerdings nötig, um auf sie und ihre Welt aufmerksam zu machen, was zum Beispiel deutlich wird, wenn der Dadaist Hausmann von „Plakatgedichte(n, A.S.) aus Druckerbuchstaben" spricht, „die die neue Nacktheit ausriefen."[103] Diese „allgemeinen Personen" stehen zudem auch für die Universalität des Diskurses, d.h. durch das Hereinholen von solchen Figuren wird nicht nur ausgesagt „Das ist eine reale, eine wahre

---

101 Bezogen auf das Buch: Wilhelm Reich, *Listen Little Man*, New York, 1973.
102 Michel de Certeau, *Kunst des Handelns*, Berlin, 1980, insbes. S. 35ff.
103 Hausmann, Dada empört sich, 1977, S. 6.

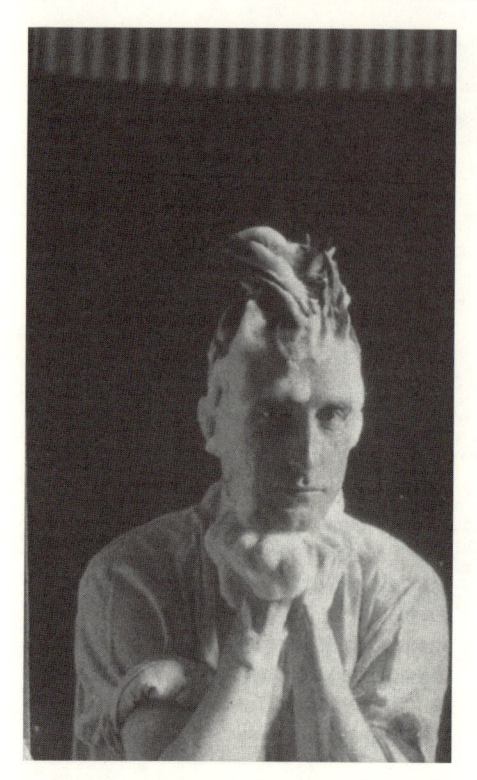

12. Foto von Marcel Duchamp für *Obligation pour la roulette de Monte-Carlo*, Man Ray, 1924. © VG Bild-Kunst und Centre Pompidou, Musée national d'art moderne, Paris

Geschichte", sondern auch „Das hier Gesagte gilt für alle, die sich mit Wahrheit und Realität verschwägern wollen".[104]

Mit der Köpfung der Könige und der Verulkung der Geistlichen in der Moderne haben sich demnach auch Bilder sprunghaft verbreitet, die nicht mehr den herausragend Überdurchschnittlichen, d.h. den Herrscher oder die Fürstin, repräsentieren, sondern eben den Mann bzw. die Frau von der Straße, das Alltägliche. Ja, die mit der Moderne sich verbreitenden Diskurse benötigen die Stilisierung solcher Figuren sogar, um sich als legitim und universal ausweisen zu können. Denn sie sind genau davon gekennzeichnet, dass sie sich nicht mehr an Gott oder die Muse wenden, sondern an das Anonyme. Die Geste des „Dressing down", d.h. eines Sich-Ausstaffierens und Sich-Aufputzens, bei dem man sich an den Primitiven, Wilden, Marginalisierten und in der gesellschaftlichen Hierarchie ganz unten Angesiedelten wie den Proletariern oder den Subproletariern orientiert, verbindet die hier untersuchten ästhetisch-politischen Praktiken somit in einer Vielzahl von Konnotationslinien mit auf den ersten Blick ganz unterschiedlichen Figuren: den sozialistischen oder faschistischen Arbeiterhelden, den Konsumenten und Konstu-

---

[104] Wie ich an anderer Stelle ausführlich untersucht habe, ist ein solches Sich-Wenden an den „kleinen Mann", die „Masse" oder „Menge" bzw. den „Proletarier" eine zentrale Diskursfigur der Moderne. Siehe: Schober, Blue Jeans, 2001, S. 233ff.

13. *Cosmetic Facial Variations*, Ana Mendieta, 1972. © courtesey Galery Akinci Amsterdam

mentinnen der Massenkultur und dem in der Moderne so ausgiebig besungenen „neuen Menschen" überhaupt. Die genannten Beispiele zeigen darüber hinaus aber auch, dass solche Figuren und Identifikationen auch in der zweiten Hälfte des 20. Jahrhunderts wieder mit einer utopistischen Sensibilität gelesen und auf diese Weise aktiviert und neu definiert werden. Wie die serbischen Beispiele gezeigt haben, wird auch heute, und ganz nachdrücklich offenbar in Milieus der Krise und des Umbruchs, ein Sich-Kleiden in Lumpen oder ein explizites Adressieren des „kleinen Manns" als Lösungs- und Versöhnungstaktik ausprobiert.

Neben solchen Identifikationen und Abgrenzungen kommt in den Selbstdarstellungen der genannten Bewegungen an manchen Stellen aber auch eine neue Unsicherheit bezüglich der Fixiertheit von Grenzziehungen bzw. eine Lust am Sich-Auflösen, Sich-Umformen und Sich-weiter-Transformieren zum Ausdruck. So ist von Man Ray noch eine Serie weiterer Porträts von Marcel Duchamp überliefert, von denen eines auch Eingang in die Duchamp-Arbeit *Obligation pour la roulette de Monte-Carlo* (1924) gefunden hat. Auf diesen Bildern (Abbildung) tritt uns Marcel Duchamp nur mit einem Hemd bekleidet und mit aufgekrempelten Ärmeln gegenüber, die Kopf- und Barthaare vollkommen eingeschäumt, als ob er beim Haarewaschen und Rasieren überrascht worden wäre. Dicker weißer Schaum verklebt die Haare, die Stirn und die Mundpartie, nur Augen, Nase und Mund sind frei davon, wobei Duchamp mit aus Haaren und Schaum geformten, hörner-

14. Aktion *Aphros*, Lucia Macari, 1997. © Lucia Macari

artigen Kopffortsätzen in diversen Posen auftritt. Auch hier haben wir es wieder mit einer Kreation des Selbst zu tun, allerdings einer, die scharfe Begrenzungen auflöst und ein Ausleben der Lust am Sich-Umbilden und am Entwickeln von Eigen-Sinn bzw. von Unsinn ausstellt. Nicht ein Sich-Herausschneiden aus der Umwelt wie beim Tonsur-Bild wird betont, sondern, ganz im Gegenteil, die Kehrseite jeder Form der Selbst-Gestaltung, ein hier über die Schaumblasen erfolgendes Sich-Verbinden mit den (Sauerstoff-)Elementen des Umgebungsraums.

Ähnlich wie das Motiv der Rasur ist auch ein Sich-Einschäumen und Sich-Verformen durch die unterschiedlichen Avantgarde-Milieus gewandert. Die in der USA lebende mexikanische Performance-Künstlerin Ana Mendieta zum Beispiel hat sich zu Beginn der 1970er Jahre ebenfalls mit eingeschäumten und skulpturenartig verformten Haargebilden fotografieren lassen (*Cosmetic Facial Variations*, 1972; Abbildung). Aber auch Kunstschaffende in der ehemaligen Sowjetunion haben mit ähnlichen Einschäum-Aktionen operiert, etwa die moldawische Künstlerin Lucia Macari, die 1997 gleich mehrere Personen zur Schaumparty *Aphros* (von „Aphrodite", der dem Schaum entstiegenen Göttin, Abbildung) versammelt hat. In einem mit Silikon-Schaum verformten bühnenartigen Setting operierten dabei Eingeladene sowie das dazugestoßene Publikum mit Unmengen an Rasierschaum, mit dem diesmal aber nicht nur Gesicht und Frisuren, sondern auch Körperformen und Kommunikationsrituale umgebildet wurden.

All diese Schaum-Performances lassen deutlich werden, dass ein Sich-Definieren stets auch mit Auflösung und Sich-Transformieren zu tun hat, wie ein Sich-Rasieren ja kaum jemals ohne Seife und Schaum, d.h. ohne ein mit der Neudefinition einhergehendes Verwischen des Vorherigen und vorbereitendes Aufweichen der Oberfläche, auskommt. Darüber hinaus zeigen sie nochmals, dass die Weitergabe und Umbildung einer dadaistischen Tradition manche ihrer Protagonisten auch mit Haut und Haaren involviert.[105]

Ungleiches Körper und die Taktiken des Verführens

Mit solchen spielerischen Verfahren und vielfältigen Querverweisen wenden sich all die hier untersuchten Bewegungen an ein Gegenüber, das häufig ganz direkt angesprochen wird. So geben die Dadaisten das Versprechen ab: „L'Art Dada wird ihnen eine ungeheure Erfrischung, einen Anstoß zum wirklichen Erleben aller Beziehungen bieten."[106] Die Expanded-Cinema-Aktivisten setzen Aufforderungen in Umlauf wie „experimentieren sie! machen sie es selbst" oder „stürzen sie ein theorem um, das theorem, daß film durch belichten von zelluloid entsteht. it's fun."[107] Und die serbische Opposition kommuniziert mit ihrem Publikum über – manchmal auch ironische – Appelle wie zum Beispiel: „Schau her, das Häufchen bewegt sich! oder „Sei kein Schaf, widersetze Dich!"[108] An all diesen Praktiken, Versprechungen und Aufforderungen zeigt sich ein Wille, auf die Angesprochenen einzuwirken – entweder durch Verführung und Einladung, durch Provokation und Verstörung, durch die Gewalt des Zertrümmerns oder durch Aufrufe und Forderungen. Dabei kann für diese Adressierung zweierlei festgestellt werden: Einerseits verfolgen sowohl die Dadaisten als auch das Expanded Cinema oder die serbische Opposition der 1990er Jahre ein Herstellen von Gleichheit. So wird etwa im „Dadaistischen Manifest" (1918) verkündet: „Dada ist ein Club, der in Berlin gegründet worden ist, in den man eintreten kann, ohne Verbindlichkeiten zu übernehmen. Hier ist jeder Vorsitzender, und jeder kann sein Wort abgeben, wo es sich um künstlerische Dinge handelt. Dada ist nicht ein Vorwand für den Ehrgeiz einiger Literaten (wie unsere Feinde glauben machen möchten), Dada ist eine Geistesart,

---

105 Zugleich erinnern diese Aktionen daran, dass der Name „Dada" einmal auch eine Seife bezeichnet hat, eine in der Schweiz seit 1891 angepriesene „Lilienmilchseife", die Hugo Ball in seinem auf der ersten Dada-Soirée am 14. Juli 1916 vorgetragenen „Eröffnungs-Manifest" auch angesprochen hat. Mit „Dada ist die Weltseele, Dada ist der Clou, Dada ist die beste Lilienmilchseife der Welt" hat er sie zu einem essenziellen Bestandteil der Bewegung gemacht und so vielleicht die Schaum-Performances späterer Generationen von „Dadaisten" angeregt. Abgedruckt in: *Dada Zürich. Texte, Manifeste, Dokumente*, hg. v. Karl Riha und Waltraud Wende-Hohenberger, Stuttgart: Reclam, 1992, 30. Die Lilienmilchseife Dada wurde wie die Lilien-Crème Dada oder das Dada-Haarwasser von der ursprünglich aus Dresden stammenden Firma Bergmann & Co angeboten. Darüber ausführlich: Raimund Mayer, „'Dada Ist Gross Dada Ist Schön' Zur Geschichte von 'Dada Zürich'", in: *Dada in Zürich*, hg. v. Hans Bollinger, Guido Magnaguagno und Raimund Mayer, Zürich: Arche-Verlag, 1985, S. 9-79, S. 25f.
106 Hausmann, Synthetisches Cino, 1977, S. 31.
107 Weibel, Expanded Cinema, 1969, S. 49.
108 Diese Parolen sind gesammelt und untersucht in: Ivan Čolović, „Palm-reading and 'The Little Serbian Fist'", in: *The Politics of Symbol in Serbia. Essays in Political Anthropology*, hg. v. ders., London: Hurst & Company, 1997, S. 295-304.

die sich in jedem Gespräch offenbaren kann."¹⁰⁹ Die Expanded-Cinema-Aktivistin Valie Export stellte in Zeitungsartikeln die Forderung auf: „die frau muss die gleichen sozialen rechte haben wie der mann"¹¹⁰ Und die Demonstrationen in Belgrad wurden auch um einen gleichberechtigten Zugang zu den Medien und eine Anerkennung von demokratischen Wahlentscheidungen geführt. Auf diese Weise fordern all diese Bewegungen eine Verschiebung von Körpern – weg von dem für sie in den herrschenden Konventionen vorgesehenen Platz, hin zu einem anderen Ort, an dem sie gleichberechtigt agieren und öffentlich mitbestimmen können. Zugleich haben wir es aber andererseits in den von den verschiedenen Bewegungen kreierten Szenerien immer auch mit ungleichen Körpern zu tun. Denn in ihnen wird das Publikum wiederholt auf die Position jener zurückverwiesen, die nicht von selbst begreifen, die die neue Sprache oder das neue Leben (noch) nicht kennen und denen – über Provokationen wie über Erklärungen – eine veränderte Praxis beigebracht werden müsse, während die Sprechenden, also die Kunstschaffenden oder die politisch Aktiven selbst, wieder zu Verkündern eines neuen Lebens und zu „Lehrenden" der damit verbundenen Praxis werden.

Dieses Changieren zwischen dem Durchsetzen von Gleichberechtigung und dem Schaffen von neuen Ungleichheiten kommt gut in dem schon vom Titel her als „Aufklärungstext" gekennzeichneten Beitrag zum Ausdruck „Was ist der Dadaismus und was will er in Deutschland?" (1919). Einerseits wird hier von einer „überindividualen Bewegung des Dadaismus, der alle Menschen befreit" gesprochen, andererseits von der „Einführung des simultanistischen Gedichts als kommunistisches Staatsgebet", von einer „Einrichtung eines dadaistischen Beirats", der „sofortige(n) Durchführung einer großdadaistischen Propaganda" und von der „sofortigen Regelung aller Sexualbeziehungen im internationalen dadaistischen Sinn durch Errichtung einer dadaistischen Geschlechtszentrale."¹¹¹ Eine Ungleichheit der Körper kommt aber bereits dann zur Sprache, wenn Raoul Hausmann in einem retrospektiv verfassten Text berichtet, das Publikum wäre „toll vor Wut gegen uns" gewesen oder wenn er voll Stolz verkündet: „Überall schäumten die Gemüter über, wir aber blieben ruhig."¹¹² Die bei den dadaistischen Aktionen Involvierten erscheinen dann aufgeteilt in „souveräne Akteure" und „Propagandisten" einerseits und „affektiv Reagierende" und „passiv Nachbetende" andererseits. Ganz ähnliche Trennungen zeigen sich dann auch in den Aktionen des Expanded Cinema, wo ebenfalls provozierende und attackierende Künstler auf ein Publikum treffen, das als ein zu bearbeitendes dargestellt wird. Ganz plakativ wird eine solche Nicht-Gleichheit der involvierten Körper in der bereits erwähnten Aktion *Exit* von Peter Weibel inszeniert, wo das Publikum von der Leinwand her mit Leuchtraketen und Feuerwerkskörper beschossen wird, während der Künstler mit einem Megafon das Geschehen souverän mit Parolen begleitet, oder in einer gemeinsamen Aktion

---

109 Dadaistisches Manifest, 1977, S. 25.
110 Valie Export, „Wer nicht bemalt ist, ist stumpfsinnig", in: *Kronenzeitung*, 16.6.1973, S. 8.
111 Golyscheff, Hausmann, Huelsenbeck, Was ist der Dadaismus, 1977, S. 61f.
112 Hausmann, Dada empört sich, 1977, S. 9.

von Valie Export und Peter Weibel mit dem vielsagenden Titel *Publikumsauspeitschung*.[113] Aber auch die Demonstranten in Belgrad setzten mit belehrenden Slogans wie „Democracy is, when you are not shut up for being open" ebenfalls eine Differenz zwischen Wissenden und Unwissenden in Szene.

Dieser Anspruch, auf das Publikum einwirken zu wollen, wird stets mit der bereits erwähnten Feststellung einer engen, kausalen Beziehung zwischen der eigenen ästhetisch-politischen Intervention und einem ganz bestimmten Ergebnis auf einer politisch-ideologischen Ebene untermauert. Eine solche Verknüpfung stellt zum Beispiel das Dadaistische Manifest her, wenn dort behauptet wird: „Der Dadaismus steht zum erstenmal dem Leben nicht mehr ästhetisch gegenüber, indem er alle Schlagworte von Ethik, Kultur und Innerlichkeit, die nur Mäntel für schwache Muskeln sind, in seine Bestandteile zerfetzt."[114] Eine solche Kausalität wird aber auch hergestellt, wenn – wie bereits beschrieben – Bertolt Brecht die Verfremdung als Verfahren beschreibt, das den Dingen ihre Selbstverständlichkeit raubt, wenn Protagonisten und Protagonistinnen des Expanded Cinema von einer ästhetischen Praxis des „Zertrümmerns" sprechen, mittels der die Sinnlichkeit der Körper „befreit" werden könne oder wenn serbische Oppositionsgruppen in den 1990er Jahren ästhetische Taktiken wie die Parodie oder die Ironie als politisch effiziente Mittel gegen den herrschenden Bilderkult des Milošević-Regimes präsentieren.

Der solcherart in Szene gesetzten Kausalität steht jedoch stets die Schwierigkeit entgegen, die Effekte der eigenen avantgardistischen Verfahren wirklich kontrollieren zu können. Denn die in den Manifesten, Bekenntnissen und Interviews mehr oder weniger vehement artikulierte Intention kann die den Aktionen innewohnenden Handlungen und Äußerungen nicht so vollständig beherrschen, wie die darüber verbreiteten Erzählungen uns glauben machen möchten.[115] Die verschiedenen ästhetischen Interventionen zeitigen unter Umständen ganz andere Effekte als intendiert war. Auch davon berichten die einzelnen Bewegungen und ihr Publikum, allerdings meist weniger mit Euphorie aufgeladen, sondern verschämter und versteckter und oft erst retrospektiv. So stellt Raoul Hausmann zum Beispiel für die in Berlin 1920 durchgeführte *Große Internationale Dada-Messe* in einer später veröffentlichten Reflexion fest: „(Man konnte A.S.) Fotomontagen, Assemblagen und Plakate sehen, die alles übertrafen, was man bisher gesehen hatte (...) – aber das Publikum machte nicht mit, keiner wollte mehr DADA sehen."[116] Die ehemalige Expanded-Cinema-Aktivistin Birgit Hein hat die in den 1970er Jahren vollzogene Veränderung in der gemeinsamen Arbeit mit Wilhelm Hein in einem nachträglich

---

113 Solche Publikumsauspeitschungen wurden während des *kriegskunstfeldzugs* 1969 durchgeführt.
114 Dadaistisches Manifest, 1977, S. 23f.
115 Anna Schober, „Kairos im Kino. Über die angebliche Unvereinbarkeit von Subversion und Bejahung", in: *räumen. Baupläne zwischen Architektur, Raum, Visualität und Geschlecht*, hg. v. Irene Nierhaus, Felicitas Konecny, Wien: Edition Selene, 2002, S. 241-267. Vgl. auch die Auseinandersetzung mit den Lesarten von Jacques Derrida in Kapitel II.4.
116 Hausmann, Dada empört sich, 1977, S. 11.

geführten Interview folgendermaßen beschrieben: „Etwas später, bei der Documenta 6 (1977), wo wir noch einmal unsere Materialfilme gezeigt haben, wurde uns bewußt, dass wir nur noch selbstreferentiell arbeiteten. Wer die Codes, die wir benutzten, nicht verstand, konnte auch nicht nachvollziehen, was an unserer Arbeit denn so radikal und avantgardistisch sein sollte."[117] Und die Studentin und spätere Otpor-Aktivistin Milja Jovanovic hat die Aktionen der Protestbewegung in einem 1999 geführten Interview so charakterisiert: „Die bisherigen Proteste haben alle nichts gebracht. 1991 ist acht Jahre her, die Demos von 1992 sind sieben Jahre her, 1996/97 ist drei Jahre her, und an der Oberfläche hat sich nichts verändert. Die Opposition ist dieselbe. Unter der Oberfläche aber hat sich die soziale Lage verschlechtert. Die Leute sind sehr, sehr arm geworden."[118]

Die Unkontrollierbarkeit der Effekte der ästhetischen Interventionen wird anhand von deren Rezeptionsgeschichten sofort offensichtlich.[119] So wurden dadaistische Eingriffe unter Umständen als verkrampfte Versuche, Bürger zu schrecken und die Heiligtümer anderer zu bespucken, gelesen,[120] sie wurden selbst wieder zum Ausgangspunkt für Parodien und Verulkungen gemacht[121], und die beteiligten Aktivisten wurden ganz entgegen der von ihnen stets vorgetragenen Abgrenzungsversuche als „Expressionisten" beschimpft. Ähnlich vielfältig waren dann auch die Lesarten der Aktionen des Expanded Cinema. Zeitschriftenartikel kommentierten manche der Aktionen mit süffisantem Unterton als erotische Ausnahme-Spektakel,[122] während die Beteiligten selbst darauf beharrten, mit solchen Eingriffen „Befreiung" von der herrschenden Ordnung durchgesetzt zu haben.[123] Und während Künstlergruppen wie Škart oder Led Art bzw. die demonstrierenden Oppositionellen zum Jahreswechsel 1996/97 die Befürworter des Milošević-Regimes

---

117 Interview mit Gabriele Jutz, 2004, S. 127.
118 Milja Jovanovic in: Belgrad Interviews, 2000, S. 149.
119 Eine ausführliche Auseinandersetzung mit der Rezeptionsgeschichte der bekannten Expanded-Cinema-Aktion *Tapp & Tastkino* von Valie Export zum Beispiel wurde von mir auf der Tagung *räumen* im Sommer 2001 in Wien präsentiert und ist publiziert als: Schober, Kairos im Kino, 2002.
120 Zum Beispiel: Kurt Tucholsky, „Dada", in: *Berliner Tagblatt*, 20. Juli 1920. Wieder abgedruckt in: Kurt Tucholsky. Gesammelte Werke, hg. v. Mary Gerold-Tucholsky und Fritz J. Raddatz, Bd. 1, Reinbek bei Hamburg: Rororo 1960, S. 702.
121 Eine Vielzahl von Beispielen findet sich in: Hans Jürgen-Hereth, *Dada Parodien*, Siegen, 1998.
122 So wurde die Aktion *Tapp & Tastkino* in der Zeitschrift *Der Spiegel* folgendermaßen besprochen: „Das sollte man Valie Export: anfassen. Die Wiener Verfechterin neuer Kunstformen trug einen Blechkasten an der bloßen Brust, und Gäste waren geladen, durch die Röhre beide Hände nach Valie auszustrecken. ‚Es lohnt sich', verriet ein Ordnungsmann nach dem Zugriff: der Mann hatte damit an einer Vorführung des ‚ersten Tapp- und Tastfilms' teilgenommen. Denn, so deutet der Valie-Freund Peter Weibel aus Wien: Der Blechkasten ist ein Kinosaal, ‚nur etwas kleiner', und darin wird ‚ein echter Frauenfilm' gezeigt." Aus: *Der Spiegel*, Nr. 17, 1969, S. 194.
123 Dazu Valie Export und Peter Weibel in: Hilde Schmölzer, *Das böse Wien. 16 Gespräche mit österreichischen Künstlern*, München: Nymphenburger, 1973, S. 182.

mittels Parodie, Montage oder Verfremdung provozierten sowie eigene Projekte und Wünsche sichtbar machen wollten, haben diese die unkonventionellen Formen als Indiz für eine „anti-serbische Haltung" bzw. für die „Manipuliertheit" oder sogar für die „faschistische Gesinnung" der Oppositionellen gelesen.

Die von den Bewegungen unter Zuhilfenahme ästhetischer Taktiken produzierten Aktionen können demnach als „zwiespältig" bezeichnet werden, d.h. auch wenn sie darauf ausgerichtet sind, anderen Mythen und Ideologien zu widersprechen, entziehen sie sich der Kontrolle der Subjekte und gehen für alle unerwartete Verknüpfungen ein.[124] Es gibt keine A-priori-Garantie dafür, dass die von den verschiedenen Aktionen in Gang gesetzten Rezeptionsgeschichten eine bestimmte Gestalt annehmen werden: die einer „Bewusstseinskrise", „einer Sozialisierung von Sexualität" oder eines „kritischen Bewusstseins". Die verschiedenen ästhetischen Eingriffe zeugen so zwar von Ansprüchen an Raum, Öffentlichkeit und Neu-Bedeutung, das, was im öffentlichen Raum dann geschieht und aufeinander reagiert, ist aber stets schon in einen Streit mit anderen Handlungen und den damit verbundenen Ansprüchen verstrickt.

Die verschiedenen Bewegungen verwandeln in ihren Erzählungen eine solche Möglichkeit des Eingreifens in ein Wahrnehmungs- und Ordnungsgefüge jedoch in eine politische Gewissheit. Eine der zentralen Verführungsstrategien avantgardistischer wie neoavantgardistischer Bewegungen scheint demnach darin zu bestehen, die Unkontrollierbarkeit der eigenen Verfahren und Handlungen zu überspielen. In den um ihre Interventionen herum erfundenen Erzählungen und Geschichten zeigen sie sich dann meist als schon dort angelangt – in der Befreiung, in der Aufklärung, im Bruch, in der Dekonstruktion, im Unsinn, im Mythos und im ekstatischen Taumel –, wohin sie, ihren eigenen Aussagen zufolge, mit den von ihnen angewandten Verfahren doch offenbar erst gelangen möchten. Mit der steten Anwendung solcher Verführungstaktiken fixieren diese Bewegungen aber nicht nur zentrale Züge der Avantgarde-Tradition, sondern sie verbindet sich so auch mit dem klassischen Emanzipationsdiskurs. Denn auch in diesem gehen meist, wie Ernesto Laclau gezeigt hat, „die emanzipierten Identitäten dem Emanzipationsakt voraus (...) – aufgrund ihrer radikalen Andersheit gegenüber den Kräften, gegen die sie opponier(t)en."[125] Womit auch die enge Korrelation zwischen den eher künstlerisch operierenden und den explizit politischen Emanzipationsbewegungen noch einmal deutlich greifbar wird.

---

124 Als abstrahierenden und damit die Lebendigkeit und Pluralität des Öffentlichen stark reduzierenden Überbegriff für das Sich-Ergeben von solchen Verkettungen haben Ernesto Laclau und Chantal Mouffe den Begriff der „Artikulation" vorgeschlagen und gezeigt, dass darüber relative und prekäre Fixierungen zwischen Elementen hergestellt werden, deren Identität als Resultat der artikulatorischen Praxis auch selbst modifiziert wird. Siehe: Ernesto Laclau und Chantal Mouffe, *Hegemony & Socialist Strategy. Towards a Radical Democratic Politics*, London und New York, 1985, S. 105.

125 Ernesto Laclau, „Jenseits von Emanzipation", in: *Emanzipation und Differenz*, hg. v. ders., Wien: Turia+Kant, 2002, S. 23-44, S. 43.

In gewisser Weise ist die Erfindung und Anwendung solcher Verführungstaktiken dem Fluss politischen Handelns selbst eingeschrieben. Die beharrliche Präsenz solcher Verführungstaktiken quer durch das 20. Jahrhundert zeigt also auch: An der Grenze zwischen „altem" und „neuen Leben" kann man sich nicht aufhalten oder gar einrichten. Mit dem Entwickeln solcher Strategien kann eine solche Grenzsituation jedoch überspielt werden, indem man sich bereits im jenseitigen, neuen, begehrten Gefilde verortet – wodurch diese Taktiken zu einem so wichtigen Bestandteil der Konstitution von „klassischen" Emanzipationsdiskursen geworden sind. Eine solche dichotome Gegenüberstellung von „altem" und „neuem" Leben bzw. von „Sich-Emanzipierenden" und „Unterdrückern" ist jedoch keine notwendige. So ist es zum Beispiel auch möglich, von einer gegenseitigen Bedingtheit beider, d.h., von einem Anteil des „alten" am „neuen Leben" auszugehen bzw. davon, dass unterdrückt zu sein Teil der eigenen Identität ist, die um Emanzipation kämpft – was zur Entwicklung neuer politischer Vorgangsweisen führen könnte.[126]

Mit der Anwendung der beschriebenen Verführungstaktiken wird von diesen Bewegungen also auch von der mit dem eigenen Handeln verknüpften Ungewissheit abgelenkt. Als Teil der vielgliedrigen Prozesse der Weitergabe und Umbildung avantgardistischer Praktiken hat sich im 20. Jahrhundert demnach auch eine Tradition des Vergessen-Machens der Zwiespältigkeit der eigenen Handlungen bzw. eines „Einfrierens" der Behauptung der politischen Effektivität ästhetischer Formen herausgebildet. Auch dies ist allerdings keineswegs notwendiger Bestandteil von emanzipatorischen Prozessen, ganz im Gegenteil: Die Präsenz der Vielfältigkeit möglicher Rezeptionen sowie die kontingenten Effekte der eigenen Handlungen können ebenfalls anerkannt werden – ja, dies erscheint sogar als ein wichtiger Bestandteil einer lebendigen, demokratischen, politischen Kultur.

Um die bereits angesprochenen Traditionen, die „eingefrorene" Konzepte wie auch beweglichere und innovativere Umgangsformen beinhalten und mit denen auch kulturkritische Positionen auf das Engste verbunden sind, besser einschätzen zu können, müssen sie in ihrer verschränkten Herkunftgeschichte jedoch noch genauer untersucht werden – was in Form einer (pluralen) Geschichte der politischen Beurteilung ästhetischer Taktiken im zweiten Kapitel dieses Buches geschehen wird. Zuvor sollen jedoch die neben den hier aufgezeigten Konnotationslinien ebenfalls feststellbaren Brüche, der historische Wandel sowie die geografischen Verlagerungen in Zusammenhang mit der hier untersuchten Geschichte der politischen Nutzung von Ironie, Montage oder Verfremdung kurz vorgestellt werden.

---

126 Laclau, Jenseits von Emanzipation, 2002, S. 44.

I.2. Umbrüche: Konflikthaftes In-der-Welt-Sein und die Form der Wahrnehmung

Die Französische Revolution und die Ausbreitung von Emanzipation

Auf einem während der Französischen Revolution verbreiteten Stich (Abbildung) sieht man einen Zug von Frauen, die Stöcke, Hacken, Sicheln, Bajonette und Schwerter hochhalten sowie ein Schild mit sich führen, das vom Zeichen der Gerechtigkeit, einer ausbalancierten Waage, geschmückt und von der phrygischen Mütze der *Sans Culottes* „gekrönt" ist. Eine der Anführerinnen begleitet den mit diesen visuellen Zeichen markierten „Aufruhr" mit Trommelgeräuschen und eine weitere prescht mit dem Pferd nach vorne und gibt offenkundig die Richtung des Frauenzuges vor. Der Stich ist mit dem Schriftzug „Avant-Garde des Femmes Allant à Versailles" untertitelt und bezieht sich damit auf ein zentrales Ereignis der Französischen Revolution. Am Montag, den 5. Oktober 1789, waren Bewohnerinnen und Bewohner des Arbeiterviertels St. Antoine sowie Händlerinnen und Händler aus dem Pariser Marktgelände ‚Les Halles', in der Mehrzahl jedoch Frauen, zum Rathaus von Paris marschiert, um Brot zu verlangen. Nachdem ihre Forderungen kein Gehör gefunden hatten, stürmten sie das Rathaus, organisierten Waffen und machten sich in einem wachsenden Aufmarsch von letztendlich etwa 8.000 bis 10.000 Personen auf nach Versailles. Dort konnten sie nach stundenlangen Verhandlungen erreichen, dass Ludwig XVI. ihnen nicht nur Mehllieferungen und fixe Preise zusicherte, sondern auch die Zusage machte, zwei Dekrete zu unterschreiben, welche die Akzeptanz der Verfassung und die Deklaration der Menschenrechte garantierten. Wie dieser Stich zeigt, wurden die „Frauen von Versailles", wie sie auch genannt worden sind, kurz nach dem 5./6. Oktober als „Avant-Garde" und „Heroinnen der Revolution" gefeiert. Auch wenn sie bald darauf bereits wieder verspottet, verunglimpft oder verschwiegen wurden, so blieben sie doch ein beharrlich zitierter Referenzpunkt für das politische Aufbegehren nachfolgender Generationen. So sprach bereits wenige Jahre später, am 12. Mai 1793, die ‚Société des Citoyennes Républicaines' die „Frauen vom 6. Oktober" in ihrem Gründungsaufruf explizit an und forderte: „Frauen des 6. Oktober, kommt wieder heraus! Zwingt diese eiskalten Männer, die die Gefahren der Revolution ganz ruhig mit ansehen, ihre unwürdige Apathie abzulegen (...). So sollen Kompanien von Amazonen aus unseren Vorstädten, aus Hallen und Märkten dieser ungeheuren Altstadt herausziehen. Dort nämlich wohnen die wahren Bürgerinnen, jene, die in diesen Tagen der Verderbtheit noch immer reine Sitten bewahrt und als einzige den Preis von Freiheit und Gleichheit gespürt haben."[127]

Solche Aufrufe, die Frauen (und Männer) auffordern, ihre Arbeits- und Wohnräume zu verlassen, um politische Akteurinnen und Akteure zu werden, häuften

---

127 Transkription und Übersetzung zitiert nach: Susanne Petersen, *Marktweiber und Amazonen. Frauen der Französischen Revolution. Dokumente, Kommentare, Bilder*, Köln, 1987, S. 179.

15. *Avant-Garde des Femmes Allant à Versailles*, 1789.
© Bibliothèque nationale de France, Paris

sich etwa hundert Jahre später während der in verschiedenen europäischen Ländern vor dem Ersten Weltkrieg massiv stattfindenden Wahlrechtsdemonstrationen. Im Zuge dieser Demonstrationen traten Frauen und Männer auf der Bühne der Stadt auf, um die Beteiligung an politischen Entscheidungsprozessen einzufordern. Der Kollektivkörper der Marschierenden nahm dabei je ganz bestimmte, sich historisch wandelnde Formen an, d.h., im Zuge der verschiedenen Aufmärsche und Demonstrationen etablierten sich spezifische Inszenierungsformen mittels mitgeführter Fahnen, Banner, Wagen und Schriftzüge, gewisse Formen des Schreitens, Sich-Kleidens und der gestischen und akustischen Kommunikation mit dem Publikum und der Polizei sowie bestimmte Regeln bezüglich der dabei zurückgelegten Wegstrecken.[128] Die auf diese Weise sich bildenden politischen Bewegungen okkupierten über die Gründung von Agitations- und Versammlungslokalen, die Einrichtung von Treffpunkten und das Gestalten von Werbeflächen auch andere Räume der Städte und Ortschaften und zeugten so von einem zunehmend präsent werdenden Widerstreit einer Pluralität von Inszenierungen politischer Positionen.

---

128 Bernd Jürgen Warneken, „‚Die friedliche Gewalt des Volkswillens.' Muster und Deutungsmuster von Demonstrationen im deutschen Kaiserreich", in: *Massenmedium Straße. Zur Kulturgeschichte der Demonstration*, hg. v. ders., Frankfurt/Main und New York: Campus Verlag, 1991, S. 97-119, S. 105f.

Im Laufe des 20. Jahrhundert haben sich diese raumgreifenden Inszenierungen des Politischen in Form von Demonstrationen, von Hausbesetzungen oder von Werbe- und Wahlkampfstrategien dann weiter ausgebreitet und dabei erneut verwandelt. Demonstrationen beispielsweise sind seit den 1960er Jahren zunehmend karnevalesker geworden und zugleich stärker von künstlerischen Performance-Auftritten durchwachsen.

Bewegungen wie etwa die der Arbeiter, der Frauen oder später der Homosexuellen konstituierten sich also, indem sie über Raumbesetzungen sowie die gezielte Verbreitung von Bildern und Statements eine spezifische ästhetisch-politische Präsenz erzeugten und sich so innerhalb des vielstimmigen Gemenges des öffentlichen Raums von anderen Positionen unterscheidbar machten. Sie sind zugleich Ausdruck wie auch Agenten von Veränderungen, die mit der Französischen Revolution eintraten. Claude Lefort, der diesen Wandel untersuchte, konnte zeigen, dass sich damit – und zwar trotz aller milieuspezifischen Differenzen und pluralen Geschichtsentwicklungen, die ebenso festgestellt werden können – eine Welt herauszubilden begann, die von einer tiefen, unüberbrückbaren Kluft gegenüber überkommenen Traditionen und ihrer religiösen und sozialen Struktur geprägt und von einer ganz neuen Konflikthaftigkeit gekennzeichnet war.[129] Eine zentrale Differenz zwischen traditionellen und modernen Gesellschaften besteht für ihn in der spezifischen Weise, wie sie das menschliche Zusammensein „in Form" setzen.[130]

In der Gesellschaft des *Ancien Regime* wurden Zusammenhalt und Identität durch das Bild des Königs repräsentiert. Der Körper und der Kopf des Königs bildeten die Spitze der Gesellschaftspyramide und verkörperten zugleich das Heilige und Mystische, die politische Gemeinschaft und die Nation. Mit den durch die Französische Revolution ausgelösten Umwälzungen wurde der Gesellschaftspyramide diese Spitze abgebrochen – der König wurde abgesetzt, geköpft und verschiedenenorts wurden auch die ihn repräsentierenden Statuen gestürzt oder sein Bild verspottet. Zugleich wurden die Embleme der Monarchie (der Thron des Königs, Fahnen, königliche Stoffe, Wappen des Adels etc.) öffentlich und in feierlichen Akten zelebriert verbrannt – was, wie ein Gemälde von Pierre-Antoine Demachy (*La Fête de L'Unité*, 1793, Abbildung)[131] zeigt, wiederum repräsentiert und dadurch beworben wurde. Durch solche öffentlichen Handlungen wurde der zentrale Platz politischer Macht nachdrücklich leer geräumt. Zugleich bildete sich eine neue Art

---

129 Politische Repräsentation ist, so Claude Lefort, unumgänglich. Politische Kollektivkörper müssen in Szene gesetzt werden, können also nur in stellvertretender, symbolischer Darstellung erscheinen, was auch bedeutet, dass es einen notwendigen, konstitutiven Abstand oder eine Lücke zwischen Repräsentierten und Repräsentanten gibt. Was sich verändert, ist demnach nicht, ob in Szene gesetzt wird oder nicht, sondern die Art und Weise des In-Form-Setzens und In-Sinn-Setzens von Gesellschaft. Dazu: Claude Lefort, *Fortdauer des Theologisch-Politischen*, Wien, 1999, S. 22 u. S. 99.
130 Ebd., 1999, S. 51f. Vgl. Claude Lefort, „The Image of the Body and Totalitarianism", in: *The Political Forms of Modern Society. Bureaucracy, Democracy, Totalitarianism*, hg. v. ders., Cambridge und Massachusetts: Polity Press, 1986, S. 292-306, S. 302f.
131 Das Gemälde befindet sich im Musée Carnavalet in Paris.

16. *La Fête de L'Unité*, Pierre-Antoine Demachy, 1793. © Musée Carnevalet, Paris

des In-Form-Setzens des Gesellschaftskörpers heraus, die nun von einem von zahlreichen politischen Protagonisten (und bald auch schon Protagonistinnen) ausgetragenen Streit um die temporäre Erlangung von Macht gekennzeichnet war. Die neuen politischen Repräsentanten waren damit nicht mehr aufgrund von Tradition an der Spitze der politischen Pyramide platziert, sondern erreichten diese Positionierung durch einen Prozess, im Zuge dessen sie die zu Repräsentierenden, das sogenannte „Volk", überzeugen und zur Bestätigung und später dann zur Stimmabgabe verführen mussten. Für diese Überzeugungsarbeit wurden neue Symbole kreiert – Fahnen, Embleme, Poster, Plakate, Uniformen, Kleider- und Selbstinszenierungsstile etc. –, durch welche die verschiedenen Positionen unterscheidbar gemacht werden konnten. Im Unterschied zu den traditionellen, monarchischen oder kirchlichen Emblemen mit ihren von überlieferter Autorität festgelegten Bedeutungen waren diese Symbole nun jedoch auf neue Weise offen für eine permanente Interpretation und Befragung. Dabei wurden die von den verschiedenen politischen Bewegungen ins Spiel gebrachten Embleme – je stärker es ihnen durch das Verbreiten von Faszination und Involvierung gelang, den zentralen Platz der Macht einzunehmen – selbst transformiert: etwa indem sie zu Verkörperungen einer ansonsten im Gesellschaftskörper abwesenden „Fülle" des Zusammenseins aufgeladen wurden.[132] Mit der Französischen Revolution bildete sich demnach ein Dis-

---

132 Ernesto Laclau bezeichnet solcherart aufgeladene Zeichen auch als „signifiers of an absent fullness" oder „empty signifiers." Siehe: Ernesto Laclau, „Was haben leere Signifikanten mit Politik zu tun?", in: *Emanzipation und Differenz*, hg. v. ders., Wien: Turia+Kant, 2002,

kurs heraus, der das Konzept verbreitete, die Ausübung von politischer Macht benötige einen periodisch wiederkehrenden Wettstreit – an dem nun auch Bilder, Performances und räumliche Anordnungen teilnahmen, deren Bedeutung wiederum Gegenstand von Verhandlung und Streit waren.

Das Auf-den-Tisch-Steigen der Revolutionäre

Auch von diesen Verschiebungen geben Bilder Zeugnis ab. So tauchten während und im Gefolge der Französischen Revolution vermehrt Darstellungen auf, die Revolutionsführer zeigten oder von ihnen erzählten, die sich, offenbar spontan, in einem Park oder während einer Versammlung auf einen Tisch geschwungen und von dort aus Reden an ein sich um sie sammelndes Publikum gehalten haben. Auf den Bildern sind – wie etwa die von einem anonymen Maler gestaltete Gouache *Motion au jardin du Palais Royal, Juillet 1789*[133] (Abbildung) zeigt – diese politischen Protagonisten durch Kleidung, Gestik und Haltung als Vertreter des revolutionären Aufruhrs kenntlich gemacht; umgeworfene Stühle und auf den Boden gefallene Papierstücke verweisen auf die Spontaneität der Szene, das simple Setting auf die Beweglichkeit des neuen politischen Paradigmas und das auf den Redner fixierte, ihn betrachtende, mit Gesten wie Klatschen oder Hutschwingen und lautstarken Rufen (sichtbar gemacht durch die weit offenen Münder) anfeuernde Publikum auf die neue Volksabhängigkeit politischer Macht.

Solche Indizien machen das Potenzial von Rede- und Versammlungsfreiheit greifbar und bewerben so auch die Notwendigkeit der Durchsetzung dieser beiden Grundrechte. Hier ist ein irdisches Szenario ins Bild gesetzt, bei dem potenziell jeder und jede auf einen Tisch steigen und politische Macht durch Selbstinszenierung, Reden, Gestik und andere Kunstgriffe des Überzeugens temporär generieren kann, ein solcher politischer Repräsentant jedoch – gleichsam als Kehrseite der

---

S. 65-78, S. 36ff. Laclau weist darauf hin, dass in verschiedenen Angleichungen seiner Position an jene von Claude Lefort genau dieser Punkt übersehen wird, dass nämlich die den leeren Platz der Macht (temporär) beanspruchende politische Kraft selbst in einen „signifier of emptiness" transformiert wird. Dazu: Ernesto Laclau, „Why constructing a ‚people' is the main task of radical politics", in: *Critical Inquiry*. Nr. 32/4 (Sommer), 2006, S. 646-680.

133 Die Gouache ist Teil einer in Bildern erzählten mehrteiligen Geschichte der Französischen Revolution und befindet sich in den Beständen des Musée Carnevalet in Paris. Das Bild stellt folgendes historisches Ereignis dar: Am 17. Juli 1789, kurz nach der eine Welle der Volksempörung auslösenden Entlassung des Finanzministers Nekker, welcher die massive Verschuldung der Monarchie über eine Publikation öffentlich gemacht hatte, ist der Revolutionsführer Camille Desmoulins im Palais Royal spontan auf einen Tisch gestiegen und hat eine aufrührerische Rede gehalten, die in der Folge den Sturm auf die Bastille nach sich gezogen hatte. Desmoulins berichtet in einem am 16. Juli 1789 geschriebenen Brief an seinen Vater von diesem Ereignis, das häufig in Bildern dargestellt worden ist. Der Brief ist zitiert nach: *Briefe aus der Französischen Revolution*, hg. v. Gustav Landauer, Bd. 1, Frankfurt am Main und Berlin: Rütten und Loening, 1922, S. 148-156.

17. *Motion au jardin du Palais Royal*, Juli 1789. © Bibliothèque nationale de France, Paris

Medaille – auch genauso schnell wieder von einem Tisch gestoßen werden kann, wie er dort Stellung bezog. Der während der Revolution eliminierte Körper des Königs wurde also nicht durch einen anderen, von überlieferter Autorität bestimmten Körper ersetzt, sondern von wechselnden Körpern sterblicher Wesen, die Macht durch Überzeugungsarbeit und die Verführungskraft ästhetischer Taktiken erst erzeugen müssen und die nach einer festgelegten Zeit abgelöst werden. Mit diesen in Zusammenhang mit der Französischen Revolution einsetzenden Verschiebungen wurde Politik zum Theater eines unkontrollierbaren Abenteuers, in dem das Volk potenziell die Rolle des Souveräns innehatte.

Auch wenn damit eine umfassende politische Neubearbeitung einherging, in der Begriffe wie Staat, Volk, Nation oder Vaterland eine neue Bedeutung erhielten und in neuer Form in Szene gesetzt wurden, so wirkten manche Elemente der politischen Praxis des *Ancien Regime* fort. Denn die Faszination, die den zugleich natürlichen wie übernatürlichen/heiligen Körper des Königs mit seinem Volk verband, verschwand mit den Ereignissen der Revolution nicht einfach als religiöse und politisch effektive Faszination aus dem Theater der Politik, sondern wurde übertragen – etwa ins heilige Bild des Volkes, der Nation, der Menschheit, des Geistes oder in die Körper ganz bestimmter politischer Führer. Sie wurde so, wie andere Bestandteile der politischen Repräsentation auch, zu neuen symbolischen Formen verarbeitet.[134]

---

[134] Lefort, Fortdauer des Theologisch-Politischen, 1999, S. 56f.

Bilder, die Revolutionäre zeigen, die auf Tische steigen und von solchen provisorischen, aber dennoch deutlich begrenzten Orten aus temporär politische Agitation betreiben, verweisen aber noch auf einen weiteren Prozess, der mit diesen politischen Umbrüchen einherging. Denn das neue In-Form-Setzen von Gesellschaft beinhaltete auch die Errichtung einer Bühne von „Politik im engeren Sinn" – sichtbar gemacht in diesem Fall durch einen solchen für alle deutlich wahrnehmbar begrenzten Tisch –, auf der solche Konflikte um die politische Macht für alle Augen und Ohren sichtbar und hörbar ausgetragen und in Szene gesetzt werden können.

Dabei dauerte und dauert die Auseinandersetzung darüber, wem das Recht zum Betreten dieser Bühne zukommt, quer durch das 19. und 20. Jahrhundert bis in die Gegenwart hinein an.[135] Nachdem Ende des 19. Jahrhunderts in Zusammenhang mit den Entwicklungen der emanzipatorischen Revolutionen in Frankreich oder auch in manchen deutschen Staaten Juden volle Bürgerrechte erhalten hatten, erkämpften sich Anfang des 20. Jahrhunderts zunächst die Arbeiter und später dann die Frauen das Recht, auf der Bühne der Politik im engeren Sinn präsent zu sein. Heute kämpfen Migranten und Migrantinnen bzw. die *Sans Papiers* für einen gleichberechtigten Zugang.

Hier kommt neben der „Politik im engeren Sinn" der für die in diesem Buch untersuchten Bewegungen so zentrale Begriff des „Politischen" zum Tragen, der eben solche Auseinandersetzungen um den Zugang zum Schauspiel der Politik und – in Verbindung damit – um die eigene Position in der Gemeinschaft und den Sinn der Welt benennt. Er bezeichnet also jenes öffentliche Handeln, das die Zugangsbeschränkungen zur Bühne der Politik oder andere Ordnungen der Dinge und Personen infrage stellt und/oder etwas aufblitzen lässt, das zum aktuellen Zeitpunkt unerreicht und begehrenswert oder utopiebesetzt erscheint. Der Begriff der „Politik" ist dem gegenüber für einen separaten sozialen Komplex reserviert, der auf eine sich ebenfalls erst herausbildende eigene Weise mit diesem beweglichen, lose gefügten Terrain des Politischen umgeht.[136]

Künstlerische Interventionen, wie die im vorhergehenden Kapitel dieses Buches präsentierten, sind in die hier vorgeschlagene Definition des Politischen eingeschlossen. Denn bezüglich der Provokationen, welche die Erscheinungsweisen des Seins und die Qualitäten derer, die auf einer gemeinsamen Bühne präsent sein dürfen, infrage stellen, kann hinsichtlich ihrer „ästhetischen" und „politischen" Qualität nicht unterschieden werden – ein verändertes In-Form-Setzen beinhaltet stets schon ein neues In-Sinn-Setzen *und* ein neues In-Szene-Setzen. Deshalb ist es, wie Jacques Rancière bemerkt hat, auch nicht ganz richtig, bezogen auf die Moderne

---

135 Zur Herausforderung der bürgerlichen Republik und der Demokratie durch das Proletariat: Karl Marx, *Der Achtzehnte Brumaire des Louis Bonaparte*, Berlin, 1946, insbes. S. 98f.
136 Zu dieser Unterscheidung: Laclau, New Reflections on the Revolution of Our Time, 1990, S. 68f.

von einer „Ästhetisierung der Politik" zu sprechen – denn diese agiere mit dem beschriebenen Umbruch dem Prinzip nach immer auch schon ästhetisch.[137]

Die Unterscheidung zwischen „Politik" und „dem Politischen" problematisiert auch einen linearen Begriff der „Demokratisierung", da damit offengehalten ist, dass mit dem Einreißen von Hierarchien und überlieferten Ordnungsgefügen stest auch neue Zuordnungen etabliert werden, die dann jedoch ebenfalls wieder infrage gestellt werden können. Zugleich ist dieser Umbruch von einer außerordentlichen Expansion der bildnerischen Darstellung von Vertretern und Vertreterinnen unterer gesellschaftlicher Schichten, zunächst in Form von Stichen und Lithografien, später dann vor allem in Form der Fotografie, des Films und der massenmedialen Werbeflächen, begleitet. Auch dies ist jedoch nicht Ausdruck einer eindimensionalen Entwicklung in Richtung einer stetig emanzipierteren Zukunft, sondern Indiz komplexer Verschiebungen jener Beziehungen (etwa zwischen den Klassen, Geschlechtern oder Ethnien), in denen definiert wird, wer auf wen mit welcher politischen Macht und welchen Effekten blicken kann.

Repräsentation hat sich demnach in der Moderne grundsätzlich gewandelt – von einem Medium, das in erster Linie der Huldigung diente, hin zu einem Mittel der Überwachung, Kontrolle und Zuweisung oder auch der Verführung, Bewerbung, Vermarktung und Herausforderung. Auf der Bühne der „Politik im engeren Sinn" werden Gesetze gemacht und Ordnungen festgelegt, die den politischen Gesellschaftskörper als Ganzes definieren und formen sollen. Zugleich ist das Geschehen auf dieser Bühne von dem sie umgebenden öffentlichen Raum des Politischen auch abhängig und muss hier mit rhetorischen Kunstgriffen und anderen ästhetischen Taktiken um Zustimmung werben. Hier, in diesem öffentlichen Raum, formiert sich zudem die „Masse" oder „Menge" durch die ästhetische Inszenierung von Kollektivkörpern sowie durch deren symbolische Markierung (durch Flaggen, Abzeichen, Uniformen, Selbstdarstellungsstile) und Namensgebung zu teils temporären, teils kontinuierlich präsenten Bewegungen, die herkömmliche Zuordnungen und Sinn-Setzungen hinterfragen, bestreiten und Alternativen präsentieren.[138]

Dabei wurde die Maxime „Freiheit, Gleichheit und Brüderlichkeit" von ganz unterschiedlicher Seite – zunächst von Juden, dann von Arbeitern und später von Frauen – aufgegriffen und in neuartige Praktiken übersetzt. Als Teil der Gemeinschaften, die sie formten, erfanden die Agierenden so zugleich logische und ästhe-

---

137 Jacques Rancière, *Das Unvernehmen. Politik und Philosophie*, Frankfurt am Main, 2002, S. 69.
138 Gottfried Korff hat gezeigt, in welcher Form Symbole und expressive Zeichen wie die Rote Fahne oder die geballte Faust – seit die gesellschaftliche Selbstwahrnehmung mit der Französischen Revolution solcherart von der Vorstellung der politischen Massenbewegung geprägt ist – eine neue, zentrale Bedeutung für die Herstellung von Identität und Zugehörigkeit gewonnen haben. Siehe: Gottfried Korff, „Rote Fahnen und geballte Faust. Zur Symbolik der Arbeiterbewegung in der Weimarer Republik", in: *Transformationen der Arbeiterkultur*, hg. v. Peter Assion, Marburg: Jonas-Verlag, 1986, S. 86-107.

tische Argumente und Schaustellungen, um zu zeigen, dass sie zwar potenziell „gleich", dabei aber aktuell „anders" waren als die Masse, aus der sie sich erhoben – d.h. „diskriminiert" waren, und dass zur Veränderung dieses Umstandes neue Gesetze und Sichtweisen nötig waren.[139] All diese Bewegungen setzten Taktiken der Irritation und Verführung ein, über die sie die in ihrem Milieu präsente, gleichsam „natürliche Ordnung" der Dinge zu provozieren versuchten. Durch die Anwerbung von Aktivisten und Aktivistinnen und die Ausbildung eines spezifischen „Stils" der Inszenierung eröffneten sie einen Raum, dem sich dann auch andere zugehörig fühlen konnte.

Wie die zahlreichen Parodien und Verfremdungen zeigen, die etwa im Zuge der Französischen Revolution auftraten – die allegorischen Leichenzüge, auf denen die Aristokratie zu Grabe getragen wurde, oder die Prozessionen langnasiger Prälaten – ist die Anwendung ästhetischer Taktiken Teil solcher Prozesse der politischen Subjekt-Werdung. Es sind also nicht nur die eigene Klassen- oder Geschlechtszugehörigkeit oder die Faszination einzelner Politiker oder Fragestellungen, welche die Formierung eines politischen Gemeinschaftskörpers provozieren, sondern dieser muss in Szene gesetzt werden, was zur Kreation neuer, um Aufmerksamkeit heischender Formen der politischen Selbstdarstellung führt, die auch selbst Zuwächse generieren können. Dabei wurde, wie die bereits dargestellten Beispiele gezeigt haben, die ästhetische Form der Sinnsetzung nun selbst von verschiedensten Seiten als ein Anknüpfungspunkt identifiziert, dem die Möglichkeit zugeschrieben wurde, die Entstehung eines politischen Gemeinschaftskörpers provozieren zu können. Von verschiedenen politischen sowie Avantgarde- und Neoavantgarde-Bewegungen des 20. Jahrhunderts wurden Formen wie die Montagetechnik, Parodie, Ironie oder Verfremdung als Mittel definiert, um ein „neues Leben" zur Durchsetzung bringen und zugleich herkömmliche Sichtweisen aufbrechen und zurückweisen zu können.

Das mit der Französischen Revolution sich durchsetzende „Regime" beinhaltete somit sowohl eine „Bühne der Politik" im engeren Sinn als auch den öffentlichen Raum des Politischen, wobei diese nicht ineinander aufgingen, sondern in einem spannungsreichen, abhängigen Verhältnis zueinander standen. Dieses Verhältnis konnte nie von einer Gruppe vollständig kontrolliert werden. Politische Macht etablierte sich nun über Erfolge, d.h. über das Erzielen von Zustimmung und Faszination, die in einer Auseinandersetzung gewonnen wurden, in der es stets auch um Sehen und Gesehen-Werden, Einordnen und Eingeordnet-Werden, Be-Deuten von Welt und Be-Deutet-Werden ging. Über solche Auseinandersetzungen wurden zunächst die urbanen, bald jedoch auch die ländlichen Räume einer zunehmend „verstädterten Welt"[140] auf neue Weise verwandelt.

Gleichzeitig mit dieser Herausbildung des öffentlichen, politischen Raumes im Gefolge der Französischen Revolution sind jedoch auch die Bereiche des Privaten und Familiären sowie der „Kunst im engeren Sinn" als komplementäre und manch-

---

139 Rancière, Das Unvernehmen, 2002, S. 48.
140 Zum Begriff der „verstädterten Welt" siehe: Henri Lefèbvre, *Die Revolution der Städte*, Frankfurt am Main, 1990, S. 7f.

mal auch kompensierende Rückzugsgebiete entstanden und aufgewertet worden. Paradoxerweise wurden, wie etwa Geneviève Fraisse[141] zeigte, in den mit der Erklärung der Menschenrechte in der Französischen Revolution erfolgenden Neudefinitionen der Staatsbürgerrechte die Frauen erstmals ganz explizit aus der Sphäre der Politik ausgeschlossen. Denn obwohl sie, wie die „Frauen vom 5./6. Oktober" demonstrierten, zentral an den Ereignissen der Revolution beteiligt waren, wurden die Frauenclubs bald nach der Revolution wieder geschlossen und die Bürgerinnen strikt auf einen nun als komplementär zur Sphäre des Öffentlichen, Politischen und Produktiven bewerteten Bereich des Privaten und der Reproduktion verwiesen. Frauen wurden so von der neuen politischen Ordnung ferngehalten, wobei ihnen zugleich jedoch die Aufgabe übertragen wurde, als das „Andere der Moderne" dasjenige, aus dem sie nun selbst ausgeschlossen waren, zu stützen.

Aber auch wenn sich in der Folge der Französischen Revolution solche Trennungen festgesetzt haben, waren nun zugleich stets andere Tendenzen präsent, die solche Grenzziehungen unterminierten. So stellten die Arbeiter und Arbeiterinnen beispielsweise eine Gruppe dar, die solche Neuaufteilungen in Verwirrung hielt und die sich schließlich zusammenschlossen, um weitere Veränderungen des Ordnungsgefüges anzustreben. Zugleich wurden seitens der Politik wie auch gesellschaftlicher Reformbewegungen Sachverhalte wie Erziehung, Fürsorge, Hygiene oder Familienplanung, die zunächst dem privaten Raum zugewiesen wurden, herausgegriffen und einer öffentlichen Verhandlung zugänglich gemacht, was im 20. Jahrhundert dann zur Ausbreitung einer Sphäre des „Sozialen" führte, die zum Teil die Komplementärbereiche des Öffentlichen und Privaten auch zurückdrängte.[142]

Indizien der Unterscheidbarkeit

Auf einem Foto (Abbildung), das laut Sammlungsvermerk am 26.03.1905 von der Agentur Meurisse in Paris gemacht wurde, ist eine Hausfassade mit zwei übereinanderliegenden Fenstern in Nahaufnahme zu sehen, die für eine politische Inszenierung umfunktioniert wurde.[143] Am oberen der beiden Fenster posiert eine klei-

---

141 Geneviève Fraisse, *Geschlecht und Moderne. Archäologien der Gleichberechtigung*, Frankfurt am Main, 1995, insbes. S. 89ff.
142 Dieser Prozess der Zurückdrängung der Sphäre des „Öffentlichen" und „Politischen" durch die des „Sozialen" steht im Zentrum von Hannah Arendts Überlegungen. Sie hat dabei besonderes Augenmerk darauf gelegt, diese Entwicklung mit einer Rekonstruktion des Potenzials des ihrer Meinung nach immer stärker verschütteten „Politischen" zu konfrontieren. Dazu: Hannah Arendt, *Vita activa oder: Vom tätigen Leben*, München und Zürich, 1981, insbes. S. 150f.
143 Das Foto befindet sich im Besitz der ‚Sammlung Herzog' in Basel. Über die Agentur Meurisse sind nur wenige Informationen bekannt: Louis Meurisse kam 1890 nach Paris und arbeitete hier zunächst für die damals bereits sehr bekannte Agentur Branger. 1904 machte er sich selbstständig und spezialisierte sich in der Folge auf Sport-Fotos (Flieger, Radfahrer, Autorennen), die sich heute in der ‚Bibliothèque Nationale' in Paris befinden. Zur Agentur

18. *26.03.1905 in Paris*,
Agentur Meurisse.
© Sammlung Herzog,
Basel

ne Gruppe von Menschen – zwei Männer, zwei Frauen und ein Kind. Unter dem Fenster, am Gesimse, hängt mit Schnüren befestigt ein großes weißes Spruchband, das die mit Schablonen aufgebrachte, leicht verschnörkelte Aufschrift „LA PROPRIÉTÉ c'est LE VOL. VIVE LA COMMUNE" trägt. Neben der Personengruppe im Fensterrahmen steht auf einem Papierstreifen gemalt „AU PEUPLE DE PARIS!" Am augenfälligsten ist jedoch ein anderes Detail: Links neben dem unteren Fenster baumelt eine fast lebensgroße Puppe mit langem Hals und weiß geschminktem Gesicht, umhüllt von einem schwarzen, als Mantel drapierten Tuch, aus dem unten zwei Füße hervorlugen. Der Kopf kippt an jener Stelle, an der die Aufhängeschnur befestigt ist, zur Seite, als ob es sich um einen Erhängten handeln würde. Auf der Brust der Puppe ist ebenfalls ein kleines Plakat mit einer Aufschrift befestigt, die jedoch aufgrund der dunklen Schatten, die das Papier wirft, nicht zu entziffern ist. Lesbar ist nur das untere, letzte Wort „vautour", das mit „Geier" oder „Aasgeier" übersetzt werden kann und die Gestaltung als Schmähung ausweist. Die schlaff nach unten hängenden Arme und Füße und der stark zur Seite geneigte Kopf der Puppe stehen in starkem Gegensatz zu den dynamischen Posen der Figu-

---

Meurisse siehe auch: Francoise Denoyelle, *La Lumière de Paris. Les Usages de la Photographie 1919-1939*, Paris, 1997, S. 68f.

ren am Fenster darüber: Die beiden Männer stützen sich, leicht nach vorne gebeugt und mit entschiedener Geste, am Gesimse auf, die Mütze des Jüngeren ist zurückgeschoben, um den Blick auf das Gesicht freizugeben, und beide schauen, wie auch die allerdings im Hintergrund bleibenden Frauen und das Kind mit direktem Blick in die Kamera.

Beim Betrachten dieses Fotos mustert das Auge die einzelnen Elemente – die Körper, die entschiedenen Gesten, Blicke, die Fahne und die Aufschriften oder das auffällige Muster der Spitzenvorhänge, und man sieht sich angehalten, in dieser Fülle an Details einen politischen Sinn zu ergründen. Denn, obwohl es sich bei der am Fenster platzierten Gruppe, bestehend aus Männern, Frauen und einem Kind, um eine private Zusammenkunft – etwa einer Familie oder von zwei befreundeten Ehepaaren – handeln könnte, ist sie über die rund um das Fenster angebrachten Schriftzüge zugleich auch als eine politische markiert. Über die auf Banner und Schriftband gemalten Parolen tritt die Gruppe demnach aus dem häuslichen Raum heraus, verbindet sich mit der „commune" und dem „Pariser Volk" und ist zudem von einer als „Diebe" oder „Aasgeier" diffamierten besitzenden Klasse abgesetzt, was eine sozialistisch oder anarchistisch gesinnte Positionierung der Inszenierung nahelegt. Zugleich ist die Gruppe zu klein und durch die Anwesenheit des Kindes auch zu sehr als privates Verhältnis ausgewiesen, als dass sie sich ganz eindeutig als politische Basisgemeinschaft identifizieren ließe. Das Foto stellt über all diese Indizien eine unauflösliche Spannung zwischen dem Privaten, Familiären und dem Öffentlichen, Politischen her. Die Kleidung der Männer – dunkler Übermantel oder dunkler Anzug, helles Hemd und Schirmmütze –, die das Fotografiert-Werden offenbar gewohnte, sichere Haltung sowie die aufsehenerregende Kombination aus Fahnen, Spruchbändern und Puppe verweisen darüber hinaus eher auf einen urbanen Zusammenhang als auf einen ländlichen oder kleinstädtischen. Die Schirmmütze ist dabei das in diesem Kontext am eindeutigsten definierte Zeichen – sie wurde in Frankreich seit etwa den 1890er Jahren mit „Arbeiterklasse" gleichgesetzt.[144] Zugleich lässt die sorgfältige Kalkulation der ganzen Inszenierung als Gruppenporträt einen ganz spezifischen Anlass vermuten, der dem Bild alleine allerdings nicht abgelesen werden kann.[145]

Dieses Foto führt nachdrücklich vor, dass nun – d.h. im urbanen, öffentlichen Raum um ca. 1905 – die Konstitution eines politischen Subjekts vor allem auch über die Erschaffung eines „Stils" der Selbstinszenierung erfolgte. Bewegungen wie jene, zu der sich die beschriebene Gruppe am Fenster zählt, bildeten sich, indem sie bestimmte Formen der Selbstaufführung (in Kleidung, Gestik, Mimik,

---

144 Dazu: Eric Hobsbawm, „Mass-Producing Traditions: Europe, 1870-1914", in: *The Invention of Tradition*, hg. v. ders. und Terence Ranger, Cambridge: Cambridge University Press, 1983, S. 263-307, S. 287.

145 Das Foto wurde kurz vor dem Vereinigungskongress der Französischen Sozialistischen Partei gemacht, der vom 23.-25. April 1905 in der ‚Salle du Globe' in Paris stattfand. Zu diesem Zeitpunkt haben heftige Auseinandersetzungen zwischen Arbeitern und Arbeitgebern den Pariser Alltag gekennzeichnet.

Haltung), der Rhetorik und der Inszenierung von um die Aufmerksamkeit anderer wetteifernden Werbeemblemen ausbildeten, ganz bestimmte Architekturen besetzten, sich Namen gaben und Traditionslinien konstruierten. In diesem Punkt gibt es zwischen künstlerischen und politischen Bewegungen keinen Unterschied.[146] Nicht nur das Bauhaus oder die Art-déco-Bewegung haben die Idee einer „neuen Möblierung" für eine „neue Gemeinschaft" verfochten, sondern auch die etwa gleichzeitig präsenten sozialistischen oder sozial-reformatorischen Gruppen.[147]

Diese Verwandtschaft wird auch am Werbematerial sichtbar, das sowohl politische als auch avantgardistische Gruppen einsetzten. So verteilte die französische, kommunistische Gewerkschaftsbewegung zwischen 1906 und 1911 kleine, verschiedenfarbige Werbezettel, auf denen sie die aktuelle politische Situation mit bissiger Ironie kommentierte: „Cette Affiche a été Payée Par Les Marchands De Canons" (Dieses Plakat wurde von den Kanonenhändlern bezahlt) stand auf einem zu lesen und „Engagez-Vous! Dans l'armée française. Bonne situation, Avenir assuré. En 3 Mois 500 Soldats Morts par manque de soin." (Werden Sie in der französischen Armee aktiv! Gute Situation und gesicherte Zukunft. In 3 Monaten 500 tote Soldaten, wegen Fahrlässigkeit) auf einem anderen.[148] 1920 haben die Dadaisten in Paris von Farbe, Material, Größe und Stil her ganz ähnliche Werbezettel eingesetzt, auf denen jedoch dadaistische, ironische Slogans wie „Dada. Société Anonyme pour l'exploitation du vocabulaire. Directeur: Tristan Tzara" (Dada. Anonyme Gesellschaft für die Ausbeutung des Vokabulars. Regisseur: Tristan Tzara) prangten.[149] Und bereits 1918 hatte Raoul Hausmann in Berlin vergleichbar gestaltete, allerdings vom Format her etwas größere Plakate in Umlauf gebracht, auf denen diesmal jedoch absurde, unlesbare Folgen aus Buchstaben und Satzzeichen zu lesen waren.[150] In all diesen Fällen haben wir es mit einem ähnlichen Phänomen zu tun: Von einem In-Szene-Setzen der Welt wird ein ganz bestimmtes In-Sinn-Setzen abgeleitet und umgekehrt.

Eine ähnliche Kombination der Selbstdarstellung von Gruppenmitgliedern inmitten von Plakaten mit aufgemalten Schriftzügen und aus Fundstücken gefertigten Puppen, wie sie auf dem von der Agentur Meurisse festgehaltenen Bild zu sehen ist, findet sich dann auch auf Fotos, die Dadaisten auf der in der ‚Kunsthandlung Otto Burchard' stattfindenden *Ersten Internationalen Dada-Messe* (1920) zeigen – womit diese Bilder auch die Präsenz solcher ästhetisch-politischen Praktiken in

---

146 Einen Unterschied gibt es jedoch, wie ich am Schluss dieses Buches herausarbeiten werde, darin, dass künstlerische Gruppen und einzelne Kunstschaffende auf die Kreation eines „Werkes" aus sind, während politische Gruppierungen eher auf eine momenthafte, flüchtige Intervention in ein je aktuelles Gefüge ausgerichtet sind.
147 Jacques Rancière, *The politics of aesthetics*, London und New York, 2004, 15.
148 Bibliothèque nationale de France, Estampes et photographies, Paris, Papillons Syndicalistes 1906-1911, Nr. 29 und 30.
149 Eine reichhaltige Sammlung dieser Handzettel befindet sich im Kunsthaus Zürich.
150 Posterplakat, Raoul Hausmann, OFFEAHBDC, 1918, Centre Pompidou Paris.

19. *Erste Internationale Dada-Messe, Kunsthandlung Otto Burchard*, Berlin, 1920. © *Dada Almanach*, hg. v. Richard Huelsenbeck, Berlin: E. Reiss, 1920

Deutschland dokumentieren. Auf einem dieser Fotos (Abbildung) posieren George Grosz und John Heartfield, Ersterer hemdsärmelig, aber mit Krawatte und Melone, der andere im dunklen Anzug. Auch hier zeigen beide eine gegenüber dem Fotografiert-Werden sichere, kalkulierte Haltung. Dabei sind ihre Körper jeweils frontal gegenüber der Kamera geöffnet, das Gesicht aber ist zur Seite gewandt, wobei beide einander fest in die Augen schauen und so tiefes Einverständnis bezüglich der auf dem Bild vermittelten Botschaft signalisieren. Denn eine solche wird auf dem großen, weißen Plakat, das sie demonstrativ vor die Kamera halten, auch ganz explizit ausgedrückt. Ähnlich wie der Schriftzug „PROPRIÉTÉ c'est LE VOL. VIVE LA COMMUNE" dem von der Agentur Meurisse gemachten Foto eine klare politische Richtung gibt, ist hier in einfachen, großen, dunklen Buchstaben zu lesen: „Die Kunst ist tot. Es lebe die neue Maschinenkunst TATLINS".[151] Auf die-

---

151 Die Berliner Dadaisten haben aber nicht nur über solche in der Dada-Messe mehrfach auftauchende Plakate, sondern auch in anderen Arbeiten – u.a. auch in einer Fotomontage von Raoul Hausmann *Tatlin lebt zu Hause* (1920) – eine Identifikation mit Tatlin und seiner „Maschinenkunst" inszeniert und den russischen Konstruktivisten damit zu einer Art Symbolfigur für den von ihnen angestrebten Umwertungsprozess in der Kunst stilisiert. Wie

se Weise wird, ähnlich wie in dem französischen Beispiel „Eigentum" durch Verfremdung zurückgewiesen wird, die herrschende Kunst durch Todsagung diskreditiert und gleichzeitig die eigene Praxis mit jener der Russischen Revolution und genauer noch der maschinisierten Kunst Tatlins, in gleichsam verwandtschaftliche Beziehung gesetzt. Wie auf dem Pariser Bild so gibt es auch auf diesem eine aus Krimskrams gefertigte Puppe, über welche die eigene Positionierung sowie die Abgrenzungen gegenüber anderen noch zugespitzt werden. Denn auf einem Sockel hinter den beiden und auf dem Bild damit gut sichtbar steht eine Skulptur,[152] für die wieder Dinge, die im Allgemeinen nicht zusammen auftreten, versammelt wurden, um eine Art Karikatur der Helden der Gegenwart zu schaffen: eine Schneiderpuppe, die, da sie nur ein Bein besitzt, an einen Kriegskrüppel erinnert, aber zugleich wie ein „Kriegsheld" mit Türklingeln, Messer und Gabel, einer Nummer und Buchstaben sowie einem „wirklichen" Orden hochdekoriert erscheint und die anstelle eines Kopfes eine leuchtende Glühbirne krönt. Diese Assemblage repräsentiert demnach nicht wie die Puppe auf dem Pariser Foto von 1905 die abzuschaffende, besitzende Klasse, sondern eine Verquickung von Verletzung und Huldigung, die das zeitgenössische (männliche) Selbst in den Augen der Dadaisten offenbar charakterisierte. Als Betrachterinnen oder Betrachter dieses Fotos sind wir jedoch gleichfalls angehalten, in dieser Fülle an Botschaften, einen zugleich ästhetischen und politischen Sinn zu entziffern und uns dabei selbst zu positionieren: aufseiten des „Es lebe" und des „Neuen" oder auf der Seite der „toten" Kunst und des Spießertums.

In beiden Fällen konstituieren sich Gruppen, indem sie den Geschmack, der sie als Gruppe zusammenhält, ausstellen. Die politische und ästhetische Dimension der dabei entstehenden Formen kann nicht getrennt werden, sondern beides ist zugleich präsent und unentwirrbar miteinander verstrickt. Was sich hier den Blicken offenbart, sind, wie etwa Claude Lefort es für das „Regime der Moderne" generell formulierte, „die Attribute der Macht, die unterscheidbaren Merkmale des Wettbewerbs, als dessen Einsatz sie erscheinen."[153] Damit spricht er implizit auch an, dass sich mit den die Moderne einläutenden Verschiebungen stets zugleich ganz unterschiedliche Gruppen und Institutionen an einem solchen Wettbewerb um die Auf-

---

Hanne Bergius herausgearbeitet hat, kannten sie Tatlin jedoch allein aus jenen Aufsätzen von Konstantin Umanskij, die dieser in der neuen Kunstzeitschrift *Der Ararat* im Jänner und Februar/März 1920 über „Neue Kunstrichtungen in Rußland", den „Tatlinismus" und „Die neue Monumentalskulptur in Rußland" veröffentlicht hat. Die dort dargelegten Vorstellungen einer Fusion von Kunst und Maschine trafen aber offenbar bei den Dadaisten auf ein starkes Echo. In *Der Dada I* (1919) forderten sie zum Beispiel ebenfalls plakativ „die Herstellung von Geist und Kunst in Fabriken". Siehe: Raoul Hausmann, „Alitterel. Delitterel. Sublitterel" (1919), in: *Dada Berlin. Texte, Manifeste, Aktionen*, hg. v. Hanne Bergius und Karl Riha, Stuttgart: Reclam, 1977, S. 54-56, S. 54. Vgl. Hanne Bergius, *Montage und Metamechanik. Dada Berlin – Artistik von Polaritäten*, Berlin, 2000, S. 50.

152 Diese trägt den Titel „Der wildgewordene Spießer Heartfield. Elektro-mechanische Tatlin-Plastik."
153 Lefort, Fortdauer des Theologisch-Politischen, 1999, S. 54.

merksamkeit anderer beteiligten. Hier gibt es nicht nur politische Bewegungen und Künstlergruppen, die versuchen, über die Ausprägung spezifischer Stile der Inszenierung des Eigenen öffentliche Präsenz zu gewinnen und andere zum Mitmachen oder zu einer Reflexion über die eigene Position in der Welt zu verführen. Auch die zeitgleich entstehenden Werbeabteilungen großer Korporationen oder die das urbane Leben auf neue Weise in den Blick nehmenden Reform- und Erziehungsdiskurse entwickeln nun Strategien, um die Wahrnehmung berechenbar, d.h. für ihre ökonomischen und didaktischen Zwecke verwertbar machen zu können. Und auch hier lassen sich wieder Ähnlichkeiten feststellen – etwa zwischen den sich nun neu formulierenden Strategien der Produktwerbung und den künstlerisch-politischen Taktiken der Dadaisten.

So tauchen in einer aus dem Jahr 1914 stammenden Ausgabe der Werbezeitschrift *Seidels Reklame. Das Blatt der wirtschaftlichen Werbung*, auf die in den Schriften der Berliner Dadaisten wiederholt angespielt wird,[154] Kostüme für sogenannte „Sandwichmänner" auf, die in verwandelter Form auch Eingang in die Veranstaltungen von Dada-Gefolgsleuten gefunden haben. Diese Bilder (Abbildung) zeigen die Menschen darunter vollständig verbergende Pappkonstruktionen in Gestalt von Flaschen oder umgedrehten, die Beine in die Luft streckenden und auf Händen gehenden Körpern mit plakativen Aufschriften und ähneln frappant jenen Kostümen, die manche Dadaisten oder mit diesen befreundete Künstler bei Paraden, Lesungen oder Vorträgen trugen bzw. beinhalten Textstrategien, die diese manchmal in parodistischen Werbeanzeigen imitierten. So heißt es zum Beispiel in einem Flugblatt, das im *Dada-Almanach* von 1920 wieder abgedruckt ist: „Haben Sie schon das Äußerste für Ihr Geschäft getan? Die Reklame ist der Weg zum Erfolg. Die Reklame, die Sie für Ihr Geschäft machen, genügt nicht. Ihre Reklame muß *psychologischer* und *weitblickender* werden. (...) Wir unterscheiden uns von anderen Reklameinstituten dadurch, daß wir nicht die gewöhnlichen Mittel verwen-

---

154 Siehe: Robert Höfel, „Reklameträger", in: *Seidels Reklame. Das Blatt der wirtschaftlichen Werbung*, Februar 1914, S. 73-78. Diese Zeitschrift wird von Max Engel in einem in *Die Rote Fahne* 1925 erschienenen Artikel über eine Agitprop-Ausstellung zum Parteitag in einem Atemzug mit den Arbeiten von Grosz und Heartfield und als Vorbild für Propagandaaktivitäten genannt: „So müssen wir (...) feststellen, daß die Klarheit des Ausdrucks, das künstlerische Niveau unserer Plakate, z.B. die Arbeiten von Grosz, Schlichter, Heartfield, Griffel u.a. von den bürgerlichen Parteien nicht erreicht werden. Das bedeutet allerdings nicht, daß wir nichts mehr zu lernen brauchen. Wir müssen ständig die Arbeiten der Reklame- und Druckfachleute beachten. Die mitausgestellten Fachzeitschriften „Seidels Reklame", „Die Reklame", „Offsetdruck" bieten auch für unsere Arbeiten wichtige Hinweise, die wir in der Praxis gut verwenden können. Unsere Agitationsmittel sollen die Massen aufrufen zum Kampf gegen die Bürgerliche Gesellschaftsordnung. Ihre Wirkung wird umso größer sein, wenn wir es verstehen, die drucktechnischen Arbeiten so auszugestalten, daß sie die Aufmerksamkeit der Massen erregen, daß sie klar und eindeutig die Forderungen der Partei zeigen." Max Engel, „Agitprop-Ausstellung zum Parteitag", in: *Die Rote Fahne,* 15.7.1925, [3]. Umgekehrt setzen sich die Reklamezeitschriften ebenfalls mit Heartfields Montagetechnik auseinander: Siehe: „John Heartfield und seine photographischen Arbeiten", in: *Gebrauchsgrafik. Monatsschrift zur Förderung künstlerischer Reklame*, Nr. 4/7, 1927, S. 17-32.

20. *Sandwichmen, Seidels Reklame. Das Blatt der wirtschaftlichen Werbung*, Februar 1914. © Die Deutsche Bibliothek, Berlin

den, sondern jedem unserer Schritte eine individuell durchgebildete Form verleihen. *Kommen Sie mit Ihren Sorgen zu uns. Dada ist das für Sie Geeignete. (...) Sind Sie sich dessen bewusst geworden, was ein Heer von Sandwichmen und ein Dada-Umzug für Sie reklametechnisch bedeuten?*"[155]

Hier haben wir es mit einer Nachäffung von Redewendungen zu tun, die in Form und Plakativität genau dem entspricht, was in *Seidels Reklame* als zeitgemäße Werbemethode angepriesen wurde. Im selben Jahr wurden von den Dadaisten in Paris die gepriesenen Werbestrategien dann auch in dreidimensionaler Umsetzung vorgeführt. So ist André Breton beim Vortrag des von Francis Picabia veranstalteten *Festival Dada* in der ‚Salle Gaveau' am 26. Mai 1920 mit einem ebenfalls von Picabia entworfenen, riesigen Pappschild um den Hals aufgetreten, das ihn – ähnlich den Sandwichmännern auf der Straße – in eine mit werbewirksamen Schriftzügen und Emblemen überzogene Skulptur transformiert hat (Abbildung). Während die in der Werbezeitschrift porträtierten „Reklameträger" durch Kostüme und „Performances" Aufmerksamkeit für ganz unterschiedliche Waren erzeugen wollen – beschrieben ist etwa auch die von einem Pariser Delikatessengeschäft initiierte „Glatzenperformance", bei der je ein Buchstabe des Namens einer neuen Käsesorte

---

155 „,Dada-Reklame-Gesellschaft'" (1920), in: *Dada Berlin. Texte, Manifeste,* Aktionen, hg. v. Hanne Bergius und Karl Riha, Stuttgart: Reclam, 1977, S. 109.

21. Vortrag André Bretons beim *Festival Dada* in der *Salle Gaveau*, mit einem Pappschild, entworfen von Francis Picabia, Paris, 26. Mai 1920. © VG Bild-Kunst und Centre Pompidou, Musée national d'art moderne, Paris

auf die Glatzen mehrerer „Kavaliere" gemalt wurde, die dann zusammen ins Theater geschickt wurden – versuchen die Künstler eher, Beachtung für den von ihnen geschaffenen (Un-)Sinn zu provozieren und gewohnte Verhaltensweisen zu verwirren.

Diese Beispiele zeigen zudem, dass – selbst wenn sich im Gefolge der Französischen Revolution und Aufklärung neue Trennungen durchgesetzt haben und damit nicht allein die Sphäre der „Politik im engeren Sinn", sondern auch die der „Kunst im engeren Sinn" entstanden ist – Überschreitungen hin zu einer nun ebenfalls in neuer Form raumgreifenden Massenkultur ganz charakteristisch für künstlerische Bewegungen wie den Dadaismus oder später auch den Surrealismus sind. Bereits im 18. und 19. Jahrhundert hatte sich, paradigmatisch formuliert etwa in der ästhetischen Theorie Kants oder Schillers, die Ideologie einer Autonomie der Kunst verbreitet. Zugleich ist eine solche Autonomie mit der Situation der Warenform, in die das Kunstwerk im sich herausbildenden kapitalistischen Kunstmarkt auch eingetreten ist, stets auch schon unterminiert gewesen.[156] Die sich im öffentlichen Raum nach dem Ersten Weltkrieg formierenden Bewegungen der Avant-

---

156 Wie Karl Marx gezeigt hat, gehen die Waren nicht von alleine in den Prozess ihrer Vermarktung hinein, sondern der Handel entspringt einer Phantasmagorie, einer Projektion, die im Kapitalismus in einer bestimmten Weise organisiert ist und auch die anderen vielfältigen Beziehungen zwischen Menschen und Dingen (auch der Kunst oder der Wissenschaft) be-

garde wiesen dann – wie etwa auch die gleichzeitig entstehenden, explizit politisch agierenden Kapitalismus-kritischen, sozialistischen oder anarchistischen Gruppen – ein Abschließen der Kunst (wie etwa auch der Wissenschaft) in einen vermeintlich „autonomen", von allem Gesellschaftlichen „gereinigten" Raum zurück. Mit einer deutlich sichtbar gemachten Bezugnahme auf die im herrschenden Diskurs meist als „Problem" verhandelte Massenkultur steigerten sie den provokativen Charakter ihrer Intervention noch und forderten gängige Zuordnungen sowie die aktuellen Verhältnisse ganz allgemein heraus. Dabei nutzten sie auch ein reichhaltiges Reservoir an weiter zurückreichenden Traditionslinien der populären Auflehnung, der Spott- und Karnevalskultur bzw. der ästhetischen Erziehung zum Zweck der Herausforderung des Common Sense.

Jenseits der „rettenden Küsten" überkommener Autorität

All diese kollektiven politische Selbstbehauptungen im öffentlichen Raum zeigen eine Spannung zwischen dem Angebot einer Vielzahl als lesbar ausgewiesener Indizien einerseits und der relativen Offenheit der möglichen Bedeutungen dieser Inszenierungen andererseits an. Damit verweisen sie auf eine weitere Dimension der im Gefolge der Französischen Revolution sich durchsetzenden Verschiebungen. Denn das, was wir „Moderne" zu nennen gewohnt sind, ist, wie Hannah Arendt[157] es einmal genannt hat, geprägt von einem Bruch in der Tradition (einer Vergangenheit, die als Tradition überliefert ist) und einem Verlust von Autorität (einer Autorität, die sich selbst als Tradition präsentiert), die irreparabel sind. Wir haben hier keine Aura der Dinge mehr, sondern den Wahrnehmungsschock, keine Erfahrung, sondern Ereignisse, keine Verkündigung, sondern Information etc. Die Moderne ist damit von einer unüberbrückbaren Kluft zwischen Vergangenheit und Zukunft gekennzeichnet, einer Kluft, in der Fragen der Bedeutung das Sein bedrängen, zugleich aber auch Möglichkeitsmomente darstellen.

Damit einher gehen Beunruhigung, Auflösung von Gewissheit, unendliche Erfragung, aber auch neue Formen des Sich-Verbindens und der Sicherungsarbeit. Im Gefolge der Revolutionen des 19. Jahrhunderts (und beginnend schon im 16. Jahrhundert, als es erste Erschütterungen der Kirche sowie erste Anzeichen einer Reflexion über Religion und Politik gab) gewann, wie Hannah Arendt und Claude Lefort[158] weiter darlegen, ein Sich-Verbinden und Sich-Trennen durch Sich-Zeigen und Gesehen-Werden, Sprechen und Hören gesteigerte Bedeutung, weil andere traditionelle Formen eines Sich-Verbindens und Sich-Unterscheidens, wie sie etwa von den sozialen Einheiten der Familien und Dörfer sowie den überlieferten mit-

---

wegt. Dazu: Jacques Derrida, *Marx' Gespenster. Der Staat der Schuld, die Trauerarbeit und die neue Internationale*, Frankfurt am Main, 1996, S. 247ff.

157 Hannah Arendt, *Walter Benjamin, Berthold Brecht. Zwei Essays*, München, 1971, S. 49.

158 Arendt, Vita activa, 1981, S. 251f. Und Lefort, Fortdauer des Theologisch-Politischen, 1999, S. 53f.

telalterlichen und frühneuzeitlichen Mythen und Religionen garantiert waren, zerrissen sind. Mit den Arbeiten von Descartes, Galileo, Locke, Spinoza oder Newton im 17. Jahrhundert bzw. schon mit der weiteren Verbreitung islamischer und hebräischer naturwissenschaftlicher, mathematischer und philosophischer Schriften in Spanien oder Südfrankreich seit dem 13. und 14. Jahrhundert kam es in Teilen Westeuropas (Frankreich, England, Holland, Norditalien etc.) zu einer Pluralität intellektueller Revolutionen, die Skepsis in Bezug auf die Wirksamkeit von Magie und von überkommenen Formen der In-Eins-Setzung geschürt hat.[159] Die Mythen um mittelalterliche und frühneuzeitliche Herrscher, die auf vollkommener, unhinterfragbarer In-Eins-Setzung – etwa von Herkules mit Gott – beruhen, wurden nun zunehmend brüchig und in Form einer „bricollage", wie Lévi-Strauss[160] es nennt, d.h. mittels einer „gebastelten" Kombination unterschiedlicher Denkstile und Praxisformen, ritueller Bildtradition und aktueller Objektwelt ersetzt. Gesellschaftliche Verhältnisse galten damit von der Tendenz her nicht mehr als gottgegeben, sondern als notwendig und bedingt – von Ort zu Ort unterschiedlich und veränderbar. Damit waren neue Mittel notwendig, um Zusammenhänge und Unterscheidungen in dieser zunehmend als fragmentiert wahrgenommenen Welt herstellen zu können. Bestimmte Formen der Selbstdarstellung und damit zusammenhängende Mythen – etwa der bereits erwähnte Mythos, die Innenwelt einer Person könne an ihrem Äußeren abgelesen werden – übernahmen nun die Funktion, Kollektivkörper zusammenzuhalten.

Auch auf den bereits untersuchten Bildern wird ein solches Sich-Verbinden und Sich-Trennen durch das Ausstellen eines spezifischen Geschmacks vorgeführt. Mit der Einbeziehung neuer Glaubenssätze wie „Es lebe (...)!" und von mit Überzeugungen eng verbundenen Fundstücken wie Fahnen oder Abzeichen verweisen diese Gestaltungen zudem auf die neuartige Umarbeitung religiöser Haltungen und Vorstellungen. Mit den genannten Transformationen verschwinden das Religiöse und das Heilige also nicht, sondern beides tritt in traditioneller Gestalt sowie in erweiterten, neuartigen Erscheinungen wieder an die Oberfläche. Glaube sowie religiöse Haltungen und Vorstellungen implizieren demnach nicht notwendig die Treue zu einer Kirche – selbst militanter Atheismus kann von religiöser Sensibilität zeugen. Sie speisen auch moderne Rituale und können daher – wie es etwa auch der niederländische Schriftsteller Cees Nooteboom macht – als Abwandlungen früherer religiöser Rituale beschrieben werden: „Menschen können auf dieser Welt nicht allein sein. Kaum hatten sie den elenden Gott der Juden und Christen zu Grabe getragen, da zogen sie schon mit roten Fahnen oder in orangefarbenen Schlampenkleidern durch die Straßen."[161]

---

159 Peter Burke, *Ludwig XIV. Die Inszenierung des Sonnenkönigs,* Berlin, 2001, S. 154. Vgl. W. Montgomery Watt, *Der Einfluß des Islam auf das europäische Mittelalter,* Berlin, 1988, insbes. S. 87.
160 Claude Lévi-Strauss, *Das wilde Denken*, Frankfurt am Main, 1973, S. 29f.
161 Cees Nooteboom, *Rituale*, Frankfurt am Main, 1985, S. 186.

Mit diesem Hinweis auf die in Bezug auf die Dingwelt erfolgende Umarbeitung religiöser Kraft weist auch Nooteboom darauf hin, dass es mit der Moderne zwar zu einer unüberbrückbaren Kluft gegenüber überkommenen Traditionen und den diese begleitenden religiösen und sozialen Strukturen gekommen war. Dies impliziert für ihn aber nicht, dass es damit keine Ekstase, keine Mystik oder keine Energien des Glaubens mehr gab. Diese existierten weiter, wenngleich in veränderter Weise. Details der irdischen Welt konnten weiterhin als eine Art „Passage" fungieren, über die Menschen in Bewegung versetzt werden. Bei Nooteboom sind es die roten Fahnen und orangefarbenen Mönchskleider der Hare Krishna. Darüber hinaus können aber auch Bilder, Parolen, Abzeichen, Gesten, ästhetische Taktiken oder jedes andere auch noch so kleine Bruchstück aus der Welt der Erscheinungen eine solche Funktion übernehmen. Tritt ein solches herausragendes Ereignis der Wahrnehmung ein, dann erleben die „Partizipierenden" Momente des Glaubens oder finden etwas, das wert zu sein scheint, sich beharrlich zu involvieren.

Manche der Objekte, Gesten oder Gesichter können demnach aus dem täglich vorüberziehenden Strom von Eindrücken herausfallen und beginnen, einen solchen Überschuss des Erlebens zu verkörpern. Es kommt zu „signifikanten Momenten"[162] der Wahrnehmung, bei denen die Menschen auf etwas über die kommunikative und symbolische Funktion der Erscheinungen Hinausgehendes treffen: In die Zusammensetzung des Ausgangsortes tritt dieser signifikante Moment der Wahrnehmung im „rechten Augenblick", den die Griechen *kairos* genannt haben, ein, führt zu Modifikationen des Raumes und bringt das Subjekt in einer je spezifischen, neuen Form hervor. Dieser Moment ist für alle überraschend: für das involvierte und damit als solches erst bestätigte Subjekt sowie für das Publikum eines solchen Vorfalls. Für das Erlangen einer solchen Erfahrung sind nun jedoch Körper, Bilder, Objekte bzw. andere Details der Erscheinungswelt nötig: Die Partizipierenden brauchen den Zusammenstoß mit einem Ding, einer Person oder mit der Stelle eines Musikstücks, um eines solchen Erlebnisses teilhaftig werden zu können. Die Moderne bietet demnach weiterhin Zeichen und Symbole an, die den Glauben mobilisieren, diese sind nun aber für eine Vielzahl miteinander konkurrierender Interpretationen offen. Noch einmal Cees Nooteboom: „Was war die Menschheit doch für eine merkwürdige Spezies, dass sie, wie auch immer, Gegenstände benötigte, selbst gefertigte Dinge, die den Durchgang zu den zwielichtigen Gefilden des Erhabenen ermöglichen sollten."[163]

---

162 Diesen signifikanten Moment der Wahrnehmung hat Roland Barthes als „punctum" für die Fotografie und als „dritten" oder „stumpfen Sinn" beschrieben, Walter Benjamin hatte ihn bereits einige Jahrzehnte früher „Chock" genannt. Vgl. Benjamin, „Über einige Motive bei Baudelaire", in: GS I.2, S. 630ff. Vgl. Roland Barthes, „Der dritte Sinn", in: *Der entgegenkommende und der stumpfe Sinn*, hg. v. ders., Frankfurt am Main: Suhrkamp, 1990, S. 47-66. Und: Roland Barthes, *Die helle Kammer. Bemerkungen zur Photographie*, Frankfurt am Main, 1985. Punctum, dritter Sinn und Chock werden ausführlich auch in Kapitel II.2. verhandelt.

163 Nooteboom, Rituale, 1985, S. 194.

Zugleich kam es in der Moderne aber auch zu einer Entflechtung des Religiösen und Politischen. Im Gefolge der Französischen Revolution begann sich die Vorstellung durchzusetzen, der Staat sei eine unabhängige, vom Volk kontrollierte Einheit, und Religion zähle zur Domäne der privaten Überzeugungen. Aber auch hier haben wir es nicht mit einer eingleisig voranschreitenden Geschichte zu tun, sondern gleichzeitig blieb auch eine Kritik an solchen Vorstellungen präsent und es kam zu verschiedenen Versuchen, den religiösen Sinn des durch die Revolution herbeigeführten Bruchs zu ergründen.[164] Es kann also von einer zweifachen Bewegung gesprochen werden: Zum einen gab es ein Fortwirken von religiösen Wurzeln und einer rituellen Fundierung von politischer Macht – selbst dort, wo wir es scheinbar mit rein profanen Praktiken der Repräsentation zu tun haben. Zum anderen waren religiöse Bekundungen, Glaubensakte und das Verhältnis des Politischen zum Religiösen generell nun auch einer weitreichenden Umarbeitung unterworfen.

„Das Moderne" und „das Alte" sind dabei Begriffe, denen selbst Ambivalenz innewohnt. Denn einerseits konstruieren die meisten Epochen ihre „Moderne" und grenzen diese vom „Altertum" und dem „Überlieferten" und „Überkommenen" ab. In dieser Hinsicht gibt es eine ganz unterschiedliche Zeiten durchquerende Stetigkeit des Modern-Seins. Andererseits setzte mit den Ereignissen in Zusammenhang mit den zwischen etwa 1750 und 1850 stattfindenden Revolutionen eine „Epochenschwelle" ein, nach der die Erfahrung von Modernität in einer Weise artikuliert wird, die den Horizont der Erfindung eines im Werden befindlichen Sinns voraussetzt, einer (auf immer unerreichten) Zukunft, die im Entstehen begriffen ist.[165] Das Werden selbst wurde damit als Wahrheit des Sinns erfahren und erklärt, ihm wurde unter Umständen das lineare Modell einer zunehmenden Perfektionierung eines bereits anfänglich enthaltenen Grundprinzips unterlegt oder die Vorstellung einer zunehmenden „Läuterung". Der die „Moderne" verhandelnde Diskurs veränderte sich damit. Es kam eine „neuzeitliche" Begrifflichkeit auf, d.h., ehemals standesspezifisch geprägte Wortfelder weiteten sich aus, die Bedeutungsgehalte wurden verzeitlicht, Begriffe politisiert und zugleich ideologisiert, Geschichte wurde zunehmend im „Kollektivsingular" verhandelt und die „Schockförmigkeit" oder „Ereignishaftigkeit" von Umwälzungen hervorgehoben.[166] Die Gegenwart wurde so von unterschiedlicher Perspektive ausgehend neu beschrieben und zu einem Gegenstand der Verhandlung und der Auseinandersetzung.

In diesem Buch wird der Begriff der „Moderne" in einer Weise verwendet, die versucht, dieser Ambivalenz gerecht zu werden.[167] Einerseits soll er auf die Beharr-

---

164 Siehe: Lefort, Fortdauer des Theologisch-Politischen, 1999, S. 31f.
165 Dazu: Jean-Luc Nancy in: „Signifikante Ereignisse der Wahrnehmung und das Entstehen von Gemeinschaften und Geschichten. Ein Briefwechsel zwischen Jean-Luc Nancy und Anna Schober", in: *ÖZG, Österreichische Zeitschrift für Geschichtswissenschaften*, Nr. 3 („Ästhetik des Politischen"), 2004, S. 129-138, S. 130f.
166 Klaus Lichtblau, *Transformationen der Moderne*, Wien und Berlin, 2002, S. 136f.
167 Nancy in: Signifikante Ereignisse der Wahrnehmung, 2004, 130f.

lichkeit, die stetige Wiederkehr der „Moderne" verweisen, die darin besteht, dass wir niemals einen endgültigen Sinn besitzen, sondern stets im Werden begriffen, d.h. getrieben sind, Gegenwärtigkeit zu finden, indem wir uns je aktuell und immer wieder „neu" verorten. Andererseits wird der Begriff hier aber auch für die oben genannte, im Gefolge der Französischen Revolution einsetzende „Epoche" der Geschichte der westlichen Welt verwendet, während der dieser Horizont eines im Werden begriffenen Sinns vielen Handlungen inhärent war. Und da dieser Horizont seit etwa den 1970er Jahren verstärkt als brüchig wahrgenommen wird, soll für die darauf folgende Zeit des historischen Übergangs der Begriff „Postmoderne" verwendet werden.[168] Der meinem Schreiben zugrunde liegende Blickpunkt ist damit zugleich ein moderner wie auch einer, von dem aus die Moderne bereits als zurückliegende Epoche erfassbar ist – es sind neue Fragen präsent, die nun das Sein bedrängen.

Das Gemenge der Körper und Bilder und die Form der Wahrnehmung

Der Körper ist in der Moderne auf neuartige Weise zu einer Existenzstätte des Seins geworden. Wir haben es hier – wie Jean-Luc Nancy herausgearbeitet hat – nicht mehr mit einer Welt zu tun, die Verräumlichung Gottes ist, sondern mit einer Welt der vielfältigen, irdischen Körper, der sogenannten „Volkskörper", der „Gemeinschaftskörper" etc. Aus einer Welt, die aus von den Göttern zugewiesenen Stätten bestand, ist zunächst im 18. und 19. Jahrhundert eine Welt geworden, in der Ingenieure und Eroberer, die Statthalter der verschwundenen Götter, „natürliche Kartografien" unendlicher Räume und Körper angefertigt haben.[169] Dem folgte im 20. Jahrhundert – wiederum in einer plural sich entfaltenden und von „Ungleichzeitigkeiten" gekennzeichneten Geschichte – ein stets unvorhersehbares, unplanbares Gemenge von Körpern, die sich miteinander unter Umständen zu Kollektivkörpern verbanden, die aber auch aufeinanderprallten oder einfach aneinander vorbeigingen.

„Körper" meint dabei immer schon mehrerlei: etwa den eigenen, selbst erfahrenen Körper, aber auch den wahrgenommenen Körper der anderen oder die demonstrativen Körper der Werbung und der Erziehungsdiskurse sowie die (idealen) Körper unserer Vorstellungswelten. Der Körper ist also nicht etwas ein für allemal Fixiertes, sondern mehr oder weniger greifbare Ausdehnung und Ausstellung bzw.

---

168 Demgegenüber verstehe ich unter „Modernisierung" jenen Prozess, der zu einem modernen und unter „Postmodernisierung" einen, der zu einem postmodernen In-der-Welt-Sein geführt hat. „Modernismus" bzw. „Postmodernismus" bezeichnet dagegen die verschiedensten ästhetischen, kulturellen, politischen und akademischen Versuche, der Moderne bzw. der Postmoderne Sinn abzuringen. Zu dieser Definition: John R. Gibbins und Bo Reimer, *The Politics of Postmodernity. An Introduction to Contemporary Politics and Culture*, London, Thousand Oaks, New Delhi, 1999, S. 15.
169 Jean-Luc Nancy, Corpus, Berlin, 2003, S. 54f.

„Existenzstätte." Denn diese wahrgenommenen, demonstrativen und idealen Körper berühren sich unter Umständen momenthaft in bereits beschriebener, signifikanter Form – und es ist ein solches Berühren, das uns situiert, d.h. den Platz unserer Existenz blitzartig erfahrbar werden lässt. Mit „modernen Körpern" sind dabei zunächst mittels veränderter Instrumente und neuer Zugriffe trainierte und mit veränderten Bildern erzeugte Körper gemeint. Die Körper wandeln sich dabei mit den im 19. und 20. Jahrhundert über diverse Medien ausgeschickten, gewaltigen Bildermengen, aber auch mit den in neuer Form gestalteten Orten (Straßen, Vorstädten, Arbeitsplätzen, Einkaufszentren, Freizeit- und Transitorten), Verkehrsmitteln (Bahn, Auto, Flugzeug) sowie mit veränderten Techniken des Produzierens, Sich-Kleidens, Sich-Ernährens oder Sich-Pflegens. Im Körper erhalten all diese Trainingsprozesse, die Pflege des eigenen Selbst, die Identifikations- und Abstoßungsverfahren eine Stätte, ein „Da" bzw. ein „Sieh-her".

Die mit der Moderne sich durchsetzende industrielle Revolution, die Landflucht, die kapitalistische Warenvermarktung, die alle diese Prozesse begleitenden wissenschaftlichen Diskurse sowie die neuen Arbeitsbedingungen oder die veränderten Transportmittel und die sich damit verändernden Körper-Trainingsprozesse brachten demnach die produktiven und kognitiven Fähigkeiten der Menschen und ihre Bedürfnisstruktur in neuer Form hervor, was zu veränderten Selbstbeschreibungen führte.[170] Diese Form der Perzeption, wie sie etwa auch von den Anfang des 20. Jahrhunderts sich herausbildenden Ressorts der Sichtbarkeit wie den Kaufhäusern oder den Kinos gefordert wird, beschreibt Georg Simmel zum Beispiel als „Steigerung des Nervenlebens, die aus dem raschen und ununterbrochenen Wechsel äußerer und innerer Eindrücke hervorgeht" wie auch als „rasche Zusammendrängung wechselnder Bilder, der schroffe Abstand innerhalb dessen, was man mit dem Blick umfaßt, die Unerwartetheit sich aufdrängender Impressionen".[171] Moderne Großstädte wurden nun mit Zeit- und Wahrnehmungssprüngen gleichgesetzt, wie sie im Schienenverkehr, in Telegrafie, Fließbandproduktion, Zeitungspresse oder Werbung zum Ausdruck kommen und zugleich selbst weiter vorangetrieben werden. Gleichzeitig sind die Sinne nun auch von einer neuartigen Ereignishaftigkeit gekennzeichnet, d.h., mit einem intensiven und die Menschen oft selbst überraschenden Wahrnehmen – einem Sehen, aber auch einem Hören, Tasten oder Schmecken – wird nun der sich rasant verändernden Welt Sinn abgerungen.

Dabei ist der Aufenthalt im öffentlichen Raum der Moderne von einer unauflöslichen Spannung gekennzeichnet. Wie verschiedene, mittlerweile „klassisch" gewordene Studien[172] zur Geschichte des öffentlichen Raum und zur sich seit dem 18. Jahrhundert ausbreitenden Position des Betrachtens und Ergründens gezeigt

---

170 Siehe auch: Benjamin, „Über einige Motive bei Baudelaire", in: GS I.2, S. 630f.
171 Georg Simmel, „Die Großstädte und das Geistesleben", in: *Das Individuum und die Freiheit. Essays*, hg. v. ders., Berlin: Wagenbach, 1984, S. 192-204, S. 192.
172 Die wohl bekannteste diesbezügliche Studie ist: Richard Sennett, *Verfall und Ende des öffentlichen Lebens. Die Tyrannei der Intimität*, Frankfurt am Main, 1990. Zu geschlechtlich diffe-

haben, führt die sich durchsetzende Wahrnehmungsform des konzentrierten Beobachtens der Erscheinungsformen von Waren und Personen sowie eine gleichzeitig auftretende, von neuen Mythen gespeiste Form einer „natürlichen", d.h. ungekünstelten Selbstdarstellung zur Entstehung einer dominanten Form des Sich-Aufhaltens im öffentlichen Raum: In die je „eigene" Stilisierung des Selbst verstrickte Körper versuchen hier – vor allem mit den Augen und der Imagination – Stätten für ein mögliches, temporäres Verweilen und sinnvolles Sich-Involvieren auszumachen. Dabei wird das, was Verwirrung und Irritation auslösen könnte, nur allzu oft aus dem Aufmerksamkeitsradius ausgeschlossen und abgewertet. Orte wie Einkaufstraßen, Buchhandlungen, Kaufhäuser, Theater oder Kinos bieten eine Fülle an Begegnungen, Unterhaltungen und Überraschungen, auch wenn Fremde hier gewöhnlich kaum jemals das Wort aneinander richten oder sonstwie miteinander agieren. Dieser Rückzug von allem Fremden und die gleichzeitige Vermehrung imaginierter Geschichten führt zu einem steigenden Sich-voneinander-Abschotten der verschiedenen, durch Identifikationen gebildeten Gemeinschaften und Gruppen, zu verstärkten Sicherheitsbestrebungen und zu Selbst- und Fremdüberwachung. Das Soziale erscheint zunehmend als eine Kultur des – sich für Männer und Frauen ganz unterschiedlich und doch ähnlich darstellenden – Problems, der Vermeidung und der Angst; der öffentliche Raum wurde zum Hort von – geschätzter und zugleich gefürchteter – Anonymität. Andererseits sind es zugleich gerade die in der Moderne neue entstehenden Räume, die nun zu, ebenfalls geschlechtlich differenzierten, Möglichkeitsorten für das Erleben von signifikanten Begegnungen und kollektiven, bedeutungsvollen Auftritten werden. Dann transformieren sich all diese Orte zu Stätten, an denen Passanten und Passantinnen Dinge neu sehen lernen und für sie wichtige Beziehungen beginnen oder zur Darstellung bringen.

Die nun verbreiteten Objektwelten der Massenkultur laden demnach nicht nur zu einem stummen, die eigene Expressivität zurücknehmenden Ergründen und Fantasieren über die mit ihnen verbundenen Qualitäten ein, sondern sie können zum Ausgangspunkt für das kreative Erfinden neuer Stile der Selbstdarstellung werden, mit denen nun die in der Welt „zusammengesuchte" eigene, auch politische, Positionierung in neuer Form kommuniziert werden kann.[173] Gemeinsam mit der bereits beschriebenen, im Gefolge der Französischen Revolution sich durchsetzenden Konflikthaftigkeit des In-der-Welt-Seins haben solche Veränderungen in der Formung und Ausrichtung von Wahrnehmung dazu geführt, dass die Inszenierung der eigenen politischen Zugehörigkeit, die Ausstellung der eigenen Überzeugungen, die sichtbar und hörbar differenzierte Präsenz im öffentlichen Raum an Bedeutung

---

renzierten Zuweisungen und Nutzungen von urbanem Raum: Elizabeth Wilson, *Begegnung mit der Sphinx, Stadtleben, Chaos und Frauen*, Basel, Berlin, Boston, 1993.

173 Diese Potenzialitäten des sich in der Moderne neu herausbildenden historischen Regimes hat Richard Sennett weitgehend heruntergespielt – was die von ihm erzählte Geschichte an vielen Punkten in eine „Verfallsgeschichte" umkippen lässt. Demgegenüber haben kulturwissenschaftliche Untersuchungen oft eher die produktive, expressive Seite von Rezeption und Konsum hervorgehoben. Dazu: Schober, Blue Jeans, 2001, insbes. S. 29ff.

gewannen. Und je stärker traditionelle Weisen der gesellschaftlichen Vereinigung und Unterscheidung – etwa in Form der großen Religionen, von Familienclans und Dorfgemeinschaften – hinterfragt und relativiert waren, umso effektiver übernahmen solche, von Dingen, Bildern oder Handlungen und Gesten provozierte signifikante Ereignisse der Wahrnehmung die Funktion, Sinn zu stiften und verbindend zu wirken.

Das Regime einer globalisierten Welt

Auch für die zweite Hälfte des 20. Jahrhundert sind – ebenfalls von „Ungleichzeitigkeiten" (Ernst Bloch) gekennzeichnet – weitere Veränderungen in der Konzeptualisierung des eigenen In-der-Welt-Seins feststellbar. Dabei gab es sowohl Kontinuität als auch Brüche in der Art und Weise, wie eine immer stärker verstädterte und globalisierte Welt als Ort politischen Handelns genutzt wurde. Der Prozess der Globalisierung ging also nicht gleichförmig überall in derselben Weise vonstatten. Trotz aller Querbezüge, Beeinflussungen und geteilten Entwicklungen fanden die nun ausgetragenen Auseinandersetzungen immer noch in einem je von einer Pluralität von spezifischen Stimmen geprägten, mehrfach überlagerten, umkämpften Terrain statt.[174] Ein Einreißen von Grenzen, etwa innerhalb von Europa oder der „westlichen Welt" wurde mit einem erneuten Aufrichten von Grenzen und Abschottungen – gegenüber dem, was außerhalb dieser neuen Zentren liegt – beantwortet.

Zugleich weisen auch die sich in diesem Raum formierenden Emanzipationsbewegungen Veränderungen auf. Bewegungen wie die der Arbeiter oder der Frauen waren bis etwa in die 1960er Jahre hinein von einem recht ungebrochen artikulierten Universalismus geprägt: Frauen und Männer formierten sich als Kollektivsubjekte und traten dabei als partikulare Stellvertreter und Stellvertreterinnen für die Emanzipation *aller* Männer und Frauen ein. Ihre Deklarationen und Praktiken waren zudem bis in die 1970er Jahre hinein von einem Willen zu „predigen" gekennzeichnet – d.h., hier sprachen einige Vorreiter und Vorreiterinnen zu einer „Masse" oder „Menge" anderer, die zugleich als formbare und der „Aufklärung" und „Mobilisierung" potenziell zugängliche Körper behandelt wurden. Seit den 1970er Jahren wurden diese Praktiken – und auch hier lässt sich zunächst nur eine eher allgemeine Tendenz angeben, die später noch differenziert wird – zunehmend auch skeptisch betrachtet. Gründe dafür waren beispielsweise eine verstärkte, mit der Studentenbewegung der 1960er Jahre einsetzende Auseinandersetzung mit den totalitären, insbesondere den faschistischen Strukturen sowie eine gleichzeitige Erschütterung und ein Brüchig-Werden überlieferter weltanschaulicher Alternativen und hier insbesondere marxistischer Überzeugungen, ausgelöst durch die Nieder-

---

174 Zu diesem geografischen Konzept von Geschichte siehe: Edward W. Said, in: *Power, Politics and Culture. Interviews with Edward W. Said*, hg. v. Gauri Viswanathan, London: Bloomsbury, 2005, S. 58.

schlagung der Aufstände in Ungarn 1956 und in Prag 1968 sowie durch die von Chruschtschow 1956 abgegebene Stellungnahme zu den Verbrechen des Stalinismus. Dazu kam die Entstehung der „zweite Frauenbewegung", die Hierarchien und Verhaltensweisen innerhalb der Bewegungen zu thematisieren begann, sowie ganz generell eine Verbreitung antiautoritärer Stimmen durch die Studentenbewegung der 1960er Jahre. In den 1980er Jahren sind teils aus den traditionellen politischen Verbänden heraus, teils unabhängig von ihnen sogenannte „neue soziale Bewegungen" (ethnische, nationale und sexuelle) mit breiterer Massenbasis entstanden, die nun ganz explizit gegen jene „totalisierenden Ideologien" rebellierten, die eine Politik der Emanzipation und Aufklärung bislang dominiert hatten. Diese vor allem auch über politischen und ästhetischen „Geschmack" und Identifikationsprozesse zusammengehaltenen Kollektivkörper haben sich dabei gegenüber den langjährig gewachsenen Strukturen von aus dem 19. Jahrhundert und von Stand oder Religionszugehörigkeit abgeleiteten Parteien, Gewerkschaften, Vereinigungen oder Gemeinden zunehmend durchgesetzt.

Für die nachdrückliche Veränderung der Auftrittsweise politischer Bewegungen können zudem folgende Faktoren verantwortlich gemacht werden: ein stark beschleunigter Kapitalismus, eine Intensivierung und Ausweitung von Prozessen der Globalisierung sowie eine steigende Durchdringung und Beeinflussung von Bewegungen durch die Medien.[175] Neue Kommunikations- und Informationstechnologien, ein Aufstieg transnationaler Korporationen, eine Expansion im internationalen Handel sowie eine Ausweitung von Migrationen und von Reisen haben die Welt „kleiner" und vernetzter gemacht, was insofern vor allem auch politische Auswirkungen hatte, als dadurch nationalstaatliche Aktivitäten stärker als bislang bedrängt und internationale Kooperationen naheliegender und durch die beschriebenen Entwicklungen unterstützt worden sind. Kultureller Austausch überschreitet zudem heute auch verstärkt die nationalen Grenzen und bringt neue Beziehungen zwischen dem Lokalen und dem Globalen hervor. Dazu treten als weiterer wichtiger Agent von Transformationen wieder die Medien, die sich auch selbst wandeln: Die Printkultur wird zunehmend von einer elektronischen Kultur abgelöst, die Vertreiber der Medien sind selbst in transnationale Prozesse mit extrem ungleichen Ausgangsbedingungen für die aus verschiedenen Weltteilen stammenden Anbieter verstrickt, werden zunehmend kommerzialisiert und dereguliert sowie in einer schrumpfenden Anzahl von Korporationen konzentriert, und ihre Produktionen zeigen heute mehr intertextuelle Verbindungslinien als je zuvor. Das über solche Kanäle distribuierte Fernsehen, das Internet, Film und Video sowie ein differenziertes Set an Printmedien werden nun noch stärker als bisher zu Foren für eine Sinn- und Selbstsuche, geben für viele eine Strukturierung des Alltags vor und haben eine enorme Kapazität, Ereignisse und Schicksale durch Repräsentation und Distribution zu vergrößern.

Mit diesen „neuen" Medien hat sich auch die Form des In-der-Welt-Seins noch einmal nachhaltig verändert. Fernsehen, Video, Kabel- und Satellitenfernsehen,

---

175 Reimer und Gibbins, Politics of Postmodernity, 1999, S. 24f.

das Internet und die in den 1980er und 1990er Jahren sich verbreitenden Multiplex-Kinozentren sind Ausdruck von weiteren Veränderungen im Regime der Wahrnehmung und zugleich – wie schon Film oder Fotografie zu Beginn des 20. Jahrhunderts – deren Agenten. In den 1970er Jahren werden damit folgende zwei, aneinander gebundene Umgangsweisen mit Medien dominant: das häusliche, „zerstreute" Wohnen mit dem Fernseher, der Videoanlage und dem Computer einerseits und das Ausgehen ohne bestimmtes Ziel und ohne bestimmten Zweck andererseits.[176] Ersteres – das zerstreute „Sich-Einspinnen" rund um Fernsehen, Kabel, Video und Internet – ist davon geprägt, dass diese Medien einen gleichsam stets präsenten „Fluss" anbieten, ein immer zugängliches „Dort-Draußen", in das wir an jedem gewünschten Punkt einsteigen können, ohne dass unsere Aufmerksamkeit davon völlig in Anspruch genommen werden würde. Als Fernseh- oder Internetkonsumierende schauen wir nicht ein je individuelles Programm an, sondern wir involvieren uns flanierend in ein Ausschau-Halten. Wir treten in einen stets verfügbaren Informations- und Bilder-Fluss ein, wobei wir das Programm genauso kontrollieren wie das Programm uns positioniert. Komplementär dazu bildete sich eine zweite Verhaltensweise: das ereignishafte Ausgehen ohne Ziel und Zweck. Damit ist das Flanieren in der Öffentlichkeit zu einem Event an sich geworden. Man verlässt das Haus nach Feierabend oder am Wochenende nicht mehr in erster Linie, um einen bestimmten Film oder eine gewisse Ausstellung zu sehen, sondern um des Ausgehens willen, d.h. um in eine Menge mit anderen einzutauchen und um an einem aus dem Alltag herausragenden Ereignis teilzunehmen. Diese Fetischisierung des Ausgehens ist an das häusliche Sich-Einspinnen vor dem Fernseher oder dem Computer gebunden: Die Rezeption ist in beiden Fällen zerstreut, ereignishaft und überblendet noch schneller als bisher sehr unterschiedliche, teils aus unterschiedlichen Kanälen stammende Bilder, Objekte, Fantasien, Wünsche und Projekte.

Zudem wird die eigene Welt nun als eine beschrieben, in der die vormals immer noch recht gesicherte Position eines Interpreten oder einer Interpretin verstärkt in eine Krise gekommen ist. Als ein Indiz dafür können Blockbuster-Filme wie *Titanic* (1997) angeführt werden, die mehr und mehr derart gestaltet sind, dass sie einer kohärenten Lesbarkeit widerstehen, zugleich aber nicht mehr nur ein Segment des Publikums, sondern möglichst das „ganze Publikum" ansprechen, also niemanden vor den Kopf stoßen und beleidigen sollen – was großen Einfluss auf die verfilmten Stoffe und die filmische Ästhetik hatte:[177] Diese Filme ähneln mit der Auflösung von klassischen narrativen Strukturen, der losen Aneinanderreihung von „Szenen" und „Songs" und einem Unwichtiger-Werden der Charaktermotivierung den heutigen Musikvideos oder Comics. Außerdem werden sie uns in CDs, Videos oder Stofftiere übersetzt auch an Orten wie Einkaufszentren angeboten, und Filmbilder

---

176 Timothy Corrigan nennt dies „fragmented domestic performance" und „public outing". Siehe: Timothy Corrigan, *A Cinema Without Walls. Movies and Culture after Vietnam*, New Brunswick und New Jersey, 1991, S. 26f.
177 Ebd., S. 161f.

werden parallel dazu als „Tourneebilder" auch im Fernsehen, in Magazinen und auf Plakaten veröffentlicht. Die Begegnung mit solcherart gefertigten Bildwelten – findet sie im Kaufhaus, in der Wohnung oder im Multiplex-Kino statt – erfordert nun eine neuartige Lesefertigkeit und Beweglichkeit. Zugleich wird – und darin besteht eine zentrale Paradoxie unserer gegenwärtigen Rezeptionssituation – das Sich-Konfrontieren mit Bildern immer wichtiger, da es Meinungsbildung und soziale wie politische Entscheidungen in noch größerem Ausmaß als bislang speist.

Dieser plural vor sich gehende und von Ungleichzeitigkeiten gekennzeichnete Wandel hat dazu geführt, dass die sich zur Jahrtausendwende im öffentlichen Raum zusammenfindenden Kollektivkörper signifikant andere Eigenschaften aufweisen als diejenigen, die zu Beginn des 20. Jahrhunderts in Erscheinung getreten sind. Heute tritt, deutlich sichtbar etwa bei den *Love-Paraden* oder den *Ladyfesten*, eine explizit artikulierte politische Motivierung oft gänzlich in den Hintergrund und das Ausagieren einer je „eigenen" ästhetischen Existenz in der Welt in den Vordergrund – ein Indiz dafür sind auch die nun in so vielfältiger Weise integrierten künstlerischen Performances oder die manchmal schrillen und extravaganten Kostüme und Körperbemalungen. Nichtsdestotrotz stellen diese im öffentlichen Raum sich zusammenfindenden Kollektivkörper aber immer noch einen ästhetischen und politischen Sinn zugleich aus.

Sich konfrontieren, spiegeln, fotografiert und distribuiert werden

Eine Reihe von Fotos, die während der zu Jahreswechsel 1996/97 in den Straßen Belgrads vier Monate lang fast täglich stattfindenden Demonstrationen gegen das Milošević-Regime – auch „walks" genannt – entstanden sind, setzt das Aufeinandertreffen zwischen den damaligen Kontrahenten in Szene: Alle zeigen Nahaufnahmen der direkten Begegnung zwischen der vorwiegend aus Studierenden und Angehörigen der urbanen Elite gebildeten Opposition und der Polizei. Auf einem Foto (von Vesna Pavlović, Abbildung)[178] sieht man eine junge Frau in extremer, unscharfer Nahsicht. In der Hand hält sie einen Riesenspiegel, über den das Gegenüber – die eng aneinander gereihten Polizisten in Schutzanzügen und Helmen – ins Bild geholt wird. Dahinter kommen schemenhaft Köpfe und Körperausschnitte weiterer Demonstrierender, die Nacht grell durchbrechende Lichter sowie eine nur schemenhaft zu erkennende Aufschrift ins Bild. Protagonist des Fotos ist allerdings das über die Spiegelung erzeugte „Bild im Bild", ihm kommt die Rolle des Herausforderers zu, und im Verein mit den Unschärfen hält es das Konfrontationsszenario zudem beweglich.

Andere in Zusammenhang mit diesen Demonstrationen verbreitete Fotos stellen Auseinandersetzung und Verspottung noch expliziter aus. Auch auf ihnen „wird der Spieß meist umgedreht", indem die Akteure der Straße, die Demonstrierenden,

---

178 Vesna Pavlović hat damals für den von George Soros ins Leben gerufenen *Fund for an Open Society* die Vielfalt der Aktivitäten der Opposition fotografisch dokumentiert.

22. *Spiegeln, protestieren*, Belgrad, 1996/97. © Vesna Pavlović

zu Beobachtendenden und die Ordnungshüter zu Beobachteten gemacht werden. So zeigt ein weiteres Foto (von Goran Tomaševiæ, Abbildung)[179] die Großaufnahme einer riesigen Karikatur der Polizei, wie sie zugleich mit der Spiegelungsaktion von Mitgliedern der Opposition in großer Zahl angefertigt worden sind. Auf dieser Karikatur sind die Polizisten als einförmige, lustlos herumhängende, nebeneinander aufgereihte „Strichmännchen" repräsentiert, die hinter Riesenschildern mit der immer gleichen Aufschrift „Miliciao" Schutz suchen, und am Himmel prangt eine große Sonne, die das Geschehen mit breit gezogenem Mund belächelt und demonstrativ die Zunge herausstreckt. Auf dem Foto ist die Zeichnung wie zum Vergleich nah an das Gesicht eines Polizisten gehalten, der seinem Gegenüber mit recht unbeweglicher Grimasse in die Augen blickt. Wie auf dem ersten Bild so wird auch hier im Hintergrund ein Gemenge sich überlagernder Körper und Gesichter sichtbar, von dem sich eine Gestalt abhebt, die gerade einen großen, professionell aussehenden Fotoapparat in Anschlag hält.

Mit der Repräsentation der Tätigkeit des Fotografierens kommt hier ein Detail ins Spiel, dem die Kapazität innewohnt, den Blick auf die in diesem Milieu so gehäuft auftretenden Konfrontationsszenarien zu verändern. Denn Bilder, die von einer politischen Bewegung über die Medien distribuiert werden, tendieren, wie etwa auch Todd Gitlin analysierte, dazu, ihr Erscheinungsbild in einer bestimmten

---

[179] Goran Tomaševiæ arbeitet für die Agentur *Reuters*. Das Foto befindet sich im Archiv der Belgrader Wochenzeitung *Vreme*.

23. *Das Gegenüber karikieren*, Belgrad, 1996/97. © Goran Tomaševiæ, courtesy Vreme archive

Form zu fixieren. Ein seit den 1970er Jahren auftretendes, immer wiederkehrendes, durch die Reproduktion in Fotografie oder Fernsehen hervorgebrachtes Muster besteht demnach in der Zuspitzung des Repräsentierten auf dramatische Situationen des Konflikts und der Polarisierung sowie die Vergrößerung von Details der Erscheinung: der Sprache, der Kleidung, von Alter oder Stil etc.[180] Damit Medien

---

180 In seiner einflussreichen Studie über die Formung der US-amerikanischen „Neuen Linken" in den Medien identifizierte Todd Gitlin folgende zentrale Rahmungs-„Tricks": Das In-den-Vordergrund-Stellen von Stil, Alter, ästhetischer Auftrittsweise, Sprache (was er leider abwertend als „Trivialisierung" bezeichnet); Polarisierung (Betonung von Konflikten), die Hervorhebung interner Unstimmigkeiten sowie Marginalisierung, d.h. die Verkleinerung einer Bewegung in Bildern und Berichten. Die letzteren zwei Kunstgriffe fallen bei den hier besprochenen Fotos weg, da sie von mit der Opposition Sympathisierenden gemacht worden sind, die keinerlei Interesse an einem Herausstellen von internen Differenzen oder an einer Verkleinerung der Bewegung haben konnten. Siehe: Todd Gitlin, *The Whole World is Watching. Mass Media in the Making and Unmaking of the New Left*, Berkeley, Los Angeles, London, 2003, insbes. S. 27. Aufgrund dieses In-den-Vordergrund-Rückens von Konflikt und Konfrontation durch die Repräsentation politischer Geschehnisse in den Medien halte ich es nicht für sinnvoll, auch in der politischen Theorie Antagonismus und Konflikt aus der Vielfalt des Politischen zu sehr herauszuheben und diese etwa zu einer Norm für zeitgenössisches politisches Tun zu erklären, wie es zum Beispiel Chantal Mouffe macht. Siehe:

über ein Ereignis berichten, muss dieses offenbar spektakulär in Szene gesetzt sein – etwa dadurch, dass bildhaft die Polarisierung eines Konflikts und/oder aufsehenerregende Formen der Selbstdarstellung vorgeführt werden, was auf die Auswahl von Fotosujets sowie deren bildliche Komposition zurückwirkt. Diese Bilder beeinflussen demnach die real geführten Auseinandersetzungen und zwar sowohl die Außensicht auf diese Bewegungen als auch die Einschätzungen, die diese von sich selbst gewinnen. Sie geben eine gewisse Richtung vor bzw. befestigen bestimmte bestehende Positionen.[181] Die auffällig häufigen Konfrontationen oder die aufsehenerregenden Selbstdarstellungen in den Bildern, die in Zusammenhang mit den 1996/97 in Belgrad geführten Auseinandersetzungen zwischen Opposition und Polizei in Umlauf gesetzt wurden, gingen aus solchen Konventionen hervor. Dabei scheint auch hier die mediale Repräsentation den Gang der Ereignisse mit geprägt zu haben. Denn mit der Vielzahl von Bildern, die solche Polarisierungen wiederholt vorführen, korrespondiert eine realpolitisch ebenso völlig festgefahrene Situation: Nach monatelangen, heftig geführten Auseinandersetzungen war es zum Jahreswechsel 1996/97 zu einer unbeweglichen Pattstellung zwischen Milošević-Gegnern und -Befürwortern gekommen, die damals von der Opposition selbst mit dem Slogan „Ein Kordon gegenüber einem Kordon" angesprochen wurde.

Das Kameradetail auf dem Spottzeichnungs-Foto verweist aber noch auf eine weitere, nun in den Vordergrund tretende Qualität politischer Bewegungen. Wie die Medien nun nach ganz bestimmten Bildern von politischen Auseinandersetzungen verlangen, so benötigen politische Bewegungen die Medien in gesteigertem Ausmaß – über bildliche Repräsentation können lokale Ereignisse in der „ganzen Welt" verbreitet und beworben werden. Dies war im Belgrad der 1990er Jahre umso wichtiger, als die Demonstrationen sich gegen so weitreichende Anliegen wie Stimmendiebstahl, Missachtung des politischen Willens der Opposition, die herrschende Autokratie im Allgemeinen, das Regime der Medien, die Korruption im Wissenschaftssystem und in der Wirtschaft sowie die völlige Unterwerfung von Polizei und Justiz richteten und man sich in der Verteidigung dieser Anliegen von den lokalen Medien wenig Unterstützung erwartete und auch erwarten konnte. Im Gegenzug fokussierte die Opposition deshalb umso stärker auf eine international ausgerichtete Kommunikation – mit „Europa" und der „ganzen Welt".[182] Diese Orientierung ist an der auffälligen, massiven Präsenz von Fotografen sowie von Vertretern der internationalen Presse am Ort des Geschehens – die auch deshalb selbst so oft im Bild erscheinen – genauso ablesbar wie auch an den meist auf Englisch, manchmal jedoch auch auf Deutsch verfassten Parolen auf Transparenten und Bannern. Im Botschaftengewirr der Demonstrationen tauchen zum Beispiel Slogans

---

Chantal Mouffe, *Über das Politische. Wider die kosmopolitische Illusion*, Frankfurt am Main, 2007, S. 70.
181 Gitlin hat dargestellt, dass die Repräsentation nicht-konformistischer Bewegungen von der Tradition der Kriminalberichterstattung geprägt ist. Siehe: Gitlin, The Whole World is Watching, 2003, S. 53.
182 Čolovic, Palm-Reading, 2002, S. 296.

wie „Belgrade is the World" auf, neben denen dann unter Umständen auch Flaggen anderer Länder, von ausländischen Fußballclubs (Inter Mailand) oder von internationalen Autoherstellern (Ferrari, Fiat, Alfa Romeo, Opel) wehten. Parolen wie „Fuck you, deaf Europe!" oder die auf Deutsch verfasste Aufschrift „500 + 50 Was denn noch? Hilfe!" versuchten auch ganz explizit, mit den Regionen jenseits der neuen Grenzen Kommunikation aufzunehmen.[183]

Mit der „ganzen Welt" hat die serbische Opposition aber nicht nur über Slogans, Fotos und Fernsehberichte, sondern vor allem auch über das Internet kommuniziert. Seit ihrer Formierung waren die Organisationen der Studierenden massiv auch im Netz präsent, gestalteten hier – teils verstärkt mit Parodie operierende – Web-Pages, stellten Archive mit Kommentaren zu und Berichterstattungen von ihren Aktionen zur Verfügung und verteilten per E-Mail Informationen an Empfängerinnen und Empfänger aus ganz unterschiedlichen Weltteilen. Über eine solche sich wechselseitig stützende und kommentierende Nutzung des Medien-Verbundes – Fernsehen, Radio, Internet, Telefon, Presse sowie Live-Auftritte – wurde lokal eine Auseinandersetzung mit dem im Serbien der 1990er Jahre so omnipräsenten Ethno-Nationalismus geführt, der selbst ebenfalls sowohl über die regimetreuen Medien als auch über CDs, T-Shirts oder Konzerte verbreitet wurde. Über das Internet sowie über Fotos und Presseberichte, die spektakuläre Auftritte dokumentierten, hat man gleichzeitig jedoch auch global um eine Unterstützung der eigenen Anliegen geworben.

Die Fotos von den 1996/97 in Belgrad stattfindenden Protesten weisen dann auch einige zentrale Unterschiede gegenüber dem weiter oben beschriebenen, von der Agentur Meurisse im Jahr 1905 festgehaltenen Bild auf: Während die Inszenierung von 1905 insgesamt recht statisch und sehr sorgfältig kalkuliert wirkt, sind auf den jüngeren Fotos flüchtige Momente und Spiegelungen bzw. in eine Vielzahl von Blickrichtungen gewissermaßen „aufgebrochene" Szenen festgehalten. Die Bilder haben sich zudem vervielfältigt – 1996/97 treffen wir auf eine Abfolge von Abwandlungen stets ähnlicher Szenen für ein an Überraschungen auf neue Weise gewöhntes Auge. Auf den jüngeren Bildern posieren die Fotografierten nicht mehr für die Kamera, sondern sind offenbar bereits längst daran gewöhnt, den von außen auf sie gerichteten Blick zu ignorieren. Die aktuelleren Arrangements beziehen sich darüber hinaus viel expliziter auf bereits bekannte Bildwelten – etwa der Comics, des Films oder des Fernsehens, aber auch der Tradition der Avantgarde – und stellen solche Referenzen oft auch aus. An den genannten Fotos wird dies vor allem an der extremen, an die Ästhetik von Filmen erinnernden Verwendung von *close-up*-artigen Nahsichten deutlich. Zudem ist die politische Botschaft des repräsentierten Geschehens auf dem um 1905 entstandenen Foto mit auf Spruchbänder, Papierstreifen und Plakate gemalten Worten festgeschrieben, während 1996/97

---

183 Diese Aufschriften sind erwähnt in: Čolovic, Palm-Reading, 2000, S. 300.

zwar noch vereinzelt Wortbruchstücke zu sehen sind, Sinn ansonsten aber in erster Linie über Bilder und Spiegelungen kommuniziert wird. Und während auf dem Pariser Foto eine der Streitparteien ihre Position ausgiebig in Szene setzt, kommen auf den Belgrader Demonstrationsfotos meist beide Seiten in einer sehr direkt vorgeführten Konfrontation ins Bild. Verbunden sind diese Fotos dagegen vor allem dadurch, dass auf allen die im öffentlichen Raum sich bildenden Kollektivkörper in einer Weise repräsentiert sind, die den ästhetischen Stil der Selbstdarstellung und die Sprache des Protests in den Vordergrund stellt. Ästhetische Taktiken wie Parodie, Montage und Verfremdung sind Bestandteil sowohl der früheren als auch der späteren Beispiele politisch-ästhetischer Selbstpositionierung – die Form ihrer Aktualisierung ist jedoch eine andere.

Das Aufbrechen der Szene, die extreme Nahsicht, die erwähnte Selbstreferenzialität, die betonte Flüchtigkeit des Festgehaltenen und die immer ausschließlicher werdende Bildhaftigkeit sowie die Kommunikation mit der „ganzen Welt" – all dies verweist noch einmal auf die bereits angesprochenen, mit den 1970er Jahren einsetzenden, erneuten Veränderungen des Wahrnehmungsregimes. Auf dem Pariser Foto von 1905 ist darüber hinaus eine recht kompakte, wenn auch seltsam rätselhaft bleibende Gruppe mit sorgfältig berechneter politischer Botschaft repräsentiert, während auf den in Belgrad 1996/97 entstandenen Bildern durchwegs vereinzelte Personen ins Bild kommen, die je individuelle und zugleich individualisierende Botschaften aussenden, die sich mit den Messages anderer im selben Raum präsenter Individuen wiederum in vielfältiger Form wechselseitig überlagern bzw. diese herausfordern. Referenzen auf Erscheinungen der Massenkultur wie auf jene der Hochkultur, verschiedenster Subkulturen oder der Avantgarde treten dabei nebeneinander bzw. durchmischt auf.

Dies verweist darauf, dass die zur Jahrtausendwende sich öffentlich zusammenschließenden Körper, nun anscheinend trainiert darin sind, ganz unterschiedlichen, sich zum Teil überlappenden Gemeinschaften temporär Raum, Form, Farbe und Stimme zu geben und verschiedenste Facetten ihrer Weltsicht je nach Situation zu aktualisieren. Dabei tritt der von den Gruppen in Umlauf gebrachte Sinn Ende des 20. Jahrhunderts in hochgradig personalisierter und individualisierter Form auf, auch wenn er nun deutlich sichtbar von einer Vielzahl ganz unterschiedlicher miteinander kombinierter Quellen gespeist ist. Zudem werden bildhafte Gestaltungen, Geräusche, Musikeinlagen und fast schon künstlerische Performances gegenüber Parolen und Schriftbändern deutlich bevorzugt. Die meisten aus diesem Umfeld stammenden Bilder dokumentieren zugleich mit den explizit artikulierten politischen Botschaften auch einen neuen, umfassenden Lebensstil, den sie selbst wiederum bewerben. Die Bezugnahme auf universelle Diskursfiguren wie die „commune", die in der Pariser Inszenierung von 1905 noch eine wichtige Rolle spielt, fehlen jetzt zur Gänze wie etwa auch sichtbar gemachte Bezüge zu anderen eindeutiger zuzuordnenden politischen Körpern wie sozialistische bzw. kommunistische Parteien oder Gewerkschaften. Die nun so oft auftauchenden, ineinander geblendeten Positionen und Blickpunkte repräsentieren eine lebendige und vielstimmige, aber politisch nicht leicht zuzuordnende „Zivilgesellschaft", ja, die for-

24. *Bild-Zusammenstöße*, Belgrad, 2000. © Zoran Sinko, courtesy Vreme archive

cierte Buntheit der Aktionen feiert eine solche sogar.[184] Die Bilder verweisen damit auf ein generelles In-den-Hintergrund-Treten von überkommenen Parteien und Gremien und auf eine neue Bedeutsamkeit des durch Aktionen und Handlungen verschiedenster Gruppen gebildeten öffentlichen Erscheinungsraums. Das auf manchen der Demonstrationsfotos sichtbar werdende In-Szene-Setzen von Waren (Autos, Coca-Cola-Flaschen und Fernsehapparaten) oder das Schwenken von Fahnen, die bestimmte Automarken repräsentieren, stellt aber noch ein anderes Merkmal der zur Jahrtausendwende sich formierenden politischen Kollektivkörper heraus: Die Möglichkeit zur Teilhabe an Konsum und – darüber – an differenzierten, in ihrer ethischen Ausrichtung mehr oder weniger reflektierten Lebensstilen wurde

---

184 Erst nachträglich wird das gemeinsam Erstrittene dann von verschiedensten Parteien und Partei-Bündnissen instrumentalisiert. Die zur damaligen Zeit wichtigsten Zusammenschlüsse auf Seiten der Opposition waren: die Zajedno-Koalition, die DS (Democratic Party), die GSS (Civic Alliance of Serbia), die DSS (Democratic Party of Serbia), SPO (Serbian Party of Renewal), SRS (Serbian Radical Party). Auf Seiten des Regimes standen diesen die von Slobodan Milošević geführte SPS (Socialist Party of Serbia) sowie das von seiner Frau Mirjana Marković dominierte Parteien-Bündnis JUL (Yugoslav United Left) gegenüber.

in neuer Weise zu einem Gegenstand von öffentlich ausgetragenen Auseinandersetzungen.

Dennoch demonstrieren die Porträts dieser aktuellen Bewegung, dass auch im öffentlichen Raum der Postmoderne immer noch ganz unterschiedliche Perspektiven, Wünsche, Pläne und Projekte miteinander um politische Dominanz ringen. Dabei scheinen die Teilnehmer oder Teilnehmerinnen an solchen kollektiven Ereignissen darin verstrickt zu sein, sich momenthaft eine relativ gesicherte, interpretative Position wieder anzueignen; oder sie genießen es, ebenso momenthaft, auf eine solche Position zu verzichten und sich ganz den über Performances oder Spiegelungen hervorgebrachten Szenen hinzugeben. Die Einstiegspunkte und Räume für Auseinandersetzungen haben sich nun noch weiter vervielfältigt und den bereits erwähnten, signifikanten Ereignissen der Wahrnehmung fällt es nun in noch größerem Ausmaß zu – blitzhaft und bildhaft – zwischen den verschiedenen, sich ständig in eine Vielzahl unterschiedlicher Richtungen ausbreitenden Geschichten Verbindungen herzustellen.

Ein solches momenthaft eine Bilder-Brücke herstellendes Ereignis findet sich dann auch auf einem weiteren Foto (von Zoran Sinko, Abbildung) festgehalten, das im Oktober 2000, während jener Auseinandersetzungen entstand, die schlussendlich zum Sturz des Milošević-Regimes geführt haben. Das Bild konfrontiert seine Betrachter und Betrachterinnen mit einem Katastrophenszenario, dominiert von einem grell leuchtenden, lodernden Feuer, in dem ein zentrales, wenn auch wenig spektakulär aussehendes Repräsentationsgebäude des Regimes – die Belgrader TV-Zentrale (Televizija Beograd) – gerade in Flammen aufgeht. Dunkelgraue Rauchwolken hängen über der Szene, und wie nach einer Straßenschlacht liegen abgerissene, schwere Ketten, Metallteile und kleine Papierstücke auf dem Boden verstreut herum. Im Vordergrund des Bildes werden vereinzelte Figuren sichtbar: wieder ein durch die im Anschlag gehaltene Kamera markierter Fotograf sowie einige verstreut angeordnete und in unterschiedliche Richtungen blickende Passanten, die in keiner Form miteinander in direkten Bezug treten. Diese Gestalten mit meist „ratlos" herunterhängenden Armen stehen in merkwürdigem Kontrast zum hell lodernden Feuer. Gesten des Triumphs und der Freude über das spektakuläre Geschehen werden ironischerweise nicht von diesen im Bildraum präsenten Gestalten ausgeführt, sondern von Figuren, die auf einem mehr oder minder zufällig ins Bild geratenen Werbeplakat von ‚Nike' in Szene gesetzt sind.

Auch hier haben wir es wieder mit einem „Bild im Bild" zu tun, das mit den Ereignissen im Stadtraum in eine aufsehenerregende, plötzliche Interaktion tritt. Dieses „Bild im Bild" zeigt zwei Männer, je nur mit einer hellen Sporthose bekleidet, sodass die durchtrainierten Oberkörper sichtbar werden. Während einer der beiden in konzentrierter Nachdenk- oder gar Meditationspose am Boden sitzt, steht der zweite aufrecht daneben und streckt beide Arme gleichsam in einer emphatischen Siegerpose hoch. Das Werbeplakat wird hier zum Kommentator des realen Geschehens. Die ‚Nike'-Models triumphieren, während die im Bildraum anwesenden Passanten nur hängende Schultern und ratloses Schauen oder Fotografieren zu kennen scheinen. Viel mehr als die Passanten regen damit die Models zu einem identifizierenden Schauen an bzw. lädt das Nebeneinander der so unterschiedlichen Kommentare des Geschehens zu einem Befragen oder Schmunzeln ein. Dies macht nochmals deutlich, dass solche Momente des überraschenden Bild-Zusammenstoßes wie der hier eingefangene genauso wie unsere Auftrittsweisen, unsere Gespräche, unsere Initiativen und unsere Wahrnehmungen auch, daran teilhaben können, in welcher Form wir uns nun mit anderen zu Gemeinschaftskörpern verbinden.

II.

Die Geschichte des Beurteilens

„Binary distincions are an analytic procedure, but their usefulness does not guarantee that existence divides like that. We should look with suspicion on anyone who declared that there are two kinds of people, or two kinds of reality or process."[1]

Das bisher Dargelegte zeigt bereits, dass die Frage der Beurteilung die Erfindung einer avantgardistischen Tradition im 20. Jahrhundert selbst nachdrücklich vorantrieb. Denn die verschiedenen Beispiele demonstrieren – mittels mehr oder minder expliziter Verweise – alle, dass die Behauptung der politischen Effektivität ästhetischer Formen und die mit ihnen verbundenen Praktiken von verschiedenen Gruppen übernommen wurden, weil gewisse ästhetische Taktiken als „subversiv", „fortschrittlich", „zukunftsweisend", „feministisch" oder „demokratisch" eingeschätzt wurden. Solche Beurteilungen machten offenbar Geschichte, indem sie überzeugten, faszinierten und ein Publikum involvierten, was dann zu einem Weitertradieren dieser Thesen, einem Weiterbasteln an den in ihr verhandelten Konzepten und zu einem Experimentieren mit den damit verknüpften Praktiken anregte. In der Folge soll nun nochmals ganz explizit eine solche Geschichte der Beurteilung nachvollzogen werden, um eine differenzierte Sichtweise auf die heutigen Möglichkeiten der Handhabe solcher ästhetischer Taktiken und der damit verbundenen Traditionen zu gewinnen.

Bereits auf den ersten Blick ist jedoch augenfällig, dass keinerlei eindimensionale Tendenzen ausgemacht werden können: Es gibt kein lineares Fortschreiten etwa von einer emphatisch aufgeladenen Handhabe hin zu einer dekonstruierenden, sondern oft sind mehrere Sichtweisen und Praxisformen parallel anzutreffen. Der aktuelle Ausgangspunkt zum Beispiel ist, wie in der Einleitung bereits bemerkt, selbst ein mehrfach aufgespaltener: Einerseits haben wir es seit etwa zwei Jahrzehnten mit vollkommen dekonstruierten bzw. relativierten Versionen der Behauptung der politischen Effektivität ästhetischer Formen zu tun. Daneben gibt es Positionen, welche die Beziehung von künstlerischer bzw. theoretischer Praxis und Publikum konzeptuell und historisch befragen, wobei die unterschiedlichen ästhetischen Traditionen von Hoch- und Massenkultur, Nischenkulturen und Mainstream be-

---

[1] Mary Douglas, „Judgements on James Frazier", in: *Daedalus*, Nr. 107/4 (Winter), 1978, S. 151-164, S. 161.

25. *Warriors*, aus der Serie: *City States*, Marjetica Potrč, nach einem im Internet veröffentlichten Foto der *Tute Bianche* am G8-Gipfel in Genua, 2001.
© Marjetica Potrč

rücksichtigt werden – an diese werde ich in der Folge anknüpfen.[2] Zugleich treffen wir in den letzten Jahrzehnten paradoxerweise aber auch auf die „eingefrorensten" Versionen der Behauptung der politischen Effektivität ästhetischer Taktiken. Vertreter und Vertreterinnen der Kultur- und Filmwissenschaften sprechen beispielsweise davon, dass der Stil von Retrokleidung, in dem Elemente des Kleiderfundus diverser Epochen miteinander kombiniert auftreten, „a sartorial strategy" darstelle, „which works to denaturalize its wearer's specular identity, and one which is fundamentally irreconcilable with fashion."[3] Aber auch in der feministischen Theorie wurde seit den 1980er Jahren oft ähnlich vorgegegangen – etwa von Donna Haraway, die Ironie als „serious play" und als „a rhetorical strategy and a political method" präsentierte, die patriachale Diskurse zu dezentrieren und zu dekonstruieren vermöge.[4] Parallel beziehen sich Neoavantgarde-Bewegungen in den Gebieten des ehemaligen Ostblocks ebenfalls auf die historischen Vorläufer der 1920er und

---

2 Zum Beispiel auf Erscheinungsformen des Kinos bezogen: Miriam Hansen, „The Mass Production of the Senses: Classical Cinema as Vernacular Modernism", in: *Modernism-Modernity*, Nr. 6.2., 1999, S. 59-77. Auf künstlerischer Seite können etwa Performance-Künstler wie Jerôme Bel oder Xavier Le Roy genannt werden, auf deren Arbeit ich noch ausführlicher eingehen werde.
3 Kaja Silverman, „Fragments of a Fashionable Discourse", in: *Studies in Entertainment. Critical Approaches to Mass Culture*, hg. v. Tania Modleski, Bloomington und Indianapolis: Indiana University Press, 1986, S. 139-152, S. 150.
4 Donna Haraway, „A manifesto for cyborgs: Science, technology, and socialist feminism in the 1980s", in: *Socialist Review*, Nr. 80 (März-April), 1985, S. 65-105, S. 65.

1960er Jahre, um die in ihrem Umfeld neu entstehenden nationalistischen Regime und „Demokraturen" herauszufordern. Manche Künstler traten – wie beispielsweise im Pavillon „Jugoslawien" auf der Biennale in Venedig 2003 zu sehen war – gar in der Verkörperung von „Kasimir Malewitsch" oder „Walter Benjamin" auf.[5] Und in der westlichen Welt können ebenfalls verwandte Orientierungen festgestellt werden und zwar in den Räumen der Kunst im engeren Sinn wie auch im öffentlichen, politischen Raum – etwa wenn Christoph Schlingensief sich in *Area 7* (2006) emphatisch auf das Expanded Cinema der 1960er Jahre und Joseph Beuys bezieht oder wenn No-Global-Aktivisten und -Aktivistinnen wie die ‚Tute Bianche' (Abbildung) erneut eine öffentliche Protest- und eine Manifestkultur entwickeln, für die sie sich von den Avantgardepraktiken der 1920er oder 1960er Jahre Anregungen holen. Die ‚Tute Bianche' etwa forcierten eine betont humorvolle, Ironie-geleitete und zugleich schützende Strategie, indem sie mit aus Haushaltsprodukten wie leeren Wasserflaschen, Schachteln oder Dosen gebauten „Rüstungen", über die weiße, gespensterartige Schutzanzüge gezogen wurden, in Gruppen bei Demonstrationen oder anderen Protestaktionen öffentlich auftraten.[6]

Um die hier so oft auftretenden dichotomen und schematischen Argumentationen überwinden zu können und zu einem für kontingente politische Effekte aufmerksamen Umgang mit solchen Traditionen zu gelangen, soll nun nochmals rekonstruiert werden, wie im Kontext der im letzten Kapitel beschriebenen historischen Umbrüche der Gebrauch ästhetischer Taktiken als Mittel politischer Emanzipation je konzeptuell gefasst wurde und welche zentralen Stationen des Umwertens festgestellt werden können. Auch dabei werden einzelne Beispiele wieder ausführlich, gleichsam wie unter einem Vergrößerungsglas betrachtet, andere Linien dagegen nur kurz zusammengefasst skizziert und Ungleichzeitigkeiten, Brüche und geografische Verschiebungen herausgearbeitet.

II.1. Eckpunkte langer Ahnenreihen und die Bündelungen der Romantik

Ein Beginn der Bemühung, ästhetische Taktiken zum Zweck des Hinterfragens und Delegitimierens einzusetzen, kann nicht ein für allemal bestimmt werden. Je nach Fragestellung und Forschungslage erscheint ein derartiges Beginnen anders-

---

5 Im März 1986 fand in der ŠKUC Galerie in Ljubljana die Ausstellung *The Last Futurist Exhibition 0.10 (zero-ten)* statt, signiert von „Kasimir Malevic"; im Juni 1986 gab es dann ebenfalls in Ljubljana und organisiert von der ŠKUC Galerie die Vorlesung *Walter Benjamin: Mondrian '63 - '96*. Diese künstlerische Position vertrat dann auch Serbien und Montenegro auf der 50. Biennale in Venedig 2003. Siehe: *International Exhibition of Modern Art, 2013 featuring Alfred Barr's Museum of Modern Art, New York, 1936*, hg. v. Branislav Dimitrijević und Dejan Stretenović, Belgrad: Museum of Modern Art, 2003.

6 2006 wurde die Website der ‚Tute Bianche' zum Beispiel mit einem Motto von Bertolt Brecht überschrieben. Siehe: http://www.tutebianche.org, 31.3.06.

wohin verlagert und kann immer wieder anders thematisiert und verortet werden. Für die von mir in diesem Buch rekonstruierte Genealogie ist allerdings, wie bereits dargelegt, zentral, dass ein moderner Begriff des Politischen, im Sinne eines öffentlichen Handelns, das in Auseinandersetzung mit anderen agierenden Gruppen und den von diesen forcierten Optionen tritt und auf die Bühne der Politik im engeren Sinn Einfluss zu nehmen sucht, erst in Zusammenhang mit den Emanzipationsbewegungen der Französischen Revolution entstand. Die Verwendung bestimmter ästhetischer Taktiken zu Zwecken der Markierung und öffentlichen Inszenierung solcher politischer Positionierungen setzte demnach erst zu diesem Zeitpunkt ein und wurde von den philosophischen und ästhetischen Diskursen der Aufklärung und Romantik sowie in den zeitgleich auftretenden Praktiken der Kunst gewissermaßen „begleitend" reflektiert und verhandelt. Wenn es, wie Ludwig Wittgenstein festgehalten hat, wichtig ist, am Anfang zu beginnen und nicht zu versuchen, weiter zurückzugehen, so müsste die genealogische Rekonstruktion mit der Epoche der Französischen Revolution einsetzen.[7]

Dennoch reichen die „langen Ahnenreihen" des Gebrauchs von Verfremdung, Montage, Collage, Parodie oder Ironie zu hinterfragenden und delegitmierenden Zwecken viel weiter zurück. Indem solche früheren Nutzungsweisen ebenfalls kurz rekapituliert werden, tritt das, was sich mit den Emanzipationsbewegungen der Moderne und in der Reflexion von Aufklärung und Romantik veränderte, schärfer zutage. Zudem kann so auch der Prozess der Erfindung solcher vielgliedriger Stammbäume selbst mitreflektiert und beispielsweise gezeigt werden, dass deren Rekonstruktion ebenfalls vor allem seit der Romantik zum Zweck der Legitimation und Aufwertung bestimmter zugleich ästhetischer und politischer Taktiken eingesetzt wurde.

Verzweigte Anfänge

Um ein erstes Beispiel zu nennen: Der Historiker Carlo Ginzburg[8] verfolgte das ästhetische Verfahren der Verfremdung bis in das 2. Jahrhundert nach Christus zu Marc Aurels stoischer Selbsterziehung hin zur distanzierten Wahrnehmung der Dinge, wie sie „wirklich" sind, zurück. Denn dieser hatte sich bereits damit auseinandergesetzt, dass das Hinterfragen von irrigen Vorstellungen, scheinbar selbstverständlichen Postulaten und durch unsere Wahrnehmung eingefroren gewordenen Erkenntnissen ein wichtiger Bestandteil der moralischen Ausrichtung des Selbst sei. Dabei stellte Marc Aurel für das Erlangen einer solchen unverfälschten Schau der Dinge ein bestimmtes Verfahren als zentral heraus – jenes der Verfrem-

---

7 „Es ist so schwer den *Anfang* zu finden. Oder besser: Es ist schwer am Anfang anzufangen. Und nicht zu versuchen, weiter zurückzugehen." Ludwig Wittgenstein, *Über Gewissheit*, Werkausgabe, Bd. 8, Frankfurt am Main, 1984, § 471.

8 Carlo Ginzburg, „Verfremdung. Vorgeschichte eines literarischen Verfahrens", in: *Holzaugen. Über Nähe und Distanz*, hg. v. ders., Berlin: Wagenbach, 1999, S. 11-41.

dung. Er legte dar, dass die Dinge so betrachtet werden müssen, als ob sie Rätsel wären, damit erkennbar wird, wie es um die Welt wirklich bestellt sei.

Über Kopien, Erzählungen, Umschriften und Leseerfahrungen wurde dieses Verfahren dann weiter tradiert. So verfasste beispielsweise ein Mönch im 16. Jahrhundert eine Fälschung von Marc Aurels *Selbstbetrachtungen* und stellte dabei den Wilden, den Bauern oder das Tier als möglichen Standpunkt vor, von dem aus die Welt mit einem verfremdenden, distanzierten Blick betrachtet werden könne. Davon ausgehend zog Carlo Ginzburg dann eine Linie, mit der er Montaigne, die französischen Moralisten des 17. Jahrhunderts und hier insbesondere Voltaire und schließlich Tolstoi und die Theorien der russischen Formalisten der ersten Hälfte des 20. Jahrhunderts miteinander verband. Dabei strich er hervor, dass der von Montaigne formulierte Vorschlag einer naiven, staunenden Sicht, mit deren Hilfe das Tieferliegende und Natürlichere ergründet werden könne, vor allem in der Literatur der französischen Aufklärung großen Einfluss gewann. Insbesondere Voltaire hob hier die Verfremdung als ein Kunstmittel hervor, das auf einer politischen, sozialen und religiösen Ebene entlegitimierend wirken könne. Tolstoi wiederum sah Voltaire als seinen Lehrer an und setzte sich über dessen Schriften mit solchen ästhetischen Taktiken auseinander. Wenn er die Welt aus der Sicht eines Pferdes beschreibt, wie in der Erzählung *Der Leinwandmesser* (1885), dann tauchen zugleich jedoch auch Konnotationslinien zu dem bereits erwähnten Mönch aus dem 16. Jahrhundert auf, der Marc Aurels *Selbstbetrachtungen* fälschte. Die Dadaisten und Surrealisten oder einzelne Künstler wie Bertolt Brecht schlossen dann im 20. Jahrhundert an diese Tradition an, nahmen jedoch weitere Umarbeitungen vor.[9] In ihren Texten schrieben sie nun dem modernen urbanen Leben und der kapitalistischen Lebens- und Wirtschaftsweise eine Verarmung, Verfälschung, Automatisierung und Entfremdung der Weltsicht zu und zugleich stellten auch sie die Verfremdung als ein mögliches ästhetisches Mittel zur Erlangung einer erneuerten, wahrheitsvolleren, emanzipierteren und zukunftsweisenderen Weltsicht vor.

Eine ganz andere Herkunftsgeschichte kann für die Montage und die Collage rekonstruiert werden. Herta Wescher erwähnt in diesem Zusammenhang die Text-Bild-Collagen der Kalligrafen im Japan des 12. Jahrhunderts genauso wie die aus ganz unterschiedlichen Materialien hergestellten Reliquienbilder und „Wettersegen", die zwischen dem 16. und 19. Jahrhundert in Westeuropa in Verwendung waren. Zudem nennt sie auch die Quodlibets des Barock, Klebebilder in deutschen Stammbüchern seit dem 16. Jahrhundert, die aus verschiedenen Papieren und kleinen Malereien gestalteten „Valentines" – Grußkarten zum Valentinstag, die Mitte des 18. Jahrhunderts in Großbritannien aufkamen – oder die populären Foto-Col-

---

9 Renate Lachmann zeigte, dass die Faszinationsgeschichte der Verfremdung in der westlichen Kultur des 20. Jahrhunderts wesentlich von Brecht beinflusst ist; zudem strich sie die wechselseitigen Beeinflussungen des Konzeptes der „Ostranenie" (des „Seltsammachens") bei Viktor Šklovskij und der „Verfremdung" bei Bertolt Brecht hervor. Siehe: Renate Lachmann, „Die ‚Verfremdung' und das ‚Neue Sehen' bei Viktor Šklovskij", in: *Poetica. Zeitschrift für Sprach- und Literaturwissenschaft,* Nr. 3, 1970, S. 226-249.

lagen, die im 19. Jahrhundert als Ansichtskarten verschickt wurden.[10] Dabei betont sie, dass selbst Fotomontagen bereits vor dem Zeitalter des Films zu propagandistischen Zwecken verwendet wurden – wie etwa ein Beispiel aus der Zeit der Pariser Commune der 1870er Jahre zeigt, auf dem die Erschießung einer Gruppe von Geiseln, die in der Mehrzahl aus geistlichen Würdenträgern bestand, durch mehrfach nebeneinander geklebte Reproduktionen von Communarden beworben wurde. Auch zahlreiche Schriftsteller wie Victor Hugo, Joachim Ringelnatz oder Hans Christian Andersen sowie Maler wie Carl Spitzweg hatten sich zu diesem Zeitpunkt bereits mit der Komposition von Collagen beschäftigt, die damals schon formale Ähnlichkeiten mit den später entstandenen Fotomontagen der Dadaisten oder den Montagefilmen der 1920er Jahre zeigten. Doch auch wenn solche in ganz unterschiedliche Richtungen gehende Konnotationslinien aufgezeigt werden können, so wurde die Collage erst im 20. Jahrhundert, in Verbindung mit Film und Fotografie, zu einer sich breit durchsetzenden Gestaltungsform, die maßgeblich das Gesicht der Kunst ihrer Zeit zu prägen vermochte.[11]

Selbst wenn also in der kunsthandwerklichen Produktion sowie in der Volks- und Amateurkunst weit zurückreichende Vorläufer der Montage- und Collageverfahren nachweisbar sind, ist die abendländische Tradition der bildenden Kunst von der Renaissance bis etwa in die Mitte des 19. Jahrhunderts hinein von der recht fest gefügten Struktur der zentralperspektivischen Bildorganisation bestimmt.[12] Diese Herausbildung der Perspektive als symbolische Form des neuzeitlichen Zeitalters ist eng mit der Entstehung der modernen, politisch einflussreichen Schicht des urbanen Handelsbürgertums verbunden und steht in enger Beziehung zur beschriebenen Transformation des In-Form-Setzens von Gesellschaft und zu den diese begleitenden Umwälzungen des Wahrnehmungsregimes. In der zweiten Hälfte des 19. Jahrhunderts wurde diese Herrschaft der Perspektive über die Welt der Bilder dann aufgesprengt, was an dem durch die Fotografie nun ermöglichten raschen Perspektivenwechsel und die dadurch hervorgerufenen, unüberschaubaren Bilderreihen ebenso sichtbar wird wie in der Malerei an der Auflösung fester Konturen im Impressionismus oder am Aufbrechen des Bildraums im Kubismus.[13] Sowohl in der bildenden Kunst als auch in der Literatur oder im Theater setzten sich in den 1910er und 1920er Jahren dann endgültig Verfahren durch, die sich von der Darstellung der Phänomene homogener Gegenstandswelten abwandten und heterogene Seinselemente in Konfrontation zueinander setzten. Avantgardistische Bewegungen wie der Futurismus, der russische Konstruktivismus oder der Dadaismus bevorzugten eine multiperspektivische, dynamische Raumkonzeption, zerschnit-

---

10 Herta Wescher, *Die Collage*, Köln, 1968, S. 7ff.
11 Wescher, Collage, 1968, S. 16.
12 Auf eine solche Differenzierung in der „langen Ahnenreihe" der Montage und Collage insistiert auch Klaus Honnef. Siehe: Klaus Honnef, „Symbolische Form als anschauliches Erkenntnisprinzip – Ein Versuch zur Montage", in: *John Heartfield*, hg. v. Akademie der Künste Berlin, Köln: DuMont, 1991, S. 38-53.
13 Ebd., S. 45f.

ten zusammenhängende Bildeinheiten, fügten einzelne Bildausschnitte oder Textfragmente zusammen oder kombinierten die verschiedene Silben und Worte zu Lautgedichten. Parallel übersetzte im 20. Jahrhundert etwa auch Bertolt Brecht den Montagegedanken in den „Verfremdungseffekt" des von ihm entwickelten „epischen Theaters", und eine Reihe von Literaten, Soziologen oder Philosophen wie Walter Benjamin begannen, die Montage als geeignet anzusehen, um den auf neue Weise unübersichtlich gewordenen, stets von verschiedensten Blickpunkten aus wahrgenommenen und auf neue Weise umstrittenen Erscheinungsraum der Moderne repräsentieren zu können. Die ureigenste Domäne der Montage aber war zu Beginn des 20. Jahrhunderts der Film, der dann auch zu demjenigen neuen Medium wurde, über das sie sich schließlich als, wie Klaus Honnef es bezeichnet, neue „symbolische Form der Moderne"[14] durchsetzte. Dabei gab es auch hier – etwa in der Montage der Assoziationen von Eisenstein – Versuche, herkömmliche Verfahren des Zusammenbringens von ganz heterogenen Bildern zu steigern und in neuartiger Weise für die Formierung eines neuen Gesellschaftskörpers einzusetzen.

Ein wieder etwas anders verzweigtes, genealogisches Liniennetz bindet die Parodie in solche Entwicklungen und Umbrüche ein. Simon Dentith definiert die Parodie als ästhetische Taktik, die Teil von alltäglichen Prozessen ist und bei der eine Äußerung auf eine andere anspielt oder sich von dieser distanziert.[15] Wie die anderen ästhetischen Taktiken war sie ebenfalls bereits seit der Antike in Verwendung und erfuhr in bestimmten historischen Zeitabschnitten besondere Beliebtheit. Solche „Zeiten der Parodie" sind:[16] die Frühmoderne, etwa seit Beginn des 17. Jahrhunderts, als Romane wie *Don Quixote* nachdrücklich in eine Auseinandersetzung um die Werte und Ideologien der niedergehenden, aristrokratisch-militärischen Klasse eingriffen; die Jahrzehnte Ende des 18. und zu Beginn des 19. Jahrhunderts, als Parodie in Zusammenhang mit den politischen Erhebungen der Französischen Revolution verstärkt eingesetzt wurde – und zwar sowohl auf Seiten der Revolutionäre als auch auf Seiten des anti-jakobinischen Diskurses; sowie das frühe 20. Jahrhundert, als Parodie, beispielsweise in James Joyces *Ulysses* (1922) das Ergebnis eines Zu- und Gegeneinanders von Diskursfragmenten war, aus denen der Roman – wie etwa auch die zugleich auftretenden Collagen und Montagen der bildenden Kunst – nun zusammengesetzt war bzw. als Parodie auch in den neuen populären Etablissements wie Kino und Kabarett verstärkt auftrat.

Dentith bezieht sich in seiner Geschichte der Parodie auf einflussreiche Arbeiten wie jene von Michail Bachtin, der Parodie als Element des Karnevals und des Karnevalesken beschreibt, mit dem etwa im Frankreich des 16. Jahrhunderts offizielle Ernsthaftigkeit verulkt und herausgefordert und die Relativität alles Sprechens offensichtlich gemacht wurde.[17] Ähnlich wie für Bachtin ist die Parodie für Dentith

---

14 Ebd., S. 52.
15 Dentith, Parody, 2000, S. 6.
16 Ebd., 2000, S. 55ff.
17 Michail Bachtin, *Rabelais und seine Welt. Volkskultur als Gegenkultur*, Frankfurt am Main, 1995.

zugleich ein Symptom wie auch eine Waffe im Streit zwischen populären, kulturellen Kräften und den Autoritäten, die versuchen, diese zu kontrollieren. Im Unterschied zu einer Tradition, die parodistische Formen vor allem als relativierend und Traditionen zersetzend beschreibt, streicht Dentith heraus, dass es auch eine andere, ebenfalls starke, aber eher als „konservativ" zu bezeichnende Tradition der Parodie gibt.[18] Dabei bezieht er sich auf Untersuchungen wie jene von Roland Barthes oder Julia Kristeva, die ebenfalls demonstrierten, dass Parodie auch eingesetzt werden kann, um den *common sense* zu verteidigen, indem Neuerungen lächerlich gemacht oder indem Sprechakte von „ungesunden" Tendenzen „gereinigt" bzw. „kontrolliert" werden.[19] Die politische Richtung, in die ein parodistischer Eingriff ausschlägt, kann demnach nicht vorab als entschieden angenommen werden, sondern wird immer von der je konkreten, historischen Sprechsituation bestimmt sein.

Die Parodie steht dabei in einem engen verwandtschaftlichen Verhältnis zu einer weiteren ästhetischen Taktik – jener der Ironie, für die meist ein besonders dichtes Netz an Konnotationslinien skizziert wird. Diese enge Verbindung wird in aktuellen Verhandlungen ganz explizit herausgestrichen, etwa wenn Linda Hutcheon festhält, Parodie und Ironie würden eine strukturelle Ähnlichkeit aufweisen: „Irony can be seen to operate on a microcosmic (semantic) level in the same way that parody does on a macrocosmic (textual) level, because parody too is a marking of difference, also by means of superimposition (this time, of textual rather than of semantic contexts). (...) Because of this structural similarity, I should like to argue, parody can use irony easily and naturally as a preferred, even privileged, rhetorical mechanism. Irony's patent refusal of semantic univocality matches parody's refusal of structural unitextuality."[20]

Die Rekonstruktion einer ironischen Tradition geht dabei stets auf die Griechen und hier insbesondere auf Aristophanes und Sokrates zurück und argumentiert häufig zweigleisig. Es wird einerseits betont, dass in der Antike die Auffassung von der Ironie als „dissimulation", d.h. als „Verstellung", vorherrschend war, weshalb der Ironiker auch vom „Eiron", dem „Sich-Verstellenden", „Elastischen", „Schlüpfrigen", „Unaufrichtigen" des Aristophanes und Theophrast hergeleitet werden kann. Andererseits wird auch erwähnt, dass die Ironie wiederholt bereits in der Antike als ein „Schwert" beschrieben auftritt – genannt werden hier insbesondere die Tragödien *Agamemnon* von Aischylos und *König Ödipus* von Sophokles –, dem die Fähigkeit zur Zerstörung und Zerschlagung zukomme.[21] Als zentral für die Anfänge der Ironie wird immer wieder ihre sokratische Version dargestellt und zwar, wie zum Beispiel bei Platon, wieder als Mittel der Verstellung durch Nicht-Wissen oder

---

18 Dentith, Parody, 2000, S. 26ff.
19 Siehe: Barthes, S/Z, 1994, insbes. S. 49f.; Julia Kristeva, *Sēmèiôtikè: Recherches pour une sémanalyse*, Paris, 1969.
20 Linda Hutcheon, *A Theory of Parody. The Teachings of Twentieth-Century Art Forms*, Urbana und Chicago, 2000, S. 54.
21 J. A. K. Thomson, Irony. *An historical introduction, Cambridge*, 1927, S. 1f. und S. 69.

immer weiter getriebenes Fragen, mit dessen Hilfe dann das „richtige Wissen" hergestellt bzw. ausgestellt werden könne. Dabei gilt aber für die sokratische Ironie genau jenes Paradox, das alle Versionen der Geschichten vom Anfang kennzeichnet.[22] Denn Sokrates selbst ist uns nur durch die verschiedenen Überlieferungen anderer bekannt, die allerdings ein uneindeutiges, plural aufgespaltenes Bild ergeben. Dies zeigen drei frühe Darstellungen, in denen, etwa bei Aristophanes in den *Wolken*, die sokratische Ironie einmal verspottet, ein andermal, wie in den *Memorabilia* des Xenophon, überhaupt verschwiegen und schließlich, wie bei Platon in der *Apologie*, nur gelegentlich als ein charakteristischer Zug der sokratischen Gesprächsführung hervorgehoben wird. Trotz solcher unterschiedlicher Bewertungen wird die sokratische Ironie aber immer wieder als Ausgangspunkt oder sogar als Paradigma des ironischen Diskurses dargestellt.

Von Sokrates wird dann meist eine direkte Linie bis zur Aufklärung gezogen, wo die ironische Verstellung als ein wichtiges Instrument im Sinne einer Durchdringung und Erhellung von Täuschung in Satiren der Zeit aufgegriffen und gegen ihre Feinde verteidigt wurde.[23] Die bis heute dominante Traditionslinie führt aber direkt von der sokratischen Ironie der Antike über Romantiker wie Friedrich Schlegel oder Novalis, die mit der Ironie die antizipierende Vernunftwelt der Aufklärung anfechten wollten, bis hin zur Moderne, wo die Ironie dann als Mittel der Zurückweisung der gesamten abendländischen Kulturtradition thematisiert wurde.[24]

Wie unterschiedlich solche genealogischen Rekonstruktionen unter Umständen aber ausfallen können, führt Ernst Behler vor, wenn er von der Romantik zurück zur Literatur der Renaissance, d.h. zu Cervantes' *Don Quijote* und Shakespeares *Falstaff* oder zu den weisen Narren bei Sebastian Brant geht. Von dort bewegt er sich dann – wenn auch geleitet von einer gewissen Skepsis, weil es hier vielfältige Überschneidungen mit anderen Traditionen, etwa derjenigen des Topos der affektierten Bescheidenheit, gibt – weiter zur Literatur des Mittelalters, etwa zu Geoffrey Chaucers *Canterbury Tales* oder zu Giovanni Boccaccios *Genealogie Deorum*. Über die Literatur der Spätantike, zum Beispiel die *Metamorphosen* des Apuleius, besser bekannt als „Goldener Esel", kommt er zu einer Parodie eines Reiseromans, den *Wahren Geschichten* des Syrers Lukian von Samosata, um dann über Parallelen aus der satirischen lateinischen Literatur diese Abstammungslinie zu den hellenistischen Romanen zurückzuführen und sie schließlich bei dessen orientalischen, speziell indischen Vorbildern, vorläufig enden zu lassen.[25]

---

22 Uwe Japp, *Theorie der Ironie*, Frankfurt am Main, 1999, S. 85f.
23 Zum Beispiel: Anthony Collins, *A Discourse Concerning Ridicule and Irony in Writing*, London, 1729 oder: Jonathan Swift, *A modest proposal for preventing the children of poor people from being a burthen to their parents or country and for making them beneficial to the public*, Dublin, 1729.
24 Japp, Theorie der Ironie, 1999, S. 169.
25 Ernst Behler, *Klassische Ironie, Romantische Ironie, Tragische Ironie. Zum Ursprung dieser Begriffe*, Darmstadt, 1972, S. 48ff.

Aber trotz solcher Ausflüge in die vielgliedrige Gestalt der ironischen Tradition stellt auch Behler die deutsche Romantik um Schlegel und Novalis als dasjenige Milieu vor, in dem ein ausgeprägtes Interesse an der Ironie und an der Bestimmung ihres Anfangs überhaupt erst erwacht war und eine für die Kunst und Literaturtheorie des 20. Jahrhunderts wichtige Umarbeitung vorgenommen wurde. Hier trat gleichzeitig mit der Erfahrung eines Ungenügens an den gewohnten Darstellungsweisen ein Interesse an Form überhaupt und am Experimentieren mit neuen Gestaltungen auf, für welches auch überlieferte rhetorische Figuren wieder ausgegraben und neu bewertet wurden. Schon länger praktizierte Verfahren erhielten so Bezeichnungen, die bis heute gängig sind, auch wenn sie „der Sache nach" schon seit der Antike präsent waren.[26] So kann etwa Mitte des 18. Jahrhunderts in der künstlerischen Praxis genauso wie bei Literaturkritikern und in Journalen eine veränderte Verwendung des Ironiebegriffes festgestellt werden, die Romantiker wie Friedrich Schlegel dann auf den Punkt brachten.[27] Ironie wurde hier ins Zentrum einer Literaturkritik gestellt, die selbst wiederum zu einem wichtigen Instrument des Begreifens von Welt überhaupt geworden war. Dabei betonte Schlegel zum Beispiel ebenfalls ein enges Verhältnis von Ironie und Parodie, indem er die sokratische Ironie „Wechselparodie, potenzierte Parodie" nannte oder die Frage „Ironie = Selbstparodie?" stellte.[28]

Zentrale Texte der Romantik wie jene von Peter Lebrecht Tieck, Jean Paul oder Goethes *Wilhelm Meister* haben mit der „Ironie des aus dem Stück Fallens" experimentiert, wie Clemens Brentano[29] es genannt hat, d.h., es wurden Textstellen eingefügt, die die zusammenhängende Welt eines Werkes temporär verlassen, etwa indem der Autor oder eine Figur über das Dargestellte und dessen Verhältnis des Publikums reflektieren oder indem das Geschehen in scheinbare Nebensächlichkeiten abgelenkt und dennoch weitergeführt wird. Beispiel dafür ist Tiecks dramatisiertes Kindermärchen *Der gestiefelte Kater*, in dem neben dem Schauspieler auch das Publikum und sogar der Dichter selbst auf der Bühne anwesend sind und alle das Stück bzw. die Hauptfigur kommentieren, zum Beispiel mit den vom „Publikum" gesprochenen Worten: „Was mich nur ärgert, ist, daß sich kein Mensch im Stück über den Kater wundert; der König und alle tun, als müßte es so sein"[30] und:

---

26 Versionen des Anfangs der Ironie finden sich etwa bei Goethe, Schlegel, Hegel, Kirkegaard und Schopenhauer, die alle die sokratische Ironie besonders hervorheben. Diese Rezeptionsgeschichte wurde ausführlich dargestellt von: Japp, Theorie der Ironie, 1999, S. 107ff. Wichtige Parallelen gibt es in der britischen Romantik. Siehe: Robert Kaufman, „Aura; Still", in: *Walter Benjamin and Art*, hg. v. Andrew Benjamin, London und New York: Continuum, 2005, S. 121-147, insbes. S. 123f.
27 Behler, Klassische Ironie, 1972, S. 31ff.
28 Friedrich Schlegel, *Literary Notebooks*, hg. v. Hans Eichner, London: Athlone Press, 1957, S. 65 u. S. 91.
29 Zitiert nach: Oskar Walzel, *Deutsche Romantik. Eine Skizze*, Leipzig, 1912, S. 131.
30 Peter Leberecht Tieck, „Der gestiefelte Kater", in: *Tiecks Werke*, hg. v. Gotthold Ludwig Klee, Bd. 1, Leipzig und Wien: Bibliograph. Inst. 1892, S. 103-166, S. 137.

"unmöglich kann ich da in eine vernünftige Illusion hineinkommen."[31] Die literarische Fiktion wird auf diese Weise mittels Fremdelementen gestört, zugleich aber wird dabei „(d)ie Kunst auf eine *angenehme Art* zu *befremden*, einen Gegenstand fremd zu machen und doch bekannt und anziehend" (Herv. i. Orig,)[32] praktiziert.

Solche Verfahren wurden nun nicht mehr allein als rhetorische Kunstgriffe beschrieben, sondern als ein zugleich ethischer, ästhetischer und politischer Standpunkt bewertet. Friedrich Schlegel etwa, der die erneute Betrachtung der Ironie in den Brennpunkt seiner frühen Schriften gestellt hat, betonte die überschreitende Funktion der Ironie. Indem sie keiner bestimmten Gattung und keinem bestimmten Diskurs wesentlich zugehört, birgt sie für ihn das Potenzial für das gleichzeitige Hinterfragen des Gegebenen und das Weitertreiben der Reflexion schlechthin. Durch Ironie dringen – wie etwa durch Verfremdung oder Montage auch – in die durch Kunstwerke erschaffene imaginäre Welt Teile der wirklichen Welt oder Teile anderer imaginärer Welten ein, und es kommt zu einer Kollision zwischen dem Imaginären und dem Realen, die dann wiederum Zweifel und Unsicherheiten hinsichtlich der Bedeutung in Gang setzen, Interesse erwecken und in unvorhergesehene Bahnen lenken kann. Für Schlegel war dabei wichtig, dass die Ironie eine stets vorhandene Möglichkeit des literarischen Sprechens ist. Er sieht in ihr ein Potenzial, das permanent vorhanden ist und durch kein System kontrolliert werden kann, ja, für ihn ist es, wie er in den Athenäums-Fragmenten darlegt, überhaupt „gleich tödlich für den Geist, ein System zu haben, und keins zu haben. Er wird sich also wohl entschließen müssen, beides zu verbinden."[33] Deshalb spricht er von der Ironie auch als von „einer permanenten Parekbase"[34], womit er wieder auf die „Parabase" anspielt, d.h. auf die Unterbrechung der dramatischen Handlung durch den Chor, wenn dieser sich etwa mit satirischen Ansprachen direkt an das Publikum wendet. Indem Schlegel auf diese Weise die „Permanenz" dieses Kunstgriffs herausstreicht, macht er sie zum Modell für eine stets mögliche, momenthafte Unterbrechung und Ablenkung des Verstehens überhaupt. Auf diesem Verständnis der Ironie als unkontrollierbare Unterbrechung wird dann im 20. Jahrhundert vor allem Paul de Man[35] aufbauen. Entgegen literaturwissenschaftlichen Traditionen, die der Ironie auf vielfältige Weise die Spitze abbrachen, indem sie sie zu einem Konzept „einfroren", macht dieser sich wieder daran, ihre beweglichen, überraschenden

---

31 Tieck, Der gestiefelte Kater, 1892, 115.
32 Novalis, *Schriften*, hg. v. Richard Samuel in Zusammenarbeit mit Hans-Joachim Mähl und Gerhard Schulz, Bd. 3, Stuttgart: Kohlhammer, 1960, S. 685.
33 Friedrich Schlegel, „Athenäums-Fragment Nr. 53", in: *Kritische Friedrich-Schlegel-Ausgabe*, hg. v. Hans Eichner, Bd. 2, München, Paderborn, Wien, Zürich: Schöningh, 1967, S. 173.
34 Friedrich Schlegel, „Philosophische Lehrjahre. 1796-1806", in: *Kritische Friedrich-Schlegel-Ausgabe*, hg. v. Ernst Behler, Bd. 19: 2, München, Paderborn, Wien, Zürich: Schöningh, 1971, Nr. 668, 85.
35 Paul de Man, „The Concept of Irony", in: *Aesthetic Ideology. Paul de Man*, hg. v. Andrzej Warminski, Minneapolis: University of Minnesota Press, 1996, S. 163-184.

Züge und vor allem ihr Potenzial zur Ablenkung und Verunsicherung gewohnter Sichtweisen freizulegen.

Eine wichtige Figur zwischen den Romantikern und den künstlerischen Bewegungen des 20. Jahrhunderts ist schließlich Friedrich Nietzsche, der die politische Bedeutung der Ironie dann ganz explizit formulierte, indem er festiellt: „Die Ironie des Dialektikers ist eine Form der Pöbel-Rache"[36]. Oder auch indem er die Frage stellt: „Ist die Ironie des Sokrates ein Ausdruck von Revolte? Von Pöbel-Ressentiment?"[37] Die sokratische Ironie wird hier – wie die Dialektik auch – zur „Waffe des Pöbels", d.h. als eine Form des politischen Aufruhrs definiert, von dem Nietzsche sich jedoch abgrenzt. Wie jede andere Äußerung einer Identifikation mit dem „Pöbel" ordnet er auch die Ironie zunächst dem von ihm bekämpften „theoretischen Zeitalter" zu. An anderen Stellen betrachtet er sie jedoch weniger abwertend, sondern beschreibt sie als möglichen ästhetischen Trick, mit dem die begrenzten, wissenschaftlichen Diskurse überschritten werden können. Hier erscheint die Ironie dann als ein Instrument der Skepsis und Umwertung, das bekannte oder gar vertraute Bedeutungen „zerschlägt, durcheinander wirft" und sie schließlich „ironisch wieder zusammensetzt."[38] Womit Nietzsche ein Modell der Ironie formuliert hat, das in der künstlerischen Moderne des 20. Jahrhunderts dann auf vielfältige Weise weiterverarbeitet wurde.

Die deutsche Romantik als Brutstätte

Dieser kurze Einblick in eine Herkunftsgeschichte der Verwendung der ästhetischen Taktiken der Verfremdung, der Montage, der Parodie und der Ironie zu entlegitimierenden Zwecken demonstriert bereits, wie plural und stark verzweigt eine solche Rekonstruktion aussehen kann. Zugleich macht er aber auch deutlich, dass in der in der westlichen Welt dominierenden ästhetischen Theorie und künstlerischen Reflexion offenbar – trotz der vielfältigen, die unterschiedlichsten historischen und regionalen Milieus querenden Verzweigungen – vor allem drei historische Zeitabschnitte wiederholt in Zusammenhang mit der Thematisierung ästhetischer Taktiken als Mittel der Problematisierung eingefahrener Weltsichten erwähnt werden: die Antike, die Aufklärung und die Romantik sowie die Moderne, wobei die Antike vor allem aus dem Blickpunkt der Romantik nachdrücklich in die diversen genealogischen Rekonstruktionen hineingeholt wird. Dies verweist nochmals auf die Schlüsselstellung, die der Romantik für die „Erfindung" dieser Tradition zukommt.

---

36 Friedrich Nietzsche, „Aus dem Nachlaß der Achtzigerjahre", in: *Werke in drei Bänden*, hg. v. Karl Schlechta, Bd. 3, München: Hanser, 1966, S. 415-925, S. 760.

37 Friedrich Nietzsche, „Götzen-Dämmerung", in: *Werke in drei Bänden*, hg. v. Karl Schlechta, Bd. 3, München: Hanser, 1966, S. 939-1033, S. 953.

38 Friedrich Nietzsche, „Über Wahrheit und Lüge im außermoralischen Sinn", in: *Werke in drei Bänden*, hg. v. Karl Schlechta, Bd. 3, München: Hanser, 1966, S. 309-322, S. 321.

Andrew Bowie hat in diesem Zusammenhang aufgezeigt, dass die Literaturtheorie der deutschen Romantik um Kant, Jakobi, Friedrich Schlegel, Novalis oder Schleiermacher nicht nur die Praktiken der künstlerischen Moderne zu Beginn des 20. Jahrhunderts oder die Arbeiten der kritischen Theorie um Theodor W. Adorno und Walter Benjamin vorbereitet, sondern auch die historischen und konzeptuellen Möglichkeitsbedingungen für eine neue Welle von theoretischen Arbeiten geschaffen hat, wie sie in den 1960er Jahren von Roland Barthes, Michel Foucault, Jacques Derrida, Paul de Man und anderen vorgelegt worden sind.[39] Romantische Philosophie initiierte eine lebhafte Transformation hin zu einer deklariert „modernen" Weltsicht und ist dabei eng mit der Entwicklung eines bestimmten Begriffs von Literatur verbunden. Wie Bowie darlegt, zielte das frühe romantische Denken auf eine neue Synthese der immer spezialisierteren Wissensformen ab, die sowohl die Natur- als auch die Humanwissenschaften Ende des 18. Jahrhunderts hervorgebracht hatten. Diese Synthese sollte die mehr und mehr auseinanderweisenden, spezialisierteren Wissensformen zu einer Weltsicht integrieren, in der die Aktivitäten freier Menschen und die von den Naturwissenschaften untersuchte, in Gesetze gebundene Natur nicht mehr als streng voneinander getrennt gesehen werden. Zudem sollte die romantische Synthese auch das diskreditierte Bild der frühen Aufklärung ersetzen, das eine Welt vorgestellt hat, deren Einheit *a priori* göttlich garantiert war. Das Kunstwerk, verstanden als Manifestation einer Vereinigung von Notwendigkeit und Freiheit, die in keinem anderen Bereich menschlicher Aktivität möglich war, spielte eine wichtige Rolle für die Annäherung der romantischen Philosophie an eine solche Synthese. Denn der Kunst wird in dieser Konzeption zugesprochen, im Bereich der Erscheinungen dasjenige versöhnen zu können, was in der Realität unversöhnbar ist – was auch als ihre ideologische Funktion bezeichnet werden kann. Von ihr wird erwartet, dass sie der Imagination Freiheit verschaffen könne, indem sie sich zwischen jener Welt, die ist, und einer Welt der bislang unrealisierten Möglichkeiten hin und herzubewegen vermag.

Damit ist der romantischen Auffassung von Kunst aber auch ein utopischer Aspekt eigen, der – wie Bowie gegen Konzeptionen wie jener von Terry Eagleton[40] einwendet – einer eindimensionalen Interpretation von Kunst als Ideologie entgegenwirkt. Die Beschäftigung mit Kunst tritt dabei gewissermaßen an die Stelle, die vormals die Theologie okkupiert hatte. Dabei sind jene Bereiche der Imagination, des Heiligen, des Wahren und des Glaubens, die bislang von der Religion und der Theologie besprochen worden waren, nunmehr auf die ästhetischen Erscheinungen in der Welt hin umgeleitet und in neuen wissenschaftlichen und künstlerischen

---

39 Andrew Bowie, *From Romanticism to Critical Theory. The Philosophy of German Literary Theory*, London und New York, 1997, S. 3.
40 Terry Eagleton, *The Ideology of Aesthetics*, Oxford, 1990. Bowie wirft Eagleton eine überzogene Bewertung des ideologischen Effekts von Kunstwerken auf das Publikum vor und versucht demgegenüber, deren Wirkung eher von der Seite eines mehrdeutig gefassten Wahrnehmens her konzeptuell zu fassen.

Disziplinen verhandelt worden. Solche Umleitungen und Neubearbeitungen wirken ins 20. Jahrhundert hinein fort – hier geschehen sie zum Beispiel im Rahmen von philosophischen Untersuchungen, die einer marxistischen Tradition verhaftet sind, wenn etwa Theodor W. Adorno, Ernst Bloch oder Walter Benjamin sich alle auf die eine oder andere Weise weigern, jene Ressourcen, die vormals von der Theologie verhandelt worden sind, für emanzipatorische Vorhaben aufzugeben.[41]

Diese vorherrschende Stellung, die der Romantik im Kontext der in diesem Buch verhandelten Genealogie zukommt, bestätigt eine, in Kapitel I.2 dieses Buches getroffene These, die dargelegte, dass sich mit den der Französischen Revolution folgenden Emanzipationsbewegungen auch veränderte, wie Sinn verhandelt und in Szene gesetzt wird.[42] Denn damit war das Sein nicht mehr in erster Linie durch eine außerhalb der Welt liegende Instanz mitgetragen bzw. mitgestiftet – den Göttern der Antike oder dem einen Gott des Mittelalters und dem ihn verkörpernden König –, sondern auf die Welt selbst verwiesen, was auch implizierte, dass Sinn nun den Erscheinungen in der Welt abgerungen werden musste. Dies führte zur Ausbreitung neuer politischer und künstlerischer Praktiken der Auseinandersetzung mit der Wirklichkeit sowie zur Entstehung einer begleitenden konzeptuellen Reflexion, wobei Formen wie die Ironie, die Verfremdung oder die Kollisionen von Bildern, wie sie durch die Montage oder die Collage hervorgebracht werden, nun selbst als zentrales Vehikel dieser neuen Sinnsuche und Welt-Setzung diskutiert werden. Das moderne In-der-Welt-Sein war – wie Howard Eiland[43] zeigte – von einem ästhetischen Blickpunkt aus von einer Krise der Form gekennzeichnet. Für den modernen Künstler brachte dies die Herausforderung mit sich, eine Form finden bzw. erfinden zu müssen, die sich mit dem modernen Erleben messen konnte, d.h., die gesteigerte Zerstreuung, Desintegration und schockförmiges Wahrnehmen zu artikulieren vermochte.

In Zusammenhang mit den in diesem Buch aufgeworfenen Fragestellungen ist es auch wichtig zu erwähnen, dass romantische Philosophie eine Bewegung weg von Kunst als Nachahmung hin zur Kunst als Offenbarung oder Mitteilung vollzieht, womit ihr eine ganz bestimmte Auffassung des Wahrnehmens und Sprechens eigen ist.[44] Wahrheit wird hier nicht als Korrespondenz zwischen einer Aussage und der von ihr beschriebenen Welt verstanden, sondern als Kapazität von Formen der Artikulation, die Welt zu offenbaren – auch wenn beide Vorstellungen von Wahrheit durchaus miteinander vereinbar bleiben. Ästhetische Formen sind damit auf neue Weise für eine Interpretation und Auslegung offen und zugleich in bestimmter Weise mit der Erfassung der Zukunft verbunden. Das Augenmerk liegt jetzt darauf, dass sich innerhalb der romantischen Philosophie die Sichtweise durchsetz-

---

41 Bowie, From Romanticism to Critical Theory, 1997, S. 13ff.
42 Lefort, Fortdauer des Theologisch-Politischen, 1999, S. 37.
43 Howard Eiland, „Reception in Distraction", in: *Walter Benjamin's Philosophy. Destruction and Experience*, hg. v. Andrew Benjamin und Peter Osborne, London und New York: Clinamen Press, 1994, S. 3-13, S. 10f.
44 Bowie, From Romanticism to Critical Theory, 1997, S. 16ff.

te, ein und derselbe Sachverhalt oder ein und dasselbe Ding können auf ganz unterschiedliche Weise „als etwas gesehen" werden. Hier ist immer schon eine Dimension des „Verstehens als" involviert – eine Dimension, welcher ein potenziell ästhetischer Aspekt zukommt. Ein solches „Sehen als" ist nun fundamental sowohl für die Ansprüche der neu entstehenden Wissenschaftsdisziplinen als auch für das Beziehen eines Standpunkts im öffentlichen und politischen Raum oder für das Artikulieren einer durch Kunst gewonnenen Erfahrung.

Damit bezieht romantische Philosophie sich auf eine wichtige These der Philosophie Kants, in der ebenfalls die strukturelle Ähnlichkeit von politischem und ästhetischem Urteilen verhandelt wird.[45] Auch in dessen Begrifflichkeit ist Wahrheit mit der Instanz der Artikulation verbunden – erst über Artikulationen machen wir uns, so Kant, die Welt verhandelbar und bestreitbar, wobei Imagination und kognitive Aktivitäten untrennbar zusammenfallen. Dabei liegt für ihn die Möglichkeit für sowohl ästhetisches als auch politisches Urteilen in der Lust begründet, die Welt zu begreifen und zu formulieren. In dieser Realisierung dessen, dass die Vorstellungskraft vom Wissen nicht getrennt werden kann, liegt, wie Andrew Bowie[46] betonte, die zentrale Kantsche Einsicht der Romantik und der hier entstehenden Literaturtheorie.

In Zusammenhang mit ästhetischem Urteilen wird dabei die Singularität des Beurteilten wichtig. So hängt zum Beispiel für Kant das Urteil, ein Palast sei schön oder nicht schön, allein davon ab, ob sein Anblick mir Gefallen oder Missfallen beschere. Dieses Urteil ist unabhängig von jeder Überlegung in Bezug auf die Funktion oder den Zweck des Palastes und betrifft exemplarisch allein diesen einen Palast, demgegenüber das Urteil gefällt wird.[47] Dieses interesselose, ästhetische und auf Singularitäten bezogene Urteilen wird von Kant, auch wenn dieser das Beispiel des Palastes nicht ohne auf die Umstürze seiner Zeit anspielen zu wollen gewählt hat, selbst nicht explizit politisiert. Die große Anzahl derjenigen, die Kant gefolgt sind – von Schiller über Adorno bis hin zu Lyotard – machte dann allerdings genau dies: Sie beschrieben das Ästhetische zugleich als Symptom wie auch als Agent von Herrschaft und belegten neue Kunstformen mit dem Anspruch, die Erfahrung einer Abwesenheit von Freiheit sichtbar zu machen bzw. mit den eher traditionellen ästhetischen Formen in Auseinandersetzung zu treten.[48] Meist gingen sie dabei davon aus, dass es eine politische oder moralische „autonome" Instanz gäbe, von der aus dieser Prozess der Politisierung gesteuert und vorangetrieben werden könne. Demgegenüber versuchte Walter Benjamin zum Beispiel eine Herangehensweise,

---

45 Dazu siehe: Linda M. G. Zerilli, „Aesthetic Judgement and the Public Sphere in the Thought of Hannah Arendt", in: *ÖZG, Österreichische Zeitschrift für Geschichtswissenschaften*, Nr. 3 („Ästhetik des Politischen"), 2004, S. 67-94, insbes. S. 76ff.
46 Bowie, From Romanticism to Critical Theory, 1997, S. 58.
47 Immanuel Kant, „Kritik der Urteilskraft", in: *Immanuel Kant. Werkausgabe*, hg. v. Wilhelm Weischedel, Bd. X, Frankfurt am Main: Suhrkamp, 1974, A 5,6.
48 Peter Fenves, „Is there an answer to the aestheticizing of the political?", in: *Walter Benjamin and Art*, hg. v. Andrew Benjamin, London und New York: Continuum, 2005, S. 60-72.

die weder von einer solchen Kontrolle und Steuerungsmöglichkeit noch von ästhetischer Autonomie ausgeht, sondern die Politisierung als neue, begründende Praxis denkt, für die keine anderen Beurteilungskriterien gelten können als solche, die durch diese Praxis selbst etabliert werden. Eine Antwort auf die von ihm in seiner Umgebung beobachteten Formen der Indienstnahme von Kunst und Kultur durch faschistische Bewegungen konnte für ihn demnach nicht *a priori* über Theorie festgelegt werden, sondern nur ebenso wieder in den aktuellen politische Bewegungen der Massen Formulierung finden. Der Schritt hin zu einer Politisierung sollte nicht als Programm formuliert werden, sondern konnte, wenn, dann nur im historischen Prozess selbst stattfinden und Raum greifen. Auf Grund dieser von ihm vorgenommenen prinzipiellen Ausrichtung von Kulturkritik auf eine konkrete Analyse beweglicher, politischer Formationen und weg von fixierten Programmen sowie aufgrund des außerordentlich prägenden Einflusses, den seine Schriften auf künstlerische wie politische Bewegungen in der zweiten Hälfte des 20. Jahrhundert hatten, werde ich in den nächsten Abschnitten dieses Kapitels dann auch auf Benjamins Darlegungen in Zusammenhang mit einer Ästhetik des Politischen sowie auf deren Weiterverhandlung quer durch das 20. Jahrhundert ausführlich eingehen.

Wie bereits angemerkt, entstand mit den philosophischen Erörterungen der deutschen Romantik auch ein neues Verständnis von Sprache. Sie erscheint nun nicht mehr als Repräsentation einer präexistierenden Realität, sondern als Mittel, um Regeln neu schreiben und neue Aspekte der Welt eröffnen zu können. Welche Gestalt die Dinge haben, hängt nun ebenso von ihrer Beziehung zur Aktivität des Subjektes wie auch von ihrer Beziehung zueinander ab. Die das Funktionieren des sozialen Lebens ermöglichenden, relativ stabilen Aspekte der Alltagssprache und solche metaphorischen, Welt und Augen öffnenden Aspekte von Sprache werden nun in einem Prozess stetiger gegenseitiger Neuverhandlung gesehen. Diese Sprachauffassung bildete dann auch die Grundlage für ein künstlerisches Experimentieren der Avantgardebewegungen zu Beginn des 20. Jahrhunderts. Hier ist die Produktion von Kunstwerken – und zwar sowohl in der Literatur als auch in der bildenden Kunst – zugleich Ort der Konstitution neuer Bedeutungen als auch Terrain, wo Widerstand gegen eine Überführung des eigenen Tuns in Bedeutung geübt oder wo eine Nähe zu Unsinn und eine Ablenkung des Sinns inszeniert werden können. Das künstlerische Setzen von Bedeutung implizierte dabei stets ein über den Bereich der Kunst im engeren Sinn hinausgehendes Sich-Involvieren in eine Auseinandersetzung um die Gestalt, welche die moderne Welt insgesamt annehmen soll.

II.2. Dada, der Surrealismus und Bertolt Brecht: den Chock aus den Dingen herauslocken

Hugo Ball bewertete in seiner Rede zur Eröffnung des ersten Dada-Abends in Zürich am 14. Juli 1916 das Setzen und Verändern von Bedeutung mit folgenden Worten als öffentlichen, politischen Akt: „Jede Sache hat ihr Wort; da ist das Wort

26. *8th Street*, Man Ray, 1920.
© VG Bild-Kunst und Man Ray Trust

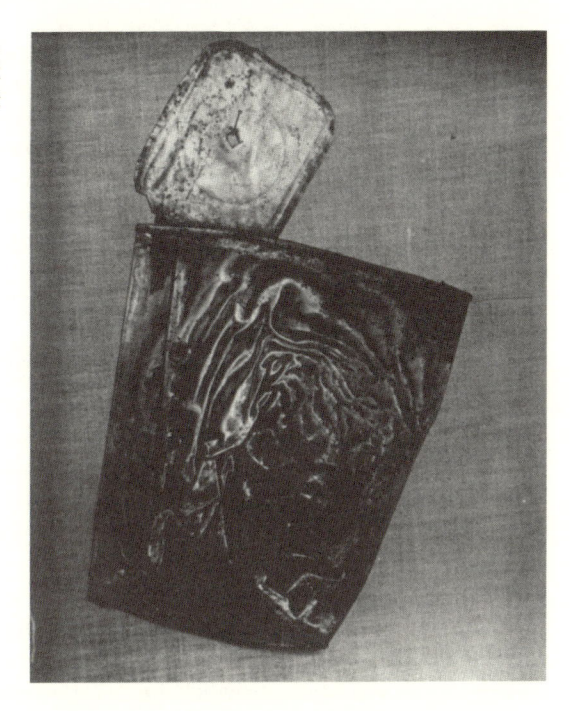

selber zur Sache geworden. Warum kann der Baum nicht Pluplusch heissen, und Pluplubasch, wenn es geregnet hat? Und warum muss er überhaupt etwas heissen? Mussten wir denn ueberall unseren Mund dran haengen? Das Wort, das Wort, das Weh gerade an diesem Ort, das Wort, meine Herren, ist eine oeffentliche Angelegenheit ersten Ranges."⁴⁹ Dieses Auflösen und Transformieren von Bedeutungen wurde von den Dadaisten selbst mit revolutionären politischen Aktivitäten in Beziehung gesetzt. Dies sprach Hugo Ball in derselben Rede noch einmal explizit mit den Worten „Dada Weltkrieg und kein Ende, Dada Revolution und kein Anfang"⁵⁰ an. Über Kabarettauftritte, Lautgedichte, paradoxe Performances, aber auch über Manifeste, Montagen und Collagen oder neue Formen des Ausstellens bewarb, ja feierte der Dadaismus das Zersetzen von traditionellen Formen der Kunst, der Religion und der Politik und versuchte gleichzeitig, über veränderte formale Verfahren neue Weisen des Erlebens und ein neues, besseres Leben überhaupt zur Durchsetzung zu bringen.

Dabei verbreiteten sich solche Ideen und Praktiken schnell von Zürich, Paris und New York aus nach Berlin, Köln oder Hannover. Richard Huelsenbeck formulierte 1918 zum Beispiel für den Berliner Dadaismus „Wir waren für den Krieg,

---

49 Hugo Ball, „Eröffnungs-Manifest, 1. Dada-Abend. Zürich, 14. Juli 1916", in: *Dada Zürich. Texte, Manifeste, Dokumente*, hg. v. Karl Riha und Waltraud Wende-Hohenberger, Stuttgart: Reclam, 1992, S. 30.
50 Ebd.

und der Dadaismus ist heute noch für den Krieg. Die Dinge müssen sich stoßen: es geht noch lange nicht grausam genug zu."[51] Vor allem die Niederschlagung des Spartakus-Aufstandes in Berlin im Jänner 1919 und die Ermordung von Rosa Luxemburg und Karl Liebknecht hatten eine nachdrückliche Politisierung der Berliner Bewegung zur Folge. Skandal, Verfremdung, Parodie, Ironie und eine auf alltäglichen Materialien aufbauende Lumpen-Ästhetik wurden nun gegen die herrschende Indienstnahme der Bilder zum Zwecke der Kriegshelden-Verehrung, Propaganda und Werbung aufgeboten. In New York konzentrierten sich Marcel Duchamp und unter seinem Einfluss auch Man Ray dagegen stärker auf das Sprengen der Grenzen dessen, was als Kunst im engeren Sinn gesehen wurde. So begann Duchamp 1915, alltägliche Gegenstände, etwa eine Schneeschaufel oder einen Hundekamm, zu kaufen, mit einem (aufgemalten) Wortspiel als Titel zu versehen, sie mit dem Schriftzug „durch Marcel Duchamp" (d h. „durch ihn erworben" an Stelle von „von seiner Hand gemacht") zu signieren und als „readymade" zu bezeichnen.[52] Angeregt davon fertigte Man Ray dann Porträts alltäglicher, marginaler Details der Lebenswelt wie zum Beispiel von gespenstisch auf einem Dachboden oder einer Terrasse im Wind flatternden, geblähten, weißen Wäschestücken oder von einer flach zusammengedrückten Metalldose an und präsentierte sie, kombiniert mit Titeln wie *Moving Sculpture* (1920) oder *8th Street* (1920, Abbildung), dem Publikum.

Dem durch den Krieg, aber auch durch die veränderten politischen Verhältnisse, durch die verwandelten (Hoch-)Hausformen und Stadtgestaltungen oder durch die umgewälzten Arbeits-, Fortbewegungs- und Kommunikationsformen in neuer Weise hervorgebrachten In-der-Welt-Sein sollte eine durch ästhetische Taktiken und die Hineinnahme von alltäglichen Materialien erneuerte Form der Kunst entsprechen. Vor allem die Montage, Collage und Assemblage wurden dabei als zeitadäquate Formen beschrieben. Schon in den ersten Manifesten forderten die Dadaisten ein Hantieren mit neuen, bislang kunstfremden Materialien – von „wunderbare(n) Konstellationen in wirklichem Material, Draht, Glas, Pappe, Stoff"[53] war da die Rede. Entgegen solchen umfassenden Ansprüchen zeigte sich in der Praxis die Montage oder die Assemblage zunächst nur punktuell, etwa bei Duchamp und Man Ray in New York oder bei Kurt Schwitters in Hannover. Wie Hanne Bergius[54] herausarbeitete, setzte sich in der Berliner Gruppe, trotz der Manifeste, die ein Hantieren mit bislang kunstfremden Materialen schon seit ihren ersten Zusammenkünften als „Dadaisten" emphatisch ausriefen, die Montage zunächst vor allem in der neuen Typografie, im innovativen Layout und in den Lautgedichten durch. Erst mit der expliziter artikulierten Politisierung der Berliner Dada-Gruppe

---

51 Richard Huelsenbeck, „Erste Dadarede in Deutschland" (1918), in: *Dada Berlin. Texte, Manifeste, Aktionen*, hg. v. Hanne Bergius und Karl Riha, Stuttgart: Reclam, 1977, S. 16-19, S. 17.
52 Calvin Tomkins, *Duchamp. A Biography*, London, 1996, S. 157ff.
53 Hausmann, Synthetisches Cino der Malerei, 1977, S. 31.
54 Bergius, Montage und Metamachanik, 2000, S. 32ff.

ab 1919 wurden zunehmend Elemente aus der Populärkultur – Ausschnitte aus Zeitungen und Zeitschriften, Fotos, Schlagzeilen, Lebensmittelkarten, Werbung, politische Slogans oder bekannte Lokalnamen – zum Zweck der Parodie oder der ironischen Verfremdung in den Montagen mitverarbeitet.

Bewusstwerdung durch Collage und Montage

Beispiel für diese Politisierung der Collage ist die Arbeit *Entwurf für das Denkmal eines bedeutenden Spitzenhemdes* (1922, Abbildung) von Hannah Höch, mit der sie den Denkmalkult parodierte, der sich nach dem Krieg verbreitet hatte. Hannah Höch hatte durch ihre Arbeit beim Ullstein-Verlag, für den sie zwischen 1916 und 1926 arbeitete und Spitzenmuster, Damenkleider, aber auch Stofftiere entwarf[55] – und der in diesem Zeitraum eine Vielzahl an illustrierten Zeitungen und Magazinen[56] herausgab – engen Kontakt zu den Techniken und Vertriebsformen der illustrierten Massenpresse ihrer Zeit. Für diese Collage benutzte sie dann auch Schnittmuster- und Radelbögen sowie Handarbeitsvorlagen, die vom Ullstein-Verlag vertrieben wurden. Aus den bedruckten Bögen, auf denen manche der Vorlagen ein zartes, filigranes Muster erzeugten, schnitt sie einzelne gestrichelte oder aus Sternen und Kreuzen gebildete Linien, aber auch etwas größere drei- oder mehreckige Teile aus und fügte diese dann zu einer Collage wieder zusammen. Dabei ergab die Anordnung der bedruckten Papierschnipsel eine Skulptur mit breitem, stabilem Sockel, die zum einen völlig abstrakt ist, zum anderen aber auch eine leicht zur linken Seite geneigte, die „Hände" erhebende, bewegliche, ja fast „tänzelnde" Gestalt evoziert.

Erst der Titel der Skulptur „Entwurf für das Denkmal eines bedeutenden Spitzenhemdes" gibt der in Weiß- und Creme-Tönen gehaltenen, vielgliedrigen Collage eine ironische Dimension. Denn er ruft Erinnerungen an schwere Denkmäler aus Stein und Eisen und männliche Heldenstatuen wach, die in starkem Kontrast zu der luftigen, hellen und von den verwendeten Musterbögen her eher der Sphäre der Weiblichkeit zugeordneten Papierarbeit stehen. Durch dieses Evozieren der weiblichen Sphäre des Stickens und des mit Stoffen und Bildern operierenden Gestaltens stellt diese Arbeit zugleich auch eine Beziehung zu den vielen während und

---

55 Maria Makela, „By Design: The Early Work of Hannah Höch in Context", in: *The Photomontages of Hannah Höch*, hg. v. Maria Makela und Peter Boswell, Minneapolis: Distributed Art Publ., 1996, S. 49-79.

56 Seit 1902, als Ullstein einen Druckprozess auf zylindrischen, rotierende Pressen entwickelt hatte, konnten illustrierte Zeitschriften schneller und sauberer produziert werden, was zu einer sprunghaften Ausbreitung illustrierter Magazine führte. Zwischen 1918 und 1932 sind ca. zweiunddreißig illustrierte Wochenzeitungen, Zweiwochenzeitungen oder Halbwochenzeitungen in Berlin produziert worden und Dutzende Monatszeitschriften. Siehe: Makela, By Design, 1996, S. 59. Und: Wilhelm Marckwardt, *Die Illustrierte der Weimarer Zeit: Publizistische Funktion, ökonomische Entwicklung und inhaltliche Tendenzen*, München, 1982.

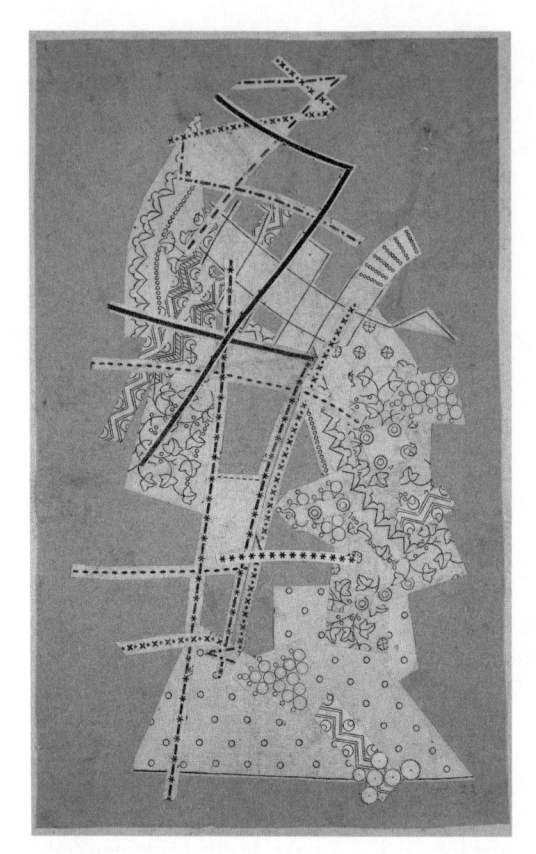

27. *Entwurf für das Denkmal eines bedeutenden Spitzenhemdes*, Hannah Höch, 1922. © VG Bild-Kunst und Hamburger Kunsthalle

nach dem Krieg entstandenen Gedenkbildern – sogenannten „Zimmerdenkmälern"[57] – her, die Frauen zur Erinnerung an ihre im Krieg gefallenen Männer gestickt und mit deren Porträtfotos sowie mit bemalten oder vergoldeten Ornamenten aus Papier oder Stoff geschmückt hatten. In vielen Fällen wurden dafür vorgefertigte Stickereivorlagen verwendet, wie sie in den Zeitschriften des Ullstein-Verlages angeboten wurden – solche standardisierten Muster hat man sich durch kleine Abänderungen, zusätzliche Ornamente und die Einbindung des entsprechenden Fotos dann für das individuelle Gedenken angeeignet (Abbildung).

Solche Zimmerdenkmäler waren Teil eines öffentlichen und privaten Totenkults, der durch die Millionen von Gefallenen und Vermissten des Ersten Welt-

---

57 Der religiöse, an wichtige Lebensstationen wie Taufe, Hochzeit oder Sterben erinnernde Wandschmuck, der die gestickten Gedenkbilder an die Gefallenen des Ersten Weltkrieges inspirierte, verbreitete sich zwischen etwa 1880 und 1920 in kleinbürgerlichen, deutschen Haushalten sprunghaft, was vor allem auch durch technische Entwicklungen des Massendrucks ermöglicht wurde, gleichzeitig jedoch auch von einer Umarbeitung der religiösen Beziehungen zeugt. Dazu: *Glauben Daheim. Zeugnisse evangelischer Frömmigkeit*, hg. v. Ulrike Lange, Kassel: Arbeitsgemeinschaft Friedhof und Denkmal, 1994.

28. *Zimmerdenkmal*, 1914.
© Museum für Sepulkralkultur, Kassel

kriegs in den beteiligten Ländern in den 1920er Jahren einen Höhe- und Wendepunkt erfahren hatte und im Zuge dessen das über Denkmäler, Grabsteine oder die eher privaten Materialcollagen der Frauen vermittelte Gedenken zu einem wichtigen Bestandteil der Alltagsrituale geworden war.[58] Dieser Denkmalskult war in Deutschland auch davon gekennzeichnet, dass der Bürger durchwegs als Soldat gefeiert wurde, während in Frankreich zum Beispiel, umgekehrt, der Soldat eher als Bürger repräsentiert wurde. Dies hatte zur Folge, dass in Deutschland Sinnstiftung bezüglich des Krieges nur dann als legitim angesehen wurde, wenn sie eben diesen Krieg affirmierte und die Kriegsverlierer zu Kriegshelden machte – womit die Pflicht zur Erinnerung an die Toten zu einer Pflicht zur Heldenverehrung uminterpretiert wurde.[59]

Diese sich nun massiv auf private und öffentliche Denkmäler beziehende Sinnstiftung kommentiert Hannah Höchs *Entwurf für das Denkmal eines bedeutenden Spitzenhemdes* auf ironische Weise. Die von Kreisen, kleinen Blättern, Sternen,

---

58 Michael Jeismann und Rolf Westheider, „Wofür stirbt der Bürger? Nationaler Totenkult und Staatsbürgertum in Deutschland und Frankreich seit der Französischen Revolution", in: *Der Politische Totenkult. Kriegerdenkmäler in der Moderne*, hg. v. Reinhart Koselleck und Michael Jeismann, München: Fink, 1994, S. 23-50.

59 Denkmäler mit Aufschriften wie „Nie wieder Krieg" wurden deshalb auch fast ausnahmslos als Verletzung „vaterländischer Gefühle" oder als „Totenschändung" interpretiert. Siehe: Ebd., S. 29.

Dreiecksbordüren, Punkten und kleinen Blüten übersäte, weiße „Skulptur" auf Papier in Größe eines Schreibmaschinenblatts und der Titel, der das gewichtige Wort „Denkmal" mit sich führt, treten in Kollision miteinander, was das Öffnen eines Denk- und Reflexionsraums bezüglich des hier Zusammengebrachten provozieren kann. Dabei verdoppelt sich diese Spannung im Titel der Arbeit: Denn auch dort wird einerseits der Begriff „Denkmal für" verwendet, was eine Armee möglicher Helden und ehrenvoller Handlungen aufmarschieren lässt, die jedoch sogleich wieder von dem Wortgebilde „bedeutendes Spitzenhemd" gestoppt wird. Denn bedeutend können einzelne Politiker oder Kämpfer sein, nicht aber ein Hemd und noch weniger ein Spitzenhemd. Letzterer Begriff spielt wieder auf die Sphäre des Weiblichen, aber auch auf die des Kirchlichen oder Religiösen an, die vom üblicherweise als denkmalwürdig eingestuften Tun der Männer weit entfernt sind.

Die Collage *Entwurf für das Denkmal eines bedeutenden Spitzenhemdes* ist davon gekennzeichnet, dass den einzelnen bildnerischen Elementen oder den im Titel verwendeten Worten eine gewisse Autonomie zukommt. Dadurch entsteht ein multiperspektivisches Gebilde, das verschiedenste Ansichten miteinander konfrontiert. Ein solches Aufsprengen der einen singulären in eine Pluralität von Perspektiven sprach Hannah Höch in einem der wenigen von ihr überlieferten Statements explizit an. 1929 erklärte sie in einem für eine Ausstellung angefertigten Prospekt: „ich möchte die festen grenzen verwischen, die wir menschen, selbstsicher, um alles uns erreichbare zu ziehen geneigt sind (...) ich will dartun, daß klein auch groß und groß klein ist, nur der standpunkt, von dem aus wir urteilen, wird gewechselt und jeder begriff verliert seine gültigkeit, und alle unsere menschengesetze verlieren ihre gültigkeit."[60] Durch solche Montagen wollten die Berliner Dadaisten aber nicht nur eine solche Pluralität der Perspektiven ermöglichen. Auf diese Weise sollte das Publikum auch mit einem Zusammenstoß verschiedenster Seinselemente konfrontiert und „ein Spiel vom Bewußtwerden, ins Bewußtseintreten der Welt"[61] initiiert werden. Hannah Höch, Raoul Hausmann & Co haben den von ihnen angewandten ästhetischen Taktiken somit das Potenzial einer auch politisch verstandenen „Bewusst-Werdung" oder eines „Aufwachens" zugeschrieben.

Ein solches Operieren mit Objekten zum Zweck des „Aufrüttelns" war dann auch jener Punkt, an dem ein zeitgenössischer kritischer Rezipient, Walter Benjamin, einhaken und beginnen konnte, für diese und ähnliche künstlerische Bewegungen wie den Surrealismus Interesse zu entwickeln. Er schrieb den von den Dadaisten produzierten Montagen und Assemblagen ganz explizit eine „revolutionäre Stärke" zu: „Die revolutionäre Stärke des Dadaismus bestand darin, die Kunst auf

---

60 Zitiert nach: Götz Adriani, „Biographische Dokumentation", in: *Hannah Höch*, hg. v. Götz Adriani, Köln: DuMont, 1980, S. 33f.

61 Hausmann, Pamphlet, 1977, S. 52. Bezüge gab es dabei auch zum proletarischen Straßentheater der Zeit, welches mit wenigen Mitteln Präsenz erzielten musste, um, wenn die Polizei auftauchte, schnell wieder verschwinden zu können. Dazu: „Ansätze eines genuin proletarischen Theaters bis 1925", in: *Weimarer Republik*, hg. v. Kunstamt Kreuzberg, Berlin und Hamburg: Elefanten Press, 1977, S. 5-25.

ihre Authentizität zu prüfen. Man stellte Stilleben aus Billetts, Garnrollen, Zigarettenstummel zusammen, die mit malerischen Elementen verbunden waren. Man tat das Ganze in einen Rahmen. Und damit zeigte man dem Publikum: Seht, Euer Bilderrahmen sprengt die Zeit."[62]

Die Zuspitzung Benjamins: Kluge Fallen, die die Aufmerksamkeit festhalten

Auf diese von Walter Benjamin in Zusammenhang mit solchen dadaistischen Arbeiten entwickelten Thesen wird hier aus zweierlei Gründen ausführlicher eingegangen. Denn zum einen wurden seine in Auseinandersetzung mit zeitgenössischen Avantgardebewegungen entwickelten Überlegungen später, d. h. speziell seit den 1960er Jahren außerordentlich stark rezipiert. Vor allem einzelnen Bildern sowie der von ihm ins Spiel gebrachten Gegenüberstellung einer „Politisierung der Ästhetik" und einer „Ästhetisierung der Politik" kommt ein herausragender Stellenwert in der Weitertradierung der Behauptung der politischen Effektivität ästhetischer Formen zu. Darüber hinaus formulierte Benjamin aber auch eine zwar in sich spannungsreiche, weil aus den so unterschiedlichen Denktraditionen des jüdischen Mystizismus und revolutionären Marxismus[63] gebaute Herangehensweise, in die er jedoch zwei wichtige Grundlagen für ein späteres, produktives Weiterverhandeln des Ästhetischen und Politischen gelegt hat. Denn für ihn kann die Welt nicht unabhängig von dem jeweils verfügbaren Wahrnehmungsapparat begriffen und der Prozess der Politisierung kann von keiner Instanz aus kontrolliert und gesteuert werden – womit er Vorarbeiten für ein Analysemodell geschaffen hat, das auf die kontingente Konstellation von Ereignissen der Wahrnehmung fokussiert. Ein Rückgriff auf diese Elemente seiner Theorie macht es heutigen Generationen von Kulturwissenschaftlern und Kulturwissenschaftlerinnen also möglich, eine Brücke in Richtung der Analyse einer Verstrickung von Bildwelten in ein Sich-Formieren von politischer Hegemonie zu schlagen. Zugleich sind seine Arbeiten aber auch von einem Suchen und damit zusammenhängend von uneinheitlichen Einschätzungen ästhetischer Taktiken sowie von einer weitgehenden Abwesenheit eines differenzierteren Begriffs des „Politischen" geprägt – was es späteren Rezeptionsschüben dann auch erleichterte, einzelne Textstellen isoliert weiterzuverarbeiten oder manche Konzepte, insbesondere solche, die das politische Potenzial ästhetischer Taktiken betreffen, in fixierter, eingefrorener Form für die je eigene Positionierung zu verwenden.

---

62 Benjamin, „Der Autor als Produzent", in: GS II.2, S. 692.
63 Auch wenn viele der Überlegungen Walter Benjamins, die für das hier Aufgeworfene produktiv sind, in seinen späten Arbeiten (den Baudelaire-Fragmenten, dem Kunstwerkaufsatz, dem Surrealismus-Text, den geschichtsphilosophischen Thesen und einigen kleineren „Denkbildern") zu finden sind, können die verschiedenen von ihm vereinten Denktraditionen nicht wahrgenommen werden, ohne seine früheren Arbeiten zu berücksichtigen.

Aber wieder zurück zu seiner Argumentation selbst: Dadaistische Materialbilder und Fotomontagen wie jene von Hannah Höch waren für Walter Benjamin ein wichtiges Indiz für eine Veränderung von Erfahrung und zugleich ein politisches Instrument für den Umgang mit diesem im Wandel begriffenen Erleben. Dabei benutzt Benjamin einen ganz bestimmten Subjekt-Begriff.[64] Sein Subjekt ist nicht, wie etwa dasjenige Hegels, frei, autonom und selbst-determiniert, indem es im historischen Prozess zu sich selbst findet, sondern ein Subjekt der Erfahrung – es ist nicht in erster Linie von Identität gekennzeichnet, sondern eher vom Verlust der Identität. Im Zentrum der Reflexion steht demnach, ähnlich wie bei den Romantikern, die Kunst und nicht das „Ich" – wobei das Kunstwerk nicht als eines verstanden wird, das kreiert wird, sondern eher als eines, das entsteht, oder besser, „entspringt" bzw. „sich ergibt" und das sich in der Wahrnehmung und kritischen Interpretation immer erst vollendet.[65] Dabei legt er das Augenmerk darauf, dass die Form, in der sich ein Kunstwerk ergibt oder in der es für die Betrachter und Betrachterinnen „entspringt", sich in der Moderne verändert. Die Produkte der Dadaisten ruft er – wie jene der Surrealisten auch – als Zeugen für diesen Veränderungsprozess auf.

Wie er im Kunstwerk-Aufsatz (1934/35) darlegt, ist es für ihn zentral, dass die Dadaisten aus Gedichten „Wortsalate" machten oder obszöne Wendungen und „allen nur vorstellbaren Abfall" in ihren Arbeiten mitverwendeten, um die von ihnen in Umlauf gesetzten Werke als Gegenstände kontemplativer Versenkung unbrauchbar zu machen.[66] Bezogen auf die beschriebene Arbeit von Hannah Höch bedeutet dies, dass die von ihr verwendeten Stickereivorlagenschnipsel und Bügelmuster sowie deren ungewöhnliche Kombination die traditionellen Formen der kontemplativen, erinnernden Versenkung oder der bewundernden Heldenverehrung stören, die Betrachter und Betrachterinnen also eher provozieren würden. Der Rezeptionshaltung der kontemplativen Versenkung stellte Benjamin auf diese Weise diejenige der Ablenkung gegenüber, die er mit den Dadaisten identifizierte und in der das Kunstwerk zum Mittelpunkt eines Skandals wird.[67] Eine Collage oder eine Assemblage konnte so zu einer Art Geschoß werden: Unter Umständen „stieß (sie, A.S.) dem Betrachter zu" und „gewann (dabei, A.S.) eine taktile Quali-

---

64 Mit dem Begriff „Synästhesie", der das In-Eins-Fallen von Erfahrung und Vernehmen bezeichnet, versuchte Benjamin, die kantianische Kluft zwischen empirischem und transzendentalem Bewusstsein zu überwinden. Auf diese Weise ist er aber auch mit dem vorkantianischen philosophischen Denken verbunden, etwa mit Platon und Leibniz und mit den Romantikern (zum Beispiel Novalis).

65 In seinen späteren Arbeiten spricht Benjamin beispielsweise davon, dass nur in der „Dunkelkammer des gelebten Augenblicks" die volle Entwicklung eines Bildes erreicht werden könne. Benjamin, „Aus einer kleinen Rede über Proust, an meinem vierzigsten Geburtstag gehalten", in: GS II.3, S. 1064.

66 Benjamin, „Das Kunstwerk im Zeitalter seiner technischen Reproduzierbarkeit" (3. Fassung), in: GS I.2, S. 502.

67 Das dadaistische Kunstwerk hatte, so Benjamin, „vor allem *einer* Forderung Genüge zu leisten: öffentliches Ärgernis zu erregen." Ebd., S. 502.

tät".⁶⁸ Künstlerische Praxis konnte durch solche Verfahrensweisen, den, wie Benjamin es nennt, „kleine(n) Chock" aus den Dingen „herausspringen" lassen. An anderer Stelle nennt er dies „kluge Fallen, die die Aufmerksamkeit locken und festhalten."⁶⁹

Benjamin betont, dass das in Montagen oder in Assemblagen verkörperte bildnerische Verfahren das gewohnte Kontinuum der Zeit durch eine neue Zeiterfahrung zu sprengen vermag, die er auch „die von Jetztzeit erfüllte" Zeit⁷⁰ nennt. Darstellungen, die solche Zeit-Zusammenstöße hervorbringen, entsprechen für ihn dem „Anschauungskanon unserer Tage" und sind damit „echte Darstellung".⁷¹ Er spricht diesbezüglich auch von „genau berechneten Punkten", die es „in der Wüste der Gegenwart"⁷² ermöglichen würden, eine politische, erzieherische Wirkung zu erreichen. Zugleich lässt sich an diesen Darstellungen eine allgemeine Umwälzung der Form der Erfahrung ablesen, weg von einer Kultur der Erfahrung, der Kontemplation, der Erinnerungsspuren und der Verkündigung und hin zu einer des Ereignisses, der Bewusst-Werdung, der Information und der damit verbundenen zwiespältigen Potenziale. Damit stellte Benjamin die ästhetischen „Tricks" und deren politische Effekte in das Zentrum seiner Gesellschaftstheorie.

Die Auseinandersetzung mit aufsehenerregenden Kunstpraktiken seiner Zeit ist, wie bereits bemerkt, für ihn in eine Thematisierung einer Geschichte der Wahrnehmung und der Erfahrung eingebunden – wobei er, und zwar sowohl in seinen späteren, d.h. nach der sogenannten „materialistischen Wende" entstandenen Arbeiten, wie auch in seinen frühen Schriften, unter „Erfahrung" ein sich in der Betrachtung ereignendes Vernehmen versteht. Während in seinen frühen Schriften dieses Vernehmen jedoch von Kontemplation gekennzeichnet ist und die göttlichen Namen in den Dingen betrifft, zeigt es sich in seinen späten Arbeiten in „Ereignissen" und bezieht sich auf die Geschichten oder besser das „Gedächtnis", das in den Dingen wohne.⁷³ Die Beziehung zwischen Subjekt und Objekt wird von

---

68 Ebd.
69 Benjamin, „Bekränzter Eingang", in: GS IV.1, S. 561.
70 Benjamin, „Über den Begriff der Geschichte", in: GS I.2, S. 701. Wie Peter Osborne herausgearbeitet hat, kreisen alle Schriften Walter Benjamins nach 1927 um eine solche Kollision mit dieser „von Jetztzeit erfüllten Zeit", die dabei stets mehr oder weniger apokalyptisch besprochen wird. Siehe: Peter Osborne, „Small-Scale Victories, Large-Scale Defeats. Walter Benjamin's Politics of Time", in: *Walter Benjamin's Philosophy. Destruction and Experience*, hg. v. Andrew Benjamin und Peter Osborne, London und New York: Clinamen Press, 1994, S. 59-109, S. 61f.
71 Benjamin, „Bekränzter Eingang", in: GS IV.1, S. 560.
72 Benjamin, „Aus dem Brecht-Kommentar", in: GS II.2, S. 506.
73 Benjamin kommt in seinen frühen Arbeiten von einer mystischen Sprachtheorie her. Nach dieser kreierte Gott die Natur direkt aus den Worten, weswegen Natur und Namen sich wechselseitig unmittelbar waren. Als Gott dann Adam (und so die Menschheit insgesamt) schuf, übergab er ihm die Sprache als ein Geschenk oder – genauer – er setzte die Sprache in der Menschheit frei. Auf diese Weise gab es eine Verwandtschaft zwischen der Sprache des Menschen und der namenlosen Sprache der Dinge: Adam konnte stumme Botschaften von der Natur empfangen, er hatte den göttlichen Auftrag, die Dinge wiederzuerkennen

Benjamin dabei durchgängig als eine Erfahrung einer – verschwindenden bzw. besser: sich transformierenden – Aura verhandelt. „Aura" meint demnach nicht, wie fälschlicherweise oft angenommen wird, etwas das gewissermaßen am Objekt „klebt", sondern ein Verhältnis zwischen Subjekt und Objekt. In seinen späten Arbeiten (den Baudelaire-Fragmenten, dem Kunstwerkaufsatz, den geschichtsphilosophischen Thesen und einigen kleineren „Denkbildern") konzentriert er sich darauf, herauszuarbeiten, dass es in der Moderne zu einer Transformation der Wahrnehmung, der Ausrichtung von Aufmerksamkeit und von Glauben kommt, die er mit den nun neu aufkommenden Medien Fotografie und Film genauso in Verbindung bringt wie mit neuen Formen der Arbeitsorganisation und neuen Transportmitteln. Diese Transformation der Wahrnehmung geht für ihn mit einem Verfall der „Aura" einher, ein Prozess, der „Aura" allerdings zugleich auch erst greifbar macht. Trotz dieser Beobachtung eines Schwindens der Aura beharrt Benjamin jedoch darauf, keine Verfallsgeschichte der Moderne zu verfassen: Er nimmt diesbezüglich eher einen radikalen Bruch in der Tradition und einen Verlust von Autorität an, die irreparabel sind.

Surrealismus und Dadaismus sind für ihn ganz eng mit solchen Umwälzungen verbunden, weswegen er beide als eine Art „Saatbeet" einer neuen, potenziell revolutionären Form des historischen Bewusstseins beschreibt. Zudem attackieren beide, Surrealismus wie Dadaismus, die konzeptuelle wie institutionelle Trennung von Kunst und anderen kulturellen Praktiken, weshalb die Bezugnahme auf diese Kunstrichtungen Benjamin auch darin unterstützt, seine Theorie der Kunst in eine allgemeine Theorie der Erfahrung umformen zu können.[74] Zentral dafür ist, dass diese Bewegungen die ausgeschiedenen, ausrangierten kulturellen Güter, das Veraltete und selbst noch die unscheinbaren, abseitigen Substanzen der Welt mitverarbeiten. Diese Aufmerksamkeit für Lumpen, Abfälle und Ausrangiertes hat für Ben-

---

und zu benennen. Dennoch gab es nun aber auch eine Trennung zwischen der Natur und Adam – die Menschheit war von der Natur abgekoppelt. Evas hinreichend bekannte Aktivität und der Sündenfall haben dann jedoch alles verändert: Unmittelbarkeit verschwand, Zeichen und Bezeichnetes fielen auseinander, die Natur lag nun hinter einer Vielfalt von Bedeutungen verborgen und der Name der Dinge war nicht mehr auf unmittelbare Weise gegeben, sondern das Ziel von Übersetzung. Bilder, Worte und Dinge waren nun durch Poesie verbunden und Erfahrung wurde zu einer Art von kontemplativem Vernehmen. Das irdisch Schöne erschien Benjamin jetzt als Geheimnis, d.h. das, was schön ist, wird im Moment des kontemplativen Wieder-Erinnerns greifbar und essenziell. Ist dies der Fall, so gibt es Versöhnung – denn nach dem Bruch, den der Sündenfall verursacht hat, gibt es, so Benjamin, auf Erden nur deshalb Hoffnung, weil dieser Bruch auch einen Verweis auf eine solche Versöhnung birgt. Dies trifft jedoch nicht nur für jenen Bruch zu, den der Sündenfall verursacht hat, sondern, wie er in seinen späteren Schriften der 1930er Jahre ausführt, auch für den Bruch, den die kapitalistische Entwicklung in der Moderne mit sich bringe. Der Zusammenstoß mit der bereits erwähnten „Jetztzeit" trägt ebenfalls das Potenzial für eine solche Versöhnung in sich. Siehe: Benjamin, „Über Sprache überhaupt und über die Sprache des Menschen", in: GS II.1, S. 140-157. Und: Benjamin, „Über das Programm der kommenden Philosophie", in: GS II.1, S. 157-171.

74 Darauf wies Peter Osborne hin. Siehe: Osborne, Small-Scale Victories, 1994, S. 64f.

jamin – trotz der in diesen Schriften vollzogenen Hinwendung zum revolutionären Marxismus – mit einem aufrechten theologischen Konzept zu tun, „die Unzerstörbarkeit des höchsten Lebens in allen Dingen"[75] wahrzunehmen. In seinen späteren Arbeiten, etwa im Surrealismus-Aufsatz, legt er dieses religiöse Konzept dann jedoch so aus, dass im Ausrangierten, d.h. in der Objektivität auch noch so marginaler Dinge die Wahrheit der Geschichte vergraben liege. Bestimmten ästhetischen „Tricks" wie eben der Montage oder der Verfremdung schreibt er nun zu, diese Wahrheit der Geschichte aus den Dingen blitzhaft heraussprengen und damit das Kontinuum der Zeit momenthaft unterbrechen zu können. Ein solches chockförmiges Ereignis birgt für ihn das Potenzial der Umwälzung hin zu einer gerechteren Gesellschaft, weswegen er in diesem Zusammenhang auch von einer „profanen Erleuchtung"[76] spricht.

Arbeiten wie *Entwurf für das Denkmal eines bedeutenden Spitzenhemdes* können für Benjamin mit einer solchen radikalen Gebrochenheit von historischer Zeit in Beziehung gesetzt werden, der das Potenzial zukommt, uns durch ein momenthaftes Ablenken von gängigen Wahrnehmungsformen in eine revolutionär transformierte Zukunft befördern zu können. Findet ein solches Wahrnehmungsereignis statt, dann läutet dies für ihn zudem eine neue Konzeption historischer Zeit überhaupt ein. Diese ist vom Primat des „Jetzt" bestimmt, das sich am Knotenpunkt zwischen einer spezifischen Vergangenheit und einer spezifischen Gegenwart herstellt – was er auch als Primat der Politik über die Geschichte charakterisiert. In Zusammenhang mit solchen Momenten prägt Benjamin auch den Begriff des „dialektischen Bildes", womit er eben solche Bild-Zusammenstöße anspricht, über welche die Gegenwart als Jetzt-Zeit hervorgebracht wird. Dabei trägt jedes Bild das Potenzial für Erlösung in sich, aber, was wichtig ist, nicht die Erlösung selbst. Denn Erlösung gibt es im jüdischen Glauben nicht innerhalb der historischen Zeit, sondern nur die Geschichte als Ganzes kann, durch die Ankunft des Messias, erlöst werden. Wie Peter Osborne zeigte, ist Jetzt-Zeit für Benjamin auch nicht direkt messianisch, sondern nur ein Modell des Messianischen, gewissermaßen „durchzogen" von Splittern der messianischen Zeit.[77]

Prousts Beispiel eines süßen Gebäcks, der *Madeleine*, deren Geruch differenzierte Erinnerungen hervorrufen kann, dient Benjamin als Ausgangspunkt, um das, was er unter den Ereignissen des Gedächtnisses, dem plötzlichen Auftauchen der „mémoire involontaire" versteht, genauer erklären zu können. Die zeitgenössische Erscheinungsweise von Aura beschreibt er dementsprechend als ein Erlebnis, bei dem bislang verdrängte Erinnerungen hervorgerufen werden. Durch einen Zusammenstoß mit dem Realen, etwa mit Prousts *Madeleine*, kann es blitzartig ausgelöst werden: „Die Aura einer Erscheinung erfahren, heißt, sie mit dem Vermögen belehnen, den Blick aufzuschlagen. Die Funde der mémoire involontaire entsprechen

---

75 Benjamin, „Passagen-Werk", in: GS V.1., N1a, 4.
76 Benjamin, „Der Sürrealismus", in: GS II.1, S. 297.
77 Osborne, Smale-Scale Victories, 1994, S. 89.

dem."[78] Auch in Benjamins Spätschriften gibt es also immer noch einen prä-historischen Aspekt in der auratischen Erfahrung. Diesen interpretiert er nun aber unter Bezugnahme auf die Freud'sche Theorie des Unbewussten. Die Auseinandersetzung mit der Welt ist von der Möglichkeit einer Kollision zwischen dem Unterdrückten und der aktuellen Gegenwart geprägt, über die Spuren einer möglichen Zukunft, ein „Noch-nicht-bewußtes-Wissen vom Gewesenen"[79], greifbar werden.

Wie der Messias im jüdischen Glauben jeden Moment auf Erden erscheinen kann und so eine Aussicht auf Erlösung präsent hält, so sieht Benjamin in diesem chockförmigen Wahrnehmungereignis ein Potenzial für momenthafte politische Bewusstwerdung und für eine revolutionäre Umgestaltung der Welt. Dabei ist das Eintreten dieses kleinen Chocks für die historischen Subjekte absolut unkontrollierbar, genauso wie die Gläubigen nicht bestimmen können, wann der Messias auf die Welt kommen wird. Bewegungen wie der Surrealismus oder der Dadaismus sind für Benjamin also auch deshalb so wichtig, weil sie den Akzent auf die unkontrollierbare, (weil von göttlicher Hand geleitete) Schrift und ästhetische Formensprache legen.

Affinitäten, Verbrüderungen und einseitige Abgrenzungen

Benjamin bezieht sich in Zusammenhang mit seiner Konzeptualisierung ästhetischer Taktiken eng auf Brechts episches Theater, das seiner Meinung nach ebenfalls versucht, Handlungen auf der Bühne so zu organisieren, dass es zu einer momenthaften Unterbrechung der Handlungen kommt, die „den Hörer zur Stellungnahme zum Vorgang, den Akteur zur Stellungsnahme zu seiner Rolle" zwingt.[80] Benjamin, der ab Mitte der 1920er Jahre zunehmend die „Aktualität eines radikalen Kommunismus"[81] suchte, hatte Brecht 1929 im Umfeld der lettischen Regisseurin Asja Lacis auf seine Initiative hin kennengelernt und blieb ihm bis zu seinem Tod freundschaftlich verbunden. Ihm ging es nun zunehmend um eine Analyse der Funktion der Kunst in einer mehr und mehr von Medien und Waren dominierten Gesellschaft und um das Ausloten von Möglichkeiten ihrer „Politisierung". Hinweise dazu, wie solche Praktiken aussehen könnten, fand er also nicht nur in den Arbeiten der Dadaisten, sondern auch im proletarischen Straßentheater seiner Zeit oder in der „Ummontierung",[82] mit der Brecht sich beschäftigte und die alle zugleich mit der Unterbrechung der Abläufe auch auf deren Verfremdung sowie auf

---

78 Benjamin, „Über einige Motive bei Baudelaire", in: GS I.2, S. 646f.
79 Benjamin, „Passagen-Werk", in: GS V.1, K 1,2.
80 Benjamin, „Der Autor als Produzent", in: GS II.2, S. 698.
81 Walter Benjamin in: *Benjamin, Briefe*, hg. v. Gershom Sholem und Theodor W. Adorno, Frankfurt am Main: Suhrkamp, 1977, S. 351.
82 Der Vortrag: Walter Benjamin, „'Bert Brecht' (1930)", in: *Walter Benjamin. Versuche über Brecht*, hg. v. Rolf Tiedemann, Frankfurt am Main: Suhrkamp, 1971, S. 9-16, S. 15.

das Erzeugen eines „distanzierenden Modus der Darstellung"[83] zielten. Dabei strich Benjamin hervor, dass diese Praxis nicht nur eine neue, die Emanzipation fördernde Form der Kunst kennzeichnen könne, sondern auch „den neuen technischen Formen, dem Kino sowie dem Rundfunk"[84] adäquat sei.

Diese Verbindung mit Brecht hatte aber auch für Benjamin selbst eine distanzierende Wirkung – sie entfremdete ihn von anderen Weggefährten – zum Beispiel vom bislang für ihn so prägenden Philosophen, Historiker und Kabbala-Gelehrten Gershom Sholem, der die Periode von Benjamins Hinwendung zum Marxismus und insbesondere zu Brecht in seiner später herausgegebenen *Geschichte einer Freundschaft* dann auch als Zeit der „Krisen und Wendungen" bezeichnete.[85]

Hier kommt ein charakteristischer Zug Benjamins zutage: Wie er scheinbar so Unvereinbares wie Konzepte der Theologie und des Kommunismus zusammenzubringen suchte, so konnte er auch zu den unterschiedlichen, mit diesen Weltsichten je verbundenen Personenkreisen gleichzeitig Kontakt halten. Von der Warte aus, dass das Werden der Welt in der Hand des Messias liege, bzw. als kontingentes Sich-Ereignen von revolutionären Momenten stattfindet, nahm er in erster Linie die Rolle des Beobachters, Zitate-Sammlers und Analytikers ein. Dazu gehörte auch, dass er, selbst wenn er über seine Beiträge in zunehmend prononcierter Form in Auseinandersetzung mit dominierenden Erscheinungsformen seiner Zeit – mit der sich ausbreitenden Massenkultur oder den sozialistischen Erziehungsdiskursen genauso wie mit zeitgenössischen faschistischen Bewegungen – trat, von sich aus keine strikten Abgrenzungen gegenüber anderen Positionen aufrichtete. Viel weniger großzügig gingen jedoch seine verschiedenen Gegenüber mit ihm und seinem Werk um. Bereits zu seinen Lebzeiten gab es heftige Polemiken sowie Abgrenzungen – auf Seiten der Linken insbesondere etwa von Lukács und Adorno.

Das Verhältnis von Lukács und Benjamin ist dementsprechend von der eher einseitigen, befragenden Annäherung Benjamins und einer zunehmend expliziten Aburteilung von Seiten Lukács gekennzeichnet – auch wenn beide zunächst von der durchaus ähnlichen Sichtweise ausgingen, dass Kultur nicht nur ein „Überbau-Anhängsel im Vergleich zu wichtigeren Facetten des Lebens sei, (sondern A.S.) vielmehr (...) die Grundlage *sui generis* (darstelle, A.S.), auf der der Kampf für und gegen die Erlösung ausgefochten wird."[86] Benjamin bezieht sich wiederholt auf

---

83 Benjamin, „Was ist das epische Theater?" (2), in: GS II.2, S. 539.
84 Ebd., S. 524.
85 Gershom Sholem, *Walter Benjamin – die Geschichte einer Freundschaft*, Frankfurt am Main, S. 196f.
86 Ferenc Fehér, „Lukács und Benjamin: Affinitäten und Divergenzen", in: *Georg Lukács – Jenseits der Polemiken. Beiträge zur Rekonstruktion seiner Philosophie*, hg. v. Rüdiger Dannemann, Frankfurt am Main: Sendler , 1989, S. 53-70, S. 66. Ferenc Fehér stellt in diesem Essay, neben einer differenzierten Auseinandersetzung mit der wechselseitigen Bezugnahme und Abgrenzung beider Autoren, auch eine schematische Opposition zwischen einer angeblichen „unkritischen Verherrlichung des technischen Fortschritts" bei Benjamin und einer Verteidigung einer „autonome(n) Persönlichkeit im Leben und in der Kunst" bei Lukács auf. Dazu: Fehér, Lukács und Benjamin, 1989, S. 63f. Eine solche Opposition bleibt jedoch

Lukács: In seinem Trauerspielbuch verarbeitete er unter anderem implizit dessen *Theorie des Romans*, explizit jedoch ein anderes Werk des jungen Lukács, *Die Metaphysik der Tragödie*. Mit deren Unterstützung beschreibt er eine von den Göttern aufgegebene Welt, die von den Dingen beherrscht wird und in der Verlockungen und eine stete Innovation des Mythischen allgegenwärtig sind, die aber immer noch das Potenzial der Erlösung in sich trägt.[87] Aber auch das, später von Lukács selbst verworfene Buch *Geschichte und Klassenbewusstsein* wurde von Benjamin geschätzt und diente etwa als Inspirationsquelle für seine *Geschichtsphilosophischen Thesen*.[88]

Zwar gab es umgekehrt durchaus auch unbeabsichtigte Annäherungen von Lukács an Benjamin – etwa wenn Ersterer in einer nie vollendeten *Theorie der „Romanze"* sich nah an das Benjamin'sche Trauerspiel-Konzept herantastete.[89] Explizit entwickelte Lukács in den 1930er und 1940er Jahren allerdings eine heftig artikulierte Gegnerschaft zu Thesen, wie sie Benjamin in Anlehnung an Brecht zeitgleich formulierte und die sich vor allem auch an deren Auffassung des politischen Potenzials der Montage entzündete. Diese Auseinandersetzung soll hier deshalb kurz referiert werden, da die von Lukács vorgebrachten Argumente gegen Expressionismus, formale Sprachbehandlung, Montage, Surrealismus und Avantgarde und der Gegensatz, in den er diese Phänomene und den „Realismus" setzte, für die weitere Ausarbeitung einer militanten ästhetischen Theorie des sozialistischen Realismus der Kommunistischen Internationale und für die dabei erfolgende Abgrenzung von einer „spätbürgerlichen Dekadenz" insgesamt herangezogen wurden.[90]

Wie Benjamin näherte sich Lukács in den 1920er Jahre dem Sozialismus der Kommunistischen Internationale an – während Ersterer jedoch weiterhin an Ungewissheit, Kontingenz und Experiment festhielt, wurde Letzterer damit auch zu einem Verfechter neuer Normen, Kanons und Gewissheiten. Er stützte sich – wie Ernst Bloch[91] aufzeigte – in seinen kritischen Ausführungen zum Expressionismus zunächst auf eine sehr kleine, wenig charakteristische Auswahl von Texten (vor allem Vorworte und Nachworte von Anthologien, Einleitungen, Zeitschriftenartikel neben wenigen Gedichten; wichtige expressionistische Dichter wie Trakl, Heym, Lasker-Schüler fehlten) und erwähnte bildende Künstler wie Kandinsky, Grosz oder Chagall sowie das Verhältnis von Literatur und Malerei insgesamt überhaupt nicht. Bezogen auf diese Auswahl stellte er dann fest, der Expressionismus würde

---

insofern hinterfragbar, als Benjamins Einschätzung von Erscheinungen der Massenkultur nicht so eindimensional affirmativ und schematisch ist, wie Fehér uns glauben macht, sondern von Suche und wiederholter Re-Definition geprägt bleibt.

87 Benjamin, „Ursprung des deutschen Trauerspiels", in: GS I.1, S. 280ff.
88 Benjamin, „Über den Begriff der Geschichte", in: GS I.2, S. 692ff. Zu dieser Rezeption auch: Fehér, Lukács und Benjamin, 1989, S. 54ff.
89 Dazu: Ebd., S. 57.
90 Siehe zum Beispiel: *Zur Theorie des sozialistischen Realismus*, hg. v. Institut für Gesellschaftswissenschaften beim ZK der SED, Berlin: Dietz, 1974, S. 181.
91 Ernst Bloch, „Diskussionen über Expressionismus" (1938), in: *Erbschaft dieser Zeit*, hg. v. ders., Frankfurt am Main: Suhrkamp, 1962, S. 255-278, S. 265f.

die künstlerische Sprache von der „Gegenständlichkeit der objektiven Wirklichkeit" loslösen, wobei „die fehlende Durchschlagskraft an Inhaltlichkeit (...) durch hysterische Übersteigerung der nebeneinander geworfenen, innerlich zusammenhanglosen Bilder und Gleichnisse ersetzt und verdeckt werden (muss, A. S.)."[92] Dabei gestand er dem Expressionismus zwischen 1916 und 1920 eine „herrschende Stellung" zu; danach, so behauptete er, wurde dieser „von Goebbels mit der ‚neuen Sachlichkeit' zur ‚stählernen Romantik' zusammengekoppelt (...) Das spezifisch Expressionistische sinkt dabei zu einem bloßen Moment dieses eklektischen Stilsuchens herab, dessen verschiedene Elemente nur durch die gemeinsame Absicht der Faschisten, durch die Flucht vor der Gestaltung der Wirklichkeit zusammengehalten werden, aber durch eine Flucht, die sich hochtrabend als ‚faustisches' Sich-Erheben über die gewöhnliche, ‚undeutsche' Wirklichkeit maskiert."[93]

Lukács betonte hier also eine Nähe von Expressionismus und faschistischen Traditionen – was sogleich heftige Kritik, hervorgerufen hat. So warf etwa Ernst Bloch Lukács vor, eine „Schwarz-Weiß-Zeichnung" vorgelegt zu haben, bei der „fast alle Oppositionen gegen die herrschende Klasse, die nicht von vornherein kommunistisch sind, der herrschenden Klasse zu(gerechnet werden A.S.)."[94] Zudem arbeitete Bloch heraus, Lukács würde eine „ununterbrochene ‚Totalität'", d. h. einen „objektivistisch-geschlossenen Realitätsbegriff" vertreten und deshalb gegen jeden „künstlerischen Versuch, ein Weltbild zu zerfällen" argumentieren bzw. „in einer Kunst, die *reale* Zersetzungen des Oberflächenzusammenhangs auswertet und Neues in den Hohlräumen zu entdecken versucht, selbst nur subjektivistische Zersetzung (sehen, A.S.)."[95]

Auf solche Einwände bzw. auf die Expressionismus-Debatte, die sich etwa auch in einer Zeitschrift der *emigré front*, genannt *Das Wort*, 1937/38 entwickelte, antwortete Lukács mit dem Artikel „Es geht um den Realismus". Darin bezog er sich expliziter als im ersten Text auf die Avantgarde, insbesondere auf den Surrealismus, wobei in Reaktion auf Bloch die Taktik der Montage ins Zentrum seiner Ausführungen rückte. Auch hier wieder stellte er „den gestalteten Charakter des Zusammenhangs zwischen Wesen und Erscheinung" in einen Gegensatz zu der „bei politisch links stehenden Surrealisten sehr beliebten ‚Einmontierung' von Thesen in Wirklichkeitsfetzen, die mit ihnen innerlich nichts zu tun haben."[96] Die Expressionisten bezeichnete er zudem als „Ideologen. Sie stehen zwischen Führern und Massen", weswegen sie „für eine politische Frage, die uns alle angeht, die uns alle im

---

92 George Lukács, „‚Größe und Verfall' des Expressionismus", zunächst erschienen in: *Internationale Literatur*, Nr. 1, 1934. Wiederabgedruckt in: *Marxismus und Literatur*, hg. v. Fritz J. Raddatz, Bd. II, Reinbek bei Hamburg: Rowohlt, 1989, S. 7-50, S. 39.
93 Lukács, Größe und Verfall des Expressionismus, 1989, S. 40f.
94 Bloch, Diskussionen über Expressionismus, 1962, S. 269.
95 Ebd., S. 270f.
96 George Lukács, „Es geht um den Realismus", in: Das Wort, Nr. 6, 1938, wiederabgedruckt in: *Marxismus und Literatur*, hg. v. Fritz J. Raddatz, Bd. II, Reinbek bei Hamburg: Rowohlt, 1989, S. 60-86, S. 65.

gleichen Maß bewegt, (...) wichtig (...) (sind, A.S.) (...) Für die Volksfront."⁹⁷ Diese These von einer Unverständlichkeit und Unverdaubarkeit avantgardistischer Kunst für die Massen fasste er dann nochmals folgendermaßen zusammen: „Zu (...) Vertretern der ‚avantgardistischen' Literatur führt nur eine ganz enge Pforte; man muß einen bestimmten ‚Kniff heraushaben', um überhaupt zu verstehen, was dort gespielt wird. Und während bei dem großen Realismus der leichtere Zugang auch eine reiche menschliche Ausbeute ergibt, können die breiten Massen des Volkes aus der ‚avantgardistischen' Literatur nichts lernen. (…) Das schwer erkämpfbare Verständnis für die Kunst der ‚Avantgarde' gibt dagegen so subjektivistische, verzerrte und entstellte Stimmungsnachklänge der Wirklichkeit, die der Mann aus dem Volk niemals in die Sprache seiner eigenen Lebenserfahrung rückübersetzen kann."⁹⁸

Gegen diese Sichtweise bezog Brecht in einigen Artikeln, die er selbst für die von ihm mitherausgegebenen Zeitschrift *Das Wort* geschrieben hatte, Stellung. Dabei plädierte er für eine pluralere, den Wahrnehmungsfähigkeiten der proletarischen Schichten mehr politische und ästhetische Urteilskraft zugestehende Einschätzung. Zudem drehte er den Spieß um und warf Lukács umgekehrt ebenso vor, „formalistisch" zu arbeiten, da dieser seine Theorie des Realismus aus einigen wenigen klassischen Werken des 19. Jahrhunderts gewinnen würde, die er dann als Modell für sozialistisches Schreiben überhaupt darstelle. Dabei isoliere Lukács, so Brecht, einzelne ästhetische Verfahrensweisen aus ihrem Kontext und präsentiere sie in „eingefrorener" Form als Methode. Die Texte, in denen er diese Argumentation entwickelte, zog Brecht selbst allerdings – worauf ich später nochmals zurückkommen werde – vor ihrer Veröffentlichung zurück. Sie erschienen erst Ende der 1960er Jahre auf Deutsch und Anfang der 1970er Jahre auf Englisch.⁹⁹ Benjamin bemerkte diesbezüglich in seinen Tagebuchaufzeichnungen: „Mit diesen Leuten', sagte ich, mit Beziehung auf Lukács, [Andor] Gabor, Kurella, ‚ist eben kein Staat zu machen.' Brecht: Oder *nur* ein Staat, aber kein Gemeinwesen. Es sind eben Feinde der Produktion. Die Produktion ist ihnen nicht geheuer. Man kann ihr nicht trauen. Sie ist das Unvorhersehbare. Man weiß nie, was bei ihr herauskommt. Und sie selber wollen nicht produzieren. Sie wollen den Apparatschik spielen und die Kontrolle der anderen haben. Jede ihrer Kritiken enthält eine Drohung.'"¹⁰⁰ Die Entscheidung, diese harsche Kritik nicht öffentlich zu machen, erklärte Brecht wenig später Benjamin gegenüber mit der Begründung, dass „in Russland (…) eine Diktatur *über* das Proletariat (herrsche, A.S.) Es ist solange zu vermeiden, sich von ihr loszusagen als diese Diktatur noch praktische Arbeit für das Proletariat leistet – das heißt als sie zu einem Ausgleich zwischen Proletariat und Bauernschaft unter vor-

---

97 Ebd., S. 80f.
98 Ebd., S. 85.
99 Benjamin. Versuche über Brecht, 1. Aufl. 1966; vgl. Bertolt Brecht, „Against George Lukács", in: *New Left Review*, Nr. 84 (März-April), 1974, S. 39-54. Siehe auch die Rezeptionsgeschichte Benjamins im angelsächsischen Raum seit den 1960er Jahren in Kapitel II.3.
100 „Tagebuchaufzeichnungen Svendborg, 1938", in: *Walter Benjamin. Versuche über Brecht*, hg. v. Rolf Tiedemann, Frankfurt am Main: Suhrkamp, 1971, S. 165-171, S. 168.

herrschender Wahrnehmung der proletarischen Interessen beiträgt." Dabei verwendete er für die sozialistische Sowjetunion auch den Begriff „Arbeitermonarchie", worauf Benjamin „diesen Organismus mit den grotesken Naturspielen (verglich, A.S.), die in Gestalt eines gehörnten Fisches oder anderer Ungeheuer aus der Tiefsee zu Tage befördert werden."[101]

Dieser kurze Einblick in die damalige innerkommunistische Auseinandersetzung darüber, welche ästhetischen Formen der Emanzipation zuträglich seien, zeigt, dass Lukács als ein Verfechter von Universalismen auftrat: Die Funktion, die in diesem Zeitraum für ihn der „Kommunismus" einnahm, sollte später dann zum Beispiel die „befreite Menschheit" übernehmen.[102] Diese Diskussion macht darüber hinaus jedoch deutlich, dass sowohl bezüglich des Realsozialismus als auch bezüglich des Universalismus Benjamins Haltung eine gespaltenere war: Wie der Engel der Geschichte in den „Geschichtsphilosophischen Thesen" zeigt, bleibt zwar auch in dessen Schriften die Sorge um das Universale präsent – dieses wird zugleich jedoch mit umstürzlerischen Chock-Momenten in Beziehung gesetzt.[103] Benjamin bleibt auf diese Weise viel mehr als Lukács – der eher als Erzieher auftritt – einer von momenthaften Ereignissen getragenen, revolutionären Umwälzung verhaftet.

Seine Annäherung an Brecht brachte Benjamin also – ohne eigenes, weiteres Zutun – mit seinem Weggefährten Lukács und der sich formierenden Theorie des sozialistischen Realismus in Auseinandersetzung. Mit einem weiteren Kollegen, Theodor W. Adorno, kam es dann in einer anderen Frage – jener der zeitgenössischen Massenkultur – zum Konflikt. Dabei war auch diese Beziehung zunächst ein Nahverhältnis: Adorno arbeitete mit Benjamin eng am Institut für Sozialforschung zusammen, kritisierte jedoch – trotz aller Wertschätzung und Anleihen am älteren „Lehrer" – dessen Haltung zu Werbung, Warenästhetik und Zerstreuung und wies in dem Zusammenhang auch einige, vom Institutsstipendiaten Benjamin vorgeschlagene Texte zurück bzw. forderte deren Überarbeitung ein.

Auch wenn Benjamins Beurteilung der Massenkultur und ihrer revolutionären Implikationen, wie später genauer ausgeführt wird, alles andere als gefestigt, sondern von steter Neubefragung und wiederholter Veränderung geprägt war, zeugt sie zugleich auch von Interesse, Sympathie und Solidarität. Er legte das Augenmerk auf die detailreiche Beobachtung und Analyse der Umwälzungen im urbanen Erscheinungsraum und war dabei vor allem an den materiellen Manifestationen von Ideologie interessiert. Solche Chiffren spürte er an den verschiedensten Stellen – der Zeitungskultur, der Mode oder der neuen Glas- und Stahlarchitektur – auf und entzifferte sie zugleich als Evidenzen, die sich, wenn sie über Zitat, Montage oder Collage in eine „künstliche" Nähe zueinander gebracht werden, wechselseitig inter-

---

101 Ebd., S. 171.
102 Dazu auch: Fehér, Lukács und Benjamin, 1989, S. 69.
103 Benjamin, „Über den Begriff der Geschichte", in: GS I.2, S. 703.

pretieren und erhellen würden.[104] Dieses obsessive Aufspüren von „correspondences"[105] brachte Adorno dazu, ihm ein falsches Verständnis von Dialektik[106] und eine bloß „staunende Darstellung der Faktizität"[107] vorzuwerfen. Die zentrale Uneinigkeit zwischen den beiden bestand jedoch darin, dass Adorno an einem Konzept einer Autonomie der Kunst festhielt, ja dieses sogar zur Norm machte, indem er insistierte, dass Kunst nicht nur Auslöser für das produktive Schaffen neuer Bedeutungen werden könne, sondern auch das Potenzial ausschöpfen soll, einer Überführung in Bedeutung zu widerstehen.[108] Demgegenüber verwischte Benjamin die Differenz zwischen Kunst und Massenkultur stärker und zeigte auf, dass Elemente aus beiden Welten gleichermaßen zum Auslöser für „Zusammenstöße" mit der Jetztzeit und zu Verschiebungen hin zu einer anderen Welt werden können. Genau dieses von Benjamin so stark gemachte Argument für eine intensive, politisch aufmerksame Auseinandersetzung mit der Massenkultur wurde von späteren Rezeptionsschulen dann auch aufgegriffen und in Richtung eines differenzierteren Verständnisses des je aktuellen kontingenten Sich-Ergebens von ästhetisch-politischer Hegemonie weiter ausgebaut. Adornos Autonomie-These dagegen ist durch die vielfältigen Praktiken der wechselseitigen Aneignung in der Pop- und Hochkultur sowie durch die Annäherung der für sie je reservierten Räume stärker ins Hintertreffen geraten.

Zerstreuung und Erwachen

Trotz der Nähe, in die Benjamin Dadaismus und Surrealismus wiederholt rückt, indem er für die von beiden angewandten „Tricks" ähnliche Worte findet und diesen vergleichbare Effekte zuschreibt, gibt es jedoch auch Differenzen in seiner Einschätzung der beiden Bewegungen. Bezüglich des Surrealismus streicht er vor allem dessen „rauschhafte" Komponente heraus, die der Sprache und dem Bild Vorrang vor dem Ich gibt. Als dessen Aufgabe beschreibt er: „die Kräfte des Rausches für die Revolution zu gewinnen."[109] Traum und Rausch lockern, so Benjamin, das Ich und „diese Lockerung des Ich durch den Rausch ist eben zugleich die fruchtbare, lebendige Erfahrung, die diese Menschen aus dem Bannkreis des Rausches heraustreten läßt."[110] Bestimmte ästhetische Verfahren können demnach Anstoß zu einem sol-

---

104 „Überzeugen ist unfruchtbar" schreibt Benjamin in *Einbahnstraße* und: „Zitate in meiner Arbeit sind wie Räuber am Weg, die bewaffnet hervorbrechen und dem Müssiggänger die Überzeugung abnehmen." Benjamin, „Einbahnstraße", in: GS IV, 1, S. 87 und S. 138.
105 Benjamin, „Über einige Motive bei Baudelaire", in: GS I.2, S. 638f.
106 Adorno in einem Brief an Benjamin in: Theodor W. Adorno; *Walter Benjamin. Briefe und Briefwechsel,* hg. v. Henri Lonitz, Frankfurt am Main: Suhrkamp, 1994, S. 672.
107 Benjamin zitiert dies in einem Antwortbrief an Adorno: Ebd., S. 793f.
108 Theodor W. Adorno, *Ästhetische Theorie*, Frankfurt am Main, 1973, S. 171ff. und S. 192f. Siehe auch: Bowie, From Romanticism to Critical Theory, 1997, S. 246f.
109 Benjamin, „Der Sürrealismus", in: GS II.1, S. 307.
110 Ebd., S. 297.

chen „Heraustreten" geben, was dann aber, so Benjamin, die „Auswechslung des historischen Blicks auf das Gewesene gegen den politischen"[111] mit sich führt. Während er manche der surrealistischen Produktionen so ganz ungebrochen als „Adoptivkinder der Revolution"[112] feiert, unterhält Benjamin zum Dadaismus eine ambivalentere Beziehung. Zwar spricht er an manchen Stellen, wie bereits erwähnt, auch in Zusammenhang mit dem Dadaismus davon, dass dieser die Dinge dazu bringen könne, sich in ein Geschoß zu verwandeln, das uns als Betrachter zustößt und dabei Kontemplation vernichtet und an ihre Stelle revolutionäre Ablenkung setzt. Zugleich beschreibt er den Dadaismus jedoch etwas abschätzig als in erster Linie vom „Skandal"[113] beherrscht. Wenn er festhält, dieser „versuch(t)e, die Effekte, die das Publikum heute im Film sucht, mit den Mitteln der Malerei (bzw. der Literatur) zu erzeugen,"[114] sieht er in ihm eher einen begleitenden Wegbereiter einer Form des Erlebens, wie sie neue Medien in viel breiterem Maße eröffnen können.

Diese von Suche und von der Analyse der eigenen Gegenwart bestimmte Einschätzung des Dadaismus findet eine Parallele in einer ebenso in steter Veränderung begriffenen Bewertung von Zerstreuung in Benjamins Texten.[115] Einerseits streicht er – etwa in seiner Auseinandersetzung mit dem Brecht'schen Verfremdungseffekt oder mit den ästhetischen Verfahren des Surrealismus und Dadaismus – hervor, dass bestimmte ästhetische Formen eine Wahrnehmung provozieren, die der Kontemplation, aber auch der herrschenden Kultur der langweiligen, „verdummenden" erzieherischen Bearbeitung der Massen[116] entgegenstehen würden. An solchen Stellen grenzt er die durch Verfremdung oder Montage gewonnenen chockförmigen Wahrnehmungsmomente von der Kontemplation, aber auch von der „Verdummung", „Langeweile" und „Illusion"[117] verbreitenden Massenkultur ab

---

111 Ebd., S. 300.
112 Ebd. S. 298.
113 Benjamin, „Das Kunstwerk im Zeitalter seiner technischen Reproduzierbarkeit", in: GS I.2, S. 502.
114 Ebd., S. 501.
115 Auf diese hat auch Howard Eiland hingewiesen. Siehe: Eiland, Reception in Distraction, 1994, S. 3ff. Eiland kommt zu dem Schluss, dass Benjamins Nutzung von „Zerstreuung" in doppeltem Sinn zweischneidig ist: Einerseits gibt es eine epistemologische „Zerstreuung", mit der er in der beschriebenen uneinheitlichen Weise umgeht. Dann aber gibt es auch eine ontologische Zerstreuung, die er mit einer Krise des Objektes und einer Krise der Bedeutung überhaupt zusammenbringt.
116 In seiner Besprechung der Ausstellung „Gesunde Nerven" im Gesundheitshaus Kreuzberg hält Benjamin fest: „Verdummend würde jede Anschauung wirken, der das Moment der Überraschung fehlt. Was zu sehen ist, darf nie dasselbe oder einfach mehr oder weniger sein, als eine Beschriftung zu sagen hätte. Es muß ein neues, einen Trick der Evidenz mit sich führen, der mit Worten grundsätzlich nicht erzielt wird." Weiter rät er Ausstellungen wie diese mit dem Motto zu versehen: „Langeweile verdummt, Kurzweil klärt auf." Siehe: Benjamin, „Bekränzter Eingang", in: GS IV.1, S. 561.
117 „Die Unterbrechung der Handlung, derentwegen Brecht sein Theater als das *epische* bezeichnet hat, wirkt ständig einer Illusion im Publikum entgegen." Benjamin, „Der Autor als Produzent", in: GS II.2, S. 698.

und streicht die Unterbrechung gängiger Wahrnehmungskonventionen durch solche ästhetischen „Tricks" hervor.

An anderen Stellen, etwa im sogenannten „Kunstwerkaufsatz", diskutiert er Film und Kino dann jedoch als Medien, durch die und an denen eine Meisterschaft im Bewältigen von Wahrnehmungsschocks eingeübt werden kann. Dann beobachtet er, wie die schockförmige Wahrnehmung nun zunehmend alle Formen der Kommunikation mit der Welt durchdringt. An die Stelle der Abgrenzung eines Wahrnehmens, wie es die Avantgarde forciert, vom breiteren Erleben der „zerstreuten Massen", tritt eine wechselseitige Partizipation an sich breit durchsetzenden Transformationen bzw. eine gegenseitige Komplizenschaft. Und ähnlich wie Zerstreuung einmal als Auslöser für revolutionäre Umbrüche und dann wieder als Bestandteil allgemeiner, massenkultureller Umwälzungsprozesse gewertet wird, so wird auch der Dadaismus an manchen Stellen als Hervorbringer von Kunstformen charakterisiert, die uns zu einem Zusammenstoß mit der Jetztzeit bringen können, und an anderen zum eher beiläufigen Begleiter für das Medium Film stilisiert, dem zugeschrieben wird, die in diesen Umwälzungen steckenden Möglichkeiten in viel breiterem Maße realisieren zu können.

Dieses Hin- und Herwandern zwischen verschiedenen Akzentuierungen betrifft auch Benjamins Einschätzung der politischen Dimension des Erlebens, das von Arbeiten wie jener zuvor beschriebenen Collage von Hannah Höch ausgelöst werden kann. Denn ganz generell sieht er das politische Potenzial solcher Arbeiten darin, dass sie eine spezifische zeitliche Art der Erfahrung provozieren können, die einen Anstoß zu Handlungen geben können – darüber hinaus ist das Politische bei Benjamin jedoch nirgends bestimmt.[118]

Eine zentrale Metapher, die er in diesem Zusammenhang benutzt, ist die des Erwachens. Genau hier, in der Verwendung der Metapher des Erwachens, treffen wir jedoch wieder auf die bereits ausgeführte, suchende, uneinheitliche Einschätzung. Denn an manchen Punkten seiner Darlegungen deckt sich seine Beschreibung des Moments des Erwachens mit jener des Chocks, zum Beispiel wenn er formuliert, „das Jetzt der Erkennbarkeit ist der Augenblick des Erwachens."[119] Beide sind hier als ein plötzlich eintretender, den gewöhnlichen Gang der Dinge unterbrechender Moment des Erwachens hin zu den Möglichkeiten der Gegenwart charakterisiert, basierend auf dem blitzartigen Eintreten des Gedächtnisses. Dieser Moment des Chocks oder des Erwachens vermag dann einen Impuls für politisches Handeln abzugeben und stellt zugleich auch eine ganz bestimmte Perspektive auf die Vergangenheit her. An anderen Stellen beschreibt Benjamin jedoch nicht ein solches momenthaftes, über Chocks ausgelöstes Erwachen, sondern eher einen gra-

---

[118] Peter Osborne bezeichnet das Politische deshalb als „schwarzes Loch" im Zentrum von Benjamins Arbeit. Siehe: Osborne, Small-Scale Victories, 1994, S. 96.

[119] Benjamin, „Passagen-Werk", in: GS V.1, N 18,4. Er beschäftigt sich mit dem Moment des Chocks intensiv unter anderem in: Benjamin, „Über einige Motive bei Baudelaire", in: GS I.2, 612f. Und in: Benjamin, „Über den Begriff der Geschichte", in: GS I.2, S. 693f.

duellen Prozess und an wieder anderen Stellen versucht er, beide Formen des Erwachens, die momenthafte und die stufenweise, miteinander zu kombinieren.[120]

Dabei steht Benjamin vor der Schwierigkeit, dass er einerseits eine strikte Unterscheidung aufrichten muss, um den Neubeginn von der mythischen, traumhaften Welt, von der er ausgelöst wird, abzugrenzen.[121] Andererseits muss er aber auch die Grenze zwischen Traum und Wirklichkeit niederbrechen, damit die Inhalte des einen der anderen zugänglich werden. Die zwei verschiedenen Formen von „Erwachen", die Benjamin in Zusammenhang mit dem Chock verhandelt, haben auch Einfluss darauf, wie er politisches Handeln thematisieren kann. Denn der Impuls zum Handeln, der für ihn so eng mit dem Zusammenstoß mit der Jetzt-Zeit verbunden ist, verläuft sich im alltäglichen, chockförmigen Wahrnehmen wieder. Dazu kommt, dass revolutionäres politisches Handeln zwar an vielen Stellen in Benjamins Texten evoziert, aber nicht ausführlicher konzeptuell gefasst wird. Benjamins Spätschriften sprechen immer wieder von einem solchen Moment des Anstoßes zum Handeln durch chockförmiges „Erwachen" und ermöglichen es so, eine Beziehung zur Praxis des Politischen herzustellen. Dennoch bietet Benjamin für diese Beziehung nicht ein genauso ausgefeiltes Konzept an wie etwa für den Moment der „Jetztzeit", genauso wenig wie von ihm die handelnden, kollektiven historischen Subjekte genauer bestimmt werden. Immer wieder erwähnt er eine „zerstreute Masse" oder ein „träumendes Kollektiv", ohne jedoch dessen Zusammensetzung, Herkunft, Handlungspraxis oder Aufenthaltsort ausführlicher zu skizzieren.

Ästhetisierung der Politik versus Politisierung der Kunst

Dieses unabgeschlossene Suchen und die Schwierigkeiten in der Verknüpfung des Chocks mit den konkreten politischen Positionierungen und Handlungen seiner Gegenwart haben Benjamin vielleicht veranlasst, in einem als „Nachwort" bezeichneten Teil des Kunstwerk-Aufsatzes eine strikte Unterscheidung zwischen einer faschistischen „Ästhetisierung der Politik" und einer kommunistischen „Politisierung der Kunst" aufzurichten. So wie er sich deshalb vielleicht an dessen Beginn aufge-

---

120 Den „stufenweisen Prozess" beschreibt er folgendermaßen: „Das Erwachen als ein stufenweiser Prozeß, der im Leben des Einzelnen wie der Generation sich durchsetzt. Schlaf deren Primärstadium. Die Jugenderfahrung einer Generation hat viel gemein mit der Traumerfahrung (...) Während aber die Erziehung früherer Generationen in der Tradition, der religiösen Unterweisung ihnen diese Träume gedeutet hat, läuft heutige Erziehung einfach auf die Zerstreuung der Kinder hinaus. Proust konnte als beispielloses Phänomen nur in einer Generation auftreten, die alle leiblich-natürlichen Behelfe des Eingedenkens verloren hatte und, ärmer als früher, sich selbst überlassen war, daher nur isoliert, verstreut und pathologisch der Kinderwelten habhaft werden konnte." Benjamin, „Passagen-Werk", in: GS V.1, K1,1. Eine Kombination beider Prozesse versucht er in: „Passagen-Werk", in: GS V.1, N3a, 3 und N1,9.
121 Osborne, Small-Scale Victories, 1994, S. 92f.

rufen sah, zu behaupten, dass die von ihm in diesem Text entwickelten Konzepte für den Faschismus unbrauchbar seien. In diesem Nachwort fokussierte er auf die „zunehmende Proletarisierung der heutigen Menschen und die zunehmende Formierung der Massen", die er als „zwei Seiten eines und desselben Geschehens" bezeichnet.[122] Er hebt hervor, dass der Faschismus versuche, die neu entstandenen proletarischen Massen zu organisieren, ohne die der Klassengesellschaft spezifischen Eigentumsverhältnisse anzutasten. Auf diese Weise gibt der Faschismus diesen Massen Ausdruck und vermag zugleich, die herrschenden Klassenverhältnisse zu konservieren – was für ihn auf eine „Ästhetisierung des politischen Lebens hinaus(läuft)."[123] Diese findet, so Benjamin weiter, im Krieg ihren Höhepunkt. Denn auch dieser gibt den Massenbewegungen größeren Maßstabs ein Ziel, ohne dass die Eigentumsverhältnisse angetastet werden, und ermöglicht zudem „die künstlerische Befriedigung der von der Technik veränderten Sinneswahrnehmung", was auch die „Vollendung des l'art pour l'art" mit sich bringt.[124] Aus dieser knappen Analyse zieht er den Schluss: „So steht es um die Ästhetisierung der Politik, welche der Faschismus betreibt. Der Kommunismus antwortet ihm mit der Politisierung der Kunst."[125]

Augenfällig an den Darlegungen dieses Textstückes ist, dass die Massen, von denen Benjamin so ausführlich spricht, offenbar nicht, wie das an anderen Stellen von ihm Verhandelte nahelegen würde, durch diverse Zusammenstöße mit der Jetztzeit angeregt werden, selbst aktiv zu handeln, sondern dass sie zum Objekt des Tuns eines recht anonym gehaltenen „Faschismus" wie „Kommunismus" werden. Benjamin beschreibt hier detailliert, wie die Massen von eben diesem Faschismus vergewaltigt und zu Boden gezwungen werden, von einer politischen Organisierung, die von den in der Masse Zusammengeschlossenen selbst ihren Ausgang nehmen würde, spricht er dagegen nicht. An diesen Stellen geht er also von einer Ungleichheit der Körper aus – die einen agieren, zwingen zu Boden, vergewaltigen, und die anderen lassen all dies passiv mit sich geschehen – und bringt so ein Argumentationsmuster ins Spiel, auf das wir bereits in einem früheren Kapitel in diesem Buch gestoßen sind. Die Körper können anscheinend sowohl in eine „Ästhetisierung von Politik" als auch in eine „Politisierung der Kunst" gezwungen werden – was von ihm als zwei völlig unterschiedliche Prozesse dargestellt wird, ohne dass er sie allerdings näher charakterisieren würde. Nur in einem Satz spricht er die konkreten Inszenierungen der Massen an, wenn er festhält: „Die Menschheit, die einst bei Homer ein Schauobjekt für die Olympischen Götter war, ist es nun für sich selbst geworden."[126]

---

122 Walter Benjamin, „Das Kunstwerk im Zeitalter seiner technischen Reproduzierbarkeit", in: GS I.2, S. 506.
123 Ebd., S. 506.
124 Ebd., S. 508.
125 Ebd.
126 Ebd.

Dieser politische Prozess, bei dem die Menschen sich wechselseitig zu Schauobjekten machen und mit dem sie ihre öffentliche Präsenz in die Auseinandersetzungen der Gegenwart einbringen, wird von Benjamin hier aber rein pessimistisch interpretiert. Er sieht in ihm eine „Selbstentfremdung (…) (bei) der sie (die Massen, A.S.) ihre eigene Vernichtung als ästhetischen Genuß ersten Rangs erleben (…) (können)."[127] Rettung verspricht er sich und den Lesenden dagegen allein vom Kommunismus. Diesem möchte er die Massen anvertrauen, da er sich von ihm eine „Politisierung der Kunst" verspricht, die der konstatierten „Ästhetisierung der Politik" offenbar entgegensteht, ohne dann allerdings weiter auszuführen, wie sich ein solcher Vorgang denn von jenem unterscheiden könne, in dem sich die Menschen wechselseitig zu Schauobjekten machen. Benjamin klammert hier die politischen Prozesse des Sich-Bildens von politischen Subjekten über politisches Handeln aus, die für die Moderne so charakteristisch sind – und für die, wie ich bereits im vorigen Kapitel dieses Buches festgehalten habe, zwischen dem Politischen und Ästhetischen nicht strikt unterschieden werden kann. Auf diese Weise berücksichtigt er nicht, dass die Formierung von Bewegungen, die sich im öffentlichen Raum mit einer bestimmten Positionierung sichtbar machen wollen, stets Inszenierung und Zurschaustellung impliziert und dies nicht per se als „faschistisch" oder „reaktionär" verurteilt werden kann. Sowohl faschistische als auch konservative oder linksgerichtete, revolutionäre politische Gruppen entwickelten in diesen Jahren bestimmte Strategien des Managements von öffentlichen Prozessen und Erscheinungen, die zugleich ästhetischer wie auch politischer Natur sind und traten über ihre Auftrittsweise und den Stil ihrer Selbstinszenierungen wie über Zielsetzungen und utopische Besetzungen oder psychische Involvierung in einen Streit um das Aussehen der Gegenwart ein.[128]

Aber noch etwas anderes bleibt auf diese Weise außen vor: Indem Benjamin die verschiedenen Formen politischen Auftretens im öffentlichen Raum nicht genau analysiert und vor allem die psychische, aktive und genießende Involvierung der zerstreuten Massen in sowohl linke als auch rechte Bewegungen nicht ausreichend berücksichtigt, kann er auch nicht thematisieren, dass der Zusammenstoß mit der Jetztzeit nicht gleichsam „automatisch" nur eine revolutionäre, linke politische Positionierung hervorrufen kann, sondern dass die Wahrnehmungsereignisse seiner Gegenwart unter Umständen genau diese faschistischen Bewegungen zusammen-

---

127 Ebd.
128 Susan Buck-Morss weist ebenfalls darauf hin, dass auch der Surrealismus eine bestimmte, von links kommende und explizit mit „Revolution" in Verbindung gebrachte Aneignung eines solchen Managements ästhetischer und politischer Erscheinungen darstelle. Siehe: Susan Buck-Morss, „Aesthetics and Anasthetics: Walter Benjamin's Artwork Essay Reconsidered", in: *October*, Nr. 62 (Herbst), 1992, S. 3–41, S. 4. Umgekehrt arbeitet Peter Osborne heraus, dass Benjamin, indem er den Surrealismus als Ort des ununterbrochenen Übergangs von Kunst in Politik in Szene setzt, diesen selbst ästhetisiere. Siehe: Osborne, Small-Scale Victories, 1994, S. 94.

gehalten und zu weiteren Handlungen motiviert haben, die er im Nachwort zum Kunstwerkaufsatz in den Blick nimmt.

Diese den Texten Benjamins immanente Suchbewegung, die unterschiedliche Einschätzungen miteinander in Konfrontation, aber auch in gegenseitige Herausforderung setzt, die nicht ausreichende Auseinandersetzung mit Prozessen der politischen Subjekt-Werdung im öffentlichen Raum sowie die von ihm vorgenommenen strikten Gegenüberstellungen einer „Ästhetisierung der Politik" und einer „Politisierung der Kunst" schufen einen weiten Interpretationsraum, in dem sich dann spätere Generationen einbringen und von dem aus sie die vielfältigen Weiterverarbeitungen seiner Texte in Angriff nehmen konnten. Manche „froren" dabei sein in steter Transformation begriffenes, bewegliches und unabgeschlossenes Suchen ein, um zu Konzepten für den Umgang mit ihrer Gegenwart kommen zu können. Andere nutzten diese offen Stellen und Ungereimtheiten in seinen Konzeptionen, um neue Fragen zu stellen und geschult an seinen Vorgaben in diesen Lücken an einem besseren Verständnis der Verflechtung des Politischen mit dem Ästhetischen weiterzubauen. Ich werde zunächst eine Position herausgreifen und genauer besprechen – diejenige von Roland Barthes, der sich seit Anfang der 1970er Jahre aufmachte, den Moment des Chocks noch einmal genauer in den Blick zu nehmen und neu zu bestimmen. Im Gegensatz zu Formen der Weiterverhandlung, die einzelne Stellen aus Benjamins Text isoliert rezipierten und in sehr schematischen Festlegungen fixierten, diskutierte Barthes die von ihm angesprochenen Phänomene neu und bewertete sie – auch im politischen Sinne – anders.

Chock – punctum – dritter Sinn: über das Reale stolpern

Roland Barthes bezeichnet mit „punctum" und „dritter Sinn", was Benjamin mit dem Namen „Chock" belegt: eine Unterbrechung und räumliche Verschiebung, die uns beim Lesen der Welt zustoßen und die eine Hartnäckigkeit im Handeln und im Suchen hervorrufen kann. Dabei insistieren beide, Benjamin und Barthes, dass dies herausragende, signifikante Vorkommnisse wären, die mit einer performativen Macht verbunden sind: Sie fügen der Welt etwas zu, wobei dieses „Etwas" stets nur ein mögliches Etwas ist – unkontrollierbar und nicht in Konzepten fassbar. In seinem Text „Kleine Geschichte der Photographie" spricht Benjamin bezüglich solcher Momente von einem „winzigen Fünkchen Zufall, Hier und Jetzt, (...) mit dem die Wirklichkeit den Bildcharakter gleichsam durchgesengt hat, die unscheinbare Stelle (...), in welcher, im Sosein jener längstvergangenen Minute das Künftige noch heut und so beredt nistet, daß wir, rückblickend, es entdecken können."[129] Barthes spricht ähnlich, und doch ganz anders gewendet, vom „punctum" als „Kairos des Verlangens."[130]

---

129 Benjamin, „Kleine Geschichte der Photographie", in: GS II.1, S. 371.
130 Barthes, Die helle Kammer, 1985, S. 70.

Trotz solcher Parallelen nahm Barthes bereits Anfang der 1970er Jahre einen entscheidenden Blickwechsel vor, indem er nicht mehr in erster Linie die durch den Chock ausgelöste Unterbrechung forcierte, sondern das Augenmerk darauf legte, dass eine solche Unterbrechung stets schon mit einem genießenden Sich-Einhaken in das Rezipierte einhergeht. Dementsprechend benannte er diese Ereignisse der Wahrnehmung neu: Momente, die angesichts von Fotos eintreten, nennt er „punctum" und solche, die von Filmen ausgelöst werden, „ dritter" oder „stumpfer Sinn". Wie Benjamin führt demnach auch Barthes die Notwendigkeit einer Begriffsschöpfung für solche Ereignisse vor. Die Abstraktheit der vorgeschlagenen Namen sowie die provisorisch wirkende Prägung einer Mehrzahl von Begriffen („punctum", „dritter Sinn", „Chock") zeigt jedoch an, dass Sprache offenbar grundsätzlich nicht besonders geeignet ist, solche Ereignisse abzubilden. „Punctum", „dritter Sinn" oder „Chock" wirken eher wie Platzhalter, die auf eine überraschende, signifikante Begegnung, bei der uns zunächst die Worte einfach fehlen, verweisen wollen. In ihrer Konzeption hat sich Barthes zudem lose von Arbeiten des Psychoanalytikers Jacques Lacan anregen lassen, insbesondere von dessen Ausführungen zum unvorhersehbaren Zusammentreffen mit dem Realen, das dieser in erster Linie als Zusammentreffen mit dem im Alltagsleben gewöhnlich negierten Faktum der eigenen Sterblichkeit bestimmt hat.[131]

Die Namen „punctum" und „dritter Sinn" verwendet Barthes – ähnlich wie Benjamin den Begriff „Chock" – demnach für eine Materialität, die in einer bestimmten Art des Sehens steckt und der das Potenzial innewohnt, dasjenige wieder öffnen zu können, was im mythischen Blick des Alltags so gut verschlossen ist. Im Unterschied zu Benjamin, für den Wahrnehmung in der Moderne überhaupt eine chockförmige Ausprägung annimmt, wobei zwar jeder dieser Wahrnehmungsmomente die Möglichkeit zur „profanen Erleuchtung" in sich trägt, aber nur manche diese auch einlösen, beschäftigt sich Barthes in seinen Auseinandersetzungen mit dem punctum (und dem dritten Sinn) nur mit letzteren Momenten. Diese grenzt er von der eher vom „studium", also von gelehrter Aufmerksamkeit oder von Automatismus bestimmten Alltagswahrnehmung ab, auch wenn er ebenso offen hält, dass diese sich stets selbst wieder in ein punctum verwandeln können.

---

131 Siehe: Barthes, Der dritte Sinn, 1990. Und: Barthes, Die helle Kammer, 1985. Wie Margaret Iversen darlegte, bezieht Barthes sich in *Die helle Kammer* teilweise auf folgende Arbeit von Lacan, auch wenn diese nur in der französischen Ausgabe des Textes in der Bibliographie angeführt ist: Jacques Lacan, *Le Séminaire de Jacques Lacan, Livre XI, ‚Les quatre concepts fondamentaux de la psychoanalyse'*, Paris, 1973. Vgl. Margaret Iversen, „What is a photograph?", in: Art History, Nr. 17/ 3 (September), 1994, S. 450-464. Ich verwende allerdings eher Definitionen von Barthes und später dann von Paul de Man als jene Lacans und werde in der Folge auch diese vorwiegend weiter verhandeln. Barthes entwickelte den Begriff „punctum" in Auseinandersetzung mit einer von ausgiebigen Begriffsabstimmungen und Definitionsvergleichen freien Lesart Lacans sowie in Weiterverarbeitung von Texten Benjamins.

Im Passagen-Werk hält Benjamin fest: „Nur dialektische Bilder sind echte (d.h. nicht archaische) Bilder; und der Ort, an dem man sie antrifft, ist die Sprache."[132] Im selben Text, etwas später, präzisiert er dies folgendermaßen: „Nur dialektische Bilder sind echt geschichtliche, d.h. nicht archaische Bilder. Das gelesene Bild, will sagen das Bild im Jetzt der Erkennbarkeit trägt im höchsten Grad den Stempel des kritischen, gefährlichen Moments, welcher allem Lesen zugrunde liegt."[133] Damit sind für Benjamin wie für Barthes authentische Bilder die gelesenen Bilder, d.h. beide sprechen eine Produktivität der Rezeption an. Im punctum wie im Chock stolpere ich über die für Benjamin so wichtige Jetztzeit der Interpretation, die jede zeitlose Fülle von Wahrheit und so auch jede kontemplative Beziehung zerspringen lässt. Dies provoziert, dass aus Sehen ein produktives Lesen wird, das ein Mehr, einen Überschuss involviert, d.h., etwas, das über die symbolische und kommunikative Funktion der Bilder hinausgeht und mich zum Handeln anregen kann.

Punctum und dritter Sinn liegen bei Barthes dabei eng zusammen, auch wenn sie nicht völlig gleichgesetzt werden können. Der Unterschied zwischen ihnen hat für ihn in erster Linie mit den Medien zu tun, angesichts derer sie auftreten. Der „dritte" oder „stumpfe Sinn" verweist auf das Filmische, d.h. auf das, was in Filmen gefunden werden kann und das sich nicht genau mit dem deckt, was einem beim Betrachten von Fotos, von Gemälden oder beim Lesen eines Romans zustößt, da diesen Medien das darstellende, erzählerische Moment und die damit zusammenhängenden Konfigurationsmöglichkeiten fehlen.[134] Demgegenüber ist das Foto und damit das punctum stärker davon geprägt, dass hier auf etwas einmalig Gewesenes verwiesen wird, wodurch eine engere Beziehung zum Tod und zu den Toten ins Spiel kommt und die Funktion der Referenz in den Vordergrund tritt.[135] Gemeinsam ist beiden Phänomenen jedoch, dass sie zufällig eintreten, ungeplant und unabhängig von der Intention des Fotografen oder des Filmemachers, und Momente darstellen, an denen die Bilder eher mich betrachten als ich sie. Solche Ereignisse passieren in Zusammenhang mit bestimmten Bilddetails – Barthes erwähnt etwa die Spangenschuhe einer jungen Frau auf einem Foto oder die Weichheit der Hände und des Mundes eines blonden Jungen in einem Film –, die eine Kraft entwickeln und mich dazu bringen, hartnäckig und leidenschaftlich zu rezipieren. Als Überbegriff von punctum und dritter Sinn könnte vielleicht „signifikantes Wahrnehmungsereignis" fungieren, womit, jenseits einer je spezifischen medialen Einbindung, jener Punkt bezeichnet werden kann, an dem in der Rezeption Affekte, Erinnerungen und damit zusammenhängend ein Abdriften auftauchen können, was einen Zusammenstoß zu produzieren vermag, der meine Existenz verbürgt und das Gegebene aufsprengen kann.[136]

---

132 Benjamin, „Passagen-Werk", in: GS V.1, N2a,3.
133 Ebd., N3,1.
134 Barthes, Der dritte Sinn, 1990, S. 65f.
135 Barthes, Die helle Kammer, 1985, S. 41 und S. 86.
136 In Zusammenhang mit seiner Beschreibung des „dritten Sinns" erwähnt Barthes den von Julia Kristeva gebrauchten Begriff der „Signifikanz" (franz. „Signifiance"/engl. „Significance").

Für die von mir in den Blick genommene Geschichte des Beurteilens ist es jedoch wichtig, festzuhalten, dass im Unterschied zu Walter Benjamins Konzeption des Chocks und des Zusammenstoßes mit der Jetztzeit Roland Barthes betont, dass solche signifikanten Ereignisse der Wahrnehmung stets auch von Komplizenschaft mit dem Gelesenen und Wahrgenommenen bestimmt sind. Für Barthes führen solche signifikanten Ereignisse der Wahrnehmung zwar ebenfalls eine Unterbrechung herbei – ein Durchkreuzen und ein Lesen gegen den Strich – sie zeugen jedoch zugleich auch von einem geheimen Einvernehmen mit dem Rezipierten. Dies hängt mit dem Genuss zusammen, den ein solches Lesen der Welt bereitet. In Zusammenhang mit dem dritten Sinn streicht Barthes hervor, dass, wenn wir der Signifikanz der Wahrnehmung folgen und das, was wir dabei finden, genießen, wir zugleich auch in ein geheimes Einverständnis mit dem, was wir genießen, treten. Ein Gegen-den-Strich-Lesen, das der Signifikanz eines Textes folgt, und ein sich involvierendes Einvernehmen sind für ihn demnach aneinander gebunden.[137]

Demgegenüber ist es für Benjamin nicht möglich, eine solche Zwiespältigkeit in Zusammenhang mit den von ihm beschriebenen Chock-Ereignissen zu verhandeln. Denn er hebt, wie bereits dargestellt, häufig die mit dem Zusammenstoß mit der Jetztzeit verbundene Unterbrechung des Gegebenen hervor, was es erschwert, das in der Unterbrechung präsente genießende Sich-Einhaken ebenfalls zu berücksichtigen. Diese Betonung eines Bruchs hat auch mit der theologischen Komponente seiner Darlegungen zu tun. Denn Erlösung ist für Benjamin innerhalb der historischen Zeit unerreichbar, da der Messias nur von außerhalb der Geschichte aus, eine Perspektive auf ihr Ganzes zur Verfügung halten kann.[138] Daneben beschreibt Benjamin die chockförmige Wahrnehmung an anderer Stelle auch als all-

---

Damit bezeichnet sie einen Zusatz, ein Abdriften und den Überschuss/Exzess, die zu der ersten Ebene der Kommunikation und der zweiten Ebene der Bedeutung hinzukommen können. Siehe: Barthes, Der dritte Sinn, 1990, S. 49. Vgl. Julia Kristeva, „The Subject in Process" (1973), in: *The Tel Quel Reader,* hg. v. Patrick French und Roland-Francois Lack, London und New York: Routledge, 1998, S. 133-178.

137 „Man genießt, man liebt (...) man tritt in ein geheimes Einverständnis, ein Einvernehmen mit (bestimmten Details des Rezipierten A.S.)" Siehe: Barthes, Der dritte Sinn, 1990, S. 56. Auch in Zusammenhang mit dem punctum spricht er von jenem „verrückten Punkt, wo der Affekt (Liebe, Leidenschaft, Trauer, Sehnsucht und Verlangen) das Sein verbürgt." Siehe: Barthes, Die helle Kammer, 1989, S. 124.

138 „Die Vergangenheit führt einen heimlichen Index mit, durch den sie auf die Erlösung verwiesen wird. Streift denn nicht uns selber ein Hauch der Luft, die um die Früheren gewesen ist? (…) Ist dem so, dann besteht eine geheime Verabredung zwischen den gewesenen Geschlechtern und unserem. Dann sind wir auf Erden erwartet worden. Dann ist uns wie jedem Geschlecht, das vor uns war, eine *schwache* messianische Kraft mitgegeben, an welche die Vergangenheit Anspruch hat. Billig ist dieser Anspruch nicht abzufertigen. Der historische Materialist weiß darum." Und am Ende der „Geschichtsphilosophischen Thesen" führt er dazu weiter aus: „Der historische Materialist geht an einen geschichtlichen Gegenstand einzig und allein da heran, wo er ihm als Monade entgegentritt. In dieser Struktur erkennt er das Zeichen einer messianischen Stillstellung des Geschehens, anders gesagt, einer revolutionären Chance im Kampfe für die unterdrückte Vergangenheit." Walter Benjamin, „Über

gemein sich durchsetzende Wahrnehmung, die sich jedoch, punktuell, in eine solche „profane Erleuchtung" verwandeln kann. Es gibt für ihn demnach sowohl epistemologischen Wandel als auch Revolution oder zumindest umstürzlerische Momente – die er jedoch in den einzelnen Texten unterschiedlich akzentuiert und in den Vordergrund stellt. Und obwohl er in seinem Spätwerk beide miteinander zu verbinden versucht, konnte er diesbezüglich kein endgültiges Modell entwerfen.

Darüber hinaus gibt es noch einen weiteren Unterschied zwischen dem Moment des Chocks und dem des punctum bzw. des dritten Sinns. Alle drei sind von Kontingenz bestimmt, d.h., nicht die Intention des Künstlers oder der Künstlerin platziert solch einen Wahrnehmungsmoment, sondern er stellt sich, plötzlich und unvorhersehbar, im Moment der Rezeption ein – die Betrachtenden werden von ihm überrascht. Benjamin spricht aber immer wieder eine enge, kausale Verbindung zwischen bestimmten ästhetischen Verfahrensweisen – der Montage, der Collage, der Verfremdung, des surrealistischen Rausches – und solchen herausragenden, von ihm auch politisch verstandenen Ereignissen an: Zum Beispiel, wenn er vom epischen Theater Brechts behauptet, es rücke „den Bildern des Filmstreifens vergleichbar, in Stößen vor. Seine Grundform ist die des Chocks, mit dem die einzelnen wohlabgehobenen Situationen des Stücks aufeinandertreffen. Die Songs, die Beschriftungen im Bühnenbilde, die gestischen Konventionen der Spielenden heben die eine Situation von der anderen ab. So entstehen überall Intervalle, die die Illusion des Publikums eher beeinträchtigen. Diese Intervalle sind seiner kritischen Stellungnahme, seinem Nachdenken reserviert."[139] Demgegenüber sieht Barthes solche mit Intention aufgeladenen Kunstgriffe eher als ein Hindernis für das Eintreten von signifikanten Wahrnehmungsmomenten und verortet Letztere viel stärker in der psychischen Disposition auf Seiten der Betrachter und Betrachterinnen – deren Leidenschaft, Erinnerung, Trauer oder Sehnsucht es sind, die im Treffen auf bestimmte Bildwelten solche Ereignisse produzieren. Während Benjamin also immer wieder die ästhetischen Veranstaltungen ins Spiel bringt, mit deren Hilfe unkontrollierbare Wahrnehmungsereignisse hervorgelockt und angepeilt werden, konzentriert Barthes sich stärker auf die Seite der Rezipierenden und streicht vehementer hervor, dass diese Momente ganz unabhängig von jeder bewussten Setzung der Kunst auftreten.

Zusammenfassend forciert Benjamin in der Verhandlung des Chocks vor allem die damit verbundene Unterbrechung und das Potenzial für revolutionäre Umbrüche. Dagegen betont Barthes eher die doppelte – eine Neuordnung von Welt hervorbringende – Dimension solcher Ereignisse. In seiner Sichtweise erhält zudem das Publikum und seine psychische Involvierung in den kontingenten Wahrnehmungsprozess mehr Gewicht, während das Augenmerk bei Benjamin viel stärker

---

den Begriff der Geschichte", in: GS I.2, S. 693 und S. 703. Dazu auch: Osborne, Small-Scale Victories, 1994, S. 89.

139 Benjamin, „Das Land, in dem das Proletariat nicht genannt werden darf", in: GS II.2, S. 515f.

auf der Möglichkeit zu revolutionärem Umbruch und auf der (auch von göttlicher Hand geleiteten) Schrift und ästhetischen Formensprache liegt.

Bezogen auf die zuvor beschriebene dadaistische Collage von Hannah Höch hebt Benjamins Lesart also eher hervor, dass solche Arbeiten ein überraschendes Ablenken von herkömmlichen kontemplativen Haltungen gegenüber Denkmälern und Erinnerungsbildern provozieren können. Der Witz und der Moment der Überraschung, den sie verkörpern, ist als Unterbrechung gewöhnlicher Sichtweisen auf die Welt und als ein „Erwachen" hin zum Aktionspotenzial der Jetztzeit bewertet. Barthes Interpretation hingegen fokussiert eher darauf, dass in jedem sich einhakenden Lesen Ablenkung und genießendes Einverständnis zusammenfallen. Die Montage erscheint so einerseits als Ausdruck einer Involvierung der Künstlerin und muss selbst nicht notwendig wieder zum Ausgangspunkt für das Entstehen eines punctum werden. Aber auch wenn angenommen wird, dass diese Collage Anstoß zu solchen Wahrnehmungsereignissen gibt, dann gilt auch für diese wieder, dass gleichzeitig mit einem produktiven, das Gegebene transformierenden Lesen ebenfalls ein genießendes Sich-Verstricken präsent sein wird. Mit Bezug auf die Lesart von Barthes kann dann auch gezeigt werden, dass die Collage *Entwurf für das Denkmal eines bedeutenden Spitzenhemdes* in ganz diverse, zum Teil auch gegensätzliche Rezeptionsgeschichten involviert sein kann. Einerseits kann sie zum Ausgangspunkt einer ironischen Verunsicherung herkömmlicher Rezeptionshaltungen und im Speziellen einer alltäglichen Gedenkkultur werden, in der eine Niederlage beständig in einen Sieg umdefiniert wurde. Andererseits kann diese Collage aber auch mit einer weiteren, zeitgenössisch präsenten Rezeptionsgeschichte in Beziehung gesetzt werden, die sich um die zwischen etwa 1880 und 1920 schubhaft auftretende Fülle an privaten, religiösen Gedenkbildern und bereits erwähnten „Zimmerdenkmälern" bildet und diese als „Kitsch" verspottet hat.[140] Denn indem die Collage von Hannah Höch das Motiv des Denkmals mit der Sphäre des Privaten und Weiblichen in einen ironischen Zusammenhang bringt, spielt sie auch auf die zeitgenössische Praxis von diesen „Zimmerdenkmälern" an und kann auch als Ausdruck einer spöttischen, parodistischen Haltung gegenüber solchen alltäglichen Erscheinungen gelesen werden. Sie kann so nicht nur „fortschrittlich" und „erleuchtend", sondern auch „befestigend" bzw. „reaktionär" wirken – etwa wenn sie in ein Ausloten der Grenzen dessen einstimmt, wie zeitgenössisches Gedenken ausgeübt werden kann und soll. Bilder wie diese stellen demnach zwiespältige Eingriffe in einen stets auf vielfältige Weise aufgeladenen und von Begierden wie Abwehrhal-

---

140 Obwohl diese Rezeption bereits, genährt durch das von den neuen Reproduktionsverfahren ausgelöste massenhafte Ansteigen solcher Bilder, Ende des 19. Jahrhunderts weit verbreitet war, trat sie in den Jahren nach dem Ersten Weltkrieg in Verbindung mit der nun einsetzenden Gedenkeuphorie verstärkt auf. Dazu: Reiner Sörries und Janette Witt, „Religiöser Wandschmuck im trauten Heim", in: *Glauben Daheim, Zur Erinnerung. Zeugnisse evangelischer Frömmigkeit*, hg. v. Ulrike Lange, Kassel: Arbeitsgemeinschaft Friedhof und Denkmal, 1994, S. 43-53.

tungen bevölkerten sozialen Raum dar, in dem sie auf multiple Weise auf andere Sichtweisen und Handlungen reagieren.

Diese Zwiespältigkeit wird auch von den Dadaisten selbst angesprochen, wenn sie bemerken: „Dada ist die große Ironie, es tritt als Richtung auf und ist keine Richtung."[141] Sie wird in der Verhandlung solcher Bilder jedoch oft vernachlässigt, indem aus den gespaltenen, in verschiedene Richtungen weisenden Ereignissen schematische, ästhetische und/oder politische Konzepte entnommen werden. Setzt man die Sichtweisen von Barthes und Benjamin also nicht in Konfrontation, sondern, wie bereits vorgeschlagen, in produktive Verhandlung zueinander, dann wird deutlich, dass – auch wenn solche Montagen den, wie Benjamin es nannte, kleinen „Chock" aus den Bildern herauslocken und so einer kontemplativen, huldigenden Haltung entgegentreten konnten – damit noch nichts darüber ausgesagt ist, in welche politische Richtung die Rezeption eines solchen Bildes historisch weiter ausgeschlagen hat.

II.3. Festgelegte Taktiken und ein Experimentieren mit Kollektivkörpern seit den 1960er Jahren

Mitte der 1960er Jahre traten in Deutschland oder Österreich Erscheinungen auf, die für die Erfahrungswelt der Nachkriegszeit ungewöhnlich und nicht leicht verdaubar waren und die als „neo-surrealistisch" oder „neo-dadaistisch" bezeichnet werden können: So war auf der Jahrestagung des ‚Bundes deutscher Werbeleiter und -berater' in der Stuttgarter Liederhalle im Mai 1964 während der Begrüßungsrede des Oberbürgermeisters aus zwei Tonbandgeräten zugleich die *Matthäuspassion* von Bach und der Popsong *Surfing Bird* zu hören. Gleichzeitig wurden von der Empore Flugblätter abgeworfen, ein „Aufruf an die Seelenmasseure", mit dem die Gruppe ‚Subversive Aktion' die Funktionäre der Werbeindustrie aufforderte, „mit der totalen Manipulation des Menschen" aufzuhören.[142] 1967/68 gab die Berliner ‚Kommune I' den Slogan „Brenn, Kaufhaus, brenn!" aus und rief so zur Wiederholung eines von Vietnamkriegsgegnern durchgeführten Brandanschlages auf ein Kaufhaus in Brüssel auf.[143] Und im Herbst 1973 führten Mitglieder der Mühlkommune die Aktion „Schnuller" auf den Straßen Wiens durch, bei der Gruppen von Kommunarden in einer provokanten Selbststilisierung in Pyjamas und mit umgehängten Schnullern sowie mit geschorenen Köpfen auftraten, die sowohl an

---

141 Richard Huelsenbeck, „Durch Dada erledigt. Ein Trialog zwischen menschlichen Wesen", in: *Dada Berlin. Texte, Manifeste, Aktionen*, hg. v. Hanne Bergius und Karl Riha, Stuttgart: Reclam, 1977, S. 110-114, S. 112.
142 Frank Böckelmann und Herbert Nagel, *Subversive Aktion. Der Sinn der Organisation ist ihr Scheitern*, Frankfurt am Main, 1976, S. 146.
143 Alex Demirović, „Bodenlose Politik – Dialoge über Theorie und Praxis" (1989), in: *Frankfurter Schule und Studentenbewegung. Von der Flaschenpost zum Molotowcocktail 1946 bis 1995*, hg. v. Wolfgang Kraushaar, München: Rogner und Bernhard, 2003, S. 71-98, S. 84.

Insassen nationalsozialistischer Konzentrationslager als auch an die Glatzköpfe der Mitglieder der Manson-Kommune in den USA oder an buddhistische Mönche erinnerten.[144]

Solche Vorkommnisse waren spektakuläre Ausfransungen einer sich nun mit breiter Basis formierenden Studentenbewegung, die in der Kunstpraxis der Dadaisten oder Surrealisten, in der Theaterarbeit Bertolt Brechts und den Wortbildern Walter Benjamins eher Inspiration fand als in den überlieferten Parteien, politischen Strukturen oder in den gängigen marxistischen Theorien. In der Nachkriegsgeschichte stellte dies einen Wendepunkt dar. Zwar gab es mit dem bereits 1942 herausgegebenen, hektografierten Band *Walter Benjamin zum Gedächtnis* sowie mit der 1955 von Theodor W. und Gretel Adorno zusammengestellten, zweibändigen Werkausgabe eine schmale, bald einsetzende Rezeption der Schriften von Walter Benjamin. Gegenüber Surrealismus, Dadaismus und teilweise auch gegenüber den Arbeiten von Benjamin selbst herrschte in Westdeutschland und Österreich jedoch – wurden sie überhaupt wahrgenommen – eine eher skeptische Haltung vor. Dies wird im Aufsatz „Rückblickend auf den Surrealismus" deutlich, den Theodor W. Adorno 1956 als kritische Antwort auf Benjamins Thesen veröffentlichte und in dem er festhielt: „Nach der europäischen Katastrophe sind die surrealistischen Schocks kraftlos geworden."[145] Von einer zögerlichen Rezeption der Schriften Benjamins – wie auch der Arbeiten Brechts – zeugen auch kleinere Artikel und Besprechungen in der österreichischen Zeitschrift *Neues Forum* in den 1950er Jahren, in der die marxistische Ausrichtung Benjamins zwar interessiert aufgenommen, zugleich jedoch als „Bürgerschreckideologie", „paramarxistisch" oder einfach als „irrational" kritisiert oder mit einem „Giftstoff" verglichen wurde, „den er weder entbehren noch verdauen konnte".[146]

Daneben gab es jedoch auch andere Stimmen. So wandten sich Kunstschaffende wie die ‚Wiener Gruppe' ebenfalls bereits in den 1950er Jahren den Bewegungen und der Philosophie der nun als „klassisch" bezeichneten Moderne zu: dem Surrealismus, dem Dadaismus, Wittgenstein, Freud und Benjamin. Das Faktum, dass diese Positionen während des Faschismus nicht oder nur als diffamierte präsent waren, sah man nun als Möglichkeit, sie, wie Oswald Wiener es formulierte, „quasi neu zu erfinden, zu aktualisieren, zu ‚vergegenwärtigen'".[147] Zugleich erschienen

---

144 Robert Fleck, *Die Mühl-Kommune. Freie Sexualität und Aktionismus. Die Geschichte eines Experiments*, Köln, 2003, S. 52f.
145 Theodor W. Adorno, „Rückblickend auf den Surrealismus", in: *Noten zur Literatur*, hg. v. ders., Bd. 1., Berlin und Frankfurt am Main, 1958, S. 153-160, S. 155f.
146 Friedrich Hansen-Loeve, „Die Selbstentfremdung des Intellektuellen", in: *Neues Forum*, Nr. 35 (November), 1965, S. 401-402. Und zum dialektischen Materialismus als „Giftstoff": George Steiner, „Mit Engels und Marx gegen Lenin", in: *Neues Forum*, Nr. 58 (Oktober), 1958, S. 357-360.
147 Zitiert nach: Franz Schuh, „Über (literarische) Radikalität. Konrad Bayer und die fünfziger Jahre", in: *Schreibkräfte. Über Literatur, Glück und Unglück*, hg. v. ders., Köln: DuMont, 2000, S. 132-182, S. 152.

die Texte Benjamins auch als Raubdrucke in Studentenzeitschriften[148], und in der ersten Hälfte der 1960er Jahre spielten manche seiner Schriften bereits eine wichtige Rolle in Arbeitskreisen und Seminaren, die an die „nichtstalinistische Tradition des deutschen Marxismus" anzuknüpfen versuchten.[149]

Was zunächst in kleinen Zirkeln oder Editionen begann, wurde Ende der 1960er Jahren mit breiterer Basis weitergeführt. Verschiedene Fraktionen der Studentenbewegung stilisierten Benjamin und die Surrealisten, Dadaisten oder Bertolt Brecht zu Identifikationsfiguren und Propheten. Sie druckten Texte von Benjamin und Brecht in verschiedensten Formaten nach, übersetzten sie in diverse Sprachen und verteilten sie als Raubschriften. Unterschiedliche Versionen dieser Schriften wurden öffentlich, zum Teil auch in Tageszeitungen diskutiert und dadaistische wie surrealistische Praktiken der je eigenen künstlerischen und/oder aktivistischen Tätigkeit einverleibt. Unter Bezugnahme auf die Texte wie auf die Kunstpraxis der revolutionären „Vorläufer" der Zwischenkriegszeit konnten die Werte der Vätergenerationen offenbar effektiv zurückgewiesen und über ein emphatisches Bewohnen von Begriffen wie „Chock", „profane Erleuchtung" oder „Verfremdung" sowie über die Aneignung der ästhetischen Sprachen Dadas oder der Surrealisten konnte zudem prägnant ein Neuanfang gesetzt werden. Indiz für die Intensität der identifikatorischen Aneignung ist auch, dass Fotos, insbesondere von Walter Benjamin, von seinen Handschriften oder seiner Signatur in den ansonsten meist bilderlosen Broschüren oder Zeitschriften reproduziert wurden.

In anderen europäischen Ländern, insbesondere in Frankreich, lagen die Dinge dagegen bereits früher etwas anders.[150] Dort führte Henri Lefèbvre die surrealistische Tradition mit seiner „Theorie der Momente", 1961 als *Kritik des Alltagslebens* veröffentlicht, weiter und avancierte damit schnell zum Vordenker der ‚Nouvelle Gauche'. Zugleich verbreitete sich in den 1950er Jahren im Bereich der Kunst der Situationismus, der surrealistische Praktiken aufnahm und weiter verfolgte. Daneben wandten sich Künstler wie Robert Filliou und Jean-Jacques Lebel ebenfalls bereits Ende der 1950er Jahre Dada und dem Surrealismus zu und nutzten deren Verfahrensweisen für ihre happeningartigen Arbeiten neu. Beide Richtungen unterhielten auch Verbindungen nach Deutschland: 1958 bildete sich bereits eine starke deutsche situationistische Sektion unter der Führung von Asger Jorn, die dann mit der Gruppe ‚Spur' in München fusionierte, allerdings schon 1962 wieder aus der ‚Situationistischen Internationale' ausgeschlossen wurde. Ebenfalls bereits Anfang der 1960er Jahre kam es rund um die an John Cage und seinen „Zufalls-

---

148 Walter Benjamin, „Das Leben der Studenten", in: *Diskus – Frankfurter Studentenzeitung*, Nr. 9 (November), 1959, S. 9.

149 Etwa in Arbeitskreisen des Argument-Clubs in West-Berlin um Wolfgang Fritz Haug. Dazu: *Frankfurter Schule und Studentenbewegung. Von der Flaschenpost zum Molotowcocktail 1946 bis 1995*, hg. v. Wolfgang Kraushaar, München: Rogner und Bernhard, 2003, S. 216.

150 Vgl. Karl Heinz Bohrer, „Studentenbewegung – Walter Benjamin – Surrealismus", in: *Merkur. Deutsche Zeitschrift für europäisches Denken*, Nr. 51/12 (Dezember), 1997, S. 1069-1080.

nutzungen" geschulten Vorführungen von Nam June Paik auch im Bereich der Kunst im engeren Sinn zu vereinzelten neo-dadaistischen Erscheinungen – etwa zur Veranstaltung *Neo-Dada in der Musik* in den Düsseldorfer Kammerspielen im Juni 1962.[151]

Diese Beispiele zeigen bereits, dass die Rezeption der Thesen, Konzepte und Praktiken der nun zu „revolutionären Vorläufern" stilisierten Protagonisten der Zwischenkriegszeit parallel in teilweise recht unterschiedlicher Weise erfolgte. Kunstschaffende und politisch Aktive oder Theorietreibende verarbeiteten dabei sowohl die konzeptuellen Ausführungen als auch die damit verbundenen ästhetischen Praktiken. Im Folgenden diskutiere ich zunächst eine Rezeptionsrichtung, die sich seit den späten 1960er Jahren in unterschiedlichen historischen und regionalen Milieus in ähnlicher Weise herausbildete – sowohl in der kritischen Reflexion wie auch in der Kunstpraxis – und in der die Behauptung der politischen Effektivität ästhetischer Formen tendenziell zugespitzt formuliert und als Konzept präsentiert wurde. Beispiel für die Rezeption Dadas und des Surrealismus in den 1960er Jahren ist zunächst das Expanded Cinema in Deutschland und Österreich in den späten 1960er und Anfang der 1970er Jahre. Die kulturkritische Weiterverhandlung der Schriften von Benjamin, Brecht oder der Dadaisten dagegen lege ich anhand der Ideologie- und Filmkritik dar, wie sie sich Anfang der 1970er Jahre in der britischen Zeitschrift *Screen* herausbildete, die später dann auch großen Einfluss auf die britischen *cultural studies* ausübte. Vorausgeschickt werden kann, dass beide Rezeptionsschübe, auch wenn sie sich ganz emphatisch dem Medium Film sowie dem Kinoraum zuwandten, von einer ausgeprägten Skepsis gegenüber den ideologischen Dimensionen von Massenkultur gekennzeichnet waren. Deshalb wende ich mich in einem dritten Beispiel den künstlerischen Praktiken und konzeptuellen Überlegungen einer weiteren Rezeptionsrichtung zu: der sogenannten „Neuen Objektivität" im Brasilien der 1960er Jahre, die eine andere Haltung gegenüber dem Populären an den Tag legte.

Tabubruch und Destruktionsästhetik

Kollektive, die sich selbst deklariert als „alternativ" und kämpferisch verstanden und eine Veränderung der Lebenspraxis anstrebten, setzten im Berlin oder Wien der 1960er Jahre zur Klärung ihrer Position stets Referenzen auf die Vorkriegsavantgarden der Kunst und Theorie in Szene. So publizierte der ‚Zentralrat der sozialistischen Kinderläden' in Westberlin im November 1969 als „unautorisierte Textsammlung" die Broschüre *Anleitung für eine revolutionäre Erziehung*, in der verschiedene Texte Benjamins zu Fragen der Erziehung und des Spiels abgedruckt waren. Bereits 1967 hatte die ebenfalls in Berlin angesiedelte Zeitschrift *alternative* allerdings bereits eine Doppelnummer zu Walter Benjamin herausgegeben, in der

---

151 Justin Hoffmann, *Destruktionskunst. Der Mythos der Zerstörung in der Kunst der frühen sechziger Jahre*, München, 1995, S. 82.

die Autoren und Autorinnen die bisherige offizielle Edition der Schriften Benjamins im Suhrkamp Verlag nachdrücklich mit dem Argument kritisierten, dass dort die marxistisch-materialistische Seite seiner Arbeit ausgelöscht worden sei. Im Gegenzug schlugen sie eine Auslegung seiner Schriften vor, die sich in der Systemkonkurrenz des Kalten Krieges positionierte und dementsprechend von einer engen Zusammenschau der Texte Benjamins und Brechts geprägt war – was vor allem auch durch den in Westdeutschland so vehement praktizierten Brecht-Boykott motiviert war. Unter Bezugnahme auf diese und andere Vordenker der Vorkriegsavantgarde mündete diese Rezeption in eine prägnante Neuformulierung der Behauptung der politischen Effektivität ästhetischer Taktiken. Piet Gruchot etwa wies in einem Beitrag darauf hin, dass nach Benjamin der „bürgerliche Produktions- und Publikationsapparat" nicht beliefert werden solle, ohne dass dieser im Sinne des Sozialismus zugleich auch verändert werde. Für das Erreichen einer solchen Umwälzung schlug er das Verfahren der „konstruktiven Sabotage" vor, das Benjamin unter Bezugnahme auf „die Fotomontagen von Heartfield, die Verbindung von Musik und Wort bei Eisler und schließlich das epische Theater bei Brecht" formuliert habe. Damit könne, so Gruchot, „die Durchbrechung der konventionellen Schranken zwischen den Gattungen, zwischen Wissenschaft und Kunst, zwischen Autor und Publikum" erzielt werden und zudem würden die „bürgerlichen Intellektuellen" auf diese Weise „Hinweise (erhalten, A.S.), wie die abstrakte Solidarisierung in eine konkrete zu überführen ist."[152]

Mit solchen Referenzen und den dabei angepeilten didaktisch-volksaufklärerischen Zielen fokussierten Protagonisten und Protagonistinnen der Studentenbewegung auf die „Möglichkeiten der Massenkommunikationsapparate". Insbesondere dem Kino sprachen sie dabei eine wichtige, weltverändernde Bedeutung zu. Denn dieses sei von einer – wie es nun hieß – „Kollektivrezeption" geprägt, der das Potenzial zur „revolutionären Massenaktion" zugeschrieben wurde.[153] Bestimmten ästhetischen Taktiken wie der Montage wurde dabei eine herausragende Rolle zugesprochen, wenn beispielsweise formuliert wurde: „In der Kollektivrezeption (...) werden die privaten Ersatzpraktiken der Befriedigung durch die zerstreuenden Techniken des Films, der seine Gegenstände ‚unverwertbar zur kontemplativen Betrachtung' macht, vereitelt. Montagetechnik bricht die individuellen Assoziationsketten ab. Die Einzelreaktionen kontrollieren sich am Interesse der Masse (...) d.h., die Masse lässt sich in der Rezeption von der vernünftigen Organisation des Kunstwerks organisieren."[154] Die Montage erscheint so als eine Art ästhetischer Trick, der „Momente vernünftiger Spontaneität"[155] zu produzieren vermag.

---

152 Piet Gruchot, „Konstruktive Sabotage. Walter Benjamin und der bürgerliche Intellektuelle", in: alternative. *Zeitschrift für Literatur und Diskussion*, Nr. 56/57 („Walter Benjamin"), 1967, S. 204-210, S. 209f.
153 Helmut Lethen, „Zur materialistischen Kunsttheorie Benjamins", in: *alternative. Zeitschrift für Literatur und Diskussion,* Nr. 56/57 („Walter Benjamin"), 1967, S. 225 – 234, S. 227ff.
154 Ebd., S. 231.
155 Ebd.

Mit dieser Fokussierung auf den Kinoraum als Ort der in „Umfunktionierung" gebrachten Kollektivrezeption traf sich die kulturtheoretische Rezeption der Schriften Benjamins mit jener von zeitgleich aktiven künstlerischen Bewegungen – insbesondere jener des Expanded Cinema. Während Helmut Lethen in der Zeitschrift *alternative* den „Schönheitsdienst des Bildungsbürgertums im Spätkapitalismus" mit den „liturgischen Veranstaltungen einer Priesterkaste"[156] verglich, bezeichneten beispielsweise Peter Weibel und Valie Export „theater als säkularisierte tempel (oder, A.S.) kinos als profanisierte kirchen", die sie zugleich als „herrschaftsinstrumente"[157] charakterisierten. Und ähnlich wie die Zeitschrift *alternative* auf eine „Umfunktionierung" dieser Orte aus war, so betonten auch die beiden, dass solchen Orten und Medien mittels einer neuen Praxis auch ein neuer Sinn abgerungen werden könne. Dabei definierten sie die „Aktion" als zentrales Mittel einer solchen neuen Praxis und präsentierten sie als „weltkunst und selbstständige kunstgattung", „die beanspruchen darf, die kunst aus der entfremdeten und falschen zirkulationssphäre (vom atelier direkt ins museum) auf ihren ursprung, nämlich leben und mensch, rückgeführt zu haben, somit behaupten darf, direkt auf die vitalen bedürfnisse der bevölkerung, auf die menschliche wirklichkeit, auf die politik einzuwirken."[158]

Diese Sichtweise führte Ende der 1960er Jahre in Anlehnung an US-amerikanische Vorbilder in Westdeutschland und Österreich zur Gründung von Expanded-Cinema-Gruppen, die in engem Austausch standen und zu denen neben Export und Weibel auch Gottfried Schlemmer, Hans Scheugl, Ernst Schmidt jr., Kurt Kren, Birgit und Wilhelm Hein oder Peter Kochenrath zählten und die auch enge Beziehungen zu den Wiener Aktionisten rund um Otto Mühl und Günter Brus unterhielten. Über Aktionen, die in Kinos, aber auch in anderen urbanen Räumen stattfanden, dabei aber stets auf die Bildproduktionen des Alltags bezogen blieben, sollte ein befreiteres, sinnlicheres, „neues Leben" erahnbar gemacht werden. Dabei trugen die Aktivitäten dieser Gruppen zur Formierung der Studentenbewegung bei, wie auch umgekehrt diese die explizite Politisierung von Handlungen anspornte.

Wie bereits erwähnt bezogen sich die Mitglieder des Expanded Cinema mit ihren Aktivitäten eng auf die avantgardistischen Vorbilder der Zwischenkriegszeit – insbesondere den Dadaismus und Surrealismus. Über Referenzen auf die historischen „Ahnen" wurde die Erfindung einer „gegenkulturellen" Tradition vorangetrieben, die eigene Praxis konnte so als „revolutionär", „antifaschistisch" oder „antiautoritär" markiert werden. Peter Weibel verbündete sich etwa in den von ihm in diesen Jahren verfassten Deklarationen häufig mit den Dadaisten und Surrealisten.[159] 1968 gestaltete er zum Beispiel eine Ausgabe der Zeitschrift *film*, die sich im

---

156 Ebd., S. 228.
157 Weibel, Kritik der Kunst, 1973, S. 62.
158 Peter Weibel, „Aktion statt Theater", in: *Neues Forum,* Nr. 221 (Mai), 1972, S. 48-52, S. 50.
159 Weibel, Kritik der Kunst, 1973, S. 9.

Erscheinungsbild von parodistischen Artikeln wie „Kann Jonny Film töten?" oder „Warum Diese Insurrektion Gegen Die SS Der Zeichen?"[160] ästhetisch eng am Stil der dadaistischen Magazine orientierte und in die er in einer Art Über-Identifikation mit Raoul Hausmann die handschriftliche Signatur „Peter Raoul Weibel" einschleuste. Eine solche identifikatorische Aneignung trat bei anderen eher in wissenschaftliche Bahnen gelenkt auf: So setzten sich Birgit und Wilhelm Hein bei den Vorarbeiten zu dem von Birgit Hein verfassten Buch *Film als Film* intensiv mit dem Dadaismus und dem Surrealismus als Vorläufer der von ihnen praktizierten Kunstformen auseinander und organisierten in diesem Zusammenhang auch Filmscreenings und Veranstaltungen.[161] Birgit Hein dazu in einem Interview: „Wir haben das als politisch angesehen, weil, wenn man in der Nachfolge von Dada und Fluxus sozusagen mit den althergebrachten Sehgewohnheiten brechen (wollte; und) es sollte natürlich schon viele Leute provozieren. Mit der radikalen Zerstörung des fotografischen Bildes (ging es darum,) einen Angriff sozusagen auf die normalen Sehgewohnheiten zu liefern. Film war ja damals im Kunstbereich sowieso überhaupt noch kein eigenes künstlerisches Medium, das kam zum Beispiel dazu. (Wichtig war,) eine neue Ästhetik einzuführen in die bildende Kunst. Die Reproduktionsästhetik, die Projektionsästhetik. Es ging ganz klar um den formalen Avantgardegedanken, die formale Übung weiterzutreiben und damit, durch den Bruch mit herkömmlichen Vorstellungen, natürlich auch politisch zu wirken."[162] In ganz ähnlicher Weise entlehnten auch die Wiener Aktionisten von den Praktiken der Futuristen und Dadaisten die Form der „Aktionslesung" und entwickelten diese zu eigenen Auftrittsformaten weiter.[163]

Mit solchen Bezugnahmen auf die Avantgarde der Zwischenkriegszeit konnten – wie bereits erwähnt – die eigenen Aktivitäten sowohl von den ästhetisch-politischen Positionen, wie sie in den von sogenannten „K-Gruppen" betriebenen sozialistisch-maoistischen Filmclubs angeboten wurden, als auch von dem als „bürgerlich" oder „kommerziell" bezeichneten Kunst- und Kinobetrieb abgegrenzt werden.[164] Über solche Abgrenzungen verbanden sich Gruppen wie XSCREEN in

---

160 *film*, November 1969, S. 51.
161 Birgit Hein, *Film als Film – 1910 bis heute,* Stuttgart, 1984.
162 Interview mit Birgit Hein, am 4.12.2004.
163 Thomas Dreher, *Performance Art nach 1945. Aktionstheater und Intermedia*, München, 2001, S. 279.
164 Eine solche Abgrenzung führen Hans Scheugl und Ernst Schmidt jr. in ihrer *Subgeschichte des Films* folgendermaßen vor: „In Europa hat das Aufkommen der formal konventionell gestalteten Politfilme viele Festivals in ihrer reaktionären Struktur bestätigt, zu einer Zeit, als die unabhängigen Avantgardefilmer versuchten, das überholte Festivalsystem aufzulösen. (...) Während die avantgardistischen Filmemacher die verdinglichte Form des kapitalistischen (kommerziellen) Films zu sprengen und damit zu überwinden suchen, sind die konventionell gestalteten Politfilme nach 1960 (...) geradezu als Anpassungsversuch an die kommerzielle Form zu werten. Beim Fernsehen, bei Festivals usw. dienten sie dann als Alibi für die angebliche Aufgeschlossenheit dieser Institutionen." Hans Scheugl und Ernst

Köln, das ‚Undepended Film Center' in München, die ‚Filmcoop' in Wien oder die Aktionisten um Otto Mühl, Günter Brus oder Rudolf Schwarzkogler zugleich aber nicht nur mit den europäischen avantgardistischen Bewegungen der 1910er und 1930er Jahre, sondern auch mit dem amerikanischen Expanded Cinema, das in diesen Szenen eine starke Faszination ausübte. Dieses war Ende der 1960er Jahre auf europäischen Experimentalfilmfestivals wie in Knokke stark präsent und verfolgte über solche Auftritte ganz explizit das Ziel, seinen immer auch politisch verstandenen Wirkungskreis auszubauen.[165] Filmemacher und Kritiker rund um die Film-Makers' Cooperative wie Jonas Mekas[166], Stan Brakhage, Stan VanDerBeek oder P. Adams Sitney entwickelten demnach einen diskursiven Rahmen, der auch anderen, die von Details oder Konzepten der dort entwickelten Weltsichten angezogen wurden, die Möglichkeit gab, eine eigene, verwandte Position auszubilden, über die dann solche Details und Konzepte weiter popularisiert wurden.

Wichtiges Organ für den Transfer nach Europa war die Zeitschrift *Film Culture*, die verschiedenste der späteren Aktivisten und Aktivistinnen des europäischen Expanded Cinema in diesen Jahren für sich „entdeckt" hatten. Dazu Wilhelm Hein: „Amerika war das einzige Land, die ganze Beat-Literatur, die da rüberkam, das war unser Einfluss. Und dadurch sind wir ja letztlich, wenn man das ganz historisch sieht, zum Film gekommen. Wir haben ja Malerei gemacht erst, das hat uns nicht befriedigt. (...) wir (Birgit und Wilhelm Hein, später Gründungsmitglieder von XSCREEN, A.S.) haben ja 1967 angefangen, Film zu machen – 1962 oder 1963 (haben wir, A.S.) diese erste *Film Culture* gekauft, diese New-American-Cinema-Zeitschrift und (...) diese Art von Stan Brakhage, Gregory Markopoulos und all dieses Zeug, das hat mich unheimlich interessiert (...) Im Grunde wussten wir schon mehr, auch wenn wir nichts gesehen hatten."[167]

Schmidt jr., *Eine Subgeschichte des Films. Lexikon des Avantgarde-, Experimental- und Undergroundfilms*, Bd. 2, Frankfurt am Main, 1974, S. 699.

165 So hält z.B. Die „Constitution And By-Laws of the New American Cinema Group" vom 28. September 1960 fest: „this corporation is established for the following objects: (...) (5) To encourage and organize international film festivals to introduce the work of the new generation of film makers in every part of the world." Siehe: Österreichisches Filmmuseum Wien, Dokumentationsabteilung, Anthology Archivalien, Dossier: New American Cinema, Mappe 1 (1960). Aus diesem Grund demonstrierten auf dem Experimentalfilmfestival in Knokke 1967/68 Studierende gegen den amerikanischen Imperialismus im Experimentalfilm. Dazu: „Parolen, Proteste, Pornographie. Ein Brief von Edgar Reitz", in: *film*, Februar 1968, S. 17-18. Diese Proteste kommentierte Birgit Hein folgendermaßen: „Sie beachteten hierbei aber nicht, dass die experimentellen Filme weniger in die bestehende Gesellschaftsordnung einzugliedern sind als die politischen, die sich völlig im gewohnten Vorstellungsrahmen bewegen." Birgit Hein, *Film im Underground. Von seinen Anfängen bis zum unabhängigen Kino*, Frankfurt am Main, Berlin und Wien, 1971, S. 133.

166 Jonas Mekas wird in dem Zusammenhang auch als „experimental cinema's own minister of propaganda" bezeichnet. Siehe: Sally Banes, *Greenwich Village, 1963: Avant-Garde Performance and the Effervescent Body*, Durham, 1993, S. 173.

167 Interview mit Wilhelm Hein, am 8.12.2004.

Die Aktionen des europäischen wie US-amerikanischen Expanded Cinema gingen stets mit einer Zurückweisung traditioneller Materialien und Arbeitsweisen sowie mit einer emphatischen Besetzung von urbanen Orten wie dem Kino, von Ausstellungshallen, Museumslokalitäten, aber auch von alltäglicheren Durchgangsräumen wie U-Bahnhöfen, stillgelegten Kinos oder Zirkuszelten einher. Auf diese Weise transportierten sie auf die eine oder andere Weise stets die Vision, dass über Kunst und aktionistische Handlungen der Alltag verändert werden könne. Ein zweiter, genauerer Blick bringt jedoch auch augenfällige Unterschiede zutage: Die Expanded-Cinema-Happenings, die in den 1960er Jahren in New York an Orten wie dem ‚Elgin Theatre‘, dem ‚Jewish Museum‘, in der ‚Gallery of Modern Art‘, im ‚City Hall Cinema‘ oder in der ‚Film-Makers' Cinematheque‘ durchgeführt wurden, zeigen eine ausgeprägte Bezugnahme auf den Zen-Buddhismus, auf traditionelle indische Riten oder esoterische Gedankengebäude, auch wenn zugleich durchaus tabuisierte Themen wie Sexualität explizit angesprochen wurden. Einflussreich waren hier vor allem die Kunstpraxis von John Cage und seine Auseinandersetzung mit asiatischer Philosophie sowie sein Experimentieren mit der programmatischen Nutzung des Zufalls als Gestaltungsmittel für Alltag wie für Musik oder Kunst.[168] Die in Deutschland und Österreich durchgeführten Expanded-Cinema-Aktionen betonten dagegen in erster Linie einen Tabubruch sowie eine Verletzung von gängigen Konventionen bezüglich Sexualität, körperlicher Schamgrenzen, Religion oder Haltungen gegenüber Krieg und Faschismus. Hier findet sich eine viel expliziter artikulierte Politisierung der Praxis bei einer gleichzeitigen Forcierung von Schock, Provokation, Skandal und einer darüber erfolgenden, brüsken Zurückweisung von Konvention. Mit Aussprüchen wie „gebt die theaterhäuser frei, denn wir brauchen sie zum leben!" wurde ein Angriff auf herrschende Formen und Gattungen der Kunst als Attacke auf eine Gesellschaft, die solche Konventionen aufrechterhielt, verstanden.[169]

Speziell um 1968/69 radikalisierten sich in Zusammenhang mit einer Fülle anderer Ereignisse im Zuge der Studentenrevolte die Kunstpraktiken. Zwar konnten fast alle Wiener Künstler und Künstlerinnen aufgrund laufender Verfahren in Österreich für einige Zeit nicht auftreten, wegen der Spektakularität ihrer Aktionen

---

168 Der Einfluss von John Cage zeigte sich Ende der 1950er Jahre bereits in den Happenings von Allan Kaprow, d.h. in Mixed-Media-Performances, die Bruchstücke des Alltagslebens mitverarbeitet haben, und wurde weitergeführt in Expanded-Cinema-Auftritten von Jack Smith oder Nam June Paik.

169 Weibel, Aktion statt Theater, 1972, S. 48. Zu den Tabubrüchen des Wiener Aktionismus als Reaktion auf eine „geschichtsscheue Gesellschaft" siehe: Rainer Fuchs, „Verarbeitung des Zweiten Weltkriegs in der österreichischen Kunst", in: *Die Verarbeitung des Zweiten Weltkriegs in der zeitgenössischen Kunst und Literatur*, hg. v. Stiftung Kunst und Gesellschaft Amsterdam, München: Schreiber, 2000, S. 97-123, S. 102f. Vgl. auch: Gerhard Botz und Albert Müller, „Über Differenz/Identität in der österreichischen Gesellschafts- und Politikgeschichte seit 1945", in: *Identität: Differenz. Tribüne Trigon 1940-1990. Eine Topografie der Moderne*, hg. v. Peter Weibel und Christa Steinle, Wien, Köln, Weimar: Böhlau, 1992, S. 525-550.

wurden sie jedoch häufig zu Veranstaltungen in anderen Ländern, insbesondere in der BRD eingeladen. So führte Otto Mühl im September 1968 bei einer öffentlichen Präsentation seiner Filme in München erstmals eine sogenannte „Pissaktion" vor Publikum durch, die er dann u.a. 1969 auf einem populären Filmfestival in Hamburg, der *Hamburger Filmschau*, wiederholte.[170] Etwa gleichzeitig führten Valie Export und Peter Weibel 1969 während dem Festival *Underground Explosion* in München einen *kriegskunstfeldzug* durch, bei der sie unter anderem Publikumsauspeitschungen praktizierten oder die Zuschauer und Zuschauerinnen mit Stacheldraht bewarfen (Abbildung). Sie beschrieben die Aktion selbst wenig später folgendermaßen: „während weibel obszöne und politradikale parolen durch den 300-watt verstärker jagte, peitschte valie das publikum aus, fuhr ernst mit dem wasserwerfer auf das publikum los. zu unserem schutz hatten wir jeweils vorher stacheldrahtballen aufgebaut, die jedoch zumeist niedergetrampelt wurden."[171] Beide Male konfrontierten sie das Publikum zwar mit spektakulären Darbietungen, diese wurden jedoch in erster Linie durchgeführt, um die Schamgrenzen anzugreifen oder auch um physische Attacken auf die im Zuschauerraum versammelten Körper zu provozieren. Wie sehr die Haltung gegenüber dem Publikum von wechselseitiger Abhängigkeit und gleichzeitiger brüsker Zurückweisung und Zurechtweisung der einen (Zuschauer) durch die anderen (Akteure) geprägt war, wird auch von Wilhelm Hein in einem retrospektiv geführten Interview thematisiert: „Ich war auf keinen Fall ein Hollywood-Fan, wir haben natürlich erst mal uns hart gegen dieses kommerzielle Kino gewandt, aggressiv gewandt, (es als) ‚Scheißkommerzkino' bezeichnet (...) Und die Verachtung des Publikums natürlich, das muss ich auch dazu sagen, das war die Basis. Bei der ersten Veranstaltung, da hab ich gesagt, verpisst euch, ihr blödes Publikum. Wenn die wütend wurden, dann war ich im Prinzip auch super gut drauf. Weil sonst hätten wir ja versagt, wenn die alle begeistert geklatscht hätten."[172]

---

[170] In einem Bericht darüber heißt es: „während der vorführung von filmen mühls im occamstudio münchen, herbst 1968, steigt mühl mit anastas auf die bühne und uriniert anastas in den mund. das publikum ruft ‚da capo', die szene wird wiederholt. die begeisterung des publikums reißt otto mühl zu einer draufgabe hin: er legt sich auf den rücken und uriniert sich selbst in den mund." Siehe: *bildkompendium wiener aktionismus und film*, hg. v. Peter Weibel unter Mitarbeit von Valie Export, Köln: Kohlkunstverlag, 1970, S. 248.
[171] Bildkompendium, 1970, 266.
[172] Interview mit Wilhelm Hein, am 8.12.2004. Birgit und Wilhelm Hein haben sich in den 1980er Jahren jedoch von dieser Position wegbewegt und eine kritische Auseinandersetzung mit der Avantgarde-Tradition begonnen. Siehe dazu auch: Kapitel III.2. in dieser Arbeit.

29. *Stacheldraht als Geschoss*, Peter Weibel während des *kriegskunstfeldzugs* am Festival *underground explosion*, 1969 in München. © Peter Weibel

Dementsprechend erscheint das Publikum auch auf den Fotos, die diese Interventionen dokumentieren, in stets ähnlicher Weise (Abbildung): Der Körper wie auch die Miene zeigen eine konzentrierte Anspannung, die Blicke erscheinen fixiert, wie von einem Spektakel gebannt und der leicht geöffnete Mund sowie die manchmal an den Mund geführte Hand verraten Staunen und Fragen. Die Passanten und Passantinnen bilden auf diese Weise einen ungeniert staunenden und blickenden Kollektivkörper „Publikum" und erfüllen so ihren Part am Geschehen. In manchen Fällen zeugen vor der Brust verschränkte Arme aber auch von einem gewissen Unbehagen bezüglich des Präsentierten. Von den Kunstschaffenden wurden diese fragende oder abwartende Haltung des Publikums sowie die diversen Formen der Weiterverhandlung des Geschehens, die von Schock, Genuss, organisiertem Protest, Lachen oder Wiederaufrichten der attackierten Kategorien bis hin zur Überführung in die Begriffsgeleise alltäglicher Kommunikation reichten, jedoch nicht thematisiert oder zum Angelpunkt für die weitere Arbeit gemacht. Die Reaktionen der Anwesenden wurden stets entweder als Akt der „Befreiung" oder Unterwerfung – bis hin zur Züchtigung – präsentiert, andere Bezugnahmen blieben einfach ausgeblendet: Export und Weibel etwa beschrieben die 1968/69 mehrmals durchge-

FESTGELEGTE TAKTIKEN UND EIN EXPERIMENTIEREN MIT KOLLEKTIVKÖRPERN 159

30. *Das Staunen des Publikums, anlässlich einer Aktion im Stadtraum*, Wien, Ende der
960er Jahre. © bildkompendium wiener aktionismus und film, MUMOK, Museum
Moderner Kunst Stiftung Ludwig Wien, courtesy Peter Weibel

führte Aktion *Tapp- und Tastkino*[173] sowie den *kriegskunstfeldzug* in einem damals geführten Interview folgendermaßen: „EXPORT: Gerade beim Tapp und Tast hat man schon die Befreiung sehr stark gemerkt. Das erste Mal habe ich es in Wien gemacht, da gab es dann eine unheimliche Schlägerei. Aber die Befreiung war dann in München, auf der Straße, das war unheimlich klass, die Leute sind rundherum gestanden und haben gelacht (...). WEIBEL: Wir haben das Publikum gepeitscht, ja, von der Bühne herunter und in den Saal hinein. Meistens hat es sich ja gar nicht gewehrt. Und zum Schluß haben wir ohnehin nicht mehr auftreten dürfen. Und natürlich, das war ja auch fad. Wir wollen das Publikum ja nicht malträtieren. EXPORT: Es soll eine Aktion sein, die so eine Befreiung hergibt, daß die Leute von selbst, ohne daß man sie überredet und überzeugt, mitmachen. Also, daß sie sich sofort identifizieren können."[174] Indem sie die Aktionen solcherart als Akte der „Befreiung" darstellten, zeigen sich die Künstler und Künstlerinnen allerdings bereits in einem Stadium angekommen, wohin sie – wie sie wiederholt behaupteten – mit ihrem Tun doch eigentlich erst gelangen wollten.

---

173 Eine ausführliche Auseinandersetzung meinerseits mit dieser Aktion ist publiziert als: Schober, Kairos im Kino, 2002, S. 241ff.
174 Zitiert nach: Schmölzer, Das böse Wien, 1973, S. 182 und S. 187f.

Diese explizite Politisierung und die Konzentration auf eine spektakuläre Provokation des Publikums waren von einer Begründung der eigenen Praktiken begleitet, in der die Aktivisten und Aktivistinnen ebenfalls meist eine ästhetisch-politische Oppositionshaltung herausstrichen. Dabei präsentierten sie die je eigene Kunstpraxis stets als eine „revolutionäre", d.h., als strikt mit dem Gegebenen brechend und eine neue Ordnung etablierend. Peter Weibel etwa hielt in einer Rede zur Aktion *exit*, durchgeführt in München 1968, fest: „film wird mißverstanden als bildersprache. im bild der welt, das die sprache liefert, spiegelt sich der staat und sein bild der welt. die filmindustrie ist die staatliche organisation, die jene bilder der welt liefert, die dem bild des staates entsprechen. indem film sich der bildersprache entschlägt, bietet er nicht länger ein staatliches bild der welt, sondern verändert die welt."[175] Aber auch die Kollegen in der BRD betonten den politischen Charakter dieser Arbeiten. So heißt es in dem Katalog der von den Brüdern Karlheinz und Wilhelm Hein gegründeten Filmgalerie ‚P. A. P. Progressive Art Production', in der die Mühlfilme vertrieben wurden: „Die Folgerungen, die aus Materialaktionen gezogen werden können, sind letzten Endes politischer Natur. Sie gipfeln in der Beseitigung des Staates und seiner Einrichtungen, Beseitigung der kirchlichen Institutionen, die jeden Insassen zu einem angstbesessenen Untertanen verkrüppeln."[176] All diese Texte stellten die herrschende, staatliche Macht als repressiv, zugleich aber als überzeitlich, gleichsam „ewig", dar. Dagegen bot man dann eine Kunstpraxis auf, der zugeschrieben wurde, Protest, Analyse und Befreiung gleichsam von sich aus vermitteln zu können. Das Verhältnis zum Umgebungsraum war so eines der Opposition, der als gleichsam kriegerisch begriffenen Auseinandersetzung.

Ästhetische Taktiken wie die Montage wurden dabei als besonders effektive Mittel für die dekonstruktive Bearbeitung der Welt hervorgehoben. Peter Weibel etwa schrieb: „Montage von Silben oder von Sätzen, von Lauten oder von Stilen, von Wörtern oder von Zeiten & Räumen. Die Montage erschien mir kühner und cooler, weniger emotionell und erfinderischer, ungewöhnlichere Einsichten stiftend und Zusammenhänge entdeckend."[177] In ähnlicher Art diskutierten auch Hans Scheugl und Ernst Schmidt jr. Karikatur, Parodie und Travestie – unter Bezugnahme auf Bertolt Brecht, Sigmund Freud und die Dadaisten – als „Möglichkeit der Aggression", die „sich unter dem Schutzmantel des Komischen einen Freiraum (verschafft, A.S.), der Personen, Institutionen oder überhaupt den Begriff der Realität in Frage stellt" sowie die „spielerische Aufhebung fester Normen, die dialektische Verkehrung einer konditionellen Ordnung, die Ernsthaftigkeit des Absurden" hervorbringt.[178] Und die Filmemacher Birgit und Wilhelm Hein verstanden radikal formalästhetische Arbeiten wie etwa *Rohfilm* (1968), in dem sie Bilder aus Por-

---

175 Bildkompendium, 1970, S. 259.
176 PAP-Katalog, München 1969/70, zitiert nach: Hein, Film im Underground, 1971, S. 170.
177 Weibel, Kritik der Kunst, 1973, S. 19.
178 Scheugl und Schmidt jr., Subgeschichte des Films, 1974, S. 329f.

nostreifen mitverarbeiteten, ebenfalls als „Angriff auf die etablierte Kunstrezeption und -produktion."[179]

In dieser Hinwendung zum „Massenkommunikationsapparat" Kino, in der Isolierung spezifischer ästhetischer Verfahren wie der Montage und in der kausalen Verknüpfung solcher ästhetischer „Tricks" mit ganz spezifischen politischen Positionen gibt es deutlich sichtbare Parallelen zwischen dem Expanded Cinema und bestimmten Fraktionen der marxistischen Studentenbewegung in der BRD um 1968 – etwa jener um die bereits erwähnte Zeitschrift *alternative*. Dabei schreiben die verschiedenen, von diesen Gruppen in Umlauf gesetzten Erzählungen, ästhetischen Verfahren wie der Montage oder der Parodie stets eine ähnliche politische Positionierung zu: eine Art dritten Weg zwischen dem stalinistischen Marxismus des Ostblocks und dem „bürgerlichen", „kapitalistischen" oder einfach „staatlichen" System der westlichen Welt. So wurde die Behauptung der politischen Effektivität ästhetischer Formen plakativ neu ausformuliert. Eine Künstlergeneration, die sich durch Faschismus und Krieg von den Errungenschaften der 1920er Jahre abgeschnitten sah, eignete sich so die sie faszinierenden und von ihnen als fortschrittlich bewerteten Theorie- und Praxiselemente wieder an, um die eigene Weltsicht in Opposition zum Umgebungsraum setzen und gesellschaftsverändernd wirken zu können.

Im Begleittext zum *kriegskunstfeldzug* (1969) von Valie Export und Peter Weibel steht formuliert: „motto: das publikum als kunstwerk, als opfer der kunst, als gäste der hochzeit von auschwitz! W.I.R. sind W.A.R. VALIE EXPORT PETER WEIBEL war art riot. krieg kunst aufruhr. kriegskunst kunstkrieg. kunst, die als ort der utopie überleben will, für die ankunft der utopie sorge und schlagring tragen will, kunst, die fürs überleben sorgt, wird zu paramilitärischen aktionen, durch das gepanzerte territorium der ‚ordnung' zieht sie die vandalenspur der freiheit (...) der fut treibt sie den schwanz zu, die grenzen der gesellschaftlichen wirklichkeit erweitert sie (...) die verdrängten wünsche des bürgers rehabilitiert sie (...) W.A.R. propagiert die revolution des verhaltens. W.A.R. propagiert das verhalten der anomalie. W.A.R. annuliert den gesellschaftsvertrag (...) abschaffung der verkehrssicherheit, abschaffung der verfassung."[180] Auf diese Weise setzten sie eine Aufforderung zur Identifikation mit den Opfern des Holocaust sowie eine kämpferische eigene Positionierung in der Gegenwart in Szene, deren politische Radikalität sie nicht allein mit Begriffen wie „paramilitärische Aktionen" darstellten, sondern auch durch eine Bezugnahme auf Sexualität. Über eine Befreiung von Sexualität sowie die „Opferung" des Publikums kann, so wurde suggeriert, die immer noch vom Faschismus geprägte gegenwärtige „Ordnung" sowie der sie begleitende Gesellschaftsvertrag zurückgestoßen und etwas anderes, von Utopie Genährtes, greifbar gemacht werden. Dabei wurde der Nationalsozialismus, wie dieses Beispiel zeigt, nur sehr selektiv und plakativ rezipiert: Die Erwähnung von Auschwitz – noch dazu als „Auschwitz" geschrieben – wurde mit einer feierlichen Hochzeitszeremonie sowie mit der Selbstopferung des Publikums in Verbindung gebracht. In weiterer Folge wur-

---

179 Birgit Hein im Interview mit Gabriele Jutz, 2004, S. 123 und S. 125.
180 Bildkompendium, 1970, S. 266.

de dies mit über Kunst geführten „Kriegszügen" verknüpft, in denen es offenbar vor allem um eine Befreiung von Sexualität ging.

Diese Behauptung eines engen Zusammenhangs von herrschender Ordnung, faschistischen Traditionen und Unterdrückung von Sexualität war für die bundesdeutsche und österreichische Studentenbewegung der 1960er Jahre charakteristisch. Die Aktionen von Expanded Cinema oder Aktionismus sind, wie ich noch ausführlicher darstellen werde, deshalb von einer solchen Sexualität zentral als Thema aufgreifenden Schock- und Destruktionsästhetik geprägt, weil darüber auch eine Konfliktaustragung mit Faschismus und dem Holocaust erfolgt ist. Dabei thematisierten die Aktivisten und Aktivistinnen jedoch nur in seltenen Fällen explizit die Involvierung der eigenen Elterngeneration in den Faschismus und die komplizierten Taktiken dieser Generation, den Alltag nach 1945 umzudefinieren, und die Rolle, die Sexualität dabei spielte, wurden meist zur Gänze ausgespart.[181] Dagegen streute man einzelne Reizworte wie „Auschwitz" in eine eher abstrakt gehaltene Thematisierung von Ordnung und Macht ein, wodurch diese zwar als mit dem Faschismus verbunden, zugleich aber, wie auch in diesem Zitat, als „überzeitlich", „ewig" und generell gegenüber Sexualität repressiv dargestellt wurde. Die eigene Praxis, die Tabus bezüglich Sex zu einem zentralen Angelpunkt der aktuellen Auseinandersetzungen gemacht hat, konnte so als „antifaschistisch" und per se politisch „fortschrittlich" in Szene gesetzt werden.

Gleichzeitig war, wie Frank Stern gezeigt hat, die deutsch-jüdische Erfahrung bis in die 1960er Jahre hinein, durch „innere Distanz und äußerliche, scheinbare Jovialität" gekennzeichnet, wobei einzelne Figuren zu Identifikationsfiguren und zu Ikonen des Philosemitismus stilisiert worden sind.[182] Exemplarisch war hier die Rezeption Walter Benjamins: Dieser wurde von Exponenten und Exponentinnen der Studentenbewegung, wie am Anfang dieses Kapitels bereits deutlich geworden ist, zugleich als Vordenker „antiautoritärer Erziehung", als Kommunist, als „eine Art marxistischer Rabbi"[183] sowie als Wegbereiter einer Ästhetik der Destruktion

---

181 Dazu auch: Dagmar Herzog, *Die Politisierung der Lust. Sexualität in der deutschen Geschichte des zwanzigsten Jahrhunderts*, München, 2005, S. 173ff. Herzogs Ausführungen bezüglich einer „Liberalisierung" von Sexualität im Faschismus sind noch weiter zu differenzieren, d. h. anstelle des Begriffes „Liberalisierung" ist wohl der einer „Beanspruchung" oder einer „massiven Diskursivierung" zutreffender. Dies tut ihrer Kernthese bezüglich der Unterschiede zwischen der US-amerikanischen und der bundesdeutschen Studentenbewegung um 1968 in Hinblick auf eine je unterschiedliche Nutzung von Sexualität und den Bogen, den sie davon weiter zu einer Konfliktaustragung der BRD-Bewegung mit dem Nazi-Faschismus spannt, jedoch keinen Abbruch. Zudem sei angemerkt, dass im Zuge von Krieg und der faschistischen Reorganisierung von Gemeinschaft neuartige sexuelle Beziehungformen auch naheliegend sind.
182 Frank Stern, *Dann bin ich um den Schlaf gebracht. Ein Jahrtausend jüdisch-deutsche Kulturgeschichte*, Berlin, 2002, S. 187; zum Philosemitismus der 1960er Jahre: S. 195f.
183 Hans Heinz Holz, „Philosophie als Interpretation. Thesen zum theologischen Horizont der Metaphysik Benjamins", in: *alternative. Zeitschrift für Literatur und Diskussion*, Nr. 56/57 (Oktober-Dezember), 1967, S. 235-242, S. 242.

und des revolutionären Umsturzes rezipiert. Solche Identifikationen führten einerseits zu einer sehr selektiven, einzelne Aspekte und Theoriefragmente fetischisierenden Rezeption – in der singuläre Konzepte und Zuordnungen fixiert und in der beschriebenen Weise „eingefroren" worden sind. Diese Lesarten stehen – der seit den 1970er Jahren präsenten enormen Fülle an deutschsprachigen Publikationen zum Trotz – einer kritischen, Fragen stellenden Auseinandersetzung mit Benjamins Schriften bis in die Gegenwart hinein im Wege. Andererseits hielt die beharrliche Auseinandersetzung mit seinen Thesen die Frage nach dem Verhältnis von Kunst und Politik auch präsent und produzierte in den verschiedenen Rezeptionsmilieus auch diesbezügliche temporäre Antworten.

Das wissenschaftliche Identifizieren von „Strategien der Subversion"

Auch im angelsächsischen Raum erfolgte in den 1960er Jahren eine Bezugnahme auf die Avantgarde der Zwischenkriegszeit über gleichsam klandestine Aneignungen: über Nachdrucke und Übersetzungen von einzelnen „Ur-Texts", wie Stuart Hall sie genannt hat. Dieser wies in einer Art Rückschau darauf hin, dass ohne eine solche umfangreiche Übersetzungsarbeit der damals im akademischen Feld noch kaum rezipierten Schriften von Benjamin, Brecht oder Gramsci das transdisziplinäre Projekt der *Cultural Studies* sich in Großbritannien nicht als eigenständiges Recherchefeld hätte durchsetzen können.[184] Dabei nahm insbesondere die *New Left Review* einen herausragenden Platz ein: Hier erschienen zum Beispiel die Benjamin-Texte „Paris – Capital of the 19th Century", „The Author as Producer" oder „Surrealism: The Last Snapshot of The European Intelligentsia".[185] Dabei kam es auch in diesem Milieu wieder zu einer engen Zusammenschau zwischen den Texten von Benjamin und Brecht: Gedichte sowie methodische Texte von Bertolt Brecht[186] oder Diskussionen zwischen Brecht und Benjamin[187] wurden publiziert. Die britische Rezeption fokussierte so ebenfalls auf den Zusammenhang von „revolutionary philosophy and revolutionary art", wobei auch hier bestimmte ästhetische Taktiken wie die Dada-Montagetechnik hervorgehoben wurden, die – wie

---

184 Stuart Hall, „The Emergence of Cultural Studies and the Crisis of the Humanities", in: *October*, Nr. 53 (Sommer), 1990, S. 11-23, S. 16.
185 Ben Brewster, „Walter Benjamin and the Arcades Project", in: *New Left Review*, Nr. 48 (März-April), 1968, S. 72-76, S. 73; Walter Benjamin, „The Author as Producer", in: *New Left Review*, Nr. 62 (Juni), 1979, S. 83-96; ders., „Surrealism", in: *New Left Review*, Nr. 108 (März-April), 1978, S. 47-58.
186 Brecht, Against George Lukács, 1974, S. 39-54. Und: Bertolt Brecht, „Four poems", in: New Left Review, Nr. 40 (November-Dezember), 1966, S. 51-54.
187 Walter Benjamin, „Conversations with Brecht", in: *New Left Review,* Nr. 77 (Jänner-Februar), 1977, S. 51-57.

Benjamin nun zitiert wurde – bereits vorführten, wie ein Bucheinband in ein politisches Instrument verwandelt werden könne.[188]

Im Gegensatz zur Rezeptionsgeschichte in Österreich oder in der BRD wurden Benjamin und Brecht jedoch hier nicht in derselben plakativen Weise für die Entwicklung einer Ästhetik des Tabubruchs genutzt. Mit der Wiederentdeckung ihrer Positionen erfolgte hier dagegen eine viel prononciertere Abgrenzung von anderen linken, marxistischen, ästhetischen Programmen – insbesondere jenen, die zeitgleich in den Ländern des real existierenden Sozialismus favorisiert wurden wie etwa die Realismustheorie von Georg Lukács. Die *New Left Review* druckte im Jahr 1974 zum Beispiel eine Reihe von Texten ab, die Brecht zwischen 1936 und 1939 für *Das Wort*, die von ihm in Moskau mit herausgegebene Zeitschrift der *emigré front* geschrieben hatte, die dort jedoch – weil er sie selbst zurückgezogen hat oder weil ihm dies nahe gelegt worden war – nie veröffentlicht wurden.[189] In ihnen verwendet Brecht für Lukács unter anderem die Formulierung „he, who looks for watchwords for contemporary German literature"[190] und hält dem von diesem vorgebrachten Vorwurf, für das Proletariat seien formalästhetische, avantgardistische Verfahren unverständlich, entgegen: „Literary forms cannot be taken over like factories; literary forms of expression cannot be taken over like patents (...) We must not derive realism as such from particular existing works, but we shall use every means, old and new, tried and untried, derived from art and derived elsewhere, to render reality to men in a form they can master (...) We shall not stick to too detailed literary models; we shall not bind the artist to rigidly defined rules of narratives."[191] Zugleich grenzt er die von ihm favorisierten Verfahren aber auch von der „anarchistischen Montage" ab, die hauptsächlich die Symptome an der Oberfläche der Dinge reflektieren würde und nicht die tieferen Zusammenhänge von Gesellschaft.[192] Die Herausgeber der *New Left Review* bestätigten diese Sichtweise und versuchten, sie für ihre Gegenwart produktiv zu machen, wenn sie etwa in der Einleitung zu diesen Texten eine direkte Linie von den ästhetischen Ideen Brechts zu den Filmen von Jean-Luc Godard zogen und beider Scheitern mit „implacable antinomies of cultural innovation in the imperialist world"[193] erklärten.

Neben dieser programmatischen Rezeption der Thesen Benjamins, Brechts oder der Dadaisten auf Seiten der Linken gab es aber auch noch andere Wiederaufnahmen: So erschienen zentrale Texte von Benjamin 1969 auch in dem von Hannah Arendt edierten Band *Illuminations* und George Steiner hatte bereits Ende der

---

188 „has made the cover of a book into a political instrument." in: *New Left Review*, Nr. 48 (März-April), 1968, S. 2.
189 Brecht, Against George Lukács, 1974, S. 39ff.
190 Ebd., S. 48.
191 Ebd., S. 50.
192 „can be confronted with their social effects, by demonstrating that they merely reflect the symptoms of the surface of things and not the deeper causal complexs of society", Ebd. S. 43.
193 Ebd., S. 38.

1950er Jahre über Benjamin im kosmopolitischen Magazin *Encounter* geschrieben.[194] Nachdrücklich popularisiert wurden die Thesen Benjamins in diesen Jahren jedoch von John Berger in *Ways Of Seeing*, einem reich bebilderten Essay, der auf einer gleichnamigen BBC-Fernsehserie von 1972 beruhte, und explizit in volksbildnerischer Weise auf dessen Vorarbeiten – insbesondere den Kunstwerkaufsatz – anspielte und sie in Bezug zu aktuellen Formen der Bildproduktion und Bildnutzung setzte.[195]

Wie in anderen Ländern, so erfolgte auch im angelsächsischen Raum die Rezeption der Zwischenkriegsavantgarde gleichzeitig sowohl in der Kunstkritik wie auch in der Kunstproduktion. Carolee Schneemann etwa trat mit Performances wie *Snows* während der *Angry Arts Week – Artists against the Vietnam War* (Jänner/Februar 1967) im ‚Martinique Theater' in New York auf und bewegte sich damit ebenfalls hin zu einer künstlerischen Haltung, die Kunst in Anlehnung an Dada in kritische Lebenspraxis überführen wollte. Dabei verband sich ihre Arbeit mit jener anderer Expanded-Cinema-Künstler wie etwa Malcolm Le Grice, aber auch mit den Happenings von Allan Kaprow oder den Fluxus-Konzerten um George Macunias, die alle in der einen oder anderen Form nach einer Anti-Ästhetik suchten, die sich im Alltag gegen die ideologischen Korsette eben dieses Alltags engagierte und die Kunstinstitutionen bestenfalls als Foren der Ideenzirkulation sahen. Auch hier wurde gleichzeitig eine Abgrenzung vorgenommen: Nicht nur gegenüber linken Positionen, die dem sozialistischen Realismus anhingen, sondern vor allem auch gegenüber Kunstvorstellungen, wie sie zeitgleich von Clement Greenberg aufrechterhalten wurden, der die Aura und damit die Integrität traditioneller Kunst verteidigte, die sich für ihn am zeitadäquatesten im Abstrakten Expressionismus verkörperte.[196]

Ähnlich wie in der Kunst über die Bezugnahme auf die Vorbilder der 1920er Jahre neue Formen der Performance, des Happening, der Mixed-Media-Präsentation oder der Installationen durchgesetzt wurden, so entstanden über ein solches Anknüpfen und Abgrenzen in der kulturkritischen Reflexion neue Wissensgebiete wie etwa die Filmkritik oder die Kulturwissenschaften, die jeweils eng mit Ideologiekritik verbunden waren. Auch in diesen Gebieten wurden teilweise wieder ähnliche Oppositionen etabliert, wie sie bereits in der künstlerischen Praxis des österreichischen und bundesdeutschen Expanded Cinema präsent waren. Ein Beispiel für die explizit ideologiekritische Weiterverarbeitung der Thesen und Praktiken der 1920er und 1930er Jahre ist die britische Zeitschrift *Screen*, ein Organ der ‚Society

---

194 Dazu: Stanley Mitchell, „Reception of Walter Benjamin in Britain", in: *Global Benjamin*, hg. v. Klaus Garber und Ludger Rehm, Bd. 3, München: Fink, 1992, S. 1422-1427.
195 John Berger, *Ways of Seeing*, London, 1972.
196 Clement Greenberg, „Avant-Garde and Kitsch", in: *Partisan Review* (1939). Zitiert nach: *Art and Culture. Critical Essays*, hg. v. ders., London: Thames and Hudson , 1973, S. 3-21. Dazu auch: Saul Ostrow, „Rehearsing Revolution and Life: The Embodiment of Benjamin's Artwork Essay at the End of the Age of Mechanical Reproduction", in: *Walter Benjamin and Art*, hg. v. Andrew Benjamin, London und New York: Continuum, 2005, S. 226-247.

for Education in Film and Television', das vom ‚British Film Institute' finanziert wurde. Auch in *Screen* wurde Anfang der 1970er Jahre eine Relektüre der Arbeiten von Bertolt Brecht, der Dadaisten und der Surrealisten eng mit einer Neuverhandlung der Thesen von Walter Benjamin verbunden und Reprints der Texte von Brecht und Benjamin wiederholt in Übersetzung abgedruckt und so einem englischsprachigen Publikum zugänglich gemacht.[197]

Screen stellte zugleich jedoch eine Weiche in der Erfindung einer avantgardistischen Tradition, indem die im aktuellen marxistischen Diskurs dieser Jahre sehr präsente Ideologietheorie von Louis Althusser[198] zu einem zentralen Ausgangspunkt der Diskussion erhoben wurde. Unter Zuhilfenahme von Althusser wurde – von Colin MacCabe, Stephen Heath, Peter Wollen oder Laura Mulvey – vor allem das „klassische Hollywoodkino" einer ideologiekritischen Lektüre unterzogen. Zum anderen wurden die Filme einiger weniger Autoren und Autorinnen wie Jean-Luc Godard, Jean-Marie Straub und Danielle Huillet, Nagisha Oshima oder eigene Filme – etwa *Riddles of the Sphinx* (1977) von Laura Mulvey und Peter Wollen – als „subversive" Produktionen präsentiert. Verbunden damit gab es auch hier eine enge Bezugnahme auf die „Vorläufer" der Zwischenkriegszeit. Stephen Heath zum Beispiel setzte ganz explizit bei Benjamins Schriften an, indem er eine in erster Linie destruierende und nur eventuell rekonstruierende oder neu aneignende Beziehung zur Tradition propagierte und dafür folgende Worte aus dessen Schriften zitierte: „In jeder Epoche muß versucht werden, die Überlieferung von neuem dem Konformismus abzugewinnen, der im Begriff steht, sie zu überwältigen."[199]

Screen-Autoren wie Stephen Heath oder Colin MacCabe versuchten unter Bezugnahme auf die Texte Althussers also zu zeigen, dass das populäre Hollywoodkino als Teil eines sogenannten „Staatsapparates" operiere, indem es – wie etwa die Schule, die Presse, die Universität oder das Alltagsleben überhaupt – dem Publikum Ideologie in Form von Bildern, Konzepten und „unbewussten Strukturen" in Bezug auf das Eigene und das Fremde als „normalisiertes" Selbst einzuprägen vermag. Auf diese Weise werde, stellten die beiden fest, Ideologie auf der Ebene der alltäglichen, gelebten Beziehungen zwischen Menschen, Bildern und Institutionen reproduziert, indem bestimmte Strukturen von Subjektivität hervorgebracht oder bestätigt werden. Stephen Heath beschreibt Film in diesem Sinn als „Meaning, entertainment, vision: film produced as the realization of a coherent and positioned space, and as that realization in *movement*, positioning, cohering, binding in (...) the spectator cut in as subject precisely to a process of vision, a positioning and po-

---

[197] Die Rezeption von Benjamins Schriften im angelsächsischen Raum setzt damit nicht erst Anfang der 1980er Jahre rund um die Zeitschrift *October* ein, wie Diarmuid Costello behauptet. Siehe: Diarmuid Costello, „Aura, Face, Photography: Re-Reading Benjamin Today", in: *Walter Benjamin and Art*, hg. v. Andrew Benjamin, London und New York: Continuum, 2005, S. 164-184.

[198] Louis Althusser, *Ideologie und ideologische Staatsapparate*, Hamburg und Berlin, 1977.

[199] Benjamin, „Über den Begriff der Geschichte", in: GS I.2, S. 695. Dazu: Stephen Heath, „Lessons from Brecht", in: *Screen*, Nr. 15/ 2 (Sommer), 1974, S. 103-111, S. 123.

sitioned movement."²⁰⁰ Diesem „Einnähen" oder „Hineinholen" des Betrachters oder der Betrachterin in den Film- und Ideologieraum, wie es nun auch bildhaft genannt worden ist, stellte er dann ein „Hinausbefördern" bzw. ein stetiges „Verschieben" von Identifikation gegenüber, das auch hier wieder mit bestimmten avantgardistischen Verfahren gleichgesetzt wurde: „Deconstruction is quickly the impasse of formal device, an aesthetics of transgression when the need is an activity of transformation, and a politically consequent materialism in film is (...) rather a work on the constructions and relations of meaning and subject (...) a work that is then much less on ‚codes' than on the operations of narrativization."²⁰¹ Die Subjektkonstitution, die vor allem auch der Rezeption von Filmen zugeschrieben wurde, präsentierte er so als eines der wichtigsten Geschehnisse in Zusammenhang mit der Vermittlung von „Ideologie". Dementsprechend bewertete er, umgekehrt, das Stören und Dekonstruieren von solchen ästhetischen Sprachen dann politisch wieder als Hinterfragen existierender Subjektformen und Machtstrukturen.

In der Theoretisierung dieser Prozesse bezogen sich manche *Screen*-Autoren wie bereits bemerkt eng auf avantgardistische Vorbilder der 1920er und 1930er Jahre. So etwa analysierte Colin MacCabe in einer Ausgabe von *Screen* aus dem Jahr 1974, die ganz der Rezeption Brechts gewidmet war, sowohl das, was er als „dominantes" Kino bezeichnete, als auch die von ihm als „subversiv" markierte Alternative unter Bezugnahme auf dessen Schriften. Dabei arbeitete er heraus, dass der „klassisch realistische Text", worunter er nun einen Gutteil der Produktionen Hollywoods und auch die meisten Filme des sogenannten „realistischen Kinos" subsumierte, die Betrachtenden in einer Blickposition fixieren würden, von der aus alles offensichtlich erscheine und die ihn oder sie als Subjekt bestätige. ²⁰² Auch Mac Cabe verortete Ideologie demnach in den ästhetischen Sprachen sowie den davon abgeleiteten Zuschauerpositionen. Demgegenüber hielt er, mit Bezug auf Roland Barthes und seine Theorie des punctum, zwar fest, dass es herausragende Momente des Wahrnehmens gäbe, die völlig unerwartet auftreten und der Kontrolle des dominanten Diskurses entkommen könnten. Solche Momente bezeichnete er dann eindimensional jedoch wieder als „Momente der Subversion" – d.h., er streicht wieder nur die Unterbrechung hervor und lässt den genießenden, Einverständnis artikulierenden Anteil solcher Momente einfach fallen. In einem weiteren, unvermittelt anschließenden Schritt benennt er dann „Strategien der Subversion", worunter er zum Beispiel eine „systematische Zurückweisung jedes dominanten Dis-

---

200 Stephen Heath, „Narrative Space", in: *Questions of Cinema*, hg. v. ders., Bloomington and Indianapolis: Indiana Univ. Press, 1981, S. 19-75, S. 26f.
201 Ebd., 1981, S. 64.
202 Colin MacCabe, „Realism and the Cinema: Notes on some Brechtian theses", in: *Screen*, Nr. 15/2 (Sommer), 1974, S. 7-27. Eine ganz ähnliche Lesart wird auch vertreten in: Jean-Luc Comolli und Paul Narboni, „Cinema/ ideology/ criticism", in: *Screen*, Nr. 12/1 (Frühjahr), 1971, S. 27-36. Eine andere Version dieses frühen und einflussreichen Textes wurde auch in den *Cahiers du Cinéma* veröffentlicht: Jean Narboni und Jean-Louis Comolli, „Cinémaidéologie-Critique", in: *Cahiers du cinéma*, Nr. 216/17, 1969, S. 7-15.

kurses" durch ästhetische Mittel, die z.B. von Bertold Brecht entlehnt wurden, verstand.[203] Filme, welche die Dominanz einer Metasprache (und damit gesellschaftliche Dominanz überhaupt) effektiv bekämpfen können, waren für ihn etwa *Kuhle Wampe* (1931/32), ein Film in dem, wie er betont, Brecht selbst mitspielte, oder *Tout va bien* (Godard/Gorin, 1972). MacCabe arbeitete heraus, dass diese Produktionen von gesellschaftlich „dominanten" Filmbeispielen deshalb unterschieden werden können, weil in ihnen „Verfremdung" praktiziert werde, d.h. weil in ihnen einzelne Szenen fragmenthaft aneinandergereiht werden, ohne dass dem Publikum zugleich auch eine kohärente, die einzelnen Szenen zusammenfügende Narration, vorgeschlagen werde. Die Unterscheidung, ob ein Film als „dominant" oder „nicht dominant" bezeichnet werden kann, wurde also nicht von den diversen Rezeptionsgeschichten und deren kontingenten politischen Verkettungen abhängig gemacht, sondern scheint vielmehr von den Filmen selbst, ihrer Substanz und ihrer formalen Struktur, auszugehen. Modernistische ästhetische Praxis und linke politische Positionierungen erscheinen auf diese Weise wieder eng miteinander verschweißt.[204] Die verschiedenen Formen der Weiterverhandlung, in die die Filme involviert werden, sowie die diesbezüglichen Auseinandersetzungen und Vereinnahmungen wurden nicht berücksichtigt.

Wie Colin MacCabe entnahm dann auch Stephen Heath aus Brechts Theaterpraxis ein ähnlich dichotomes Unterscheidungsschema für Filme. Brechts und Benjamins Ausführungen zur Verfremdung und zur Montage entnahm auch er ein Verfahren der „Distanzierung": „Fetishism describes, as we have seen, a structure of representation and exchange and the ceaseless confirmation of the subject in that perspective, a perspective which is that of a theatre – or a movie theatre – in an art of representation. It is this fixed position of separation-representation-speculation (the specularity of reflection and its system of exchange) that Brecht's distanciation seeks to undermine."[205] Montage-Verfahren präsentiert er so als revolutionär, indem er ihnen eine „endlose Verschiebung der Identifikation"[206] zuschreibt. Vom Faktum, dass jede Filmproduktion Montage involviert, sieht er dabei weitgehend ab, wobei er beständig das Verfahren der Montage mit Zitaten zum Brecht'schen epischen Theater verhandelt und umgekehrt.[207]

---

203 MacCabe, Realism and the Cinema, 1974, S. 24.
204 Dazu auch: David Rodowick, *The Crisis of Political Modernism*, Urbana, 1988 und Juan A. Suárez, *Bike Boys, Drag Queens, and Superstars. Avant-Garde, Mass Culture and Gay Identities in the 1960s Underground Cinema*, Bloomington und Indianapolis, 1996, insbes. xxiiff.
205 Heath, Lessons from Brecht, 1974, S. 108.
206 Ebd., S. 111.
207 Demgegenüber bemüht sich Colin MacCabe um eine Differenzierung, verliert sich dann aber in einer verschlungenen Theoretisierung von Eisensteins Montagetheorie, um schließlich zu zeigen, dass die Montage einen „geschlossenen Diskurs" mit hervorbringen kann, der nicht mit dem Realen in seinen Wiedersprüchen umgehen könne und das Subjekt fixiere. Davon setzt er, wie bereits ausgeführt, Filme, die mit der Brecht'schen Verfremdung arbeiten, ab. Siehe: MacCabe, Realism and the Cinema, 1974, S. 24ff.

Screen-Filmtheoretiker sind auf diese Weise in ihrer Analyse noch stärker als Benjamin selbst auf die ästhetische Form der Werke fixiert.[208] Auf die Lust am Rezipieren und die psychische Involvierung des Publikums in den Akt der Repräsentation gehen sie nur im Falle der sogenannten „dominanten" Filmproduktion ein, nicht aber bei den als „alternativ" beschriebenen Positionen.[209] Zudem tritt hier eine Tendenz zutage, Ideologie zu verdinglichen, etwa wenn Heath formuliert: „Ideology takes up individuals and *places* them as subjects, puts them in positions of subjectivity, subjects them."[210] Dabei tritt wieder jene Ungleichheit auf, der wir bereits öfter in der Auseinandersetzung mit der Behauptung der politischen Effektivität ästhetischer Taktiken begegneten. Ideologie wird als eine Art handelnde, aktive Instanz präsentiert, welche die passiven Zuschauer und Zuschauerinnen „packen" und „platzieren" könne. Ähnlich wie im Expanded Cinema schreiben demnach die *Screen*-Autoren gewissen ästhetischen Taktiken wie der forcierten Montage oder der Verfremdung, die an Brecht oder die dadaistischen Vorbilder anschließen, zu, „subversive" Verschiebungen produzieren zu können, während von anderen Produktionen – vor allem den visuellen Welten des Hollywood-Kinos – behauptet wird, sie würden keine Möglichkeit zu solchen Verschiebungen bergen und allein „affirmativ" wirken.

Die in *Screen* verhandelte Theorie wurde hier deshalb so ausführlich präsentiert, da sie auch für eine bestimmte Generation der in den 1970er Jahren erstarkenden *Cultural Studies* sehr wichtig war und darüber ganz unterschiedliche Untersuchungen beeinflusste. Hier wurde sie vor allem von der sogenannten „dritten Generation" rezipiert, insbesondere von Dick Hebdige in seinem zum Kultbuch avancierten *Subculture. The Meaning of Style* (1979). Auch dieser geht von Althussers Ideologiebegriff aus und stellt dementsprechend dar, dass soziale Beziehungen nur in den Formen, in denen sie repräsentiert werden – über, wie er es nennt, wahrgenommene, akzeptierte, ertragene Objekte und Bilder – von den Individuen erworben werden. Über eine Auseinandersetzung mit dem Hegemoniebegriff von Antonio Gramsci und dessen Weiterentwicklung durch Mitglieder der ‚Birmingham School of Cultural Studies' betont Hebdige dann jedoch, dass Ideologie in einem zwischen verschiedenen sozialen und politischen Kräften ausgetragenen Widerstreit um gesellschaftliche Macht involviert und verhandelt werde. Dabei beschäftigt er sich in erster Linie damit, wie alltägliche Objekte, Lebensstile und Klei-

---

208 Etwa wenn Heath festhält: „Such a demonstration – distanciation – is a work that is *theoretical*, the constant production of a reflexive knowledge, that transforms particular representations, displaces them *in their forms*." Siehe: Heath, Lessons from Brecht, 1974, S. 120.
209 Barthes wird demnach von der *Screen*-Theorie sehr einseitig rezipiert. Seine Theorie des punctum wird wieder allein einer Behauptung der politischen Effektiviät ästhetischer Taktiken zugeschlagen. Dabei war es parodoxerweise ein Umdenken einer eigenen linken Position, die Ideologie zum Beispiel vor allem als „falsches Bewusstsein" sah, weshalb Barthes den Begriff „punctum" überhaupt einführte. Zum Hintergrund von Barthes' Bestimmung des punctum: Craig J. Saper, *Artificial Mythologies. A Guide to Cultural Intervention*, Minneapolis und London, 1997, S. 13ff.
210 Heath, Lessons from Brecht, 1974, S. 114.

dungsgewohnheiten an hegemonialen Auseinandersetzungen beteiligt sind und vertritt diesbezüglich die These, dass die in der zweiten Hälfte des 20. Jahrhunderts herrschenden Machtkonstellationen von spektakulären subkulturellen Gruppen auch über die Form ihres Auftretens, ihres Kleiderstils oder auch über ihren Musikgeschmack hinterfragt werden.[211]

In der Beschreibung der unterschiedlichen Stile und deren ideologischer Effekte kommt Hebdige dann jedoch zu ganz ähnlichen Gegenüberstellungen wie die erwähnten Autoren von *Screen*. So gibt es für ihn einerseits einen Lebensstil „dominanter" und „konventioneller" Kulturen, für die er festhält, sie würden die herkömmliche Ordnung der Dinge stützen, indem sie diese als quasi „natürliche" Ordnung erscheinen lassen. Davon unterscheidet er die verschiedenen Ensembles subkulturellen Auftretens – wozu er vor allem Kleidung, Tanz, Musik und gesprochene Sprache zählt – in denen Waren auf ungewöhnliche Weise zueinander „montiert" und konventionelle Nutzungen von Dingen unterlaufen werden würden. Auf diese Weise könne, so Hebdige, die „Natürlichkeit" der Dinge unterbrochen werden – was er wieder als „subversiv" bzw. als „symbolische Verletzung der sozialen Ordnung" bewertet.[212] Subkulturelle Stile, insbesondere jenen des Punk, bringt er – mit der Begründung, hier würden Gegenstände zusammengebracht, die im Allgemeinen nicht zusammen auftreten – wieder in enge Verbindung mit der ästhetischen Praxis der Surrealisten und Dadaisten. Wie fest Hebdige jedoch politische Subversion in einem bestimmten, an Dada und den Surrealisten orientierten ästhetischen Stil verortet, wird vor allem an jenen Stellen deutlich, wo er, zum Teil in expliziter Anlehnung an die Filmtheorie *Screens* und hier speziell an Formulierungen Stephen Heaths, Unterschiede zwischen der Subkultur des Punk und jener der Teddy Boys verhandelt:[213] Wie die *Screen*-Theorie Godard-Filme als politisch radikal bewertet, so beansprucht Hebdige eine solche Beurteilung für den Stil des Punk. Da sich hier visuelle „Wortspiele" und ungewöhnliche Kombinationen und Nutzungen – etwa eine Sicherheitsnadel als Ohrring – finden lassen, flüchte dieser Stil das „Prinzip der Identität." Demgegenüber interpretiert er den Stil der Teddy Boys als „statisch-expressive Rekonstruktion" von klassen- und geschlechtsspezifischer Identität sowie als ein gleichsam „magisches" Zurückkehren zur Vergangenheit, zum Gewohnten und gut Lesbaren.

Auf diese Weise privilegiert auch Hebdige den Stil der ästhetischen Produktion der verschiedenen Subkulturen. Politisch „subversive" Bedeutungen, Auflösung und Dezentrierung „extrahiert" er aus bestimmten formalen Verfahren, ohne dass er die Auseinandersetzungen, die solche Produktionen im sozialen Raum zeitigen, berücksichtigt. Althussers Herangehensweise nimmt er damit insofern nur sehr selektiv wahr, als in dessen Darlegungen nichts darauf schließen lässt, dass Ideologie mächtiger über Texte operieren würde als über das Netz von Praktiken, das diese

---

211 Hebdige, Subculture, 1979, S. 12ff.
212 Ebd., S. 18 und S. 100ff.
213 Ebd., S. 128f.

Texte hervorbringt, distribuiert und weiter verhandelt.[214] Obwohl Hebdige sich auf Gramscis Konzept der „Hegemonie" bezieht, treten in seinen Darlegungen in *Subculture* wesentliche Bestandteile dieses Konzeptes wie die prinzipiellen Offenheiten des Ausgangs von Auseinandersetzungen um gesellschaftliche Dominanz und die unvorhersehbare Verkettung von zunächst unvereinbar scheinenden Positionen gegenüber der Stilanalyse zurück: Wer auf der Seite der „dominanten" und wer auf Seiten der „subversiven" Kultur steht, scheint von der Form der Selbstinszenierung abhängig zu sein. Wie die verschiedenen Gruppen im sozialen Raum miteinander agieren, und dass Gruppen, die sich selbst als „subversiv" bezeichnen, mit ihren Lebensstilen am Hervorbringen bestimmter Formen von Dominierung beteiligt sein können, kommt hier nicht in den Blick. Hebdige hat sich zwar später eher mit den gemeinschaftsstiftenden Funktionen subkultureller Praktiken auseinandergesetzt, er hat seine frühere Herangehensweise jedoch nie explizit neu verhandelt oder dargelegt, wie diese frühe Arbeit in Relation zu den späteren, etwa den in dem Sammelband *Hiding in the Light*[215] versammelten Essays, steht, weswegen seine erste Position bis heute sehr einflussreich geblieben ist.

Zusammenfassend kann für die Rezeptionsgeschichte der hier verfolgten ästhetisch-politischen Praxis in den Jahren der Studentenbewegung festgehalten werden, dass es sowohl auf Seiten der Kunst wie auch auf Seiten der Kulturkritik in ganz verschiedenen Milieus in Österreich, Deutschland, Großbritannien oder den USA – und hier insbesondere in den neu entstehenden Disziplinen Performance, Aktionismus, Filmtheorie oder Kulturwissenschaften – zu ähnlichen Neuformulierungen der, wie ich sie nannte, Behauptung der politischen Effektivität ästhetischer Formen kam. Während in Deutschland und Österreich in Bewegungen wie dem Expanded Cinema oder dem Aktionismus Zurückweisung und Tabubruch emphatisch besetzt wurden – die Künstler und Künstlerinnen bildlich gesprochen in erster Linie darauf aus waren, dem Publikum „die Zunge zu zeigen" – wurden im angelsächsischen Raum eher der ideologiekritische Aspekt sowie die Abgrenzung von der ästhetischen Doktrin des real existierenden Sozialismus hervorgehoben. In den 1980er und 1990er Jahren werden sich die Orte, an denen solche ästhetischen Oppositionen auftauchen, dann, wie noch zu zeigen sein wird, multiplizieren – womit solche Argumentationen bis in die Gegenwart präsent bleiben.[216]

---

214 Zu diesen Verfahrensweisen der Althusser-Schule siehe auch: Suárez, Bike Boys, 1996, insbes. S. xxii ff.
215 Dick Hebdige, *Hiding in the Light. On images and things*, London und New York, 1988.
216 Als Beispiele können zwei Veranstaltungen angeführt werden, an denen ich selbst in den letzten Jahren teilnahm und wo beide Male die „subversive" Wirkung ästhetischer Formen zentraler Diskussionsgegenstand war. Ein von Peter Arlt und Judith Laister organisierter Workshop im November 2004 in Linz (transpublic) und Graz (forum stadtpark), zu dem sowohl Kunstschaffende als auch Theorietreibende eingeladen wurden und die Tagung *SubVersionen. Zum Verhältnis von Politik und Ästhetik in der Gegenwart* im Künstlerhaus Edenkoben (Juli 2006). Die diversen Beiträge des Workshops sind publiziert als: *seltene. urbane. praktiken*, hg. v. Peter Arlt und Judith Laister, Graz: Verl. Forum Stadtpark, 2005. Die Beiträge der Tagung *SubVersionen* sind publiziert als: *SUBversionen. Zum Verhältnis von*

Die bisherigen Beispiele machten jedoch auch deutlich, dass all die in ihnen präsenten Argumentationen und Praktiken von einer intensiven, fast schon exzessiven Beschäftigung mit den gängigen, populärkulturellen Bildwelten und Selbstdarstellungspraktiken gekennzeichnet sind. Dabei werden diese aber stets nur aufgesucht, um die dort auffindbaren „dominanten" Ideologien bekämpfen und überwinden zu können. Hier kommt eine Haltung zutage, die – trotz einer mit Nachdruck und Empathie betriebenen Hinwendung zur Populärkultur – von einer heftigen Skepsis gegenüber massenkulturellen Praktiken geprägt ist. Aus diesem Grund wende ich mich nun einem dritten und letzten ausführlicher für diesen Zeitabschnitt verhandelten Beispiel zu: der Neuen Objektivität im Brasilien der späten 1960er Jahre, einer Kunst- und Theorierichtung, die bezüglich des Populären andere Akzente setzte, indem nicht so sehr die Unterbrechung, Subversion und Unterminierung betont werden, sondern genau dasjenige, was die bisher verhandelten Rezeptionsschübe meist aussparten: den auch über signifikante Wahrnehmungsmomente und ästhetische „Tricks" erfolgenden Zusammenschluss von Einzelnen zu Kollektivkörpern.

Experimentieren mit animierten Situationen und Kollektivkörpern

Brecht wurde in den 1960er Jahren in Städten wie Rio de Janeiro oder São Paulo mit einer Heftigkeit rezipiert, die Caetano Veloso, den bekannten brasilianischen Musiker, dazu bewog, von ihm als „the theatrical personality that most interested Brazilians in the time"[217] zu sprechen. Eng verknüpft mit diesem Interesse war auch hier eine Wiederentdeckung der Schriften von Walter Benjamin durch Teile der Studentenbewegung sowie die Opposition von Intellektuellen und Künstlern gegen das 1964 eingesetzte Militärregime. Dabei gab es auch hier in erster Linie Interesse am Marxisten Benjamin – der erste Text über ihn erschien in Brasilien 1967 in dem Band *Os Marxistas e a Arte* von Leandro Konder, eine Übersetzung des Kunstwerk-Aufsatzes und weitere Besprechungen seiner Arbeiten folgten 1968 und 1969.[218] In diese Rezeption mischte sich erneut eine Auseinandersetzung mit dem Dadaismus sowie mit anderen avantgardistischen Gruppen der 1910er und 1920er Jahre, insbesondere den russischen Konstruktivisten, den Futuristen, den Performances von John Cage, aber auch mit Protagonisten der Neo-Avantgarde wie Jean-Luc Godard oder Popmusikern wie Jimi Hendrix.

Politik und Ästhetik in der Gegenwart, hg.v. Thomas Ernst, Patricia Gozalbez Cantó, Sebastian Richter, Nadja Sennewald, Julia Tieke, Bielefeld: Transscript, 2008.
217 Caetano Veloso, *Tropical Truth. A Story of Music and Revolution in Brazil*, London, 2003, S. 47.
218 Dazu: Günter Karl Pressler, „Profil der Fakten. Zur Walter-Benjamin-Rezeption in Brasilien", in: *Global Benjamin*, hg.v. Klaus Garber und Ludger Rehm, Bd. 3, München: Fink, 1992, S. 1335-1352.

Wie José Guilherme Merquior über den Zeitgeist in Rio de Janeiro in den ausgehenden 1960er Jahren bemerkte, war dieser nicht allein von Brecht geprägt, sondern von deutscher Kultur und Philosophie überhaupt: „Wir waren vom deutschen Denken beherrscht, lasen aber die Texte in Französisch und Italienisch."[219] Diese Prägung kam nicht von ungefähr, sondern hatte mit einer offensiv geplanten Integration europäischer, insbesondere deutscher Wissenschaftler und Wissenschaftlerinnen in das brasilianische Universitäts- und Forschungssystem Mitte der 1930er Jahre zu tun. Besonders wichtig war hier die 1934 erfolgte Gründung der Universität von São Paulo. Der Rektor der neu gegründeten Universität, Theodor Ramos, reiste im selben Jahr nach Deutschland, um herausragende, jüdische Wissenschaftler anzuwerben, die durch das NS-System arbeitslos geworden waren und deshalb die niedrigen Gehälter in Brasilien akzeptierten.[220] In dem Zusammenhang hatte der Literaturwissenschaftler Erich Auerbach sogar Walter Benjamin selbst als Professor für das Germanistikinstitut dieser Universität vorgeschlagen.[221] Auch wenn diese Empfehlung erfolglos blieb, gewannen dessen Schriften vor allem in Avantgardekreisen und unter Literaturkritikern trotz eines auch in Brasilien ab Mitte der 1930er Jahre bereits deutlich artikulierten antisemitischen Ressentiments[222] bald an Einfluss.

José Guilherme Merquior leitete 1969 mit dem Buch *Arte e Sociedade em Marcuse, Adorno e Benjamin* die breitere Rezeption in Brasilien ein.[223] Das in den ausgehenden 1960er Jahre auch hier stark erwachende Interesse an Benjamin hatte damit zu tun, dass die im Zuge der Studenten- und Oppositionsbewegung entstehenden künstlerischen wie politischen Gruppierungen wieder nachdrücklich von einer Hinwendung zur Massenkultur geprägt waren. Diese wurde mit einem Potenzial zur Gesellschaftsveränderung aufgeladen, weshalb Benjamins Texte, die öffentliche Areale wie Kinos und Einkaufspassagen verhandelten und mit Revolte und chockförmiger Bewusst-Werdung verknüpften, zu einem wichtigen Lesestoff wurden.

---

219 José Guilherme Merquior. Zitiert in: Pressler, Profil der Fakten, 1992, S. 1342.
220 Dazu: Ursula Prutsch, „Instrumentalisierung deutschsprachiger Wissenschafter zur Modernisierung Brasiliens in den dreißiger und vierziger Jahren", in: *zeitgeschichte.at. 4. österreichischer Zeitgeschichtetag 1999*, hg. v. Manfred Lechner und Dietmar Seiler, Innsbruck, Wien, Bozen: Studien Verlag, 1999, S. 362-368, S. 363ff.
221 Dies schildert er in einem Brief an Benjamin 1935: „I thought of you approximately one year ago, when a search was being made for a professor to teach German literature in São Paulo. I found your Danish Address at that time through the *Frankfurter Zeitung* and informed the proper authorities of how you could be reached – but nothing came of the matter, and to have written you from Germany would have been senseless." (23. September 1935). Brief von Erich Auerbach an Walter Benjamin, 23.9.1935, Walter Benjamin Archiv, Archiv der Akademie der Künste, Berlin. Dazu auch: Karlheinz Barck, „Walter Benjamin and Erich Auerbach: Fragments of a Correspondence", in: *Diacritics*, Nr. 22 (Herbst-Winter), 1992, S. 81-83.
222 Prutsch, Instrumentalisierung, 1999, S. 365.
223 José Guilherme Merquior, *Arte e Sociedade em Marcuse, Adorno e Benjamin*, Rio de Janeiro, 1969.

Speziell Rio de Janeiro, das damalige intellektuelle Zentrum, entwickelte sich Ende der sechziger Jahre zum Ausgangspunkt für eine lose zusammenhängende künstlerische Bewegung, die alle Sparten der Künste – von der Musik über die bildende Kunst bis hin zum Theater – umfasste und die der ebenfalls dort ansässige Künstler Hélio Oiticica mit dem Namen „Tropicália" versah. Veloso charakterisierte diese Bewegung folgendermaßen: „We, the young tropicalists, would listen to stories about the personages involved in the dada movement, Anglo-American modernism, the Brazilian Modern Art Week, and the heroic phase of concrete poetry (...) in our case, the confusion of hight culture with mass culture, which was so typical of the sixties, was able to bear substantial fruit."[224]

Mit dem Aufkommen dieser Bewegung im Brasilien der 1960er Jahre veränderte sich der von der Avantgarde-Tradition bespielte geografische Raum: Rio de Janeiro wurde neben London, New York, Los Angeles, Köln oder Wien zu einem der Orte, von denen wichtige Impulse für eine Neuverhandlung des Ästhetischen und Politischen ausgingen. Dabei prägte die räumliche Positioniertheit an der Peripherie der westlichen Welt die Art und Weise der Aneignung nachhaltig.[225] So kam die bereits erwähnte optimistische und utopiegeleitete Hinwendung zur Massenkultur zum Beispiel darüber zustande, dass mit ihr eine ganz spezifische Position bezogen werden konnte: Mittels des Zitierens popkultureller Erscheinungen konnte einerseits die alte pro-französische kulturelle Orientierung, die als elitär, kolonial und schulmeisterlich angesehen worden war, zurückgewiesen werden. Diese wurde nun mit der Praxis des „produssumo" (produsumption),[226] einer Fusion von „Produktion" und „Konsum" konfrontiert, über die man die Foren der Straßen, der Konzerte und Feste zu nutzen versuchte, um gesellschaftliche Veränderungen in Richtung einer Selbstbestimmung brasilianischer Kultur voranzutreiben. Ironischerweise – aber für postkoloniale Praktiken durchaus typisch – erfolgte diese Abgrenzung manchmal auch darüber, dass man sich auf französische Intellektuelle, wie etwa Jean-Luc Godard, berief. Über ein offensives Experimentieren mit Rock und Pop konnte andererseits auch eine Differenz gegenüber den in diesem Environment ebenfalls stark präsenten orthodoxen marxistischen Strömungen markiert werden. Diesbezüglich berichtet Veloso: „At the end of the sixties, during *tropicalismo*, the ideas of the New Left concerning sexual freedom, changing lifestyle, and so on, allied to the renewed prestige of Hollywood and rock, opened up a space in which it was possible to scorn orthodox communism (...) We believed, to paraphrase the Leninist saying, that ‚leftist ideology is the infantile illness of communism,' and further, that the French, Brazilian, and American students, by identifying Fidel

---

224 Veloso, Tropical Truth, 2003, S. 142.
225 Dazu: Edward W. Said, „Culture and Imperialism", in: *Power, Politics and Culture. Interviews with Edward W. Said*, hg. v. Gauri Viswanathan, London: Bloomsbury, 2004, S. 183-207, S. 195.
226 Der Begriff stammt vom neo-avantgardistischen Poeten Décio Pignatari. Siehe: Veloso, Tropical Truth, 2003, S. 63.

(Castro, A.S.) against the party, and by supporting Che Guevara against Fidel, would cure all the Lefts of the senile illness of orthodox communism."[227]

Diese Haltung übersetzte sich in künstlerische Aktivitäten, die sich in den 1960er Jahren schrittweise von der Produktion ausstellbarer Werke ab- und den im öffentlichen Raum stattfindenden Prozessen der Formierung von Kollektivkörpern zuwandten. Künstler wie Hélio Oiticica, Lygia Clark und Lygia Pape gingen hier seit Beginn des Jahrzehnts dazu über, an der Stelle von traditionellen „Skulpturen" nicht leicht einordenbare „Versatzstücke" für Situationen zu gestalten, die damit umgehen, dass wir soziale Räume mit unseren Körpern, Repräsentationen und Imaginationen formen.

Der „Corpo Coletivo" rückte so ins Zentrum der künstlerischen Auseinandersetzungen. Ihn hat Lygia Clark 1970 folgendermaßen beschrieben: „Der Corpo Coletivo (kollektive Körper) besteht aus einer Gruppe von Personen, die gemeinsam Vorschläge leben und untereinander psychische Inhalte austauschen. Dieser Austausch ist keine angenehme Sache: Ein/e TeilnehmerIn der Gruppe erbricht das, was er/sie während der Teilnahme an der Umsetzung eines Vorschlags erlebt hat, andere verschlingen es, um es ihrerseits zu erbrechen, worauf es sofort vom nächsten verschlungen wird und so fort. Es handelt sich dabei um einen Austausch psychischer Eigenschaften (...) es entsteht eine Identität als Ganzes, an dem alle teilhaben, einander berühren, einander im Aufeinanderprallen zweier Fantasien ‚angreifen'."[228] Als sie dies formulierte, stellte Lygia Clark gerade Versuche an, über einen längeren Zeitraum hinweg mit Gruppen zu arbeiten und über das gemeinsame Gestalten von Kollektivskulpturen die Erlebniswelt der Involvierten auszutesten. (Abbildung). Eine weitere Künstlerin, Lygia Pape, führte 1968 eine andere, gleichfalls temporäre Intervention in das soziale Environment durch, indem sie Männer und Frauen aufforderte, ihre Köpfe durch Löcher zu stecken, die sie reihenweise in ein 30 x 30 Meter großes, weißes Tuch geschnitten hatte, und diese so dazu brachte, als Kollektivskulptur auf den Straßen Rios aufzutreten (Abbildung). Das Tuch, das Dutzenden von Menschen gleichzeitig Platz bot, trennte dabei die Ober- von den Unterkörpern ab: Die Augen konnten so nicht mehr sehen, wie sich die Hände oder Beine bewegen. Zugleich verschob sich beim Gehen, Sich-Drehen oder Tanzen der Körper die mathematische Ordnung des Löcher-Musters.

Diese von Lygia Clark und Lygia Pape durchgeführten „Eingriffe" stehen in enger Verbindung zu einer Serie von tragbaren bunten Stoffgebilden, die der Künstler Hélio Oiticica seit 1965 zum Zweck eines Neu-Choreografierens alltäglicher Situationen schuf und als „Parangolé" bezeichnete, was im Jargon der Straße „animierte Situation" bedeutet. Ausgehend von diesen *Parangolés* formulierte Oiticica ein

---

227 Ebd. S. 199.
228 Lygia Clark, „O Corpo Coletivo", in: *Vivências/ Lebenserfahrung*, hg. v. Sabine Breitwieser, Wien: Generali Foundation, 2000, S. 146.

31. *Estruturas vivas*, Lygia Clark, 1969. © Clark Family Collection, Rio de Janeiro

ausführliches ästhetisches Programm, das zu einer Art „Philosophie" dieser Bewegung insgesamt wurde.[229]

„Parangolés" sind für Oiticica unterschiedliche, skulpturale, aus Stoffen gefertigte Gebilde: Einfach um die Schultern gelegte Capes genauso wie aus großen Mengen steifer Stoff- bzw. Kunststoffbahnen zusammengesetzte Gebilde, die sich beim Tragen in voluminöse Faltenwürfe legen, oder mehrlagige Umhänge aus Sack-, Papier- oder Korbmaterial, wobei auf die unteren, aufklappbaren Lagen manchmal Schriftzüge (wie „incorporo a revolta") gestickt sind (Abbildung). Allen diesen Gestaltungen ist gemeinsam, dass sie – wie *O Divisor* von Lygia Pape – eng auf den Körper bezogen sind. Erst wenn sie einen Körper finden, der sie ausfüllt und in Bewegung versetzt, und andere Körper, die den Bewegungen und Formenspielen zuschauen, können sie zu dem werden, was Oiticica „Bindeglied zwischen Kreativität und Verbundenheit" nennt.[230] Dann fungieren sie als eine Art Vehikel und involvieren das Publikum in einen Prozess des „Tragens/Schauens" und zugleich wird auch die Umwelt auf spezifische Weise transformiert – sie wird zu einer Bühne des Tanzes, der Demonstration, der nicht-alltäglichen Bewegung. An dieser Involvierung des Publikums interessierte Oiticica nicht in erster Linie der dabei erfolgende „Ego-Trip", sondern, wie er es ausdrückte, „die erfinderische Befreiung der Kapa-

---

229 Siehe: Hélio Oiticica, „Notes on the Parangolé" (1965), in: *Hélio Oiticica*, hg. v. Guy Brett, Rotterdam, Paris, Barcelona, Lissabon, Minneapolis: Ed. du Jeu de Paume, 1992, S. 93-96. Eine ausführliche erste Auseinandersetzung meinerseits damit ist auf Deutsch publiziert als: Anna Schober, „Körperereignisse. Die zwiespältigen Gesten der Avantgarde", in: *Westend. Neue Zeitschrift für Sozialforschung*, Nr. 1 (Liebe und Kapitalismus), 2005, S. 61-77.
230 Hélio Oiticica, „Environmental Programm" (1954-1969), in: *Hélio Oiticica*, hg. v. Guy Brett, Rotterdam, Paris, Barcelona, Lissabon, Minneapolis: Ed. du Jeu de Paume, 1992, S. 103-105, S. 105.

FESTGELEGTE TAKTIKEN UND EIN EXPERIMENTIEREN MIT KOLLEKTIVKÖRPERN 177

32. *O Divisor*, Lygia Pape, Rio de Janeiro, 1968.
© Paula Pape, courtesy Galeria Brandao Porto

zität des Spiels."[231] Mit dieser spielerischen, kollektiven Teilhabe wollte er, ähnlich wie Lygia Clark oder Lygia Pape, einen zugleich politischen und ästhetischen Protest in Szene setzen.

Oiticica, Clark und Pape traten im Brasilien der 1960er Jahre eingebunden in eine breitere künstlerische Bewegung auf, die sich von herkömmlichen Werkvorstellungen wegbewegt und Kunst zunehmend als Eingriff in ein soziales Environment verstand. Im April 1967 fand im *MAM* (Museu de Arte Moderna) in Rio de Janeiro die Ausstellung *Novo Objetividade Brasliera* statt, was Anlass für die Veröffentlichung eines Manifestes war.[232] Dabei adaptierten die unterzeichnenden Künstler und Künstlerinnen für ihren Kunst-Aktivismus den Namen „Neue Objektivität", womit sie einen Begriff aufgriffen, der bereits Mitte der 1920er Jahre für Arbeiten von George Grosz, Otto Dix und Rudolf Schlichter verwendet wurde – synonym mit „Neue Sachlichkeit" oder „Verismus". Die brasilianische „neue Ojek-

---

231 Hélio Oiticica, „Parangolé Synthesis (1972)", in: *Hélio Oiticica*, hg. v. Guy Brett, Rotterdam, Paris, Barcelona, Lissabon, Minneapolis: Ed. du Jeu de Paume, 1992, S. 165–170.
232 Dieses wurde von Antônio Dias, Carlos Augusto Vergara, Rubens Gerchman, Lygia Clark, Lygia Pape, Glauco Rodrigues, Sami Mattar, Solange Ecosteguy, Pedro Geraldo Ecosteguy, Frederico Morais, Raimundo Colares, Carlos Zilio, Maurício Nogueira Lima, Hélio Oiticica, Ana Maria Maiolino und Renato Ladin unterzeichnet.

33. *Parangolé, Nildo de Mangueira, Cape 11, Incorporo a Revolta,* Hélio Oiticica. © Centro de Arte Hélio Oiticica, courtesy Cesar Oiticica

tivität" war demnach wie bereits das europäische Expanded Cinema von einer Identifikation mit den Avantgardisten der Zwischenkriegszeit geprägt und machte dies zum Beispiel durch diese Wahl des Gruppennamens deutlich. Darüber hinaus verarbeitete sie jedoch auch die einheimische avantgardistische Tradition – vor allem die in den 1920er Jahren alle Felder der Kunst (aber auch die brasilianische Soziologie und Pädagogik der Zeit) ergreifende *Bewegung 22* rund um den Schriftsteller José Oswald de Andrade. Diese Bewegung hatte sich selbst bereits in Anlehnung an Dada und Futurismus gebildet, dabei jedoch das Ziel einer kulturellen brasilianischen „Selbstfindung" in den Vordergrund gestellt. Dafür prägte Andrade auch die Begriffe „Antropophagy" oder eben „Tropicália", worunter er die „Kunst der Menschenfresserei" bzw. „Kunst als Menschenfresserei" verstanden hatte, d.h. ein Sich-Einverleiben und gleichsam magisches Sich-Aneignen verschiedenster kultureller Versatzstücke, um über solche kollektive Prozesse den kulturellen Kolonialismus überwinden und die eigene Besonderheit greifbar machen zu können.[233]

Wichtige „Nahrung" erhielt die Neue Objektivität zudem von der bereits erwähnten Gruppe ‚Noigrandes', der unter anderem die Schriftsteller Haroldo und Augusto de Campos, Decio Pignatari und José Lino Grunewald angehörten und

---

[233] Hélio Oiticica, „General Scheme of the New Objectivity" (1967), in: *Hélio Oiticica*, hg. v. Guy Brett, Rotterdam, Paris, Barcelona, Lissabon, Minneapolis: Ed. du Jeu de Paume, 1992, S. 110-120, S. 110.

von der die Verbreitung der konkreten Poesie in Brasilien ausgegangen war. Diese Gruppe stellte eine Art Bindeglied zwischen der Neuen Objektivität und den Modernisten der 1920er Jahre dar. José Lino Grunewald etwa übersetzte bereits 1969 Benjamins Kunstwerk-Aufsatz ins Brasilianische und machte diesen so im Künstlermilieu bekannt. Daneben verarbeiteten auch die ‚Noigrandes' Konzepte und Praktiken der frühen Avantgardebewegungen, speziell des italienischen Futurismus, des Suprematismus, des russischen Kubo-Futurismus, des Dadaismus und bezogen sich auf die Texte von Majakovsky und Joyce sowie auf die Musik von Stockhausen.[234]

Die Neue Objektivität war gewissermassen die bildnerisch-künstlerische Fraktion der Tropicália und deshalb in ähnliche Traditionen involviert, wobei auch hier die Praxis des „kulturellen Kannibalismus" eine zentrale Rolle spielte. Zugleich wandte sich die Bewegung seit etwa Mitte der 1950er Jahre populären brasilianischen Kunstformen zu – Samba-Schulen, aber auch Tanzplätzen wie Ranchos oder Frevos, populären Festen, Fußballspielen oder Messen. All diese Orte, die mit ihnen verbundenen Aktivitäten und Kunstformen sowie die aus der europäischen oder US-amerikanischen Kultur stammenden Versatzstücke wurden hier als Ausgangspunkt für eine kollektive Kunst bzw. als Agitationsfeld für einen neuen brasilianischen Kunst-Populismus ausgerufen.[235]

Auf diese Weise unterhielt die brasilianische Neo-Avantgarde der ausgehenden 1960er Jahre ein von genussvoller „Einverleibung" und „Verdauung" gekennzeichnetes Verhältnis zur Massenkultur. Wie der Dadaismus sich der Straße, der Werbung, den Aufmerksamkeitsschulungen des Films und der Luna Parks zuwandte und sich mit dem körperlichen Berührt-Werden durch die Dinge und Erscheinungen beschäftigte, so wählte die Neue Objektivität das Wahrnehmungsgefüge ihrer Zeit als Ausgangspunkt für ihre künstlerischen Eingriffe. Dementsprechend umschrieb Hélio Oiticica das Programm der *Parangolés* auch als „Programm des Zufälligen" (program of the circumstantial). Mit Hilfe dieser bunten Stoffgebilde sollte es zum Ereignis, zur Unterbrechung des herkömmlichen Gangs der Dinge kommen, für die Oiticica auch Begriffe wie „Objektereignisse", „Begegnungsereignisse" bzw. „Amomente" erfand.[236] Diese Ereignisse dachte er vom Körper ausgehend, wenn er beispielsweise den Ratschlag gab: "amoment breast-feed the moment."[237]

Oiticicas Verständnis solcher herausragender Momente der Wahrnehmung ähnelt damit Walter Benjamins Konzept des „Chocks". Indem er jedoch in erster Li-

---

234 Diesen Hinweis auf die Verbindung der radikalen brasilianischen Modernisten um José Oswald de Andrade zur Gruppe ‚Noigrandes' und zur Rezeptionsgeschichte Benjamins in Brasilien und von dort wieder zur Neuen Objektivität verdanke ich Norval Baitello jun. Dieser hat auch eine ausführliche Aufarbeitung der Rezeption Dadas im Brasilien der 1920er Jahre vorgelegt: Norval Baitello jun., *Die Dada-Internationale. Der Dadaismus in Berlin und der Modernismus in Brasilien*, Frankfurt am Main u.a., 1987.
235 Oiticica, General Scheme, 1992, S. 117 f.
236 Oiticica, Parangolé Synthesis, 1992, S. 165.
237 Hélio Oiticica, „Position and Programme" (1966), in: *Hélio Oiticica*, hg. v. Guy Brett, Rotterdam, Paris, Barcelona, Lissabon, Minneapolis: Ed. du Jeu de Paume, 1992, S. 100.

34. *Parangolé, Narua Gekeba de Mangueira mit P8, Cape 5, Hommage a Mangueira*, Musée D' Art moderne, Rio de Janeiro 1965, Hélio Oiticica. © Centro de Arte Hélio Oiticica, courtesy Cesar Oiticica

nie die mit Genuss verbundene Dimension solcher Momente herausstrich, ist seine Bestimmung noch etwas näher bei Roland Barthes Definition von „punctum" und „drittem Sinn" angesiedelt. Dabei streicht Oiticica besonders das Potenzial solcher Momente für die Aneignung von Orten, Objekten, Ideen und Körpern heraus, wenn er festhält: „I find an ‚object', or an ensemble of objects made up of parts or otherwise, and take possession of it as something which has, for me, a particular significance, that is, I transform it into a work (...) I find in it something fixed, a signifier which I want to expose to meaning; this work will later take on a number of meanings, which augment one another, which add up through general participation."[238] Ähnlich wie Benjamin, so greift Oiticica mit solchen Konzepten ebenfalls die spezifische Struktur des Wahrnehmens, Glaubens und Selbstdarstellens auf, wie sie sich mit der Modernisierung herausgebildet hat. Die *Parangolés* sind für ihn in einer Übergangsregion von traditionellen religiösen Ritualen zu einer neuen spirituell aufgeladenen Praxis situiert, die ohne die Geländer überkommener Tradition und Autorität auskommt. Dennoch will Oiticica – und auch hier ähnelt seine Argumentation jener Benjamins – die *Parangolés* nicht mit der Idee einer „Rückkehr" oder mit einer Praxis des Feierns des Mythischen in eins gesetzt

---

238 Oiticica, Position and Programme, 1992, S. 100.

wissen. Die zeitgenössische Erfahrung des Mythischen bezieht sich nicht mehr auf ein Jenseits, sondern auf die spielerischen, konkreten Situationen in einer irdischen Welt.[239]

Die Herangehensweise der Neuen Objektivität ähnelt aber noch an anderer Stelle jener Benjamins: Letzterer beschrieb das „Kollektivum" bereits als „leibhaft" und forderte, dass sich die „profane Erleuchtung" hier, in der Physis, zeigen sollte.[240] Wie die bisherigen Beispiele bereits veranschaulichten, waren auch Oiticica, Clark oder Pape mit einer solchen Re-Konstituierung einer neuen Physis beschäftigt. Mit den von ihnen kreierten „Situationen" versuchten auch sie, differente Wahrnehmungs- und Handlungspotenziale zu aktivieren. Dabei suchten sie nach Bildern und nach einer Sprechweise, um die neuen Reformenergien und die meist euphorisch ausgerufenen Modernisierungsbestrebungen, die in Brasilien seit den 1950er Jahren am Werk waren, zu nutzen und in Bewegungen zu übersetzen, die eher den utopischen Projekten der Massen verpflichtet waren als den vom Staat ausgehenden Strategien. Denn auch dieser verwirklichte parallel dazu utopiegeleitete Projekte – etwa die Planung und Durchsetzung der neuen Hauptstadt Brasilia als Zentrum der Modernisierung und als sichtbarer Beweis möglicher Selbstherrschaft.

Die Künstler und Künstlerinnen der Neuen Objektivität waren auf diese Weise in eine Auseinandersetzung involviert, die gegen andere, orthodox marxistische, oppositionelle Gruppen operierte, zugleich aber auch gegen die staatlichen Modernisierungsstrategien sowie die bereits erwähnte überlieferte pro-französische Elitekultur gerichtet war. Dabei rückten sie die Verrichtungen und die Gesten des Alltags ins Zentrum ihrer Aktivitäten.[241] Indem alltägliche Akte wie Sich-Kleiden oder auch Wohnen gleichsam wie unter einem Vergrößerungsglas in Form von solchen „Situationen" zur Betrachtung angeboten werden, könne, so führte Oiticica etwa aus, ein Erleben von „kreativer Wahrnehmung" initiiert werden, welches auch das Verhalten der Zuschauerin/des Zuschauers in anderen alltäglichen Situationen zu beeinflussen vermag. Er sah die *Parangolés* demnach als „Initiationskleider", die einen Prozess auslösen können, den er „CRELEISURE" nennt und der in der Herstellung einer Welt besteht „which creates itself through our leisure, in and around it, not as an escape, but as the apex of human desires."[242] Diese über ein „CRELEISURE" geschaffene Welt trete dann, so seine Vorstellung, mit dem von ihm konstatierten kulturellen, sozialen und politischen Konformismus im Brasilien der 1960er Jahre in Auseinandersetzung.[243]

---

239 *Parangolé* ist demnach „not reducible to Mythical Nitty-Gritty because it is PLAY-CONCRETION PARANGOLÉ-SYNTHESIS is non-nostalgic for mythical states to dress in the cape is c o n c r e t i o n PERFORMANCE DANCE < PARANGOLÉ-PLAY." Oiticica, Parangolé Synthesis, 1992, S. 167.
240 Benjamin, „Der Sürrealismus", in: GS II.1, S. 310.
241 Oiticica, Notes, 1992, S. 93.
242 Hélio Oiticica, „Creleisure" (1970), in: *Hélio Oiticica*, hg. v. Guy Brett, Rotterdam, Paris, Barcelona, Lissabon, Minneapolis: Ed. du Jeu de Paume, 1992, S. 136.
243 „In Brazil today (in this way it would also resemble Dada), in order to have an active cultural position which counts, one must be against, viscerally against, everything which could be,

Doch trotz dieser Parallelen unterscheidet sich die Konzeption der Neuen Objektivität auch ganz wesentlich von jener Benjamins: So stellt Letzterer in Zusammenhang mit dem „leibhaften Kollektiv" zum Beispiel die Forderung auf: „Erst wenn in ihr (der profanen Erleuchtung, A.S.) sich Leib und Bildraum so tief durchdringen, dass alle revolutionäre Spannung leibliche, kollektive Innervation, alle leiblichen Innervationen des Kollektivs revolutionäre Entladung werden, hat die Wirklichkeit so sehr sich selbst übertroffen, wie das kommunistische Manifest es fordert."[244] Benjamin evoziert hier wieder Chock, Unterbrechung und vollkommene Umwälzung des Gegebenen – also Revolution. Demgegenüber streichen Oiticica, Clark oder Pape in erster Linie heraus, dass es über solche, das Alltägliche „unterbrechende" Momente zugleich zu einem Sich-Zusammenschließen zu einem Kollektiv kommen kann. Sie präsentieren die skulpturalen Versatzstücke als momenthafte Ausgangspunkte für ein – im Alltag zunehmend fehlendes – Erreichen einer Absorption ins Kollektiv und beschreiben die über solche Momente erzielte Fülle an Erfahrung wiederholt als „nicht-fragmentiert", „körperlich", „konkret" und „mythisch".[245]

Anders als etwa im Expanded Cinema oder in der *Screen*-Filmkritik steht hier also nicht das Identifizieren von bestimmten ästhetischen Taktiken und deren Konzeptualisierung als Mittel der Herstellung eines Bruchs mit dem Gegebenen im Vordergrund. Die Künstler und Künstlerinnen der Neuen Objektivität fokussieren dagegen eher auf die Rolle, die herausragende Wahrnehmungsereignisse für die Bildung von Kollektivkörpern im öffentlichen Raum spielen und richten ihre künstlerischen Aktionsanordnungen auf solche Prozesse hin aus. Sie experimentieren auf diese Weise damit, dass wir nicht dann an Kontur gewinnen, wenn wir allein mit uns sind (denn dann zerfallen wir für uns eher in diverse psychische Personen), sondern wenn wir uns in die Welt, die Öffentlichkeit hinein bewegen und hier als ein Körper identifiziert werden. Treten wir im Zuge einer Nutzung dieser „Situationen" gemeinsam mit anderen zu einem Kollektivkörper zusammen, so geschieht dabei also zweierlei: Zum einen erhält unser Körper seinen Sinn als agierendes, individuiertes Subjekt – einen „Parangolé-Sinn", wie Oiticica es nennt. Andererseits findet der „Gemeinschaftskörper" seine Stätte in all jenen Körpern, die ihn bilden, wobei kein Körper ihn vollständig zu kontrollieren vermag. Solche Prozesse verortet Hélio Oiticica in einem weltumspannenden, globalisierten Erfahrungszusammenhang, wenn er festhält: „We play with SIMULTANEITY and CONTIGUITY

---

in sum, cultural, political, ethical and social conformity." Oiticica, General Scheme, 1992, S. 119.

244 Benjamin. „Der Sürrealismus", in: GS II. 1, S. 310.

245 Oiticica, Parangolé Synthesis, 1992, S. 166. Vgl. Lygia Clark, „The Phantasmagoria of the Body", in: *Lygia Clark*, hg. v. Manuel J. Borja-Villel, Barcelona: Fundació Antoni Tàpies, 1998, S. 314-315, S. 315.

and the multitude of possibilities of individual experience which lie within the collective-mind of MC LUHAN's GLOBAL VILLAGE."[246]

In den diversen Programmen, Notizen und Texten zu den *Parangolés* und verwandten Arbeiten streichen Oiticica oder auch Clark wiederholt – und das unterscheidet die hier präsente Praxis von der anderer zeitgleich aktiver Gruppen in Europa – eine Differenz zur Tradition der Avantgarde heraus. Überlieferte metaphysische, intellektuelle und ästhetische Positionen werden zurückgewiesen, und es wird betont, dass den Betrachtenden kein bestimmtes ästhetisches Modell übergestülpt werden soll. Über skulpturale Gebilde wie die *Parangolés* oder über Gruppenprozesse, wie sie von Lygia Clark praktiziert worden sind, bekommen diese jedoch die Möglichkeit, an einem kollektiven Tun teilzunehmen, bei dem sie vielleicht etwas finden können, das weiterverfolgt und realisiert werden kann. Dabei erwähnen Oiticica und Clark explizit immer wieder auch die Möglichkeit, dass die Partizipierenden auf nichts treffen und nichts finden können. Oiticica beispielsweise ist sich der Kontingenz öffentlichen Handelns bewusst, wenn er festhält: „There is no proposal to ‚elevate the spectator to a level of creation‘, to a ‚meta-reality‘ or impose upon him an ‚idea‘ or ‚aesthetic model‘ corresponding to those art concepts (...). ‚Not to find‘ is an equally important participation, since it defines the freedom of ‚choosing‘, of anyone to whom participation is proposed."[247] 1968 hielt Lygia Clark in einem Brief an Oiticica Vergleichbares fest: „True participation is open and we can never know what we are giving to the spectator-author."[248]

Im Gegensatz zu anderen Avantgarde-Deklarationen ist die Beziehung von Kunstschaffenden und Publikum hier also von Gleichheit gekennzeichnet. Letzteres ist nicht dasjenige, das nicht begreift, sich empört, hasst oder lacht, sondern eines, das begreift, sympathisiert, liebt, sich begeistert. Damit setzt sich die Neue Objektivität ganz deutlich von anderen avantgardistischen Bewegungen wie den Dadaisten oder den Surrealisten ab, die – bei allen Unterschieden, die auch hier wieder bestehen – auf stets ähnliche Weise argumentierten, dass das Publikum „bearbeitet" und in eine spezifische Richtung gebracht werden soll. Die Neue Objektivität wird vom elitären Gestus dieser Tradition differenziert, wenn Oiticica feststellt: „‚New Objectivity‘ being a state, and not a dogmatic, aestheticist movement (as Cubism was, for instance, or any of the other ‚isms‘ constituted as a ‚unity of thought‘), is more an ‚arrival‘, made up of multiple tendencies."[249]

Diese Position nimmt er an anderen Stellen jedoch wieder zurück. Dann verfängt er sich erneut in Theoremen, wie sie die Avantgarde seit den 1920er Jahren formulierte, und versuchte wieder, die Unkontrollierbarkeit signifikanter Ereignis-

---

[246] Hélio Oiticica, „Block-Experiments in Cosmococa – program in progress" (1973), in: *Hélio Oiticica*, hg. v. Guy Brett, Rotterdam, Paris, Barcelona, Lissabon, Minneapolis: Ed. du Jeu de Paume, 1992, S. 174-183, S. 181.
[247] Oiticica, Position and Programme, 1992, S. 100.
[248] Zitiert nach: *Lygia Clark*, hg. v. Manuel J. Borja-Villel, Barcelona: Fundació Antoni Tàpies, 1998, S. 235.
[249] Hélio Oiticica, General Scheme, 1992, S. 110.

se zu überspielen und „Befreiung", „Bruch", „Dekonstruktion", „Witz" oder „ekstatischen Taumel" greifbar nahe erscheinen zu lassen. So schreiben Oiticica und auch Clark die Neue Objektivität bei aller Umarbeitung gleichzeitig auch in eine Geschichte der Avantgarde ein. Eine solche Traditionserfindung geschieht zum Beispiel dort, wo sie die Deklarationen und Manifeste anderer Bewegungen schroff als „überholt" zurückweisen. Im Unterschied zu anderen Avantgarde-Manifesten sind es hier jedoch nicht die naturalistischen oder realistischen Positionen, die abgelehnt werden, sondern bestimmte Traditionslinien innerhalb der Avantgarde selbst: beispielsweise der Kubismus. Eine vehemente Abgrenzung erfolgt auch gegenüber „Pop und Op" sowie gegenüber *Nouveau Réalisme* und *Primary Structures* (Hard Edge).[250] Zugleich werden andere Linien der Avantgarde mit der eigenen künstlerischen Arbeit jedoch in enge Beziehung gesetzt: Die Dadaisten, aber auch John Cage und Jack Smith tauchen wiederholt als Verbündete auf, und Nietzsche wird immer wieder als philosophischer Hintergrund genannt.[251]

Eine Verwandtschaft mit dem klassischen Projekt der Avantgarde wird aber vor allem dort sichtbar, wo die Kunstschaffenden nicht einfach nur als Teilnehmende unter anderen Teilnehmenden auftauchen, sondern wieder zu „Schöpfern" werden.[252] Denn an manchen Stellen spricht Oiticica in Bezug auf die eigene Funktion dann doch von der eines „Bewusstseinsveränderers", „Anregers", „Unternehmers" und „Erziehers".[253] Dann verweist er das Publikum wieder auf die Position jener zurück, die nicht von selbst begreifen, die eine neue Sprache nicht kennen und denen eine veränderte Praxis gelehrt werden müsse, während die Kunstschaffenden zu „Verkündern" bzw. zu Lehrerinnen und Lehrern dieser neuen Praxis werden.

Die Programme der Neuen Objektivität zeigen sich jedoch dort am deutlichsten mit den klassischen avantgardistischen Behauptungen und den überlieferten Emanzipationsdiskursen verbunden, wo eine Kausalität zwischen den ästhetischen Interventionen und einem ganz spezifischen Ergebnis auf einer politisch-ideologischen Ebene andererseits angenommen wird. So hielt Oiticica wiederholt fest, dass die über die *Parangolés* entstehende Position nur eine komplett anarchische Position sein könne: „It is against everything that is oppressive, socially and individually, – all the fixed and decadent forms of government, or reigning social structures. (...) Politically, this position is that of all the genuine lefts of this world – not of course of the oppressive lefts."[254] Auch hier kommt also wieder die bereits bekannte Argumentation zutage, die die Fülle der kontingenten Möglichkeiten dessen, was als Ergebnis der kollektiven Partizipation entsteht, auf einige wenige reduziert – eine „neue Sprache" und ein „neues Leben", die dem Künstler offenbar bereits bekannt sind und deshalb angekündigt werden können. Hier partizipiert Oiticica wieder an

---

250 Ebd. S. 110.
251 Ebd.
252 Oiticica, Notes, 1992, S. 96.
253 Oiticica, General Scheme, 1992, S. 118f.
254 Oiticica, Position, 1992, S. 103.

zentralen Verführungstaktiken der avantgardistischen Tradition, die, wie ja bereits deutlich geworden ist, u.a. darin bestehen, die Unkontrollierbarkeit der eigenen Verfahren und Handlungen zu überspielen.

Zugleich gibt es jedoch auch Unterschiede zwischen den einzelnen Positionen innerhalb der Neuen Objektivität: Denn auch wenn Oiticica sein Handeln meist als das eines Suchenden in Szene setzt, der im Begriff ist, die Gesten von Emanzipation und von künstlerischer Gestaltung zu verändern, so posiert er, wie bereits beschrieben, doch immer wieder auch als „Bewusstseinsveränderer" oder „Erzieher". Demgegenüber stellt Lygia Clark ihre Position als Künstlerin noch stärker in Frage, wenn sie, 1968, zum Beispiel dazu überging, ihre Arbeiten „Vorschläge" oder „relationale Objekte" zu nennen und sich selbst als „Vorschlägerin" zu bezeichnen.[255] Dies brachte sie dann Mitte der 1970er Jahre dazu, jegliche hierarchisch übergeordnete Position aufzugeben. Sie schreibt nun: „I lose authorship; I incorporate the act as a concept of existence. I dissolve into the collective (...) I deeply feel the fall in values of words which no longer have a meaning, such as ‚genius' and the ‚work', individualism."[256] Intensiv betriebene Selbstreflexion und eine Auseinandersetzung mit psychoanalytischen Verfahren ließen sie schließlich ihre künstlerische Arbeit in den Dienst von therapeutischen Szenarien und Gruppenprozessen stellen. Damit kehrte sie dem Kunstschaffen über weite Zeiträume hinweg überhaupt den Rücken, um in einem anderen Bereich, dem der Gruppen- und Therapiearbeit, jedoch ebenfalls wieder als „Initiatorin" oder „Magierin"[257] aufzutreten – womit sie sich schließlich in einer ähnlichen Zwiespältigkeit wie Oiticica verfing.

Die Theorie und Praxis der Neuen Objektivität zeigt demnach ein gewisses „Changieren": Die Künstler und Künstlerinnen versuchen, ihre „Eingriffe" von den Aktionsmustern der Avantgarde-Tradition zu differenzieren und bleiben dennoch darin verstrickt. Sie sind auf der Suche nach einer Neubestimmung von Emanzipation sowie der Rolle, die eine ästhetische Praxis dabei spielen kann, und partizipieren zugleich am klassischen Emanzipationsdiskurs. Sie bewegen sich zwischen einem Sich-Ausliefern an unkontrollierbare Gruppenprozesse und der Position als „Anzettelnde", „Erziehende" und „Therapierende" hin und her und stehen, wie Lygia Clark, stets an der Kippe, die Kunst zugunsten eines Aufgehens im Kollektivkörper aufzugeben. Gleichzeitig versuchen sie, zu einem für ihre Zeit völlig neuen Verständnis dessen zu gelangen, wie sich Hegemonie herstellt und wie Bilder, Körper, ästhetische Eingriffe und unsere Rezeption von Bild-, Ding- und Soundumgebungen daran teilhaben.

Denn von Seiten des Öffentlichen und Politischen aus können manche von Oiticicas und Clarks Reflexionen aus diesen Jahren auch als eine Annäherung daran

---

255 Lygia Clark, „Wir unterbreiten Vorschläge" (1968), in: *Vivências/Lebenserfahrung*, hg. v. Sabine Breitwieser, Wien: Generali Foundation, 2000, S. 133.
256 Lygia Clark, „On the Suppression of the Objects (Notes, 1975)", in: *Lygia Clark*, hg. v. Manuel J. Borja-Villel, Barcelona: Fundació Antoni Tàpies, 1998, S. 265.
257 Als solche beschreibt sie sich selbst in: Ebd., S. 269.

verstanden werden, wie ein über plurale Artikulationprozesse laufendes Sich-Ergeben von „Hegemonie" erklärt werden könne. Etwa wenn Lygia Clark sich 1968 an potenzielle „Partizipierende" mit den Worten wendet: „Wir unterbreiten Vorschläge: Wir sind die Form; an Euch liegt es, dieser Form Leben einzuhauchen: den Sinn unserer Existenz (...)."[258] Und Hélio Oiticica spricht noch expliziter von der Möglichkeit, „of creating everything from the empty cells, where one would try to ‚snuggle-in' to the dream of the construction of totalities which rise like bubbles of possibilities – the dream of a new life, which can alternate between the ‚self-founding' just mentioned and the ‚supra-forming' born here, in the leisure nest."[259] Jedes Ding und jeder Körper kann, so führen sie aus, zu einer „form" bzw. einer „empty cell" werden, d.h. zu einer Potenzialität, über die sich das „supra-forming" (von Hegemonie) ergibt. Oiticica erwähnt in dem Zusammenhang schließlich ganz explizit einen „allgemeinen konstruktiven Willen", der sich über die Partizipation von Körpern an kollektiven Ereignissen im Brasilien der 1960er und 1970er Jahre zu formen begann.

Das Konzeptualisieren von solchen Verkettungen von Bildern und Körpern erhält in der Theoretisierung der Neuen Objektivität Vorrang vor der Isolierung bestimmter ästhetischer Taktiken und deren Inszenierung als politisch effiziente Werkzeuge. Doch trotz solcher Ansätze bleibt dieses Projekt immer noch zu sehr der avantgardistischen Tradition und der in ihr angenommenen Kausalbeziehung zwischen ästhetischer Form und politischer Position verhaftet, als dass die Beteiligten die volle Konsequenz aus ihren Überlegungen zu Partizipation, quasi-mythischen Aufladungen von Dingen und Gesten und der Bildung von Kollektivkörpern hätte ziehen können. So sehen sie nicht deutlich genug, dass es ausgehend von den von ihnen kreierten Situationen, Bildern und Praktiken immer wieder von einer anderen Perspektive aus zur Durchsetzung von politischer und ästhetischer Hegemonie kommen kann und nicht allein nur aus der von ihnen so sehr favorisierten „progressiven", „anarchischen" Perspektive. Ihnen bleibt der Blick darauf versperrt, dass die von ihnen geschaffenen skulpturalen Versatzstücke und angezettelten Gruppenprozesse auch Artikulationsketten nach sich ziehen, an die sie selbst niemals gedacht hätten. Erst 1968, als das seit 1964 eingesetzte Militärregime mit verschärften Repressionsmaßnahmen auftrat, in der Verfassung festgelegte Rechte einschränkte und viele Kulturschaffende wie etwa auch Oiticica und Clark selbst in die Emigration zwang, wurde für sie deutlich, dass die in Brasilien real stattfindenden kulturellen Artikulationen zu ganz anderen Ergebnissen führten, als die *Tropicálistas* es mit ihrem Programmen für eine „antropophagische" brasilianische Kultur anvisiert hatten. So schreibt Oiticica, enttäuscht von diesen Prozessen im Jahr 1968: „Und was sieht man nun? Die Bourgeoisie, falsche Intellektuelle, Kretins jeglicher Art predigen den ‚Tropicalismus', die Tropicália (die jetzt in Mode gekommen ist) – und wandeln etwas in ein Konsumgut um, von dem sie nicht recht wissen, was es wirklich ist. Zumindest eines ist sicher: Diejenigen, die auf

---

258 Clark, Wir unterbreiten Vorschläge, 2000, S. 133.
259 Oiticica, Creleisure, 1992, S. 137.

Stars und Stripes machten, sind auf Papageien und Bananenstauden usw. umgestiegen oder interessieren sich für Favelas, Sambaschulen, marginalisierte Antihelden (...)."²⁶⁰ Die kollektive Partizipation an Bild-, Ding- und Soundumgebungen führte also in eine andere Richtung als die anvisierte, was bei Oiticica und anderen Vertretern und Vertreterinnen der Neuen Objektivität Enttäuschungen, aber auch weitere Suchbewegungen hervorbrachte.

Im Unterschied zur Neo-Avantgarde der 1960er in Deutschland und Österreich oder zur Position der *Screen*-Filmkritik, wo wir beide Male auf eine eingefrorene Formulierung ästhetisch-politischer Praktiken trafen, ist die Verfahrensweise der Neuen Objektivität jedoch davon geprägt, dass es neben einem emphatischen Aneignen avantgardistischer Taktiken auch den Versuch gibt, sich von damit oft verbundenen Fixierungen frei zu machen. Die Gründe dafür liegen, wie ich zu zeigen versuchte, in der unterschiedlichen geografischen Verortung der jeweiligen Praktiken: In Europa sahen sich – trotz der Unterschiede, die es auch hier zwischen der Rezeption in Großbritannien oder jener in Deutschland gab – Intellektuelle und Kunstschaffende durch Faschismus und Krieg von den Traditionen der Zwischenkriegszeit abgeschnitten und machten sich in den 1960er Jahre daran, sich die zeitlich ferne, aber gerade deshalb um so begehrtere Theorie und Praxis schnell und plakativ wieder anzueignen. Zudem färbten in diesen Milieus die Veränderungen von Kino und Film und hier speziell des Hollywoodkinos sowie der Aufstieg von Werbung und Konsumismus die durch die faschistische Erfahrung bereits sehr skeptische Haltung gegenüber Massenkultur und Pop noch pessimistischer. Die Zweiteilung der Welt im Kalten Krieg heizte die Suche nach einem schnell zu beschreitenden, direkten, „dritten" Weg zwischen Kapitalismus und Realsozialismus zudem an. Die Behauptung der politischen Effektivität ästhetischer Taktiken fungierte in diesen Kontexten demnach als attraktive Option, mit der sowohl eine Brücke zur präfaschistischen Vergangenheit gebaut als auch eine kritische, dekonstruktive Auseinandersetzung mit der Popkultur ermöglicht und eine Art „dritten Weg" zwischen orthodoxem Kommunismus und westlichem Kapitalismus eröffnet werden konnte. In Deutschland und Österreich wurde die avantgardistischen Praktiken zudem in eine Schock- und Destruktionsästhetik umformuliert, mit der Tabus attackiert und die Werte und Haltungen der Elterngeneration kämpferisch und schroff zurückgewiesen werden konnten. In Brasilien hingegen gab es eine seit den 1920er Jahren recht ungebrochene Tradition des Experimentierens mit avantgardistischen Verfahren. Die Immigrantengesellschaft Brasiliens, deren kulturelles Leben maßgeblich auch von deutschen jüdischen Intellektuellen geprägt war, schien die experimentelle, plurale und stark politisierte Weiterverarbeitung von aus Europa importierten theoretischen und künstlerischen Positionen offenbar gefördert zu haben.²⁶¹ Ähnlich wie in Europa bot sich die

---

260 Hélio Oiticica, „Tropicália" (1968), in: *Vivências/ Lebenserfahrung*, hg. v. Sabine Breitwieser, Wien: Generali Foundation, 2000, S. 262-265, S. 264.
261 Prutsch hat darauf aufmerksam gemacht, dass bereits die Immigration nach Brasilien in den 1930er Jahren zu einer Politisierung von Wissen und zu einer Entwicklung neuer Methoden

Avantgarde-Tradition auch in diesem Kontext als eine Art neuer „Weg" an – der nun jedoch zwischen orthodox marxistischen Positionen, imperialistisch-kapitalistischer westlicher Kultur und staatlichen Strategien sowie traditioneller französischer Elitekultur verlief. In erster Linie provozierte aber die eigene marginalisierte Position auf der Bühne der Weltpolitik Suchbewegungen, die sich danach ausrichteten, wie unter Nutzung des Populären kollektive Prozesse in Gang gesetzt werden können, die zugleich ästhetisch wie auch politisch offensiv agieren und das Ziel einer Befreiung von externer Dominierung und Selbstbestimmung verfolgen. Dennoch wirkte die Verstrickung der eigenen Praxis mit der Tradition der Avantgarde auch hier insofern beschränkend, als dadurch nicht die vollen Konsequenzen aus dem eigenen Experimentieren mit Gruppenprozessen gezogen und zum Beispiel die prinzipielle Offenheit und Kontingenz von Kollektivkörperformationen nicht hinreichend anerkannt wurden.

II.4. Dekonstruktion, die Ausbreitung queerer ‚Tricks' und ein neues Anerkennen des Publikums

Das Unvorhersehbare der Rezeption

Die bisher dargestellten Rezeptionsgeschichten präsentierten, trotz teilweise großer Differenzen, ästhetische Verfahren stets als Mittel, die gleichsam von sich aus die Welt überraschend und momenthaft in eine bestimmte Richtung hin verwandeln könnten. Diese ungebrochen kausale Beziehung zwischen Form und Wirkung stellte dann allerdings auch genau jenen Punkt dar, an dem bereits in den 1970er Jahren Kritik und Neubefragung ansetzten.

Ein Beispiel für die Kritik, die sich an solchen Form-Wirkung-Konzepten festmachte, ist jene von Paul de Man. Dieser nahm in mehreren, Ende der 1970er Jahre entstehenden Beiträgen, die Praxis, ästhetische Phänomene wie die Ironie zu einem Konzept zu erklären, genauer in den Blick.[262] Dabei legte er dar, dass Ironie im Auge des Betrachters oder der Betrachterin liege: Ironie passiere im Kommunikationsprozess oder passiere auch nicht, d.h., Ironie muss „erkannt" werden und geht mit Überraschung einher. Wenn Ironie allerdings stattfindet, dann führt sie, so de Man, Ablenkung, Abdrehen, Auflösung und die Verbreitung von Zweifel mit sich. Deswegen sei sie auch nicht in ein Konzept zu pressen, sondern vielmehr genau dasjenige, was jeder Definition entgleitet, und verstehendes Sprechen und Zeigen in Schwierigkeiten bringt.

---

anregte. Prutsch, Instrumentalisierung, 1999, S. 367.
262 Die Vorträge und Seminare hielt Paul de Man 1976 und 1977; „The Concept of Irony" wurde von Tom Keenan transkribiert und auf der Basis einer Tonbandaufnahme von Andrzej Warminski korrigiert. Der Text ist publiziert als: de Man, The Concept of Irony, 1996, S. 163ff.

In seiner Darlegung geht de Man wieder auf die deutsche Romantik zurück und zeigt auf, dass die Haltung der Wissenschaft, insbesondere der Germanistik, gegenüber der Sprachphilosophie Schlegels eine ähnliche war, wie sie auch gegenüber der Ironie praktiziert wurde. In beiden Fällen wurde ästhetischen Verfahren die Spitze abgebrochen, indem sie zu einem Konzept erklärt wurden. Das Zum-Konzept-Erklären der Ironie ist für ihn demnach ein zentrales Mittel ihrer Entschärfung.[263] Daneben kann er jedoch auch noch andere, ähnlich geartete Taktiken feststellen: Etwa diejenige, sie zu einer ästhetischen Praxis zu erklären, die den ästhetischen Appeal eines Werkes erhöht; sie als eine Spiegelstruktur zu begreifen, in der man sich selbst von einer gewissen Distanz aus betrachten könne – was er, wie er selbstkritisch anmerkt, in früheren Texten ebenfalls gemacht habe; oder sie wie Hegel oder Kirkegaard in eine Dialektik der Geschichte zu integrieren, was den „Störfaktor" ebenfalls zur „Aufhebung" bringt. Mit der Aufzählung dieser Taktiken macht de Man deutlich, dass – obwohl Ironie jedem Versuch der Definition entwischt – genau deswegen beständig Konzepte und Schemata entworfen werden, die versuchen, sie zu „kontrollieren".

Solchen Entschärfungsversuchen stellt er dann die Schlegel'sche Auffassung entgegen, dass Ironie, wenn sie „passiert", zwar die Unterbrechung eines Systems darstelle, dies zugleich jedoch eine permanent mögliche Unterbrechung bleibe, die nicht kontrollierbar sei.[264] Wie Schlegel geht de Man demnach davon aus, dass man, um sagen zu können, man solle kein System aufstellen, bereits ein System haben müsse – eben dasjenige der stets vorhandenen Möglichkeit von Unterbrechung. De Mans Perspektive ähnelt hier wieder derjenigen Walter Benjamins, dessen Arbeiten auch als eine Art „Basistheorie" hinter seinen Ausführungen schlummern. Denn dieser hatte ebenfalls darauf hingewiesen, dass der Diskontinuität schaffende Zusammenstoß mit der „Jetztzeit" eine permanent vorhandene Möglichkeit unseres In-der-Welt-Seins sei.

Ironie als permanent mögliche Unterbrechung der Kohärenz und Systematik des Erzählens ist für de Man auch dem „buffo" der Commedia dell'Arte vergleichbar, wo das Anwesend-Sein des Publikums auf der Bühne genauso als eine Art „Drohung" vorhanden ist, dass die narrative Illusion „gestört" werden könne. Damit wollte er verdeutlichen, dass das Unernste, die Ablenkung oder Abdrehung sich nicht an einen gesellschaftlichen Ort binden lassen, sondern überraschend auftauchen und dann auf ein Jenseits von Bedeutung verweisen sowie Zweifel an den Möglichkeiten des Verstehens in Gang setzen. Genau ein solches „Binden" des Unernsten, der Störung und des Bruchs an bestimmte ästhetische Verfahren, die von ganz spezifischen Gruppen gegenüber anderen eingesetzt werden, geschieht aber, wie die bisher verhandelten Rezeptionsgeschichten ja gezeigt haben, wiederholt im

---

263 Der Titel von Kirgegaards Buch *Das Konzept der Ironie* sei demnach allein ironisch zu verstehen – er erlaubte sich damit, so de Man, sich über solche wissenschaftlichen Verfahren lustig zu machen. Ebd., S. 163.
264 Der bekannte, diesbezüglich von Schlegel getroffene Ausspruch lautet: Die Ironie sei permanente Parabase; siehe: Schlegel, Philosophische Lehrjahre, 1971, Nr. 668, 85.

Zuge der Weitertradierung avantgardistischer Taktiken. Häufig werden Bruch, Ablenkung, Störung, Dekonstruktion eng mit ganz bestimmten ästhetischen Taktiken verschweißt, und davon wird dann wieder eine bestimmte politische Position – in den 1960er Jahren meist ein „linker", dritter Weg zwischen Realsozialismus und westlichem Kapitalismus bzw. Imperialismus – abgeleitet. Ästhetisches Sprechen und Zeigen wird auf diese Weise nicht als etwas dargestellt, das einem grundsätzlich entgleitet und damit offen, beweglich und von Überraschung gekennzeichnet ist, sondern es wird versucht, Unsicherheit in Sicherheit und Mögliches in Gewissheit zu verwandeln.

In eine ähnliche Richtung wie dieser Vorstoß von Paul de Man geht dann auch eine von Jacques Derrida in etwa zeitgleich vorgebrachte Kritik. In einem Anfang der 1970er Jahre erstmals veröffentlichten Text[265] weist er darauf hin, dass Sprechen oder Zeigen „performative Akte" sind, was die Mitteilung einer ursprünglichen Bewegung, eine Operation und das Hervorrufen einer Wirkung impliziert und nicht die Beförderung oder Übermittlung von Bedeutungsinhalten. Solche Akte haben ihren Referenten demnach außerhalb ihrer selbst, vor sich, sich gegenüber, und zugleich produzieren und verwandeln sie eine Situation, kurz: Sie wirken und bringen unvorhersehbare, manchmal auch überraschende Effekte hervor. Mit dieser Darlegung weist Derrida darauf hin, dass, wenn etwas schriftlich oder bildnerisch Dargestelltes als „Dargestelltes" sichtbar wird, es weiterhin Effekte erziele und wahrnehmbar sei, selbst wenn der Autor oder die Autorin das, was scheinbar in ihrem Namen präsent ist, nicht mit der ganzen augenblicklichen Intention oder Aufmerksamkeit unterstützt. Am Beispiel der Schrift zeigt er auf, dass es zu einer ihrer Kerneigenschaften gehöre, dass sie – dadurch, dass sie auch anderswo, in einem anderen Kontext, funktionieren und dort (ähnliche, differente) Wirkungen hervorrufen kann – einen Bruch markiert mit der Kommunikation von Bewusstsein, mit Anwesenheit und mit einer linearen, linguistischen oder semantischen Übermittlung des Meinens. Anders ausgedrückt: Er beschäftigt sich mit dem Umstand, dass die Intention, auch wenn sie damit nicht nebensächlich oder unwichtig ist, die den Aktionen innewohnenden Handlungen und Äußerungen nicht so vollständig beherrschen kann, wie manche der angesichts solcher Aktionen in Umlauf gesetzten Erzählungen uns glauben machen möchten.

Ästhetische Eingriffe, wie sie die in diesem Buch verhandelten Gruppen praktizieren, können ebenfalls als solche „performative Akte" beschrieben werden: Auch sie produzieren und verwandeln eine Situation. Sie sind demnach nicht Handlungen, die eine festgelegte Intention übermitteln und gleichsam untransformiert „weiterbefördern", sondern Agenten dessen, was Derrida „Dissemination" nennt, worunter er eben ein solches Hervorrufen von Wirkung versteht, die sich dann in ganz unterschiedliche Rezeptionsrichtungen ausbreitet. Die Intention hat in diesem Erklärungsmodell zwar immer noch ihren Platz, kann allerdings das System der Äußerung nicht mehr vollständig beherrschen. Dabei befragt Derrida zugleich

---

265 Jacques Derrida, „Signatur. Ereignis. Kontext", in: *Randgänge der Philosophie*, hg. v. ders., Wien: Passagen-Verlag, 1999, S. 291-314.

mit dem Begriff der „Intention" auch den des „Kontextes" neu und streicht heraus, dass dieser nicht eine weitgehend oder gar erschöpfend bestimmbare Größe, sondern stets mit Unbestimmbarkeit verbunden sei. Es wird, so Derrida, immer andere Kontexte geben, in denen ein ästhetischer Eingriff seine neuen, anderen Wirkungen erzielen wird.

Für die von mir in diesem Buch verhandelten parodistischen, ironischen oder verfremdenden ästhetischen Taktiken bedeutet dies, dass sie als „zwiespältig" bezeichnet werden können: Auch wenn sie dahingehend entworfen werden, anderen politischen Positionen und ästhetischen Haltungen zu widersprechen, entziehen sie sich der Kontrolle der Subjekte und können unerwartete Artikulationen und Weiterverhandlungen hervorrufen. Es gibt demnach keine A-priori-Garantie dafür, dass ihre Rezeptionsgeschichten in bestimmte Richtungen gehen werden: in die einer „Bewusstseinskrise", „einer Sozialisierung von Sexualität" oder eines „kritischen Bewusstseins".

Verschiedene bisher angesprochene Gruppen wie das Expanded Cinema in Wien oder Köln in den 1960er Jahren oder die aktuelle Bewegung des *culture jamming* gehen in ihren Handlungen jedoch nicht nur davon aus, dass ihre Aktionen wirken und eine Situation verwandeln, sondern dass sie sogar „zertrümmernd" oder „subversiv" wirken – womit auch sie die Intention der Eingreifenden mit den Effekten des Eingriffs gleichsetzen. Dabei verwenden sie, wie eine weitere Kritikerin, Linda Zerilli, herausarbeitete, meist auch das Bild, dass ästhetische Sprachen eine Art Gefängnis darstellen, aus dem uns jede Abweichung retten würde.[266] Dem hält sie entgegen, dass Abweichung stets schon Teil unseres Sprechens und Zeigens sei, dass es also keine „reine Sprache" unabhängig von ihrer Anwendung gibt. Verbunden damit weist sie, unter Bezugnahme auf Wittgenstein, darauf hin, dass wir in den meisten Situationen unmittelbar verstehen oder begreifen, wie wir zu agieren haben, ohne dass wir zuerst interpretieren müssen. Wenn wir jedoch auf ein irritierendes oder nicht leicht verständliches Zeichen, eine Abweichung treffen, dann schauen wir, so Zerilli, uns zunächst die Umgebung an und versuchen, daraus ein Handlungsmuster abzuleiten. Erst in einem zweiten Schritt treten wir zurück und hinterfragen die herkömmlichen Nutzungsweisen und Bedeutungen. Mit Wittgenstein gesprochen: Auch Gewissheit ist ein Handeln und kein Wissen[267], und dieses alltägliche, gewöhnliche Handeln „verschluckt" unter Umständen bestimmte Abweichungen einfach, bis wir eventuell durch andere, um diese Abweichung lagernde Zeichen verstanden haben, dass wir uns vielleicht in einem anderen Sprachspiel, z.B. jenem der Kunst, befinden. Wenn wir auf eine parodistische, ironische oder verfremdende Aktion im öffentlichen Raum treffen, dann können wir – so legt diese Überlegung nahe – auch einfach daran vorbeigehen, weil unsere Aufmerksamkeit vom Fluss unserer alltäglichen Geschäfte weitgehend absorbiert ist, oder wir erkennen, dass wir es mit „Kunst" zu tun haben und wechseln zur entsprechenden Betrachtungsweise über. Nur eventuell, so Zerilli, werden wir über einen

---
266 Linda M. G. Zerilli, *Feminism and the Abyss of Freedom*, Chicago, 2005, S. 53ff.
267 Wittgenstein, Über Gewissheit, 1984, insbes. S. 150ff.

Zusammenstoß mit parodistischen, ironischen oder verfremdenden Handlungen auf eine „kritische" Lesart des Alltäglichen umschwenken. Nichts an einer parodistischen Performance garantiert jedoch, dass wir einen solchen Schritt machen. Doch selbst wenn wir ihn setzen, sind immer noch ganz unterschiedliche Formen der Weiterverhandlung möglich.

Mit diesem Verweis legt auch Linda Zerilli dar, dass unser Umgang mit dem Seltsamen und mit Abweichungen viel komplizierter und gewitzter ist, als bestimmte ästhetisch-politische Konzepte uns glauben lassen möchten. Wie Paul de Man und Jacques Derrida streicht auch sie die Unsicherheit heraus, die mit dem Gebrauch solcher ästhetischen Taktiken im öffentlichen Raum verbunden ist und die davon herrührt, dass es die Zuschauer und Zuschauerinnen sind, die Ironie, Parodie oder Verfremdung als solche wahrnehmen und in einer kreativen Weise damit umgehen werden. Im Unterschied zu den Sichtweisen von de Man oder Derrida stehen die signifikanten Ereignisse der Wahrnehmung jedoch nicht im Zentrum von Zerillis Ansatz – obwohl sie durchaus sieht, dass unserem Handeln auch die Möglichkeit zukommt, Grenzen zu durchbrechen, neue Beziehungen zu etablieren und das Unerwartete hervorzubringen.[268] Dieser Platz kommt hier eher den verschiedenen Sprachspielen zu.

Die Unsicherheit und Ungewissheit, die mit unseren öffentlichen Handlungen verbunden ist, greift dann auch Jean-Luc Nancy nohmals auf, wobei er in seiner Herangehensweise das Ganze gewissermaßen umdreht. Auch er fokussiert wieder auf herausragende, involvierende Ereignisse der Wahrnehmung und geht von deren Unkalkulierbarkeit bzw. von dem, was er als „Lebendigkeit des Sinns" bezeichnet, aus. Im Unterschied zu den Philosophen und Philosophinnen, so betont er, sind Kunstschaffende in ihrem Tun nicht damit beschäftigt, ein System zu schaffen, sondern darauf aus, uns „den Sinn zu liefern" oder uns „dem Sinn auszuliefern", indem sie versuchen, den Fluss des Sinns für einen Moment lang durch ein Rühren an etwas zu unterbrechen.[269] Dementsprechend charakterisiert er die künstlerische Tätigkeit als ein Kalkulieren und Berechnen unkalkulierbarer Momente der Wahrnehmung.[270] Die von mir in diesem Buch versammelten avantgardistischen und neo-avantgardistischen Kunstpraktiken sind – im Unterschied zur Tätigkeit eines Künstlers wie Hölderlin, den Nancy zum Maß für seine Poetik genommen hatte – jedoch davon gekennzeichnet, dass sie stets eingesetzt werden, um das „Wohnen" auf dieser Erde verändern, verbessern, es befreiter und emanzipierter gestalten zu können. Sie werden also nicht nur entwickelt, um den ästhetischen Sinn zu berechnen, sondern auch um politisch innerhalb konkreter Auseinandersetzungen bestimmte Änderungen der Verhältnisse hervorzubringen. Jedoch bleibt, diesen Be-

---

268 Dazu siehe insbesondere: Linda M. G. Zerilli, „The Arendtian Body", in: *Feminist Interpretations of Hannah Arendt*, hg. v. Bonnie Honig, Pennsylvania: Pennsylvania State Univ. Press, 1995, S. 167-193.
269 Jean-Luc Nancy, *Kalkül des Dichters. Nach Hölderlins Maß*, Stuttgart, 1997, S. 9f.
270 Ebd., S. 17.

mühungen zum Trotz, auch hier der politische, lebendige Sinn unkalkulierbar und geht oft ganz andere als die angepeilten Konstellationen ein.

Wie bereits angesprochen, verwandeln die verschiedenen von mir untersuchten Avantgarde- und Neo-Avantgardegruppen in den von ihnen verbreiteten Erzählungen diese Möglichkeit des ästhetischen Eingriffs in eine Gewissheit und überspielen so die Unkontrollierbarkeit der eigenen Verfahren und Handlungen. Dabei vereinnahmen sie die jeweiligen ästhetischen Taktiken für die eigene Gruppenpraxis und richten Polarisierungen auf, die einer politischen Diskussion, die eine Offenheit und Unabgeschlossenheiten der Auseinandersetzung berücksichtigen würde, entgegensteht. Die Darlegungen von Paul de Man, Jacques Derrida, Linda Zerilli und Jean-Luc Nancy können demnach als Einwände gegen solche Vereinahmungen gelesen werden. De Man, Derrida und Nancy streichen dabei besonders die durch ästhetische Interventionen ausgelösten Ereignisse der Wahrnehmung heraus: Nancy, indem er die prinzipielle Unkontrollierbarkeit dieser Ereignisse betont; Derrida, indem er, in ganz ähnlicher Weise aufzeigt, dass solche Ereignisse nicht „hergestellt" werden können, sondern sich, jenseits jeder Intention, „ergeben"; und Paul de Man indem er darlegt, dass, selbst wenn solche unterbrechenden Wahrnehmungsereignisse stattfinden, das Operieren solcher ästhetischen Taktiken nicht in ein Konzept des Sprechens und Zeigens gefasst werden kann, sondern eine stete Möglichkeit von Kommunikation bleibt. Sie gehen von einem diesbezüglichen „Potenzial" aus, wobei alle – auch Linda Zerilli – diesen Begriff nicht für etwas verwenden, das bereits in einer Situation vorhanden und gewissermaßen „vorhersehbar" ist und nur „weiterentwickelt" werden muss, sondern damit vielmehr etwas bezeichnen, das zwar als Horizont des Möglichen vorhanden ist, jedoch, wenn es eintritt, Überraschung, Überwältigung und Verwandlung mit sich führt.[271]

Indem verschiedene dieser Positionen auf das unkontrollierbare Wahrnehmungsereignis, den *kairos*, zurückgehen, um überlieferte Formen der Konzeptualisierung ästhetischen Handelns zu hinterfragen, treffen sie sich mit der Herangehensweise von Roland Barthes. Denn auch dieser stellte, wie ich bereits im Anschluss an die Diskussion des Beitrags von Walter Benjamin aufzeigte, solche Momente, die er als „punctum" und „dritter Sinn" bezeichnete, ins Zentrum seiner Ausführungen zu den Innovationen des Rezipierens. Dabei machte Barthes deutlich, dass im Zuge eines Gegen-den-Strich-Lesens, das den Begierlichkeiten der Rezipierenden und nicht den Intentionen und Konzepten der Darstellenden folgt, Subversion und Affirmation zusammen auftreten.[272] Auf diese Weise gesehen erscheinen solche Ereignisse der Wahrnehmung als „Schaltstellen", wo Unterbrechung, Unterminierung, Genießen und Affirmation unentscheidbar zusammenfallen und sich erst

---

271 Dazu: Jacques Derrida, *Eine gewisse unmögliche Möglichkeit, vom Ereignis zu sprechen*, Berlin, 2003, S. 35. Vgl. Paul de Man, „Kant and Schiller", in: *Aesthetic Ideology. Paul de Man*, hg. v. Andrzej Warminski, Minneapolis: University of Minnesota Press, 1996, S. 129-162, S. 129ff. Vgl. Zerilli, Feminism, 2005, S. 84; Vgl. Nancy, Corpus, 2000, S. 86.
272 Barthes, Der dritte Sinn, 1990, S. 56.

in ihrer Weiterverhandlung zeigt, in welche, auch politische Richtung die jeweilige Rezeption ausschlagen wird.

An diesem Punkt hakt Paul de Man noch einmal in diese Diskussion ein. Denn er weist darauf hin, dass signifikante, herausragende Ereignisse, wenn sie uns zustoßen, nicht allein nur Genießen und Unterminierung mit sich führen, sondern dass damit auch ein Ort markiert wird, an dem uns zunächst einfach die Worte und die Parameter fehlen. Die unsere Weltsichten organisierenden „Mythen" und „Ideologien" können so zwar momenthaft unterbrochen werden, auf solche Ereignisse folgt aber, wie er weiter herausarbeitet, stets eine Neueinschreibung in ein kognitives System, die wiederum mit einer Beanspruchung des Mythischen einhergeht. Die Möglichkeit des Schocks und der Zäsur stellt er damit zugleich auch als eine Möglichkeit der Übersetzung und der Re-Artikulation dar. Denn obwohl uns angesichts eines solches Ereignisses zunächst einmal einfach die Worte und Gesten abhanden kommen, haben wir, um das Geschehene anderen und auch uns selbst anzeigen oder uns darüber austauschen zu können, nur die Möglichkeit, es wieder in Sprache – in gesprochene oder geschrieben Sprache, aber auch in Ding-, Bild- oder Zeichensprachen – überzuführen. Wir erfinden Geschichten, Bilder und Handlungen und verbiegen Worte oder Konventionen, um das Ereignis mit Sinn und Richtung auszustatten und konstruieren diesbezügliche Beziehungen zu und Brüche mit anderen Geschehnissen. Dabei nehmen wir eine, wie er es nennt, „Neueinschreibung" vor, die er auch als „Rückfall" („relapse") oder als „Rückbildung" („regression") von der Faktizität des Events beschreibt, wobei er allerdings auch deutlich macht, dass ein solcher „Rückfall" bzw. eine solche „Rückbildung" keine Umkehrung sei.[273]

Autoren wie Edward Said oder Ernesto Laclau[274] zeigen diesbezüglich auf, dass wir bei dieser Neueinschreibung auch Position beziehen: Während wir ein Ereignis der Wahrnehmung und des Erlebens in Begriffe oder Bilder überführen, situieren wir uns bereits in einem Terrain widerstreitender Positionen, die sowohl politische als auch ästhetische Haltungen umfassen. Die sich so ergebende Positioniertheit für oder gegen etwas sowie eine bestimmte politische Dominanz können zudem – worauf beide insistieren – stets hinterfragt und ausgehöhlt und die verschiedenen in ihre Aufrechterhaltung involvierten Elemente und Handgriffe immer auch anders benutzt und „umgepolt" werden. Es ist also auch nicht notwendig, dass wir selber stets Neuanfänge setzen, sondern ein von anderen begonnene Gewebe aus Handlungen und Bildern kann genutzt werden, indem an bestimmten strategischen Punkten – auch über ästhetische Taktiken – eingegriffen und bestehende „Kettenreaktionen" so in eine andere Richtung abgelenkt werden können. Indem beide auf

---

273 de Man, Kant and Schiller, 1996, S. 133.
274 Siehe: Ernesto Laclau, „Identity and Hegemony", in: *Contingency, Hegemony, Universality. Contemporary Dialogues on the Left*, hg. v. Judith Butler, ders. und Slavoj Žižek, London und New York: Verso, 2000, S. 44-89, S. 70f. und: Edward Said, „Criticism and the Art of Politics", in: *Power, Politics and Culture. Interviews with Edward W. Said*, hg. v. Gauri Viswanathan, London: Bloomsbury, 2004, S. 118-163, S. 138.

ältere Autoren wie Raymond Williams[275] oder Antonio Gramsci[276] zurückgreifen, arbeiten sie heraus, dass das Gefüge der öffentlichen Auseinandersetzungen, an denen wir auf diese Weise teilhaben, notwendig temporär und fragil ist und in einem vielschichtigen, selbst von Konflikt geprägten Territorium stattfindet. Wir bewegen uns dabei in einem prekären, plural geschichteten Prozess des Bestätigens, Provozierens und Umdefinierens, in dem unzählige Interventionsmöglichkeiten und Transformationsprozesse gleichzeitig präsent sind, Initiativen zusammen- und gegeneinander wirken und unvorhersehbare Verkettungen von Positionen hervorbringen. Ästhetische Verfahren wie die Parodie, die Ironie oder die Verfremdung haben an diesen Auseinandersetzungen Teil, ihnen kommt dabei jedoch keine privilegierte Position zu, sondern sie entwischen, wie jede andere Handlung im öffentlichen Raum auch, der Kontrolle der Subjekte und gehen kontingente Verknüpfungen ein.

Parallelaktionen: eine Art Mainstreamkonzept der „Gegenkultur"

Neben diesen die ästhetischen Taktiken neu befragenden Lesarten bleiben aber auch weiterhin stark „eingefrorene" Formulierungen der Behauptung der politischen Effektivität ästhetischer Taktiken präsent. Augenfällig ist dabei, dass beides oft nebeneinander existiert, d.h., dass es kaum zu Diskussionen zwischen den Rezeptionsschulen der „Dekonstruktion" und den „einfrierenden" Positionen kommt.

So begegnen einander ähnlich fixierte Oppositionen, wie sie in *Screen* oder in manchen Texten der *Cultural Studies* Ende der 1970er Jahre entwickelt worden waren, dann in den 1980er Jahren in einem wieder anderen geografischen Raum – in den USA rund um die Zeitschrift *October*, und auch hier gibt es wieder enge Bezüge zu einer Rezeptionsgeschichte Walter Benjamins. Kritiker wie Craig Owens, Hal Foster, Douglas Crimp oder Andreas Huyssen bezogen sich dabei insbesondere auf dessen Texte zu Kunst und Fotografie.[277] Hal Foster zum Beispiel benutzte Benja-

---

275 Zum Beispiel: Raymond Williams, *The Country and the City*, Oxford, 1975.
276 Speziell dessen Vorstellung von Gesellschaft als umstrittene und einander überlagernde Terrains; siehe u.a.: Antonio Gramsci, „Notizen zu einer Einführung und einer Einleitung ins Studium der Philosophie und Kulturgeschichte", in: *Gefängnishefte*, hg. v. ders., 10. und 11. Heft, Bd. 6, Hamburg und Berlin: Argument-Verl., 1994, S. 1375-1493.
277 Mit diesen Texten hat sich auch Diarmuid Costello auseinandergesetzt, dessen Einschätzung der Lesart Benjamins im Kreis um *October* ich grundsätzlich teile. Costello stellt jedoch dar, dass die Kenntnis von Benjamins Kunstwerkaufsatz in der angelsächsischen Welt erst in den 1980er Jahre einsetzt. Dem steht, wie ich bereits dargestellt habe, entgegen, dass dieser Aufsatz bereits 1968 in dem von Hannah Arendt herausgegebenen Band *Illuminations* abgedruckt ist und eine Wiederentdeckung seiner Schriften die Rezeption von Dada, Surrealismus oder Bertolt Brecht schon viel früher begleitete – was u. a. auch das isolierte Lesen seiner kunstbezogenen Schriften förderte. Siehe: Costello, Aura, Face, Photography, 2005, S. 164ff.

mins Ausführungen zum Verlust von auratischer Erfahrung, um einen „reaktionären Postmodernismus", den er mit neoexpressionistischer Malerei gleichsetzte, von einem „widerständigen Postmodernismus", der sich in bestimmten, auf Aneignung von Bildern basierenden fotografischen Praktiken zeigen würde, zu unterscheiden.[278] In ganz ähnlicher Weise rezipierte auch Douglas Crimp in seiner Auseinandersetzung mit postmodernen fotografischen Praktiken Benjamins Kunstwerkaufsatz, um ein „Verschwinden" von Aura zu feiern und Reproduktionen – und damit auch den neuen Fotografiebeispielen – einen destruktiven, kathartischen Effekt zuzusprechen.[279] Foster oder Crimp leiteten auf diese Weise nicht von einem bestimmten, an Dada oder den Surrealisten orientierten Stil eine spezifische „subversive" politische Positionierung ab, wie etwa die *Screen*-Filmkritik oder Dick Hebdige in *Subculture*, sondern fokussierten auf das Medium der Fotografie bzw. die Praktiken der Reproduktion und des Zitats und brachten diese dazu, eine solche politische Radikalität zu verkörpern. Auch hier werden Fotos und Reproduktionen nicht als Ausdruck oder Agenten einer allgemeinen Umwälzung von Erfahrung diskutiert, wie Benjamin selbst es vorgeschlagen hatte, noch werden die spezifische Form des Gebrauchs dieser Fotos und deren zwiespältige Rezeptionsgeschichten näher verhandelt.

In den 1980er und zu Beginn der 1990er Jahre tauchen dann auch in einer ganzen Reihe anderer kulturkritischer oder kulturwissenschaftlicher Untersuchungen ähnlich formulierte Thesen auf, wobei stets ästhetische Taktiken wie die Parodie, die Ironie, die Montage oder die Verfremdung als effektive Mittel zur Herstellung eines politisch verstandenen „Gegendiskurses" präsentiert wurden. Die Behauptung der politischen Effektivität ästhetischer Formen erfuhr dabei eine enorme geografische Ausbreitung in Westeuropa, Großbritannien und den USA und hier vor allem in den neu entstehenden und als innovativ geltenden Sparten der Kulturwissenschaften, der Kulturkritik, der Filmtheorie oder den Gender Studies. Fast identische Argumentationen ziehen sich hier durch ganz unterschiedliche Argumentationsfelder: Ein Beispiel dafür sind Texte des Performancetheoretikers Philip Auslander, der in seiner Analyse postmoderner Performance eine „resistant political/aesthetic practice" identifiziert, (which, A.S) "works to reveal counter-hegemonic tendencies within the dominant discourse." Darunter versteht auch er wieder „distancing mechanisms", die „implicit and contextual, which is to say resistant, rather than explicit and textual"[280] sind oder digitales Sampling und textuelle Aneignungen, die „a resistant challenge to the individualistic concepts of cultural production and textual ownership" darstellen, und, wie er darlegt, „underpin the mar-

---

278 Hal Foster, *The Anti-Aesthetics: Essays in Postmodern Culture*, Seattle, 1983.
279 Douglas Crimp, „The Photographic Activity of Postmodernism", in: *On The Museum's Ruins*, hg. v. ders., Cambridge MA: MIT Press, 1993, S. 108-125, insbes. S. 112f.
280 Philip Auslander, *Presence and Resistance. Postmodernism and Cultural Politics in Contemporary American Performance*, Michigan, 1994, S. 89. Dazu siehe auch: Anna Schober, „The Desire for Bodily Subversions: Episodes, Interplays and Monsters", in: *Performance Research*, Nr. 2, 2003 („Bodiescapes"), S. 69-81.

ket in cultural commodities".[281] Auch er extrahiert damit sogenannte „Taktiken" aus den Präsentationen zeitgenössischer Performancekünstler und -künstlerinnen,[282] die er in der bereits bekannten „eingefrorenen" Weise als Mittel zur Erzielung bestimmter linker, ideologiekritischer Positionen präsentiert. Damit stellt er ebenfalls in den Raum, dass eine gewisse Art von Performance „subversive" Disartikulationen produzieren könne, während andere – finden sie nun im Fernsehen, im Hollywoodkino oder im gängigen Musiksystem statt – so präsentiert werden, als ob sie scheinbar *per se* und ausschließlich affirmativ wirken würden und keine verschiebenden, disartikulierenden Wahrnehmungsereignisse produzieren könnten.

Judith Butler legt in *Das Unbehagen der Geschlechter* eine besonders oft rezipierte These vor, in der sie die Parodie zu einer „Strategie" erklärte, über die gängige Auftrittsweisen von Geschlecht unterbrochen und gewissermaßen „enthüllt" werden können. Denn, so führt sie aus, wenn körperliche Oberflächen auf gleichsam „natürliche" Weise „männlich" oder „weiblich" erscheinen können, dann gibt es auch die Möglichkeit, diese Oberflächen für eine denaturalisierende, dissonante Performance zu nutzen, die sichtbar macht, dass Geschlecht stets performativ hergestellt wird. Als zentrales Mittel zur Herstellung einer solchen „dekonstruierenden" Performance identifiziert sie die Parodie – die sie auch als „Strategie der subversiven Wiederholung" bezeichnet. Sie geht dabei also von der These aus, dass wir die „Natürlichkeit" von Geschlecht durch stete Wiederholung erzeugen. Wenn wir unsere Selbstdarstellung jedoch in anderer – etwa parodistischer – Form hervorbringen, dann können wir, so argumentiert sie weiter, etwas anderes aus dem Wiederholten herausholen, was sie als „politisch subversiv" bewertet.[283] Mit dieser Schlussfolgerung verwandelt jedoch auch Butler die Möglichkeit, mittels formaler ästhetischer Eingriffe Aufmerksamkeit erzeugen und eine Herausforderung setzen zu können in die Gewissheit einer ganz bestimmten politischen, feministischen Haltung. Parodie ist nicht einfach eine Möglichkeit des Sprechens, die ganz diverse Effekte hervorrufen kann – eine momenthafte Unterbrechung, eine Kontrolle von Diskursen oder eine panikgeleitete Wiederaufrichtung der irritierten Kategorien – sondern wird mit „Subversion" und zugleich mit einer feministischen, politischen Position verbunden. So bleibt beispielsweise auch die Möglichkeit, die Siegfried Kaltenecker[284] an männlichen Cross-Dressing-Szenen in populären Spielfilmen der 1950erJahre aufgezeigt hat und die darin besteht, dass parodistische Geschlechterperformances auch die Wirkung erzielen können, traditionelle Geschlechtertrennungen zu befestigen, indem „abweichende" Inszenierungen lächerlich gemacht werden, ausgeblendet. Andererseits wird auf diese Weise von Butler auch der Fall, dass wir, wenn wir eine Drag Queen sehen, einfach nur eine Drag Queen wahrneh-

---

281 Auslander, Presence and Resistence, 1994, S. 124.
282 Zum Beispiel der ‚Wooster Group', Laurie Anderson, Spalding Gray, Andy Kaufman oder Sandra Bernhard.
283 Judith Butler, *Das Unbehagen der Geschlechter*, Frankfurt am Main, 1991, S. 123ff.
284 Siegfried Kaltenecker, *Spie(ge)lformen. Männlichkeit und Differenz im Kino*, Frankfurt am Main, 1996, S. 115ff.

men und dies nicht mit alltäglichen Auftrittsweisen von Geschlecht in Beziehung setzen, ebenfalls ausgespart.²⁸⁵ Politische Subversion verortet demnach auch sie wieder in den ästhetischen Sprachen selbst und nicht in den Praktiken, die auf diese reagieren und sie weiterverhandeln.

Butler unterzog diese „Performance-These" zwar einige Jahre später in einem weiteren Buch, in dem sie sich explizit mit Gerichtsurteilen in Zusammenhang mit „Hassreden" und Pornografie auseinandersetzte, implizit einer kritischen Revision, indem sie herausarbeitete, dass sich unser Tun und Sprechen stets unserer Kontrolle entziehe. Nur eine geglückte Handlung, so Butler nun, „ist dadurch definiert, dass ich die Handlung nicht nur ausführe, sondern damit eine bestimmte Kette von Effekten auslöse. Sprachlich zu handeln bedeutet nicht zwangsläufig, auch Effekte hervorzurufen, und in diesem Sinne ist ein Sprachakt nicht immer ein effektiver Akt."²⁸⁶ Allerdings ist nicht diese revidierte Auffassung von Sprache als unkontrollierbares Tun in der Butler-Rezeption einflussreich geworden, sondern die früher formulierte These von der möglichen Subversion der Geschlechterordnung durch parodistische Performance dominant geblieben. ²⁸⁷ Dies zeigt sich etwa auch daran, dass, was später noch einmal etwas ausführlicher zur Sprache kommen wird, auch Michael Hardt und Antonio Negri sich eng auf Butlers Performance-These beziehen, wenn sie ein „performatives kollektives Projekt der Rebellion" der Multitude umreißen, das karnevalesk und „queer" ist.²⁸⁸

In eine ähnliche Stoßrichtung gehen seit den 1980er Jahren dann eine ganze Reihe von Untersuchungen, die Ironie, Parodie, Montage oder Verfremdung als emanzipatorische Lesetaktiken und zugleich als „Ermächtigungsstrategie" beschrieben haben, die Frauen oder andere in der sozialen Hierarchie untergeordnete Gruppen benutzen könnten, um Widerstand gegenüber die sie dominierenden Diskurse auszuüben.²⁸⁹ Solche in den 1980er und 1990er Jahren in ganz heterogenen Untersuchungen auftauchenden, stets ähnlichen Inszenierungen der politischen Effektivität bestimmter ästhetischer Kunstgriffe brachten Linda Hutcheon in ihrer Untersuchung von Ironie schließlich dazu, diesbezüglich von einem „Mainstreamkonzept" der sich als oppositionell verstehenden Gruppen zu sprechen. Dabei weist sie ebenfalls darauf hin, dass in diesen Argumentationen konventionelle Diskurse und Bilder

---

285 Darauf hat Linda Zerilli aufmerksam gemacht; siehe: Zerilli, Feminism, 2005, S. 57.
286 Judith Butler, *Haß spricht. Zur Politik des Performativen*, Frankfurt am Main, 2006, S. 33. Sie bezieht sich nun selbst unter anderem auf den bereits erwähnten Aufsatz von Jacques Derrida und schlägt vor, die Kraft des Sprechens von seiner Bedeutung zu trennen bzw. anzuerkennen, dass die Intention einer performativen Äußerung nicht den ganzen Schauplatz und das ganze System der Äußerung beherrschen kann. Siehe: Butler, Haß spricht, 2006, S. 83. Vgl. Derrida, Signatur, 1999, S. 291ff.
287 Dies wird zum Beispiel an diversen Aufsätzen in folgendem Band vorgeführt: *Decomposition. Post-Disciplinary Performance*, hg. v. Sue-Ellen Case, Philip Brett und Susan Leigh Foster, Bloomington and Indianapolis: Indiana Univ. Press, 2000.
288 Michael Hardt und Antonio Negri, *Multitude. Krieg und Demokratie im Empire*, Frankfurt am Main und New York, 2004, S. 225ff.
289 Etwa: Haraway, Manifesto for cyborgs, 1985, S. 65.

zwar exzessiv aufgesucht und thematisiert werden, die Intimität zwischen dem ironischen, parodistischen oder verfremdenden „eigenen" Sprechen und Zeigen und dem dabei Verarbeiteten jedoch nicht als genießende und damit eventuell auch reaffirmierende Komplizenschaft, sondern allein als eine destruierende interpretiert werde. Gegen diesen Mainstreamdiskurs der Opposition gewandt, betont auch Hutcheon die „transideologische Dualität" von Ironie – die Gewissheiten ungewiss macht und mit Zweifel versieht und nie nur einer Ideologie-Fraktion zu Diensten ist.[290]

Kritik an einem „Meta-Essenzialismus" der queeren Form kam in letzter Zeit aber auch aus dem Inneren der Queer- und Transgender-Communities selbst: So hinterfragte Terre Thaemlitz in einer Auseinandersetzung mit „Glamour" die innerhalb dieser Gemeinschaften weit verbreitete Annahme, jede Performance als Drag Queen sei als ein Akt des Widerstandes gegen dominante Kultur zu sehen. Demgegenüber streicht auch er/sie die Ambivalenz solcher Auftritte hervor und zeigt, dass Glamour als kritische Geste auch suspekt sei, da auf diese Weise eher soziale Distanz erzeugt werde und zum Beispiel mit „show queens" zwar Identifikationspunkte innerhalb der Gruppen hergestellt werden, diese zugleich jedoch „cross-communal alliances (not to mention inter-communal alliances)" entgegenstehen würden. Als eine Möglichkeit, solche Meta-Essenzialismen der Form zu dekonstruieren, beschreibt er/sie dann auch genau ein solches Herstellen von Szene-übergreifenden Bezügen und Handlungsketten: „to pull the plug from the contexts which give them power, cross them into other contexts, and watch how the circuits overload (…) not to discredit the views of one group or another, but to identify the practical limitations of critical-minded communication and binding techniques."[291]

Eine andere Beziehung zum Publikum: Go to your Delirium!

Wie in einem früheren Kapitel bereits dargestellt, beginnt sich seit den 1970er Jahren die Inszenierung der im öffentlichen Raum auftretenden Kollektivkörper nachdrücklich zu verändern. In weiten Teilen der westlichen Welt setzt sich nun eine Auftrittsweise durch, die von einem Zu- und Gegeneinander von verschiedenen individualisierten Perspektiven, Spiegelungen und Bildern dominiert ist, wo-

---

290 Dazu auch: Linda Hutcheon, *Irony's edge. The theory and politics of irony*, London und New York, 1994, insbes. S. 30ff. Ihre Darstellung der „trans-ideologischen Dualität" von Ironie trifft sich mit der von mir hier vorgestellten dekonstruktiven Lesart. Hutcheon unternimmt jedoch keinerlei Versuch, eine historische Genealogie dieser ästhetischen Praxis darzustellen. Ihre Untersuchung verbleibt zudem im Bereich der ästhetischen Theorie im engeren Sinn, d. h. sie widmet sich entsprechend der dort präsenten Wissenschaftstraditionen in erster Linie der Untersuchung einzelner rhetorischer Verfahren wie der Ironie und der Parodie und setzt diese Reflexionen nicht mit einem differenzierten Begriff des Politischen in Beziehung. Siehe auch: Hutcheon, A Theory of Parody, 2000.
291 Terre Thaemlitz, *Viva McGlam? Is Transgenderism a Critique of or a Capitulation to Opulence-Driven Glamour Models?* Siehe: http://www.comatonse.com/writings/vivamcglam.html (28.10.2006), S. 9.

35. *Shirtology*, Performance von Jérôme Bel. © Herman Sorgeloos

bei das konflikthafte, direkte Aufeinanderprallen von Gruppen im Vordergrund steht, vor allem über bildnerische Gestaltungen oder Musik und weniger über Schrift kommuniziert und zugleich für politische Positionen wie für Lebensstile und die Teilhabe an Konsum gestritten wird. Eingebunden in diese Umgestaltung veränderte sich auch die Beurteilung ästhetischer Taktiken durch Künstler und Künstlerinnen. Dabei kann, ähnlich wie für die theoretische Reflexion, auch für die künstlerische Praxis die parallele Existenz verschiedener Haltungen nebeneinander festgestellt werden.

Indiz für eine Veränderung der Handhabe modernistischer Topoi sind zum Beispiel Künstlermanifeste, in denen die überlieferten avantgardistischen Verfahren parodiert werden. So formuliert Reiner Ruthenbeck in seinem *Schlaraffenlandmanifest*: „Die herkömmliche, lahme, statische Schlaraffenlandparadiesvorstellung steht der Evolution im Wege. Für ein dynamisches Paradies. Nicht Völle sondern Fülle, dynamische Fülle. Paradies der Karpfen und Forellen. Mindestens 127 verschiedene Sorten Kohlmeisen. Und das ist erst der Anfang."[292] Die von der Avantgarde der 1920er Jahre beschworene Vorstellung eines „profanen Paradieses" bzw. eines „neuen Lebens" wird hier verulkt, indem einerseits mit Versatzstücken wie

---

[292] Dieses vom Künstler vorgetragene Manifest ist Teil der Installation von Karin Sander *Zeigen. Audiotour durch eine Privatsammlung in Reykjavik*, Galerie Nächst St. Stefan, Wien (2006).

„für ein" „nicht, sondern", „und das ist erst der Anfang" die Rhetorik klassischer Manifeste aufgegriffen wird, die Forderungen andererseits aber auf die strikt abgegrenzten Gemeinschaften der „Karpfen", der „Forellen" und der „127 verschiedene(n) Sorten Kohlmeisen" bezogen werden. Das Zusammenbringen von universalistischen Forderungen mit absurd anmutenden Kollektivkörpern vermag die hier angewandte, betont avantgardistische Rhetorik unter Umständen ins Wanken zu bringen. Der Künstler markiert seine Position auf diese Weise als eine, die von Zweifeln gegenüber der Tradition der Moderne gekennzeichnet ist.

Eine ähnlich mit Fragen und Reflexion versetzte Haltung gegenüber den tradierten Aktionsformen artikulieren auch andere Künstlerinnen und Künstler: Im Unterschied zu den Aktionisten der 1960er Jahre, die das Publikum oft „bearbeiten" und in bestimmte Richtungen bewegen wollten, beschäftigen sich zum Beispiel die beiden zeitgenössischen Performancekünstler Jérôme Bel und Xavier Le Roy eher mit der Reflexion bezüglich der Möglichkeiten des Handelns und der Modalitäten des Wahrnehmens. Dennoch gehen beide dabei immer noch davon aus, dass Kunst und Leben diesbezüglich miteinander in Verbindung und Austausch stehen. So stellt Xavier le Roy in Zusammenhang mit einem Workshop die Fragen: „Can we escape the step of recognition in the process of perception? Do we lose when we learn? Can we change a copy into simulacra? Can we innovate and not imitate? Or imitate to innovate? How? Is it possible? Who is still interested in the possible?"[293] Jérôme Bel setzt sich auf ganz ähnliche Weise damit auseinander, dass er immer noch auf ein Publikum einwirken möchte, dass ihm dafür jedoch zunehmend die Parameter abhanden kommen und ihm bewusst sei, dass er die Reaktionen der Zuschauer und Zuschauerinnen nicht kontrollieren könne. So verkündet er in *The Last Performance*, einem inszenierten Diskurs über das Schauspielen: „I try to leave the audience more and more alone: Go to your delirium!"[294]

Dabei wird die früher so häufig präsente Ungleichheit zwischen den in künstlerische Aktionen involvierten Körpern nun häufig zugunsten einer neuen Gleichheit aufgegeben. Die Künstlerin Dominique Gonzalez-Foerster erklärt zum Beispiel: „What matters is introducing a sort of equality, assuming the same capacities, the possibility of an equal relationship, between me – at the origins of an arrangement, a system – and others, allowing them to organize their own story in response to what they have just seen, with their own references."[295]

Jérôme Bel präsentiert mit dem Stück *Shirtology* (1997, Abbildung) eine mehrschichtige Auseinandersetzung mit den Möglichkeiten von Performances, mit unserer zeitgenössischen Weise des In-der-Welt-Seins und damit, wie sich Botschaften im öffentlichen Raum konfrontieren, wechselseitig kommentieren und verketten, umzugehen. Dabei bringt er eine Show auf die Bühne, die von nur einem Künstler

---

293 Siehe: http://www.jump-cut.de/giszelle.html (15.11.2006).
294 Zitiert nach: Helmut Ploebst, *no wind no word. Neue Choreographie in der Gesellschaft des Spektakels*, München, 2001, S. 198.
295 Zitiert nach: *Dominique Gonzalez-Foerster, Pierre Huyghe and Philippe Parreno*, Paris, 1998, S. 82.

bestritten wird, der mit zunächst leicht gesenktem Kopf eine immer ähnliche Handlung ausführt: Langsam zieht er sich ein T-Shirt nach dem anderen über den Kopf, streicht es glatt, sodass die Botschaften und Bilder darauf lesbar werden, und dreht sich dann und wann um, sodass auch die auf seinem Rücken angebrachten Zeichen zu sehen sind. Dieses Grundmuster variiert *Shirtology* in drei „Akten": Im ersten Akt bleibt die durch diverse T-Shirts sich ergebende Abfolge der Messages letztlich nicht auflösbar. Zugleich wird dadurch, dass auf den letzten T-Shirts nacheinander die Zahlen 6, 5, 4, 3, 2 und schließlich die Botschaft „one T-shirt for the life" zu sehen sind – gefolgt von einem nackten Oberkörper, über den dann als Schlusspunkt ein weiteres T-Shirt, das das Skelett eines Brustkorbes zeigt, gezogen wird – auch deutlich gemacht, dass es wohl einen Zusammenhang zwischen den Botschaften geben muss. Als solcher bietet sich mindestens der einer Zahlenreihe, eventuell aber auch der einer biografischen, chronologisch vorgetragenen Charakterisierung des T-Shirt-Trägers oder einer anderen Person an. Nachdem in diesem ersten Abschnitt das Publikum auf diese Weise darin eingeführt wurde, die Botschaften auf den T-Shirts miteinander in Beziehung zu setzen und diese im Detail zu ergründen, geht der nächste Akt dazu über, mit einem möglichen ironischen Verhältnis zwischen den Botschaften und den mit ihnen verbundenen Vorgängen zu spielen. Auf das T-Shirt „Next" folgt beispielsweise „New Style", darauf „Girl" etc. Nach einiger Zeit beginnt der Künstler dann, das auf den T-Shirts Präsentierte zu imitieren, indem er einzelne Zeilen nachspricht oder – im Fall von Musiknoten – nachsingt. Auch die Beziehung zwischen Botschaft und Handlung wird dabei manchmal ironisch abgelenkt, wobei hier wichtig ist, dass der Darsteller auch ein Tänzer ist und die Show im Kontext des zeitgenössischen Tanzes präsentiert wird: Auf einem T-Shirt erscheint eine sportliche Sprungbewegung, die der Künstler sogleich nachstellt; darauf folgt ein Shirt, das eine klassische Ballettsituation zeigt, die aber hastig „übersprungen" wird, indem schnell das nächste T-Shirt über den Kopf gezogen wird; auf diesem sind wieder Tanzbewegungen zu sehen, nun aber expressivere, über die ebenso eilig hinweggegangen wird, worauf ein Shirt mit der Aufschrift „Dance or Die" erscheint, die dann in ein kurzes Innehalten gefolgt von lautem Singen und schnellen Tanzbewegungen übersetzt wird. Da gleich darauf „Replay" erscheint, wird die Szene wiederholt, worauf dann „shut up and dance" und „stay cool" zu einem Ende dieses Aktes führen. Nach diesem Austesten der Möglichkeiten des wechselseitigen Kommentierens und Ablenkens von – mit der Erscheinung des Tänzers und/oder mit Tanz verbundenen – Botschaften und Handlungen lässt sich der dritte Akt dann wieder strenger auf den Kontext der Kunst im engeren Sinn und die dort präsenten Traditionen ein: Die T-Shirt-Folge ist nun allein eine formalästhetische und bildet eine Farbkomposition aus Blau- und Grüntönen – was die letzte Botschaft als „United Colours of Benetton" zusammenfasst, wodurch die Sphäre der Kunst doch wieder zugleich mit einer der globalisierten Korporationen und der Vermarktung in Beziehung gesetzt erscheint.

Wie manche Dada-Aktionen so verweist *Shirtology* ebenfalls auf die Welt der Massenkultur und der alltäglichen Verrichtungen. Indem Gesten des zeitgenössischen Tanzes zitiert und mit alltäglichen Handlungen verknüpft werden, wird hier darüber hinaus jedoch auch das Format der den Alltag thematisierenden Performance selbst zum Thema. Dabei fokussiert das Stück im Speziellen auf die sich in der zweiten Hälfte des 20. Jahrhunderts neu verbreitende Selbstdarstellungskonvention, mittels Botschaften auf T-Shirts eine, eventuell auch selbstironische Position einzunehmen, darüber die Welt zu kommentieren und sich in Beziehung zu anderen zu setzen. *Shirtology* zitiert diese Konvention und führt sie, indem ein Künstler stets ähnliche Handlungen auf der Bühne wiederholt und variiert, konzentriert und vergrößert, zum Zweck der Befragung und Reflexion vor. Das Verhältnis der Show zum Publikum, das ja aufgefordert ist, die Ironie oder Parodie der Abfolgen und Handlungen zu „finden" und deren Sinn zu ergründen – wird dabei ebenso zum Recherchegegenstand für alle Beteiligten wie die Beziehung zur Welt der kommerzielle T-Shirts herstellenden und vertreibenden Korporationen sowie zum Kunst- und Tanzbetrieb im engeren Sinn, in dessen Präsentationen wie auch Souvenirshops „witzige" T-Shirts ebenfalls zur Standardbestückung geworden sind. In *Shirtology* wird Ironie demnach nicht als Konzept und schon gar nicht als „Subversion" präsentiert, sondern als ein Potenzial von Selbstdarstellung, über das nicht nur Distanz erzeugt wird, sondern – unter Umständen – auch abgedrehte, abgelenkte Beziehungen zwischen Botschaften und Personen hergestellt werden. Ironie erscheint so auch als ein Werkzeug der Herstellung von Zeichen- und Handlungsketten und zur Verschränkung der Praktiken des Selbst mit den Konventionen der Vermarktung und der Kunst. Eine solche mögliche Verstrickung zwischen ästhetischen Taktiken und anderen, alltäglich ablaufenden Bedeutungsprozessen spricht Jérôme Bel auch explizit an, wenn er in einer Beschreibung der zweiten, erweiterten Version des Stückes, das er gemeinsam mit einer Gruppe von jungen Amateuren entwickelt hat, festhält: „I changed my position and I realized that we were using the energy of capitalism to express ourselves. The T-shirts used the strength of capitalism to express things which are more personal and individual".[296]

Neben solchen, die eigene Praxis ironisch reflektierenden künstlerischen Arbeiten bleiben jedoch auch „klassische" ironische oder parodistische Positionen präsent. Beispiel dafür ist ein Video der Künstlerin Zoulikha Bouabdellah, das bei Ausstellungen oft als eine Art Publikumsmagnet wirkt.[297] Ähnlich wie in *Shirtology* sind wir in *Dansons* (2003, Abbildung) mit einer einzelnen Performerin und einer recht statischen Situation konfrontiert: Das etwa fünf Minuten dauernde Video zeigt in nur einer fixierten Einstellung ein Close-up der Rumpfpartie einer Tänzerin, die zunächst nur mit einer weißen, weiten Baumwollhose bekleidet ist, sich jedoch nacheinander, langsam und sorgfältig drei verschiedenfarbige und mit je einer Borte aus kleinen goldenen Metallmünzen bestückte Tücher, wie sie beim orientalischen Tanz Verwendung finden, um die Hüften bindet. Alle zusammen ergeben die blau-weiß-roten „Streifen" der französischen Flagge – was vor allem des-

---

296 Zitiert nach: Ploebst, no wind, 2001, S. 204.
297 Wie etwa in der Ausstellung *Africa Remix* im Centre Pompidou in Paris im Sommer 2005 zu beobachten war.

36. *Dansons*, Zoulikha Bouabdellah, Video-Still, 2003. © Zoulikha Bouabdellah

halb blitzartig deutlich wird, weil, kaum sind die Tücher fertig drapiert, plötzlich die *Marseillaise*, die französische Nationalhymne, erklingt, und die Hüften beginnen, im Takt zur Musik Bauchtanzbewegungen und Gesten vorzuführen. Die in Frankreich nachdrücklich und meist mit Empathie aufgeladenen Symbole der Nation werden durch diese Konfrontation mit „Bauchtanz" auf dem imaginären Sockel, den sie stets mit sich tragen und der ihnen einen gewissen Nimbus verleiht, buchstäblich „zum Tanzen" bzw. „zum Wackeln" gebracht. Die Grenzen der Nation, die durch Flagge und Hymne aufgerufen werden, erscheinen problematisiert, indem Fragen wie „Ist diese Form des Tanzes Teil dieser nationalen Kultur?" oder „Wie ist das Verhältnis von französischer und islamischer Kultur oder von Nation und Weiblichkeit beschaffen?" auftauchen. Zeitgenössische brennende Konflikte erscheinen so in „umgeordneter", „verdichteter" Weise vorgeführt, was beim Publikum unter Umständen Lachen, Schmunzeln und Aufmerksamkeit hervorzulocken vermag. Zugleich lebt die ganze Gestaltung davon, dass Fundstücke der alltäglichen Welt des Festes und der Unterhaltung und aktuelle Fragen nach dem Verhältnis von islamischer und französisch-nationaler Kultur sowie nach diesbezüglichen Ein- und Ausschlussszenarien im Raum der Kunst zur Analyse angeboten werden.

Damit ist aber auch schon ein weiterer Unterschied zwischen zeitgenössischen künstlerischen Positionen und denen der Avantgarde der 1920er oder 1960er Jahre angesprochen: Im Fall von *Shirtology* so wie von *Dansons* wählten die Kunstschaffenden Räume des Kunstbetriebs im engeren Sinn – das Theater und die Ausstellungshalle – als Aktionsort: Hier werden zwar alltägliche Gesten und Haltungen herbeizitiert und untersucht, diese werden jedoch in den Kunstraum überführt und nicht, wie es in den 1960er Jahren angesagt war, die Kunstpraktiken in den Alltag transferiert. Was darauf hinweist, dass Kunstschaffende heute ein verändertes Verhältnis zu den Orten des Kunst- und Kulturbetriebes entwickelt haben: Dessen Räume werden nicht mehr einfach nur mit „Bürgertum", „Imperialismus" oder „Kapitalismus" gleichgesetzt und auf diese Weise als Orte des Handelns abgelehnt und in der Folge dann auch verlassen, sondern – trotzdem ihre Einbindung in kapitalistische oder imperialistische Prozeduren, wie etwa in diesen Arbeiten, durchaus in Rechnung gestellt werden kann – als „Laboratorien" oder „Foren" benutzt, die auch als öffentliche Rückzugsräume für die Untersuchung von Bedeutungen und die Re-Inszenierungen einer Beziehung zum Publikum fungieren können. Taktiken wie die Parodie und die Ironie werden dabei, wie diese Beispiele ebenso deutlich machen, sehr wohl eingesetzt, ohne gleichzeitig jedoch als Konzept präsentiert zu werden.

Doch selbst wenn Kunstschaffende auf diese Weise heute öfter eine beweglichere und mehrdeutigere Beziehung zu überlieferten ästhetischen Taktiken unterhalten als frühere Bewegungen der Avantgarde, so werden in den Besprechungen ihrer Arbeiten in der Kunstkritik oder in den Schaustellungen des Ausstellungsbetriebs dann unter Umständen nichtsdestotrotz wieder „Strategien" oder „Konzepte" identifiziert. Beispiel dafür sind Stellungnahmen des Kurators und Kritikers Nicolas Bourriaud, eines sehr aufmerksamen Mitspielers in der aktuellen Kunstszene, der angesichts von aktuellen, Zitate und Überlagerungen forcierenden künstlerischen Arbeiten festgehalten hat: „One cannot denounce nothing from the outside; one must first inhabit the form of what one wants to criticize. Imitation is subversive, much more so than discourses of frontal opposition that only make formal gestures of subversion."[298] Womit die heute anzutreffenden vielfältigen künstlerischen Taktiken der Erforschung von multiplen, zwiespältigen Verkettungsprozessen von ihm wieder zu einem Modell für das Erzeugen von Subversion erklärt werden.

Neben Kunstschaffenden, die in solcher Weise den Ausstellungsraum, das klassische Bühnenformat oder das Museum wieder neu für sich entdecken, gibt es aber auch eine ganze Reihe weiterer, die mit der gleichen Selbstverständlichkeit andere, meist urbane Orte bespielen und die Straße oder öffentliche Plätze als Foren für ihre Interventionen nutzen oder, je nach Aufgabenstellung, zwischen Ausstellungshalle und Straße hin- und herwandern. Dabei treffen sich die Taktiken von Kunstschaffenden manchmal mit denjenigen von politischen Aktivisten und Aktivistinnen, etwa der Alter-Globalisation-Bewegung oder des *culture jamming*. Auch diese

---

298 Nicolas Bourriaud, *Postproduction*, New York, 2002, S. 68.

37. Workshop mit der *Single Mother Society* in Zemun, Škart, 2000. © Škart

gegenwärtig auftretenden Gruppen inszenieren häufig eine Verwandtschaft zu den Avantgardebewegungen der 1920er Jahre oder 1960er Jahre und stellen die je eigenen Aktivitäten als „anti-hegemonial" dar wie etwa in folgendem Statement: „Today's slick culture jamming may have a striking new aesthetics, but has its roots in the political art of dada (1917-), surrealism (1924-) and situationism (1957-) as well as in folk traditions of graffiti and street theatre which use materials at hand to interrupt the flow of hegemonic culture."[299]

Eine besonders enge Beziehung zwischen Kunst und politischem Aktivismus gibt es im Fall der Demokratisierungsbewegungen in Osteuropa, etwas bei der Anti-Milošević-Bewegung in Serbien in den 1990er Jahren. Aus diesem Milieu stammt auch die bereits erwähnte Gruppe Škart, die neben ihrer Arbeit als Designer seit Beginn der 1990er Jahre mit künstlerischen Initiativen im Stadtraum auftritt, die sowohl versöhnlich als auch provozierend gestimmt sind.[300] Im Folgenden soll eine mit eher vertrauten Formen operierende Aktion diskutiert werden, um zu

---

[299] Amory Starr, *global revolt. A guide to the movements against globalization,* London und New York, 2005, S. 193. Siehe auch *Culture Jam Idea Bank und Mutual Funds,* mit dem Slogan „just undo it": http://www.rtmark.com. (4.8.2006) Zu „activist art" als Auftrittsweise von „direct action" siehe: http://www.all4all.org/de/index.shtml (4.8.2006).

[300] Škart sind seit 1992/93 in Belgrad aktiv. Ständige Mitglieder sind Dragan Protić und Đorđe Balmazović. „Škart" bedeutet „Lumpen, Abfall".

38. Wandbehang von Dusica Tomic, 2000. © Škart

zeigen, dass auch über solche Eingriffe eine Provokation erzielt werden kann, die dann unter Umständen selbst wieder Anlass zu einer ironisierenden, Neuerungen verulkenden Weiterverarbeitung gibt.

Im Jahr 2000 führte Škart in Kooperation mit der ‚Single Mother Society' in Zemun, einem Stadtteil Belgrads, einen Workshop mit Flüchtlingsfrauen aus dem Kosovo durch. (Abbildung) Bei diesem Workshop luden sie die Frauen ein, Wünsche und Bilder, die ihnen spontan durch den Kopf gingen, auf ein Blatt Papier zu zeichnen und diese Zeichnung dann auf ein großes, weißes Tuch in der Art von Küchenwandbehängen zu übertragen, die generell jedoch fast immer traditionelle Motive und sentimentale Sprüche zeigen. Die Entwürfe wurden in gemeinsamen Sitzungen gestickt und schließlich eine Woche vor den Wahlen im Jahr 2000 im Rahmen einer Ausstellung in Schaufenstern von Buchgeschäften in Belgrad und Novi Sad präsentiert. Als eine Art „Happening" wurden zur Eröffnung Cevapcici zubereitet und gemeinsam verzehrt, ein traditionelles Gericht, das eine der Frauen als Mangelware der Gegenwart und als Wunschbild auf einem Tuch verewigt hatte.

Škart versuchte mit dieser Aktion, den neu in Serbien Angekommenen eine Gelegenheit sich auszudrücken und zur öffentlichen Präsenz zu geben und auf diese Weise eine konstruktive, gemeinschaftsbildende Geste zu setzen. So steht in dem von Dusica Tomic (damals 40 Jahre alt) kreierten Wandbild jedes der zusammen mit dem Schriftzug „Zehn mit Schwierigkeiten, zehn mit Zwiebeln" aufgestickten Cevapcici für ein Jahr zwischen 1991 und 2000, das neue Konflikte im Zusammenhang mit dem Zerfall Jugoslawiens mit sich brachte. (Abbildung) Auf einem wieder anderen Bild wird der Zusammenhang zwischen Depression und Verdrängung durch nostalgische Bilder in Zusammenhang mit den jüngsten Ereignissen ganz direkt angesprochen, wenn – diesmal von Milka Orlić (damals 68 Jahre alt) – festgehalten wird: „Wenn ich sage, dass es dunkel ist, wird die Dunkelheit mich aufessen; deshalb sticke ich hübsche Blumen und niemand wird mich aufessen".

Diese Gemeinschaftsaktion von Škart und den Flüchtlingsfrauen operiert auf mehreren Ebenen: Einerseits ermöglichte sie, dass die Frauen im neuen Umfeld an Sichtbarkeit gewinnen konnten. Ein ihnen von der Tradition her zugeschriebenes bildnerisches Medium – das der Stickerei von Wandbehängen, die meist in dem ebenso dem Weiblichen zugeschriebenen häuslichen Bereich zu finden sind – wurde aufgegriffen: Die Frauen wurden ermutigt, aktuelle Wünsche und Ängste zu thematisieren, die ansonsten kaum öffentlich artikuliert werden, und zudem erschienen die Stickereien nicht in privaten Räumen präsentiert, sondern im öffentlichen Raum der Straße bzw. in den Auslagen von Buchhandlungen, die in Serbien als Zentren der intellektuellen Elite fungieren. Auf diese Weise trat die Aktion in eine Kollision zum Gewohnten ein. Dies ist jedoch nur eine Ebene der Auseinandersetzung. Denn parallel dazu bestätigten diese Objekte und die Art ihrer Herstellung einen weiteren in Belgrad oder Novi Sad in den 1990er Jahren präsenten Diskurs, wie er unter anderem von der ‚Soros Foundation'[301] in Belgrad und weiteren NGO-Organisationen mit Nachdruck geschürt worden war, indem politisch korrekte Positionen und sozial aufmerksame Kunstpraktiken massiv beworben und institutionell wie finanziell unterstützt und eingebunden wurden.

Ein ironischer Kommentar, den ein weiterer Künstler, Saša Marković, bezüglich dieser Art von Kunstpraxis in Szene setzte, macht deutlich, dass Aktionen wie dieses „Stickerei-Happening" nicht nur Sympathie erregten. Auf einem öffentlich verteilten Folder (Abbildung) präsentierte Marković sich selbst mit einem Megafon in der Hand und kündigte sinngemäß an: „Endlich findet der Mikrofanclub, der Club Underground statt: Organisiert von den – wie im Inneren des Folders dann spezifiziert wird – „geschiedenen und allein erziehenden Müttern und noch in etwa zwanzig Mädchen. Einladung zum 1. Serbischen Festival der Oma-Mädchen." Diese „Mütter" und „Mädchen" wurden dann über kleine, Passbildern ähnelnde Porträtzeichnungen, die mit den für den Künstler typischen „Masken", die mit Herzen, Speisen und Getränken „verziert" sind, verfremdet, sowie den einzelnen Namen und kleinen, den jeweiligen Beruf (Büglerin, Busfahrerin) visualisierenden Piktogrammen einzeln vorgestellt. Auf der Rückseite des Folders zeigte sich der Künstler schließlich selbst inmitten einer Gruppe von Boys, die sich mit den „Mädchen" im Inneren durch ähnliche Masken optisch verbinden, und verbreitete die in einer Sprechblase platzierte Botschaft: „Supernaut sagt und Microb (ein weiterer bekannter Codename für den Künstler selbst, A.S.) ist einverstanden: für niemanden etwas." (Abbildung) Auf diese Weise parodierte die Aktion den sich in der patriarchal dominierten Umgebung der Kriegsgesellschaft als innovativ präsentierenden Diskurs von Gruppen wie Škart oder anderer Künstlerinitiativen, der die

---

301 Die ‚Soros Foundation' wurde deshalb in diesen Jahren auch als „Alternatives Kunstministerium" bezeichnet.

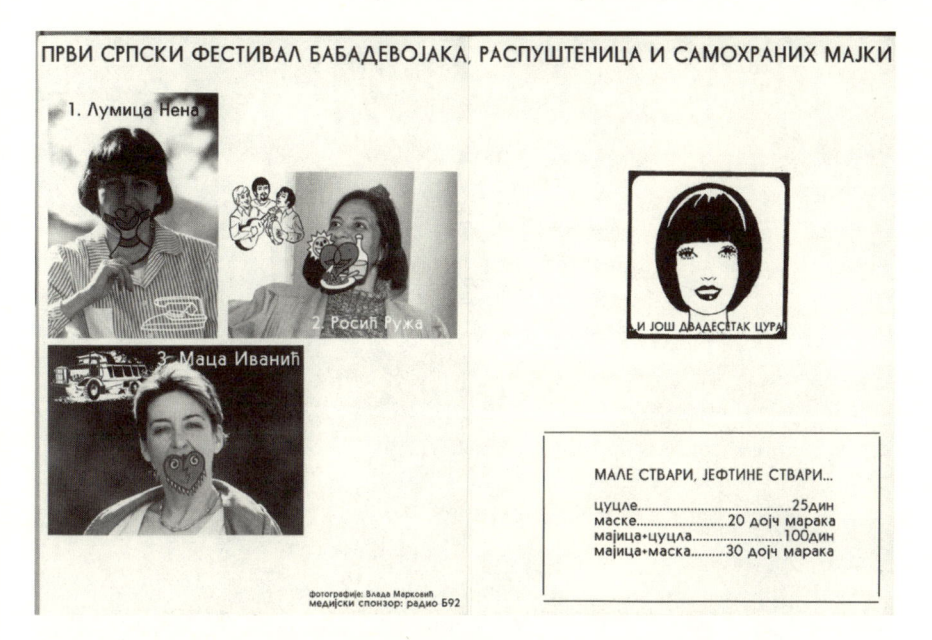

39. *Ironischer Kommentar*, Saša Marković. © Saša Marković

Erfahrungen und Erlebnisse von Frauen in der Vordergrund rückte und dabei – wie das gemeinsame Braten von Cevapcici oder das von anderen Künstlern praktizierte öffentliche Aufkochen von Suppen zeigt – offensiv Gesten der „Großzügigkeit" setzte. Die von Marković verbreitete Parodie zielte auf ironische Verunsicherung solcher neuen Erscheinungen – womit wieder ein Beobachten und Ausloten der Grenzen dessen einhergeht, was in welcher Form und von wem legitimerweise öffentlich gesagt und gemacht werden darf.

Dieses Beispiel macht deutlich, dass selbst eine vom Grundton her eher versöhnlich gehaltene Aktion neben den integrativen Prozessen zugleich durchaus irritierend und provokativ wirken kann. Und umgekehrt zeigt es auf, dass ironische Kommentare wie jener von Saša Marković alias „Supernaut" zur Überwachung und Kontrolle des Sagbaren und Zeigbaren eingesetzt werden können. Dies macht nochmals deutlich, dass ästhetische Taktiken wie Parodie, Ironie, Verfremdung oder Montage keine Zaubermittel sind, die gleichsam unmittelbar zur Herstellung eines „Gegendiskurses" oder zur Ermächtigung marginalisierter Gruppen führen würden. Sie können jedoch in offensiver Weise an öffentlichen Auseinandersetzungen teilhaben, wobei sie in den jeweiligen sozialen Räumen jedoch ganz unterschiedliche, zwiespältige Effekte zeitigen.

Ästhetische Taktiken können demnach als öffentliche, stets unabgeschlossene Handlungen verstanden werden. Ironie, Parodie, Montage und Verfremdung bergen das Potenzial, herrschende Sinnangebote in Frage stellen, Gewohntes herausfordern

40. *Konkurrierende Kollektivkörper*, Saša Marković. © Saša Marković

und Zweifel und Unsicherheit verbreiten zu können: Sie wirken dann verstörend, destruierend oder irritierend – was jedoch neben dem so freigesetzten Genuss und den dadurch ausgelösten Neudefinitionen und Reflexionen auch dazu führen kann, dass die abgerissenen Grenzen schnell wieder aufgerichtet und übertretene Tabus reinstalliert werden. Andere Körper können über solche Taktiken also sowohl ferngehalten als auch über die mit ihnen verbundene Verstörung und Faszination angezogen und involviert werden. Trotz der vielen, bis heute präsenten Diskursströmungen, die das Gegenteil ausrufen, bedeutet dies jedoch nicht, dass solchen Taktiken wegen dieses „Anstoßpotenzials" ein politisches Konzept gleichsam „innewohnen" würde oder mit ihrer Hilfe das öffentliche Geschehen kontrolliert werden könnte. Sie werden politisch jedoch insofern wirksam, als mit ihnen weitere öffentliche Handlungen angeregt werden können – deren politische Wirkung dann jedoch von den Reaktionen und Weiterverhandlungen anderer abhängen wird.

Dieser Befund verändert die Fragestellungen bezüglich der politischen Effekte der Taktiken der Ironie, der Montage und der Verfremdung, d. h. in den Vordergrund geraten so die pluralen Weiterverhandlungen der verschiedenen ästhetischen Initiativen. Um bezüglich der dabei geschehenen Verkettungen genauere Aufschlüsse erhalten zu können, wird nun ihre je spezifische, zwiespältige und mehrdimensionale Involvierung in konkrete ästhetisch-politische Auseinandersetzungen exemplarisch für die drei zentralen Rezeptionsmilieus dieses Buches noch einmal im Detail in den Blick genommen.

III.

Sequenzen der Neu-Ordnung von ästhetisch-politischer Hegemonie

„Um dir über ästhetische Begriffe klar zu werden,
mußt du Lebensweisen beschreiben."[1]

III.1. Dadaismus und Demokratie im Berlin der 1920er Jahre

Auf einem aus dem Jahr 1917/18 stammenden „Klebebild" im Postkartenformat sind zwei Fotos von Schlachtfeldern und ein handschriftlicher Kommentar zusammengebracht (Abbildung). Auf dem oberen Foto sieht man ein flaches Gelände, das mit lang hingestreckten, erstarrten Leichen und Gewehren übersät ist, und auf dem zweiten darunter eine Nahaufnahme von zerfetzten Körper- und Gewandteilen, Erdklumpen und Gestrüpp.[2] An der Schnittlinie zwischen den beiden, auf einem schmalen, weißen Band, ist der von Hand gezeichnete Schriftzug „so sieht der Heldentod aus" zu sehen. Das in der zeitgenössischen Kriegspropaganda so oft mit Empathie zum „Heldentod" stilisierte Sterben wird hier brachial mit der Körperlichkeit von Serien starrer Leichen und gewaltsam auseinandergerissener Fleischstücke kombiniert. Der Tod wird in seinem massenhaften Auftreten buchstäblich entzifferbar und das Medium der Fotografie als „Beweis" für das vervielfachte Sterben vorgeführt und mit einem in der zeitgenössischen Propaganda viel strapazierten Begriff konfrontiert.

Aus Versatzstücken der Wirklichkeit „gebaute" Montagen wie diese sind in den Jahren des Ersten Weltkriegs von Künstlern und Künstlerinnen als mögliche Form des Umgangs mit den Erfahrungen des Krieges entdeckt und als Technik zur Aufrüttelung gegen die Kriegspropaganda eingesetzt worden. Einer dieser Künstler, John Heartfield, der auch Schöpfer dieses Klebebildes ist, verortet das Entwickeln dieser Verfahrensweise ganz explizit im Erlebnis des Krieges und insbesondere in seinen Erfahrungen mit jenen Praktiken, die herkömmliche Zeitschriften und Zeitungen bezüglich der Kriegsfotografie anwandten. Deren Zugang bezeichnete er als „lügen und die Wahrheit sagen." Er wurde praktiziert „indem man sie [die Fotos,

---

1 Ludwig Wittgenstein, *Vorlesungen und Gespräche über Ästhetik, Psychoanalyse und religiösen Glauben,* Frankfurt am Main, 2000, S. 23.
2 AdK, Berlin, KS, Inv. Nr. John Heartfield, 4633.

41. *So sieht der Heldentod aus*, Montage, John Heartfield, 1917/18. © VG Bild-Kunst und Akademie der Künste, Berlin, Kunstsammlung

A.S.] falsch betitelt oder falsch untertitelt, und das hat man in grober Weise gemacht."[3]

1918 schloss sich in Berlin eine Gruppe von Aktivisten aus den Bereichen der bildenden Kunst, der Literatur und der Publizistik, zu der auch Heartfield gehörte, rund um den Begriff „Dada" enger zusammen, den Richard Huelsenbeck 1917 aus Zürich mitgebracht hatte und über den sich bald auch via Zeitungsberichte diverse „Legenden" verbreiteten.[4] Aus den Erfahrungen des Krieges und des darauf folgenden revolutionären Umbruchs heraus interpretierten diese Künstler Dada in erster Linie als „Zerstörungsmittel"[5] und erhoben dabei den Anspruch, bei ihrer Dest-

---

3 John Heartfield in einem Gespräch mit Bengt Dahlbäck, 1991, S. 14.
4 Über die Presse-Berichterstattung als Motor der Verbreitung von Dada siehe: *Dada and the Press,* hg. v. Harriett Watts und Stephen C. Foster, New Haven u.a.: Thomson Gale, 2004.
5 Raoul Hausmann, Dada empört sich 1977, S. 3. Manche der späteren Dadaisten arbeiteten jedoch bereits davor eng zusammen. Seit 1916/17 gaben George Grosz, Wieland Herzfelde und dessen Bruder John Heartfield die Antikriegszeitung *Neue Jugend* heraus, in deren erster Nummer auch ein Text von Richard Huelsenbeck erschien. Als zeitweiser Ersatz für den an die Front abgezogenen Wieland Herzfelde – der dort Erwin Piskator kennengelernt und mit diesem gemeinsam im Fronttheater gearbeitet hat – stieß dann Franz Jung zur Gruppe. Dieser veröffentlichte bereits seit 1915 die anarchistische Zeitschrift *Die freie Strasse,* trat 1916 in Kontakt mit dem erst kurz zuvor ins Leben gerufenen Spartakusbund und trug durch

ruktionsarbeit in radikaler Weise von der „Ordnung des Körpers"[6] auszugehen. Die ästhetischen Taktiken der Montage sowie der Ironie und Parodie setzten diese Künstler zugleich auch gegen das Pathos und die zunehmend hochkulturelle Ausrichtung des Expressionismus ein, dessen kultureller Oppositionshaltung sie ursprünglich selbst verpflichtet waren.

Der Begriff „Dada" fungierte dabei als eine Art Kristallisationspunkt, um den herum von ganz unterschiedlicher Seite aus Aktions- und Agitationsformen ausprobiert und diverse Traditionen und Strömungen der Gegenwart redefiniert wurden. Dieses offensive „Umnutzen" zeitgenössischer Taktiken und Inhalte wurde von den Dadaisten selbst als Konzept präsentiert. So heißt es in einer ihrer Zeitschriften: „DaDa gestaltet die Welt praktisch nach ihren Gegebenheiten, es benützt alle Formen und Gebräuche, um die moralisch-pharisäische Bürgerwelt mit ihren eigenen Mitteln zu zerschlagen. (...) Der dadaistische Mensch überspringt im Bluff seine eigene Sensationsgier und Schwere. Der Bluff ist kein ethisches Prinzip, sondern praktische Selbstentgiftung."[7] Mit diesem Anspruch, die gegenwärtige Kultur zu zerschlagen, griffen sie also eine bilderstürmerische Tradition auf, wobei sie den bei dieser Umfunktionierung angewandten ästhetischen Taktiken auch eine reinigende, kathartische Wirkung zuschrieben.

Die Formung einer „eigenen" Bewegung erfolgte dabei weniger über explizite Standortbestimmungen als über ein Verwirren jedes fixen Blickpunktes, ein parodistisches oder ironisches In-Beziehung-Setzen anderer Standpunkte und vor allem auch über ein Sich-Losreißen und Abgrenzen vom Gegebenen. So stellte Huelsenbeck bereits 1917 fest: „Aber eins muß aufhören – der Bürger, der Dicksack, der Freßhans, das Mastschwein der Geistigkeit, der Türhüter aller Jämmerlichkeiten."[8] Und wie sich die Bewegung in den Auseinandersetzungen der Nachkriegsjahre selbst kontinuierlich veränderte und neu positionierte, so wurden im Laufe der Jahre auch andere Abgrenzungen gezogen: Um 1918 wurden noch in erster Linie das Bürgertum und die konkurrierende Kunstrichtung des Expressionismus als Ziel der dadaistischen Attacken genannt, seit Beginn der 1920er Jahre tauchen in dieser Funktion dann in erster Linie die nun oft als „Republikanische Automaten" bezeichneten Demokraten und die Repräsentanten von „Weimar" auf.

---

seine kommunistisch-anarchistische Ausrichtung nachdrücklich zur radikalen Politisierung der Bewegung bei. Über diese Verbindung stieß auch Raoul Hausmann zur Gruppe, der seit 1916 freier Mitarbeiter bei der *Freien Strasse* war und der in der Folge Hannah Höch, Johannes Baader und Jefim Golyscheff dem Dadaismus zuführte. Dazu u.a.: Barbara McCloskey, *George Grosz and the Communist Party. Art and Radicalism in Crisis, 1918 to 1936*, Princeton und New Jersey, 1997, S. 21ff.

6 „Vorbei mit der Ästhetik; ich kenne keine Regeln mehr, weder des ‚Wahren' noch des ‚Schönen', ich verfolge eine neue Richtung, die die Ordnung meines Körpers mir vorschreibt." Hausmann, Dada empört sich, 1977, S. 5.
7 „15 Minuten tägliche Übung Für DaDa", in: *Der Dada*, Nr.3, 1920, S. [6-7], S. [6].
8 Richard Huelsenbeck, „Der neue Mensch. (Auszug)", in: *Dada Berlin. Texte, Manifeste, Aktionen*, hg. v. Hanne Bergius und Karl Riha, Stuttgart: Reclam, 1977, S. 13-14, S. 14.

Die Taktiken von Grosz, Hausmann & Co. waren dabei von einer intensiven Beobachtung der Gegenwart geprägt. Sie waren auf der Suche nach einer Kunst, „der man anmerkt, dass sie sich von den Explosionen der letzten Woche werfen ließ, die ihre Glieder immer wieder unter dem Stoß des letzten Tages zusammensuchte."[9] Zu den Erscheinungen und Praktiken, die von den Dadaisten in Parodien und Aktionen sowie in Montagen, Collagen oder sogenannten „Komplexbildern" verarbeitet wurden, zählen zunächst die neuen aufmerksamkeitsheischenden Verfahrensweisen der Warenwerbung und der politischen Propaganda. So sprechen sie in einer ihrer Zeitschriften ausführlich von der „Reklamemöglichkeit"[10] von Dada, und in einer früheren Nummer derselben Zeitschrift heißt es: „Machen Sie dadareklame! Inserieren sie im dada! dada verbreitet Ihre Geschäfte wie eine Infektion über den ganzen Erdball!"[11] Andere von den Dadaisten in Umlauf gebrachte Bilder und Aktionen verarbeiteten dagegen Elemente und Verfahrensweisen von politischen Manifesten, Propagandaschriften und Sozialreformprogrammen der Zeit.

Dabei kann zwischen 1918 und 1920 eine zunehmend expliziter artikulierte Politisierung der Bewegung festgestellt werden. Die ersten Auftritte prägte noch eine eher kulturell orientierte Oppositionshaltung – etwa wenn es im „Dadaistischen Manifest" hieß: „Gegen die ästhetische Einstellung! Gegen die blutleere Abstraktion des Expressionismus! Gegen die weltverbessernde Theorie literarischer Hohlköpfe! Für den Dadaismus in Wort und Bild, (…) Gegen dies Manifest sein heißt, Dadaist sein!"[12] Nach den Ereignissen der Revolution, dem Spartakusaufstand in Berlin zum Jahreswechsel 1918/19 und der darauf folgenden Ermordung von Rosa Luxemburg und Karl Liebknecht sprachen die einzelnen Künstler mehrfach aktuelle politische Konflikte an – etwa in dem heftige Diskussionen auslösenden *Kunstlump*-Text von George Grosz und John Heartfield, in dem diese es „mit Freude (begrüßen, A.S.), (d)aß die Kugeln in Galerien und Paläste, in die Meisterbilder des Rubens sausen statt in die Häuser der Armen in den Arbeitervierteln! Wir begrüßen es, wenn der offene Kampf zwischen Kapital und Arbeit dort sich abspielt, wo die schändliche Kultur und Kunst zu Hause ist, die stets dazu diente den Armen zu knebeln."[13]

Wie Reklame und politische Propaganda, so richteten sich auch die Dada-Aktivitäten an ein Publikum, „Jünger" und „Zuhörer"[14], wobei insbesondere spektakuläre Wahrnehmungsschocks und Überraschung angepeilt wurden, wie auch in folgender Erinnerung von Georg Grosz deutlich wird: „Heartfield entwickelte aus Collagetechnik und einer kühnen Typographie einen ganz neuen, äußerst amüsanten Stil. Schwarze Zeigefinger standen zwischen willkürlich verrückten großen und

---

9 Das Dadaistische Manifest, 1977, S. 22.
10 „DADA in Europa", in: *Der Dada*, Nr. 3, 1920, S. [5].
11 In: *Der Dada,* Nr. 1, 1919, S. [3].
12 Das Dadaistische Manifest, 1977, S. 25.
13 Grosz und Heartfield, Der Kunstlump, 1977, S. 86.
14 Huelsenbeck, Der neue Mensch, 1977, S. 14.

kleinen Buchstaben, daneben zwei gekreuzte Riesenknochen, ein kleiner Sarg, eine schelmisch lächelnde Frau hinter einer Maske, ein Stück Ziehharmonika, ein Bleisoldat. All das ergab einen Sinn, der das ungewohnte Auge schreckte und über einfache Klebekunststückchen hinausging. Es lag ein Stück Zeitgeist darin: so zerstückelt war unsere Welt!"[15] Das ungewohnte Auge durch das Setzen eines neuen Sinns zu schrecken und damit innerhalb einer zunehmend bruchstückhaften Welt zur Erfindung neuer Sinnmöglichkeiten anzuregen, stand demnach im Zentrum der dadaistischen Veranstaltungen, die in dieser Hinsicht offensiv mit anderen zeitgenössischen Sinnstiftungsinstanzen wetteiferten.

Zu den dabei verarbeiteten Strömungen zählt auch die Psychoanalyse und hier insbesondere die Theorien von Otto Gross, der sich seinerseits der Kunst zuwandte, diese als Zugriffsmöglichkeit auf die menschliche Psyche verstand und die Beziehung von sozialer Revolution und psychischer sowie sexueller Befreiung zum Thema machte.[16] Raoul Hausmann bezog sich in seinen Ausführungen zur Montage und zum Lautgedicht darauf, indem er diesen ästhetischen Taktiken das Potenzial zum Freisprengen der in der wilhelminischen Ordnung unterdrückten Sexualität und zur gleichzeitigen Herstellung kollektiver Harmonie zuschrieb.[17]

Daneben wurden aber auch bislang als „traditionell" geltende Erscheinungen aufgegriffen und anders als bisher interpretiert – etwa die zu Beginn des 20. Jahrhunderts mit Nachdruck wiederentdeckten religiösen Strömungen des Tao, Zen-Buddhismus oder der christliche Mystizismus.[18] Richard Huelsenbeck parodierte bereits 1916 in dem Text „Schalaben-schalabei-schalamezomai"[19] einen liturgischen Stil und bezeichnete dann 1920 Dada als „die amerikanische Seite des Buddhismus": „Es tobt, weil es schweigen kann, es handelt, weil es in Ruhe ist."[20] Raoul Hausmann stieß in eine ähnliche Richtung vor, wenn er 1921 verlautbarte: „Die teilweise Unerklärbarkeit des Dadaismus ist erfrischend für uns wie die wirkliche Unerklärbarkeit der Welt – möge man nun die geistige Posaune Tao, Brahm, Om, Gott, Kraft, Geist, Indifferenz oder anders nennen – es sind immer dieselben Backen, die man dabei aufbläst."[21] Dabei gingen die Dadaisten – wie es auch in den genannten Religionen üblich ist – von in einem unendlichen Prozess vorbeifließenden materiellen Erscheinungen aus, die zu einer metaphysischen Macht aufgeladen werden können und ließen das Paradoxe und Absurde in den Vordergrund und logische Alternativen zurücktreten. Trotz dieses gewissen Mystizismus blieben die dadaistischen „Predigten" und „Gebete" jedoch immer stark von Ironie durch-

---

15 George Grosz, *Ein kleines Ja und ein großes Nein,* Hamburg, 1955, S. 183.
16 Diese Schriften sind zusammengefasst publiziert als: Otto Gross, *Schriften 1913-1920. Von geschlechtlicher Not zur sozialen Katastrophe,* Hamburg, 2000.
17 Dazu: McCloskey, George Grosz, 1997, S. 30ff.
18 Dazu: Richard Sheppard, „Dada and Mysticism: Influences and Affinities", in: *Dada Spectrum. The Dialectics of Revolt,* hg. v. Stephen Foster und Rudolf Kuenzli, Madison: The University of Iowa Press & Coda Press, 1979, S. 91-113.
19 In: Richard Huelsenbeck, *Phantastische Gebete,* Zürich, 1960, S. 53.
20 DADA Almanach, hg. v. Richard Huelsenbeck, Berlin: Ed. Nautilus, 1920, S. 4.
21 Raoul Hausmann, „Dada ist mehr als Dada", in: *De Stijl,* Nr. 3, 1921, S. 42.

zogen, und im Unterschied zu Tao und Zen war das damit verbundene Handeln viel weniger auf Kontemplation ausgerichtet, sondern eher auf den Augenblick bezogen sowie aktivitäts- und konfliktbetont.[22]

Obwohl die dadaistischen Aktivitäten auf Zersetzung und Zurückweisung von Tradition und überlieferter Autorität zielten, wurden diese damit nicht einfach aufgegeben oder „aufgeklärt". Ganz im Gegenteil: Mit manchen der über lange Traditionslinien verfügenden Erscheinungen setzten sich die Dadaisten ausgiebig auseinander und sie verleibten diese in transformierter Form dann auch ihren eigenen utopistischen Weltsichten ein. Neben den religiösen und mystischen Praktiken war diesbezüglich vor allem auch die Populärkultur einflussreich: Die neuen Massenmedien Film oder Diashow wurden ebenso genutzt wie volkstümliche Formen des Festes und des Feierns (Trauerzüge, Wettspiele), Tanz und Spiel oder die Tradition der populären Druckgrafik mit ihren Karikaturen und Grotesken.

Das Verknüpfen der einzelnen Positionen zu einer Bewegung[23] vollzog sich in einer Fülle von Handlungen, Wahrnehmungen und Deklarationen. Dazu zählten gemeinsame Aktionen – von einem „Wettrennen zwischen 6 Schreibmaschinen und 6 Nähmaschinen, verbunden mit einem Schimpfturnier"[24] über die berühmte Dada-Messe (1920), Zeitungs-Projekte und Ausstellungen, kollektive politische Organisierung sowie Theater- und Filmarbeit –, aber auch allgemeinere Prozesse wie das Entwickeln einer gemeinsamen Sprache und eines geteilten ästhetischen Stils, das Einstreuen wechselseitiger Verweise und das Hervorbringen einer bestimmten Konvention der Selbstdarstellung. Von der Selbstdefinition als Bewegung zeugt aber nicht nur die Übernahme des bereits in Zürich geprägten Namens „Dada", sondern auch die Zuweisung unterschiedlicher, von den einzelnen Mitgliedern zu verkörpernder Funktionen: Heartfield übernahm diejenige des „Monteurdada", Hausmann war der „Dadasoph", Baader der „Oberdada" und Grosz der „Propagandadada" – wobei diese Diversifizierung selbst wieder die hierarchischen Strukturen zeitgenössischer politischer Strukturen parodierte.

Zugleich wirkten der Blick von Beobachtern und Beobachterinnen von außen sowie die Inszenierung in den Medien auf die Formung der Bewegung zurück. So wurden die einzelnen, zum Teil sehr unterschiedlichen Positionen – etwa zwischen Hannah Höch und John Heartfield – zum Label eines wiedererkennbaren „Dadaismus" verschmolzen. Der Dada-Kreis bediente sich demnach nicht nur der Medien – und hier vor allem der Zeitschrift – in offensiver Weise, sondern die Bewegung selbst wurde auch durch ihre Inszenierung in den Medien mitgestaltet und popu-

---

22 Sheppard, Dada and Mysticism, 1979, S. 100f.
23 Der Berliner Dadaismus kann deshalb als „Bewegung" beschrieben werden, da der Zusammenhang innerhalb der Gruppe in erster Linie über öffentliche Aktivitäten der Mitglieder hergestellt wurde, die – im Unterschied etwa zu den Mitgliedern des Weimarer Bauhauses – zudem nicht einer einzigen Institution entstammten, sondern alle mehr oder weniger freiberuflich tätig waren. Dazu: Allan C. Greenberg, *Artists and Revolution. Dada and the Bauhaus. 1917-1925*, Michigan, 1979, S. 78f.
24 Grosz, Ein kleines Ja, 1955, S. 143.

larisiert. Darüber erzählt Raoul Hausmann: „(Im Jahr 1919, A.S.) schrieb ich mein Manifest *Was ist der Dadaismus und was will er in Deutschland?* (...) (das) Manifest wurde von fast allen deutschen Tageszeitungen abgedruckt. Ein Blatt der amerikanischen Besatzung fand für dieses Manifest den Titel: Kunst-Bolschewismus; seit diesem Augenblick sah man DADA nur noch rot."[25] Anlässlich der Dada-Messe wird sich dies dann nochmals wiederholen:[26] Auch diese ließen die Organisatoren von einem professionellen Fotografen ablichten, wonach sie die Bilder an wichtige internationale Zeitschriften und Magazine schickten, die sie abdruckten, wodurch sich die Bekanntheit Dadas vergrößerte und in der Folge auch die Bewegung selbst weiter verbreitete.

Zwischen revolutionärem Proletariat und Dada-merika

Die Zeitschrift *Jedermann sein eigener Fußball* veröffentlichte 1919 folgenden Aufruf, der vorgab, Bürger für eine Filmpantomime zu rekrutieren: „Bürger! Für eine Filmpantomime Wilhelms Rückkehr, ca. 2000 stattliche deutsche Männer gesucht. Dekoriert bevorzugt (Orden mitbringen!) Ebert-Film A.G. Café Vaterland."[27] Hier wird in parodistischer Weise ein mögliches filmisch inszeniertes „Rückgängigmachen" des von vielen als traumatisch erlebten revolutionären Umsturzes von 1918 und des Wechsels von der Monarchie zur Republik in Aussicht gestellt. Der am 10. November 1918 nach Holland geflohene deutsche Kaiser erscheint als eine Art Untoter, dessen mögliches Wiedererscheinen von Tausenden, mit ihren Orden dekorierten Männern heraufbeschworen werden könnte. Zugleich wird der Sozialdemokrat Friedrich Ebert, der am 11. Februar 1919 zum Reichspräsidenten gewählt worden ist, als Drahtzieher und Produzent dieser Pantomime und als Vorstand des „Café Vaterlands" benannt. Das in der Anzeige beworbene Projekt macht deutlich, dass für die Dadaisten im Jahr 1919 das durch den politischen Umsturz erzeugte Machtvakuum als Platz gesehen wurde, der in ihrer Gegenwart eher von den absurden Inszenierungen einer Wiederkehr des Abgeschafften angefüllt werden könnte, als dass auf dieser politischen Bühne ernst zu nehmende, effiziente Verhandlungen zwischen verschiedenen zeitgenössischen Parteien stattfinden würden. Diese Anzeige dokumentiert ein skeptisches, stark Ironie-geleitetes Verhältnis sowohl zum Sozialdemokraten Ebert als auch zum „(Café) Vaterland" insgesamt.

1919 bezogen die Dadaisten mit solchen Interventionen eine ganz bestimmte politische Position: Anfang des Jahres traten Grosz, Herzfelde und Heartfield gemeinsam mit Jung und Piskator in die KPD ein. Wieland Herzfelde sagte dazu: „Als am 31. Dezember 1918 die Kommunistische Partei gegründet wurde, holten wir drei (George Grosz, sein Bruder John Heartfield und er selbst, A.S.) gemeinsam

---

25 Raoul Hausmann, Dada empört sich, 1977, S. 10.
26 Brigid Doherty, „,See: We Are All Neurasthenics!' or, The Trauma of Dada Montage", in: *Critical Inquiry*, Nr. 24 (Herbst), 1997, S. 82-132, S. 85f.
27 *Jedermann sein eigener Fußball*, 1919, S. 3.

mit Piskator und einigen anderen Freunden noch in der Sylvesternacht die Mitgliedsbücher. Rosa Luxemburg händigte sie uns in der von Revolutionären besetzten Redaktion des ‚Berliner Lokal-Anzeigers' aus."[28] Die Ereignisse der Revolution, die in Berlin als dem Zentrum des Umsturzes besonders hautnah erlebt werden konnten, hatten also zu einer Verbrüderung von Künstlern und Arbeiterschaft geführt. Zugleich war eine Art „Tabula rasa" entstanden, auf der sich die künstlerisch-intellektuellen Aktivisten und Aktivistinnen nun zwecks Errichtung von „etwas Neuem" einschreiben wollten. Ernst Troeltsch spricht in diesem Zusammenhang von „Eigenbrödler(n, A.S.) und Konstrukteure(n), (...) die jetzt den Zeitpunkt gekommen glauben, wo auf der Tabula rasa etwas Neues, Rein-Rationales gemacht werden könne (...) Die einen wollen auf dem Weg über das Rätesystem zu einer ständisch-mittelalterlichen Gesellschaftsordnung (...) die anderen wollen gegen die Demokratie Luft gewinnen für aristokratisches Führertum (...) Wieder andere wollen nur Elend und Verwirrung nach Möglichkeit steigern, die Nation in Konservative und Bolschewisten zersprengen, wo dann die Wahl und der schließliche Ausweg nicht zweifelhaft sein können, noch andere sehen im Bolschewismus die große Simonstat (...) Andere träumen von einer neuen endlich rationalen Weltordnung (...) Oder sie träumen von einem Sozialismus, der nicht auf Demokratie und Gleichheit beruht, sondern auf Organisation und Differenzierung (...).; oder von einer Selbsterzeugung der Ordnung, wenn man nur auf Macht, Gewalt und Armee verzichtet und den guten Instinkten der Menschen vertraut, die bei völliger Gleichheit der Chancen eine Fülle von Talenten und Ordnungskräften aus der Tiefe hervorbringen werden. Alles kann man mit dem großen Schlagwort der Revolution, dem Namen der ‚Räte', schmücken und damit die Massen gewinnen, die nun einmal an diesem Worte hängen."[29]

Dabei bestand die „Deutsche Revolution", wie Detlev J.K. Peukert gezeigt hat, aus mehreren unterscheidbaren revolutionären Prozessen, die parallel verliefen und sich dabei zum Teil überlagerten und unterstützten, sich aber auch wechselseitig

---

28 Wieland Herzfelde, „John Heartfield und George Grosz. Zum 75. Geburtstag meines Bruders", in: *Mitteilungen der deutschen AdK Berlin (DDR)*, Nr. 4/ 4 (Juli/August), 1966, S. 2-4, S. 3. Über diese Politisierung der Bewegung schrieb George Grosz wenige Jahre später: „Die deutsche Dada-Bewegung hatte ihre Wurzeln in der Erkenntnis, die gleichzeitig manchen Kameraden wie auch mir kam, daß es voller Irrsinn war zu glauben, der Geist oder irgendwelche Geister regierten die Welt (...) Wir sahen die irrsinnigen Endprodukte der herrschenden Gesellschaftsordnung und brachen in Gelächter aus. Noch nicht sahen wir, daß diesem Irrsinn ein System zugrunde lag. Die nahende Revolution brachte die Erkenntnis dieses Systems. Zum Lachen war kein Anlaß mehr, es gab wichtigere Probleme als die der Kunst (...) Es sind die Probleme der Zukunft – der kommenden Menschen, die Probleme des Klassenkampfs." George Grosz, „Abwicklung", in: *Das Kunstblatt*, Nr. 2/ 61 (Februar), 1924, S. 33-38, S. 37f.

29 Ernst Troeltsch, *Spektator-Briefe. Aufsätze über die deutsche Revolution und die Weltpolitik (1918/22)*, Tübingen, 1924, 49ff.

blockierten und an manchen Punkten neu gewichteten.³⁰ Einerseits fand eine „konstitutionelle Revolution" statt, die vor allem von demokratischen Politikern und ihren Parteien vorangetrieben wurde und die auch von einer korporativistischen Zusammenarbeit der Verbandsvorstände von Kapital und Arbeit mit dem Staat gekennzeichnet war. Damit durchmischt agierten – im nun in neuer Weise umstrittenen öffentlichen Raum – Friedens- und soziale Protestbewegungen, die sich schließlich in der Rätebewegung institutionalisierten. Und schließlich erreichten im Revolutionsverlauf auch verschiedene sozialistische Bewegungen zunehmende politische Sichtbarkeit. Das Zusammenwirken dieser Bewegungen führte am 9. November 1918 zum Sieg der Revolution, dem dann bis zur Wahl der Nationalversammlung am 19. Jänner 1919 eine Zeit der Verhandlungen, der Ausschaltung anderer Optionen und der Kompromisse folgte.

An diesem Umbauprozess nahmen die Dadaisten aktiv teil, zugleich archivierten und dokumentierten sie diesen Prozess aber auch. So befinden sich in einer von George Grosz zusammengetragenen Sammlung populärer Postkarten neben erotischen Bildern und Neujahrswünschen auch mehrere Huldigungsbildchen, auf denen Wilhelm II. in Galauniform zu sehen ist.³¹ Diese Postkarten sind hier als Zeugnisse eines vergangenen, durch die Ereignisse der Gegenwart ins Lächerliche gesetzten Bilderkultes und als mögliche Vorlagen für parodistische Zeichnungen archiviert. Auf einer von ihnen ist Wilhelm II. als über dem Staatswesen – repräsentiert durch den Reichstag – schwebender und dieses zusammenhaltender, überproportional vergrößerter „Kopf" dargestellt (Abbildung). Sein Bildnis ist zudem von den Devotionalien Lorbeerkranz, Krone und Staatsadler umgeben und auf einem ebenfalls von Lorbeer umrankten, vor dem Gebäude stehenden „Sockel" platziert, der den Huldigungsspruch „Jubel ertönet fern und nah – Heil, Kaiser Wilhelm Hurra, Hurra!" trägt. Obwohl dieses Szenario durch den Sieg der Revolution als ein „überholtes" klassifiziert ist, bleibt ihm, wie auch die Filmvision in der Anzeige in *Jedermann sein eigener Fußball* demonstriert, das Potenzial inne, gleichsam als Gespenst die neu erstrittene Republik heimzusuchen.

An die Stelle des einen „Kopfes", der wie jener Wilhelm II. das deutsche Staatswesen zusammengehalten hat, wird nach der Revolution nun aber, wie für solche Umstürze üblich, nicht sofort wieder ein anderer Kopf und Körper gesetzt – sondern hier erscheint ein zunächst leerer „Aufmarschplatz", auf dem verschiedenste

---

30 Die Gründe für die Deutsche Revolution lagen, wie Peukert darlegt, auch in der katastrophalen Entwicklung des Ersten Weltkrieges. Diese führte zu einem Anwachsen der Spannungen zwischen einem enormen Machtanspruch auf Seiten des militärisch-konservativen Blocks und weiten, zunehmend ernüchterten und unzufriedenen Bevölkerungskreisen. Diese Polarisierung, die durch das offizielle Stillhalten der Gewerkschaften und anderer politischer Vertretungsorgane zusätzlich unterstützt wurde, führte zu sozialen Protesten und Streikbewegungen, die sich oft in neuen, spontanen Formen zeigten. Detlev J. K. Peukert, *Die Weimarer Republik. Krisenjahre der Klassischen Moderne*, Frankfurt am Main, 1987, S. 33f.
31 AdK, Berlin, George-Grosz-Archiv, Inv.Nr. 1189/2.36.

42. *Kaiser-Wilhelm-Huldigungspostkarte* aus der Postkartensammlung von George Grosz, 1913. © VG Bild-Kunst und Akademie der Künste, Berlin, George-Grosz Archiv

Gruppen in eine konfliktvolle Auseinandersetzung um die Macht im Staat treten.[32] Diesen mit der Revolution errungenen Platz interpretierten Dadaisten wie George Grosz und John Heartfield in mehreren Arbeiten dann als „Platz! dem Arbeiter", womit sie auf die Seite des Proletariats traten und sich von diesem Standpunkt aus in die aktuellen Auseinandersetzungen einmischten. So zeigte ein Plakat, das George Grosz für Protestdemonstrationen anlässlich des Mordes an Walter Rathenau in Berlin 1922 entwarf, den revolutionären Arbeiter mit Schirmmütze und Gewehr in der Hand, wie er über einen am Boden liegenden, fettleibigen Bürger triumphiert, dem gerade ein Geldsack aus der Hand gefallen ist. Mit wenigen Worten und einer reduzierten, leicht lesbaren Formensprache ist es deutlich merkbar von der russischen Prolet-Kult-Ästhetik inspiriert, über die seit 1919 Artikel in der deutschen Presse aufgetaucht waren und bald auch mündliche Berichte von Russland-Reisenden existierten.[33] Das Bild, auf dem das Rufzeichen neben dem Wort „Platz!" als Aufforderung zum Betreten des öffentlichen Raum gelesen werden kann, wurde bei der Demonstration hoch über die Köpfe der Masse hinausgehoben getragen. Wie

---

32 Lefort, The Image of the Body, 1986, S. 302f.
33 1919 erschien zum Beispiel in deutscher Übersetzung: Alexander Bogdanov, *Die Kunst und das Proletariat*, Leipzig, 1919.

43. *Plakat für Protestdemonstrationen anlässlich des Mordes an Walter Rathenau in Berlin*, George Grosz, 1922. © VG Bild-Kunst und Akademie der Künste, Berlin, Bibliothek

ein zeitgenössisches Foto (Abbildung) dokumentiert, tauchte es neben wehenden Fahnen, hochgereckten, geschwenkten Hüten und einem weiteren Plakat auf, auf dem ein mit Hammer und Sichel geschmückter Adler und der Schriftzug „Hoch die Rote Republik" zu sehen waren.[34] Diese Positionierung Dadas war aber in ganz expliziter Weise bereits auf einem auf der Dada-Messe von 1920 gezeigten Plakat ablesbar, das den Schriftzug trug: „DADA ist die willentliche Zersetzung der bürgerlichen Begriffswelt DADA steht auf Seiten des revolutionären Proletariats!"

Diese politische Verortung steht jedoch in Spannung zu einer nicht minder starken Bezugnahme, die beispielsweise artikuliert ist, wenn Richard Huelsenbeck Dada, wie bereits erwähnt, als die „amerikanische Seite des Buddhismus" bezeichnet. Hier kommt die bereits thematisierte Verquickung ganz diverser Strömungen der Gegenwart – von der Psychoanalyse über die Popkultur bis zum Buddhismus – zum Tragen. Zugleich ist in einer solchen Aussage auch mit verhandelt, dass der mit der Revolution erzeugte öffentliche Raum nicht buchstäblich „leer", sondern stets mit vielfältigen Aufladungen – Utopien, Mythen, Gefühlen, Projekten und Ideen – gefüllt war, wobei traditionelle Mythen gleichermaßen präsent waren wie neu erfundene. Im Speziellen umriss Huelsenbeck in dieser Selbstdefinition aber ein positives, Utopie-geleitetes Verhältnis zu einem gleichsam „mythischen Amerika", von dem das Modell einer künftigen Welt erborgt wurde und das die Dadaisten ebenso in aktuelle Auseinandersetzungen einbrachten. Diese Identifikations-

---

34 Ein Foto, das dieses Plakat während der Demonstrationen zeigt, ist untertitelt mit „Arbeiterdemonstration in Berlin" und reproduziert in: *Platz dem Arbeiter! Erstes Jahrbuch des Malik-Verlages*, hg. v. Julian Gumpez, Berlin: Malik Verlag, 1924. Zwei Jahre später wurde derselbe Slogan „Platz! dem Arbeiter" nochmals aufgegriffen. John Heartfield platzierte ihn in großen, roten, „dreidimensional" und „gemeißelt" wirkenden Buchstaben auf einem Buchumschlag für das erste Jahrbuch des Malik-Verlages 1923-1924.

44. *Dada-merika,* George Grosz und John Heartfield, 1919.
© VG Bild-Kunst und Akademie der Künste, Berlin, Kunstsammlung

Beziehung zur „neuen Welt" wurde bereits an der „Umtaufung" sichtbar, mit der George Grosz 1915 seinen Namen von „Georg Gross" in „George Grosz" umwandelte und im Zuge derer er in der satirischen Zeitschrift *Stachelschwein* als seinen Geburtsort „Ohio (USA) Suburb von Berlin" angab.[35]

Manche Gemeinschaftsarbeiten von Grosz und Heartfield thematisierten diese Bezugnahme auch in einer ganz direkten Weise – etwa die 1919 entstehende Collage *Dada-merika* (Abbildung), auf der Reproduktionen der Normierungsinstrumente Maßband, Tabelle, Uhr und Geldstück genauso sichtbar werden wie das Foto eines Küchenmessers und eines Reibeisens, eine großflächige Sternenkarte, typografische Elemente aus Presse und Werbung oder Ansichten von Hochhäusern und Maschinen.[36] „Dada-merika" ist diesen Indizien zufolge vor allem durch die Bezugnahme auf die Massenkultur und deren Normierungsinstrumente gekenn-

---

35 „Die Dadaisten, deren Mission erfüllt ist, hatten das Glück, daß aus ihrem Kreise ein Genie erwuchs: George Grosz. (...) Geboren in Ohio (U.S.A.), einem Vorort von Berlin, besuchte er die Berliner Kunstgewerbeschule unter Orlik und kam dann nach Dresden." George Grosz, „Für – und wider", in: *Das Stachelschwein*, Nr. 5/ 14 (März), 1925, S. 29-32. S. 31. Zur Namensänderung siehe auch: Ralph Jentsch, *George Grosz. The Berlin Years*, Mailand, 1997, S. 32ff. Zugleich wird diese Identifikation auch von außen gespiegelt – etwa wenn Else Lasker-Schüler ihn wegen seiner Amerikaschwärmereien als „Lederstrumpf" bezeichnete. Dazu: Grosz, Ein kleines Ja, 1955, S. 107.
36 Diese Collage ist verschollen, sie ist jedoch durch ein Foto überliefert. Siehe: AdK, Berlin, KS, Inv.Nr. John Heartfield, 4486.

zeichnet, steht aber auch mit dem Kosmischen in Beziehung. Auf dem in der Bildmitte platzierten großen Messer ist ein Foto von George Grosz selbst montiert, der auf diese Weise gleichsam als eine Art „Steuermann" eines fragilen, aus diversen „Stäben" und „Rädern" zusammengesetzten Dada-Gefährts erscheint – wie auch als möglicher Benutzer dieses Messers im Sinne Dadas. Diese Lesart wird durch das zweimalige Vorkommen des Schriftzugs „dada-merika" unterstützt, der durch das Hinüberziehen des „a" von „amerika" zu „dada" ebenfalls die Verschmolzenheit der „dadaistischen" mit den „amerikanischen" Visionen betont, obwohl der Bindestrich zugleich eine Distanz und kritische Spannung anzeigt.

Ein solches komplexes, Revolution und mythisches „Amerika" vereinendes Wunschbild einer möglichen, von Dada durchdrungenen Welt setzten die Künstler in scharfem Kontrast zu einem Umgebungsraum ein, der unmittelbar nach dem Krieg vor allem auch durch die Gewöhnung an das „Unheimliche und Ekelhafte" gekennzeichnet war. So hält George Grosz in seinen Erinnerungen fest: „An allen Ecken saßen echte und unechte Kriegsinvaliden. Die einen dösten vor sich hin, bis ein Passant kam, dann verdrehten sie den Kopf und fingen an sich krampfhaft zu schütteln. Schüttler nannte man die: ‚Sieh mal, Mutter, da sitzt wieder so'n komischer Schüttler!' Längst hatte man sich an alles Unheimliche und Ekelhafte gewöhnt."[37]

In *Dada-merika* sind Bruchstücke einer Anfang der 1920er Jahre heftig geführten Auseinandersetzung präsent, die um Sinn und Richtung von zeitgenössischer Kultur und von Modernisierung überhaupt in einem solcherart von den Folgen des Kriegs und von politischer Unsicherheit gekennzeichneten Kontext stritt. Über die Ausgestaltung von „Amerika" und von „Amerikanismus" wurden stets auch andere Bewertungen vorgenommen – von Rationalisierung und Massenkultur genauso wie von neuen Medien, Frauenarbeit und Erziehung.[38] Inmitten einer verwirrenden Auseinandersetzung positionierten sich die Dadaisten als zugleich involviert und herausgehoben, verstrickt und mit dem Potenzial zu handeln, d.h., Messer-Schnitte in das Gegebene vorzunehmen. Um 1920 stellten sie sich demnach nicht nur auf die Seite der sich gegen die herrschende Ordnung richtenden Kollektivkörper der Arbeiter, sondern auch auf die Seite von „dada-merika". Durch diese doppelte Verortung spannten sie einen Handlungs- und Identifikationsbogen, der in der Folge zu diversen Konflikten mit anderen, an den aktuellen Auseinandersetzungen beteiligten Kräften führte.

---

37 Grosz, Ein kleines Ja, 1955, S. 120.
38 Bilder von Möglichkeiten zur Befreiung von überlieferten Bevormundungen, zur Realisierung von Glück durch Konsum und zur Lebensstandardsteigerung trafen in dieser Auseinandersetzung auf Schreckensvisionen von starrer Normierung und des Verlustes von Tradition und Ordnung. Daneben gab es aber auch andere Formulierungen von Besorgnis um den weiteren Verlauf von Modernisierung und Fortschritt, die nicht einfach einem Anknüpfen an das „gute Alte" das Wort redeten. Peukert, Weimarer Republik, 1987, S. 178f.

Der Streit um die „richtige" Verwendung von Parodie

Das sich auf der politischen Bühne der Weimarer Republik abspielende Geschehen betrachtete der Dada-Kreis Mitte der 1920er Jahre zunehmend kritisch und spöttisch. Vor allem das System der Politik im engeren Sinn, bestehend aus Parteien, Politikern, Parlament und Wahlen, stand im Visier von mittels Ironie und Parodie geführten Attacken. So zeigt das Titelblatt von *Die rosarote Brille*, einer Sonderbeilage der Zeitschrift *Der Knüppel* (Nr. 7, 10. September 1924), die Zeichnung (Abbildung) eines zentralen, großen und nur spärlich besuchten Repräsentationsplatzes innerhalb eines städtischen Raums. Auf diesem von Rudolf Schlichter skizzierten Platz steht jedoch keine Skulptur irgendeines aktuellen oder der Vergangenheit angehörigen politischen Repräsentanten, sondern eine riesige, alle Gebäude der Stadt weit überragende Klomuschel mit rosarot angemaltem Deckel, den eine kleine Krone als Herrschaftszeichen ziert. Aus den Wolken über dem Ganzen schwebt, um den Eindruck zu vervollständigen, eine in passendem Rosarot angemalte Spülvorrichtung herab. Die Zeichnung ist überschrieben mit „Hier gilt es auszumisten" und darunter ist die Rubrik „Durch die – Brille" platziert: „Es war im schönen Monat Mai, da Schlotterten die Knochen, Da hat zur Wahl Euch allerlei die SPD versprochen. An Recht und Freiheit, Brot und Lohn Und sonstigen Genüssen. Wo blieb das alles wohl, mein Sohn, Das möchtest Du gern wissen?? Sieh her durch diese rosa Brille, Da häuft es sich in reicher Fülle!! Liegt Dir an sowas, nun, dann geh und wähle wieder SPD. Doch liegt Dir daran auszumisten, Dann geh' und Wähle Kommunisten!"[39] Indem die Ähnlichkeit von weit geöffneter demokratischer Wahlurne und aufgeklappter Klomuschel strapaziert wird, ist hier das demokratische In-Form-Setzen von Gesellschaft, das von dem auf einem freien Platz ausgetragenen Wettstreit zwischen unterschiedlichen Gruppen und Repräsentanten ausgeht, als öffentliche Toilette verulkt. Ein solcher Blick auf die Gegenwart wird von einer Fülle anderer zeitgenössischer Bilder unterstützt, auf denen die Wahlurnen der Demokratie ebenfalls als überfüllte, stinkende Nachttöpfe präsentiert werden. Um nur zwei weitere Beispiele herauszugreifen: Auf der Zeichnung *Der Marsch der Wähler (Ton: Ich bin Preuße)* von George Grosz (1924)[40] ist die Wahlurne als riesiger, mit rauchendem Kot gefüllter Topf dargestellt. Und auf einem Gemälde von 1926, *Die Säulen der Gesellschaft*, verwendet George Grosz den Nachtopf dann gleich zweimal: Einmal ziert er in umgedrehter Form den Kopf eines biertrunkenen Journalisten und das andere Mal bildet er in einer Art Überblendung den Kopf eines sozialdemokratischen Parlamentariers und ist auch hier wieder mit schwadenziehendem Kot gefüllt.

Dazu tritt als weiteres, häufig in diesen Jahren verwendetes Bildmotiv der meist mit riesigen Eselsohren und Scheuklappen dargestellte Erfüller seiner demokratischen Wahlpflichten. Ganz explizit ist der „Esel der Demokratie" auf einem wieder

---
39 Titelblatt der Beilage *Die rosarote Brille*, September 1924. AdK, Berlin, George-Grosz-Archiv, Inv.Nr. 1155.
40 Später reproduziert in: Oskar Kanehl, *Straße frei*, Berlin, 1928, S. 31.

45. *Wahlurnen-Parodie, Die rosarote Brille 1924,* Rudolf Schlichter. © Akademie der Künste, Berlin, Rudolf-Schlichter-Archiv und Kunst

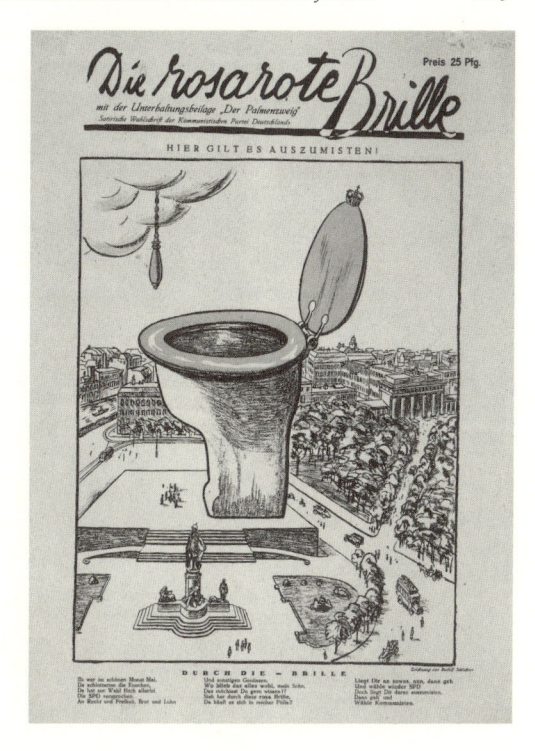

in der Zeitschrift *Der Knüppel* (Nr. 8, Dezember 1924, Abbildung) abgedruckten Blatt von George Grosz präsent, wo er als Zeichen dafür, dass er mit dem im Bildhintergrund vor sich gehenden Geschehen nichts zu tun haben will, zudem ignorant seine Nase und Hände hochstreckt und seine Augen geschlossen hält. Dort sieht man nämlich, wie Arbeiter – unter Beifallsklatschen von dickbäuchigen und Zylinder tragenden Vertretern der Oberschicht – von Polizisten ins Zuchthaus geschoben werden. Gleich darunter steht der Satz: „Gehörst auch Du zu denen, die so herumlaufen, die nichts sehen und nichts hören wollen von dem, was um sie herum vorgeht! Nein, Nun dann entscheide Dich für die Kommunisten!"

George Grosz und Rudolf Schlichter kombinierten in diesen Bildern zentrale Elemente des demokratischen politischen Systems wie die Wahlurne, den Stimmzettel oder den Wähler mit einer zweiten Bedeutungsschiene – mit Kot, Kloaken und dem störrischen, ignoranten Esel – wodurch Zweifel und Unsicherheit bezüglich der gewöhnlichen Bedeutungen der demokratischen Wahlutensilien und Akteure verbreitet wurden. Dabei verspotteten sie Demokratie und Sozialdemokratie wiederholt im Verbund miteinander. Auf die Unübersichtlichkeit und das Durcheinander von Erfahrungen, welche die Jahre der Weimarer Republik beherrschten und die durch die hohe Arbeitslosigkeit und die damit zusammenhängenden, jedoch sehr zersplittert auftretenden Sozialproteste sowie die 1922 eskalierende Hy-

46. *Der Esel der Demokratie*, George Grosz, 1924. © VG Bild-Kunst und Akademie der Künste, Berlin, George-Grosz Archiv

perinflation[41] beständig gesteigert wurden, antworteten diese Künstler zunächst also nicht mit der Kreation von Gebilden, die Beständigkeit erzeugten, sondern mit der offensiven Anwendung von Kunstgriffen, die weitere Unsicherheit verbreiteten. Eine ähnliche Taktik wandte auch Raoul Hausmann 1919 in einem „Pamphlet gegen die Weimarische Lebensauffassung" an, in dem er proklamierte: „Der Demokrat (…) ist gar nicht wahnsinnig, er möchte leben auf Heller und Pfennig. (…) Was ist Demokratie? Das Leben – erarbeitet durch die Angst um unser tägliches Vaterunserbrot. Wir wollen lachen, lachen und tun, was unsere Instinkte heißen. Wir wollen nicht Demokratie, Liberalität, wir verachten den Kothurn des geistigen Konsums, wir erbeben nicht vor dem Kapital."[42]

Dieses Gelächter (ehemaliger)[43] Mitglieder der Dada-Bewegung wie George Grosz oder Raoul Hausmann erklang 1923/24 in einem Gefüge, in dem sich be-

---

41 Der Index der Großhandelspreise war 1923 2783-mal höher als 1913, die Papiermark verlor immer mehr ihre Funktion als Zahlungsmittel und es wurden Ersatzwährungen ausgegeben. Die Arbeitslosigkeit betrug bereits 1926 10 % und stieg bis 1932 auf 29,9 %, wobei der Anteil der Erwerbslosen unter den gewerkschaftlich organisierten Arbeitern 1932 sogar 43,7 % betrug. Dazu: Peukert, Weimarer Republik 1987, S. 62ff. und S. 245f.
42 Hausmann, Pamphlet (1919), 1977, S. 51f.
43 Der Dadaismus ist, wie die in diesem Buch verhandelten Rezeptionsgeschichten zeigen, eine quer durch das 20. Jahrhundert wiederholt reaktivierte Bewegung und kann deshalb zu

reits etwa ein Drittel der organisierten Arbeiter von der Sozialdemokratie und der Republik als Staatsform verabschiedet und den Kommunisten zugewandt hatte. Letztere stellten aber dennoch eine zahlenmäßig zu kleine Gruppe dar, um einen Umsturz in Richtung Sozialismus herbeiführen zu können. Die von George Grosz, John Heartfield oder auch von Hannah Höch in diesen Jahren in Umlauf gesetzten, sehr vehementen Parodien der Republik und der demokratischen Wahlen griffen solche, bereits weit in der Bevölkerung verbreiteten Enttäuschungen und Zweifel gegenüber der Politik von Weimar auf, popularisierten diese jedoch zusätzlich noch. Zugleich wuchsen zwischen 1921 und 1923 die gegenrevolutionären Bewegungen an und drifteten in die Grauzone einer nicht mehr zur Gänze öffentlichen, terroristischen Geheimbündelei ab.[44] Auch diese projizierten, ähnlich wie die Dada-Bewegung nur in anderer Ausrichtung und Gestalt, ihre Idee einer „neuen Politik" ausgehend vom Erlebnis des vergangenen Krieges auf die Gegenwart. Die Kriegserfahrung fungierte hier jedoch nicht als ein Modell für eine ideologiezersetzende Haltung, sondern als Antrieb zu einem „nationalen Erwachen".[45] Damit verbunden kam es auch auf dieser Seite zur von Empathie getragenen Bildung von Gemeinschaften, was sich ebenfalls wieder mit Attacken auf die Demokratie verband. „Die parlamentarische Demokratie und ihre Regierung", so hieß es in einem Text: „durch sie wird einmal der eitlen Selbstgefälligkeit, Selbstgenügsamkeit, der Schwatzhaftigkeit, dem Schmarotzertum (…) ein andermal der Begönnerungswirtschaft und endlich der blanken Bestechung Tür und Tor sperrangelweit geöffnet. (…) Die Demokratie, wenigstens wie sie sich vor uns auslebt, ist nichts anderes als eine große Lüge und zwar eine Selbstbelügung, die dem Hunger und der Unzufriedenheit Vorschub leistet, die der Ausbeutung Opfer zutreibt, sie wird zur Nutznießerin einerseits der menschlichen Dummheit, andererseits ihrer Feigheit."[46]

---

keinem Zeitpunkt als „vergangene" bezeichnet werden. Zugleich haben die diese „moderne Tradition" konstruierenden Bewegungen im engeren Sinn dennoch eine je begrenzte Lebensdauer. Bezogen auf den Berliner Dadaismus wurden nach der Dada-Messe von 1920 zum Beispiel bereits Stimmen laut, die von einem Verlust von Vitalität und einem Auseinanderfallen zeugen. Raoul Hausmann etwa hält für die Rezeption der Messe lapidar fest: „Keiner wollte mehr DADA sehen." Hausmann, Dada empört sich, 1977, S. 11. Die KP-Kunstkritikerin Gudrun Alexander berichtet zugleich: „Raoul Hausmann, vor einem Jahr noch Vorkämpfer des Dadaismus, scheint dieser jüngsten Kunstsekte, wohl weil sie sich allzu lächerlich gemacht hat, nun endgültig abgeschworen zu haben: wenigstens gibt er zu, daß das gewollt Primitive und Kindhafte in der Kunst doch nichts sei." „Ausstellungskunst", in: *Die Rote Fahne*, 14. 6. 1921, S. [3].

44 Peukert, Weimarer Republik 1987, S. 81ff.
45 Die Inszenierung des Kriegserlebnisses ist, wie Kurt Sontheimer herausgearbeitet hat, für das antidemokratische Denken und den entstehenden Nationalismus der Weimarer Republik zentral. Siehe: Kurt Sontheimer, *Antidemokratisches Denken in der Weimarer Republik. Die politischen Ideen des deutschen Nationalismus zwischen 1918 und 1933*, München, 1968, S. 93.
46 Ottokar Stauf von der March, „Demokratie und Republik, Plutokratie und Zusammenbruch. Betrachtungen in Deutschlands Marterjahren", in: *Der Völkische Sprechabend*, Nr. 57 (Mai), 1928, S. 1-39, S. 9f.

Die Dadaisten legten zunächst auch gegenüber den Aktivitäten der Linken eine stark ironisch geprägte Haltung an den Tag. Sie setzten auch nach den unmittelbaren Ereignissen der Revolution auf Aktion und auf das vom Ereignis gelenkte Werden der Gesellschaft und standen zum Beispiel den starren Sozialreformprogrammen ihrer Zeit sehr skeptisch gegenüber. Johannes Baader etwa parodierte solche Programme, wenn er in der Zeitschrift *Der Dada* (1919) eine Mitgliedskarte des „exoterischen dadaistischen Clubs" bewarb, durch die man zum Beispiel „Vorzugspreise bei der Benutzung des *Dada-graphologischen* Instituts (erhielt, A.S); (...) der *Zentralstelle für private männliche und weibliche Fürsorge*; der *Dada*-Schule für die Erneuerung der psycho-therapeutischen Lebensbeziehung zwischen Kindern und Eltern, Ehegatten und solchen, die es waren oder zu werden beabsichtigen (erhält, A.S.)."[47] Auch der Kommunismus selbst wurde zum Ziel ironischer Attacken – etwa wenn Raoul Hausmann ihn als „Bergpredigt", bezeichnet, „praktisch organisiert, er ist die Religion der ökonomischen Gerechtigkeit, ein schöner Wahnsinn"[48] – oder, wenn er, in einem weiteren Text, die rhetorische Frage stellt, die er selbst auch gleich beantwortet: „Warum spricht das kommunistische Manifest nicht von dem Geistesbourgeois, der mit seinen Ausscheidungen die Besitzperipherie sichert. So blieb die Welt eine Kloake der Feierlichkeit. Hier hilft nur Zwangsarbeit mit Peitschenhieben. Wir fordern Disziplin! Gegen die freie Kunst!! Gegen den freien Geist!!!"[49]

Diese ironische Haltung wurde im Laufe der 1920er Jahre zum Zankapfel in der Auseinandersetzung zwischen KPD und (ehemaligen) Dadaisten: Dabei wechselte die von den Kommunisten gegenüber diesen ästhetischen Taktiken angewandte Strategie mehrfach zwischen vehementen Anarchismus-Vorwürfen und enger Einbindung in ihre eigenen Propagandaaktivitäten hin und her. So warf die sich dabei am stärksten engagierende Gertrud Alexander in der KPD-Zeitung *Die Rote Fahne* während der 1920 stattfindenden, bereits erwähnten „Kunstlump-Debatte" den involvierten Künstlern Grosz und Heartfield „Anarchismus" und „aussichtslosen Radikalismus" vor.[50] Zugleich bewertete sie „Kunst (...) (als, A.S.) eine zu heilige Sache, als dass sie ihren Namen für plattestes Propagandamachwerk hergeben dürfte. Und wieder, Genossen, sei der Kommunismus eine zu ernste und heilige Sache, als dass er auf eine so platte und erbärmliche Weise, nicht künstlerisch verarbeitet in leuchtendem Kunstwerk, sondern in buntem Plakatstil (...) vorgeführt und ausgeschrieben werden dürfte."[51] Gegen jede „Illusion von einer ‚revolutionären' bürgerlichen Kunst (...), als die der Expressionismus und Dadaismus, überhaupt alles

---

47 Johannes Baader, „Tretet dada bei" (1919), in: *Dada Berlin. Texte, Manifeste, Aktionen*, hg. v. Hanne Bergius und Karl Riha, Stuttgart: Reclam, 1977, S. 70-71, S. 71.
48 Hausmann, Pamphlet (1919), 1977, S. 51.
49 Hausmann, Alitterel, 1977, S. 56.
50 „Kunst, Vandalismus und Proletariat. Erwiderung", in: *Die Rote Fahne*, 23.6.1920, S. [5].
51 „Proletarisches Theater", in: *Die Rote Fahne*, 17.10.1920, S. [5].

,Moderne' sich ausgaben und ausgeben", setzte sie die Forderung: „der Arbeiter muß angeleitet werden, (…) orientiert werden (…) aufgeklärt werden."[52]

1921 änderte sich die von der KPD gegenüber diesen ironischen und parodistischen Praktiken an den Tag gelegte Haltung zeitweise. Unter Anleitung der Kommunistischen Internationale diskutierten die Mitglieder nun Richtlinien, wie die Partei auch die Kanäle der sich neu entwickelnden Massenkultur und der Unterhaltungsindustrie nutzen könnte. Dies führte zu einer zeitweisen Rehabilitation der Ironie und der Parodie, wie ein im Oktober 1921 erschienener *Zirkularbrief des Exekutivkomitees der KI (EKKI) an die Parteien der dritten Internationale* demonstriert, in dem stand: „Eine gute Karikatur, die richtig ins Ziel schlägt, ist bedeutend besser als ein Dutzend schwerer sogenannter ‚marxistischer', langweiliger Artikel. Unsere Zeitungen müssen sorgfältig Leute suchen, welche es verstehen, mit dem Bleistift in der Hand der proletarischen Revolution zu dienen."[53] Einzelne Künstler wurden so stärker in die Parteiaktivitäten eingebunden und richteten ihre Arbeit zudem in verstärkter Weise populistisch aus, wofür sie vermehrt auch die neuen Massenmedien Dia und Film heranzogen. So hielt George Grosz 1923 zu Lichtbildern aus seinem Werk *Das Gesicht der herrschenden Klasse* einen öffentlichen Vortrag, für den auch über kleine Plakate geworben wurde.[54] Zugleich klassifizierten einflussreiche Parteifunktionäre die verstärkt in die Öffentlichkeitsarbeit eingebundenen Künstler jetzt neu. George Grosz beispielsweise galt nun als „Realist", dem zugleich – quasi im Gegenzug – jedoch Humor und Parodie aberkannt wurden: „Es ist das bewusste Einmünden in den Klassenkampf, was George Grosz aus dem Chaos des Expressionismus und Dadaismus gerettet hat (…) Er hört nicht auf, dieser Gesellschaft ins Gesicht zu schreien, ihr ihr Spiegelbild vorzuhalten – nicht eine Karikatur, denn zu einer solchen gehört Humor; nicht ein ins Komische-Lächerliche getriebenes Zerrbild, sondern ein konzentriertes Abbild. (…) ‚Hier wird nicht gelacht' Nein – hier wird verhöhnt, hier ist Angriff und Kampf, hier ist ein Politiker und Kämpfer, mehr als ein Künstler."[55]

Die Haltung der KP gegenüber Ironie und Parodie war demnach weiterhin schwankend, dabei zunehmend jedoch von einem Willen zur Kontrolle gekenn-

---

52 „Zur Frage der Kritik bürgerlicher Kunst", in: *Die Rote Fahne*, 4.1.1921, S. [3].
53 Zirkularbrief des EKKI vom 27. Oktober 1921. Zitiert in: *Dokumente der deutschen Arbeiterbewegung zur Journalistik. Teil II: 1900 bis 1945*, Leipzig: Fernstudium der Journalistik, 1963, S. 167f.
54 AdK, Berlin, George-Grosz-Archiv, Inv.Nr. 117. 1917/18 arbeiteten George Grosz und John Heartfield gemeinsam bereits an mehreren, vom Auswärtigen Amt beauftragten satirischen Filmen, u.a. *Soldaten-Lieder*, die jedoch großteils nie fertiggestellt wurden bzw. später verschollen sind. 1927 wurde Grosz dann erneut in die Verfilmung von Gerhart Hauptmanns Drama *Die Weber* (Regie: Friedrich Zelnik) sowie in die Gestaltung von Trickfilmen für Erwin Piskators Inszenierung *Die Abenteuer des braven Soldaten Schwejk* eingebunden. Dazu: Jeanpaul Goergen, „‚Filmisch sei der Strich, klar, einfach.' George Grosz und der Film", in: *George Grosz. Berlin-New York,* hg. v. Peter-Klaus Schuster, Berlin: Ars-Nicolai-Gmbh., 1995, S. 211-218.
55 „Das Gesicht der herrschenden Klasse", in: *Die Rote Fahne*, 22.10.1921, S. [2].

47. Logo für die *Rot Front* in Berlin, John Heartfield, 1927/1928.
© VG Bild-Kunst und Akademie der Künste, Berlin, Kunstsammlung

zeichnet: 1925 publizierte *Die Rote Fahne* dann eine an George Grosz gerichtete Aufforderung, Parodie und Satire nur mehr gegenüber der bürgerlichen Gesellschaft einzusetzen, die Arbeiterklasse jedoch in rein affirmativer Weise zu porträtieren.[56] Zugleich wiederholte die KP gegenüber der von ihm mit herausgegebenen Zeitschrift *Der Knüppel* den Verdacht der „anarchistischen Kritik" und, damit verknüpft, der feindlichen Haltung gegenüber der nun als Einheit konzipierten Verbindung „Proletariat-Partei".[57] 1927 gipfelten solche Attacken schließlich in einem offenen Vorwurf an Grosz, dass seine Kunst elitär bzw. zu komplex sei, um von den Arbeitern und Arbeiterinnen verstanden werden zu können.[58] Zu dem Zeitpunkt hatte der Künstler selbst sich jedoch bereits von der Partei entfernt. Schon seit etwa 1924 war er mit verschiedenen Äußerungen bezüglich künstlerischer Autonomie und Freiheit an die Öffentlichkeit getreten.[59] In der von Seiten der KPD 1927 artikulierten harschen Kritik sah er nur mehr den Versuch, künstlerische Unabhängigkeit und Kritik an der Parteiführung auszulöschen, wenn er in einem Brief festhielt: „Mein Verbrechen besteht darin, dass ich auch mal über linke Fetische,

---

56 „Verwunderlich ist nur die Rechtfertigung des Dadaismus (...), die der Verfasser für nötig hält, obwohl er selbst die Bilderstürmerei dieser ersten aggressiv-bürgerfeindlichen Kunstäußerung aufgegeben hat. Allerdings hindert ihn das gleiche rein negative Element, daß in damals völliger Verneinung bis zur Bilderstürmerei trieb, noch heute, seine ätzende Kritik der bürgerlichen Fratze das positive Element der heutigen Gesellschaft, den Kampf, das Heldentum des Proletariats entgegenzustellen – ein Mangel übrigens, der nicht nur George Grosz, sondern den deutschen revolutionären künstlerischen Manifestationen überhaupt eigen ist." „Das Gesicht der herrschenden Klasse", in: *Die Rote Fahne*, 14.6.1925, S. [2].
57 Bericht über die Verhandlungen des X. Parteitags der KPD (Berlin 1926), 693. Zitiert nach: Harald Maier-Metz, *Expressionismus – Dada – Agitprop. Zur Entwicklung des Malik-Kreises in Berlin 1912-1924*, Frankfurt am Main, 1984, S. 397f.
58 Das geht z.B. aus dem Brief von Hermann Borchert an Bertolt Brecht vom 18. September 1927 hervor. AdK, Berlin, Brecht-Archiv, Inv.Nr. 654/05-8.
59 Dazu: McCloskey, George Grosz, 1997, S. 108f.

Bonzen, KPD-Vorgesetzte, brave Funktionäre, besoldete Revolutionäre ein wenig bösartig gelacht habe (...) Ach wie schnell so eine marxistische Autorität gekränkt ist (...) Wie unsicher im Grunde diese Ideenträger, die das bisschen Spott nicht er- und vertragen können."[60]

Zugleich kann, ebenfalls ab ca. 1924, eine stärkere Zentralisierung der KP und ein zunehmendes In-Eins-Setzen von Proletariat und Partei beobachtet werden, wobei jede Abweichung von dieser Linie nun als „klassenfeindlich" interpretiert wurde. *Die Rote Fahne* publizierte 1924 zum Beispiel ein Manifest der „roten Gruppe", zu der, neben Grosz als Präsident, auch Heartfield zählte und in dem es hieß: „Die Mitglieder (...) sind durchdrungen von dem Bewusstsein, dass ein guter Kommunist in erster Linie Kommunist und erst dann Facharbeiter, Künstler usw. ist; dass alle Kenntnisse und Fähigkeiten ihm nur Werkzeuge sind im Dienste des Klassenkampfs. (...) An Stelle der bisher noch zu sehr anarchistischen Produktionsweise der kommunistischen Künstler muß ein planmäßiges Zusammenarbeiten treten."[61] Hier wurde eine starre Hierarchie zwischen Parteitätigkeiten und anderen Aktivitäten aufgerichtet und „Anarchismus" strikt von einer als „planmäßig" bezeichneten Zusammenarbeit abgegrenzt.

Anders als George Grosz, der sich nun verstärkt in Konflikt mit der Partei befand, ordnete sich sein Dada-Kollege John Heartfield deren Ansprüchen in der Folge in fast ungebrochener Weise unter. Dafür definierte er zum einen die Fotomontage zum „revolutionären" Propagandawerkzeug um, das effizient gegen das Bestehende und für das „Wirkliche" genutzt werden könne.[62] Daneben konzentrierte er sich jedoch, wie die Partei es forderte, auf das Gestalten plakativ lesbarer Bilder für die Arbeiterklasse. So verfertigte er zum Beispiel als Logo für die *Rot Front*-Position in Berlin 1927/1928 (Abbildung) eine Montage, die aus einer aus der Nähe aufgenommenen Faust – dem Symbol der Affirmation des Kommunismus – und einem weiteren Foto bestand, das eine große Menge demonstrierender, fast ausschließlich männlicher Arbeiter zeigt, die ebenfalls die geballte Faust erhoben halten. Diese Montage ist von einem roten Kreis umschlossen und mit dem in derselben Farbe gehaltenen Schriftzug „ROTFRONT" überschrieben.[63] Der enorme Größenunterschied zwischen riesiger, geballter Faust und ameisengroßen, mas-

---

60 Brief an Otto Schmalhausen, 1927. In: *George Grosz, Briefe*, hg. v. Herbert Knust, Reinbek bei Hamburg: Rowohlt, 1979, S. 102.

61 „Kommunistische Künstlergruppe", in: *Die Rote Fahne*, 18.6.1924, S. [2]. Nach 1924 gab es keine organisatorische Zusammenarbeit des Malik-Kreises mehr. Siehe: Maier-Metz, Expressionismus-Dada-Agitprop, 1984, S. 403.

62 In *Die Rote Fahne* erschien 1928 eine euphorische Ankündigung einer im Moabiter Glaspalast stattfindenden „Gesamtschau aus Werken des revolutionären Gebrauchsgraphikers John Heartfield (...) sein großes Verdienst: die erstmalige Verwendung der Photomontage für revolutionäre Zwecke. Er hat eine ganz neue, frappierende Art der wirklichkeitsnahen, photographischen Buchgestaltung geschaffen. Mit Recht führt die Ausstellung den Titel ‚Kunst und Wirklichkeit.'" „Revolutionäre Gebrauchsgraphik und Theaterdekoration", in: *Die Rote Fahne*, 1.4.1928, S. [16].

63 AdK, Berlin, KS, Inv.Nr. John Heartfield, 2088.

48. *Das erneute Verschweißen zu einem Kopf und einem Kollektivkörper*, Fotomontage für die *AIZ* vom 24. Mai 1934, John Heartfield. © VG Bild-Kunst und Akademie der Künste, Berlin, Kunstsammlung

senhaft auftretenden Arbeitern sowie das offensichtliche Zusammengeklebt-Sein der Collage weisen hier noch auf eine Differenz zwischen Repräsentierten und Repräsentierendem hin, die durch Artikulationsleistung überbrückt werden muss. Wenige Jahre später ist eine solche Differenz dann noch stärker verwischt: In einer in der *AIZ* (*Arbeiter Illustrierte Zeitung*, Abbildung) vom 24. Mai 1934 abgedruckten Fotomontage[64] ist die wieder als sehr einheitlich repräsentierte revolutionäre Arbeiterschaft nicht mehr nur mit der Partei identifiziert, sondern geht buchstäblich über in ein über der Menge schwebendes riesiges Porträt des Parteiführers Lenin. An der Schnittstelle zwischen Führerkopf und Arbeiterkörpern bildet eine weiße, den Kragen Lenins anzeigende Lasur eine Art „magischen Nebel", der von dunklen, den riesigen Kopf umschließenden Schatten umgeben ist, hinter denen sich ein solcher „Übergang" vollziehen kann. Hier ist keine Überbrückungs- oder Repräsentationsleistung mehr nötig, sondern es wird ein gleichsam magisches „Aufgehen" des Einzelnen in Klasse bzw. Partei visualisiert, die beide durch das Parteioberhaupt Lenin repräsentiert werden. Es scheint fast, als ob die Dada-Vision von „Wilhelms Rückkehr" sich verwirklicht hätte, nur dass Wilhelm II. in dieser Realisierung eben nicht als Wilhelm, sondern als Lenin zurückgekehrt ist.

---

64 Die Vorlage dafür befindet sich in: AdK, Berlin, KS, Inv. Nr. John Heartfield 1875.

Trotz der zum Teil heftig geführten Auseinandersetzungen – und der dabei, wie im Fall von John Heartfield, erfolgten Anpassungsleistungen – gab es demnach auch Parallelen zwischen den Praktiken der KPD und denen der Dada-Künstler: Zum einen begegnen sich die beiden, wie bereits bemerkt, in der Abkehr von der Bühne der Politik im engeren Sinn und einer damit erfolgenden Hinwendung zu einem vorwiegend aus Arbeitern gebildeten „Publikum", dem gegenüber zugleich der Anspruch erhoben wird, es durch „Bearbeitung" von dem ihm bislang zugeschriebenen Platz wegbewegen zu können. Zudem war Dada von einer angriffslustigen Haltung gekennzeichnet, deren Basis die Vorstellung von sprechenden und agierenden Körpern auf Seiten der Dadaisten und attackierten Körpern auf Seiten des Publikums bildete.[65] In der KP war man zwar gegenüber der dabei artikulierten Parodie und der davon ausgehenden Verunsicherung und Schockwirkung skeptisch. Dennoch ging man in den eigenen Aktionen und Deklarationen ebenfalls von ungleichen Körpern aus, indem man für die Partei Orientierung und Aufklärung beanspruchte und dem Publikum zugleich die Rolle des Bearbeitet-Werdens, d.h., des Orientiert-, Informiert- und Aufgeklärt-Werdens zuteilte. Die von der KP wie von den Dada-Künstlern und -Künstlerinnen so wiederholt vorgeführte Identifikation mit dem Proletariat führte demnach in beiden Fällen nicht zu einer von Gleichberechtigung gekennzeichneten Kommunikation auf Augenhöhe.[66]

In dieser Inszenierung von „ungleichen Körpern" trafen sich aber nicht nur die verschiedenen auf Seiten der Linken präsenten Taktiken, sondern diese verbanden sich auch mit den Strategien der Rechten. Denn auch wenn Letztere nicht das Proletariat und die Partei, sondern das Volk und die über Identifikation gebildete Gemeinschaft vehement in den Vordergrund rückten, verbreiteten auch sie zugleich das Argument, die Wähler seien zu politischen Entscheidungen gar nicht fähig. Othmar Spann etwa brachte dies in seiner „Lehre vom wahren Staat" wie folgt auf den Punkt: „Nicht was eine zufällige oder dauernde Mehrheit will, sondern was als das Beste, Wahrhafte von Sachkundigen erkannt wird, soll herrschen. Die Demokratie aber will über die Wahrheit abstimmen – das ist nicht nur undurchführbar, sondern auch frevelhaft, denn die Mehrheit in den Sattel setzen heißt, das Niedere herrschen machen über das Höhere."[67]

---

65 Die damit verbundene, in diesem Buch bereits mehrfach erwähnte Inszenierung von Ungleichheit ist beispielsweise in folgender „Ansprache" noch einmal zusammengefasst: „Bevor wir überhaupt zu Ihnen (dem Publikum, A.S.) hinabsteigen, um auszumerzen Ihre stockigen Zähne, Ihre grindigen Ohren, Ihre Sprache, die die Krätze hat – Bevor wir Ihre fauligen Knochen zerbrechen (…) wollen wir erstmal ein großes antiseptisches Bad nehmen. Wir machen Sie darauf aufmerksam: Wir sind die großen Meuchelmörder All Ihrer Neuigkeiten." C. Ribemont Dessaigne. In: Huelsenbeck, DADA Almanach, 1920, S. 98f.
66 Greenberg, *Artists and Revolution*, 1979, S. 186f.
67 Othmar Spann, *Der wahre Staat. Vorlesungen über den Abbruch und Neubau der Gesellschaft*, Jena, 1931, S. 86.

Die Ereignisse der Ironie und die Innovationen des Mythischen

Die kontinuierliche und konsequente Verwendung von Parodie und Ironie durch die Dadaisten hat aber nicht nur auf Seiten der KP zu anderen als den zunächst erwarteten Reaktionen geführt. Im Berlin der 1920er Jahre ergab sich ein über Wahrnehmungsereignisse erzeugtes Verketten von, zum Teil aus ganz entgegengesetzten Richtungen kommenden Bildern und Sichtweisen, wodurch weite Bevölkerungskreise in eine Anti-Weimar-Politik involviert wurden, die von radikalen, polarisierten kommunistischen und nationalistischen Sammelbewegungen flankiert war. Über Artikulation verbanden sich demnach verschiedene Bilder, Figuren, Wahrnehmungen und Konzepte zu einem antidemokratischen Diskurs, und zugleich führten sich darüber die sich teilweise stark voneinander abgrenzenden, aber dennoch auch wechselseitig durchlässigen Kollektivkörper der Rechten und der Linken Sinn und Richtung zu.

Die Attacken gegen „Weimar" machten sich dabei besonders häufig an einem Bild fest, das auf der ersten Seite der *Berliner Illustrirten Zeitung* vom 24. August 1919 prangte und auf dem der Sozialdemokrat Friedrich Ebert zusammen mit seinem Verteidigungsminister Gustav Noske in Badehosen, bis zu den Knien im Wasser und mit in die Hüften gestemmten Armen an einem Badestrand an der Ostsee zu sehen war. Obwohl als Datum dieser Ausgabe der 24. August aufschien, wurde sie bereits am 21. August, d.h., an genau jenem Tag, als die Nationalversammlung in Weimar die Vereidigung von Friedrich Ebert vornahm, und nur zwei Wochen nach der Unterzeichnung der Weimarer Verfassung vorveröffentlicht, was sowohl den durch das Bild hervorgerufenen Skandal als auch die Auflage der Zeitschrift sprunghaft steigerte.[68] Dabei stellte schon dieses „Badebild", wie es später genannt wurde, selbst eine Verarbeitung eines anderen in der konservativen *Deutschen Tageszeitung* vom 9. August 1919 veröffentlichten Fotos dar, das eine ganze Gruppe von badenden Herren – und unter diesen auch Ebert und Noske – gezeigt hatte. In der *Berliner Illustrirten Zeitung* vom 24. August wurde demnach, was jedoch nicht vermerkt war, nur ein Detail aus einem größeren Foto veröffentlicht, das – indem zentrale Repräsentationsfiguren der Republik halbnackt und mit hängenden Schultern abgebildet wurden – bereits an sich als ein ironischer Kommentar zum Zeitgeschehen gelesen werden konnte.

Die Dadaistin Hannah Höch verarbeitete dieses „Badebild" dann in der Montage *Staatshäupter*[69] (1919-1920, Abbildung), die sie den von ihren Kollegen in diesen Jahren verbreiteten „Eseln der Demokratie" und den diversen Verulkungen der

---

68 Dazu auch: Niels Albrecht, *Die Macht einer Verleumdungskampagne. Antidemokratische Agitationen in Presse und Justiz gegen die Weimarer Republik und ihren ersten Reichspräsidenten Friedrich Ebert vom „Badebild" bis zum Magdeburger Prozess*, unveröffentlichte Dissertation, Bremen 2002, S. 47.

69 In der Sammlung des Instituts für Deutsche Auslandsbeziehungen (ifa).

49. *Staatshäupter*, Hannah Höch, 1919-20. © VG Bild-Kunst und
Institut für Auslandsbeziehungen e.V. (ifa), Stuttgart

Wahlurne zur Seite stellte.[70] Für diese Montage klebte sie Aufnahmen der beiden sozialdemokratischen Politiker mit nacktem Oberkörper und in Badehose auf ein Blatt Papier, auf das sie vorher verschiedene Stickereivorlagen aufbügelte. Deshalb posieren die beiden Männer hier mit forsch in die Kamera blickenden Mienen, nach vorne gereckten Bäuchen und in die Hüften gestemmten Armen vor einem Hintergrund aus Kreuzstichmustern, floralen Motiven, einem großen Schmetterling und einer stilisierten, flanierenden Dame mit großem Hut, die keck einen Sonnenschirm auf ihren Schultern rotieren lässt. Das die zeitgenössische Presse beherrschende Motiv des modernen, (sozial-)demokratischen Politikers, der im Gegensatz zu den aufwendig gekleideten Adeligen und Militärs der wilhelminischen Ära mit ihren korrekt sitzenden Galauniformen und einer Fülle von Orden und Auszeichnungen von Einfachheit gekennzeichnet ist und Volksnähe signalisiert, wird auf diese Weise „gesteigert" vorgeführt. Denn die beiden Politiker treten nicht einfach schlicht im Alltagskleid auf, sondern sind bis auf die Unterhosen ausgezogen und darüber hinaus von gewöhnlich nicht mit „Politik" verbundenen Details

---

70 Dasselbe Bild von Ebert und Noske verwendete Höch dann nochmals für die Fotomontage *Dada-Rundschau* (1919) – hier steckte sie jedem der beiden zudem noch eine Blüte als Schmuck in die Badehose. Im Besitz der Berlinischen Galerie. Graphische Sammlung, Inv. Nr. BG-G 4409/89.

50. *Ebert Parodie*, in: *Kladderadatsch* 1919, *Zum 9. November*, nach einer Zeichnung von Arthur Johnson. © Die Deutsche Bibliothek, Berlin

aus der Sphäre der weiblichen Handarbeit, aber auch von Luft, Licht, Sonne, Wasser, Erotik und luxuriösen Freizeitvergnügungen umgeben. Diese Bildelemente kollidierten mit dem Titel, was Schmunzeln, Lachen, aber auch Unsicherheiten bezüglich der Frage, wie man sich gegenüber solchen „Staatshäuptern" der Gegenwart verhalten sollte, provozieren konnte.

Dieser Konfrontation wohnte demnach das Potenzial inne, Ironie und Überraschung hervorrufen und so eingefrorene Sichtweisen aufbrechen zu können. Zugleich ermöglichte die Montage jedoch auch ein genießendes, verspottendes Schauen auf die neu etablierte Politikergeneration. In der Weiterverarbeitung verband sich ein solches lustvolles Schauen mit einer großen Anzahl an weiteren zeitgenössischen Bearbeitungen dieses Bildes, die meist ähnlich vorgingen, jedoch von ganz unterschiedlichen politischen Positionierungen aus in Umlauf gesetzt wurden. Von den zahlreichen weiteren Karikaturen, die zeitgleich an diesem Bild „andockten" und die über die Presse zum Teil enorme Verbreitung erfuhren, soll hier eine hervorgehoben werden. Das von Arthur Johnson gezeichnete Bild, das als Druck 1919 in der satirischen Zeitschrift *Kladderadatsch* erschien, trägt als Motto „Zum 9. November", womit auf den ersten Jahrestag der Republik angespielt wird (Abbildung). Es zeigt ein riesiges, den Bildrahmen „sprengendes" Porträt der „Mutter Germania", die mit wallenden Haaren und vollen Lippen dargestellt ist und einen disproportional „kleinen" Friedrich Ebert in Badehosen auf dem Arm trägt, diesen am Knie mit dem Finger kitzelt und dabei folgenden, unter dem Bild formulierten „Seufzer" hervorstößt: „Heil sei dem Tag, an welchem Du erschienen – dideldum

– dideldum – diedeldum – Es ist schon lange her, das freut – den Fritze sehr!"[71] Wie in der Fotomontage von Hannah Höch wird der Vertreter einer neuen Politikergeneration auch hier wieder mit der Sphäre des Weiblichen, Verhätschelten und Verspielten in Zusammenhang gebracht. Auch wenn die Beziehung zwischen dem Politiker Ebert und der Welt der Frauen in diesem Beispiel weniger eine erotische denn eine infantile ist, wird in beiden Fällen das Potenzial von Ironie und Parodie aktiviert, Neuerungen zu verspotten und Veränderungsprozesse zu überwachen.[72] Beide stimmen darüber hinaus in eine Zuordnung ein, die in diesen Jahren generell „Weimar" und die Politik der Demokratie mit „Verweichlichung" oder sogar „Dekadenz" verbindet und von den wirklichen, „männlichen" Repräsentanten der Monarchie oder der Freikorps unterschieden repräsentiert.[73]

Wie ich bereits im letzten Kapitel dieses Buches gezeigt habe, kann Parodie oder Ironie zwar, wenn sie „eintritt", gewöhnliche mythische und ideologische Weltsichten augenblickshaft unterbrechen – hier etwa solche, die ein durch einen „neuen Politikerstil" gleichsam auf natürliche Weise repräsentiertes „neues Leben" ausmalen. Ein solcher Moment der Unterbrechung kann dann jedoch nicht unvermittelt weiter kommuniziert werden, sondern muss wieder in Bilder und Begriffe „gegossen" werden, was meist mit einer Umarbeitung oder sogar Innovation des Mythischen einhergeht.[74] Ironie und Parodie sind also nicht allein effiziente Waffen, die zum Zerbrechen und Verunsichern von Mythen eingesetzt werden können, sondern es gibt eine kompliziertere, mehrdimensionale und zwiespältigere Beziehung zwischen den ironisch/parodistischen und mythischen Inszenierungen – was in diesen Jahren in außerordentlicher Weise politisch wirksam geworden ist. Denn zum einen wurde der neuen republikanischen politischen In-Form-Setzung durch die von ganz diverser Seite ausgeschickten militanten und aggressiven Parodien zunehmend die Legitimität abgegraben. Zum anderen schufen diese beständigen Attacken auch eine „Leerstelle" bzw. „Krise", deren Weiterverhandlung dann mit einem enormen Innovationsschub einherging und im Zuge dessen eine Vielzahl von „neuen" Mythen hinsichtlich von Vergangenheit und Zukunft, dem „Völkischen" und dem „rassisch Anderen" oder von Gemeinschaft und deren Verkörperungen durch einen Prozess des gleichzeitigen Umschreibens und Neuerfindens konstruiert wurden.

Die außerordentliche „Karriere", die die ästhetischen Taktiken der Parodie, der Ironie und der Montage in diesen Jahren machten, zeigt sich unter anderem auch

---

71 *Kladderadatsch*, Nr. 72/ 45, 9.11.1919, S. 5.
72 Deshalb bezeichnet Simon Dentith die mit der Parodie einhergehende Problematisierung als „zwiespältig" oder „ambivalent": Dentith, Parody, 2000, S. 16 und S. 20.
73 Dazu: Klaus Theweleit, *Männerphantasien. Bd. 2. Männerkörper. Zur Psychoanalyse des weißen Terrors*, Reinbek bei Hamburg, 1987, S. 17ff.
74 Wie bereits ausgeführt, beschäftigte sich Paul de Man ausführlich damit. Siehe: de Man, Kant and Schiller, 1996, S. 133. Zum Mythosbegriff in den späten Arbeiten von Roland Barthes und der „Innovation" des Mythischen siehe: Saper, Artificial Mythologies, 1997, S. 8ff.

an der Fülle von Bildmontagen, die John Heartfield ab 1928 für die *AIZ* schuf, sowie an deren zum Teil euphorischer Rezeption. Darüber hinaus wird die enorme Verbreitung ironischer Sichtweisen auf die zeitgenössische politische Szene auch in den Beiträgen greifbar, die Ende der 1920er Jahre in der Zeitschrift *Arbeiterfotograf* erschienen, die ihren Bildfundus ausschließlich von Amateurfotografen der Arbeiterklasse bezog. Die Popularität der Montagen Heartfields hatte offenbar dazu geführt, dass auch die in dieser Zeitschrift publizierenden Fotografen die Taktik der Bild-Text-Montage vermehrt einsetzten, was die Redaktion dann wiederum dazu brachte, dieses Verfahren einer verstärkten Überwachung zu unterziehen. So gestand einer der Redakteure in einem Leitartikel zwar zu, „daß ein Arbeiter-Fotograf hin und wieder für einen bestimmten Zweck, der sich aber wirklich hierzu eignen muß, aus seinen Arbeiten eine Montage verfertigt. Das kann manchmal nützlich, notwendig und auch schön sein." Dennoch sprach er sogleich eine Warnung gegen „diese entsetzliche Epidemie, genannt Foto-Montage, die jetzt aller Ort auszubrechen droht", aus: „Wesentlich ist einzig und allein: was ein Foto im Zusammenhang betrachtet mit der großen Idee des Sozialismus gilt (...) Nebensächlich bleibt immer: die Spielerei, die Bastelei, die Fachsimpelei. Dazu verführt die Fotomontage. Darum sei gewarnt!"[75] Ein paar Jahre später wird – anlässlich einer Ausstellung im ehemaligen Kunstgewerbemuseum in Berlin – die „proletarische" Fotomontage jedoch von bürgerlichen, „formalistischen" Verfahren verstärkt abgegrenzt und mit folgenden Worten beworben: „Die Arbeiterfotografen können hier lernen, wie man durch ‚Montage' die Wirksamkeit der in der Fotografie enthaltenen sozialen Wirklichkeit steigern kann. Unsere Fotografen sollen nicht bei Wirklichkeitsausschnitten stehen bleiben; sie müssen lernen, Beziehungen und Gegensätze der sozialen Wirklichkeit aufzuzeigen. Voraussetzung dazu ist, die Aneignung und Weiterentwicklung der Gestaltungsmethode der Fotomontage."[76]

Mit dieser Vielzahl an Rezeptionsgeschichten der ästhetischen Taktiken der Ironie und Montage korrespondiert eine bereits erwähnte zunehmende Republikfeindschaft auf Seiten der Bevölkerung, die sich zugleich von den bisherigen Verbands- und Parteistrukturen weitgehend ab- und den über Identifikationsprozesse und gemeinsames Erleben gebildeten Kollektivkörpern „Bund" oder „Bewegung" zugewandt hatte.[77] Parallel dazu entwickelten im Laufe der 1920er Jahre jedoch auch immer weitere Kreise der Eliten bezüglich der Republik ein mit ähnlichen Zügen versehenes Feindbild.[78] Der Politiker und Intellektuelle Ernst Troeltsch hat

---

75 Franz Höllering, „Fotomontage", in: *Der Arbeiter-Fotograf*, Nr. 8, 1928, S. 3-4, 4.
76 „Fotomontage Ausstellung", in: *Der Arbeiter-Fotograf*, Nr. 6, 1931, S. 136.
77 Dazu: Sontheimer, Antidemokratisches Denken, 1968, S. 142ff. und S. 162.
78 So nutzten etwa die Justiz oder die Beamtenschaft die ihnen offenstehenden Ermessensspielräume nun zunehmend in einer antirepublikanischen Weise; zugleich bildeten die Universitäten bereits seit 1919 Hochburgen antirepublikanischen Ressentiments, was durch die der neuen Staatsform zu Unrecht angelastete Inflation sowie die fehlenden Jobaussichten noch verstärkt worden war; und auch die Reichswehr setzte nach dem Ende des Ersten Weltkriegs auf eine moderne, dynamische Militärdoktrin, welche auf die gesamte Gesellschaft Einfluss zu nehmen begann. Peukert, Weimarer Republik, 1987, S. 218ff.

diesen Prozess zeitgenössisch folgendermaßen kommentiert: „Die bisherige leitende Intelligenz ist in völlig entgegengesetzten Wegen festgefahren und wirft der Regierung nur jeden Knüppel in den Weg, um dann sagen zu können, mit ‚dieser' Regierung sei es nichts. Das für die Weiterarbeit unentbehrliche Beamtenmaterial hat sich zwar meist auf den ‚Boden der Tatsachen' gestellt, d.h. seine Ämter behalten, aber es machte oft genug teils in Obstruktion, teils in Radikalismus, um dann auch seinerseits auf die ‚Schwäche' der Regierung hinweisen zu können. Die Massen schließlich, denen eine jahrelange klassenkämpferische Erziehung von der Revolution das Paradies versprochen hatte, sind enttäuscht, da nur die Mengen des Papiergeldes, aber nicht die verfügbare Gütermengen steigen (…) In ihren Augen ist daran die Demokratie schuld, die ihrem Wesen nach zur verkappten Bürgerlichkeit führe und daher in einem erbarmungslosen Kampf gegen das Bürgertum überhaupt faktisch und ideell gebrochen werden müsse."[79] Die Abkehr von „Weimar" erfolgte demnach deutlich früher als die Hinwendung zur NSDAP – sie war es jedoch, die Platz für die nun verstärkt artikulierte Akzeptanz der „totalitären Versuchung" auf Seiten der Linken wie der Rechten schuf. Die mit der Demokratie einhergehende Unsicherheit sollte durch ein scheinbare Sicherheit verbreitendes „Verschweißen" der Massen und ihrer Führer wieder eliminiert werden.

Diese Akzeptanz wird jedoch nur verständlich, wenn man das Augenmerk darauf richtet, dass sich mit der Präsenz von solchen sich wechselseitig bestätigenden, parodistischen und ironischen Sichtweisen, die den Liberalismus – und damit den Parlamentarismus und das Parteiensystem – von rechter wie von linker Seite zum Hanswurst machten, zugleich weitere Verkettungen ergaben. Wie bereits bemerkt, rückte die KPD seit etwa 1925 den Kampf und den Heroismus des Proletariats in den Vordergrund.[80] Dabei knüpfte sie unter anderem auch an Produktionen von George Grosz und John Heartfield wieder an – etwa indem sie den von den beiden verwendete Slogan „Platz! Dem Arbeiter" (Abbildung) in leicht modifizierter Form für ein weiteres Plakat verwendete. Dieses wurde von Nikolaus Sagrekov, einem in Berlin lebenden russischen Künstler aus dem Umfeld der Neuen Sachlichkeit, entworfen und zeigte einen nach vorne stürmenden, expressiv die muskulösen Arme in die Höhe streckenden Riesen-Proletarier in holzschnittartiger, grober Schraffierung.[81] Die nach oben gerichteten, wohl eine Fahne schwenkenden Arme, der auf den Betrachter gerichtete Blick und die Dynamik der Darstellung visualisieren eine

---

79 Troeltsch, Spektator-Briefe, 1924, S. 47f.
80 Dazu: Das Gesicht der herrschenden Klasse, 1925, S. [2].
81 Das Plakat befindet sich im Archiv des Hessischen Landesmuseums in Darmstadt. Es ist nicht datiert, dürfte aber zwischen 1928 und 1935 entstanden sein. Nikolaus Sagrekov (es existiert auch die Schreibweise „Zagrekov") hat auch für die Sozialdemokratische Partei einen ganz ähnlichen Entwurf gestaltet. Siehe: http://www.zagrekov.ru/Gallery/ByForm/Posters/ (26.3.2007).

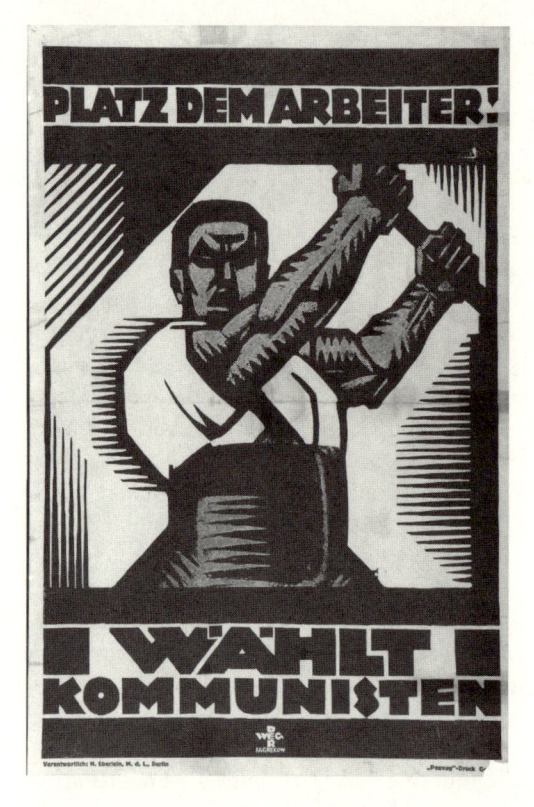

51. *Platz dem Arbeiter!* KP-Plakat, Nikolaus Sagrekov, ca. 1928-35. © Archiv des Hessischen Landesmuseums in Darmstadt

Art Siegesverheißung und versuchen, den Betrachter oder die Betrachterin in den propagandistischen Bildsinn zu verwickeln.[82]

Figuren wie diese sind in der zweiten Hälfte der 1920er Jahre dann von den radikalen, nationalen Bewegungen in sehr großer Anzahl „entlehnt" und dabei zum „deutschen Arbeiter" umdefiniert worden. Auf diese Weise wurde die in diesem Umfeld sich bildende, populäre, aufständische Tradition mit dem Rassismus identifiziert. Mitglieder der Mittelklasse und des Kleinbürgertums formierten sich durch die Übernahme der Figur des meist mit Pathos dargestellten Arbeiterhelden zu einer Bewegung, die nicht mehr nur mit isolierten Forderungen innerhalb des Systems operierte, sondern die sich als politische Alternative zum System selbst präsentierte. Die so entstehenden Kollektivkörper definierten sich dabei sowohl in Gegnerschaft zur Republik als auch zum herrschenden „Kapitalismus". Ein solches nationalistisches „Bewohnen" von Figuren oder Begriffen, die von der Arbeiterbewegung entlehnt worden waren, stellte zugleich auch den Versuch dar, die für die Weimarer Republik so charakteristische Spaltung in Klassen und sich bekämpfen-

---

82 Vgl. Max Imdahl, „Pose und Indoktrination. Zu Werken der Plastik und Malerei im Dritten Reich", in: *Max Imdahl. Gesammelte Schriften,* hg. v. Gottfried Böhm, Bd. 3 (Reflexion, Theorie, Methode), Frankfurt am Main: Suhrkamp, 1996, S. 575-590.

52. *Der mit Wahlplakaten geschmückten Potsdamer Platz in Berlin*, anlässlich der Wahl des Reichspräsidenten im März 1932. © Bundesarchiv-Bildarchiv Koblenz, Deutschland

de Gruppen durch die Kreation einer „Volksgemeinschaft" zu überwinden.[83] Der „deutsche Arbeiter" wurde nun zum Vorkämpfer dieses „Volkes" stilisiert und in der Folge dann mit dessen „Führer", Adolf Hitler, in eins gesetzt. So zeigt ein Foto (Abbildung)[84] den mit Wahlplakaten geschmückten Potsdamer Platz in Berlin im Jahr 1933. Eines der auf einer Hauswand angebrachten Poster stellte einen solchen heroischen, von einer Art „strahlenden" Aura umgebenen, muskulösen Arbeiterkörper mit siegreich erhobenen Armen dar, flankiert von den Schriftzügen „Wählt am 13. März Adolf Hitler" und „Der Reichspräsident heißt Adolf Hitler." Diese

---

83 Dazu: Ernesto Laclau, *Politik und Ideologie im Marxismus. Kapitalismus-Faschismus-Populismus,* Berlin, 1981, S. 81ff. und S. 104. Vgl. Sontheimer, Antidemokratisches Denken, 1968, 211. Auch die geschwächten republikanischen Parteien und manche Linke bedienten sich der nationalen Phrase, nachdem diese der Rechten so große Massen zuführte. So wandte sich George Grosz in seinen Anfang der 1930er Jahre entstehenden Arbeiten ebenfalls der deutschen Tradition zu und zugleich von der modernistischen Tradition ab. In dem Artikel *Unter anderem ein Wort für deutsche Tradition* schrieb er: „Betrachte rückwärts ruhig deine Vorfahren. Sieh sie dir an, die Multscher, Bosch, Breughel und Mäleßkircher, und den Huber und Altdorfer. Warum denn nach wie vor ins spießbürgerliche französische Mekka pilgern? Warum nicht an unsere Vorfahren anknüpfend eine ‚deutsche' Tradition fortsetzen." Diese Ausrichtung grenzte er zugleich von den völkischen Formen der Wiederaneignung à la Schultze-Naumburg ab. In: *Das Kunstblatt*, Nr. 3 (März), 1931, S. 79-84.
84 Bundesarchiv, Koblenz, Inv.Nr. Bild 102-13203A.

Bild-Text-Kombination setzte eine Logik der Repräsentation in Gang, die vom Bild des Körpers geleitet ist – der als „Sieger" stilisierte Körper des Arbeiters wird zum Körper des namentlich genannten, jedoch noch abwesenden, siegen wollenden Führers und zugleich zum idealen, begehrenswerten Körper der Betrachter und Betrachterinnen.

Die Figur des mit Pathos aufgeladenen Arbeiters vermochte es also, Mitglieder verschiedener Schichten und Vertreter und Vertreterinnen unterschiedlicher Ideologien zu Artikulationsleistungen zu verleiten und damit in einander nahe und sich dennoch zugleich voneinander abgrenzende bzw. bekämpfende Bewegungen zu involvieren. Ein solches „Teilen" von Figuren zeigte sich jedoch nicht erst Anfang der 1930er Jahre. Es wurde bereits an der um 1923 stärker werdenden nationalkommunistischen Bewegung sichtbar, die ebenfalls die Arbeiterschaft zur Retterin und Einheitsstifterin der Nation stilisiert. Auch wenn diese Bewegung zuletzt nicht mehr als eine Art Sekte war, so zeigte sie dennoch die Möglichkeit zu „Übertritten" auf, wie sie dann in größerem Stil durch das massenhafte Wandern von nationalen Sozialisten zur KPD und von Kommunisten zur NSDAP dokumentiert sind.[85] Die Figur des Arbeiterhelden ermögliche solche Übertritte insofern, als man über sie an einer einmal etablierten Identifikation festhalten und sich dabei dennoch von einem Kollektivkörper wegbewegen und in einen anderen eintreten konnte. Diese massiven, von verschiedener Seite her erfolgenden Desartikulationen des republikanischen Modells waren demnach begleitet von solchen sich an der Figur des Arbeiterhelden festmachenden Artikulationsketten, die von „innovativen" Ideologien und Mythen durchzogen waren.

Wichtige Voraussetzung dafür war, dass die radikalen und populistisch ausgerichteten Bewegungen auf Seiten der Linken wie der Rechten, die von ihnen selbst in Umlauf gesetzten Äußerungen verstärkt überwachten und von den Unsicherheit und Zweifel verbreitenden Taktiken der Parodie und Ironie fernhielten. So sind die Darstellungen dieser Figur auf Seiten der Rechten von Pose, Entindividualisierung, Verabsolutierung sowie von Rückbezügen auf christliche und mythische Erzählungen geprägt, was Ergriffenheit provozieren konnte und worüber dann wieder die sich an diesen Figuren festmachenden Gemeinschaften zusammengehalten wurden.[86] Auf Seiten der Linken ist dagegen – wie bereits erwähnt – zunächst zwar eine ambivalente Haltung zu beobachten, die zum Teil auch Herausforderungen der eigenen Position zuließ. Ab etwa 1925 war aber auch hier Ironie und Parodie nur mehr gegenüber dem „Klassenfeind" erlaubt und von jeder Thematisierung des „Eigenen" ausgeschlossen.

---

85 Sontheimer, Antidemokratisches Denken, 1968, S. 128f.
86 Imdahl, Pose und Indoktrination, 1996, S. 576ff. Karl Jaspers spricht von dieser „Ergriffenheit" in Zusammenhang mit den Brüdern Jünger: „Es ist wie eine Analogie zum mythischen Denken: nicht Erkenntnis, sondern Bild, – nicht Analyse, sondern Entwurf einer Vision – aber im Medium moderner Denkkategorien, so daß der Leser meinen kann, mit rationaler Erkenntnis zu tun zu haben." Karl Jaspers, *Vom Ursprung und Ziel der Geschichte,* München, 1949, S. 345.

In einem von Desintegration, Inflation, Massenarbeitslosigkeit, einer Vielzahl an Parteien und politischen Auseinandersetzungen dominierten Kontext wurde der Körper des Arbeiterhelden zu einer herausragenden, von ganz diversen Blickpunkten her aufgeladenen Kampffigur stilisiert. Dabei prallten die einzelnen Sichtweisen auch aufeinander: Von den nationalistischen Bewegungen wurde ein Bild inszeniert, das von einer Lust an Eindeutigkeit, Klarheit und Ordnung geprägt war. Dem stand auf Seiten der linken, kommunistischen Bewegungen eine Figur des Proletariers gegenüber, die ebenfalls zunehmend vereinzelt und durchwegs vereinheitlicht erschien,[87] die für eine nicht weiter differenzierte „Arbeiterklasse" einstand und die ab Mitte der 1920er Jahre nachdrücklich mit Pathos aufgeladen und vor ironischen Attacken aus den eigenen Reihen geschützt wurde.

Sowohl im Fall der kommunistischen als auch der nationalistischen Bewegungen ist demzufolge in der zweiten Hälfte der 1920er Jahre ein zunehmendes Verschweißen der Figur des Arbeiters mit der Bewegung bzw. der Partei sowie mit deren Führern zu beobachten. Partei oder Volksbewegung sind durchweg als einheitlich und ungeteilt präsentiert worden, d.h., jede Position eines „Anderen" und jeder für die Demokratie konstitutive Widerstreit von Meinungen wurden damit ausgeschlossen. Das Ganze der Partei oder der völkischen Bewegung wurde zugleich jedoch in einem ihrer/seiner „Elemente" – dem Kopf des Führers, einer erhobenen, geballten Faust oder der zum Führergruß ausgestreckten Hand – repräsentiert. Parallel dazu erfolgte eine zunehmende Verabsolutierung der Trennung zwischen der Klasse der Proletarier bzw. dem deutschen Volk und dem Rest der Gesellschaft: Der Klassenkampf oder der völkische Kampf wurde damit strikt von den gemischter auftretenden populär-demokratischen Auseinandersetzungen geschieden und das Proletariat bzw. das Volk mit einer einzigen Partei, einer Lebensform, einer Ästhetik etc. identifiziert.[88] Jede Abweichung und jeder Versuch der Differenzierung hiervon wurden als „feindlich" – d.h. als „klassenfeindlich" bzw. „volksfeindlich" – bewertet. Der mit der Demokratie einhergehenden konstitutiven Unsicherheit und Unbestimmtheit antworteten diese Bewegungen und Bünde also mit der erstarrten Heroisierung und Absolutsetzung des Arbeiterkörpers, der im Fall der Kommunisten für die Identität „Klasse-Partei-Führung" und im Fall der Faschisten für jene von „Volk-Partei-Führer" einstand.[89]

---

87 Eine solche undifferenzierte, vereinheitlichte Repräsentation des Proletariats stellt Barbara McCloskey auch für die frühen Arbeiten von George Grosz fest. McCloskey, George Grosz, 1997, S. 75ff. Sie unterscheidet sich etwa von der Darstellung des Proletariats auf zeitgenössischen SPD-Plakaten.

88 Damit einher ging die Unfähigkeit der Arbeiterbewegung, sich inmitten der zeitgenössischen Auseinandersetzungen als populäre Alternative für Wähler und Wählerinnen unterschiedlicher Klassen und ideologischer Lager zu präsentieren. Dazu: Laclau, Politik und Ideologie, 1977, S. 109ff.

89 Lefort, The Image of the Body, 1986, S. 298ff. Manche Aussagen des Dadaisten Johannes Baader aus den 1920er Jahren, in denen er sich als „Präsident des Erdballs" und „OBERDADA" präsentierte, können als eine Art visionäre Parodie eines solchen totalitaristischen Führerszenarios gesehen werden. Zum Beispiel wenn er in der Collage *Reklame für mich*

53. *Plakatwerbung für den Volksempfänger*, 1935.
© Bundesarchiv-Bildarchiv Koblenz, Deutschland

Diese Aushöhlung der Mitte und die zunehmende Polarisierung rechter und linker Bewegungen stellte eine Situation her, in der einer der involvierten Kollektivkörper, die NSDAP, zu einer Sammelbewegung aufsteigen und schließlich den politischen Umschlag von einem demokratischen in ein totalitäres politisches System herbeiführen konnte. Dabei war die von den Nazis aus ganz unterschiedlichen Richtungen akquirierte Zustimmung zum Teil von taktischen Überlegungen getragen, zum Teil aber auch von den bereits beschriebenen „Übertritten". Auch wenn im November 1932 bereits Stimmenverluste gegenüber den Wahlen von 1930 bemerkbar waren, reichte diese Zustimmung immer noch aus, um am 20. Jänner 1933 die „Regierung der nationalen Konzentration" ausrufen und in der Folge dann Gleichschaltungen und Ausgrenzungen von „Feinden" vornehmen zu können.[90] Die von Ergriffenheit für den Arbeiterhelden bzw. das Volk oder den Führer

---

(1919-1920, Sammlung Merrill C. Berman) formuliert: „Ich bin der Menschenstaat in dem sich der Gipfel der Gottheit nieder liess, um das Weltspiel des Menschseins auf dem Erdenhimmel zu vollenden" oder wenn er in der gemeinsam mit Raoul Hausmann gestalteten Collage *Dada Milchstraße* unter der Headline „Dadaisten gegen Weimar" davon spricht: „der OBERDADA (…) des Erdballs (…) wir werden Weimar in die Luft sprengen." Letztere Collage befindet sich im Kunsthaus Zürich, Inv.Nr. DADA V:2/D S 2.

90 Peukert, Weimarer Republik, 1987, S. 247ff.

DADAISMUS UND DEMOKRATIE IM BERLIN DER 1920ER JAHRE 245

54. *Parodie einer Dada-Ausstellung*, Werbe-Postkartenserie anlässlich der Ausstellung *Entartete Kunst* in München 1937, aus der Postkartensammlung von George Grosz.
© Akademie der Künste, Berlin, George-Grosz Archiv

genährten Kollektivkörper „Bund" und „Bewegung" konnten damit ihre rassistisch bestimmte Auslegung des Arbeiterhelden zur hegemonialen machen.[91] Nach der Machtergreifung okkupierten die Nazis aber nicht mehr nur die Figur des Arbeiterhelden, sondern auch die in den 1920er Jahren und vor allem gegenüber „Weimar" so erfolgreichen Taktiken der Montage und der Ironie und nutzten diese verstärkt, um die eigene Position befestigen und Spott, Zweifel und Unsicherheit bezüglich ihrer „Feinde" verbreiten zu können. So zeigt ein den Volksempfänger bewerbendes Plakat (1935, Abbildung) eine montageförmige Gestaltung, bei der eine enorme Menge von winzigen, einen riesigen Platz überziehenden Menschen mit einem übergroß dargestellten Radioapparat zusammengebracht ist. Ähnlich der Faust auf dem von John Heartfield gestalteten Rot-Front-Logo von 1927/28 ist hier der Volksempfänger als herausragender Identifikationspunkt für ein undifferenziertes, potenziell aber unendliches Publikum repräsentiert. Im dem den oberen und unteren Bildrand entlanglaufenden Text „Ganz Deutschland hört den Führer mit dem

---

91 „Weil die Sehnsucht nach diesem Neuen und seiner Verwirklichung so stark in ihren Herzen brannte, entschieden sich die meisten von ihnen (der nationalistischen Intellektuellen, A.S.) in ihrem Gewissenskonflikt für die Bejahung der nationalsozialistischen Massenbewegung, sobald sie sahen, dass der Weg zum neuen Deutschland nur über sie gehen könnte." Sontheimer, Antidemokratisches Denken, 1968, S. 288.

Volksempfänger" wird der Apparat zudem mit Adolf Hitler und die versammelte Menge mit „ganz Deutschland" gleichgesetzt.[92] Nur der in altdeutscher Schrift gesetzte Schriftzug und der dunkle und massive Apparat unterstreichen die ideologische Herkunft dieses Posters. Das Konzept des montageförmigen Aneinanderfügens wurde so – ähnlich wie bei manchen der Heartfield-Arbeiten aus den 1930er Jahren – zur Herstellung eines aufsehenerregenden, zugespitzten, politischen Eingriffs in die Alltagskultur genutzt. Zudem wurde die Taktik der Parodie oder der Ironie auch von den Nazis wieder zur Kontrolle der Ausschaltung ehemaliger Gegner verwendet. Besonders provokativ war der Einsatz dieser Verfahrensweisen in der Ausstellung *Entartete Kunst* (München, 19.7.-30.11.1937), die in einem Raum des Obergeschosses des Hofgartengebäudes eine Parodie einer Dada-Ausstellung präsentierte. Um die hier erzeugte Verhöhnung möglichst breit zu popularisieren, wurden Aufnahmen dieser Inszenierung auch als Foto-Postkarten in Umlauf gesetzt.[93] Eine von ihnen zeigt ein an die Wand gemaltes, mit der Nachahmung einer Zeichnung Kandinskys kombiniertes Grosz-Zitat „Nehmen Sie Dada ernst! Es lohnt sich" – zusammen mit Gemälden, Skulpturen, Kopien aus Dada-Zeitschriften und aufgeklebten Kommentaren (Abbildung). Mit dieser, etwas schlampig und zusammengebastelt wirkenden, parodistischen Rekonstruktion verfolgten die Verantwortlichen, wie es im Ausstellungskatalog hieß, das Ziel: „am Beginn eines neuen Zeitalters für das Deutsche Volk anhand von Originaldokumenten allgemeinen Einblick (zu, A.S.) geben in das grauenhafte Schlusskapitel des Kulturzerfalles der letzten Jahrzehnte vor der großen Wende."[94]

Auch hier gingen die ironischen Attacken also mit einer Innovation des Mythischen einher: Neue Kunstformen der 1920er Jahre wie der Dadaismus wurden mit politischer und kultureller Anarchie sowie mit Bolschewismus, Judentum, Barbarei, Irrsinn und „Untermenschentum" in eins gesetzt und zugleich als „planmäßiger Anschlag" präsentiert.[95] Zugleich versahen auch die Nazis das „eigene" Kunst- und Kulturschaffen beharrlich mit Pathos und einer re-sakralisierenden Inszenierung und hielten es vor ironischen oder parodistischen Angriffen, nun allerdings über das Aussprechen von Verboten fern. So deklamierte Adolf Hitler in einer Rede anlässlich der Eröffnung des ‚Hauses der Deutschen Kunst': „Ein leuchtend schöner Menschentyp wächst heran, der nach höchster Arbeitsleistung dem schönen alten Spruch huldigt: Saure Wochen, aber frohe Feste. Dieser Menschentyp, den wir erst im vergangenen Jahr in den olympischen Spielen in seiner strahlenden stolzen körperlichen Kraft und Gesundheit vor der ganzen Welt in Erscheinung treten sahen, dieser Menschentyp (…) ist der Typ der neuen Zeit." Diesem auf einer Art Sockel präsen-

---

92 Bundesarchiv, Koblenz, Inv.Nr. Plakat 3-022-025.
93 In der Postkartensammlung von George Grosz finden sich mehrere solcher Karten. AdK, Berlin, George-Grosz-Archiv, Inv.Nr. 1189/2.4.1.
94 „Entartete ‚Kunst'. Ausstellungsführer. Reprint", in: *Nationalsozialismus und ‚Entartete Kunst'. Die ‚Kunststadt' München 1937*, hg. v. Peter-Klaus Schuster, München: Prestel, 1988, S. [183-216].
95 Ebd., S. [184ff].

tierten Körperideal stellte er sogleich andere Wahrnehmungen zeitgenössischer Körper gegenüber, „bei denen tatsächlich angenommen werden muß, das gewissen Menschen das Auge die Dinge anders zeigt, als sie sind, d.h., dass es wirklich Männer gibt, die die heutigen Gestalten unseres Volkes nur als verkommene Kretins sehen (…) Ich (…) möchte im Namen des deutschen Volkes es nur verbieten, das so bedauerliche Unglückliche, die ersichtlich an Sehstörungen leiden, die Ergebnisse ihrer Fehlbetrachtung der Mitwelt mit Gewalt als Wirklichkeiten aufzuschwätzen versuchen, oder ihr gar als ‚Kunst' vorsetzen wollen."[96] Ein solches andere Sichtweisen ausschließendes Sehen schrieb er zugleich dem Wahrnehmungsapparat „des Volkes" zu, das nun als allein maßgebliche Instanz der Kunstbeurteilung aufgerufen wurde und dessen „gesunde(s), instinktsichere(s) Gefühl", so lautet die Unterstellung, „teils interessierte, teils blasierte – Cliquen (…) zu verwirren, statt es freudig zu unterstützen (suchten A.S.)."[97]

Exil, Neupositionierungen und die Gespenster der Demokratie

Das Beobachten solcher Verschiebungen, Aneignungen und Umbrüche führte auf Seiten der ehemaligen Mitglieder der Dada-Bewegung zur Verunsicherung früherer Haltungen sowie zu Suchbewegungen und Neupositionierungen. Nun trennten sich die Wege der Einzelnen noch nachdrücklicher, als dies bisher geschehen war. In den für die *AIZ* entstehenden Montagen Heartfields war jetzt die bereits erwähnte zunehmende Verschmelzung von Arbeiter, Partei und kommunistischer Führer zu beobachten, was mit einer noch engeren Einbindung des Künstlers in die kommunistische Bewegung einherging. Heartfield und sein Bruder Herzfelde flüchteten nach der Machtübernahme Hitlers 1933 nach Prag und von dort aus nach London, von wo aus auch der Malik-Verlag und die *AIZ* ihre Arbeit weiterführten.[98] Raoul Hausmann verließ im März 1933 mit seiner Frau Hedwig und Vera Broïdo, beide Jüdinnen, ebenfalls Berlin und arbeitete dann an wechselnden Orten als Fotograf, vorwiegend jedoch in Ibiza und Paris.[99] Bereits 1931 waren die Auseinandersetzungen zwischen Hausmann und Jung rund um die Zeitschrift *Der Gegner* heftiger geworden und gipfelten schließlich darin, dass Hausmann Letzte-

---

96 Diese Rede war im Ausstellungskatalog „Entartete Kunst" auszugsweise abgedruckt: „Kunstbolschewismus am Ende. Aus der Rede des Führers zur Eröffnung des Hauses der Deutschen Kunst in München," in: „Entartete ‚Kunst'. Ausstellungsführer. Reprint", in: *Nationalsozialismus und ‚Entartete Kunst'. Die ‚Kunststadt' München 1937*, hg. v. Peter-Klaus Schuster, München: Prestel, 1988, S. [208-112].
97 „Hitlers Rede zur Eröffnung der ‚Großen Deutschen Kunstausstellung' 1937", in: *Nationalsozialismus und ‚Entartete Kunst'. Die ‚Kunststadt' München 1937*, hg. v. Peter-Klaus Schuster, München: Prestel, 1988, S. [242-252].
98 Herzfelde, John Heartfield, 1966, S. 4.
99 Zur Chronologie der Flucht: *Scharfrichter der bürgerlichen Seele. Raoul Hausmann in Berlin 1900-1933. Unveröffentlichte Briefe, Texte, Dokumente aus den Künstler-Archiven der Berlinischen Galerie*, hg. v. Eva Züchner, Berlin: Hatje, 1998, S. 445.

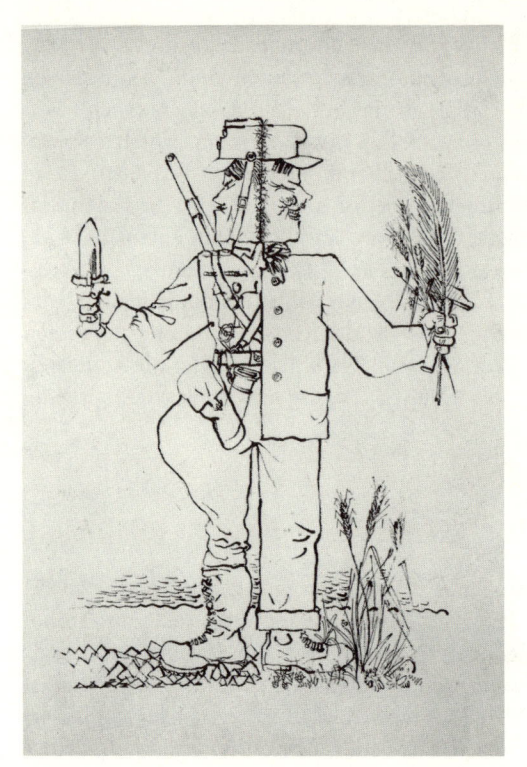

55. *Jigsaw Puzzle*, aus der Mappe *Interregnum*, George Grosz, 1936. © VG Bild-Kunst und Akademie der Künste, Berlin, Kunstsammlung

rem Humorverlust und Geschäftsstörung vorwarf.¹⁰⁰ Hannah Höch hatte Deutschland bereits Mitte der 1920er Jahre den Rücken gekehrt und sich konzentrierter ihrer künstlerischen Arbeit zugewandt. Sie blieb jedoch weiterhin Mitglied der 1918 gegründeten, zunächst sehr radikal revolutionär agierenden, später eher zurückhaltender auftretenden *Novembergruppe* und trat der Sozialdemokratischen Partei bei.¹⁰¹ Nach Aufenthalten in Paris lebte sie zwischen 1926 und 1929 in Holland, wo sie unter anderem mit Kurt Schwitters und Jean Arp zusammenarbeitete. Bereits 1929 kehrte sie jedoch zurück und lebte bis zum Kriegsende in einer Art inneren Emigration in Berlin-Heiligensee.¹⁰² Wieder anders sah der Weg aus, den George Grosz einschlug: Nachdem er in Deutschland Ende der 1920er Jahre zunehmend in Konflikt mit der KPD geraten war, folgte er 1932 einer Einladung der ‚Art Student League of New York', wanderte in die USA aus und holte sehr bald seine Familie nach. Seine in den USA entwickelte Position soll hier abschließend etwas ausführlicher behandelt werden, da hier – im Unterschied zu manchen ehe-

---

100 Raoul Hausmann an Franz Jung, Brief vom 15. 8. 1931. In: Scharfrichter, 1998, S. 390f.
101 Darauf weist Heinz Ohff hin: Heinz Ohff, „Einleitung", in: *Hannah Höch, Eine Lebenscollage*, hg. v. Künstlerarchiv der Berlinischen Galerie. Landesmuseum für Moderne Kunst, Photographie und Architektur, Bd. II, Berlin: Archiv Ed., 1995, S. 11-17, S. 15.
102 Dazu: Höch. Eine Lebenscollage, Bd. II, 1995, insbes. S. 75ff. und S. 257ff.

56. *Identifikation mit der USA*, Seite aus dem Fotoalbum *Böff und Maud*, 1922.
© VG Bild-Kunst und Akademie der Künste, Berlin, George-Grosz Archiv

maligen Kollegen und Kolleginnen – eine explizite Neuverhandlung von Demokratie, Satire und Totalitarismus sichtbar wird.

Besonders deutlich ist diese Repositionierung in der Arbeit *Jigsaw Puzzle* (aus der Mappe *Interregnum*, 1936, Abbildung)[103] artikuliert. In ihr kehrt er zum Prinzip der (simulierten) Montage zurück, indem er eine in der Mitte geteilte Figur darstellt, die wie aus zwei einzelnen Bildteilen „zusammengefügt" erscheint: Die rechte Körper- und Kopfhälfte zeigt durch den Oberlippenbart und den Seitenscheitel Ähnlichkeiten mit Adolf Hitler, trägt eine Uniformjacke sowie die ausgebeulten Reiterhosen und Militärstiefel der Faschisten, hat Revolver und Gewehr umgeschnallt und ein Messer gezückt. Die linke Seite dagegen ist mit einer Arbeiterkluft und groben Schuhen bekleidet, hat eine Schirmmütze auf dem Kopf und hält einen Hammer und leicht zerzauste Kornähren in der Hand. Deutlich sichtbar gemachte, gezeichnete „Stiche" entlang der Mittellinie des Kopfes verdeutlichen nachdrücklich, dass hier verschiedene Körperhälften zu einer Art zeitgenössischer Kampffigur „zusammengenäht" wurden, die ganz unterschiedliche Mythen und Besetzungen und einander scheinbar entgegengesetzte Symbole in sich aufnehmen kann. Das brachiale Zusammenfügen unterschiedlicher Körperhälften zu einer ein-

---

103 AdK, Berlin, KS, Inv.Nr. DR 2888.38.

zigen, monumentalen, das Bild fast bis an den Rand ausfüllenden Figur und die schematisch angedeuteten Bewegungen der Arme und Beine sowie die eingefrorenen Grimassen, die dieser Gestalt marionettenhafte Züge verleihen, parodieren zeitgenössische, sich in den totalitären Bewegungen auf linker wie rechter Seite abspielende Prozesse. Denn auch diese waren ja, wie wir gesehen haben, davon geprägt, dass verschiedene Symbole und Mythen zur Figur eines „neuen Menschen" zusammengesetzt wurden, der zugleich als Vorkämpfer eines neuen Zeitalters ausgegeben und in verabsolutierender Weise mit dem Gemeinwesen an sich, mit einzelnen Parteien oder Bewegungen sowie deren Führern in eins gesetzt wurde.

Diese Thematisierung einer Verwandtschaft von faschistischen und kommunistischen Kampffiguren geht mit einer Neuverhandlung von Demokratie einher. War der Begriff in den früheren Arbeiten von George Grosz ausschließlich negativ beurteilt – etwa indem er als „Esel der Demokratie" vorgeführt wurde –, so wurde er nun in positiver Weise stark gemacht und zugleich als „amerikanisch" bewertet. Bereits 1932 schrieb Grosz in einem Brief an Wieland Herzfelde: „Vergleiche ich mit Europa oder Russland, so fällt mein Urteil zugunsten Amerikas aus (…) Hier ist, ich weiß, was dagegen gesagt wird, wirkliche Demokratie – und das, mein Lieber, ist allerhand."[104] An diesem Punkt trat eine bereits in seiner Jugend ausgeprägt vorhandene Identifikation mit den USA wieder in den Vordergrund, wie sie zum Beispiel an mehreren, im Sommer 1917 in seinem Atelier aufgenommenen und in einem Album versammelten fotografischen Selbstinszenierungen sichtbar geworden war. Eines dieser Bilder (Abbildung) zeigt ihn leger in einem Polsterstuhl sitzend, mit aufgekrempelten Hemdsärmeln, dickem Wollschal und Schirmmütze, wobei er eine leere Flasche in der Hand hält, in der eine kleine amerikanische Flagge steckt. Für ein weiteres Foto (Abbildung) posierte er in gestreiftem Hemd, dunkler Krawatte und mit weichem Schlapphut als „Gangster" verkleidet – ähnlich wie es in zeitgenössischen, amerikanischen Filmen zu sehen war – und hielt einen auf den Betrachter gerichteten Revolver in der einen und ein Messer in der anderen Hand.[105] Durch die Ende der 1920er Jahre in Deutschland, u.a. in den Auseinandersetzungen mit der KPD gemachten Erfahrungen sowie den Verlauf der zeitgenössischen Auseinandersetzungen drängte sich der Planet „Dada-merica" also wieder in den Vordergrund. Dieser ist nun jedoch strenger und ernster bestimmt, d.h., zu einem von „Demokratie" durchdrungenen Planeten umgearbeitet worden.

Damit einhergehend definierte Grosz auch den Gegensatz Faschismus/Demokratie sowie das Verhältnis der kommunistischen und sozialistischen Bewegungen zu diesen beiden Herrschaftsformen neu. Anfang 1933 schrieb er in einer Nachricht an Felix Weil: „Was jetzt in Deutschland vor sich geht ist, mit Verlaub zu sagen, bitter. Bitter ist, und für manche Interessierte hier unbegreiflich, warum diese Millionen Kommunisten einfach glatt versagten ??? (...) Nun, die III. Internationa-

---

104 Brief vom 23.8.1932. In: Grosz, Briefe, 1979, S. 157.
105 Diese Bilder sind in einer liebevoll gestalteten Montage in einem von seiner Frau Eva für ihn kreierten Fotoalbum zu sehen. Adk, Berlin, George-Grosz-Archiv, Fotoalbum „Böff und Maud" 1922, Inv. Nr. 1082.

le wird uns da ja wieder, wie immer, wenn der Porzellanladen in Trümmer gegangen, die treffende Analysierung servieren (...) jetzt rächt sich die aufgehetzte Rechte kräftig – und unten gehen schauderhafte Dinge vor. Viele werden wohl gezwungen sein, außer Landes zu gehen oder das Maul zu halten. Eine tolle, diesmal tatsächliche Relation: dies sind wirkliche Faschisten! Wie dämlich, die Agitation damals, immer die Sozis als Faschisten hinzustellen."[106] Dreizehn Jahre später revidierte er hier also seine früher artikulierte und vor allem seine Arbeiten aus der Dada-Zeit prägende Gleichsetzung der Sozialdemokraten mit den Bürgern und den Militärs sowie ihre Diffamierung als „Faschisten". Zugleich kritisierte er die Kommunisten jetzt offen und scharf. In Verbindung damit bildete sich für Grosz nun allerdings auch ein Einwand gegen das „Einfrieren" von Satire und Parodie als politisches Programm heraus – etwa wenn er in einem nicht abgeschickten Brief an John Heartfield schrieb: „Deswegen bin ich auch ein Gegner einer satirischen Zeitschrift. Für mich hat Satire nichts mit Parteiideen zu tun (...) Ich meine, ihr solltet das Lügenmäntelchen von ‚Freiheit' (...) von ‚Gleichheit' fallen lassen und euch als stramme militärische Partei definieren (...) Man muß den Mut haben, alles was faul, gemein, verlogen, ungerecht ist, anzugreifen! Heute ist es die beste Pflicht, ZWEIFEL in alles zu sähen (...) ebenso die Marxisten anzugreifen, wie ihre Brüder, die Faszisten."[107] An die Stelle einer „Wir-Gemeinschaft" mit den Kommunisten ist nun die Distanzierung getreten. Aber nicht nur solche Selbstzuordnungen, sondern auch der Kern seiner Arbeit wurde damit einer Neubeschreibung unterzogen. Die von ihm beobachteten Auseinandersetzungen der Gegenwart und die Rolle, welche die parodistischen und ironischen Attacken dabei spielten, brachten ihn dazu, diese als gefährliche Waffen zu begreifen und dabei vor allem auch ihr Potenzial zur Erzeugung unvorhersehbarer, unter Umständen auch ungewollter Effekte hervorzustreichen.

In den 1950er Jahren war die im Laufe der 1920er und 1930er Jahre entstandene ideologische Differenz zwischen Grosz und Heartfield dann noch akzentuierter – die beiden standen sich nun auf den diametral entgegengesetzten Seiten des Eisernen Vorhangs gegenüber. Genauso wie aber die Gespenster des Totalitarismus nicht aufhörten, die westliche Welt – sei es in Form von Sekten- und Kommunenführern oder in Form von neuen, etwa auch religiös geprägten Totalitarismen und Fundamentalismen – heimzusuchen, so blieb auch innerhalb des sowjetischen Blocks das „Gespenst der Demokratie" präsent.

Davon zeugt eine Skulptur, die bei einer der wenigen im öffentlichen Raum erlaubten Kunstpräsentationen in Prag 1981 zu sehen war: Die Bildhauerin Magdalena Jetelová präsentierte im Zuge der Ausstellung *Kleinseitner Innenhöfe* auf einem öffentlich zugänglichen Aussichtgelände einen riesigen, grob behauenen, leeren, hölzernen Stuhl. Wie ein Foto zeigt (Abbildung), wurde der überproportional die Menschen überragende Stuhl während der Ausstellung vom Publikum neugierig umrundet, betrachtet und bestaunt. Dabei ist er wie ein Monument im öffentli-

---

106 Brief vom 15. 3. 1933. In: Grosz, Briefe, 1979, S. 167.
107 Nicht abgeschickter Brief vom 3.6.1933. AdK, Berlin, George-Grosz-Archiv, Inv.Nr. 641.

57. Ausstellung *Kleinseitner Innenhöfe*, *Repräsentationsstuhl* von
Magdalena Jetelová, Prag 1981. © Ivan Kafka

chen Raum präsent und erhält durch seine Klobigkeit, Massivität, Schwere sowie durch seine Übergröße Züge eines Repräsentationsdenkmals. Die grobe Bearbeitung, die Meißelspuren und Maserungen sichtbar werden lässt, sowie die einfache, rohe, betont nicht raffinierte Art, wie der Stuhl zusammengebaut ist, lassen ihn zugleich wie beiläufig, gerade an dieser Stelle zurückgelassen erscheinen. Wichtigstes Detail ist jedoch, dass dieser betont einfache, riesige und massive Repräsentationsstuhl leer ist: Dort, wo sonst Königinnen, Kaiser, Präsidenten oder zumindest Politiker sitzen, ist hier eine nicht eingenommene, freie Fläche präsent und fungiert als eine Art Einladung an jeden und jede, sich temporär niederzulassen und politisch zu agieren oder sich zumindest zu fragen, wer eigentlich mit welcher Berechtigung auf diesem Stuhl sitzen sollte. Genau dieses temporäre Heraustreten aus der Menge, ein Die-Stimme-Erheben und Sichtbarkeit-Erlangen, um andere mitzureißen und in eine Auseinandersetzung um die Macht einzutreten, war jedoch im real existierenden Sozialismus ausgeschlossen. Der riesige, leere, öffentliche Repräsentationsstuhl funktionierte im realsozialistischen Kontext Anfang der 1980er Jahre demnach in erster Linie als Provokationsobjekt. Er erinnerte an die durch das Verschweißen von Partei, Proletariat und Führer eliminierte Lücke, die mit Unbestimmtheit und Unsicherheit verbunden ist, indem sie an „alle" den Appell richtet, sich temporär niederzulassen und Repräsentationsfunktionen zu übernehmen. Diese Arbeit von Magdalena Jetelová spornte also gewissermaßen zu einer Wiederbelebung dessen an, was durch den Sturz der Könige und Kaiser seit der Französischen Revolution und mit dem Umbruch hin zu den Republiken Anfang des 20. Jahrhunderts freigesetzt, in den 1930er Jahren durch die sich durchsetzenden faschistischen und kommunistischen Bewegungen jedoch wieder zugekleistert worden ist. Sie thematisiert die mit der Demokratie verbundene Möglichkeit, dass jede und jeder im öffentlichen Raum einen Anfang setzen und andere durch Sich-Zeigen und Sprechen dazu bewegen kann, sich von einem aktuell zugeschriebenen Platz loszureißen und neue Wege einzuschlagen. An die Stelle des Kaisers, der Parteiabzeichen und Fahnen, der als Klomuscheln verulkten Wahlurnen und der Führerköpfe und Arbeiterhelden ist nun also ein leerer Stuhl getreten, auf dem man sich zwar für kürzere oder längere Zeit niederlassen könnte, der hier jedoch noch so hoch war, dass es einiger weiterer Anstrengungen bedurfte, ihn erklimmen zu können.

III.2. Pornografie und Avantgarde: Das Expanded Cinema und die 1968er-Bewegung

Im Oktober 1968 im noch nicht ganz fertiggestellten Kölner U-Bahnhof Neumarkt, einem leeren Rohbau: Die erst Anfang desselben Jahres gegründete Experimentalfilmgruppe XSCREEN hatte die Erlaubnis erhalten, dort anlässlich des Kölner Kunstmarktes eine Veranstaltung durchzuführen. Auf dem Programm standen internationale Undergroundfilme, experimentelle Beatmusik und Dichterlesungen mehrerer lokaler Verlage – von einem „totalen Erlebnis" war die Rede. Der kellerartige Raum war dann auch gerammelt voll – das später aufgezeichnete Protokoll[108] erwähnte für den ersten Abend an die 1000 Zuschauer und Zuschauerinnen und etwa 700 für den zweiten. An diesem zweiten Spieltermin von insgesamt fünf geplanten wurde die Veranstaltung jedoch gewaltsam abgebrochen, als um ca. 22.20 Uhr eine, als „Jugendstreife" ausgegebene, größere Einsatztruppe der Polizei die Veranstaltung stürmte, Handtaschen und Ausweise kontrollierte, diejenigen, die nicht identifiziert werden konnten, verhaftete, Fotos von den Verantwortlichen machte und schließlich das gesamte verfügbare Filmmaterial konfiszierte. Das Ereignis löste sich damit in Panik und Tumult auf. Als Begründung für diesen Polizeieinsatz wurde den Mitgliedern von XSCREEN in dem anschließenden Verhör der Verdacht auf Verbreitung pornografischer Schriften genannt. Denn auf dieser Veranstaltung wurden unangekündigt auch die von Kurt Kren gefilmten Dokumentationen der Mühlaktionen *Fountain* (1968) und *Satisfaction* (1968) gespielt, die im Zuge der Razzia gesucht und schließlich auch konfisziert worden waren. Am nächsten Tag titelten die Zeitungen „Statt Dichterlesung Einlage der Polizei. Die

---

108 Protokoll einer Polizeiaktion gegen die progressive Kunst. In: *XSCREEN. Materialien über den Underground-Film*, hg. v. W+B Hein, Christian Michelis, Rolf Wiest , Köln: Phaidon-Verlags-GmbH., 1971, S. 116.

Stadt wußte offenbar nicht, was sie tat"[109] und „Nackt gegen den faulen Zauber mit der Sittlichkeit".[110] Es folgte eine Anzeige gegen Rolf Wiest, den offiziellen Veranstalter, und im Gegenzug dazu besetzten Sympathisanten und Sympathisantinnen das Kölner Opernhaus und organisierten weitere Protestaktionen.

Porno-Popkultur und das offensive Ausstellen einer Lust an der Überschreitung

Dieser Vorfall war für XSCREEN selbst eine Art Initiationsereignis und wurde in der Folge in Gesprächen und Interviews sowie in den ebenfalls recht bald erscheinenden gedruckten Dokumentationen der eigenen Aktivitäten auch als solches in der Öffentlichkeit präsentiert.[111] Nachdem die Gruppe mit dem unangekündigten Vorführen der Mühlfilme eine solche radikal die geltenden Vorschriften durchbrechende Geste gesetzt und den Konflikt mit der staatlichen Ordnung öffentlich gemacht hatte, konnten weitere Aktionen folgen, die auf ähnlich kompromisslose Weise die herrschenden Konventionen zurückzuweisen versuchten. Die ganze Konzeption dieses Events zeugt zudem von einem Aufbruch hin zu neuen Formen der politischen und ästhetischen Auseinandersetzung – wie sie von XSCRREEN bereits im Gründungsmanifest gefordert worden waren. Dort hieß es: „Ein festgefügtes System von Produktion, Vertrieb und Vorführung kommerzieller Filme – sanktioniert durch staatliche Institutionen und eine entsprechend eingestellte Filmkritik – bevormundet und manipuliert das Publikum seit Jahren (...). Eine immer größer werdende Anzahl von Filmemachern arbeitet seit einigen Jahren ernsthaft daran, neue Sichtweisen und Ausdrucksformen zu schaffen. Die so entstandenen Filme sind aus einer nicht kommerziellen, vom Publikumsgeschmack und vom Einfluss herrschender Machtgruppen und Ideologien möglichst unabhängigen Einstellung entstanden und haben im kommerziellen Kino keine Chance. X-SCREEN – KÖLNER FILMSTUDIO FÜR UNABHÄNGIGEN FILM will diese Filme einem interessierten Kreis von Leuten zugänglich machen."[112] Die im Ankündigungstext zur Veranstaltung genannte „ungefähre Programmfolge" spielte

---

109 Kölner Stadtanzeiger, 18.10.1968, zitiert nach: XSCREEN, 1971, S. 117.
110 Zitiert nach: Ebd.
111 XSCREEN, 1971.
112 Der Text des Flugblattes ist reproduziert in: Habich, W+B Hein, 1985, S. 9. Birgit Hein beschreibt den Prozess der Gründung von XSCREEN retrospektiv wie folgt: „Es waren ja erstaunlicherweise mehrere Leute aus dem Kölner Umfeld in Knokke vertreten. Der Filmemacher Dietrich Schubert, der später dann politische Dokumentarfilme gemacht hat, Werner Nekes und Dore O. aus Mühlheim, Lutz Mommartz aus Düsseldorf, zwei Kölner Filmkritiker, Rolf Wiest und Hans-Peter Kochenrath, waren in Knokke. Wir haben die beiden während des Festivals gar nicht kennengelernt. Rolf Wiest hatte danach aber die Idee, dass man eben alle diese Filmemacher aus dem Raum Köln mal einladen könnte, um zu sehen, ob man diese Filme nicht irgendwo zeigen könnte. Da sie als Filmkritiker die Kölner Kinos und die Kinobesitzer sehr gut kannten war es leicht, ein Kino für eine Nacht zu mieten." Interview mit Birgit Hein, am 4.12.2004.

bereits auf spontane Abänderungen und ein eventuelles Durchbrechen von Legitimitätsgrenzen an, wobei das Publikum dadurch, dass die von Kurt Kren gefilmten Mühlaktionen bereits auf einer XSCREEN-Veranstaltung im März desselben Jahres zu sehen gewesen waren, schon darüber informiert war, dass es sich dabei auch um das Überschreiten von Tabus bezüglich Sexualität handeln könne.

Dieser Anspruch einer streitbaren, politischen Position prägte demnach sowohl die Form der Veranstaltung als auch die Wahl des für ihre Durchführung bestimmten Orts. Mit einem multimedialen, happeningartigen Event, das die herkömmlichen Grenzen zwischen den Disziplinen sprengte, sowie mit der Wahl des „Unortes" bzw. „Transitortes" U-Bahnhof, für den bislang kaum kulturelle Nutzung neben jener von Straßenmusikanten bekannt war, konnte den eigenen Handlungen ein explizit modernistischer, urbaner und avantgardistischer Charakter verliehen werden.[113] Den mit dieser Ortswahl getätigten Schritt beschrieb Birgit Hein retrospektiv folgendermaßen: „Also, dass wir die Performance von Valie Export und Peter Weibel oder unsere ganzen Undergroundfilme im normalen Kinobetrieb gezeigt haben, war der Schritt aus der engen Kunstwelt hinaus in die der Populärkultur. Und das hatte auch eine große Wirkung. Wenn man denkt, was dann während des zweiten Kunstmarktes los war (...) alle Zeitschriften der Bundesrepublik haben darüber geschrieben. Es war ein überregionales Ereignis. Also in dem Sinne war das natürlich auch politisch wirksam."[114] Zugleich trugen der Ereignischarakter der Veranstaltung sowie die heftigen medialen Reaktionen, die sie hervorrief, auch selbst wieder zur Herausbildung einer neuartigen Stadtkultur bei, die in Köln schon seit Anfang der 1960er Jahre zum Beispiel durch das *Contre Festival* (1960), bei dem unter anderem Nam June Paik aufgetreten war, eine forciert avantgardistische bzw. neo-dadaistische Ausprägung erhalten hatte. Die U-Bahn-Veranstaltung sowie andere von XSCREEN kreierte Ereignisse wie etwa die Vorführung von Andy Warhols *Chelsea Girls* (1968) und von Jean Genets *Chant d'amour* (1969, Abbildung) oder von *Einen Western Drehen* (1968, G. Markopoulos) popularisierten diese Ausrichtung Ende der 1960er Jahre dann im Verein mit Aufführungen des ‚Living Theatre', der Einrichtung des Kölner Kunstmarktes sowie einer Reihe von Ausstellungen in den vielen, neu in der Stadt gegründeten Galerien nachdrücklich.[115] Darüber hinaus ist diese Veranstaltung aber auch ein Hinweis auf die Aktivierung einer Form von politischer Kultur, die sich von Parteistrukturen und Gremienarbeit abwandte, auf öffentliches, kollektives Handeln fokussierte und da-

---

113 Die Bespielung von neu gebauten U-Bahnstationen mittels aktionistischer, politisch radikalisierter künstlerischer Handlungen erfolgte parallel auch an anderen Orten: So fand 1970 in Wien in der U-Bahnstation Lerchenfelderstraße eine Aktion der Gruppe ‚Salz-der-Erde' statt, die zugleich auch im Film *Metro* wiedergegeben worden ist. Dazu: *Zünd-Up*, hg. v. Martina Kandeler-Fritsch, Wien und New York: Springer, 2001, S.118ff.
114 Interview mit Birgit Hein, am 4.12.2004.
115 Wulf Herzogenrath, „Die Geburt der Kunstmetropole Köln", in: *Die 60er Jahre. Kölns Weg zur Kunstmetropole. Vom Happening zum Kunstmarkt*, hg. v. Wulf Herzogenrath und Gabriele Lueg, Köln: Köln. Kunstverein, 1986, S. 12-25, sowie die im selben Band integrierte Chronologie: Ebd., S. 36-108.

58. *XSCREEN*, Präsenz im Stadtraum, Köln, um 1970. © Wilhelm Hein, mit Dank an die Bibliothek des MAK. Österreichisches Museum für Angewandte Kunst Wien

bei die Stadt als temporäre Bühne zur Verortung und Sichtbarmachung ihrer politischen Positionierung nutzte.

Nach diesem Initiationsereignis zeigte XSCREEN weitere Experimentalfilme – u.a. im Rahmen einer gesamten Werkschau von Kurt Kren noch einmal Filme der Aktionen von Otto Mühl und Günter Brus[116], aber auch Produktionen von Werner Nekes, Stan Brakhage, Takahiko Imamura und der Japanischen Filmcoop oder italienische Experimentalfilme. Präsentationsort war ganz am Anfang die Boutique ‚Maskulin-Feminin' in Köln, bald aber konnte von der Gruppe ein ehemaliges Programmkino namens „Lupe" als ständiger Vorführort adaptiert werden.[117] Dabei

---

116 *Papa und Mama* (1964), *O Tannenbaum* (1964), *Leda mit dem Schwan* (1964), *Ana Aktion Brus* (1964), *Selbstverstümmelung* (1965).

117 Birgit Hein erinnert sich an folgende, von ihr gemeinsam mit Wilhelm Hein im Rahmen von XSCREEN und dann auch als selbstständiges Kinobetreiberpaar bespielte Orte: „Wir haben in der ‚Lupe' gut ein Jahr gespielt. Danach in einem anderen Kino. Wir sind dann wieder zurückgekehrt zu der ‚Lupe', nachdem sie pleite war, und haben sie als eigenes Kino übernommen. Das wurde dann ein Programmkino. Später konnten wir ein zweites Kino auf dem Kölner Ring dazunehmen, das nicht weit davon entfernt war. Viele Jahre haben wir so zwei Kinos als Programmkinos bespielt. XSCREEN als solches gab es dann nicht mehr. Anfang 1973 war XSCREEN sozusagen am Ende, wir waren nun ein Programmkino. (…) In der Zeit, als wir die Lupe hatten, haben wir zusätzlich die unterschiedlichsten Räum-

spielte für die Gründung von XSCREEN, so Birgit Hein, auch eine Rolle, dass viele der Filme, die sie interessierten, explizite Sexszenen beinhalteten: „Wir fingen an mit XSCREEN, weil wir die Underground Filme sehen wollten und weil man Filme, die auch nur in irgendeiner Form Sexualität zum Thema hatten, nicht öffentlich zeigen durfte, sondern nur als Verein mit Mitgliedern. Deswegen wurde XSCREEN eigentlich gegründet, weil wir nur so diese Filme zeigen konnten. Und im Undergroundfilm in der Zeit kam natürlich das Thema Sexualität ganz entscheidend vor. Zum Beispiel auch der Film von Gregory Markopoulos *Eros o Basileus*, den wir als ersten Markopoulos-Film in Köln vorgeführt haben, da zeigt er seinen Freund Robert Beavers nackt. Oder die Filme von Stephen Dwoskin, da sah man mal eine nackte Brust. Das war schon genug, um die Leute ins Kino rennen zu lassen, weil Sexualität zu der Zeit im Bereich der Filmdarstellung noch ein vollkommenes Tabu war."[118] Größere Veranstaltungen wie etwa die Präsentation von Andy Warhols *The Chelsea Girls* (1966/67) wurden jedoch weiterhin an andere Orte wie Museum oder Volkshochschule ausgelagert.

Parallel zu dieser Popularisierung verschiedenster Avantgarde-Positionen begann XSCREEN nach einiger Zeit jedoch, in „der Lupe" einmal wöchentlich auch sogenannte „echte Pornos" zu spielen. Wilhelm Hein dazu: „Nach einer Weile haben wir gemerkt, dass diese Filme (der Avantgarde, A.S.) zu wenig sind, ganz knallhart, wirklich (...) (wir haben gedacht, A.S.) jetzt gehen wir noch einen Schritt weiter und spielen Pornofilme, scheiß drauf. Nicht etwa aus ökonomischen Gründen. Und dann haben wir wirklich ganz naiv, wir haben ja im Kino gespielt, wir hatten nur 16-mm-Projektoren, und da haben wir mit der 16-mm-Kamera 8-mm-Pornos abgefilmt, damit das geht einigermaßen. So haben wir das groß genug gespielt. Das war unser erster Pornoabend, der Film hieß *Family Affairs*, das war so ironisch gewendet, und dann haben wir damit verdient und angefangen Pornofilme zu kaufen. Wir haben ja so richtig am Schwarzmarkt gekauft und die dann gespielt. Da mussten wir natürlich immer aufpassen, wenn die Polizei kam, erst mal wurde alles abgeschlossen, (...) das war ja absolut verboten, das war ja unmöglich. Und das war natürlich für uns (ideal). Wir hatten unglaublich niedrige Eintrittspreise, 5 Mark, das war ja unheimlich billig für Porno. Und da gab's ein Getränk dafür, (...) damit die ein bisschen verwirrt waren, da haben wir glaub' ich 4 Mark Eintritt und eine

---

lichkeiten bespielt. Wir waren im Wallraf-Richartz-Museum weil wir zum Beispiel für die Mehrfachprojektionen von Malcolm Le Grice eine breite große Wand brauchten. Das war in dem Vorführsaal des Museums einfacher. Dann haben wir auch in der Kunsthalle oder in der Volkshochschule Programme gezeigt." Interview mit Birgit Hein, am 4.12.2004.
118 Ebd. Diese sexuelle Dimension des Expanded Cinema der 1960er Jahre sowie die enge Verknüpfung mit der Geschichte der Pornografie wird in den in den letzten Jahren häufiger zu sehenden musealen Präsentationen dieser Arbeiten meistens leider ausgeblendet und damit aus der Kunstgeschichte eliminiert. Dies wirkt auch auf die in Museen gesammelten Dokumentationen der Arbeiten zurück. So existieren Versionen der Dokumentation von *Cutting* (Valie Export und Peter Weibel, 1967- 68), in denen der finale Akt, der von Export an Weibel durchgeführte „Blow-Job", der in den Dokumentationen um 1970 so ausgiebig bildhaft eingesetzt worden ist, fehlt.

Mark fürs Bier oder irgend so einen Blödsinn (gemacht). Und das war der Anfang, und das haben wir ja eigentlich lange gemacht."[119] Birgit Hein beschreibt diesen Schritt auf ähnliche Weise, streicht aber heraus, dass sie nur etwa ein Jahr lang „illegal" regelmäßig Pornoabende veranstalteten und später, als sie die beiden Programmkinos in Köln bespielten, nur mehr seltener und nur „hochwertigere" Pornos in den Spielplan aufnahmen: „Wir haben die Filme dann sehr aufreizend angekündigt und sehr stark auf Sexualität abgehoben. Dann kam die Überlegung, was wäre denn, wenn wir wirklich mal einen Pornofilm zeigen würden. So haben wir in ein Programm mit *L'Âge d'Or*, einem der klassischen Avantgardefilme, und anderen Filmen, einen Porno einfach mit integriert. Das hat super funktioniert. Daraufhin haben wir dann ein Programm gemacht, dass nur aus Pornofilmen bestand. So änderte sich unsere Programmstruktur. Wir haben am Samstagabend Pornofilme gezeigt – normale, richtige, die man kaufen kann – und sonntags weiter unsere Avantgardefilme gespielt."[120]

W+B Hein haben Elemente aus Pornografie und Popkultur auch in ihre Ende der 1960er Jahre sehr formal ausgerichtete Experimentalfilmarbeit aufgenommen. So verarbeiteten sie, um die Radikalität des formalen Verfahrens auch durch die Wahl der Bilder zu unterstreichen, in der 1968 fertiggestellten Produktion *Rohfilm* abgefilmte Bilder aus einem Porno- wie auch aus einem Tarzanstreifen mit, wobei diese hier jedoch aufgrund der starken nachträglichen Bearbeitung des Materials für das Publikum nicht als solche sichtbar werden. Die 1971 veröffentlichte Dokumentation *XSCREEN*, in der die bisherigen Aktivitäten der Gruppe dargestellt und ein dichtes Netz an Verbindungslinien hin zu historischen Vorbildern und internationalen Parallelerscheinungen aufgezeigt worden ist, setzte dann jedoch mehrere großformatige Bilder ein, die sexuell explizite Handlungen plakativ „ausstellten". Am Cover der Publikation ist zum Beispiel ein verfremdetes Bild der Mühlaktion *Mama und Papa*[121] zu sehen. Die ersten beiden Bilder zeigen einen Zungenkuss in Großaufnahme und auf mehreren Seiten sind Arbeiten von Kurt Kren und Otto

---

119 Interview mit Wilhelm Hein, am 8.12.2004. Die Datierung des Zeitpunktes des Zeigens von Porno divergiert zunächst während der Interviews und bewegt sich zwischen 1969/70 und 1973. In der, in der Dokumentation XSCREEN zu findenden Auflistung all jener zwischen 1969-1971 durchgeführten Veranstaltungen (XSCREEN, 1971, 122ff.) ist *Family Affairs* nicht erwähnt, dafür jedoch „Filme vom Amsterdamer Wet Dream Festival" zweimal (am 13.3.1971 und 2.4.1971). Dies könnte jedoch auch damit zusammenhängen, dass der Titel „Family Affairs" einfach nicht transkribiert wurde. Die von Birgit Hein erwähnte Präsentation von *L'Âge d'Or* ist dann jedoch für den 27.3.1971 aufgelistet. Auch für die Zeitdauer, wie lange Pornofilme gezeigt wurden, gibt es unterschiedliche Nennungen: Birgit Hein begrenzt sie auf ein Jahr, Wilhelm Hein dagegen beschreibt dies als längere Aktivität. Dabei räumt Birgit Hein jedoch ebenfalls ein, dass „gute Pornos" wie *Deep Throat* (1972) oder *The Devil in Miss Jones* (1973) auch danach noch vereinzelt ins Programm genommen wurden, während Wilhelm Hein eine solche Unterscheidung zwischen „guten" und „schlechten" Pornos tendenziell ablehnt.
120 Interview mit Birgit Hein, am 4.12.2004.
121 Das Foto stammt von Ludwig Hoffenreich und zeigt Kurt Kren beim Filmen der Aktion.

59. *Explizite Sexszenen*, XSCREEN-
Dokumentation, 1971. © Wilhelm
Hein, mit Dank an die Bibliothek
des MAK. Österreichisches Museum
für Angewandte Kunst Wien

Mühl präsentiert – zum Beispiel eine Sequenz aus dem Film *Campagnereiterclub* (= 2. Aktion im Freudenauer Wasser, 1969, Abbildung), in dem mehrere Personen auftreten, die miteinander über Geschlechtsverkehr verbunden sind, oder stark vergrößerte Bilder aus *Der Geile Wotan* (1970), auf denen ebenfalls viel nackte Haut und erotische Berührungen ins Bild kommen. Diese Lust am Zeigen von Sexszenen und an der Auseinandersetzung mit pornografischen und obszönen[122] Bildwelten haben die Mitglieder von XSCREEN folgendermaßen begründet. Nochmals Wilhelm Hein: „Und es war auch die Lust. Einmal, das Publikum, das war natürlich begeistert. Das war ja auch gegen diese Biederkeit (gerichtet) (...) Diese ganzen Softsachen, das hat uns ja total genervt, diese ganzen blöden Filme, die da im Kino gelaufen sind. Und du darfst ja nicht vergessen, ich komme ja aus den 50er Jahren,

---

122 „Obszön" ist, so der Kunsthistoriker Peter Gorsen, was das Scham- und Sittlichkeitsempfinden verletzt. „Pornografisch" dagegen ist, was die Sexualität stimuliert. Dennoch sind beide nicht ganz voneinander zu scheiden: Es gibt auch eine „obszöne Pornografie" sowie eine „pornografische Obszönität", die, in je unterschiedlichem Ausmaß, sowohl das Sittlichkeitsempfinden und die Scham verletzt, als auch Sexualität stimulieren. Siehe: Peter Gorsen, *Sexualästhetik. Zur bürgerlichen Rezeption von Obszönität und Pornografie*, Reinbek bei Hamburg, 1972, S. 33.

da war ja alles verboten. Und (da haben wir gesagt), jetzt machen wir's, jetzt reicht's uns, jetzt (...) zeigen (wir) euch, wo's lang geht (...) das sag ich immer wieder, (wir) waren (...) geschützt durch das Publikum. (...) Wenn da 400 Leute im Kino saßen, wenn da die Polizei gekommen wäre, bei diesen Proleten, die Polizei hätte sich nicht ins Kino getraut, die hätten die verprügelt."[123] Filme, die expliziten Sex zeigen, wurden demnach nicht allein aufgrund der Befriedigung der Schaulust, die sie boten, vorgeführt, sondern auch aufgrund des damit verbundenen politischen Willens zur Überschreitung von Verboten und von Tabus.

Damit trat XSCREEN in eine zeitgenössisch mit großer Heftigkeit geführte Auseinandersetzung über Sexualität, Pornografie und Emanzipation ein, in der auch innerhalb der deutschen Linken Stimmen, die eine Liberalisierung befürworteten, und solche, die sich strikt dagegen stellten, indem sie deren „Bürgerlichkeit" entlarvten, aufeinanderprallten. So stellte etwa Horst Krüger in einem Artikel in der *Streitzeitschrift* über skandinavische Pornos fest: „Die Sexualität, noch immer die am meisten unterdrückte und gefesselte Kraft unserer Gesellschaft, wird plötzlich freigesetzt, Schamgrenzen werden rabiat zerbrochen, Mauern der Angst werden für einen Augenblick eingerissen. Eine tiefe, lang unterdrückte Fantasie kann schöpferisch werden: Der Körper als Kunstwerk, die Liebe als Happening, wie soll das, verstärkt durch den feinen Reiz des Verbotenen, nicht faszinieren? Es ist gut wahrzunehmen, daß andere unsere Spiele auch gerne spielen. Es gibt einen Sozialismus der Triebe, der wird hier offenbar. Die Tugenden der Revolution: Freiheit, Gleichheit, Brüderlichkeit – in solchen Umarmungen werden sie vollkommen eingelöst."[124] Die Zeitschrift *film* brachte 1968/69 eine mehrteilige Serie „Das Recht auf Lust. Report über Sex-Filme", in der Horst Königstein eine größere Anzahl von in der BRD „erfolgreichen Filmen" oder „Schwedenfilmen" vorstellte, die Geschichte des Pornokinos ansatzweise rekonstruierte und deren, wie es damals hieß, gesellschaftliche Funktion diskutierte. Dabei warf er u.a. die Frage auf: „Sex und Politik. Beides will nicht recht zusammen. Man fragt sich schließlich – wie bei der Zeitschrift *konkret* – ob denn wirklich der Sex hilft, die politische Stellungnahme zu transportieren, oder ob die Politik dazu dient, dem Sex die rechte Würde zu geben."[125] Andere marxistische Theoretiker der Studentenbewegung interpretierten dagegen kommerzielle Pornografie ganz anders: als manipulativ sowie als Bestandteil eines „falschen Bewusstseins". So stellte etwa Michael Pehlke fest: „Pornografische Filme propagieren falsches Bewusstsein auf dreierlei Art: Inhaltlich verkünden sie die reaktionäre Phrase von der Unterlegenheit und Minderwertigkeit der Frau, formal frönen sie einem drastischen Voyeurismus und einer Augenzeugen-Ideologie, die den Zuschauer ans bloße Bild fesselt, und über allem steht die beschwichtigende Versicherung, Sexualität sei reine Natur, sei jenes außergesellschaftliche Idyll, in dem der Mensch Mensch sein könne. Augenzeugen-Ideologie,

---

123 Interview mit Wilhelm Hein, am 8.12.2004.
124 Horst Krüger, „Dieser subtile, zerebrale Reiz", in: *Streitzeitschrift*, Nr. VII/1, 1969, S. 14.
125 Horst Königstein, „Das Recht auf Lust. Report über Sex-Filme (I)", in: *film*, November, 1968, S. 12-17.

Leistungsdenken und Eskapismus der Porno-Filme ergänzen einander."[126] Das im österreichischen Fernsehen am 10. Mai 1970 stattfindende Forumgespräch „Antwort auf die Sexwelle – Zensur oder Toleranz" zeigt, dass diese Auseinandersetzungen auch breite gesellschaftliche Gruppen von der Kirche über Soziologen, Pädagogen bis hin zu Journalisten involvierte.[127] Solche, von verschiedener Seite herkommende Verhandlungen und Beanspruchungen machten Sex und Porno jedoch zu einem herausragenden Knotenpunkt damaliger Emanzipationsdiskurse.

In der Praxis von XSCREEN, pornografische und obszöne Bilder als Mittel politischer Delegitimierung einzusetzen, gab es enge Korrespondenzen zur Arbeit der zeitgleich sehr aktiven österreichischen Expanded-Cinema-Szene um Peter Weibel, Valie Export und Kurt Kren oder der Wiener Aktionisten um Otto Mühl, die B+W Hein schon von früheren Ereignissen, u.a. dem Filmfestival in Knokke, her kannten. So zeigte zum Beispiel die 1970 von Weibel und Export edierte Dokumentation *wien. bildkompendium wiener aktionismus und film* ebenfalls eine Reihe von Sexszenen, worunter sich auch zwei einander sehr ähnliche Fotos eines von Valie Export an Peter Weibel öffentlich während einer Aktion durchgeführten, expliziten „Blow Jobs" befanden, die während der Aktion *Cutting* (1967-1968) entstanden waren. Solche Szenen wurden auch hier wieder Handlungsformen einverleibt, die von den Kunstschaffenden selbst ebenfalls als politisch-oppositionelle Antwort auf einen, wie es damals hieß, allgemein sich durchsetzenden neuen „Stil der Kommunikation" präsentiert worden sind. So verlautete das Flugblatt der bekannten, an der Uni durchgeführten Aktion *Kunst und Revolution*: „die assimilationsdemokratie hält sich kunst als ventil für staatsfeinde (...). der staat der konsumenten schiebt eine bugwelle von ‚kunst' vor sich her; er trachtet, den ‚künstler' zu bestechen und damit dessen revoltierende ‚kunst' in staatserhaltende kunst umzumünzen. aber ‚kunst' ist nicht kunst. ‚kunst' ist politik, die sich neue stile der kommunikation geschaffen hat."[128] Die Aktivisten und Aktivistinnen wollten die herrschende Form der Politik demnach mittels Gesten herausfordern, für die sie sexuelle Handlungen sowie Zitate aus den damals verbotenen Pornos und obszönen Bildwelten benutzten und die sie ebenfalls wieder als politische Gesten verstanden wissen wollten.

---

126 Michael Pehlke, „Sexualität als Zuschauersport. Zur Phänomenologie des pornografischen Films", in: *Semiotik des Films. Mit Analysen kommerzieller Pornos und revolutionärer Agitationsfilme*, hg. v. Friedrich Knilli, München: Hanser, 1971, S. 183-203, S. 201f. Georg Alexander bestätigte in einer in der Zeitschrift *film* veröffentlichten Besprechung der Mühl-Aktionen diese Sichtweise, wenn er in Zusammenhang mit dieser von einem „Mißverständnis" spricht, „dass der Verstoß gegen ästhetische Konventionen ein politischer Akt sei" und dieses Missverständnis dann als „eine ideologische Dienstleistung an die herrschende bürgerliche Klasse" bezeichnet. Siehe: Georg Alexander, „Otto Mühl – der Bürger als Amokläufer", in: *film*, Mai, 1968, S. 1-5.

127 Dieses Gespräch wurde auszugsweise im Neuen Forum abgedruckt: „„Sire, geben Sie Pornofreiheit!?"", in: *Neues Forum*, Nr. 200/201 (August und September), 1970, S. 843-847. Eine breitere feministische Diskussion von Pornografie setzte in Deutschland und Österreich erst ab Mitte der 1970er Jahre ein.

128 Das Flugblatt ist abgedruckt in: Bildkompendium, 1970, S. 202.

Trotz dieser Parallelen gab es aber auch deutliche Unterschiede zwischen dem bundesdeutschen und dem österreichischen Expanded Cinema. Weibel und Export wandten sich ähnlich wie die Wiener Aktionisten mit ihrem Angriff auf die herkömmliche Kultur sowie mit ihrer Neuerfindung von veränderten Formen und Gattungen der Kunst auch gegen die überkommene Konventionen aufrechterhaltende und verteidigende Gesellschaft und fokussierten insbesondere auch auf den das konservative Klima in Österreich in den 1960er Jahren nachdrücklich prägenden Katholizismus. Zugleich prägte die Tradition des katholisch durchdrungenen „Sinnlichkeitszaubers" umgekehrt aber auch die von ihnen durchgeführten Aktionen, wie deren ausgeprägte Ritualisierung, das explizite Arbeiten mit dem Körper und seinen Flüssigkeiten und Ausscheidungen – mit Blut, Urin, Kot und Sperma – sowie die wiederholte Einbindung von sexuellen Handlungen oder von Pornografie-Zitaten deutlich machen. Die Aktionen der österreichischen Kollegen und Kolleginnen erschienen in den Augen von Aktivisten und Aktivistinnen in der BRD – die sich selbst, wie sie es ausdrücken, „noch" in der „Bauhaus-Ästhetik" verorteten – deshalb von enormer Radikalität, Irritations- und Faszinationskraft gekennzeichnet gewesen zu sein. Birgit Hein dazu in einem Interview: „Ich war verunsichert (wir lebten damals noch in der Bauhaus-Ästhetik). Ich war fasziniert und abgestoßen zugleich. Ich bewunderte Mühl und hatte gleichzeitig Angst vor ihm, vor seiner Radikalität, mit der er das bürgerliche Leben in Frage stellte (...) Genauso ging es mir mit den Filmen, ich fand sie großartig und grauenvoll."[129]

Durch Einbindung der Filme und Aktionen von Export, Weibel, Mühl, Kren & Co konnte – ähnlich wie mit dem Zitieren von Bildern aus Pornos – den öffentlichen Aktivitäten von Gruppen wie XSCREEN eine nachdrückliche Radikalität in Bezug auf den Umgang mit Sexualität und gesellschaftlichen Tabus verliehen werden. Deshalb waren Arbeiten der Wiener-Aktionismus- und Expanded-Cinema-Szene zwischen 1968 und 1970 auch so häufig in Westdeutschland zu sehen: neben den XSCREEN-Veranstaltungen in Köln etwa auch auf der von Wilhelm Heins Bruder, Karl-Heinz Hein, in München 1968 durchgeführten Event-Serie *Underground-Explosion*. Und umgekehrt boten diese in der BRD organisierten Events eine Bühne für die Präsentationen dieser Künstler und Künstlerinnen, denen in Österreich zeitweise öffentliche Auftritte untersagt waren.

Historische und aktuelle Verwandte und am Horizont: die Französische Revolution

Das Bemühen pornografischer und obszöner Bilder für politische Zwecke steht in einer langen Tradition, die von den Kunstschaffenden der 1960er Jahre selbst aktiv rekonstruiert wurde. So schließt der Einleitungstext zu dem bereits erwähnten Band *XSCREEN* unter anderem mit folgendem Vergleich: „Auch die historischen Filme bildeten eine Art Subkultur in ihrer Zeit. Sie existierten außerhalb des Kom-

---

129 Habich, W + B Hein, 1985, S. 28.

merzes oder wurden verboten wie ‚L'Âge d'Or' oder Genets ‚Un Chant d'Amour' in den 50er Jahren. Diese Filme, wie auch ‚Flaming Creatures' von Jack Smith oder ‚Sodoma' von Otto Mühl, entlarven die Pseudomoral der Kommerzfilme, die sich in freiwilliger Selbstzensur den verlogenen bürgerlichen Anstandsvorstellungen unterwerfen. Die Undergroundfilme mißachten jede Art von Zensur, und das ist der Grund, weswegen die Veranstalter ständig mit dem Gesetz, das nur noch als leere Konvention existiert, in Konflikt geraten."[130] Die im selben Band erfolgte Veröffentlichung des Protokolls des Polizeieinsatzes gegen die eigene U-Bahnhof-Veranstaltung vom Oktober 1968 reihte die eigene Arbeit in eine solche Tradition von Grenzverletzungen ein.

Diese „Erfindung" einer avantgardistischen Tradition wurde auch mittels Bildern unterlegt und unterstützt. So finden sich in derselben Dokumentation großflächige Reproduktionen von Filmstills aus *L'Âge d'Or* (1930, Luis Buñuel, Salvador Dali), *Un Chant d'Amour* (1950, Jean Genet), *Meshes in the Afternoon* (1943, Maya Deren), *Flaming Creatures* (1963, Kenneth Anger) oder *The Chelsea Girls* (1966/67, Andy Warhol). Neben diesem Herbeizitieren von Vorbildern finden sich Präsentationen eigener Arbeiten sowie von zeitgenössischen Kollegen und Kolleginnen – neben Mühl, Kren, Export und Weibel auch von Vlado Kristl, Christian Michelis, Malcolm Le Grice oder Rolf Wiest. Manche „Vorfahren" wurden dabei speziell „vergrößert" hervorgehoben. So konstruierte eine Seite, auf der Bilder aus Arbeiten von Fernand Léger, Man Ray, René Clair oder Marcel Duchamp zusammen montiert wurden, zum Beispiel eine breit ausgebaute Brücke zum dadaistischen Filmschaffen.[131]

Diese Auseinandersetzung mit den historischen Vorbildern der 1920er und 1930er Jahre sowie mit den US-amerikanischen, japanischen oder aus anderen europäischen Ländern stammenden Kollegen und Kolleginnen nährte und inspirierte die eigene Praxis. Zugleich standen Gruppen wie XSCREEN oder das Wiener Expanded Cinema in enger wechselseitiger Auseinandersetzung mit anderen, parallel sich in ihrem Kontext bildenden politischen Szenen wie der Studentenbewegung, der außerparlamentarischen Opposition, der Frauenbewegung sowie einer objektbezogenen und sich dem realen Leben zuwendenden Kunst, die sich rund um den Begriff des „Happenings" auszubreiten begann. Wie all diese Bewegungen und Gruppen so wandte sich auch das deutsche und österreichische Expanded Cinema mittels Aktionen und Filmen gegen bestimmte, selbstverständlich scheinende Hal-

---

130 XSCREEN, 1971, S. 7.
131 Siehe auch Abbildung 93 in diesem Buch. Solche „Erfindungen" von Traditionslinien in Zusammenhang mit der eigenen Arbeit wurde auch vom österreichischen Expanded Cinema unternommen. Peter Weibel zum Beispiel erwähnte als Protagonisten einer „vorgeschichte der aktion" Futurismus, Dadaismus, Surrealismus, genauso wie die „subgeschichte des theaters" oder die amerikanische Happening-Bewegung, Fluxus, die Merz-Gruppe, den Tachismus und einzelne „Vorläufer" wie Yves Klein, Antonin Artaud oder John Cage. Weibel, Aktion statt Theater, 1972, S. 48ff.

60. *La Photographe photographiée*, Collage, Jean-Jacques Lebel, 1963. © Jean-Jacques Lebel, archive, Paris (ADAGT) und VG Bild-Kunst

tungen der Gegenwart – etwa gegen eine „bürgerliche", „affirmative Kunst",[132] den „Kapitalismus"[133] oder den „Männerstaat"[134] bzw. „ein festgefügtes System von Produktion, Vertrieb und Vorführung", welches das Publikum „bevormundet und manipuliert".[135] Das Zurückweisen traditioneller Materialien und das Verarbeiten von Bruchstücken der Lebenswelt, veränderte Arbeitsweisen sowie die emphatische Besetzung von Orten wie dem Kino trugen zur Vision einer Kunst bei, die den Alltag verändern und dessen ideologische Absicherungen zertrümmern sollte.

Neben der bereits verhandelten Bezugnahme auf den diskursiven Rahmen, der vom US-amerikanischen Expanded Cinema bereitgestellt worden war, fungierten vor allem die Ereignisse in Frankreich als wichtiger Bezugspunkt für die bundesdeutschen oder österreichischen Aktivitäten der Studentenbewegung und des

---

132 Weibel, Kritik der Kunst, 1973, S. 37f.
133 Gottfried Schlemmer, „Anmerkung zum Undergroundfilm", in: *Avantgardistischer Film 1951-1971: Theorie*, hg. v. ders., München: Hanser, 1973, S. 18-23, S. 22.
134 Valie Export, „Woman's Art. Ein Manifest", in: *Neues Forum*, Nr. 228 (Jänner), 1973, S. 47.
135 XSCREEN 1968, In: Habich, W + B Hein, 1985, S. 9.

künstlerischen Aktivismus.[136] Dort hatte zum Beispiel Jean-Jacques Lebel Anfang der 1960er Jahre ebenfalls begonnen, alltägliche Handlungen mit expliziten sexuellen Gesten und Pornozitaten zusammenzubringen und auf diese Weise zu politisieren. Seine Collage *La Photographe photographiée* (1963, Die fotografierte Fotografin, Abbildung) zeigt zum Beispiel eine mit gegrätschten Beinen auf der Straße sitzende Frau in engen Röhrenhosen, schwarzem Rollkragenpullover und wilder Mähne, die einen Fotoapparat in der Hand hält. Die Miene der jungen Frau bleibt hinter den buschigen Haaren bzw. – was sich jedoch nicht auf den ersten Blick ausmachen lässt – hinter einer durch Collage erzeugten Überklebung vollkommen unsichtbar. Wichtigstes Detail an diesem Bild ist jedoch, dass die Hose an der Scham in Form eines Dreiecks „aufgeschnitten" erscheint und so mittels einer Bildcollage simuliert wird, das dahinter sich befindende Geschlechtsteil würde sichtbar werden. Die an sich schon ungewöhnliche Szene wurde auf diese Weise zusätzlich verfremdet und darüber hinaus nachdrücklich sexualisiert. Das aus Pornos bekannte Motiv einer Frau mit weit geöffneten Beinen, die ihr Geschlecht dem Publikum offenbart, bringt diese Collage, die auf den ersten Blick den Anschein eines nichtmontierten Fotos erwecken will, mit der eher beiläufigen Alltagsgeste einer jungen, durch ihre Kleidung explizit als modern und aufgeschlossen markierten Frau zusammen. Die durch das Loch in der Hose durchblitzende Scham lockt einen Blick an, der nicht durch das Mienenspiel oder ein kokettes Zurückblicken der Fotografierten erwidert wird, sondern durch den in der Hand gehaltenen Fotoapparat, dem auch das Potenzial innewohnt, den oder die Blickende einfangen und selbst wieder in einem Bild festhalten zu können. All dies erzeugt eine Konfrontation und Spannung, die durch den ungewöhnlichen Ort des Sitzens – die Straße – sowie durch das Verhüllen des Gesichts zudem gesteigert wurde. Die, auf diese Weise potenziell erzielte Irritation der Betrachtenden ist im Bild selbst zudem in einer weiteren Figur gespiegelt: Am rechten, seitlichen, oberen Bildrand kommt ein von hinten aufgenommener Mopedfahrer ins Bild, der gerade an der Szene vorbeigefahren zu sein scheint und seinen Blick zurück über die Schultern wirft.

Wenige Jahre später taucht eine ähnliche Nutzung von Verfremdung in Zusammenhang mit Pornoelementen auch in Arbeiten von Kollegen und Kolleginnen in Österreich und der BRD auf. Am deutlichsten tritt eine soche Verwandtschaft an der von Valie Export in den ‚Augusta Lichtspielen' in München auf Einladung des ‚Independent Film Centre' unter dem Titel *Genitalpanik 1 + 2* durchgeführten und nachträglich in einer Fotoserie dokumentierten Intervention zu Tage. Die Künstlerin präsentierte sich bei dieser Aktion selbst, in einer Sitzposition mit weit gegrätschten Beinen, wobei sie Blue Jeans trug, die an der Scham dreieckig aufgeschnitten waren und so wieder das Geschlecht sichtbar werden ließen. Auch die medusenhaft aufgetürmte Frisur zeigte Ähnlichkeiten – im Unterschied zu *La Photographe photographiée* setzte Export in *Aktionshose Genitalpanik*[137] (Abbildung) je-

---

136 Peter Weibel zum Beispiel studierte in Paris Literatur und Film bevor er 1964 nach Wien kam.
137 Dazu ausführlicher: Schober, Blue Jeans, 2001, S. 268ff.

61. *Aktionshose Genitalpanik*, Valie Export, 1969-1971. © Weibel/Export, bildkompendium wiener aktionismus und film, MUMOK, Museum Moderner Kunst Stiftung Ludwig Wien und VG Bild-Kunst, courtesy Peter Weibel

doch Gesicht und Mimik ein: Über die Kamera suchte die Künstlerin direkten Blickkontakt mit dem Publikum und hielt darüber hinaus nicht einen Fotoapparat, sondern, auf manchen der Fotos, ein Gewehr in der Hand. Das Medium der Fotografie steigert auch hier wieder die Illusion einer persönlichen Adressierung, indem es diese spektakuläre Darbietung von Weiblichkeit mit einer „Wahrheit" der Repräsentation in eins setzt und so suggeriert, dass es die Abgebildete und nicht das Bild sei, die das Blicken der Betrachter und Betrachterinnen hervorrufen würde.[138] Das der „Frau als Bild" hier beigegebene Gewehr definiert eine solche Kontaktaufnahme zugleich jedoch als eine von Konfrontation bestimmte und potenziell kriegerische. Während Lebel das Zu-Sehen-Gegebene durch die Straßensituation und das zufällige Vorbeifahren eines „Mitspielers" als beiläufiges inszeniert, erscheint die Kontaktaufnahme mit dem Publikum in Exports Arbeit durch den direkten Blick oder die der Adressierung implizite konflikthafte Dimension stärker und expliziter auf ein Betrachten hin kalkuliert.

Neben solchen augenfälligen „Wanderungen" von Pornozitaten durch Bildinterventionen in ganz unterschiedlichen Kontexten gab es jedoch in erster Linie in Zusammenhang mit dem Veranstaltungsformat der Aktion und des Happenings

---

138 Annette Kuhn, „Lawless Seeing", in: *The Power of the Image: Essays on Representation and Sexuality*, hg. v. dies., London: Routledge, S. 19-47.

62. From Jean-Jacques Lebel's 1966 Happening *120 minutes dédiées au divin marquis*; France, embodied by de Gaulle, covered in whipped cream, is licked by the public. © Jean-Jacques Lebel, archive, Paris (ADAGT) und VG Bild-Kunst

Bezüge zwischen den Wiener Künstlern, Jean-Jacques Lebel und einer breiteren, sich in den 1960er Jahren an den Veranstaltungen von Allan Kaprow und John Cage orientierenden künstlerischen Bewegung, die sich einer prozesshaften, den Zufall nutzenden Bespielung von Lebenswelt zuwandte.[139] Bereits zwischen 1964 und 1967 veranstaltete Lebel im ‚American Centre' in Paris bzw. in dem speziell dafür angemieteten ‚Théâtre de la Chimère' sogenannte „Workshops of Free Expression" (*Festival de la Libre Expression*), für die er Künstler und Künstlerinnen aus dem Umkreis von Fluxus, Expanded Cinema (Yoko Ono und Carolee Schneemann), Happening, Jazz und Avantgarde-Film, aber auch Persönlichkeiten wie Jacques Lacan, Marcel Duchamp oder Man Ray eingeladen hatte.

1966 war die dritte Ausgabe dieses Festivals dem Marquise de Sade gewidmet und trug dementsprechend den Titel *120 minutes dediées au Divin Marquis* (120 dem göttlichen Marquis gewidmete Minuten). Das Festival wurde großteils von freiwilligen Akteuren und Akteurinnen bestritten, die nach wenigen Vorbesprechungen den Raum simultan bespielten und sich dabei gegenseitig den Hintern

---

139 Zum Bezug Wiener Aktionismus – Jean-Jacques Lebel: Peter Gorsen, *Das Prinzip Obszön. Kunst, Pornografie und Gesellschaft*, Reinbek bei Hamburg, 1969, S. 112ff.

versohlten, urinierten und Sodomie-Szenen genauso durchführten wie sie Gesangs-Einlagen gaben (Abbildung). Stroboskopische Lichter, Jazzmusik und surreal anmutende Filmszenen trugen zusätzlich zum multimedialen Charakter des Geschehens bei. Der Körper einer Frau wurde mit Schlagsahne bedeckt, die von Freiwilligen aus dem Publikum abgeschleckt wurde. Sie setzte schließlich, als eine Art Höhepunkt des Geschehens, eine Maske mit den Zügen Jacques de Gaulles über, wurde ans Kreuz gefesselt, in den Farben der Nationalflagge bemalt und erschien solcherart inszeniert auf ironische Weise als „Erlöserin" der Nation.[140] Eine Besprechung im *L'Express* stellte fest: „Jean-Jacques Lebel setzt das Happening für politische und gesellschaftliche Zwecke ein. Er attackiert die Konsumgesellschaft, die sexuellen und religiösen Tabus und setzt ihnen schamanische Riten, Initiationszeremonien und Totemismus entgegen."[141] Über solche Aktionen setzte Lebel die bereits durch die Surrealisten vorgeführte Aneignung des Werkes des Marquis de Sade fort, band dieses jedoch viel stärker und expliziter in eine öffentlich-politische Verhandlung von Gegenwart ein. Darüber hinaus schrieb sich der Künstler mit solchen Anleihen in eine in Frankreich auf die Zeit der Französischen Revolution zurückreichende und sehr ausgeprägte Tradition einer engen Verknüpfung von Pornografie und politischer Delegitimierung ein.

Diese ist davon gekennzeichnet, dass etwa zwischen 1500 und 1800 Pornografie in besonders massiver Weise eingesetzt wurde, um religiöse und politische Autoritäten zu kritisieren, sowie davon, dass – umgekehrt – die Überwachung und Kontrolle dieser Schriften in diesem Zeitraum ebenfalls in erster Linie zum Schutz von Politik und Religion geschah und nicht aus Gründen des Anstandes.[142] Sowohl in Bezug auf den Umfang, als auch auf die soziale Streuung erreicht sie in den Jahren der Französischen Revolution dann eine größere Öffentlichkeit als je zuvor, was auch der Grund dafür ist, dass der Pornografie ein Anteil am Zustandekommen der

---

140 Alyce Mahon, „Verstoss gegen die Guten Sitten: Jean-Jacques Lebel und der Marquis de Sade", in: *Jean-Jacques Lebel*, hg. v. Museum Moderner Kunst Stiftung Ludwig Wien, Wien: Museum Moderner Kunst Stiftung Ludwig, 1998, S. 71-92.
141 Otto Hahn, „Happening", in: *L'Express*, 11. 4. 1966, zitiert nach: Ebd., 89.
142 Die zentrale Rolle, die der Pornografie in den Revolutionsjahren in Frankreich zukam, veranlasste Lynn Hunt zur Formulierung der These, dass von einer politisch motivierten Pornografie nur für diesen Zeitraum gesprochen werden könne. Nach den 1790er Jahren verschwand ihren Aussagen zufolge politisch motivierte Pornografie zur Gänze und wurde durch eine „ersetzt, die soziale und moralische Tabus in Frage stellt, ohne auf politische Gestalten abzuzielen." Lynn Hunt, „Pornografie und die Französische Revolution", in: *Die Erfindung der Pornografie. Obszönität und die Ursprünge der Moderne*, hg. v. dies., Frankfurt am Main: Fischer, 1994, S. 243-283. Diese These vom „Verschwinden" einer politischen Nutzung der Pornografie nach der Französischen Revolution wird von den in diesem Buch untersuchten Beispielen widerlegt. Darüber hinaus geht es mir jedoch darum, eine Lesart zu entwickeln, die nicht wie jene von Hunt die politisch subversive Funktion von Pornografie für bestimmte historische Zeiträume festschreibt und anderen abspricht, sondern die die je aktuelle zwiespältige Involvierung pornografischer Bildwelten in Neuordnungen ästhetischer und politischer Hegemonie in den Blick nimmt.

Revolution selbst zugeschrieben werden kann.[143] Dieser außergewöhnliche Einsatz von Pornografie als Mittel politischer Delegitimierung traf mit einem historischen Umbruch zusammen, mit dem – wie bereits in einem anderen Kapitel ausführlich dargestellt wurde – der Zugang zum Schauspiel der Politik und der Austausch bezüglich der eigenen Position in der Gemeinschaft und des Sinnes der Welt zu einer Frage von permanenten, unabgeschlossenen, politischen Auseinandersetzungen wurde, an denen auch die Kunst auf neue Weise beteiligt war. In Zusammenhang mit den Emanzipationsbewegungen des 19. und beginnenden 20. Jahrhunderts wurde dabei ein Repertoire an Formen und öffentlichen Auftrittsweisen entwickelt, in dem wiederholt auch pornografische und obszöne Bildwelten für das Sichtbarmachen einer politischen Positionierung zum Einsatz gekommen sind.

Parallel zu diesem mit der Revolution einhergehenden Umbruchszenario ereignete sich jedoch ein weiterer Prozess. Denn bald nach der Revolution wurden, wie ebenfalls bereits dargestellt worden ist, die Bürgerinnen aus dem öffentlich-politischen Bereich ausgeschlossen und im Privaten platziert, was jedoch – quasi als eine Art „Kompensation" – mit einer gleichzeitig erfolgenden, enormen Verbreitung erotischer und pornografischer Inszenierungen der „Frau als Bild" in den sich neu herausbildenden massenkulturellen Kanälen der Fotografie, des Stereoskops, des Films und der Warenwerbung einherging. Über eine Vielzahl von neu geformten Orten – vom Warenhaus über das Kino, die Bilderzeitschrift und die Plakatwand bis hin zu Ausstellungen und Vergnügungsparks – bildete sich seit etwa den 1820er Jahren eine in neuartiger Weise auf Erscheinung, Inszenierung und Spektakel ausgerichtete visuelle Kultur heraus, wobei pornografische Darstellungen von passiven, lockenden Frauenkörpern als gesteigerte Ausformung dieser Kultur allerorts, wenn auch bis in die 1970er Jahre meist inoffiziell, angeboten worden sind. Der ausgestellte Körper der Frau band die modernen Medien eng in die Strategien des Erzeugens von Begehren und Faszination ein.[144] Wie die bekannten, etwa um 1900 massiv verbreiteten Repräsentationen von Hysterikerinnen, von Prostitution und Frauenarbeit als „Problem" oder von an Alkoholismus oder anderen Lastern leidenden Frauen zeigen, wurde die Inszenierung der „Frau als Bild" jedoch nicht allein für die Strategien des Werbens und Verführens effektiv gemacht – sie konnte auch für das Aufwerfen und Austragen ganz anderer, im öffentlichen Raum nun entstehender Konflikte okkupiert werden. So nutzten auch moderne Reformdiskurse, wie sie von der Arbeitsmedizin, der Sexualforschung oder den neuen Erziehungs- und Wohlfahrtsinstitutionen ausgeschickt worden waren, die Inszenierung von „abweichender" wie von „sittenadäquater" Weiblichkeit, um ihren Aktionsradius

---

143 Hunt, Pornografie; 1994, S. 243.
144 Abigail Solomon-Godeau, „The Other Side of Venus: The Visual Economy of Feminine Display", in: *The Sex of Things. Gender and Consumption in Historical Perspective*, hg. v. Victoria de Grazia und Ellen Furlough, Berkeley, Los Angeles, London: Univ. of California Press, 1996, S. 113-150, S. 116f.

63. *La Discipline Patriotique, ou le Fantasme Corrigé*, 1791.
© Bibliothèque nationale de France, Paris

ausdehnen und ihre Sichtweisen zur Durchsetzung bringen zu können.[145] Die Interventionen von Seiten der künstlerischen Avantgarde, die pornografische und obszöne Bilder weiterhin für ihre ästhetisch-politischen Provokationen nutzten, traten demnach mit einer Vielzahl diesbezüglicher Agenten in Widerstreit. In den dabei sich ergebenden Auseinandersetzungen wurden sowohl Bezüge hergestellt und wechselseitige Affirmationen produziert als auch Abgrenzungen aufgerichtet.

Dabei konnte Pornografie deshalb als ein derart effizientes Mittel für die Inszenierung einer politischen Position im öffentlichen Raum herangezogen werden, weil in ihr Körper meist als innerhalb der sozialen Hierarchie in Verschiebung Begriffene repräsentiert werden und dies in einem Kontext, in dem die Gemeinschaftskörper und weltlichen Handlungen verstärkte Aufmerksamkeit fanden, überlieferte Zuordnungen in Verschiebung gerieten und Konzepte der Befreiung

---

145 Ein besonders plakatives, diesbezügliches Beispiel ist diskutiert in: Griselda Pollock, „Feminism/Foucault–Surveillance/Sexuality", in: *Visual Culture. Images and Interpretations*, hg. v. Norman Bryson und Michael Ann Holly, Hannover und London: Wesleyan Univ. Press, 1994, S. 1-41.

64. From Jean-Jacques Lebel's 1966 Happening *120 minutes dédiées au divin marquis*; the Republic pissing on the audience from the balcony, above.
© VG Bild-Kunst und Jean Jacques Lebel

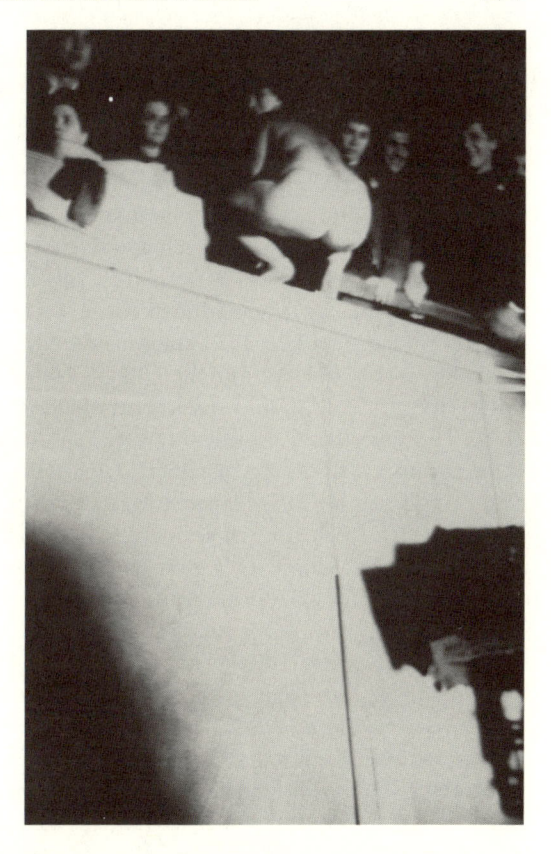

aufgewertet wurden.[146] In pornografischen Darstellungen sind Personen unterschiedlichen Standes – egal ob Geistliche, Adelige, Militärs, Bürger, Bürgerinnen, Dienstmädchen, die Königin, die Magd oder der Kutscher – zunächst einmal miteinander kopulierende, sexuell involvierte Körper. Aufgrund dieser Betonung der Körperlichkeit, des „Fleisches" waren sie geeignet, als Mittel des politischen Handelns und der Kritik eingesetzt zu werden, die ja ebenfalls darauf abzielten, Körper vom jeweils gleichsam „natürlich" gegebenen Platz innerhalb der herrschenden Ordnung loszureißen und ihre Verschiebung hin zu einer gleichberechtigteren Positionierung in Gang zu setzen.[147] Dies bedeutet jedoch nicht, dass Pornografie einfach mit politischer Subversion gleichgesetzt werden kann. Ganz im Gegenteil – als Mittel der Herausforderung, Provokation und Verspottung kann sie von ganz unterschiedlicher Seite und mit ganz verschiedenartigen Effekten verwendet werden.

---

146 Hunt, Pornografie, 1994, insbes. S. 264 und S. 275.
147 Jacques Rancière spricht davon, dass politische Subjektwerdung von einer Verschiebung der Körper lebt, über die diese sich von vormaligen Zuordnungen – etwa als Nichtwahlberechtigte – losreißen und eine andere Position einnehmen. Dazu: Rancière, Unvernehmen, 2002, S. 47.

Nach dem Beginn der Französischen Revolution wurde sie zum Beispiel auch von Seiten antijakobinischer Verleger genutzt, um Zweifel und Unsicherheit bezüglich der mit der Revolution einsetzenden Neuerungen zu verbreiten[148] – was zeigt, dass Pornografie in politischer Hinsicht nicht nur als Mittel der Herausforderung, sondern auch als Werkzeug eingesetzt werden kann, das an der Kontrolle und Überwachung von Legitimitätsgrenzen mitwirkt.

Vergleicht man explizit politisch operierende Kunst, die pornografische und obszöne Zitate verwendet, aus unterschiedlichen Zeiträumen miteinander, so werden dann auch vielfältige Korrelationen sowie wechselseitige Bezugnahmen deutlich. So zeigt ein aus dem Jahr 1791 stammender Druck *La Discipline Patriotique, ou le Fantasme Corrigé* (die Patriotische Disziplin oder: das korrigierte Fantasma, Abbildung) eine größere Anzahl von Nonnen, denen in der Osterwoche von Marktfrauen der Hintern versohlt worden ist, wobei das nackte Hinterteil einer von ihnen im Bildzentrum als Blickfang inszeniert dargestellt ist. Die Anleihe an Flagellanten-Szenen und an obszönen Darstellungen des entblößten Hinterns dient hier dazu, das alte, geistliche Regime zu verspotten. Dabei lag die Macht solcher Bilder darin, dass sie eine Art Schnittstelle zwischen mehreren Diskursen bildeten, die jeweils selbst wieder unterschiedliche, nicht fest abgegrenzte, sondern sich überschneidende und überlagernde Gegenstände verhandeln wie die Erotik, das Politische, das Rituelle, den Karneval, die Pornografie oder die Prostitution.[149]

In dem von Jean-Jacques Lebel durchgeführten, bereits erwähnten Happening *120 minutes dediées au Divin Marquis* wurden solche Topoi ebenfalls wieder aufgegriffen, wenn zu Beginn des Happenings Lebel selbst und sein Künstlerkollege Bob Benamou zwei jungen Frauen – im Jargon der Zeit als „Mädchen", „jeunes filles", bezeichnet – im Rhythmus der Marseillaise den nackten Hintern versohlten. Das Publikum, das erst nach und nach die Melodie erkannte, begann mitzusummen, worauf die Rollen getauscht wurden und die zwei Frauen den Rhythmus durch Schläge auf die nackten Hinterseiten der Künstler fortsetzten.[150] Auf diese Weise stellte die Aktion eine der am weitesten verbreiteten entmachtenden Gesten[151], wie es etwa auch Michail Bachtin bezeichnete, mit der französischen Nationalhymne in Beziehung, wodurch die mit dieser gewöhnlich verbundenen Achtung und Ehrenbekundung mit einer Orientierung nach „unten", zum Sadistischen und dem Entwürdigenden etc. in eine Konfrontation gesetzt wurde.

Konnotationslinien lassen sich hier aber auch zu den Arbeiten der Berliner Dadaisten feststellen, die pornografische und obszöne Gesten kurz nach der Revolution von 1918 ebenfalls programmatisch zur Verunsicherung der Repräsentation der Machthaber aufgriffen. Insbesondere George Grosz karikierte in einer Reihe von

---

148 Hunt, Pornografie, 1994, S. 256.
149 Vivian Cameron, „Political Exposures: Sexuality and Caricature in the French Revolution", in: *Eroticism and the Body Politic*, hg. v. Lynn Hunt, Baltimore und London: Johns Hopkins Univ. Press, 1991, S. 90-107, S. 103.
150 Mahon, Verstoss Gegen die Guten Sitten, 1998, S. 86f.
151 Bachtin, Rabelais, 1995, S. 418.

PORNOGRAFIE UND AVANTGARDE   273

65. *Die vollendete Demokratie* aus der Mappe *Gott Mit Uns!*, George Grosz, 1920. © VG Bild-Kunst und Akademie der Künste, Berlin, Kunstsammlung

Zeichnungen neureiche Kapitalisten oder staatliche Ordnungshüter, indem er diese mit disproportional vergrößerten, penisförmigen Pistolen und Zigarren ausstattete, wodurch er die versteckte, triebhafte Komponente ihrer Herrschaftsbeteiligung in den Vordergrund spielte. In der Radierung *Die vollendete Demokratie* aus der Mappe *Gott Mit Uns!* (1920, Abbildung) stellte er zum Beispiel einen selbstgefälligen, korpulenten, rauchenden Ordnungshüter dar, den er zudem mit einer penisförmigen, prall angeschwollenen Pistole versah.[152] Zudem bildete er ihn mit einer Peitsche in der Hand ab – ähnlich wie es für SM-Schergen üblich ist – und stellte ihn solcherart ausgestattet einer Gruppe von stark verkleinert dargestellten, glatzköpfigen Häftlingen in Handschellen gegenüber. Die Vergrößerung des Geschlechtsteils einer der beiden an der Machtausübung beteiligten Seiten, das Einbringen von sadomasochistischen Utensilien und der ironische Titel „die vollendete Demokratie", der das Gegenteil dessen festschreibt, was das Bild aufwirft, machen die Obszönität dieser Form von Herrschaft greifbar, ohne dies explizit verhandeln zu müssen. Diese Blätter sind zeitgenössisch auch in diese Richtung ge-

---

152 AdK, Berlin, KS, Inv.Nr. DR 2076.7.

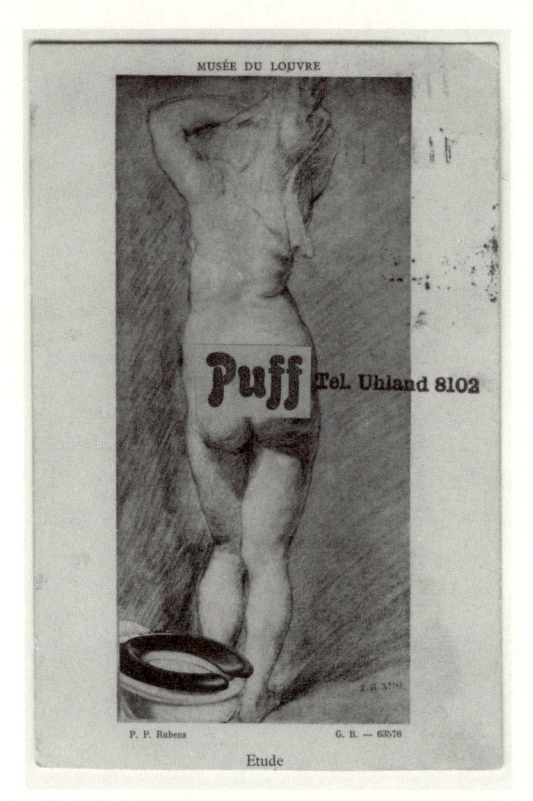

66. Postkarte an Marc Neven DuMont, 17.7.1922, George Grosz. © VG Bild-Kunst und Akademie der Künste, Berlin, George-Grosz Archiv

hend wahrgenommen worden – was zum Beispiel dazu führte, dass ihre Präsenz auf der *Ersten Internationalen Dada-Messe* in Berlin 1921 den Veranstaltern einen Prozess wegen Verspottung der Reichswehr eingebracht hatte.

Darüber hinaus attackierte George Grosz die ihn umgebende Gesellschaft, auch indem er deren Kunst- und Kulturangebote verulkte. So kombinierte Grosz für eine an Marc Neven DuMont am 17.7.1922 abgeschickte Postkarte, einen Kunstdruck, der einen im Pariser Louvre zu sehenden Rückenakt von Rubens zeigt, mit einer aus einer Zeitschrift ausgeschnittenen Klomuschel und fügte dem Ganzen den ebenfalls aus typografischem Material ausgeschnittenen Begriff „Puff" sowie eine aufgestempelte Telefonnummer hinzu (Abbildung).[153] Den erotischen Frauenakt, der – wie eine Aufschrift auf dem Kunstdruck deutlich macht – der Hochkultur der Museen und des gelehrten Bildwissens zugeordnet ist, „repatriierte" er in die, explizit mit Sexualität verbundene Sphäre des Bordells und den breit ausladenden, sich wieder im Bildzentrum befindenden, wohlgeformten Hintern konfrontierte er mit seiner Funktion als Ausscheidungsorgan. Das Erhabene, sich gewöhnlich meist hinter Absperrungen, auf einem Sockel und in goldenem Bilderrahmen

---

153 AdK, Berlin, George-Grosz-Archiv, Inv.Nr. 657.

67. *Penisaktion*,
Otto Mühl, 1966.
© Archives Otto Mühl,
Paris

Befindende wurde durch die Kombination mit Sex, Ausscheidung oder dem Unreinen generell auch hier wieder in seiner aktuellen Position in Bewegung gesetzt und von der Tendenz her nach „unten" orientiert.

Ähnlich wie George Grosz machte sich in den 1960er Jahren dann auch Otto Mühl daran, Hochkultur mit sexuellen Gesten zu konfrontieren und darüber die herkömmlichen Annäherungsweisen an die Kunst – und darüber auch an die Welt – zu verunsichern. Für seine Arbeit *Penisaktion* (1966, Abbildung) verwendete er zum Beispiel einen Bildband der Kunstgeschichte, den er durchblätterte und an einer von ihm bestimmten Stelle aufschlug. Darauf stach er mit dem Messer ein Loch mitten durch die Seite, zwängte seinen Penis durch die Öffnung, ließ das Ganze fotografieren und gab schließlich für die Betrachtung dieses „Werks" den Ratschlag, jeder und jede müsse mindestens fünf Minuten lang über die so entstandene Montage nachdenken.[154] Auf diese Weise wies auch er bestimmte Stränge von überlieferter Autorität zurück, indem er an anderen, hier jenem, der zu den Dadaisten führte, Anleihen nahm. So zeigten dann auch manche seiner Aktionen ver-

---

[154] Otto Mühl, Papa Omo, Wien, 1967, S. 7. Siehe auch: Gorsen, Das Prinzip Obszön, 1969, S. 112.

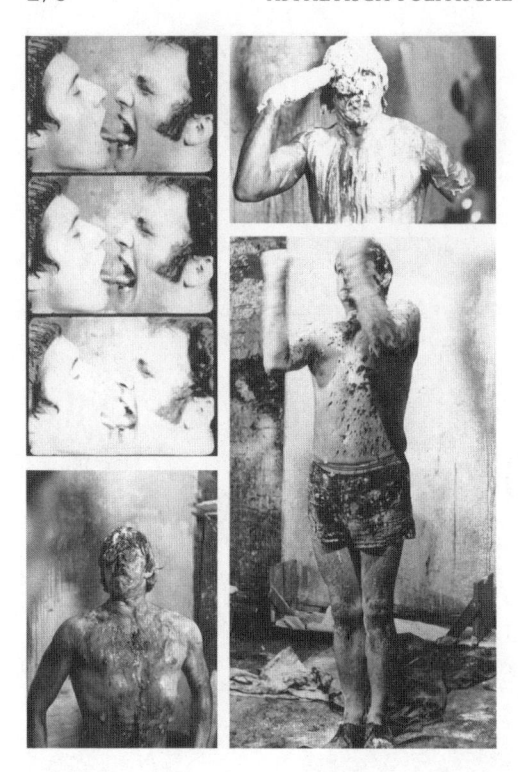

68. Aktion *Wehrertüchtigung*, Wien, 1967. © Kurt Zein, Wien

gleichbare Parallelen: *Wehrertüchtigung* (1967, Abbildung)[155] brachte beispielsweise ebenfalls wieder sexuelle Handlungen – Zungenküsse zwischen den männlichen Protagonisten – mit überzeichneten, soldatischen, militärischen Auftrittsweisen zusammen, um, ähnlich wie Grosz es in seiner Mappe *Gott Mit Uns!* vorgeführt hatte, die Gestik und Haltung der Machthaber und insbesondere der Militärs zu verspotten.

Das Aufgreifen von Pornografie zu politischen Zwecken ist also Teil der im Zusammenhang mit dem Umbruch der Französischen Revolution entstehenden öffentlichen, konflikthaften Kultur, der ein Potenzial für das öffentliche Sichtbarmachen divergierender Weltsichten zukommt und damit auch Teil des sich in Verknüpfung damit herausbildenden Formenrepertoires. Als Mittel der politischen Herausforderung konnte Pornografie – gepaart mit Parodie, Verfremdung, Übertreibung, Montage oder Ironie – immer wieder aktiviert und für neue Kontexte angeeignet werden. In einem Prozess der wechselseitigen Bezugnahme und Ab-

---

155 Die Aktion fand am 23. Juni 1967 im Perinet-Keller statt (Otto Mühl, Otmar Bauer, Kurt Zein, Herbert Stumpfl, Michael Püringer). An der Aktion nahmen auch Mitglieder der späteren Wiener Gruppe *Zünd-Up* teil, die sich nach dieser Veranstaltung aufgrund des autoritären Kommunikationsstils von Otto Mühl verabschiedeten. Dazu: Interview mit Timo Huber, am 29.11.2005.

grenzung wurden einzelne Versatzstücke oder Taktiken übernommen, Anspielungen eingefügt und verwandtschaftliche Ähnlichkeiten plakativ ausgestellt – wodurch die jeweils eigene Intervention auch in eine solche Tradition eingebunden wurde bzw. dieser durch das eigene Tun Kommentare hinzugefügt worden sind. Was sich jedoch – neben der veränderten ästhetischen Formensprache, über die politisch motivierte Pornografie jeweils neu und aktuell hervorgebracht wurde – Ende der 1960er Jahre dann verschob war, dass mit den avantgardistischen Attacken und den Interventionen der Studentenbewegung der 1960er Jahre sowie mit der parallel dazu massiv anwachsenden Produktion von Kommerzpornos ein Bruch in der legalen Verhandlung von Pornografie und ihrer diskursiven Verhandlung durchgesetzt wurde: Pornografie wurde legitim, womit in der Folge dann auch die politischen Nutzer und Nutzerinnen aufgefordert waren, neue Taktiken der Herausforderung zu erfinden.

Zock-Schock-Ästhetik und die Provokation der herrschenden (Geschichts-)kultur

Die öffentlichen Auftritte von Expanded Cinema und Aktionismus in der BRD und in Österreich Ende der 1960er Jahre attackierten vor allem sexuelle, manchmal jedoch auch religiöse und geschichtspolitische Tabus und waren darüber hinaus gegen die staatliche Ordnung als Ganzes gerichtet, weshalb ihre Aktionen zu ausführlichen Presseberichterstattungen, Festnahmen, Gerichtsverhandlungen und einem Anheizen von öffentlicher Diskussion überhaupt führten. Die schon in Zusammenhang mit den Berliner Dadaisten zu beobachtende Konstruktion und Formung einer Bewegung durch deren mediale Inszenierung wurde hier in gesteigerter Form vorgeführt. Dabei hob die Medienberichterstattung über diese Auftritte ebenfalls wieder polarisierte Konfrontation und direkte Auseinandersetzung sowie Selbstdarstellung und Körperlichkeit, die Abweichung von geltenden Normen sowie die Meinungsverschiedenheiten der Involvierten hervor.[156] Attacken auf das bezüglich Sexualität herrschende Wertesystem sowie nackte Körper, Sex, Pornografie und direkte Angriffe auf das Publikum wurden auf diese Weise vergrößert und in den Vordergrund gespielt. Dementsprechend lauteten die damals veröffentlichten Schlagzeilen „Die Nackten und die Roten", „Protest mit der blanken Kehrseite!", „Viel Pornografie und wenig Politik"[157] (nach dem Experimentalfilmfestival in Knokke/Belgien 1967/68), „Polizei-Einsatz gegen Kunst"[158] oder „Polizei sprengt Filmfestival"[159] (nach der Veranstaltung im Kölner U-Bahnhof Neumarkt 1968)

---

156 Dies sind auch die Punkte, die Todd Gitlin als zentral für die Art und Weise der Inszenierung der Studentenbewegung in den US-Medien in den 1960er Jahren herausstrich: Gitlin, The Whole World is Watching, 2003, S. 27.
157 Zitiert nach: XSCREEN, 1971, S. 5.
158 *Frankfurter Rundschau*, 18.10.1968, zitiert nach: Ebd., S. 118.
159 *Express*, 18.10.1968, zitiert nach: Ebd.

sowie „Liebesakt vor vollem Haus!"¹⁶⁰ (Nach der Mühlaktion in Köln im Oktober 1969), „Porno-Aktion nach *Viennale*"¹⁶¹ (Wien 1970) oder „Publikumsbeschießung"¹⁶² (nach *Exit* 1968 in München). Konflikte innerhalb der Gruppen wurden mit „Krach beim Fest der Streifen-Macher"¹⁶³ oder „Wieder Tumulte bei Jungfilmern"¹⁶⁴ zum öffentlichen Thema. Verwickelte und differenziertere Auseinandersetzungen sowie offene Fragen – zum Beispiel auch zu den Brüchen zwischen faschistischer Vergangenheit, Konservativismus der 1950er Jahre und der aktuellen Neuordnung der Körper – kamen dagegen tendenziell nicht oder zumindest nicht an prominenter Stelle vor.

Dabei waren die Handlungen der Künstler und Künstlerinnen nicht nur von einer Zurückweisung von Normen, Bewertungen und politischen Strukturen gekennzeichnet, sondern innerhalb der Kunst sollte insofern eine Differenz markiert werden, als nun nach einer Anti-Ästhetik gesucht wurde, die in alltägliche Prozesse eingreifen konnte und dafür die Kunstinstitutionen verließ bzw. diese allein als einen Kontext der Ideenzirkulation akzeptierte.¹⁶⁵ Wie ich an anderer Stelle bereits gezeigt habe, waren die nach dem Festival in Knokke 1967/68 gegründeten Expanded-Cinema-Gruppen in Köln und Wien im Zuge dieser Suche nach einer solchen Anti-Ästhetik nachdrücklich vom US-amerikanischen Expanded Cinema geprägt, das eine Art diskursiven Rahmen zur Verfügung stellte, in dem die eigene Position entwickelt und verbreitet werden konnte. Expanded Cinema wurde als eine Art ideologiekritische Internationale der Intellektuellen begriffen, die in unterschiedlichen Weltteilen (USA, Japan, Westeuropa) Foren und Distributionssysteme jenseits von Parteipolitik und politischer Organisation ausbildete und über die eine Redefinition einer politisch engagierten Avantgarde-Ästhetik stattfinden konnte, die eine Art „Dritten Weg" zwischen Realsozialismus und westlichem Kapitalismus weisen sollte.¹⁶⁶

Dennoch gab es zugleich aber auch große Unterschiede zwischen der sich in der BRD und Österreich Ende der 1960er Jahren herausbildenden Ästhetik und den US-amerikanischen Interventionen. Letztere waren zum Beispiel viel stärker auf die Auseinandersetzung mit buddhistischer Religion, mit esoterischen Riten und einer neuen Art von Mystizismus konzentriert als die europäischen Kollegen und Kolle-

---

160 *Express*, 17.10.1969, S. 1.
161 *Kurier*, 28.4.1970, S. 13.
162 *Die Welt*, 23.11.1968, zitiert nach: Bildkompendium, 1970, S. 183.
163 *Bild*, 8.3.1969, S. 5.
164 *Kurier*, 17.1.1969, zitiert nach: Hans Scheugl, Erweitertes Kino. Die Wiener Filme der 60er Jahre, Wien, 2002, S. 153.
165 Ostrow, Rehearsing Revolution and Life, 2005, S. 234f.
166 Der sich dabei ergebende Prozess des Entstehens und Weitertragens eines solchen diskursiven Rahmens ist strukturell jenem nicht unähnlich, der in den 1940er Jahren in den USA rund um die Zeitschrift *Partisans Review* stattfand und über den dann der Abstrakte Expressionismus als Inkarnation von „Modernism" in die ganze Welt verbreitet wurde. Dazu: Fred Orton und Griselda Pollock, „Avant-Gardes and Partisans Reviewed", in: *Avant-Gardes and Partisans Reviewed*, hg. v. dies., Manchester: Manchester Univ. Press, 1996, S. 141-164.

69. *Rites of the Dreamweapon*, Cinematheque in New York, 1965.
© Sammlungen des Österreichischen Filmmuseums, Wien

ginnen. So zeigte ein für die in der New Yorker ‚Cinematheque' in den 1960er Jahren stattfindenden Events durchaus typischer Werbefolder zur Veranstaltung *Rites of the Dreamweapon* (1965, Abbildung)[167] eine wilde Collage, bestehend aus verschiedenen Bildnissen indischer Gottheiten, kombiniert mit einer auf Stelzen wandelnden Verkörperung von „Americaness", einem „Onkel Sam" in gestreifter Hose und mit sternengeschmücktem Hut. In manchen Veranstaltungen des US-amerikanischen Expanded Cinema wurde zwar ebenfalls Sexualität ganz explizit thematisiert – etwa in *Opera Sextronique* (1967, Abbildung)[168] von Nam June Paik und Charlotte Moormann (mit Takehisa Kosugi und Jud Yalkut), ein Ereignis, für welches programmatisch mit „After three emancipations in 20th century music, (serial-indeterministic, actional) (…) there is still one more chain to lose (…) PRE-FREUDIAN HYPOCRISIS" geworben wurde. Das damit auf dem Werbefolder kombinierte Bild, das Charlotte Moormann nur mit schwarzem BH und Slip be-

---

167 Österreichisches Filmmuseum Wien, Dokumentationsabteilung, Anthology Archivalien, Dossier: New American Cinema, Mappe 2 a) Rites of the Dreamweapon, 28.05.1965.
168 Österreichisches Filmmuseum Wien, Dokumentationsabteilung, Anthology Archivalien, Dossier: New American Cinema, Mappe 2 b) Opera Sextronique by Nam June Paik and Charlotte Moorman, 9.2.1967.

70. *Opera Sextronique*, Nam June Paik und Charlotte Moormann, 1967. © Sammlungen des Österreichischen Filmmuseums, Wien

kleidet und einem Cello in der Hand zeigt, unterstrich das solcher Art gegebene Versprechen einer Sexualisierung von Musik, was während der Veranstaltung insofern eingelöst worden ist, als auf ihr Moormann nur mit einem aus Glühbirnen zusammengesetzten, elektronischen Bikini bekleidet auftrat, der über eine Fernbedienung von Nam June Paik zum Leuchten gebracht wurde. Doch auch wenn die Körperlichkeit und (partielle) Nacktheit von Charlotte Moormann auf diese Weise gleichsam „ausgestellt" worden sind – was der Musikerin eine zeitweilige Festnahme und einen Prozess einbrachte[169] – so blieben, aufgrund des zentralen Platzes, der dem klassischen Instrument Cello hier zukam, sowie der Beibehaltung des Konzertformates die Bezüge zur Hochkultur doch im Vordergrund. Eine Zusammenführung von Erotik und Sexualität mit Pop- und Massenkultur praktizierten dann jedoch die Filme von Kenneth Anger sowie Präsentationen wie *Flaming Creatures* von Jack Smith, die deshalb in Deutschland und Österreich auch besonders ausgiebig rezipiert wurden. Aber auch sie waren eher auf erotische bzw. homoerotische Bezüge und ein analytisches Verhältnis zur Popkultur konzentriert, als dass hier Schock und Zurückweisung forciert worden wären. Und auch diejenigen Filme der US-Szene, in denen Sexualität ganz explizit thematisiert wurde – wie etwa in den Hollywood-

---

169 Siehe: Charlotte Moorman, „Eine Künstlerin im Gerichtssaal", in: *Nam June Paik. Video Time – Video Space*, hg. v. Toni Stooss und Thomas Kellein, Stuttgart: Cantz, 1991, S. 51-55.

71. *Öffentlicher Geschlechtsverkehr*, Neues Forum, 1972. © Archiv der Autorin

Parodien von Mike und George Kuchar, in Arbeiten von Stan Brakhage wie *Three Films* (1965), in dem er seinen onanierenden Sohn ins Bild setze, in *Fuses* (1965-1968) von Carolee Schneeman, in dem sie die Repräsentation einer privaten, sexuellen Beziehung naturmystisch auflud, oder in Andy Warhols unbeteiligt erscheinen wollenden Beobachtungen sexueller Kontakte, wie er sie etwa in *Couch* (1964) festhielt –, waren nicht vordergründig auf das Attackieren von Normen und Tabus und gesellschaftspolitische Auseinandersetzungen ausgerichtet.

In Westeuropa dagegen haben Jean-Jacques Lebel in Frankreich, die Wiener Aktionisten sowie das Expanded Cinema in Österreich und der BRD Pornografiezitate, sexuelle und obszöne Gesten und Versatzstücke zeitgenössischer politischer Szenarien in einer Schock-Ästhetik verarbeitet, die mit außerordentlicher Wut und Vehemenz operierte. Während Jean-Jaques Lebel diesbezüglich in Frankreich eher eine vereinzelte Erscheinung war, der Pornozitate punktuell und manchmal auch sehr ironisch einsetzte,[170] wurde eine solche Position in Österreich und der BRD

---

[170] Zum Beispiel in der Arbeit *Elections*, 1966, wo er auf einem Poster einen Geschlechtsverkehr zu dritt in Nahaufnahme mit dem Schriftzug „Elections" (Wahlen) und einem Marx-Zitat kombinierte.

dann jedoch von zumindest zeitweise etwas größeren und zudem eng miteinander vernetzten Gruppen vertreten, trat durchgängiger auf und korrespondierte mit einer breiteren Studentenbewegung, in der die sexuelle Revolution ebenfalls aggressiver ausgetragen wurde als etwa in den USA.[171] Diese Differenz in der Handlungs- und Erscheinungsweise der sich in den USA wie in Westeuropa bildenden Expanded-Cinema-Zweige wurde auch zeitgenössisch beobachtet und kommentiert. Hans Scheugl und Ernst Schmidt jr., beide Aktivisten des österreichischen Expanded Cinema, stellten diesbezüglich fest: „Was ihre Arbeiten (von Otto Mühl und Günter Brus, A.S.) von den anderen unterschied, war das unmittelbar dargestellte Engagement, das nicht durch Schauspieler, symbolische Handlungen usw. umgesetzt wurde, sondern im Exhibitionismus der Aktionisten seinen sinnfälligen Ausdruck fand. Was sie außerdem unterschied, war, daß sie in ihren Aktionen und Filmen nicht strikt ihren persönlichen Neigungen folgten, sondern die bewußte Verletzung gesellschaftlicher Tabus als Orientierung nahmen. (...) Während die amerikanischen Undergroundfilme kaum noch auf Widerstand stoßen, hat die Radikalität der Werke von Muehl und Brus noch in jüngster Zeit wiederholt den Staatsanwalt zu Verboten und Prozessen provoziert."[172] In den in Köln und München gezeigten Aktionen sowie in deren filmischen und fotografischen Dokumentationen oder in den auf diese Weise entstandenen Bildbänden tauchten dann „öffentlicher Geschlechtsverkehr"[173] (Abbildung) genauso auf wie Pornografieanleihen in Form von plakativen Selbststilisierungen und Ausführungen von „Blow Jobs" oder destruktive Akte, die vom Rasieren der Haare über das Operieren mit Körperausscheidungen bis zum Schlachten von Tieren reichten. Das dabei involvierte Kalkulieren von „Schocks" beschrieb Otto Mühl folgendermaßen: „die körper, dinge, die wir sonst als objekte unserer zwecke sehen und bewerten, werden durch die materialaktion radikal entzweckt, der schock bleibt nicht aus, besonders, wenn es um geschlechtliches geht, wenn der zuschauer gezwungen wird, einen weiblichen und männlichen körper mit seinen geschlechtlichen attributen entzweckt und daher formal zu begreifen."[174] Diese Dimension des „Schocks" wurde zugleich auch in

---

171 Das kommt etwa auch im *kriegskunstfeldzug* (1969) von Export/Weibel zum Ausdruck. Zur diesbezüglichen Differenz der Studentenbewegung in Deutschland und jener in den USA siehe: Herzog, Politisierung der Lust, 2005, S. 174.
172 Scheugl/Schmidt jr., Subgeschichte, 1974, Bd. 2, S. 841.
173 Nicht dem Geschlechtsverkehr an sich, sondern dem „öffentlichen geschlechtsverkehr als kunst" wurde ein Potenzial zur Herausforderung der politischen Ordnung zugeschrieben. Otto Mühl, „Warum ich aufgehört habe", in: *Neues Forum*, Nr. 228 (Jänner), 1973, S. 39-42, S. 42. Dies wurde auch zeitgenössisch betont. So zeigen gleich zwei in der Zeitschrift *Neues Forum* 1972 erscheinende Karikaturen in Zusammenhang mit einer Thematisierung von Aktionismus durch Peter Weibel Darstellungen von öffentlichem, auf einer Theaterbühne vor Publikum ausgeführtem Geschlechtsverkehr. Siehe: Weibel, Aktion statt Theater, 1972, S. 50.
174 Otto Mühl, „Die Materialaktion. Reprint", in: *Identität: Differenz. Tribüne Trigon. 1940-1990. Eine Topografie der Moderne,* hg. v. Peter Weibel und Christa Steinle, Wien, Köln, Weimar: Böhlau, 1992, S. 270.

der Presseberichterstattung über diese Interventionen stark akzentuiert. So kolportierte ein Zeitungsbericht über das in Wien am 21. April 1967 durchgeführte *Zock-Fest zock exercises* folgende Devise: „Findet ihr uns schlecht? Geschieht euch recht! Noch und noch und noch ein Schock: Zock!"[175]

Die Aktivisten und Aktivistinnen, die diese „Schockstrategie"[176] auch als Weltsicht des „Zock" bezeichneten, setzten diese wiederholt in Beziehung zur herrschenden Geschichtskultur und zur faschistischen Vergangenheit. So formulierte Peter Weibel in seiner während *zock exercises* gehaltenen „parteirede": „was reaktionär ist, fällt nicht, wenn man es nicht niederschlägt: österreich. österreich, geschichtslos, von der geschichte verlassen, braucht zock. zock weiss, was österreich will: zock produziert nicht noch kauft. zock vermittelt, was da ist. zock gibt dem bestehenden den schuß, den tritt in den arsch, der das bestehende in gang hält. zock fettet die wirklichkeit ein mit zukunft. zock pumpt eure gemeindewohnungen auf mit hoffnung. euer heil ist zock. euer arm ist zock. zock heißt euer morgen!"[177] Und in einem seiner Zock-Texte stellte Otto Mühl folgenden Bezug zwischen Leichen, Friedhöfen und Sex her: „der friedhofZocker bildet einen arbeitskreis zur friedhofsvernichtung. der aktionsplan wird im fernsehen durchgegeben. viele, denen die friedhöfe schon lange ein dorn im auge waren, melden sich, darunter auch einige leichenschänder. die friedhofvernichtungsaktion gewinnt dadurch einen ganz neuen, nämlich sexuellen aspekt (...) EINE LEICHENSEXWELLE OHNEGLEICHEN ÜBERFLUTET ZOCK."[178]

In solchen Texten antworteten die Expanded-Cinema-Aktivisten und -Aktivistinnen auf die während des Nationalsozialismus erfolgte Überschreitung von Tabus in Bezug auf kollektives Töten mit einer Überschreitung der Schamgrenzen hinsichtlich Sexualität und Körperlichkeit. Pornozitate sowie öffentlicher Geschlechtsverkehr oder ein Operieren mit dem Körper, das dessen Grenzen austestete und dessen Ausscheidungen nutzte, wurden eingesetzt, um die Geschichtskultur herauszufordern. Dies korrespondierte mit der Herangehensweise der zeitgleich aktiven breiteren Studentenbewegung in Österreich und der BRD, die – wie Dagmar Herzog[179] herausgearbeitet hat – die sexuelle Revolution ebenfalls gerade deshalb mit einer außerordentlichen Radikalität und Aggressivität betrieb, weil sie darüber auch einen Konflikt mit der Nazi-Vergangenheit austrug. Die eigene aktionistische Praxis, Tabus bezüglich Sexualität, Pornografie und Obszönität radikal zu überschreiten, wurde durch das Einstreuen vereinzelter Verweise auf „Auschwitz", die

---

175 „Zock schlägt zu: Ein Wiener Happening mit Polizeieinsatz", in: Bildkompendium, 1970, S. 164.
176 Oliver Jahraus spricht in Zusammenhang mit den Handlungen der Wiener Aktionisten ebenfalls von einer „Schockstrategie": Oliver Jahraus, *Die Aktionen des Wiener Aktionismus. Subversion der Kultur und Disponierung des Bewusstseins*, München, 2001, S. 275f.
177 Bildkompendium, 1970, S. 254.
178 Otto Mühl, „ZOCK. aspekte einer totalrevolution, Reprint", in: *Otto Mühl – Arbeiten auf Papier aus den 60er Jahren*, hg. v. Robert Fleck, Frankfurt am Main: Portikus, 1992, S. 81-104, S. 103.
179 Herzog, Politisierung der Lust, 2005, S. 174.

SS oder auf „Wehrertüchtigung" als antifaschistisch und per se politisch fortschrittlich in Szene gesetzt. Die Involvierung der eigenen Familiengeschichte oder des unmittelbaren Umfeldes in die NS-Verbrechen und die komplizierten, seit den späten 1940er Jahren erfolgenden Versuche, die Diskurse bezüglich Sexualität, Ehe und Fortpflanzung in eine andere als die vom Faschismus geprägte Richtung zu orientieren, sprachen die Aktivisten und Aktivistinnen dagegen meist nicht an. Dementsprechend stellten die meisten der nun produzierten Aktionen den Konservativismus der 1950er Jahre eher als Fortführung der Sexualpolitik des Dritten Reichs und weniger als Bruch dar, obwohl der Faschismus Sexualität ebenfalls offensiv in Anspruch nahm und zum Gegenstand diskursiver Verhandlung machte und der Konservativismus der 1950er Jahre demgegenüber eher den Versuch darstellte, eine andere Richtung einzuschlagen.[180] So strich Peter Weibel zum Beispiel in seiner während der Veranstaltung *Kunst und Revolution* (1968) durchgeführten Aktionslesung, in der ebenfalls obszöne Wendungen vorkamen, die faschistische Vergangenheit des österreichischen Finanzministers Stephan Koren heraus und warf der Regierung, die diesen eingesetzt hatte, vor, ähnlich wie die Nazis Staatsterror zu betreiben.[181] In den beiden Anfang der 1970er Jahre herausgegebenen Dokumentationen der Aktivitäten des Expanded Cinema[182] finden sich dementsprechend dann auch kaum Bilder, die Faschismus oder Holocaust explizit verhandeln, jedoch, wie bereits beschrieben, jede Menge explizit sexuelle und obszöne Gesten zeigende Repräsentationen.

Aber auch die am explizitesten Faschismus und Massenmord verhandelnde Expanded-Cinema-Arbeit *Schatzi* (1968, Abbildung)[183] von Kurt Kren stellte eine enge Beziehung zwischen der Überschreitung von Tabus durch Handlungen der Nazis und geschlechtlichen, alltäglichen Gesten der Gegenwart her. Dieser kurze, nur etwa zweieinhalb Minuten dauernde Film beginnt mit einer Montage von abstrakten, flimmernden, dunkler oder heller gefärbten grauen Flächen, die, wie nach und nach deutlich wird, verschwommene Variationen ein und derselben „Einstellung" wiedergeben, die dann kurz in der zweiten Hälfte des Films „schärfer", aber immer noch nicht ganz scharf gestellt „aufblitzt". Dabei wird deutlich, dass wir als Betrachtende dieses Films mit einem einzigen Foto konfrontiert sind, dass uns jedoch nicht einfach zu sehen gegeben wird, sondern das sich zunächst als eine Art grauer „Nebel" entzieht und erst nach und nach bzw. dann blitzartig vor unserem Auge erscheint und nach ein paar weiteren Einstellungen dann im selben Überblendungsmodus wieder verschwindet. Dieses Foto involviert uns zum einen, indem es durch die Überblendungen schwer entzifferbar bleibt, sich also stetig entzieht. Zum anderen werden wir in die Repräsentation einbezogen, indem es uns

---

180 Ebd., S. 127ff.
181 Peter Weibel, „Vortrag bei „kunst und revolution", 7. 8. 68, über finanzminister dr. koren", in: Bildkompendium, 1970, S. 262ff., o. S. (Anhang „texte (auswahl)").
182 Bildkompendium, 1970 und XSCREEN, 1971.
183 Beispiele dafür sind neben *Schatzi* noch die Mühl-Aktionen *Wehrertüchtigung* (1967, mit der Direct Art Group) und *SS und Judenstern* (1971).

72. *Schatzi*, Kurt Kren, 1968. © VG Bild-Kunst und sixpackfilm wien

einen großen, von hinten aufgenommenen Uniformierten mit Kappe und Mantel zeigt, der die Hände auf dem Rücken überkreuzt hält und auf etwas – ein sich vor ihm ausbreitendes Feld, das von Leichen übersät ist – blickt. Als Betrachtende dieses Films sind wir demnach – da wir hinter dem Schauenden angesiedelt sind, ihm also gewissermaßen über die Schultern blicken – in Bezug auf das Zu-Sehen-Gegebene, die Leichen, in einer ähnlichen Position angesiedelt. Das Bild erscheint dabei zu kurz und zu verschwommen, um genauere Zuordnungen treffen zu können. Aber die Masse der Leichen und die Position des die Arme am Rücken verschränkt haltenden Militärs, der auf diese in recht statischer Pose herabschaut, legt nahe, dass es sich hier um eine Aufnahme aus einem KZ handelt. Was in diesem Foto aber vor allem ins Bild gesetzt wird, ist der Blick des aufrecht Stehenden auf die Toten, ein Blick, der sich auf etwas richtet, das jenseits der Legitimitätsgrenzen angesiedelt ist. Indem wir als Publikum des Films eine ähnliche Position einnehmen wie der Schauende im Film, also angeregt werden, gleichsam mit seinen Augen zu blicken, wird unser eigenes, den grauen Nebel langsam durchdringendes Blicken als tabuüberschreitendes ausgewiesen. Dabei sind die Leichen – wie zum Beispiel das „Zurückblicken" der in pornografischen Fotos repräsentierten Frauen auch – gewissermaßen als „Beweis" dafür präsent, dass wir es mit dem Realen zu tun haben – etwas, dass auch in diesem Fall durch den mit dem Medium der Fotografie verbundenen Beweischarakter gesteigert ist. Indem das gesellschaftlich ausgegrenzte Schauen auf Tote repräsentiert wird, ist auch hier eine Art Wissen inszeniert, das darin besteht, eingeweiht zu sein, wie das Verbotene bzw. Verdrängte aussieht.[184]

Der irritierende Titel des Films „Schatzi" unterstreicht diese Parallele zwischen den verschiedenen Formen des tabuüberschreitenden Blickens noch. Denn er setzt das KZ-Foto in Bezug zu einem Kosenamen, wie er in alltäglichen Liebes- und Begehrensbeziehungen massenhaft Verwendung findet. „Schatzi", der ganz gewöhnliche Wiener Name für ein Objekt der sexuellen Lust, wird hier brachial in einen anderen Zusammenhang versetzt, wodurch deutlich wird, dass in dem Ausrufen von „Schatzi" wie in der in diesem Foto dargestellten Relation zwischen Blickendem und Angeschauten eine Beziehung der Lust und des Begehrens zutage tritt, die von einer Hierarchie gekennzeichnet ist. Dementsprechend wird – obwohl das Foto zu verschwommen ist, um die Nationalität oder den militärischen Rang des Blickenden genauer zuordnen zu können – dieser immer wieder als SS-Offizier identifiziert.[185] Die eher oberflächliche, sexuell konnotierte Bezeichnung „Schatzi" wird auf diese Weise als eine thematisiert, die hintergründig und verschwommen, aber dann doch auch blitzartig deutlich mit dem Faschismus in Beziehung gesetzt werden kann. Davon abgeleitet kann jede alltägliche sexuelle Beziehung als eine mit dem Faschismus in Beziehung stehende thematisiert werden – was zeitgenössisch etwa in jenen Diskussionen geschah, welche die Unterdrückung des Sexualtriebes mit den rassistischen und antisemitischen Vernichtungshandlungen in enge Verbindung setzten[186] oder die Adornos 1968 auf Deutsch erschienene Ausführungen zum „autoritären Charakter" insofern selektiv rezipierten, als sie ausschließlich den dort dargelegten Zusammenhang zwischen sexueller Repression und faschistischem Potenzial weiterverhandelten und den ebenfalls zu findenden Hinweis, auch ein politisch reaktionärer Mensch könne durchaus sexuell aktiv und befriedigt sein, ignorierten.[187] In dieser Logik konnten dann auch Handlungen, die in Zusammenhang mit Sexualität viel radikaler operieren, als das Wort „Schatzi" auszusprechen – wie etwa jene der Aktionisten und des Expanded Cinema –, ebenfalls in Beziehung zur faschistischen Vergangenheit gesetzt werden. Wie ein solcher

---

184 Zu dieser Charakteristik tabuüberschreitender Fotografie: Abigail Solomon-Godeau, „Reconsidering Erotic Photography: Notes for a Project of Historical Salvage", in: *Photography at the Dock: Essays on Photographic History, Institutions, and Practices*, hg. v. dies., Minneapolis: Univ. of Minnesota Press, 1991, S. 220-237, S. 230.

185 Zum Beispiel in: Michael Palm, „Which way? Drei Pfade durchs Bild-Gebüsch von Kurt Kren", in: *Ex Underground. Kurt Kren. seine Filme*, hg. v. Hans Scheugl, Wien: Arge Index, 1996, S. 114-129, S. 124.

186 So forderte etwa die Zeitschrift *Das Argument*, man müsse über den Zusammenhang „zwischen der Unterdrückung von Sexualtrieben einerseits und dem antisemitischen Verfolgungswahn und seiner Austobung in manifester Grausamkeit andererseits" nachdenken. Wolfgang Fritz Haug, „Vorbemerkung", in: *Das Argument,* Nr. 32, 1965, S. 30.

187 Theodor W. Adorno u. a., *Der autoritäre Charakter. Studien über Autorität und Vorurteil,* hg. v. Institut für Sozialwissenschaft, Amsterdam, 1968. Zur Rezeptionsgeschichte dieses Textes in der westdeutschen Studentenbewegung: Herzog, Politisierung der Lust, 2005, S. 196f.

Bezug beurteilt werden soll und wie der Filmemacher selbst diesbezüglich positioniert ist, hielt dieser Film freilich offen. Andere Aktionen und Darstellungen dagegen machten unmissverständlich deutlich, dass die eigene Radikalität bezüglich Sexualität und der Zurückweisung der herrschenden Normen auch als Zurückweisung der faschistischen Vergangenheit verstanden werden sollte. So bezeichnete der Begleittext zum *kriegskunstfeldzug* (1969) von Valie Export und Peter Weibel – wie bereits bemerkt wurde – das Publikum als „gäste der hochzeit von ausschwitz!" und sprach zugleich von einer Kunst, die zu „paramilitärischen aktionen" wird: „durch das gepanzerte territorium der ‚ordnung' zieht sie die vandalenspur der freiheit (…) der fut treibt sie den schwanz zu, die grenzen der gesellschaftlichen wirklichkeit erweitert sie."[188]

Die vom Expanded Cinema in Österreich und der BRD eingesetzte Schock-Ästhetik wurde demnach auch über eine mythengeleitete Argumentation begründet, die einer gleichsam natürlicherweise gegebenen, repressiven staatlichen Macht eine anarchische Kunstpraxis gegenüberstellte, der zugeschrieben wurde, Protest und Analyse gleichsam von sich aus vermitteln zu können. So deklamiert Vlado Kristl, ein weiterer Exponent der Expanded-Cinema-Szene in der BRD in einem als „Vorwort zum Obrigkeitsfilm" übertitelten, manifestartigen Text: „Obrigkeit ist der Apparat, der irgendeine Anzahl von Menschen zur Gesellschaft macht. Erst die Obrigkeit gibt den Schlüssel zum rationellen Verhältnis. Während die Masse, wann auch immer sie sich bildet und warum auch immer, nur einem einzigen Trieb unterliegt (…) Die Obrigkeit bleibt die Natur der Gesellschaft. Und so bleibt die Anarchie auch weiterhin der einzige Weg gegen diese Wände von Kerkern, Gefängnissen, KZs und Hinrichtungsstätten."[189] Obrigkeit erscheint hier als eine überzeitlich gültige, gleichsam „ewige" und „naturgegebene" Entität, die bruchlos faschistische Vergangenheit wie auch aktuelle Gegenwart umschließt. Ihr steht eine anarchische Praxis gegenüber, der in ebenso scheinbar natürlicher Weise eine Welt verändernde Kraft zugesprochen wurde. Insbesondere im Expanded Cinema sahen dessen Wortführer dieses Potenzial verortet. Denn, wie Peter Weibel festhielt: „expanded cinema ist (…) in der gegenwärtigen phase der radikale entschluß, mit der wirklichkeit aufzuräumen und mit der sprache, die sie kommuniziert wie konstruiert. (…) expanded cinema bildet die welt nicht ab, sondern verändert sie. erweitertes kino ist eine exploration der wirklichkeit durch experimente mit licht, schall, elektrizität, mit gruppenmechanismen, gamma-strahlen und enzym-reaktionen. (frühjahr 1969)."[190]

In einer solchen Argumentation wurde vor allem der (eigene) nackte Körper zum zentralen Ort der Austragung einer Auseinandersetzung mit „dem Staat". Da-

---

188 Bildkompendium, 1970, S. 266.
189 Vlado Kristl, „Vorwort zum Obrigkeitsfilm", in: *Avantgardistischer Film 1951-1971: Theorie*, hg. v. Gottfried Schlemmer, München: Hanser, 1973, S. 112.
190 Peter Weibel, „selbst-porträt einer theorie in selbst-zitaten", in: *Avantgardistischer Film 1951-1971: Theorie*, hg. v. Gottfried Schlemmer, München: Hanser, 1973, S. 108-111, S. 110.

bei wurde dieser Körper einerseits als „Material" verstanden, das von der Instanz des Staates zugerichtet und funktionalisiert wurde – was etwa auch in dem von Otto Mühl kolportierten Ausspruch „DER STAAT GREIFT AUCH NACH DEINEM GLIED!"[191] zum Ausdruck kommt. Andererseits wurde er aber auch zum zentralen Aktionsort für die gegen den Staat gerichtete Schocktaktik, was u.a. damit begründet worden ist, dass „der nackte körper (…) mit den wichtigsten und meisten tabus verbunden (ist.)"[192] Der Körper wurde so zur Stätte des Austestens einer „anderen" Wirklichkeit, die sich mit den sauberen, gesunden, sportlichen, in Kleinfamilien und Vereinen organisierten Körpern der anderen und deren Sinnproduktionen messen sollte. Bei diesem Austesten fanden vor allem obszöne und pornografische Bilder, das Brechen sexueller Tabus und das Ausstellen des sich sexuelle Lust verschaffenden Körpers Verwendung und weniger Bilder des während des Nationalsozialismus erfolgten kollektiven Tötens, von Massenmord und Krieg. Erst viele Jahre später, in den 1990er Jahren, sind manche dieser Kunstschaffenden nach verschiedensten Umwegen zu einer expliziten Auseinandersetzung mit dem Holocaust und der Involvierung ihrer Vätergeneration in Faschismus und Krieg gekommen.[193]

Pornografie und der Umbau von Gesellschaft

Die in offensiver Weise pornografische und obszöne Bilder verwendenden Handlungen des Expanded-Cinemas haben in ihren jeweiligen lokalen Kontexten in der BRD und in Österreich Ende der 1960er und Anfang der 1970er Jahre Momente des staatlichen Eingreifens, aber auch des Anstoßens von etwas Neuem gesetzt. Dies wurde von ganz unterschiedlicher Seite her aufgegriffen und in einer Weise weiter verhandelt, die die Akteure und Akteurinnen selbst nicht absehen konnten. Als Reaktion auf die eigenen provokanten öffentlichen Handlungen waren Skandal, Tumult und Aufregung zwar durchaus in gewisser Weise erwartet, trafen aber nicht immer oder auch nicht immer in derselben Form ein. Um wieder zum Anfang der in diesem Kapitel erzählten Geschichte zurückzukehren: Bereits auf der ersten Veranstaltung der Gruppe XSCREEN am 24.3.1968 wurden – vor allem wegen ihres provokativen Charakters – die Filme der Mühlaktionen von Kurt Kren gezeigt, während Valie Export und Peter Weibel hier die ebenfalls explizit sexuelle

---

191 Otto Mühl, *Mama & Papa. Materialaktion 63-69*, Frankfurt am Main: Kohlkunstverlag, 1968, S. 9.
192 Weibel, Aktion statt Theater, 1972, S. 50.
193 Wilhelm Hein, der zwischen 1990 und 1995 einen Film über Konzentrationslager gedreht hat, spricht dies folgendermaßen an: „Das ist ja bis heute nicht aufgearbeitet worden. Ich meine die Auseinandersetzung meiner Generation mit der Vätergeneration. Weil die Auseinandersetzung im Prinzip nicht stattgefunden hat, falsch stattgefunden hat. Immer dieses Auseinanderdriften von Realität und Ideologie. Sie haben selten über ihren eigenen Vater geredet." Interview mit Wilhelm Hein, am 8.12.2004.

Handlungen involvierende Aktion *Cutting* durchgeführt hatten. Zu diesem Zeitpunkt waren die Reaktionen bis auf einen Artikel in der *Kölnischen Rundschau*, der von „einem teils amüsierten, teils gelangweilten, nichtsdestotrotz in Schafsgeduld filmischer Erleuchtung harrenden Publikum" [194] berichtete, nicht besonders spektakulär. Erst bei der, hier bereits ausführlicher verhandelten, zweiten, anlässlich der Kölner Kunstmesse im Oktober desselben Jahres durchgeführten Veranstaltung, auf der auch wegen der erstmaligen Bespielung des neuen U-Bahnhofs große öffentliche Aufmerksamkeit lag, kam es zum besagten von Tumult und Schock begleiteten Ereignis. Dieses setzte zunächst jedoch vor allem Verwirrtheit bzw. eine Fülle von offenen Fragen frei – was Wilhelm Hein in einem retrospektiv durchgeführten Interview folgendermaßen schilderte: „Da war ja die Hölle los. Man hatte ja keine Ahnung davon und fragte (uns, A.S.), was machen wir jetzt, was passiert jetzt, was muss man da bezahlen, werden wir jetzt verhaftet? Die haben ja die Filme gehabt, die Beweismittel waren da und das war damals eindeutig gegen jeden Paragraphen, das waren Filme, wo geschissen wird, da wurde gefickt in einem Film." [195] Hein erwähnt hier zunächst ein Fehlen von Begriffen und von Parametern, d.h. eine Art Leerstelle, in die andere einhaken und das Geschehen der Weiterverhandlung zuführen konnten. Die öffentliche Diskussion dieses Ereignisses schlug dann parallel in ganz unterschiedliche Richtungen gleichzeitig aus: Zum einen wurden die attackierten Kategorien schnell wieder aufgerichtet – zum Beispiel, wenn ein Artikel mit dem Titel „Nackt gegen den faulen Zauber mit Sittlichkeit" im Untertitel festhielt „dieser sogenannten Unzüchtigkeit fehlt jeder Aufforderungscharakter." [196] Zum anderen wurde aber auch eine neue, bislang weniger oder in einem anderen Kontext benutzte Sprache für diese weitere Thematisierung verwendet – jene, die die Freiheit der Kunst nach Krieg und Faschismus verhandelte. Der Kritiker Paul Schallück etwa formulierte in bekenntnishaftem Ton „Ich verteidige nicht den Film, sondern das Recht der Filmleute", worauf er dann denjenigen Richtern, die in Köln für die Beschlagnahmung der Mühl-Filme verantwortlich zeichneten, entgegenhielt: „An die Stelle von tabuisierten und terrorisierenden Scham- und Sittlichkeitsgefühlen hat sie (die, wie es vorher hieß: nachfolgende Generation, A.S.) andere und wie mir scheint einsehbarere Werte gesetzt, z.B. die Freiheit von Hunger und staatlicher Bevormundung, die Mündigkeit, die Würde, die Menschlichkeit." [197] Wieder andere nahmen die Kölner XSCREEN-Ereignisse zum Anlass, ganz plakativ die Abschaffung des „Porno-Paragrafen" zu fordern, indem die Anschuldigung umgedreht wurde: „Die einzigen tatsächlich feststellbaren Verletzungen sind jene, die die Polizei denen zufügte, die sich in ihrem Scham- und

---

194 „Untergrund des Kinos", in: *Kölnische Rundschau*, 26. März 1968.
195 Interview mit Wilhelm Hein, am 8.12.2004.
196 Zitiert nach: XSCREEN, 1971, S. 117.
197 Paul Schallück, „Ich verteidige nicht den Film, sondern die Rechte der Filmleute", zitiert nach: XSCREEN, 1971, S. 117.

Sittlichkeitsgefühl eben nicht verletzt fühlten."[198] Darüber hinaus fanden, um eine Freigabe der Filme zu erzwingen, Protestaktionen und öffentliche Diskussionen statt: Der Kunstmarkt wurde boykottiert und eine Aufführung der Kölner Oper durch Demonstrierende gestürmt.[199]

Diesen Formen der Weiterverhandlung stand jedoch eine weitere gegenüber, die darin bestand, dass die vom Gesetz her vorgeschriebenen Konsequenzen einfach nicht gezogen wurden – was einer impliziten Akzeptanz des gesetzten Aktes gleichkam. Denn schlussendlich ist die Anklage gegen Rolf Wiest und die anderen XSCREEN-Mitglieder, wie Wilhelm Hein es ausgedrückt hat, „im Sand verlaufen."[200] Eine damals durchaus übliche Haltung. Denn ca. ab 1966 wurden die Zensurbestimmungen bezüglich Pornografie in vielen, wenn auch nicht in allen Fällen nicht mehr exekutiert.[201] Birgit Hein schildert dieses „Im-Sand-Verlaufen" dann etwas ausführlicher als durchaus auch aktiven und unterstützenden Prozess: „Es ist zunächst nichts passiert, obwohl es ja verboten war, Pornofilme zu spielen. Das hatte bestimmt mehrere Gründe. Einer davon war eine nicht offizielle Unterstützung durch den Kulturdezernenten von Köln. Seit dem XSCREEN-Skandal stand er hinter uns, denn dieser XSCREEN-Skandal war eigentlich gegen ihn gerichtet. Er hat uns dann auch offiziell unterstützt. Wir kriegten pro Jahr von der Stadt einen minimalen Zuschuss. In diesem Jahr, als wir Porno gespielt haben, wurde er dann im Kulturausschuss direkt angegriffen von der CDU. Die CDU-Leute haben gesagt: ‚Hören Sie mal, Sie unterstützen hier Porno und Pornokino. Wie kann das angehen?' Darauf hat er geantwortet ‚ich unterstütze doch nicht Porno? Ich unterstütze die Avantgardefilme'. Er war so mächtig, dass niemand wirklich etwas gegen uns machte."[202]

Auf diese Weise ist die Stelle der Verwirrung, Verunsicherung und Gesetzesleere, die durch das U-Bahnhof-Ereignis erzeugt worden ist, jedoch auch offengehalten worden – auf sie konnte wiederum Bezug genommen, sie konnte noch ein Stück ausgedehnt werden, was XSCREEN mit dem regelmäßigen Spielen von Pornos dann ja realisierte. Dabei diente – auch wenn dies vom Betreiber-Paar W + B Hein nicht so geplant gewesen war – der avantgardistische Zusammenhang und der Bezug zu Hochkultur und Kunst im engeren Sinn auch als Schutzschirm, hinter dem die offiziell verbotenen Produktionen einem immer breiteren Publikum zugeführt werden konnten. Das historische Ereignis, das im Oktober 1968 in Köln zustandegekommen war, bestand demnach nicht nur aus Schockattacken, Provokation, Zurückweisung und Tumult, sondern auch daraus, wie diese dann versprachlicht, übersetzt und weiter thematisiert worden sind. Hier wurde nicht einfach nur an einem Bruch mit einer bestimmten Tradition gewerkt, sondern solche Ereignisse

---

198 „Wer sich nicht entrüstet, wird verprügelt. Polizei und Kunstmarkt in Köln", in: *film*, Dezember, 1968, S. 1 u. S. 7.
199 Siehe: XSCREEN, 1971, S. 116.
200 Interview mit Wilhelm Hein, am 8.12.2004.
201 Herzog, Politisierung der Lust, 2005, S. 174.
202 Interview mit Birgit Hein, am 4.12.2004.

waren auch Anstoß für das Bilden einer neuen Wahrnehmungs- und Sprechkonvention.

Dazu kam, dass von ganz unterschiedlicher Seite in teilweise ähnlicher, teilweise aber auch sehr differenter Weise Sex und Pornografie als Mittel zur Zurückweisung des Gegebenen und zur Befreiung von etwas Neuem eingesetzt oder in dieser Funktion vehement in Frage gestellt worden ist – was eben dazu führte, dass beide zu so herausragenden Knotenpunkten des zeitgenössischen Diskurses wurden. Schülerzeitungen thematisierten den Zusammenhang zwischen Sexualunterdrückung und autoritärer Gesellschaft, Bücher wie *Gruppensex in Deutschland* (1968) wurden zum Bestseller, Bilder spärlich bekleideter Frauen zierten die Zeitschriften und Plakate, vom *Spiegel* bis zum *Konkret* und zur *Bild-Zeitung* wurden Reportagen wie „Sex in Deutschland", „Ehebruch" oder „Sex zu dritt" veröffentlicht. Beate-Uhse-Shops – damals noch „Fachgeschäft für Ehehygiene" genannt – sprossen aus dem Boden, und obwohl Pornografie offiziell noch verboten war, wurde sie in Kiosken und selbst auf der Straße angeboten und verkaufte sich, insbesondere in den Jahren zwischen 1969 und 1971, ausgezeichnet.[203]

In der BRD der 1960er Jahre ergaben sich auf diese Weise folgende Äquivalenzen: Die Medien stellten in verschiedenen Berichten Körper, Sexualität, Pornografie in Zusammenhang mit Berichten über Konflikte mit der staatlichen Ordnung in den Vordergrund. Zugleich wurde von Seiten der künstlerischen Avantgarde ebenfalls Sex und Pornografie als Mittel der Zurückweisung des Gegebenen offensiv eingesetzt. Dazu kam, dass Städte wie Köln einen Bedarf an aufsehenerregenden Ereignissen, die an der Grenze des Möglichen operierten, entwickelten, um sich als attraktiver Standort für Kunst und das Wirtschaftsgeschehen im Allgemeinen behaupten zu können. Und schließlich erzeugte ein international florierender, wachsender Pornomarkt sowie die Mitte der 1960er Jahre einsetzende Liberalisierung von Porno in anderen Ländern wie etwa Schweden oder Dänemark ebenfalls einen wachsenden Druck auf die herrschende Gesetzeslage. Von all diesen ganz unterschiedlichen, im sozialen Raum operierenden Agenten wurde eine Reihe von Bildern, Handlungen, Gesten, Ritualen produziert, die alle Sex und Pornografie, Repression und Befreiung offensiv exponierten und sich teilweise aufeinander bezogen, dabei zugleich eine Konfrontation mit „dem Staat" ausstellten und in die zudem meist starke Emotionen – Wut, Lust, Genuss, Abscheu – involviert waren. Um 1974 erlangte das über all diese Gespräche, Medienberichterstattungen, Aktionen, Texte und Handlungen erzeugte Netzwerk eine solche Sichtbarkeit, emotionelle Aufladung und Ausdehnung, dass die zwischen all den einzelnen Interventionen bestehende Äquivalenzfunktion zu dominieren begann, was einen solchen Druck erzeugte, dass auch in Westdeutschland der „Pornoparagraph" (Paragraph 184 des Strafgesetzbuches) zu Fall kam. Am 1.1.1975 trat ein neues Gesetz in Kraft.[204] Die vielfältige Beanspruchung, Ausstellung sowie die Verkettung der verschiedenen Po-

---

203 Dazu: Herzog, Politisierung der Lust, 2005, insbes. S. 175ff.
204 Vgl. auch: Beate Uhse, *„Ich will Freiheit für die Liebe". Die Autobiographie*, München, 2001, S. 234.

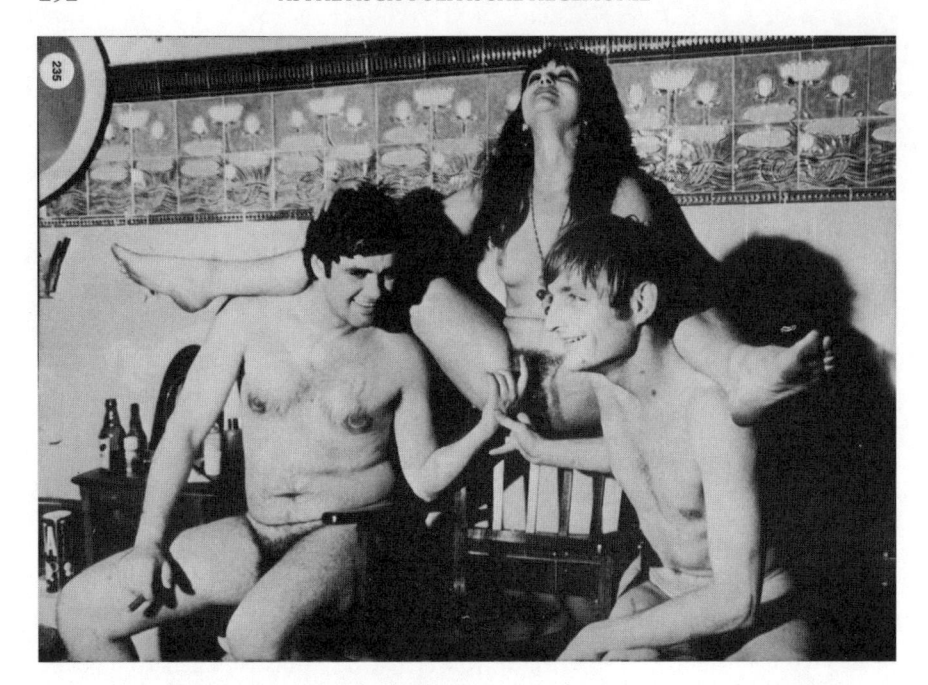

73. *Pornoimitation*, Otmar Bauer, Inga Artmann und Günter Brus, um 1970.
© bildkompendium wiener aktionismus und film, MUMOK, Museum Moderner Kunst Stiftung Ludwig Wien, courtesy Peter Weibel.

sitionen führten dazu, dass der in Zusammenhang mit Pornografie, Sexualität und der Zurichtung der Körper von allen Seiten so heftig und so wiederholt attackierte Staat eine Redefinition der Gesetze eingeleitet hat.[205]

Dabei bezogen sich die Bilder und Aktionen, die hier in eine solche Verkettung eintraten, aufeinander, borgten sich wechselseitig Elemente aus und blieben dennoch auch voneinander differenziert – weshalb sich um sie auch verschiedene Kollektivkörper bildeten, die sich teilweise jedoch auch überschnitten, was eine „Verkettung" erst ermöglichte. So wurde Porno in Expanded-Cinema-Aktionen nicht nur als Zitat eingesetzt, sondern Gesten und Details aus der zeitgenössischen Pornoästhetik wurden beispielsweise auch in die Selbstdarstellungen der Expanded-Cinema-Aktivisten und -Aktivistinnen aufgenommen. Wie Linda Williams analysiert hat, operierte die sich in den 1960er Jahren herausbildende Hardcore-Pornografie nach einem Prinzip der „maximalen Sichtbarkeit", was beinhaltete, dass – über Close-ups, die grelle Ausleuchtung der Genitalien und Darstellerposen, die den Körper und seine Geschlechtszentren maximal sichtbar „ausstellten" – der Körper beständig in Inszenierungen eingebunden vorgeführt wurde, die sei-

---

205 Zu „Äquivalenz" und „Äquivalenzkette" siehe auch: Laclau, Leere Signifikanten, 2002, S. 67f.

74. *Erregte Anspannung*, Pornoproduktion von Lasse Braun, Mitte der 1970er Jahre.
© Sexmuseum Amsterdam

ne Involvierung in sexuell lustvolle Handlungen „beweisen".[206] Damit bildeten sich, insbesondere auch in Zusammenhang mit der spektakulären Inszenierung der Darstellerinnen, auch besonders markante „Pornogesten" heraus – etwa diejenige, mittels gespreizter Finger auf die primären und sekundären Sexualzentren, Brustwarzen und Scham, hinzuweisen und diese dadurch zu betonen oder diejenige, ekstatische Erregung durch ein heftiges Zurückwerfen des Kopfes oder durch eine, über die Lippen gestülpte, gespitzte Zunge anzuzeigen. Genau solche Gesten prägten aber nicht allein die sich nun verbreitenden Pornofotos, sondern sie wurden auch in den Selbstpräsentationen der Künstler und Künstlerinnen eingesetzt. So präsentierte ein in *bildkompendium wiener aktionismus und film* abgebildetes Foto (Abbildung), auf dem Otmar Bauer, Inga Artmann und Günter Brus zu sehen sind, Nahaufnahmen ihrer drei nackten Körper, wobei die Frau mit gegrätschten Beinen zwischen den beiden Männern auf deren Schultern bzw. an die Wand dahinter gestützt ist, und beide mit den Fingern auf ihre Scham hinweisen, die – obwohl sie durch diese Sitzposition und den Aufbau der Dreiergruppe an sich schon als Blickfang inszeniert ist – auf diese Weise noch einmal „eingerahmt" wird. Zudem stellt die Repräsentierte, ähnlich wie es in der sich verbreitenden

---

206 Linda Williams, *Hard Core: Power, Pleasure, and the ‚Frenzy of the Visible'*, Berkeley, 1989, S. 49.

Pornografie (Abbildung) üblich wurde, eine erregte Anspannung und lustvolles Genießen ebenfalls wieder unter anderem durch einen weit nach hinten gebeugten Kopf aus. Die weibliche Protagonistin wurde so in gesteigerter Weise als Spektakel sexueller Erregung präsentiert – was wiederum zeitgenössische Kommentare von weiblichen Künstlerinnen und damit eine weitere Ausdehnung der so erzeugten diskursiven Verkettung provozierte.[207] Neben solchen Übernahmen gab es aber auch Unterschiede: So wurden in der zeitgenössischen Pornografie manchmal auch indirekte Szenen und eine Spannung zwischen Verbergen und Ausstellen bevorzugt, d.h. etwa Spiegelungen von Blow Jobs, wogegen die künstlerischen Aktionen und Persiflagen diesbezüglich eher eine unverblümte Direktheit und Plakativität forcierten.

Die Aktionen und Selbstdarstellungen von Aktionismus und Expanded Cinema partizipierten aber nicht nur an den Inszenierungen der Pornografie. Umgekehrt wurden, wie Birgit Hein erinnert, Elemente der künstlerischen, tabuüberschreitenden Aktionen auch in manche Pornofilme übernommen: „Zum Beispiel gab es eine dänische Firma ‚Lasse Braun'. Die haben für den Pornosektor ziemlich anspruchsvolle Filme gemacht, die auch eine Geschichte hatten, und wo es nicht nur um eine Nummer nach der anderen ging. Interessanterweise gab es bei Lasse Braun plötzlich Filme, die von Mühl beeinflusst waren, also die versucht haben, so ein bisschen seine Aktionen, natürlich harmloser, mitzuverarbeiten. Das war für uns völlig irre, als wir gesehen haben, dass die sich auch überall umgucken nach dem, was sie für ihren Markt gebrauchen können. Wer Porno mag, vertrug nichts Ekliges. Also Mühls Scheißaktion oder so was, das wäre dann zu weit gegangen. Aber immerhin man merkte da einen Einfluss."[208]

Darüber hinaus ergab sich auch über das Ende der 1960er Jahre neu entdeckte 16-mm-Format von Filmen eine Verkettung von Pornoindustrie und Avantgarde.[209] Denn dieses ursprünglich, d.h. seit den 1920er Jahren, für den Heimgebrauch gebräuchliche Format wurde in dieser Funktion seit etwa Mitte der 1960er Jahre durch 8-mm- und Super-8-Produkte ersetzt, weswegen dessen Produzenten auf der Suche nach neuen Märkten für dieses Produkt waren. Dies traf sich damit, dass einige selbst produzierte, erotische Streifen sehr erfolgreich begannen, lokale Kinoszenen zu erobern, was wiederum dazu führte, dass eine steigende Anzahl von Filmstudierenden versuchte, Geld damit zu verdienen, indem sie ebenfalls „Erwachsenenfilme" herstellten – womit sie praktischerweise zugleich auch ihr *Knowhow* im Filmemachen verbessern konnten. Dies wirkte insofern wieder auf das Image von 16-mm-Streifen zurück, als diese damit als Inkarnationen von „Innova-

---

207 Valie Exports Arbeit *Tapp- und Tastkino* (1968) kann als früher feministischer Kommentar zu dieser Form der Inszenierung von Weiblichkeit als Spektakel angesehen werden. Diese Arbeit habe ich ausführlich analysiert in: Schober, Kairos im Kino, 2002, S. 254ff.
208 Interview mit Birgit Hein, am 4.12.2004.
209 Eric Schaefer, „Gauging a revolution: 16 mm Film and the Rise of the Pornographic Feature", in: *porn studies*, hg. v. Linda Williams, Durham und London: Duke University Press, 2004, S. 370-400, S. 376ff.

75. *Eröffnung eines Beate-Uhse-Shops*, 1970er Jahre. © Archiv der Autorin

tion" galten. Die so entstehenden Produkte verlangten auch nach neuen Vorführstätten, was in einer Reihe von US-amerikanischen Städten zur Entstehung von „Minikinos" oder „Taschenkinos" führte, die für das Spielen dieses Formats geeignet waren, wobei sich um 1970 solche Abspielstätten bereits sprunghaft verbreitet hatten. Als Teil der innovativen Szene, die begann, diese Filme zu produzieren und damit den Markt zu infiltrieren, wurden auch manche der als „Underground" bezeichneten Filmemacher wie Kenneth Anger, Jack Smith oder Andy Warhol sowie Vorführ- sowie Vertriebsinstitutionen wie ‚Cinema 16' und ‚Anthology Film Archives' auf dieses Format aufmerksam, nutzten es und trugen zu seiner Popularisierung bei – was auch den Weg nach Europa und in die hiesige *Experimental-Cinema*-Szene vorzeichnete. Wie das Beispiel von XSCREEN zeigt, kam es dann auch hier sehr schnell zu Synergien zwischen Underground- und Pornokino.

Mit der Feststellung, dass die Aktionen der Avantgarde an einer Verschiebung im Diskurs bezüglich Pornografie nachdrücklich beteiligt waren, ist die hier erzählte Geschichte jedoch noch nicht zu Ende. Denn mit dem Umbruch in der Gesetzgebung setzte ein neuer Unterscheidungsprozess ein. Die Unternehmerin Beate Uhse etwa begann sofort danach einen Prozess gegen Otto Mühl bzw. gegen sein im Frankfurter ‚kohlkunstverlag' herausgegebenes Buch *Mama & Papa*[210], im Zuge

---
210 Mühl, Mama & Papa, 1970.

dessen sie ihre „saubere" Pornografie von seiner „schmutzigen" zu differenzieren versuchte. Dazu noch einmal Wilhelm Hein: „Das war ja die Diskussion, wann fällt endlich dieser Scheiss-Paragraph, darum ging es ja. Echt zynisch jetzt: Am Ende haben die Geschäftemacher von uns profitiert. Wir waren radikal; wir haben Kopf und Kragen riskiert, dieses Pack hat nichts riskiert, hat immer nur (gewartet, A.S.) und ist dann eingestiegen. Und dann hat die Beate Uhse (...) noch einen Prozess gemacht, wegen der Bücher von Otto Mühl, kannst du dir das vorstellen? (...) Das war dann Schmutz, was sie machen, ist saubere Pornografie. Das ist ja auch eine interessante Geschichte, dass so jemand, der ja natürlich eine ganz bestimmte Vorstellung von dieser Naziideologie mit rüber genommen hat, (fordert, A.S.), eine ordentliche, saubere Sexualität hat hierher zu kommen und nicht jetzt solche Ferkel. Deshalb hat sie da den Prozess gemacht"[211] Was noch einmal nachdrücklich zeigt, dass sich mit dem Diskurs-Bruch bzw. der Redefinition der juridischen Verhandlung von Pornografie auch der Prozess einer breiteren Verhandlung dessen verband, wo die Grenze zwischen dem Legitimen und Nicht-Legitimen, dem Schönen und Hässlichen, dem Moralischen und Amoralischen etc. anzusiedeln sei.

Darüber hinaus forderte das Legitim-Werden von Pornografie Mitte der 1970er Jahre auch die Aktivitäten der Künstler und Künstlerinnen auf neue Weise heraus. Die Ende der 1960er Jahre von ihnen geprägte, auf expliziten Sexszenen und Pornozitaten basierende Schockästhetik konnte so nicht mehr eingesetzt werden. Für W+B Hein hat das zunächst bedeutet, dass sie in Köln mehrere Programmkinos mit einem gemischten Set von Filmen und teilweise auch Konzerten bespielten, womit sie wiederum an der sich in diesen Jahren herausbildenden, ausdifferenzierteren, urbanen Eventkultur partizipierten.[212] Diese „Normalisierung" hat jedoch auch dazu geführt, dass ihnen die eigenen, bisherigen Argumentationen bald zu eng geworden sind, was das Entwickeln neuer Formen des künstlerischen Arbeitens und das Ausprobieren veränderter Kontexte provozierte. Diesbezüglich stellte Birgit Hein fest: „Bei der Documenta 6 (1977), wo wir noch einmal unsere Materialfilme gezeigt haben, wurde uns bewusst, dass wir nur noch selbstreferentiell arbeiteten. Wer die Kodes, die wir benutzten, nicht verstand, konnte auch nicht nachvollziehen, was an unserer Arbeit denn so radikal und avantgardistisch sein sollte."[213] Aus dieser Selbst-Infragestellung heraus ergab sich in den 1980er Jahren dann eine suchende Auseinandersetzung mit dem Verhältnis zum Publikum. Dazu noch einmal Birgit Hein: „Dann ab 1978 (sind, A.S.) die Performances entstanden: *Verdammt in alle Ewigkeit* (...) *Superman und Superwoman*. In die Performances ha-

---

211 Interview mit Wilhelm Hein, am 8.12.2004.
212 Andere, die in dieser „Szene" Ende der 1960er Jahre mitmischten, haben ebenfalls eine Neuorientierung gesucht. Um nur ein paar Beispiele zu nennen: Otto Mühl und die nach ihm benannte „Mühlkommune" am Friedrichshof im Burgenland haben eine radikale Form des „Ausstiegs" aus der herrschenden Gesellschaftsordnung gesucht, Peter Weibel wurde vorwiegend als Kurator tätig und Valie Export hat die explizit feministische Ausrichtung ihrer Arbeiten akzentuiert.
213 Interview mit Gabriele Jutz, 2004, S. 127f.

ben wir Stück für Stück reale Bilder eingeführt, dann Dokumentarmaterial und Super-8-Filme, Mehrfachprojektionen, kombiniert mit formalen, visuellen Zaubertricks. Wir wollten den traditionellen Kunstbereich verlassen und sind in Kneipen oder kleinen Theatern aufgetreten. Der Kontakt mit einem völlig anderen Publikum hat uns unsere Grenzen aufgezeigt: Welche Ideen kommen rüber, welche Stücke werden verstanden? (...) wir wollten (nun, A.S.) mit unseren Arbeiten auch unterhalten. (...) Die Befreiung von der alten Avantgarde-Idee bedeutete auch einen Bruch mit den Traditionen (...) die Avantgarde hatte uns unter Zwang gehalten, sie war diktatorisch. Ich meine das Diktat des immer Neuen – und dies reduziert auf rein formale Bedingungen. Die Avantgarde-Idee war eng mit der Idee des Fortschritts verbunden, mit dem Glauben daran, dass es Fortschritt gibt, und das ist aus meiner heutigen Sicht geradezu reaktionär."[214]

Birgit Hein spricht hier als Ansatzpunkt für eine Veränderung der eigenen Kunstpraxis ein Sich-Losreißen von der Avantgarde-Tradition, mit ihrer Forcierung von Ungleichheit und Fortschrittsgläubigkeit, an. Mit diesem Schritt hin zur Erfindung von Formen der Involvierung und Unterhaltung des Publikums sagten sich W + B Hein endgültig auch von der Schockästhetik der 1960er Jahre los. Auf das Zeitalter des Zunge-Herausstreckens und der Zurückweisung folgte jenes des Unterhaltens und des Sich-Vermengens mit dem Publikum.

III.3. Philanthropie, Neo-Avantgarde und die Politik der ‚geborgten' Zeichen im Serbien der 1990er Jahre

Serbien 1990. Auf einem Foto, aufgenommen bei einer nicht weiter identifizierbaren Zusammenkunft (Abbildung), ist eine Schwelle zu sehen, ein von vielen Menschen bevölkerter Durchgangsraum, in einem vom Anstrich und den Ausfransungen der Decke her etwas schäbig wirkenden Gebäude. Aus der Menge heraus windet sich der kräftige Körper eines jungen Mannes elastisch nach oben, der im Begriff ist, ein vom Türbalken herunterhängendes Plakat mit dem Bildnis von Slobodan Milošević zu küssen. Sowohl die betont sportliche, fast schon „abgerissen" wirkende Aufmachung des unrasierten jungen Mannes in heller Trainingshose und türkisem Sweatshirt als auch die dynamisch sich nach oben drehende Bewegung sowie das einfach am Türrahmen befestigte, auf dünnem Papier gedruckte Porträt des Politikers verleihen dieser Szene den Anschein einer spontanen Bilderhuldigung. Die Augen beinahe geschlossen und beide Hände sowie den Mund behutsam an das Bildnis heranführend, ist der junge Mann in einer andächtigen Handlung gefangen. Seine sportliche Aufmachung, seine Unrasiertheit und seine befleckten Kleider stehen allerdings zu dieser Geste der Huldigung in starkem Kontrast. Dabei setzt sich seine Erscheinung vor allem von jener des Slobodan Milošević ab, der auf diesem „Bild im Bild" glatt rasiert und frisiert, in schwarzem Anzug,

---

214 Ebd.

76. *Spontane Bilderhuldigung*,
Dragan Petrović, 1990.
© Dragan Petrović

weißem Hemd und schmaler Krawatte zu sehen ist. Trotz dieses Kontrasts in der Aufmachung der beiden Repräsentierten sind sie miteinander zu einer das Bild längs durchschneidenden dynamischen Figur verbunden: Der hochschnellende Körper, die Hände sowie das versunkene Gesicht des Huldigenden bilden gemeinsam mit dem lächelnd nach unten geneigten Gesicht des Geküssten eine Einheit. Das Spontane und Beiläufige der Handlung wird dadurch unterstrichen, dass die weiteren in diesem Durchgangsraum anwesenden, sich seitlich am Geschehen vorbei bewegenden Personen keinerlei Notiz von ihr nehmen oder auch nur irgendwie mit ihr in Beziehung treten. Nur für den Fotografen Dragan Petrović scheint diese Szene etwas so Bedeutsames gehabt zu haben, dass er sie mit der Kamera festgehalten und einer Serie von Fotos hinzugefügt hat, die im Serbien der 1990er Jahre quasi nebenbei, als eine Art Seitenraum-Produktion zu seiner regulären Arbeit, entstanden ist. Denn offiziell tingelte er in diesen Jahren durch diverse Etablissements, um bei öffentlichen Veranstaltungen, Weihnachtsfeiern, großen Familienfesten oder privaten Zusammenkünften der neu entstehenden Oberschicht in dieser Zeit der Krise einen halbwegs ausreichenden Lebensunterhalt als Fotograf zu verdienen. Und parallel dazu sind Bilder entstanden, die von solchen Bekenntnissen, vom

77. *Tage der Trauer und des Stolzes*, Goranka Matić, 1980.
© Goranka Matić

Entstehen neuer Machtgefüge und dem Erstarken alter Ordnungen, aber auch von merkwürdigen Identifikationen und Selbstinszenierungen erzählen.²¹⁵

Ein Jahrzehnt früher wurde bereits eine weitere Fotoserie veröffentlicht, die ebenfalls eine Politikerverehrung dokumentiert, zugleich aber auch eine Differenz zum Bild von Dragan Petrović aufmacht. Die Bilderserie *Days of Grief and Pride* von Goranka Matić, die 1980 während der drei offiziellen Trauertage aufgenommen wurde, hält die später berühmt gewordenen, nach dem Tod Titos erfolgten

---

215 Mit Bildern wie diesem mutiert Dragan Petrović vom Auftragsfotografen zum Dokumentaristen und Ethnologen. Und wir als Betrachter und Betrachterinnen können diese Fotografien nun als Zeugnisse für eine Form der Inszenierung von politischer Macht und deren Kraft zur psychischen Involvierung lesen, wie sie im Serbien der 1990er Jahre zu beobachten war. Zu diesem Zweck können wir sie mit anderen Dokumenten und Informationen zusammenbringen – etwa dem Hinweis eines Eingeweihten, der darauf aufmerksam macht, dass das in der Art von Militärangehörigen in den elastischen Hosenbund gestopfte Sweatshirt des jungen Mannes in Serbien Anfang der 1990er Jahre generell als Indiz für eine Zustimmung zum damaligen Präsidenten betrachtet wurde. Eine erste Version dieses Kapitels ist erschienen als: Anna Schober, „Bilderhuldigung, Parodie und Bilderzerstörung in Serbien in den 1990er Jahren", in: *ÖZG, Österreichische Zeitschrift für Geschichtswissenschaften*, Nr. 3 („Ästhetik des Politischen"), 2004, S. 22-50.

Trauerinszenierungen in den Geschäftsauslagen der Einkaufsstraßen Belgrads fest (Abbildung). In jedem Schaufenster und in manchen der Verkaufsräumlichkeiten wurde damals ein Porträt des Marschalls in Zivil oder in Militäruniform platziert, über dessen rechte Ecke zudem eine schwarze Trauerschleife gezogen worden war. Manchmal wurden Gestecke aus roten Nelken vor dem Porträt aufgestellt sowie roter Stoff und/oder die jugoslawische Fahne fantasievoll herumdrapiert. Diese stets ähnlichen Trauerinszenierungen führten in den verschiedensten Geschäften zu surreal anmutenden Kombinationen: Titos Porträt blitzte zwischen kunstvoll übereinander geschichteten Schuhen oder zwischen rot-weißen Sportdressen hervor, es dominierte von einer Ecke aus ein ganzes Arsenal von in kleinen Schächtelchen ausgelegten Juwelen, wurde von Bräuten mit weißen Schleiern und Hüten umtanzt, war von Schneideraccessoires, Schreibmaschinen, Kerzenhaltern, Tortenstücken, Südfrüchten, Lampenschirmen, Fleischstücken oder Kosmetikartikeln umringt oder konkurrierte mit den Bildnissen von Damen, die für Lippenstifte warben.

Im Unterschied zu dem, was sich auf dem Foto von Dragan Petrović ereignet, scheint es sich bei dem in diesen Bildern Dokumentierten jedoch um eine offiziell verordnete Huldigung zu handeln. Das Bildnis des verstorbenen „Vaters der Nation" ist an unzähligen Orten auf vielfältige Weise mittels Sockeln, Drapierungen und Kunstgriffen der Inszenierung erhöht, nirgends aber scheint es zu einer solch spontanen, von Seiten der Passanten ausgehenden Huldigung des Politikerbildnisses gekommen zu sein, wie sie auf dem „Kuss-Foto" zu sehen ist. Ganz im Gegenteil: Die wenigen auf den Fotos sichtbar werdenden Passanten spazieren durchwegs an den mit dem Tito-Bildnis geschmückten Auslagen eiligen Schrittes vorbei, und auch die manchmal im Inneren der Geschäfte sichtbaren Angestellten beziehen sich in keiner Weise auf das Bildnis des Betrauerten. Dies bedeutet jedoch nicht, dass es nicht Trauerbezeugungen anderer Art gegeben hätte: So hört man immer wieder die Geschichte, dass nach Bekanntwerden von Titos Tod manche Bürger und Bürgerinnen drei Tage lang geweint hätten. Dennoch: Wie diese wiederholt erzählte Geschichte vom rituellen Weinen nach Titos Tod, das sich von der Dauer her exakt mit der offiziell ausgerufenen Trauerzeit deckt und gerade dadurch unglaubwürdig wirkt, so scheinen auch diese Fotos eine Kluft zu dokumentieren: jene zwischen dem angeordneten Diskurs der Macht einerseits und den eigentlichen Erfahrungen der Menschen andererseits.

Das Bildnis Titos ist also anlässlich der Trauerfeierlichkeiten zu seinem Tod im öffentlichen Raum in gesteigerter Weise omnipräsent, ganz egal, ob und wie sich die real existierenden Mitglieder der Gemeinschaft zu diesem Bild verhalten. Wie in all den anderen öffentlich präsenten Inszenierungen des Egokraten so ist auch in dieser das Bild der Partei, des Volkes als Einheit und des Proletariats aufgehoben. Tito leiht diesen Kollektivkörpern gewissermaßen seinen Kopf und seinen Körper und hält sie auf diese Weise über Identifikation und Faszination zusammen.[216] Sei-

---

216 Dazu auch: Lefort, The Image of the Body, 1986, S. 298 f.

ne öffentliche Präsenz dauerte auch in der Zeit unmittelbar nach seinem Tod fort; erst mit dem Zusammenbrechen des ideologischen Konsenses der Parteielite hinsichtlich der Neutralisierung der Antagonismen zwischen den verschiedenen Nationalitäten in der zweiten Hälfte der 1980er Jahre[217] sowie mit der Auflösung der Partei und der Einführung eines Mehrparteiensystems 1990 verschwand Tito als ein solcher „alles zusammenhaltender Kopf und Körper" endgültig von der politischen Bühne. Damit wurde Platz frei – zunächst nicht für einen anderen Kopf und einen anderen Körper, sondern für eine Auseinandersetzung zwischen miteinander in Wettbewerb tretende Repräsentanten, die politische Macht stets nur temporär einnehmen können und auf (sich u. a. in Wahlen äußernde) Zustimmung angewiesen sind. Der Diskurs der Macht konnte damit von den Erfahrungen, die die Menschen aus ihrer Situation heraus machten, nicht mehr in der Weise abgespalten werden, wie es die Fotoserie von Goranka Matić dokumentierte, sondern bedurfte der Anerkennung. Damit kehren alte Formen des Glaubens an Bilder und der politischen Huldigung in neuen Artikulationen wieder – wovon die von Dragan Petrović festgehaltene Kuss-Szene erzählt. Potenziell, so legt dieses Foto nahe, könnte Milošević vielleicht genug Faszination ausstrahlen, um Titos Stelle einzunehmen. Im Unterschied zum früheren Regime der Macht benötigt der Politiker nun jedoch Bezeugungen und Huldigungsgesten, wie sie der Küssende ausführt, und er muss sich eine solche Huldigung zudem in Konkurrenz mit anderen Repräsentanten erstreiten. Im Unterschied zu Tito ist er nicht über eine Identifikationslogik an der Spitze des Staates platziert, die als einzige Unterscheidung jene zwischen dem Volk als Ganzes (das zugleich Partei, Proletariat und Egokrat ist) und dessen Feinden (den Bürokraten, Technokraten, Kapitalisten, Imperialisten etc.) zulässt. Zudem müssen die Repräsentierten nun, wie es der Küssende auf dem Foto vorführt, ein Verhältnis zu den Repräsentanten finden, Zustimmung oder Ablehnung äußern und Urteile fällen, die sich auch in Wahlentscheidungen manifestieren. Die Rollen von Tito und jene von Slobodan Milošević ähneln sich jedoch in dem Punkt, dass es in beiden Fällen jeweils der Körper des Politikers, seine Ge-

---

217 Es ist nicht möglich, hier die ausufernde Literatur zum Zusammenbruch des ehemaligen Jugoslawien zu zitieren. An Stelle dessen möchte ich die Aufmerksamkeit auf zwei Dissertationen lenken, die beide ideologische Diskurse in Jugoslawien seit den 1950er Jahren im Detail und unter Verwendung diskursanalytischer Methoden untersuchen. Beide zeigen, dass sowohl die Partei-Elite als auch Zusammenschlüsse wie etwa die *Praxis*-Gruppe sehr einflussreich in der Definition dessen waren, was Titoismus sein sollte, auch wenn beide zugleich die auf direkter Entscheidungsfindung der Arbeiter beruhende Selbstverwaltung zum wichtigsten Ziel des jugoslawischen sozialistischen Weges erklärten. Zu Veränderungen in Diskursen der Elite in Jugoslawien von einem marxistischen Humanismus, der die nationalistischen Differenzen innerhalb eines kommunistischen Rahmens neutralisieren konnte, hin zu einer steigenden Artikulation der nationalen Frage in sozialistischen Diskursen Mitte der 1980er Jahre: Dejan Jovic, *Jugoslavija – drzava koja je odumrla*, Belgrad und Zagreb, 2003. Und: Rei Shigeno, *From the Dialectics of the Universal to the Politics of Exclusion: The Philosophy, Politics and Nationalism of the Praxis Group from the 1950s to the 1990s*, unveröffentlichte Dissertation, Essex University, Colchester, 2004.

sichtszüge, seine Körperhaltung, seine Gesten sowie seine Redefertigkeit und all die Geschichten und Fantasien über seine Handlungen, Fehlleistungen und Gefühlsregungen sind, die zwischen den Repräsentierten und dem Repräsentanten vermitteln.

Im öffentlichen Raum Serbiens der 1990er Jahre waren neben solchen Bildern und den Akten der Zustimmung (und Ablehnung – aber dazu später), die sie provozierten, noch Bilderhuldigungen anderer Art präsent. Zunächst eroberte ‚MTV' die Bars, Kantinen, Cafés, Wartesäle, Einkaufspassagen und Shops – bald jedoch gesellten sich dazu auch ‚Fashion-TV' oder ‚Eurosport'. Dabei sind diese Bilder vorerst auf Video aufgenommen und als Endlosband abgespielt zu sehen, bald aber, mit der Einführung des Kabelfernsehens, auch als ständig zugängliche Programme. In der Pause zwischen den Arbeitsschichten, beim Einkaufen, beim Warten auf einen Zug oder Bus, beim Kaffeetrinken, neben dem Plaudern oder Zeitunglesen kann man in diesen steten Fluss von Bildern, Geschichten, Körpern und Musik einsteigen, für eine oder zwei, drei Programmeinheiten dabei verweilen und die hier gefundenen Geschichten, Bilder, Klänge und Gesichter ein Stück weit mit in den Alltag nehmen. Speziell ‚MTV' gelang es im Serbien der 1990er Jahre, und hier insbesondere in den größeren Städten, eine außergewöhnliche Faszinationsgeschichte zu produzieren. Davon zeugt zum Beispiel das Programm des aufstrebenden „unabhängigen" Radio-Senders *B 92*, das eng an ‚MTV' angelehnt war und 1998 den ‚Free Your Mind free-speech prize' bei den ‚MTV'-Awards erhielt. Aber auch andere, die weniger demonstrativ öffentlich auftraten, involvierten sich in Huldigungsakte gegenüber dem amerikanischen Sender – was zum Beispiel in einem urbanen Fundstück dokumentiert ist, das der Künstler Zoran Naskovski 1999 mit der Kamera eingefangen hat (Abbildung). Das Foto zeigt eine weiße, rückseitig abschließende, etwas ramponierte Tafel eines Basketball-Reifen-Ständers, auf der – inmitten eines grauen Gassenlabyrinths an einem trüben Wintertag – eine mit heftiger gestischer Malerei angebrachte, leuchtend rot-orange-gelbe Liebesbezeugung an ‚MTV' aufblitzt. Das Quadrat, das auf solchen Tafeln anzeigt, wo der Ball zu deponieren ist, wurde malerisch in einen ‚MTV'-Bildschirm umfunktioniert, der von einem bewegten „feuerartigen" Gekritzel umrahmt ist, das weder eindeutig als Zeichnung noch als Inschrift gelesen werden kann, und dazu auffordert, mit der „Unmittelbarkeit" und dem expressiven „Selbst-Ausdruck" eines Akteurs oder einer Akteurin in Bezug gesetzt zu werden. Ein dicker, gemalter, roter Pfeil, der auf das Tor/den ‚MTV'-Bildschirm zeigt und der Mini-Schrift-Zug „YO!"[218] betonen die schon durch die starken gestischen Spuren im Farbauftrag sichtbar gemachte Identifikationsbeziehung. Auf diese Weise wird die in Serbien so häufig anzutreffende Inszenierung von Basketball als nationaler Sport und als positiv konnotiertes Kennzeichen jugoslawischer Identität[219] mit einer expressiven Aneignung von ‚MTV' verschmol-

---

218 „YO" meint „YOU", „Hey You!", kommt aus der Hip-Hop-Kultur, man kann dieses „YO" auf ‚MTV' hören.
219 Basketball war und ist Volkssport Nummer eins in Jugoslawien wie auch im heutigen Serbien, weswegen Belgrad auch mit Basketball-Netzen übersät ist. Die Wichtigkeit, die Bas-

PHILANTHROPIE, NEO-AVANTGARDE UND DIE POLITIK   303

78. *From the Crossover (a work in progress) project*, Zoran Naskovski, seit 1999.
© Zoran Naskovski

zen. Die kleine, aber durch die wilde Gestik und die leuchtenden Farben hervorstechende Malerei auf der Basketball-Tafel ist demnach Manifestation einer Selbstkultur, die eng mit einer bestimmten Sportart und der Rezeption spezifischer Bilderwelten verbunden ist und sich sichtbar in den urbanen Raum einschreibt. Das Foto von Zoran Naskovski isoliert dieses kleine Bruchstück einer Selbst-Klassifizierung als Basketball-MTV-Kultur und führt es gewissermaßen im Close-up einer Dechiffrierung zu – umso mehr als es Teil einer umfangreichen Serie ist, für die der Künstler diverseste, an unterschiedlichen Orten in den Städten und Dörfern Serbiens angebrachte, teils professioneller, teils „zusammengebastelt" aussehende Basketball-Reifen mit der Kamera eingefangen und für uns als Betrachtende zu einem Querlesen von mit aktueller Selbstkultur verbundenen Mythen bereitgestellt hat. Es konfrontiert uns damit, dass Selbst und moderne, amerikanische Bildwelten sowie

---

ketball in Jugoslawien hatte und immer noch hat, drückt sich auch in Erfolgen des nationalen Basketball-Teams aus: Das jugoslawische Basketball-Team gewann beispielsweise die Silbermedaillen der Weltmeisterschaften von 1963 und 1967, 1970 gewann es schließlich die Goldmedaille und 1995 gewann das Nationalteam des „dritten Jugoslawien" wieder die Europameisterschaften von Athen.

die sportliche, körperliche Aktivität des Basketball-Spiels im heutigen Serbien (ähnlich wie früher in Jugoslawien) eng miteinander verquickt sind. Damit führt uns Naskovski, in „vergrößerter" Form, eine pop- und jugendkulturelle Form der Selbstkultur vor, die mit anderen in diesem sozialen Raum ebenfalls präsenten Statements, Bekenntnissen, Plänen und Projekten in Auseinandersetzung tritt, die ebenfalls versuchen, Aufmerksamkeit auf sich zu lenken.

Glaube und Bilderkult in einer zerbrechenden Welt

Die expressive Würdigung von ‚MTV' auf dem Basketball-Reifenständer erzählt – ähnlich wie das Foto, das die spontane Huldigung an Milošević festhält – davon, dass Momente der Konfrontation mit visuellen Welten die Erscheinungsweisen des Selbst auch in diesem historischen Milieu in enormem Ausmaß informieren. Dabei sind die mit ‚MTV', westlichen Filmen, westlicher Musik und den Medien verbundenen Güter für einen Großteil der Bevölkerung Serbiens zu jenem Zeitpunkt, als das Kuss-Foto entstand, also 1990, unerreichbarer als zuvor. Was Anfang der 1990er Jahre, und hier vor allem in den serbischen Regionen des ehemaligen Jugoslawiens, noch lapidar als „Krise" bezeichnet worden war, führte in den folgenden Jahren, speziell nach den 1992 auferlegten Wirtschaftssanktionen zu einer rasanten Inflation, die 1994 ihren Höhepunkt erreichte. Mit ihr gingen eine Verarmung breiter Bevölkerungsschichten sowie ein gleichzeitiges Reich-Werden einer kleinen (halb-)kriminellen Elite einher und der mit westlichen Demokratien assoziierte Wohlstand rückte in immer weitere Ferne.[220] Zur ökonomischen Verunsicherung gesellte sich am Beginn des serbisch-kroatischen Krieges 1991 und angesichts einer unüberblickbar gewordenen Zahl an neuen Parteien und religiösen Gemeinschaften die politische und weltanschauliche Krise. Dazu kamen die Auswanderung von etwa 400.000 meist jungen, gut ausgebildeten Menschen sowie die Ankunft von etwa 600.000 serbischen Flüchtlingen aus anderen Regionen des ehemaligen Jugoslawien, speziell aus Kroatien und Bosnien. Angesichts der Gefahr einer Ausweitung des Kriegs, von Massenwanderung, Armut und einem unüberschaubaren Spektrum von sich mehr oder weniger unterscheidenden politischen und spirituellen Alternativen erschien Demokratie auch in diesem Kontext wieder einer großen Anzahl von Menschen als „reine Form", die nicht unmittelbar den ersehnten und so eng mit ihr verbundenen Effekt, nämlich materiellen Wohlstand, politische Sta-

---

220 Die Inflation erreichte ihren Höhepunkt 1994 mit 313.563.558.0 %, was bedeutet, dass die Inflationsrate täglich durchschnittlich 62,02 % betrug und die stündliche Inflationsrate durchschnittlich 2,03 %. Dazu: Eric D. Gordy, *The Culture of Power in Serbia. Nationalism and the Destruction of Alternatives*, Pennsylvania, 1999, 170f. Aus diesem Grund wurde in Serbien dann auch vor allem in „Deutsch-Marks" gerechnet, der Tausch von Währungen und Waren sowie die fintenreiche „Organisation" von Gütern standen auf der Tagesordnung und involvierten fast die gesamte Bevölkerung.

bilität und soziale Sicherheit mit sich führte.²²¹ Sie involvierten sich in diverse Such-Bewegungen auf dem neu entstandenen Markt politischer und religiöser Angebote oder zogen sich vom politischen Urteilen überhaupt zurück.

All diese Entwicklungen und Erscheinungen verweisen darauf, dass sich Ende des 20. Jahrhunderts in Jugoslawien eine besondere Ausformung des Zerbrechens von Welt zeigt. Wie ich bereits an anderen Stellen in diesem Buch gezeigt habe, ist schon das moderne In-der-Welt-Sein generell von einem Bruch überkommener Ordnungen und mit diesen verbundener Autorität und Tradition geprägt. In diesem Kontext sind derartige Brüche nun in multiplizierter Form präsent, wozu zudem der Zerfall des Landes selbst kommt. Zugleich tritt eine Reihe unterschiedlicher Gruppen in Erscheinung, die darum konkurrieren, wie in den Fragmenten noch Sinn gesehen oder wie sie neu miteinander verbunden werden könnten. Dabei wurden Glaube, religiöse und nationalistische Haltungen und Vorstellungen sowie alte und neue Mythen zu neuartigen Erscheinungen verwoben.

In Jugoslawien waren, wie in anderen realsozialistischen Ländern auch, in der Zeit des Titoismus staatlicherseits gezielte Anstrengungen unternommen worden, traditionelle, den gesellschaftlichen Zusammenhang garantierende Institutionen sowie den Einfluss der Religion und der traditionellen Familien und Clans – zeitweise heftiger, dann wieder zurückhaltender – zurückzudrängen.²²² Nach dem Bruch mit dem sowjetischen Block 1953 lockerte das Regime die Maßnahmen gegen Gläubige jedoch bald wieder, was sich unter anderem daran zeigte, dass bereits 1970 wieder uneingeschränkte diplomatische Beziehungen zwischen Jugoslawien und dem Vatikan aufgenommen wurden. Dennoch hat eine Vielzahl von stetig schwelenden Konflikten weiterhin das Verhältnis zwischen Glaubensgemeinschaften und Staat bestimmt, die vor allem Erziehung und Unterricht, die Einbindung der Gläubigen in die Parteipolitik, Nachfragen bezüglich der Menschenrechte sowie die rechtlichen Grundlagen der Religionsausübung betrafen.

Im Unterschied zu den anderen realsozialistischen Staaten verlieh der Bruch mit der UDSSR und dem sowjetischen Block generell sowie die Einbeziehung der Gesamtbevölkerung in Einheiten kollektiver Selbstverwaltung der kommunisti-

---

221 Dazu auch: Renata Salecl, „National Identity and Socialist Moral Majority", in: *Becoming National. A Reader*, hg. v. Geoff Eley u. a., New York u. Oxford: Oxford Univ. Press, 1996, S. 417-424, S. 420.

222 Krzystof Pomian, „Religion and Politics in a Time of Glasnost", in: *Restructuring Eastern Europe. Towards a New European Order*, hg. v. Ronald J. Hill u. a., Worcester: Elgar, 1990, S. 113-129, S. 113f. Vor allem zwischen 1945 und 1953 gab es diesbezüglich strikte Maßnahmen. So wurde eine ganze Reihe von Zeitungen und Zeitschriften eingestellt, religiös geleitete Spitäler, Waisenhäuser, Altenheime und Schulen wurden geschlossen oder verstaatlicht, Priester und andere Vertreter und Vertreterinnen der religiösen Gemeinschaften eingekerkert, theologische Fakultäten geschlossen usw. Zudem wurde die Obsorge des Staates auf Kinder und Jugendliche in der Freizeit durch die „Beitrittspflicht" zu unterschiedlichen „Klubs" ausgedehnt; die Alten- und Krankenversorgung wurde vom Staat übernommen. Dazu: Sabrina Petra Ramet, *Balkan Babel. Politics, Culture & Religion in Yugoslavia*, Boulder, San Francisco und Oxford, 1992, S. 132 f.

schen Partei in Jugoslawien jedoch eine sehr lang anhaltende Legitimität, weswegen – wenn auch wieder von starken Ungleichzeitigkeiten zwischen den einzelnen Republiken und vor allem zwischen Stadt und Land gekennzeichnet – traditionelle Erscheinungen von Religiosität (etwa die Partizipation an religiösen Ritualen, die religiöse Erziehung der Kinder etc.) mit der Machtübernahme der Kommunisten zunächst stark zurückgingen.[223] Dennoch dauerten religiöser Glaube und religiöse Sensibilitäten sowie Religionskonflikte in der Zeit des Titoismus fort, waren jedoch öffentlich gegenüber den neuen kommunistischen Festivitäten, Feiertagen und die Gemeinschaften zusammenhaltenden Institutionen weniger sichtbar. Gleichzeitig mit den demokratischen Bestrebungen wurden sie wieder stärker, d.h. sie traten in erneuerter und erweiterter Form auf und waren schließlich, ähnlich wie in anderen sozialistischen Ländern, entscheidend an den auf das Jahr 1989 folgenden Ereignissen beteiligt. Dabei wurden im ehemaligen Jugoslawien zum Teil sehr weit zurückreichende Geschichten hinsichtlich der Verschränkung von religiöser und nationaler Zugehörigkeit wieder einflussreich: Schon mit dem Aufstand kroatischer Nationalisten 1971 traten religiöse und nationale Konflikte wieder als Äquivalenzbeziehung auf; zwischen 1984 und 1987 wurde dann die serbisch-orthodoxe Kirche rehabilitiert und – ähnlich wie in der Zwischenkriegszeit – wiederholt als konstante Verteidigerin des „serbischen Volks" repräsentiert; und seit 1991 durfte in Bosnien der Sprecher der Islamischen Gemeinde wieder ausschließlich von dieser selbst bestimmt werden, während er zwischen 1946 und 1990 von Seiten der Politik ernannt worden war.[224] Allerdings liegen religiöser und nationaler Konflikt selten genau übereinander. Wie Krzystof Pomian gezeigt hat, hat nationale Tradition stets zwei Gesichter: ein religiöses und ein zweites, antiklerikales bzw. atheistisches – das selbst wieder zwei Traditionsstränge aufweist: auf der einen Seite jene Tradition, die davon geprägt ist, dass der Staat die Religionsausübung seiner Autorität unterstellen will, und auf der anderen Seite jene, die von der Elite weitergegeben wird, die sich zum Teil ebenfalls von religiöser Bevormundung befreien möchte bzw. dort, wo der Staat als Kontrollinstanz der Religionen auftritt, auch von staatlicher Bürokratie, Zensur und polizeilicher Überwachung.[225] Dementsprechend ist bei Serben, Moslems und Kroaten etwa eine ganz unterschiedlich stark ausgeprägte national antiklerikale Tradition festzustellen, was in der Folge zu einer Reihe unterschiedlicher Artikulationen zwischen Nationalismus und religiösem Glauben sowie zu diversen Reformprogrammen geführt hat.

Der Körper und das Gesicht Titos hielten dieses bewegliche, von Auseinandersetzungen geprägte Gebilde über lange Zeit hinweg zusammen: durch ein von ihm *in persona* dominiertes Machtsystem, das auf einer komplexen Verteilung von Macht zwischen den verschiedenen ethnischen Gemeinschaften beruhte, sowie durch die religiös durchwachsene Repräsentation seines Bildnisses als jenes des Volkes. Dieses

---

223 Ramet, Balkan Babel, 1992, S. 140f.
224 Ebd., S. 124f. und S. 165f.
225 Pomian, Religion, 1990, S. 118.

Machtsystem erwies sich jedoch schon mit den nationalistischen Erhebungen Ende der 1960er Jahre und schließlich dem kroatischen Aufruhr von 1971 als äußerst brüchig, was 1974 zur Verabschiedung einer neuen Verfassung führte, in der den Republiken mehr Autorität und Autonomie zugesichert wurde. Dennoch hat die Repräsentation seines Bildes bis über Titos Tod hinaus der jugoslawischen Föderation relative Stabilität verliehen. Am augenfälligsten zeigt sich die gleichsam religiöse Aufladung seines Bildnisses als jenes des Volkes wohl in der Inszenierung jenes „Partisanenschreins", der Anfang der 1970er Jahre im Zuge der Ausgestaltung des ‚Sutjeska-Nationalparks' zu einem Gesamtkunstwerk und einer der größten (17.000 m²) Gedenkplätze für die im Zweiten Weltkrieg ausgefochtenen Schlachten entstanden war. Der Schrein besteht aus einem 13-teiligen Freskenzyklus, in dem das Bild Titos den Platz eines zentralen Altarbildes einnimmt. Parallel dazu wurde der Film *Sutjeska* (1972) gedreht, ein sozialistischer Blockbuster, in dem Richard Burton die Rolle von Marschall Tito spielte und sein Bildnis überdies noch zu dem eines modernen Stars und Leinwandhelden stilisierte wurde.

Während des Krieges in Bosnien-Herzegowina in den 1990er Jahren wurde der Schrein mit Graffiti überzogen und von Kugeln beschädigt. Bereits davor kehrten jedoch mit den nationalistischen (und demokratischen) Bestrebungen bereits überholt geglaubte Huldigungsgesten wieder: neue Artikulationen des Katholizismus, des orthodoxen Glaubens und des Islams sowie neuartige Formen der Bilderhuldigung, von denen das bereits besprochene Foto von Dragan Petrović Zeugnis ablegt. Die Auseinandersetzung um die Macht wurde nun großteils wieder über Bilder und Medien geführt, die Glaubensäußerungen und rituelle Handlungen auch auf neue Weise zu integrieren suchten.

Obwohl die von Milošević geführte SPS (Sozialistische Partei Serbiens)[226], die 1990 als eine der Nachfolgeparteien der kommunistischen Partei gegründet worden war, weder bei der ersten, 1990 durchgeführten Mehrparteien-Wahl, noch bei einer der folgenden Wahlen eine absolute Mehrheit der Stimmen erhalten hatte, konnte ihre Macht effektiv über Koalitionen abgesichert werden. Milošević und

---

226 Die zweite Partei, die der kommunistischen Partei nachfolgte, war die ebenfalls 1990 gegründete ‚League of Communists-Movement for Yugoslavia' (SK-PJ), der Mirjana Marković, die Frau von Milošević vorstand. 1995 wurde dann die Koalitionspartei ‚United Yugoslav Left' (JUL) gegründet, mit Mirjana Markovic' SK-PJ als stärkstem Mitglied. ‚JUL' war von Nähe zur Milošević-Partei gekennzeichnet (es gab einige gemeinsame Mitglieder), hatte Zugang zu staatlichen Medien und Regierungspositionen, obwohl die Partei faktisch nie an einer Wahl teilgenommen hatte. Alle Parteien, die ‚JUL' gebildet hatten, erhielten wesentlich weniger Stimmen als für eine parlamentarische Repräsentation nötig waren. Andere stärkere Parteien zwischen 1990 und 1998 waren: die ‚Serbian Radical Party' (SRS), die ‚Serbian Renewal Movement' (SPO), die ‚Democratic Party' (DS) und die ‚Democratic Party of Serbia' (DSS). Zwischen 1990 und 1998 gab es fast 200 registrierte politische Parteien, die allerdings meist weniger als 4 % der Stimmen erhielten, aber wichtig für die Bildung von Koalitionen bzw. ein Abziehen von Stimmen waren. Dazu: Milan Milošević, *Political Guide to Serbia 2000. Directory of Yugoslavia*, Belgrad, 2000, S. 83 ff. Und: Gordy, The Culture of Power, 1999, S. 25 f.

die SPS kooperierten sowohl mit der erstarkten nationalistischen ‚Serbian Resistance Movement' (SPO) als auch mit der alten Garde der Kommunisten und des Militärs, die durch die ökonomischen und politischen Reformen stark verunsichert waren. Auf diese Weise erhielt sich die SPS die politische Macht, die Kontrolle der Polizei und der wichtigsten Massenmedien. Dennoch war das Regime nun auf Zustimmung angewiesen, wodurch die Einflussnahme auf Fernsehen, Radio und die Zeitungen sowie das öffentliche Zelebrieren des Bildnisses des neuen Führers und seine Integration in eine wiederbelebte nationale, von der orthodoxen Kirche mitzelebrierte Tradition enorm an Bedeutung gewann.

Die Auseinandersetzung mit dem Mehrparteiensystem

In den letzten Jahren des Einparteiensystems war bereits eine Reihe kultureller Institutionen, Organisationen und spontaner Gruppierungen entstanden, die alternative politische Positionen artikulierten und die nationale Frage häufig mit der Forderung nach Demokratie verknüpften. 1990 wurden die ersten oppositionellen Parteien gegründet, aber erst im Juli dieses Jahres beschloss das Einparteiensystem dann ein Gesetz, das (die bereits existierenden) oppositionellen Parteien legitimierte und eine neue Verfassung vorsah. Nach Konflikten mit den Oppositionsparteien über das Wahlgesetz wurde dieses nur zwei Wochen vor den Wahlen geändert. Zugleich schien unsicher, ob die Opposition überhaupt an der Wahl teilnehmen würde, denn in nur einer Woche erklärte sie einen Wahlboykott, begann eine Anti-Wahl-Kampagne und gab diese Kampagne schließlich wieder auf. Im Unterschied zur Milošević-Partei SPS waren die Oppositionsparteien zu diesem Zeitpunkt also nicht sehr straff organisiert und vertraten zudem nur vage definierte ideologische Positionen.

Gleichzeitig präsentierte sich die SPS in den staatlichen Massenmedien als moderat, erfahren und im Einklang mit dem serbischen Volk, unter anderem mit dem Slogan „Mit uns gibt es keine Ungewissheit!" (S nama nema neizvesnosti).[227] Sie nutzte geschickt die „alten Vermittlungskanäle" sowie die Kader-Strukturen der kommunistischen Partei. An die in den staatlichen Massenmedien arbeitenden Journalisten und Journalistinnen gab sie beispielsweise Instruktionen aus, die bereits seit 1988 stattfindenden „Wahrheitstreffen", die überall in Serbien von der SPO (Serbian Resistance Movement) organisiert worden waren und die Miloševićs Aufstieg zur Macht sicherten, im staatlichen Fernsehen (RTS) wohlwollend zu präsentieren. Die frühere Nachrichtendirektorin von RTS berichtet zum Beispiel, dass sie Anweisungen erhalten habe, diesen Meetings in den Abendnachrichten einen speziellen Platz einzuräumen, die Zahl der Teilnehmenden hochzuschrauben, den „heroischen Status" und die Popularität von Milošević hervorzuheben sowie natio-

---

227 Gordy, Culture of Power, 1999, S. 32 f. und S. 35 f.

79. *Slobodan Milošević und andere serbische Heilige*, Dushan Drakulich, 1989.
© Dushan Drakulich

nalistische Symbole wie Četnic-Abzeichen und die alte serbische Flagge zu entfernen.²²⁸

Parallel dazu setzte die SPS eine Nähe zur serbisch-orthodoxen Kirche in Szene, indem sie öffentlich die Rolle der Religion für die Nationalgeschichte betonte und dabei versuchte, ihre eigene Integration in diese Geschichte für die Zukunft auszuformulieren. So war etwa am 2. September 1990 in der Zeitung *Politika* zu lesen, die orthodoxe Kirche sei „the spiritual basis for and the most essential component of the national identity (of Serbs)".²²⁹ Umgekehrt wurde bei kirchlichen Feierlichkeiten das Bild von Milošević in die huldigenden Handlungen einbezogen. Die Teilnehmer und Teilnehmerinnen am orthodoxen Messdienst, der anlässlich des 600. Jahrestages der Schlacht im Kosovo, am 28. Juni 1989 gefeiert wurde, konnten zum Beispiel zwischen den religiösen Ikonen ebenfalls Bilder von Milošević sehen und selbst auf den „fliegenden" Verkaufsständen der Straße wurden Fotos des neuen „serbischen Führers" neben Heiligenbildchen feilgeboten (Abbildung).²³⁰

Bei den am 9. Dezember 1990 durchgeführten Wahlen erhielt die SPS dann zwar die größte Stimmenanzahl, aber nicht die absolute Mehrheit (46,1 %), jedoch – aufgrund des neuen Wahlgesetzes – die größte Anzahl von Sitzen im Parlament (194 Sitze, 77 % der Sitze).²³¹ Die Opposition sowie Studentengruppen organisier-

---

228 Zitiert nach: Mark Thompson, *Proizvodnja rata: Mediji u Srbiji, Hrvatskoj, i Bosni i Hercegovini,* Belgrad, 1995, S. 88.
229 Ramet, Balkan Babel, 1992, S. 18.
230 Ebd., S. 161.
231 Die SPO *(Serbian Renewal Movement)* 15,8 % (19 Sitze), die DS 7,4 % (7 Sitze), unabhängige Kandidaten 9,1 % (8 Sitze) etc. Siehe: Gordy, Culture of Power, 1999, S. 36.

ten wenige Wochen nach endgültiger Bekanntgabe dieses Ergebnisses ab 9. März 1991 Demonstrationen gegen diese Machtverteilung, bei denen das neu formierte Regime erstmals Militär gegen Zivilisten einsetzte. Die Demonstrierenden konnten durch ihre öffentliche Präsenz zwar das Fehlen der Legitimität der politischen Macht aufzeigen, aber diese Sichtbarkeit nicht zur Herstellung einer neuen Machtbalance zwischen den politischen Kräften nutzen. Milošević sicherte in der Folge die Macht der SPS über die bereits beschriebenen Koalitionen sowie über einen Austausch früherer Entscheidungsträger mit regimefreundlichen Personen in allen relevanten Institutionen ab.

Die Demonstrationen vom 9. März 1991 richteten sich aber nicht nur gegen die als ungerechtfertigt empfundene Machtverteilung im Parlament, sondern rückten auch die Bild-Politik des neuen Regimes ins Zentrum der Aufmerksamkeit: Speziell thematisierten sie das monatelange Todschweigen bzw. die Diffamierung der Oppositionsparteien in den Nachrichten des staatlichen Fernsehens sowie die Rolle, die das Fernsehen bei der Berichterstattung über die nationalistischen Konflikte im ehemaligen Jugoslawien generell spielte. Ganz konkret wurde zum Beispiel auch der Rücktritt der Direktoren der staatlichen Fernsehstationen gefordert.[232]

Vor allem das anhaltende Medienmonopol der SPS schürte den Unmut der Opposition. Um 1990/1991 hatte sich in Serbien zwar die Anzahl der Massenmedien vervielfacht, die wichtigsten von ihnen galten aber weiterhin als „regimetreu": etwa die drei staatlichen Fernsehkanäle (RTS Radio-Televizija Srbije 1, 2 und 3), das staatliche Radio, die Zeitung *Politika* sowie das Wochenmagazin *NIN*. Daneben gab es zwar eine Vielzahl weiterer Medienkanäle, die zeitweise protegiert bzw. ignoriert und dann wiederum mit Polizeigewalt eliminiert wurden,[233] doch nur das staatliche Fernsehprogramm RTS 1 und das staatliche Radionetzwerk konnten überall in Serbien empfangen werden. Unabhängige Massenmedien (Radio, Fernsehen, Zeitungen und Zeitschriften) waren außerhalb der großen Städte kaum, und wenn, dann nur unregelmäßig verfügbar.[234] Dennoch wirkten noch andere Massenmedien in den öffentlichen Raum. Es kreuzten sich verschiedenste Musikstile (Turbofolk und Rock), Warenwerbung, Propaganda, Reden, Versammlungen und Demonstrationen, und in diesem Zu- und Gegeneinander von Stimmen spielten die Bildnisse von Politikern, Politikerinnen und Militärs – herausgehoben jenes von Slobodan Milošević – eine wichtige Vermittlungsrolle.

Der Umgang mit der Opposition bei diesen ersten Demonstrationen 1991 zeigte deutlich, dass die neue Regierung der demokratischen Herausforderung mit einer totalitären Tendenz begegnete: Die beiden in Belgrad agierenden unabhängigen Kanäle ‚Studio B' (lokales Fernsehen) und ‚Radio B 92' wurden unmittelbar

---

232 Die Demonstrierenden forderten den Rücktritt des Direktors von ‚Belgrad-Radio-Television' (RTB) sowie des Direktors von ‚TV Belgrad'.
233 Dazu: Gordy, Culture of Power, 1999, S. 63 ff.
234 In Belgrad selbst erreichte allerdings der unabhängige Sender ‚NTV Studio B' zeitweise mehr Publikum (36 %) als RTS 1 (26,4 %), was wiederum von der Kluft zwischen Belgrad und dem umliegenden Land zeugt. Ebd., S. 68.

nach den Demonstrationen mit Polizeigewalt ausgeschaltet. Erstmals wurde ein Verfahren angewandt, das später noch mehrmals wiederholt werden sollte: 1996/97 während der zweiten Welle großer Demonstrationen, 1999 während der Nato-Bombardierungen sowie im Mai 2000.[235]

Der 1990 greifbar nahen demokratischen Herausforderung wurde also von Seiten des Regimes, aber auch anderer nationalistischer politischer Gruppen und deren Anhängerschaft sowie militärischer Kampfeinheiten auf eine Weise begegnet, die politische Macht und Gesellschaft wieder miteinander verschweißen und die mit den demokratischen Prozessen einhergehende Unsicherheit bannen wollte, indem sie – ähnlich wie während des Titoismus – nochmals zwischen einem (ungeteilten, undifferenzierten) „Volk" und seinen „Feinden" unterschied. Dennoch trat diese Haltung nun in zwiespältigerer Form auf: Denn das neue Regime hielt zugleich auch an der neuen Verfassung fest, die ein Mehrparteiensystem mit demokratischer Ausrichtung vorschrieb, was den Oppositionsparteien und anderen politischen Kräften ermöglichte, ihr Recht auf politische Teilnahme einzufordern. Das politische System Serbiens kann daher für die Zeit zwischen 1990 und 2000 nicht als „totalitär" bezeichnet werden, selbst wenn ein demokratischer Wettbewerb um die Macht zum Teil mittels polizeilicher Gewalt ausgeschalten worden war. Am ehesten kann es als „predominant-party-system" oder als „Demokratur" beschrieben werden.[236]

Der in den Jahren von 1989 bis 1992 im ehemaligen Jugoslawien vollzogene Bruch der auch vorher schon fragilen Balance politischer Kräfte warf für alle politischen Akteure eine Vielzahl von Fragen auf: von der Organisation des Alltags über den Umgang mit nationalen Konflikten bis zur Ordnung von Welt, Fragen, auf die nun jenseits der alten ideologischen Rahmenwerke Antworten gefunden werden mussten. Bei der Suche nach Sinn und nach Erklärung der aktuellen Zustände wurde die Welt, wiederum von unterschiedlichen Standpunkten aus, neu organisiert, wobei bereits Vorhandenes erneuert, ausgeweitet und reinstitutionalisiert wurde: Nationalismus, Religion, aber auch ein Anti-Feminismus und ein Feiern von Maskulinität. Daneben gab es aber weiterhin politische Handlungen, die demokratische Verfahrensweisen im öffentlichen Raum präsent hielten und von ihrem Gegenüber einforderten. Die Verunsicherung wurde durch die Herausforderung gesteigert, zwischen einer Vielzahl an alten und neuen Parteien[237] sowie zwischen alten und neuen Kirchen und Glaubensvereinigungen eine Wahl treffen zu müssen, was den inneren Zustand der Gläubigen/Überzeugten in der Vordergrund

---

235 Siehe auch: Interview mit Gordan Paunović, in: Belgrad Interviews, 2000, S. 35.
236 Der erste Begriff stammt von Zoran Slavujević. Siehe: Zoran Slavujević, „Borba za vlast u Srbiji kroz prizmu izbornih kampanja", in: *Izborne borbe u Jugoslaviji, 1990-1992*, hg. v. Vladimir Goati et al., Belgrad: Radnička štampa, 1993, S. 55-166, S. 103. Der Schriftsteller Pedrag Matvejević nannte diese Form des politischen Systems „Demokratur". Siehe: Pedrag Matvejević, *Die Welt „ex". Bekenntnisse*, Zürich, 1997, S. 40.
237 Etwa 200 Parteien waren 1994 registriert. Siehe: Milošević, Political Guide to Serbia, S. 83 ff.

rückte. Die Entscheidung für das eine oder das andere Angebot beruhte nun in gesteigertem Ausmaß auf individuellem Urteil und weniger auf alten Traditionen oder auf staatlicher Verordnung.[238] Und umgekehrt konnten die Ergebnisse politischer Interventionen nun nicht mehr „von oben" erzwungen werden, sondern hingen zunehmend von den Reaktionen der Bürger und Bürgerinnen ab, wobei es zu ganz unterschiedlichen Artikulationen kam, in denen neue politische Angebote mit bereits verfügbaren Vorstellungen von Glaube, Zugehörigkeit, Geschichte, richtig und falsch, eigen und fremd, wir und sie, Nationalität, Autorität, Moralität, Raum und Zeit verquickt wurden. Wie die Knochen toter Helden waren auch die Bilder lebender Politiker[239] ein sehr effizientes Vehikel, um in einer solchen Situation Bedeutungswelten zu rekonfigurieren und Sinn wieder festzumachen.

Vor allem das Bildnis von Slobodan Milošević erheischte nun von ganz unterschiedlicher Seite ausgehende huldigende Anerkennung im Ritual. Messdienste, Reden, nationale Feierlichkeiten, „Wahrheits-Treffen" oder Fernsehübertragungen gaben dem Bild des Politikers gleichsam religiöse sowie nationalistische Autorität. Es wurde mit einer Reihe von Stimmungen und Motivationen verbunden zu einem Modell „von", „für" und „gegen" etwas – über seine Vermittlung konnte eine „bessere", „stärker gesicherte", „friedlichere", „nationale" Zukunft beschworen und gleichzeitig konnten der „atheistische" und „bürokratische" Kommunismus sowie anti-serbische Haltungen zurückgewiesen werden. Milošević nannte sein Programm unter anderem „anti-bürokratische Revolution", was sowohl einen Kampf gegen den ehemaligen kommunistischen Apparat als auch gegen die „Bürokratien" der anderen Republiken und Provinzen beinhaltete, speziell gegen jene des Kosovo, die seiner Meinung nach bisher eine „demokratische" Reorganisation von Serbien (bzw. der jugoslawischen Föderation insgesamt) verhindert hatten. Das „serbische Volk" wurde in diesem Diskurs immer wieder mit einer universaleren und demokratischeren Orientierung gleichgesetzt, womit sein Führungsanspruch innerhalb einer Föderation begründet worden ist. Dabei wurden in öffentlichen Veranstaltungen die Auftrittsweise, Gesten und Aussagen des zentralen, diesen Diskurs verbreitenden Rhetorikers – von Milošević selbst – mit ganz spezifischen, mythischen Weltsichten verbunden. Die Inszenierung seines auf gleichsam natürliche Weise „nationalen" Körpers trat als Vermittler zwischen dem Kosmischen einer bestimmten Weltdeutung und dem Menschlichen auf und provozierte Zustimmungsrituale. Bei öffentlichen Kundgebungen konnte es so zu einer gleichsam fleischlichen Vereinigung zwischen dem „*großen* Individuum" und der Masse seiner Anhänger und Anhängerinnen kommen. So war auf den vom Regime veranstalteten „Gegenprotesten" zu den großen Studentendemonstrationen am 24. Dezember 1996 in Belgrad jener später berühmt gewordene Wort-

---

238 Zum religiösen Markt in ehemaligen sozialistischen Ländern seit 1989: Katherine Verdery, *The political lives of death bodies. Reburial and postsocialist change*, New York, 1999, S. 79 f. und S. 50 f.
239 Die neue Politikerverehrung ging mit einem erneuerten Reliquienkult einher.

wechsel zwischen der Menge und ihrem gefeierten Führer zu hören: „Wir lieben dich Slobo!" – „Ich liebe euch auch".²⁴⁰

Parodie und das Befestigen der beiden Pole: Zentrum und Peripherie

Mitte der 1990er Jahre tauchten jedoch bereits vermehrt Gruppen auf, die Miloševićs Bild einer ganz anderen Behandlung unterzogen. So führte die Gruppe ‚Magnet', bestehend aus u.a. Miroslav Nune Popović, Ivan Pravdić und Jelena Marjanov, am 29. April 1996 in der zentralen Einkaufsstraße Belgrads, der Knez Mihajlova, die Performance *Faluserbia* durch (Abbildung). Auf einen Schubkarren legten sie ein Brett, darauf wurde eine rot bemalte Skulptur platziert und durch die Straße geschoben – ein Riesenpenis in hoch aufgerichteter, erigierter Form, auf dem ein Foto von Slobodan Milošević befestigt war. Vorne am Schubkarren war eine Tafel mit der Aufschrift „Projekat Faluserbia" gut sichtbar angebracht. Nune, der den Schubkarren schob, und Ivan, der mit einem Megafon die Passanten zum Nähertreten und zu Huldigungshandlungen einlud und anfeuerte, trugen weiße T-Shirts, auf denen der schwarze Schriftzug „Famulus" (Diener) prangte. Während Ivan rief „Bürger, das ist die einzigartige Gelegenheit, das Symbol kreativer Macht Serbiens zu fühlen, zu berühren und zu küssen. Kommt näher! Werdet zu mächtigen eigenen Kreationen!", tanzte Jelena, das einzige weibliche Mitglied der Gruppe, um den Penis, berührte ihn, küsste und streichelte ihn. In ihr T-Shirt hatte sie zwei Löcher geschnitten, sodass die Brüste sichtbar wurden, am Kopf trug sie eine Henkerskapuze, die ihr Gesicht unkenntlich machte, jedoch ihren Körper, dessen geschmeidige Bewegungen sowie die nackte Haut nur noch mehr in den Vordergrund treten ließ. Vorne unter ihrem T-Shirt heraus baumelte ein penisartiges Gebilde, was den grotesken Charakter der Gestalt noch steigerte. Ein weiteres Mitglied der Gruppe begleitete trommelnd den Zug, auch er trug eine Henkerskapuze und auf seinem T-Shirt prangte, wie auf dem der meisten anderen, die serbische rot-blau-weiße Fahne.

Mit dem Megafon und der rhythmischen Trommelmusik erinnerte die ganze Aktion an Marktschreier, die Waren oder Dienste anpreisen. Zu Beginn waren die Mitglieder der Gruppe eher für sich, manche der Passanten blieben stehen, blickten überrascht, einige schlossen sich dem Geschehen an, doch nur wenige kamen herbei, küssten den Penis, streichelten ihn oder führten Masturbationsgesten aus. Langsam bildete sich ein anschwellender Zug, wobei sich allerdings kaum noch Einzelne aus ihm lösten und selbst aktiv wurden. Die ganze Zeit über waren sehr viele Fotografierende anwesend, was dazu beigetragen haben mag, das Publikum auf Distanz zu halten. Nach etwa einer halben Stunde wurde die Aktion von der Polizei abgebrochen: Sie verhaftete die Beteiligten und lud alle „Beweisstücke" ins Auto.

---

240 Dazu auch: Ivan Čolović, „Piano", in: *The Politics of Symbol in Serbia*, hg. v. ders., London: Hurst & Company, 2002, S. 228-231.

80. *Faluserbia*, Aktion von ‚Magnet', Belgrad, 29. April 1996. © Magnet

‚Magnet' hat mit dieser Aktion nicht nur das Bild von Milošević parodistisch verarbeitet bzw. verspottet, sondern auch die Huldigungsgesten seiner Anhänger. Die jedem Feiern von Macht implizite Erotik wird hier in Szene gesetzt und damit explizit gemacht. Als Motivation für diesen Auftritt wird von einem der Aktivisten allerdings eher die allgemeine soziale Situation genannt und kein konkretes politisches Anliegen: „I was not angry. It was more like a challenge (...) it made me angry to see that people get beaten in the streets. It made me angry (...) to have friends that had drug-addictions. Because when the war started you could buy drugs in school. And people who don't go to school went to school in order to buy drugs. You had a black market in weaponry, I could buy a bomb in my classroom."[241]

Neben ‚Magnet' traten über diese Aktion jedoch noch eine ganze Reihe anderer Gruppen in eine gesellschaftliche Auseinandersetzung ein. ‚Magnet' selbst war aus der ‚Schule der Avantgarde' (tradicije avantgarde) hervorgegangen, die 1993 im Rahmen eines humanitären Netzwerks (‚The children's embassy') und der ‚Soros Foundation' ins Leben gerufen worden war und deren Anliegen es war, Jugendlichen zwischen dreizehn und einundzwanzig Jahren „kritisches Denken" zu vermitteln. Dies entsprach der damaligen Strategie der ‚Soros Foundation', in ehemaligen sozialistischen Ländern Reformen in Richtung einer „offenen Gesellschaft" sowie

---

241 Interview mit Ivan Pravdić, Magnet, am 13.11.2003.

eine Stärkung der Zivilgesellschaft in Gang zu setzen, ohne mit den von der Regierung dominierten Strukturen in offenen Konflikt zu geraten.[242] Initiiert wurde diese „Schule", getarnt als „Resozialisierungsprojekt", von Literaturkritikern und -kritikerinnen sowie ehemaligen Mitgliedern des Zentralkomitees der kommunistischen Partei, die das Projekt als „good opportunity in a bad time" sahen, d.h., als eine Möglichkeit, dem für sie miteinander verkoppelten Nationalismus und Traditionalismus im Schulunterricht entgegenzuwirken. So hält einer der „Lehrer" in dieser „Schule der Avantgarde", Ostoja Kisić, in einem retrospektiv geführten Interview fest: „At that time the school programmes were darkening consciousness, using phrases insisting on nationalism, in 1993, even before (...) we wanted to promote more openness, a more critic view (...) the step was to tear the nationalistic programme out of the heads of the children, because that was like a road towards war."[243]

Avantgardistische Taktiken wurden als besonders effizient für die angestrebte Bewusstseinsveränderung gesehen: wegen ihrer „Offenheit" und ihrer Assoziation mit „Freiheit" sowie wegen der oppositionellen Rolle, welche die historische Avantgarde wiederholt in der Geschichte eingenommen hat. Noch einmal Ostoja Kisić: „Avant-garde gives a bigger freedom vocation (compared to, for example ‚realism', A.S.) and it was always opposed to the governments (...) From the 1960s on Yugoslavia was very open to art-tendencies from other countries, specially in the field of the avant-garde, that was something very distinctive for Yugoslavia among other socialist countries. When Milošević came to power, that communication network was sealed and this information could not come in".[244] Gegen die Ende der 1980er Jahre wiedererstehenden „alten" Formen der Herrscher-Huldigung mobilisierte diese Gruppe also den Glauben an die Macht des Zerbrechens von Bildern mittels ästhetischer Kunstgriffe – die Wiederbelebung einer avantgardistischen Tradition wurde demnach auch in diesem Kontext wieder zu einem politischen Programm. Im Zuge dessen wurden hier ebenfalls Verknüpfungslinien zu ganz bestimmten nationalen wie internationalen, d.h. auch in Europa oder den Amerikas verorteten, „Vorfahren" konstruiert und die bisherige Kunstgeschichte Jugoslawiens „umgeschrieben". Denn die historische Avantgarde der 1920er Jahre – Dada und Surrealismus – war, anders als solche Mythen behaupten, keineswegs jene Kunst, die das sozialistische Regime Jugoslawiens besonders in den Vordergrund rückte: Während nach dem Bruch mit dem sowjetischen Block eine Art abstrakter Modernismus als „sozialistischer Modernismus" zur offiziell akzeptierten Kunstrichtung erklärt wurde, war es gerade diese politisch expliziter auftretende Tradition der Avantgarde, die systematisch aus allen Diskussionen und Präsentationen ausgeklammert worden

---

242 George Soros, *Die offene Gesellschaft. Für eine Reform des globalen Kapitalismus*, Berlin, 2001, insbes. S. 336f.
243 Interview mit Ostoja Kisić, am 18.02.2004.
244 Ebd.

war.²⁴⁵ Einzelne, ehemals während des kommunistischen Regimes marginalisierte Avantgardisten wie Ostoja Kisić nutzten also Anfang der 1990er Jahre die von der Soros-Foundation gebotene Gelegenheit, der von ihnen favorisierten Traditionsrichtung nachdrückliche Einflussnahme und Präsenz zu verleihen.²⁴⁶

Der „Lehrplan" der ‚Schule der Avantgarde', in die zwischen 1993 und 1996 halbjährlich etwa je zwanzig bis dreißig Schülerinnen und Schüler aufgenommen wurden, sah neben den Kursen „Contradictorium" und „Tradition der Avantgarde von Aristophanes bis heute" auch das öffentliche Praktizieren avantgardistischer Aktionen vor. Dabei zogen die während der Veranstaltungen entwickelten Performances bei ihrer Durchführung im öffentlichen Raum zunehmend Publikum an. Auch die ausländische bzw. die regimeunabhängige Presse wurde dazu eingeladen, was den Events eine starke internationale Medienpräsenz verlieh. Diese überregionale Ausrichtung der Aktionen wird auch daran deutlich, dass viele der die Interventionen begleitenden Materialien (Flugblätter, Aufschriften, Transparente, Magazine etc.) zweisprachig (serbisch und englisch) verfasst waren.

Faluserbia ging also aus Strukturen hervor, in denen sich die Ansprüche und Wünsche überaus heterogenen Gruppen miteinander vernetzt hatten: jene der sich als „progressiv" und „avantgardistisch" verstehenden Lehrer und Lehrerinnen der ‚Schule der Avantgarde', jene der ‚Soros Foundation', jene der humanitären Netzwerke und jene der Schülerinnen und Schüler, die selbst wiederum aus ganz unterschiedlichen Motiven an diesem Programm teilnahmen – um eine Basis für die eigene künstlerische Arbeit zu schaffen und/oder um der Perspektivlosigkeit und Armut, die im Serbien dieser Zeit herrschten, zumindest ein Stück weit entgehen zu können. Parodie zeigt sich hier als eine gelehrte und gelernte Form und nicht als spontane und populäre Unternehmung. Mit ihr sollte das Bild des in diesem Kreis ungeliebten Slobodan Milošević in Erinnerung gerufen werden, aber nur, um es zu disfigurieren und etwas anderes erahnbar zu machen. Die beiden unkontrollierbaren ästhetischen Formen Ironie und Parodie²⁴⁷ wurden – wie so oft im 20. Jahrhundert – wieder zu einem Programm „eingefroren" und dabei ganz explizit einem „Studium" unterzogen sowie mit ganz spezifischen politischen Zielsetzungen verschmolzen. In solchen Aktionen bündeln sich demnach plurale, miteinander strei-

---

245 Dazu: Branislav Dimitrijević, „the grand compromise: on examples of the use of political references in serbian art of the 90's, and its historical background", in: *Strategies of Presentation*, hg. v. Barbara Borčič and Saša Nabergoj, Ljubljana: SCCA-Ljubljana, 2001, S. 37-44, S. 38.

246 Insgesamt präsentierten die verschiedenen Kurse der „Schule der Avantgarde" an die 30 verschiedene Bewegungen – von Dadaismus über Surrealismus bis zur lateinamerikanischen Avantgarde und aktuellen Positionen in verschiedenen Teilen des ehemaligen Jugoslawien. Interview mit Ostoja Kisić, am 18.02.2004.

247 Es gibt keine Garantie für das „Gelingen" von Parodie und Ironie, beide sind aber permanente Möglichkeiten der Kommunikation. Und umgekehrt hat jede soziale Handlung insofern eine parodistische Komponente, als dabei stets eine bestimmte präexistente Bedeutung neu figuriert bzw. die ursprüngliche Bedeutung unterlaufen wird. Zu dieser Konzeptualisierung von Parodie: Laclau, Identity and Hegemony, 2000, S. 78.

tende Gefühle, Wünsche und Geschichten, wobei keine einzige Erzählung eine andere, die von hier aus ihren Ausgang nimmt, ausschließen kann, sondern in einen Streit um Anerkennung mit offenem Ausgang verwickelt wird. Die Aktion *Faluserbia* erscheint so als zwiespältiger öffentlicher Eingriff, der bestehende Faszinationen wie auch Abwehrhaltungen in vielfältiger Weise sowohl unterstützt als auch problematisiert: Einmal werden das Bild von Milošević sowie die huldigenden Gesten seiner Anhängerinnen und Anhänger durch eine Wiederholung, die wie jede Wieder-Holung etwas anderes aus dem Wiederholten heraushebt, problematisiert. Als Zuschauer kann man dann zwei verschiedene Bewusstseinsformen gleichzeitig am Werk sehen – das prä-existierende Bild wird in Erinnerung gerufen, zugleich dabei allerdings auch dis-figuriert und verspottet. Das andere Mal weist diese Re-Figuration des Bildes von Milošević jedoch in Richtung einer Überwachung der Grenzen des Sagbaren: Der neue, sich gegenüber dem ehemaligen kommunistischen als „innovativ" darstellende Diskurs der Macht wird auch im Interesse derer verspottet, die wollen, dass nur das gesagt und gemacht werden darf, was immer schon (vom kommunistischen Regime) gesagt worden ist. In paradoxer Weise bewahrt die Parodie zudem das Bild, das sie zu dis-figurieren versucht, wenn auch nur als Problematisierung, was die Fülle möglicher weiterer Anknüpfungspunkte darüber hinaus sehr breit hält.

Wenige Monate später, bei den im Winter 1996/97 stattfindenden und fast vier Monate dauernden Studentenprotesten, bekannt auch als die Stadt in täglicher Regelmäßigkeit durchziehende „Walks", setzte sich dieser Bilderstreit dann in aufgeheizter Form fort.[248] Dabei wurden parodistische Formen sehr häufig aufgegriffen. Beispielsweise wurde eine Riesenpuppe mit den Zügen des Slobodan Milošević mitgeführt, gekleidet in einen Sträflingsanzug und mit einer Sträflingsnummer, die dem Datum der Demonstration – „17111996" – entsprach. Eine andere Aktion bestand darin, eine Papp-Attrappe in Gestalt von Milošević in einem die Form des Parteizeichens (eines roten Pfeils) der SPS darstellenden Sarg einzuschließen und diesen in der Donau zu versenken. Die Figur von Milošević wurde zudem auf einer Vielzahl anderer Transparente und Plakate verspottet, und der rote Pfeil wurde etwa auch als Punk-Frisur verhöhnt. Trillerpfeifen- und Kochgeschirr-Konzerte sowie lautes Trommeln begleiteten diese Demonstrationen und wurden zu einem ihrer Kennzeichen. Als sich zum Jahreswechsel Polizeikordons und Demonstrierende wochenlang gegenüberstanden, provozierten die Demonstrierenden die Polizisten, indem sie ihnen Riesenspiegel entgegenhielten und sie so mit ihrem eigenen Bild konfrontierten, sie als Modell für Spottzeichnungen verwendeten oder vor ihnen Paraden als „Parteibuchträger" durchführten. Ein weiteres beliebtes Motiv war Miloševićs Sohn Marco und die mit ihm verbundene Neu-

---

248 Die Demonstrationen dauerten von Mitte November 1996 bis Mitte März 1997. Anlass war die Bekanntgabe der Ergebnisse der 2. Runde der Lokalwahlen am 17. November 1996 in Belgrad, in der die Erfolge der Opposition nicht anerkannt wurden. Die Forderung der Demonstrationen war die Einrichtung einer Wahlkommission, die den Stimmenklau verhindern sollte.

81. *„feraari" als Streitobjekt*, Belgrad, 1997/97. © courtesy Vreme archive

reichen-Glamourästhetik, die ihre Verkörperung in seinem roten Ferrari, in einer von ihm in der Belgrader Innenstadt betriebenen Parfümerie sowie in Auslandskonten und teuren Kleidermarken fand. So tauchte auf den Demonstrationen immer wieder eine Reihe verschiedenfarbener, mit je einem Buchstaben bemalter und von verschiedenen Personen gehaltener Luftballons auf, die gemeinsam gelesen den Schriftzug „feraari" ergaben (Abbildung) – was neben der ironischen Komponente gemeinsam mit den ebenfalls mitgeführten Flaggen verschiedener Automarken (Ferrari, Fiat, Alfa Romeo, Opel), auch davon zeugt, dass es bei diesen Protesten auch darum ging, sich die Möglichkeit zur Beteiligung an Konsum und einem westlichen, modernen, mit Kapitalismus assoziiertem Lebensstil zu erstreiten.

Alle diese Beispiele machen jedoch nochmals deutlich, dass auch in diesem breiteren „Protest-Milieu" avantgardistische ästhetische Verfahren wieder ganz programmatisch aufgegriffen wurden. Dies hielt Jovan Čekić, der damals für die Marketingagentur ‚Saatchi & Saatchi' sowie als Herausgeber des Magazins *New Moments* in Belgrad arbeitete und von den Studierenden als „PR-Berater" angeheuert worden war, ganz explizit fest: „It was me and some other guys (...) We were some kind of adviser for those young people. My approach was that we need some kind of Dadaism or surrealist approach (...) some kind of joke or fundamental approach. In my opinion the young people only have to request, not to explain anything, this is the nature of the youth; this was my strategy, don't explain anything, just request: we want passports, we want to go to Europe, we want democracy (...) They had a kind of headline which was ‚Belgrade is the world' and they wanted to change that and I said ‚no, no, don't change it, it is okay' In my opinion it was also important to have some strong images which will go to the world, you know, for CNN, BBC."²⁴⁹

Trotz einer ähnlichen Beanspruchung avantgardistischer Verfahren zur Problematisierung des Milošević-Regimes haben sich die Mitglieder von ‚Magnet' und der ‚Schule der Avantgarde' später von dieser Verwendung der auch von ihnen forcierten Formensprache während der Studentenproteste distanziert. Sie kritisierten die „Walks" als ein „Auspumpen von Energie" und als „Manipulationen bestimmter Politiker".²⁵⁰ Im öffentlichen Raum sind diese verschiedenen Aktionen jedoch zu einem ununterscheidbaren „Karneval der Straße"²⁵¹ verschmolzen, den noch eine Reihe anderer Künstlergruppen, NGOs und Theaterkollektive – Women in Black, Led Art, DAH-Theater, Škart etc. – mit bunten Interventionen gespeist haben.

Auf diese Weise bildete sich eine Formation des Protests, die Raum einnahm, die sich eine Stimme verlieh und sich über die Verbreitung ganz spezifischer, wiedererkennbarer ästhetischer Formen Sichtbarkeit verschaffte. Die avantgardistischen Formen dienten den oppositionellen Gruppen dazu, eine Differenz gegenüber den Anderen, den „Parteibuchträgern" und „Nationalisten", sichtbar und provokativ auszustellen. Zugleich konnten sie mit diesen Formen eine vereinheitlichende, wiedererkennbare Oberfläche über die selbst wiederum sehr gespaltenen Forderungen und Haltungen ziehen. Avantgardistische, parodistische Formen verkörperten hier von ganz unterschiedlicher Seite herkommende Forderungen, Wünsche, Projekte und Ängste, was zu einer Äquivalenzbeziehung zwischen den diversen ästhetischen Statements führte, sodass diese Formen zu einem symbolischen „Dach" für die gegen das Milošević-Regime gerichtete Opposition insgesamt werden konnten.

Auf die Präsenz dieser in sich widersprüchlichen, jedoch unter einer ästhetischen Form „geeint" auftretenden oppositionellen Kultur antwortete das Milošević-Regime mit der Organisation von Gegenkundgebungen, auf denen folkloristische Topoi und Formen sowie Flaggen und Führer-Plakate dominierten. Zum Jahreswechsel 1996/1997 erschien die Situation festgefahren: Auf der einen Seite gab es die Studierenden und die Opposition mit ihren avantgardistisch-parodistischen, karnevalesken Formen, auf der anderen Seite die „Gegendemonstrationen" der

---

249 Interview mit Jovan Čekić, am 17.02.2004.
250 Interview mit Ivan Pravdić, Magnet, am 13.11.2003.
251 Dieser wurde auch in der begleitenden, lokalen Kulturkritik eifrig mitkonstruiert: etwa Aleksandra Jovićević, „Everybody Laughed: Civil And Student Protest in Serbia 1996/97, Between Theatre, Paratheatre and Carnival", in: *Walking ON THE SPOT. Civil Protest In Serbia,* hg. v. B92, Belgrad: B 92, 1997, S. 45-56.

Milošević-Anhänger, auf denen unter anderem der Wortwechsel „Wir lieben dich Slobo!" – „Ich liebe euch auch" zu hören war. Zu den „Walks" versammelten sich vor allem Jugendliche sowie „Städter", „Belgrader", zu den „Gegenkundgebungen" traf sich die ältere Generation der Städte mit Bewohnern der ländlichen Regionen, die mit Autobussen angereist waren. Diese Pattstellung kommt auch in einer Parole zum Ausdruck, die von den Demonstrierenden zur Verbreitung einer neuen Taktik ausgegeben worden war: „Ein Kordon gegenüber einem Kordon."

Zwar waren Mitte März 1997 die Ziele der Demonstrationen erreicht und die Wahlergebnisse der Opposition anerkannt, für viele der Aktivistinnen und Aktivisten endeten die *Walks* dennoch mit der Enttäuschung, nur einer sehr uneinigen lokalen Opposition zum Sieg verholfen zu haben, die an der Gesamtsituation wenig ändern konnte und wollte. Die lange Dauer dieser Pattstellung sowie die starke Ritualisierung des Protests weisen darauf hin, dass sich diese beiden „Macht-Blöcke" auch gegenseitig stützten. Die programmatische Anwendung parodistischer, avantgardistischer Formen auf Seiten der Studierenden und der Belgrader Opposition hat demnach die schon während des Sozialismus präsente, in der Milošević-Zeit dann jedoch verstärkt aufgerissene (und vom neuen Regime zeitweise auch sehr stark geförderte) Kluft zwischen „abgehobener", „dekadenter", „urbaner Elite" auf der einen Seite und „bodenständiger", „populistischer" Kultur des „einfachen, ländlichen Volkes" auf der anderen Seite noch zementiert. Während die Opposition die „Anderen", die Regime-Befürworter, mit diesen Formen provozieren sowie eigene Projekte und Wünsche sichtbar machen konnte, wurden von diesen „Anderen" solche Formen als Hinweis auf die „anti-serbische Haltung", „Manipuliertheit" oder sogar „Radikalität" und „faschistische Gesinnung" der Oppositionellen gelesen. Diese unterschiedlichen Wahrnehmungen sind durch die bereits genannten ästhetischen Formen aneinander gebunden. Indem solche Formen von vielen Schauenden in solch antagonistischer Weise rezipiert wurden, verwandelten sie sich in bedeutsame, hervorgehobene Punkte der Wahrnehmung, die sich gegenseitig bestätigten.

Management und die Re-Definition von Kunst als politische Intervention

Noch eine „Bewegung" unterstützte diese Polarisierung: Im Belgrad der 1990er Jahre kam es zur Durchsetzung einer neuen Form der Kunstproduktion – künstlerische Praxis wurde als politische Intervention re-definiert. Milena Dragićević-Šešić schildert diesbezüglich die Herausbildung einer „unabhängigen radikalen Szene" an unkonventionellen Orten (privaten Galerien, einem vormaligen jüdischen Gemeindehaus bzw. Parteilokal, das in das Kulturzentrum ‚Cinema Rex' umgewandelt wurde, stillgelegten Verkaufslokale etc.), die künstlerische Aktivitäten hervorbrachte, „[which] had political, personal, living ethical position, they gave strong contribution to the constitution of civic life together with social movements and oppositional political parties. ‚Institutionalization' of radical arts through specific alternative art institutions and festivals – film, theatre, video-art (...) etc., contri-

82. *Rosencrantz und Guildenstern sind tot*, Jelica Radovanović, 1992.
© Jelica Radovanović

buted to the preservation of free spirit, political resistance, ethical stands, but also of experimental tendencies, in spite of the both political and market pressures."[252]

Beispiel für die in dieser Szene entstehende Kunst ist eine Arbeit von Jelica Radovanović, *Rosencrantz and Guildenstern are Death* (1992, Abbildung), eine inszenierte Fotografie, die zunächst als Cover der Oppositionszeitschrift *Republika* (Nr. 41/42, April 1992) erschien und – ähnlich wie die Protestperformances von ‚Magnet' – wieder den im Serbien der 1990er um sich greifenden „neuen" Bilderkult parodierte.[253] Auf dem Foto posiert die Künstlerin im Stil alter Huldigungsgemälde sitzend vor einem mit reichen Draperien ausgekleideten Bildhintergrund als eine Art „hybride" Herrscher- bzw. Herrscherinnenfigur: halb als erotische Madonna mit dem Kind im Arm, halb als Landesfürst mit Bart und auf die Brust gemalten kyrillischen Zeichen. Ihre Haltung ist aufrecht und auf etwas gerichtet, das außerhalb des Bildraumes liegt, wobei sie in ihrer rechten Hand eine Fernbedingung hält, was darauf hinweist, dass sie auf ein in den Medien repräsentiertes Geschehen fixiert ist. Das ganze Bild präsentiert ein zunächst friedliches Szenario in einem opulenten Goldrahmen – nur der darunter gemalte ebenfalls goldfarbene Schriftzug „Rozenkranc i Gildenstern su mrtvi" (Rosencrantz and Guildenstern are dead) bringt dieses aus alten und neuen Mythen gewobene Porträt mit dem Tod in

---

[252] Milena Dragićević-Šešić, *Urban provocations*, unveröffentlichtes Manuskript, o. J., S. 2.
[253] Dazu auch: Jasmina Čubrillo, „On Reality Checking – a Retrospective Report from Belgrade", in: *ÖZG, Österreichische Zeitschrift für Geschichtswissenschaften*, Nr. 3 („Ästhetik des Politischen"), 2004, S.153-159, S. 155f.

Verbindung. Denn damit wird das zeitgenössische Geschehen mit dem absurden – Hamlet von Shakespeare spiegelnden – Theaterstück von Tom Stoppard (1966) und dem tragischen Tod seiner beiden clownesken Haupfiguren Rosencrantz und Guildenstern in Zusammenhang gebracht.

Eine weitere Arbeit (*Ohne Titel*, 1998/2002, Abbildung), die dieselbe Künstlerin gemeinsam mit Dejan Andelković gestaltete, zeigt, dass diese Art der politisch aufmerksamen Auseinandersetzung mit dem eigenen Umgebungsraum ein paar Jahre später noch direkter und expliziter in den Stadtraum selbst übersetzt wurde. Das Medium des Bildes und der Kunstbetrieb im engeren Sinn wurden hier zugunsten des Aktionsortes der Straße verlassen und die künstlerische Arbeit wurde – ähnlich wie es etwa in den 1960er Jahren passiert ist – wieder in eine Kunstaktion umdefiniert, die zudem ganz ausdrücklich an den „gemeinen Mann" bzw. „die gemeine Frau" adressiert war. Auf den Straßen Pančevos[254] wurde ein weiß-gelber Pfosten, wie er dort überall als physisches Hindernis aufgestellt ist, um Autos von den Gehwegen oder Fußgängerzonen fernzuhalten, durch ein gelb angestrichenes Steinobjekt ersetzt, das in detailgetreuer Kopie eine riesige Patronenhülse darstellte. Oben war diese Hülse durch eine abnehmbare Klappe geschlossen. Wurde sie, etwa durch absichtliches oder unabsichtliches Berühren oder Anstoßen, entfernt, dann kam darunter jedoch der Text „Nobody is Innocent" zum Vorschein. Auf diese Weise barg das unscheinbare Steinobjekt, an dem die meisten Passanten und Passantinnen dann auch ganz arglos vorbeischlenderten, das Potenzial, den damals gängigen, die Kriegsrealität negierenden bzw. die Verantwortlichkeit Serbiens herunterspielenden Jargon zu hinterfragen. Aus diesem Grund wurde die Skulptur, nachdem ihre „Identität" als Provokationsobjekt einmal aufgedeckt war, vereinzelt auch heftig attackiert und relativ bald demoliert.

Entscheidend für die Verbreitung und Institutionalisierung einer Kunstszene, aus der Arbeiten wie diese beiden hervorgehen konnten, war der bereits erwähnte ‚Soros Fund Yugoslavia', der schon seit 1989 das „freie Radio" B 92 und andere Medien der Opposition und seit 1993 die ‚Schule der Avantgarde' unterstützt hatte, und in dessen Exekutive Board u.a. Milena Dragićević-Šešić mitwirkte. Nach ersten Büros in anderen ehemaligen sozialistischen Ländern (u.a. Ungarn, Polen, Tschechien, Slowakei, Rumänien, Ukraine, Slowenien, Russland, Litauen, Kroatien) gründete dieser Fund 1994 in Belgrad das ‚Soros Center for Contemporary Arts' (SCCA). Neben dem Aufbau der Infrastruktur einer „offenen Gesellschaft"[255]

---

[254] Ursprünglich sollte die Arbeit auf den Straßen Belgrads während des Sommerfestivals 1998 aufgestellt werden, was aber aufgrund ihres provokativen Charakters von den Verantwortlichen abgelehnt worden war. 2002 wurde sie dann auf der *Tenth Biennial of Visual Arts* in Pančevo gezeigt.

[255] Für eines der ersten dieser Zentren, das *SCCA Budapest*, wurde als Aufgabe festgehalten: „to build the infrastructure of open society (…) The SCCA Network assists the international art world's access to the arts of the region. Each SCCA office assists in the development of its country's arts community by promoting its artists, art professionals, and organizations through local and international cooperation." http://leoalmanac.org/journal/Vol_4/lea_v4_n09.txt (3.4.2007)

83. *Ohne Titel*, Dejan Anđelković & Jelica Radovanović, *Pančevo. The Tenth Biennial of Visual Arts*, 2002. © Jelica Radovanović und Dejan Anđelković

zählte zu den Aktivitäten dieser Zentren die Registrierung der lokalen Kunstschaffenden in einem Bild- und Textarchiv, die ausführlichere Dokumentation der Arbeiten einzelner Künstler und Künstlerinnen sowie die Organisation von Jahresausstellungen, die explizit die Aufgabe hatten „[to] deal with theoretical and/or practical areas of contemporary art that are less explored by artists in the country. Participation in these events is open to competition, and is publicized nationally."[256] Die lokalen SCCA-Zentren legten also auch die Themen für die einzelnen Jahresausstellungen fest, organisierten den Wettbewerb und vergaben darüber hinaus Stipendien. In ihren Räumlichkeiten befand sich zudem eine Bibliothek, in der Informationen bezüglich ausländischer Fördermöglichkeiten ebenso auflagen wie Werbung für bestimmte Ausstellungen oder Festivals und internationale kunstkritische Literatur.

Diese neue, weiträumig vernetze Institution „rahmte" die Prozesse der Kunstproduktion in einer für diesen Kontext völlig neuen Form: In der Zeit des Titoismus waren Künstler und Künstlerinnen über die offiziellen Strukturen in erster Linie in das Design von „Settings" für Auftritte der Partei und für Konferenzen sowie in die Gestaltung von Inszenierungen im öffentlichen Raum und von Zweck-

---

256 Ebd.

bauten wie Warenhäuser, Hotels und Kantinen involviert. Zentrales Forum für die Interpretation einer „marxistischen Ästhetik", die, wie bereits erwähnt, in Jugoslawien einer Art „abstraktem Modernismus" entsprach, waren demnach diese Räume des offiziellen Lebens und nicht die Enklaven der „hohen Kunst": Deshalb konnten in Letzteren seit den 1960er Jahren dann auch experimentellere, etwa der Konzeptkunst nahe stehende künstlerische Positionen Platz greifen sowie auch Nicht-Kommunisten auftreten, solange sie nicht offensiv anti-kommunistisch auftraten und – als wichtigste und einzig nachdrücklich überwachte Regel – die Figur und das Gesicht Titos nicht provokativ darstellten. In der Milošević-Ära setzten rechte Ideologen wie Dragoš Kalajić, der 1994 die Ausstellung *Balkanski Istočnici* (Die Quellen des Balkans) kuratierte, in allen wichtigen öffentlichen Kunstinstitutionen einen Anti-Internationalismus durch, der von einer Vielzahl von „Neuerfindungen" nationaler Mythen, religiöser Symbole und Folklore-Motive lebte.[257] Parallel dazu griff nun jedoch das ‚SCCA Belgrade' mit einem als „alternativ" und „oppositionell" verstandenen Konzept ebenfalls in die aktuelle Neuordnung von künstlerischer Praxis und kultureller Elite ein: Künstler und Künstlerinnen mussten ihre Arbeit einem vom SCCA-Team gewählten Themenkreis und einem von diesen bestimmten Präsentationsort anpassen, waren in erster Linie jedoch angehalten, die herrschende zivilgesellschaftliche Situation zu beurteilen und zu beobachten, da die meisten der gestellten Themen darauf rekurrierten bzw. dies auch generell als Erwartungshorizont der Foundation formuliert war. So hieß es zum Beispiel im Katalog der zweiten Jahresausstellung des SCCA in Belgrad, die den provokativen Titel *MurderOne* trug: „The exhibition (…) did not offer a ‚topic', but tried to open up perception both for aesthetic and political taboos."[258] Darüber hinaus mussten die Kunstschaffenden für ihre Arbeiten nun je ein „proposal" verfassen, eine werbewirksame Selbst-Präsentationsmappe anlegen, am besten auf Englisch, da die Entscheidungsgremien oft auch international besetzt waren, zudem wurde ihnen nahegelegt, an Schulungen, Konferenzen oder Festivals teilnehmen. Die auf diese Weise entstehenden Konzepte waren dann der Entscheidung einer Jury ausgesetzt bzw. deren Direktiven untergeordnet.

Mit der Re-Definition solcher neuer Standards von Prozessen, über die Kunst entsteht und der Öffentlichkeit zugänglich gemacht wird, entstanden neben neuen Ausdrucksmöglichkeiten auch neue Trennungen:[259] Kunstschaffende, die sich dem neuen Prozedere unterwarfen, galten als förderungswert, innovativ und potenziell demokratischen, zivilgesellschaftlichen Aufgaben gewachsen; andere, die sich ihm

---

257 Zu dieser Geschichte der Venetzung von Kunst und Politik in der Zeit des Titoismus und in der Milošević-Ära siehe: Dimitrijević, the grand compromise, 2001, S. 39 und S. 41.
258 Branislava Anđelković und Branislav Dimitrijević, „Murder or Happy People", in: *2ⁿᵈ Annual Exhibition. Murder One*, hg. v. Centre for Contemporary Art, Belgrade: Fund for an Open Society, 1997, S. 13-59, S. 35.
259 Diese Trennungen wurden auch thematisiert: zum Beispiel von Mladen Stilinović in einer Arbeit (1992), die auf einem rosa Tuch den Schriftzug „An Artist Who Cannot Speak English Is No Artist" zeigte.

verweigerten, dagegen als altmodisch, verschlossen und dem ausgedienten, sozialistischen System verhaftet oder als gefährdet, vom Milošević-Regime vereinnahmt zu werden. Tendenziell wurde Letzteren in der Folge der Titel „Künstler" bzw. „Künstlerin" überhaupt abgesprochen.[260]

Diese Neudefinition von Kunst in „Art for Social Change" veränderte jedoch nicht nur das Prozedere im Vorfeld der Kunstausübung, sondern brachte auch eine Kuratoren- und Kritikerelite hervor, die sich selbst als „Art Manager" und „International Coordinators" bezeichnete, die ebenfalls Schulungen, nämlich in Kunst-Management, erhielt, auch in der internationalen Organisation anderer Veranstaltungen arbeitete und eng mit der lokalen Administration vernetzt war.[261] Von dieser neuen Elite wurde mit dem Aufgreifen von in diesem Kontext neuen Methoden der Kulturkritik wie „Cultural Studies", „Gender Studies" sowie von postkolonialistischer und poststrukturalistischer Theorie ebenfalls soziale und politische Aufmerksamkeit demonstriert.[262] Dem NGO- und „zivilen" (nicht-institutionalisierten) Kulturarbeitssektor wurde dabei eine zentrale Rolle für die soziale und politische Entwicklung der Gesellschaft zugesprochen. So hielt eine Zustandsanalyse Anfang der 1990er Jahre fest: „Art and culture as well as the cultural workers and artists, played a much more important role in political changes in Central Europe especially than the professional politicians (nomenclature) or direct political opposition. During all the totalitarian period, the work of arts were the only possibility to tell and to express the tendencies towards democracy, different kind of society, or even to express the differences in ethnic culture."[263] Über die Verzweigungen des SCCA kommt es in der Folge zu einer engen Verschränkung von Kunstkritik und einer neuen Management-Ideologie – die von einzelnen Personen zum Teil auch in Personalunion verkörpert wurde. So arbeitete etwa Milena Dragićević-Šešić als Kunstkritikerin, wobei sie sich insbesondere mit der Avantgarde-Tradition aktueller, politisch-oppositioneller Praktiken beschäftigte, später, nach dem Sturz des

---

260 Manche der von mir kontaktierten Künstler und Künstlerinnen, die sich selbst auch als solche verstanden, wurden von der über die neuen Netzwerke entstandenen Elite des Ausstellungsbetriebs und der Kunstkritik nicht als „Künstler" bezeichnet, sondern als Radiomacher, Designer oder Bühnenbildner – Tätigkeiten, denen sie, wie alle anderen, die mehrere Jobs parallel ausübten, um ihr Überleben einigermaßen zu sichern, ebenfalls nachgingen. Dies war vor allem dann der Fall, wenn sie sich dem über diese Institutionen durchgesetzten Prozedere verweigerten.
261 Dies schilderte Ludmila Ivashina, die lokale Vertreterin und Art-Managerin der ‚Soros Foundation' in einem Gespräch am 29.11.2003 in Novosibirsk.
262 Beispiel dafür sind die folgenden beiden Texte, die diese neuen Methoden offensiv aufgriffen: Branislava Anđelković, „The Testament of Katarina Ivanović", in: *Umetnost Na Kraju Veka/ Art At The End Of The Century*, hg. v. Irina Subotić, Belgrad: Clio 1998, S. 284-295. Und: Branislav Dimitrijević, „Heterotopography", in: *Umetnost Na Kraju Veka/ Art At The End Of The Century*, hg. v. Irina Subotić, Belgrad: Clio 1998, S. 268-278.
263 Milena Dragićević-Šešić, *The cultural policy and cultural life in the posttotalitarian period in Eastern and Central Europe*, unveröffentlichtes Manuskript, o. J. (ca.1991), S. 1.

Milošević-Regimes, war sie Direktorin der Kunsthochschule, zugleich verfasste sie auch Broschüren und Handbücher für Kultur- und Kunstmanagement.[264]

Im Zuge der kollektiven, zum Teil in völlig verschiedene Richtungen gehenden Reinterpretation des Übergangsprozesses von einer realsozialistischen zu einer kapitalistischen Gesellschaftsform stellten das SCCA und die mit ihm in Verbindung stehenden Kulturzentren, Ausbildungsstätten und Ausstellungsräume demnach ein Forum dar, in dem sich eine neue kulturelle und intellektuelle Meinungselite versammeln, weiterbilden und über Veranstaltungen, Symposien und andere öffentliche Interventionen auch selbst bewerben und vergrößern konnte. Das Modell war in diesem Kontext deshalb so erfolgreich, weil, wie Gil Eyal, Iván Szelényi und Eleanor Townsley gezeigt haben, in Zentral- und Südosteuropa kulturelles *Knowhow* in diesem Zeitraum generell zu einer der wichtigsten „legalen" Voraussetzungen für den Erwerb von Macht, Prestige und Privilegien avanciert war. Die Möglichkeit der Partizipation an Netzwerken der kulturellen und intellektuellen Elite erwies sich für ein Überleben dieses Transitprozesses deshalb als so besonders wichtig, weil während des realsozialistischen Systems die Herausbildung einer Klasse von Privatbesitzenden stark eingeschränkt war, weshalb anderen Gruppen – dem sogenannten „zweiten Bildungsbürgertum"[265] – die Aufgabe zukam, eine zivilgesellschaftliche, demokratische und kapitalistische Ordnung durchzusetzen. In diese Richtung engagiert, traten seit den späten 1960er Jahren, insbesondere dann aber in den 1980er Jahren in erster Linie ehemalige intellektuelle Dissidenten und Reformkommunisten auf. Das Konzept des „Managements" konnte dabei sowohl mit den zivilgesellschaftlichen, sozial- und kulturreformatorischen als auch mit ökonomischen Ansprüchen in Beziehung gesetzt werden und stellte so eine Art weiteren Knotenpunkt dar, über den sich verschiedene soziale Gruppen miteinander zu einer neuen gesellschaftlichen Machtelite verbinden konnten.[266]

---

264 Zum Beispiel Milena Dragićević-Šešić, „Multicultural Iconography of civic protest in Belgrade 1996-97 – The xenophobia of the authorities ridiculed", in: *Interculturality versus Racism and Xenophobia*, hg. v. Božidar Jakšić, Belgrad: Forum for Ethnic Relations, 1998, S. 13-21. Milena Dragićević-Šešić, *Art management*, hg. v. Soros Yu-Fund, Belgrade, 1996. Und: Milena Dragićević-Šešić und Branimir Stojković, *KULTURA – menadžment, animacija, marketing*, Belgrad, 2003.

265 Bereits im 19. Jahrhundert bildete sich in Zusammenhang mit der Bildung der Nationalstaaten in Zentral- und Südosteuropa ein sogenanntes „erstes Bildungsbürgertum" heraus.

266 Gil Eyal, Iván Szelényi und Eleanor Townsley, *Making Capitalism Without Capitalists. The New Ruling Elites in Eastern Europe*, London und New York, 2000, S. 6ff. Die Autoren und die Autorin arbeiten mit den Begriffen „politisches" und „kulturelles Kapital", die sie von Pierre Bourdieu entlehnen. Die kommunistischen Regime in Osteuropa waren ihrer Meinung nach von der Dominanz politischen Kapitals geprägt; nach der „samtenen Revolution" konnte dieses nur dann in einen privilegierten Status in der „neuen Ordnung" umgewandelt werden, wenn die Akteure und Akteurinnen an verschiedenen informellen sozialen und kulturellen Netzwerken teilhaben konnten, d.h. über ein entsprechendes „kulturelles Kapital" verfügten, das auf diese Weise dominant wurde. Auch wenn das ehemalige Jugoslawien durch die ausgeprägte Artikulation von Nationalismen, Krieg und Wirtschaftsboykott sowie die damit zusammenhängende Herausbildung einer Schattenwirtschaft zum Teil ganz

Mit seiner Vision einer „offenen Gesellschaft" präsentierte George Soros eine besondere Ausformung einer solchen „Management-Ideologie". Er betonte insbesondere die zivilgesellschaftliche, kreative und „bunte", internationale und „sozial ausgleichende" Dimension von Reform und ließ Auseinandersetzungen, unüberbrückbare Antagonismen und Gewalt weitgehend ausgeblendet – was jedoch eine breite Vielfalt von „Anschlusspunkten" verfügbar hielt.[267] Über die von der ‚Soros Foundation' betriebenen Netzwerke trat diese Vision offensiv in eine Auseinandersetzung mit anderen, aktuell aufstrebenden Reformideologien, insbesondere mit der von Milošević forcierten „antibürokratischen Revolution" ein – wobei es in diesem Streit immer auch um die mögliche Bildung von Verkettungen zwischen diversen Fraktionen der Meinungselite, des Finanzkapitals (Banken), lokalen Vertretungen internationaler Körperschaften (IMF etc.) und lokalen politischen Eliten ging.[268]

Die sich über diese Prozesse und neuen Foren verbreitende Kunst war aber nicht nur davon gekennzeichnet, dass sie – wie die bereits beschriebene Intervention von Jelica Radovanović und Dejan Anđelković – offensiv in soziale und politische Gegebenheiten eingriff und „gemeinschaftsbildend" agierte. Weitere wichtige Kennzeichen waren ihre Intermedialität [269] sowie eine explizite Bezugnahme auf die Tradition einer politisch radikalen Avantgarde, was sich auch hier wieder mit der offensiven Verwendung von Ironie und Parodie verband.[270] Diese Fokussierung auf Medienkunst, Performance und öffentliche Intervention, die Bevorzugung von radikal avantgardistischen Positionen und das strikt durchgesetzte Selektions-Prozedere führten dazu, dass in erster Linie jüngere und zum Teil auch sehr junge Künstler und Künstlerinnen Förderung erhielten. Ältere, in Serbien lebende Kunstschaffende wurden nur in wenigen Ausnahmefällen involviert – wenn sie bereits

---

andere Entwicklungen als die neuen Staaten Zentraleuropas aufwies, so zeigt vor allem die Umbildung der institutionellen Elite nach dem Fall des Milošević-Regimes deutlich, dass auch hier „kulturelles Kapital" in den Auseinandersetzungen um sozialen Aufstieg und um das Besetzen gesellschaftlicher Schlüsselpositionen sehr einflussreich war.

267 Die philanthropische, sozialreformatorische Seite seines Konzepts, die für eine „offene", sich selbst permanent hinterfragende und kooperative Entscheidungen treffende Gesellschaft plädiert, tritt dabei mit der markwirtschaftlichen stetig in Konflikt. Dazu: Soros, Die offene Gesellschaft, Berlin 2001, S. 176ff.

268 Fast alle zentralen, dieses Netzwerk bespielenden Figuren konnten dieses als Sprungbrett nutzen und haben später, nach dem Sturz des Milošević-Regimes, die einflussreichsten Kunstinstitutionen „übernommen": Milena Dragićević-Šešić zum Beispiel als Direktorin der Belgrader Kunstakademie; Branislava Anđelković und Branislav Dimitrijević leiten seit 2003 das Belgrader Museum Moderner Kunst.

269 „These artists use performances, video art and other installations, complex installations, projects in process (...), fax machines, geodesy marking and space design." Milena Dragićević-Šešić, *Borders and Maps – Artist's Response to the Zeitgeist*, unveröffentlichtes Manuskript, 1997, S. 6.

270 „(There was, an A.S.) ironic approach, mockery (...) here again the energy of the alternative emerges as a response to the given political and social context (as in the 60s throughout the word)." Dragićević-Šešić, Borders, 1997, S. 6.

84. Raša Todosijević, während der Demonstrationen, 1996/97. © Goranka Matić

über eine hohe internationale Reputation verfügten und ihre Kunst vom Profil her als „verwandt" gelten konnte. Dies war offensichtlich bei Raša Todosijević und Era Milivojević der Fall, die besonders häufig eingebunden wurden, und beide von der in den Ausläufern der Studentenbewegung der 1960er und 1970er Jahre zu verortenden Konzeptkunst herkommen, womit die Einbeziehung ihrer Arbeiten zudem auch die gewünschte „Kontinuität" der aktuellen Kunstaktivitäten in einer Tradition der Avantgarde demonstrieren konnte.

Sowohl die künstlerischen Arbeiten selbst als auch die Prozedere der Produktion, die über diese Netzwerke entstanden und weiter verbreitet wurden, zeigen frappierende Ähnlichkeiten zu Kunstströmungen, die sich gleichzeitig auch im Westen, und hier insbesondere den USA, in den 1990er Jahren durchzusetzen begannen – was die in den ehemaligen sozialistischen Ländern entstehenden künstlerischen Positionen innerhalb des internationalen Kunstmarktes und einer globalisierten Kunstkritik auch so „anschlussfähig" machte. Auch die über Festivals, Interventionsreihen, Projekte, Ausstellungen und Symposien laufende Bespielung des urbanen Raums in den USA und in Westeuropa definierte Kunst zur sozialen, politischen und potenziell „demokratisierenden", öffentlichen Intervention um. Dabei wurde Kunst als Prozess dargestellt, der einer Zusammenarbeit von Kunstschaffenden und Gemeinschaften entspringt, auch wenn er, wie die Wahl des Ortes der Intervention bzw. der involvierten Gruppe fast immer von ersteren bzw. einer parallel auch hier entstehenden Kuratoren- und Kritikerelite bestimmt oder zumindest dominiert wurde. Auf diese Weise mutierte eine bestimmte Auffassung von „der Gemeinschaft" (community) auch hier zur privilegierten Diskurs-Figur, bei der Auseinandersetzung, Gewalt und Antagonismen weitgehend ausblendet blieben und pluralistische Inklusivität, Multikulturalismus und Prozesse der Konsens-Bildung in den Vordergrund rückten.[271]

Ähnlich wie rund um das SCCA in Serbien wurde über derartige Veranstaltungen auch im Westen Kunst in einer Art und Weise reformuliert, wie es der Tradition liberaler, urbaner Reform entsprach.[272] Zugleich wurde diese Tradition von den Kunst-Aktivisten und -Aktivistinnen selbst – und auch hier gleichen sich die östlichen und westlichen Verfahren – jedoch nicht explizit thematisiert, sondern blieb eher hinter einer anderen Tradition „versteckt", die massiv „neu erfunden" und beworben wurde: jener der öffentlich engagierten Avantgarde, über deren Herbeizitieren für die je aktuellen Interventionen politische und soziale Radikalität beansprucht werden konnte.[273] Dadurch verschwand jedoch die neokonservative Seite dieser Mobilisierung der sozialen Nützlichkeit der Kunst aus dem Blickfeld, die darin bestand, dass lokalen Gemeinschaften und den einzelnen Bürger und Bürgerinnen und nicht den Regierungsinstitutionen das Recht und die Pflicht zugeschrieben wurden, sich den sozialen und politischen Problemen zu stellen und an ihrer „Lösung" zu arbeiten. Darüber hinaus wurde dabei die Möglichkeit des Meisterns sozialer Prozesse durch „Management" sowie die individuellen Transformationen oder die Erinnerungen und Aktivitäten der Einzelnen überbetont, wohingegen die sozialen und politischen Bedingungen von Armut, Marginalisierung und Rechtlosigkeit „naturalisiert" worden sind.

Diese Art der Kunstproduktion war, wie bereits erwähnt, im Serbien der 1990er Jahre eng in die breitere Oppositionsbewegung gegen das Milošević-Regime involviert: Wie diese forcierte sie zivilgesellschaftliche Prozesse und tendenziell eine Abkehr von der Bühne der Politik im engeren Sinn, förderte eine neue Management-Ideologie und bezog sich auf die Tradition der ästhetisch und politisch radikalen Avantgarde. Fotos von Künstlern und Künstlerinnen, die bei den Demonstrationen mitmarschierten (Abbildung), wurden für die Bewerbung der Opposition eingesetzt, und umgekehrt ließen sich Oppositionspolitiker bei öffentlichen, ästhetischen, parodistischen Aktionen ablichten. Über solche Auftritte wurde die Präsenz einer neuen, kulturellen und intellektuellen Elite behauptet, die gegen die anderen

---

271 Vgl. Miwon Kwon, *One Place After Another. Site-Specific Art And Locational Identity*, Cambridge MA und London Engl., 2004, S. 102ff.
272 Dazu: Grant Kester, „Aethetic Evangelists: Conversion And Empowerment in Contemporary Community Art", in: *Afterimage* , Nr. 22 (Januar), 1995, S. 5-11. Kester thematisiert allerdings nur die Involvierung dieser Art von Kunstpraxis in eine Tradition liberaler, urbaner Reform. Hingegen ignoriert er, dass diese Kunst sehr wohl auch in der Tradition der Avantgarde verortet werden kann, die von den Künstlern und Künstlerinnen selbst aktiv mit „erfunden" wird, wie die diversen, in diesem Buch verhandelten Beispiele zeigen. Die Zwiespältigkeit dieser Kunstpraktiken resultiert auch an der Teilhabe an diesen unterschiedlichen Traditionen, die jedoch in den meisten Fällen nicht mitverhandelt werden.
273 Kwon, One Place After Another, 2004, S. 106 f.

sich nun formierenden nationalistischen, sich ebenfalls zum Teil aus ehemaligen Dissidenten speisenden und die Zivilgesellschaft fokussierenden Gruppen antreten konnte. Diese Ununterscheidbarkeit von künstlerischen Interventionen und oppositionellen ästhetischen Auftritten zementierte zugleich jedoch die bestehende Polarisierung zwischen „dekadenter", „abgehobener", auf das Zentrum Belgrad fixierter Elite und der „populistischen", sozialistischen Kultur des „Volkes" und seines „Führers" Milošević.

Populismus und eine neue Ästhetik der Armut

Milošević verfügte aber nicht nur über eine, sondern über mehrere Strategien, d.h. er änderte seine Haltung gegenüber der Opposition und insbesondere den Kunstschaffenden und der intellektuellen Elite des Öfteren: Zu Beginn des Krieges brachten die staatlich kontrollierten Medien offensiv „Neo-Folk-Musik" und bewarben deren kommerzielle Disco-Version „Turbofolk", eine Musikrichtung, die in dem nationalistischen Klima bald jene Orte zu dominieren begann, an denen vorher die breit gefächerte jugoslawische Rockkultur beheimatet war. Zugleich begann die Opposition, sich über die Bewerbung eben dieser Rockkultur und die Betonung ihrer „internationalen" und „toleranten" Dimensionen gegen den steigenden Nationalismus zu formieren.[274] 1994 brach Milošević dann mit den paramilitärischen serbischen Gruppen, die er vorher unterstützt und finanziert hatte, schwenkte zu einer Unterstützung des „Friedensplans" für Bosnien-Herzegowina um und begann eine Kampagne mit dem Slogan „Peace has no alternative". Begleitend dazu begannen die regimetreuen Medien, die von ihnen selbst mithervorgebrachte florierende Neofolk- und Turbofolk-Kultur als „Kitsch" abzuwerten und öffentlich zu kritisieren sowie durch „wahre kulturelle Werte" (prave kulturne vrednosti) – d.h. klassische Musik und klassisches Theater – zu ersetzen. Nach der Gründung der JUL-Sammelpartei durch Miloševićs Frau Mirjana Marković 1995, in der verschiedene neue „Kapitalisten" integriert worden waren, gesellte sich dazu eine „Ästhetik des Optimismus", bestehend aus Glamour, neuen „Coffeeshops", ‚TV Pink' und dem bereits erwähnten generellen kulturellen „Anti-Internationalismus". 1999, kurz vor der bevorstehenden Bombardierung Belgrads durch die NATO, nahm das Milošević-Regime dann einen weiteren Strategiewechsel vor, indem es begann, offensiv die ästhetische Formensprache der Opposition zu „covern". Dies zeigt sich etwa in der „Übernahme" des Oppositionsradios B92 im Jahr 1999 und in dem daran anschließenden Versuch, den von diesem geprägten Musikstil bzw. dessen Konzertkultur zu „imitieren".[275] Am deutlichsten wird diese neue Taktik jedoch in

---

274 Etwa mit Projekten wie *Urbazona*, einer seit 1993 präsenten Serie von Konzerten, Performances, Modeschauen und Ausstellungen. Dazu: Darka Radosavljecić-Vasiljević, „Sketches for the Belgrade Visual Art Scene of The Nineties", in: *Umetnost Na Kraju Veka/ Art At The End Of The Century*, hg. v. Irina Subotić, Belgrad: Clio 1998, S. 346-356, S. 350.
275 Interview mit Gordan Paunović. In: Belgrad Interviews, 2000, S. 35.

85. *Kreisel, Duchamp-Imitation*, Belgrad, 1996/97.
© Dragan Tasić, courtesy Vreme archive

der Inszenierung der Kundgebungen, die das Regime während der Bombardierung selbst organisiert hatte, für die zum Teil Stilelemente der ästhetischen Sprache der Studentenproteste von 1996/97 übernommen und Designer aus dieser Bewegung für die Gestaltung der „eigenen" PR-Materialien angeheuert wurden. Besonders augenfällig wird eine solche Anlehnung am „Target"-Zeichen, einer Art Zielscheiben-Symbol, das vom Regime zur Selbst-Identifikation der Bevölkerung Belgrads als „Opfer" verteilt wurde. Es ähnelt frappant einem während der „Walks" der Studenten und Studentinnen 1996/97 als „Schutzschild" mitgeführten dynamischen Kreisel-Symbol (Abbildung), das selbst wiederum ein Zitat einer Arbeit von Marcel Duchamp darstellt, *Anémic cinéma* (1925-1926), eine Serie von schwarzen Scheiben, auf denen absurde Texte[276] in weißer Farbe geschrieben sind und die, werden sie zum Rotieren gebracht, eine ebensolche dynamische Spiralform zeigen (Abbildung). Diese Ähnlichkeit kam zustande, da ein ehemaliger Mitarbeiter von Radio B 92 als Designer für die PR der Anti-Bombardierungs-Kundgebungen angeheuert worden war.[277] Die bei diesen offiziellen Veranstaltungen in Umlauf gesetzten Bil-

---

276 Etwa: „On demande des moustiques (demi-stock) pour la cure d'azote sur la Côte d'Azur".
277 Dazu Katarina Zivanovic, damalige Leiterin des Kulturzentrums ‚Cinema Rex': „Ich wusste nicht, dass Zanetic das Zielscheiben-Logo entworfen hatte. Eines Abends sah ich ihn in einer Talkshow auf Studio B. Ich war überrascht, dass er noch nicht einmal ein Minimum kritischer Distanz zur SPS aufbringen wollte. Stattdessen erklärt er, dass die Zielscheibe das

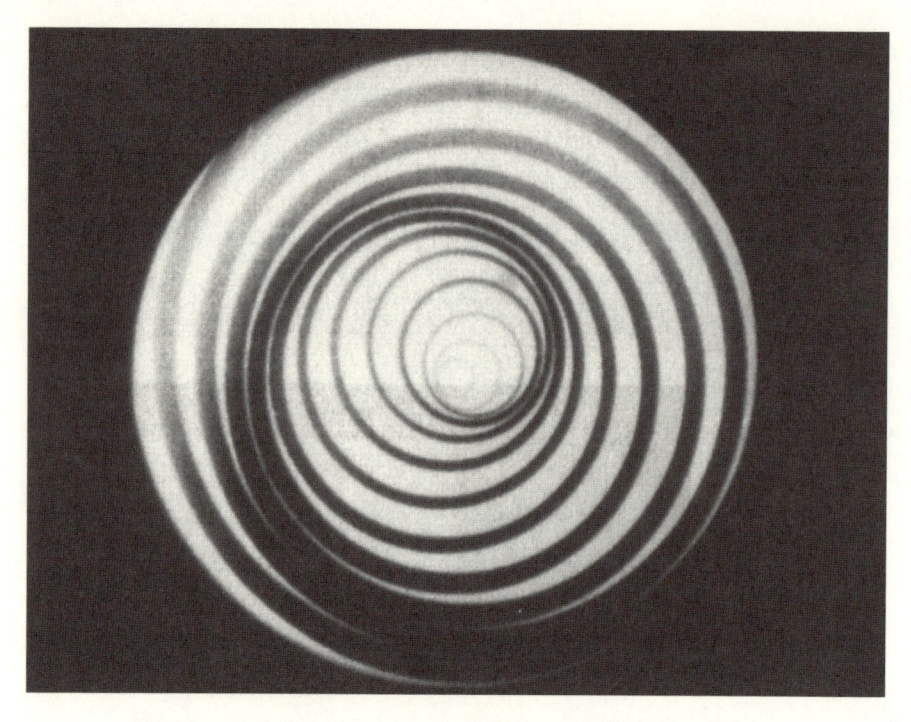

86. *Anémic cinema*, Marcel Duchamp, 1925-1926. © VG Bild-Kunst und Centre Pompidou, Musée national d'art moderne, Paris.

der waren kaum mehr von jenen unterscheidbar, die bei den Protesten von 1996/97 kursierten. Sie zeigen ebenfalls übereinander geschichtete Körper, die mit Bannern, Fahnen und Symbolen operieren (Abbildung) und das Target-Zeichen euphorisch hochhalten oder es als Stirnband bzw. als eine Art „Kriegsbemalung" auf dem Gesicht tragen. Um den Radius möglicher Identifikationen mit dem neuen „Protest-Symbol" möglichst breit zu halten, organisierte das Regime parallel dazu auch öffentliche, eher den offiziellen Inszenierungen in der Zeit des Titoismus ähnelnde Auftritte von Folkloregruppen sowie von Schachvereinen oder Jugendzentren, die ebenfalls Spruchbänder und Banner mit dem Target-Zeichen präsentierten (Abbildung).

Durch die „Übernahme" der Protestästhetik von 1996/97 durch das Regime war diese mit einer solchen Pluralität von Bedeutungen versehen, dass sie von der Opposition nicht mehr wirklich effektiv benutzt werden konnte. Zugleich änderten Letztere – mit Unterstützung der USA – ihrerseits radikal die gegenüber dem

---

gleiche bedeuten würde wie die Pfeifen, die während der Demos 1996/97 zu hören waren. Damit promotete er genau die Strategie der SPS, Ästhetiken der außerparlamentarischen Opposition für die eigene Politik zu übernehmen." Interview mit Katarina Zivanovic, in: Belgrad Interviews, 2000, S. 158f.

87. Das „Target"-Zeichen,
Proteste gegen die Bombardierung
Belgrads 1999. © courtesy
Vreme archive

Regime angewandte Strategie. Nach der Bombardierung Belgrads 1999 durch die NATO tauchte sie mit dem neuen Namen „Otpor!" in der Öffentlichkeit auf – was soviel wie „Widerstand!" bedeutet: Otpor! ging zum Teil aus der Studentenbewegung 1996/97 hervor, übernahm einige ihrer Verfahrensweisen, veränderte die prinzipielle Strategie jedoch in Richtung einer populistischen Guerilla-Taktik.[278] Auch wenn parodistische Verfahren programmatisch weiter verwendet worden sind[279], so setzten die Aktivistinnen und Aktivisten nun in erster Linie auf die Verbreitung eines einzigen, einfach zu lesenden populären Zeichens: die geballte

---

278 Während dies in der populärsten Zeit Otpor!'s (bis zum Sturz des Regimes) vehement und wiederholt öffentlich abgestritten wurde, ist es heute kein Geheimnis mehr, dass die Aktivitäten Otpor!'s zur Gänze von den USA (von Republikanern und Demokraten) finanziert wurden, und die Mitglieder auch Schulungen von CIA-Leuten in Ungarn erhielten. Aufgrund des großen Erfolgs in Serbien wurde Otpor! in der Folge wiederholt von verschiedenen Institutionen eingeladen, ihre Taktiken in Form von „Schulungen" an andere Gruppen weiterzugeben: 2003 in Georgien, im Sommer 2004 in Venezuela, aber auch in den USA oder an Alter-Globalisation-Aktivisten und -Aktivistinnen in Nordeuropa.

279 Otpor! hat neben den bereits genannten plakativen Symbolen auch die parodistische Tradition der Studentenproteste fortgesetzt, weshalb viele ihrer Aktionen den im Serbien der

88. *Protest-Inszenierung, nationaler Kollektivkörper*, 1999. © courtesy Vreme archive

schwarze Faust im „Techno-Stil" auf weißem Hintergrund (Abbildung), die als Symbol für „Widerstand" auch von Plattencovern der 1970er Jahre her bekannt war. Überdies wiederholten sie permanent Parolen wie „Er ist am Ende!" (Gotov Je), wohingegen das Bildnis von Milošević in den Äußerungen der Oppositionellen überhaupt nicht mehr verwendet wurde.

Otpor! verstand sich als „progressiv", vertrat darüber hinaus allerdings kein spezifisches politisches Programm. So hält eine Aktivistin, Milja Jovanović, in einem Interview fest: „We wanted to be political, we wanted to have people coming from different parties and making Otpor! really universal, we didn't want to be ‚left' or ‚right', we wanted to be ‚progressive' (...) for us ‚progressive' meant that you're not limited by left or right, to take the best from everything and just push for what was really important for us and that was to overthrow Milošević. For us that meant taking money from the Americans and funding our whole organisation almost completely on American funding, knowing, that it will be the hardest part to swallow for the Serbs especially since the bombing. That meant for us being completely rational, realistic."[280] Der entscheidende, von serbischen Aktivisten und Aktivistin-

---

1990er Jahre in so vielfältiger Weise auftretenden „neo-avantgardistischen" Erscheinungen zugerechnet werden können.
280 Interview mit Milja Jovanović, am 2.03.2004. Aufgrund des mangelnden weiterführenden Programms hat es die Bewegung dann jedoch nicht geschafft, nach dem Sturz des Regimes als Partei bei Wahlen eine signifikante Stimmenanzahl zu gewinnen, während ihre aus ver-

89. *Otpor!* (Widerstand), Belgrad, 2000. © courtesy Vreme archive

nen gemeinsam mit einem amerikanischen, pensionierten CIA-Mann in Schulungen in Ungarn entwickelte Guerilla-Schachzug war jedoch, die Aktionen zunächst nicht auf Belgrad zu fokussieren und die Bewegung ganz bewusst von den Provinzstädten her aufzubauen, wodurch die blockierende Assoziation Belgrads mit der „elitären, urbanen Opposition" abgeschüttelt wurde. Otpor! operierte demnach auf offensive Weise integrativ, indem Wählerinnen und Wähler in ganz Serbien unter Vermeidung jedes Eindrucks von „Belgrader Zentralismus" mittels provokativer Marketingmethoden angesprochen wurden. Der Erfolg der Bewegung bestand darin, dass ihre Symbol- und Formensprache in einer Zeit wachsender Unzufriedenheit mit dem Regime immer mehr unterschiedliche Wünsche und Forderungen von diversen Gruppen (NGOs, Arbeitervereinigungen, Gewerkschaften, Rentnern, Frauengruppen) auffangen, verkörpern und miteinander verketten konnte.

Im Laufe der bis zum Sturz von Milošević am 5. Oktober 2000 dauernden Auseinandersetzungen kam es neben solchen Verkettungen vermehrt zur rituellen Zerstörung seines Konterfeis, der Bildnisse seiner Verbündeten und seiner Familie sowie von mit dem Regime verbundenen Repräsentationsorten. Auf den Straßen und Plätzen Serbiens wurden immer häufiger verstümmelte Bilder und andere Spuren öffentlicher Auseinandersetzungen sichtbar: Das von den Plakatwänden herabstrahlende Porträt von Milošević wurde etwa mit schwarzer Farbe beworfen oder

---

schiedensten Richtungen kommende Anhängerschar wieder in eine nur wenig veränderte politische Unsicherheit entlassen wurde.

90. *Clear Face of Serbia* (Detail), Branimir Karanović, Belgrad, 1997-2003.
© Branimir Karanović

blau überschmiert, ihm, seiner Frau und anderen SPS- und JUL-Politikern wurden die Augen ausgekratzt, ihre Bildnisse mit Schmähschriften überzogen und mit der Parole „Er ist am Ende" oder mit dem Bild der schwarzen Faust überklebt (Abbildung). Die Bilder wurden gleichsam für die Verfehlungen der auf ihnen dargestellten Personen und Gruppen bestraft. Auch andere Repräsentationskanäle und -bauten wurden teils triumphal zerstört und geschmäht: Auf Transparenten und Stadtmauern war „Switch off the television, switch on your brain" oder „I think, so I don't watch RTS" zu lesen.[281] Am 5. Oktober, dem Tag des Sturzes des Regimes, demolierten Demonstrantinnen und Demonstranten schließlich eine Luxus-Parfümerie aus dem umfangreichen Besitz des Sohnes von Milošević, die zum Symbol für den neuen Glamour-Kapitalismus einer über illegale Geschäfte entstandenen Neureichen-Klasse geworden war. Die Menge stürmte zudem das Parlament – langsam, ihren Triumph auskostend – und transportierte Teile der Einrichtung ab.

So differenziert, wie Bilder von Seiten des Regimes verwendet wurden, so vielfältig waren also auch die Formen des Widerstands gegen diese Bilder. Bildinitiati-

---

[281] Diese Aufschriften waren recht häufig in englischer Sprache zu lesen. Schon zu Beginn und Mitte der 1990er Jahre wurden Eier auf das RTS-Gebäude geworfen und Fernsehapparate zerschellten auf der Straße.

ve und Bildersturm²⁸² bedingen einander und gehen eine offene Auseinandersetzung ein. Die oppositionellen Gruppen operierten jedoch nicht nur mit unterschiedlichen Formen der Bild-Destruktion, sie setzten nicht nur Parodie, Spott sowie rituelle Zerstörung und Bild-Verstümmelungen gegen den im Serbien der 1990er Jahre neu entstandenen Bilderglauben und Bilderkult ein, sondern sie boten überdies einen eigenen ästhetischen Stil gegen die verabscheute Präsenz des Bildes im öffentlichen Raum und einen sich hier ebenfalls verbreitenden opulenten Neureichen-Glamour-Stil auf: eine „Ästhetik der Armut", für die vielleicht das Design der Gruppe Škart am charakteristischsten ist.

Škart²⁸³ ging ebenfalls aus den in den 1990er Jahren aufsteigenden Kunstinstitutionen der Opposition hervor und verkörperte das neue Paradigma „Art for Social Change" vielleicht am modellhaftesten. Die Gruppe entwarf zum Teil sehr provokative, zum Teil versöhnliche Interventionen im Raum Belgrad und gestaltete zudem seit 1992/1993 einen Großteil der PR-Materialien der verschiedensten Oppositionsgruppen – Bücher, Folder, Einladungskarten, Begleithefte, Plakate etc. Für all diese Interventionen und Produktionen verwendete Škart ausschließlich ärmliche Materialien und einfache Herstellungsverfahren (graues oder braunes Recyclingpapier, alte Druckerpressen), es wurden nur ganz einfache Formen miteinander kombiniert, die manchmal an den Bauhaus-Stil angelehnt waren, manchmal aber auch witzige Zeichen der Alltagswelt übernahmen. Die ästhetischen Interventionen der Gruppe im öffentlichen Raum reichten von „It does not have to be anything for the start" (1992), als sie auf grauen Karton gedruckte Gedichte wie „the sadness of potential consumers" oder „the sadness of potential travellers" an Passanten und Passantinnen verteilten, bis zur bereits in einem früheren Kapitel erwähnten Arbeit mit Flüchtlingsfrauen im Jahr 2000, die ihre Wünsche auf die traditionellen weißen Wandbehänge stickten und öffentlich präsentierten, die sonst meist nostalgische Sprüche zeigten. Nach dem Herbst 2000 wurde das „Lumpenorchester Škart" (Abbildung) gegründet: Die Gruppe hüllte sich buchstäblich in Lumpen und begann auf eine „konstruktivere" und „unterhaltsamere" Weise am Wiederaufbau nach dem Krieg teilzunehmen. Am Lumpenorchester Škart beteiligte sich eine größere Anzahl von (über einen öffentlichen Aufruf motivierten) Jugendlichen sowie Musiker der populären Belgrader Rock-Band ‚Jarboli'. Sie probten wöchentlich und traten mit kleinen Musik-Performances in Belgrad auf, reisten aber auch durch die Regionen oder nach Kroatien.

Die den verschiedenen Design-Produkten, künstlerischen Aktionen und sozialen Initiativen von Škart eigene „Ästhetik der Armut" weist andere, in ihrer Umgebung vorherrschende ästhetische Konventionen zurück: den mit dem kürzlich erst importierten Kapitalismus einhergehenden Glanz und Glamour, wie ihn in diesem

---

282 Zur Geschichte von Bildinitiative und Bildersturm in der christlichen Kultur vgl. Horst Bredekamp, *Kunst als Medium sozialer Konflikte. Bilderkämpfe von der Spätantike bis zur Hussitenrevolution*, Frankfurt am Main, 1975.
283 Ständige Mitglieder sind Dragan Protić und Đorđe Balmazović, die Gruppe existiert seit Beginn der 1990er Jahre. „Škart" bedeutet „scraps".

91. *Škart Lumpenorchester*, 2003. © Škart

Kontext beispielsweise auch die „Turbofolk-Queens" und andere Vertreter und Vertreterinnen der in jüngerer Zeit entstandenen Neureichen-Klasse verkörpern, den Warenfetischismus oder den massiven Einzug von „Selbstmarketing". Dennoch bleiben all diese ästhetischen Interventionen von Škart mit den Erscheinungen und Prozessen, die sie bestreiten, zugleich auch verbunden. Denn auch die hier so forcierte „Armut" muss sich über sichtbare Zeichen vermitteln, eben über Gesten der Ablehnung, Zurückhaltung, Zurückweisung und über das Skizzieren von Konnotationslinien zu anderen Bewegungen der Kunst und des Designs (russische Revolutionskunst, Dadaismus, Avantgarde-Bewegungen generell), die ebenfalls von Ablehnung und vom Zurückstoßen des Überlieferten zehren. Über diese Zeichen wird wiederum das eigene Selbst bedeutet: Diese Einfachheit, Bescheidenheit, Zurückhaltung und soziale Aufmerksamkeit wird zum Beweis einer je „eigenen Existenz". Die von Škart so sehr forcierte Geste der Zurückweisung gängiger Konventionen stellt also wie die anderen auf den Straßen Belgrads nun sichtbar werdenden Stile der Selbstdarstellung das je eigene „dichte Innere"[284] gegenüber

---

[284] Wie bereits ausgeführt, besteht ein zentraler Mythos unserer Kultur darin, dass das Selbst als ein Doppeltes gedacht wird: Ein „reiches" und „dichtes," d.h. mit Erfahrungen, Eigenschaften und Wissen gefülltes „Inneres" wird einem „Äußeren" entgegengestellt, das zwar geringer geschätzt, dem aber dennoch die Funktion zugesprochen wird, auf dieses Innere hinzuweisen – durch Kleidung, wie durch Gesten, Bewegungen oder Körperhaltungen und Mimik. Dazu: Schober, Blue Jeans, 2001, S. 63ff.

allem Äußeren in den Vordergrund, wobei Letzteres gleichzeitig als „überflüssige Hülle" abgewertet erscheint. Auf diese Weise haben die Mitglieder von ‚Horke Škart' (dem Lumpenorchester Škart) mit ihren betont ausgeflippten Frisuren, ungewöhnlichen, bis ins Detail durchgestylten Kleidern und witzigen T-Shirts – auch wenn sich ihre Performances und Aktionen zugleich in ganz andere Richtungen ausbreiten – an ähnlichen Formen der das Individuelle forcierenden Selbst-Kultur teil, wie sie die von ihnen bestrittenen Körperwelten prägt. Die von ihnen verwendete Ästhetik bildet außerdem eine Brücke zu jenen Traditionen von Selbstkultur, die während des Sozialismus bestanden und ebenfalls von einer Zurückweisung von Konventionen des Kapitalismus sowie von der Inszenierung von „Gleichheit (in Armut)" lebten.

An Škart zeigt sich nochmals, dass ästhetische Formen in zwiespältiger Weise daran beteiligt sind, wie wir uns – auch politisch – miteinander verbinden und voneinander trennen. Über viele kleine, den Alltag bestimmende Akte halten wir ein – manchmal von herausragenden Ereignissen durchbrochenes – Referenzsystem aufrecht, in das wir leidenschaftlich involviert sind, selbst wenn der Glaube an dieses Referenzsystem, ähnlich dem Glauben an einen bestimmten Gott, ohne Begründung an sich ist. Bildmedien und ästhetische Traditionen sind wie unsere Wahrnehmung in die Perpetuierung und in die Transformation dieses Referenzsystems involviert. Wir sind bei unserem Tun in Bildern gefangen, können diese Bilder aber, wie der Bilderstreit im Belgrad der 1990er Jahre zeigt, auch dazu verwenden, die Mauern dieser virtuellen Gefängnisse des Denkens und Fühlens zu verschieben und zu problematisieren. Auch durch eine ästhetische Provokation kann eine Auseinandersetzung begonnen werden, deren Ausgang dann allerdings von den Reaktionen anderer abhängen wird. Wie Škart in Zusammenhang mit der öffentlichen Verteilung der „Sorrow"-Gedichte vorgeführt hat: „It does (almost, A.S.) not have to be anything for the start".

IV.

Kontingente Ereignisse, Öffentlichkeit und die Spannung zwischen Werkkonstitution und politischem Handeln

„How to achieve by not achieving?
How to make by not making? It's all in that."[1]

Denken wir an avantgardistische oder neo-avantgardistische politisch engagierte Kunst, so erscheint meist das Jugend- oder Frühwerk der involvierten Künstler vor dem inneren Auge, selten das Spät- oder Alterswerk. Ein paar Beispiele: Wer erinnert sich, fällt der Name Otto Mühl, schon an die in den 1980er Jahren entstandenen Landschaftsbilder (etwa: *Gerakelte Landschaft I*, 2002, Abbildung)? Wer denkt bei Valie Export nicht an das *Tapp- und Tastkino* und andere Arbeiten aus den späten 1960er Jahren, sondern an die seriellen Köpfe von 2002 (*Heads – Aphärese*, 2002)? Und wem kommt, wird Hannah Höch erwähnt, das manchmal huldigend angelegte Spätwerk (etwa: *Den Männern gewidmet, die den Mond eroberten*, 1969) in den Sinn und nicht die Dada-Messe? Vergleicht man die Menge an Texten und Besprechungen, dann zeigt sich ebenfalls die durchgängig große Bedeutung des Frühwerks und ein deutlich schlechteres Abschneiden des Spätwerks dieser Kunstschaffenden. Häufig wird dabei in Monografien, monografischen Aufsätzen oder Buchkapiteln überhaupt nur das Frühwerk verhandelt und das Spätwerk vollkommen außen vor gelassen.[2] Aber auch an den spontanen Reaktionen Kunstinteres-

---

[1] Eva Hesse in einem „Statement" zur ihrer Arbeit *Contingent* (1969). In: *Art in Process*, 1969. Zitiert nach: Eva Hesse. *A Memorial Exhibition*, hg. v. The Solomon R. Guggenheim Museum, New York, Berkeley und New York: The Solomon R. Guggenheim Museum, 1972, o.S.

[2] Siehe z.B. das Verhältnis von Texten, welche die späten Arbeiten von Otto Mühl verhandeln, zu solchen, die sich den frühen Arbeiten oder dem Aktionismus widmen, in der Werk-Bibliografie in: *Otto Mueh. Leben/Kunst/Werk. Aktion Utopie Malerei 1960-2004*, hg. v. Peter Noever, Köln: König, 2004. In dem programmatisch angelegten Sammlungskatalog der Generali-Foundation *White Cube/Black Box* von 1996 beschäftigt sich Valie Export in einem eigenen Text fast ausschließlich mit dem Frühwerk. Siehe: Valie Export, „Mediale Anagramme. Ein Gedanken- und Bilder-Vortrag. Frühe Arbeiten", in: *White Cube/Black Box. Skulpturensammlung. Vorträge*, hg. v. Sabine Breitwieser, Wien: Generali Foundation, 1996, S. 99-127. Auf der Infoseite der „Artinfo der deutschen Bank" zu Hannah Höch werden fast ausschließlich Arbeiten zwischen 1919 und 1930 im Kontext der Arbeiten anderer Dada-

92. *Gerakelte Landschaft I*, Otto Mühl, 2002. © Archives Otto Mühl, Paris.

sierter wird oft deutlich, dass deklariert als „avantgardistisch" bekannte Künstler und Künstlerinnen mit ihrem Alterswerk vor allem Lächeln, Verwunderung und Schweigen hervorrufen zu scheinen – Interesse, Begeisterung, Involvierung wird dagegen in erster Linie mit ihrem Frühwerk verbunden. In diesem abschließenden Kapitel werde ich der Frage nachgehen, warum dem so ist, welche Mythen diese Rezeption speisen und was wir, wenn wir uns diesem Sachverhalt zuwenden, über das bisher Gesagte hinausgehend über das Verhältnis zwischen Kunst und Politik erfahren können.[3] Damit verknüpft werde ich das in den vorangehenden Kapiteln Gewonnene in den zentralen Punkten darstellen.

IV.1. Das Ereignis

Der Filmemacher Wilhelm Hein erzählt in einem nachträglich geführten Interview über die 1960er Jahre von folgender Begebenheit: „An den Unis waren wir (...) damals Teil der Filmclub-Szene, da gab es ja diese Filmclub-Szene damals an allen Universitäten, (...) da haben sie diese Mexiko-Filme von Buñuel gespielt und da bin ich zum ersten Mal vom Stuhl gefallen und hab gesagt, das darf doch nicht wahr sein, so ein unglaublicher Film (...), das war richtig trivial, aber von unglaub-

---

Kollegen präsentiert. Nur eine Collage von 1975 steht für die Kontinuität ihres Schaffens. Siehe: http://www.deutsche-bank-art.com/art/05/d/magazin-hoech.php (9.9.2006)

3 Erste Überlegungen zu diesem Kapitel sind erschienen als: Anna Schober, „Jetztzeit, der Mythos des neuen, jungen Lebens und das Alterswerk der Avantgardisten", in: *Kunst ist gestaltete Zeit. Über das Altern*, hg. v. Irmgard Bohunovsky-Bärnthaler, Klagenfurt: Ritter, 2007, S. 206-232.

93. *Verknüpfung mit der Tradition der Avantgarde*, XSCREEN, Köln, 1971. © Wilhelm Hein, mit Dank an die Bibliothek des MAK. Österreichisches Museum für Angewandte Kunst Wien.

licher Vitalität und emotionaler Kraft. Und dann hab ich mich nochmals mehr wissenschaftlich damit beschäftigt. Ich hab ja Soziologie studiert bei dem Alphons Silberman und hab dort als Hilfskraft gearbeitet ein paar Jahre, und da habe ich eine Arbeit gemacht über Wildwestfilme, Stereotypien und so, eine soziologische Arbeit, die Stereotypien im Western (...). Das hat mich dann schon auch interessiert. Aber es war nicht diese unglaubliche elementare Begeisterung."[4]

Wilhelm Hein beschreibt hier ein signifikantes, berührendes Ereignis der Wahrnehmung, einen Vorfall, der Folgen gezeigt hat. Die Begegnung mit den Filmen von Luis Buñuel stellte für ihn eine jener Erfahrungen dar, die ihn und seine damalige Partnerin, Birgit Hein, von der Malerei entfernt und dem Filmemachen sowie dem Kinoaktivismus zugeführt haben. Das „Vom-Stuhl-Fallen" angesichts des Films von Luis Buñuel, wie er es nennt, d.h., die elementare Begeisterung, die in dieser Begegnung entstanden ist, hat aber auch zu einer hartnäckigen und bis heute andauernden Auseinandersetzung mit der historischen Avantgarde geführt (Abbildung). Zudem macht diese Schilderung Wilhelm Heins deutlich, dass hier nicht einfach nur Interesse im Spiel ist – denn Interesse, das gibt es auch angesichts der

---

4 Interview mit Wilhelm Hein, am 8.12.2004.

von ihm ebenfalls angesprochenen Western-Filme und der darin verbreiteten Stereotypien –, sondern dass angesichts der Filme von Buñuel etwas anderes geschehen war, das als Überraschung, Überwältigt-Werden, Aus-dem-Gewohnten-verrückt-Werden beschrieben werden kann.

Die vorangehenden Milieustudien zeigten, dass das Erscheinen, die Struktur oder die Wirkungsmacht von solchen Ereignissen im 20. Jahrhundert von ganz verschiedener Seite her in den Mittelpunkt verschiedener Welterklärungen und Sinnsetzungen gerückt ist. Eine Vielzahl von Instanzen der Politik, Werbung, Erziehung oder der Kunst setzten sich damit auseinander und bildeten Taktiken aus, um solche Ereignisse handhaben und nutzen zu können. Zugleich wandten sich auch literaturwissenschaftliche und philosophische Untersuchungen verstärkt dem Ereignis zu und strichen wie Wilhelm Hein in seiner Schilderung ebenso die damit verbundene Unkontrollierbarkeit und Überwältigung hervor. Paul de Man etwa zeigte, dass Ereignisse mit einer performativen Macht verbunden sind: Findet ein Ereignis statt, dann, so legt er dar, wird der Welt „etwas" hinzugefügt, wobei dieses Etwas stets ein unkontrollierbares Etwas ist.[5] In ähnlicher Weise strich dann Jacques Derrida hervor, dass Ereignisse nicht die Entwicklung oder Verwirklichung einer bereits gegebenen Möglichkeit sind, sondern die Realisierung von etwas, das zunächst unmöglich erscheint: „Ein vorausgesagtes Ereignis", so hält er fest, „ist kein Ereignis. Es bricht über mich herein, weil ich es nicht kommen sehe."[6]

Die letzten drei Milieustudien bestätigten eine solche Konzeption des Ereignisses als unkontrollierbare und überwältigende Begebenheit, der die Kraft zur Transformation zukommt. Sie zeigten, dass quer durch das 20. Jahrhundert zwar die Kunst wie die Politik oder die Werbung Taktiken ausbildeten, um auf das Publikum einzuwirken und gewisse Effekte hervorzurufen, diese jedoch zumeist ganz andere Faszinationsgeschichten und Handlungsketten nach sich zogen als die angepeilten, und dass solche Kunstgriffe in manchen Fällen auch an der Etablierung eines ästhetisch-politischen Regimes mitwirkten, das dem ursprünglich Intendierten diametral entgegenstand. Darüber hinaus wurde deutlich, dass Ereignisse innerhalb solcher Verkettungsprozesse in der Art von Schaltstellen funktionieren, die zunächst von Unentscheidbarkeit und Zwiespältigkeit gekennzeichnet sind. Ereignisse verkörpern eine Eigenwilligkeit und Produktivität des Rezipierens genauso wie Involvierung und Lust – weswegen in ihnen die subversive Unterminierung anderer Willensäußerungen stets gleichzeitig mit einem affirmativen Genießen des Weiterverarbeiteten präsent ist. Subversion und Affirmation treten in solchen Mo-

---

5 de Man, Kant und Schiller, 1996, S. 132.
6 Derrida, Eine gewisse unmögliche Möglichkeit, 2003, S. 35. Ich beziehe mich im Folgenden nicht auf einen Begriff des Ereignisses wie er in jüngerer Zeit von Alain Badiou vertreten worden ist. Dieser operiert mit der – nicht aufrechtzuerhaltenden – Opposition „wahres Ereignis-Simulakrum" und vertritt die Sichtweise eines, durch das Ereignis erzeugten militanten Ordnens der Situation. Dazu: Ernesto Laclau, „An Ethics of Militant Engagement", in: *Think Again: Alain Badiou and the Future of Philosophy*, hg. v. Peter Hallward, London u.a.: Continuum, 2004, S. 120-137.

menten demnach unentscheidbar aneinander gebunden auf und erst über die Weiterverhandlung solcher Ereignisse im Austausch mit anderen wird eine politische Ausrichtung des kollektiven Geschehens deutlicher erkennbar werden.

Indem Wilhelm Hein signifikante Wahrnehmungsereignisse mit einem „Vom-Stuhl-Fallen" vergleicht, spricht er auch deren körperliche Dimension an. Diese besteht darin, dass Ereignisse berühren und zu Reaktionen des Kontrollverlustes, der Erregung, der Hitze und/oder des Genusses sowie zur Produktion von dementsprechenden Bildern und von Hartnäckigkeit führen. In dieser körperlichen wie psychischen Involvierung besteht die signifikante Dimension von Ereignissen: Sie halten unsere Aufmerksamkeit wie unsere Körper involviert und bilden jene Stellen, über die wir uns mit anderen – flüchtiger oder dauerhafter – zu Kollektivkörpern zusammenfinden.

Das Sich-Ergeben von Gemeinschaft geschieht demnach über ein Tun, das nicht souverän ist, auch wenn es Souveränität anstrebt und abzusichern versucht: Das heißt, wir setzen Handlungen, die auf gewisse Erscheinungen reagieren oder einen Neubeginn markieren, zeigen uns dabei selbst von bestimmten Ereignissen affiziert, und auch die Effektivität unseres Handelns wird sich daran zeigen, inwieweit andere in kontingenter Weise davon angesprochen, überzeugt oder signifikant involviert werden. Damit konzeptualisiert dieses Buch das Sich-Ergeben von gesellschaftlichem Zusammenhalt in etwas differenter Weise, als es etwa Louis Althusser und Michel Foucault vorführen, deren Theorien jedoch an der Entwicklung des hier Vorliegenden beteiligt waren. Eine Auseinandersetzung mit diesen Konzepten wird im Folgenden demnach nicht so sehr geführt, um strikte Grenzziehungen und Zurückweisungen zu etablieren, sondern um Begriffe und ihre Handhabung zu schärfen.

Louis Althusser zum Beispiel stellt mit dem von ihm geprägten Begriff der „Anrufung" Macht immer noch zu sehr als ein „Etwas" dar, das manipulativ, d.h. eine Ideologie „verbreitend", operiert, indem es Individuen „anruft", „stoppt" bzw. „rekrutiert" und in Subjekte „transformiert".[7] Dagegen betont der in diesem Buch entwickelte Begriff des Ereignisses eher das Entstehen von Macht über den unvorhersehbaren Zusammenprall von Bildern, Worten, Erinnerungen und Positionen, der die Subjekte ebenfalls in stets spezifischer Weise erst konstituiert. Während Althusser also die Seite der Macht und ihren „Zugriff" auf Individuen bzw. Subjekte hervorhebt, die scheinbar bereits vorgängig existieren, rückt der Begriff des Ereignisses eher den Moment des kontingenten Sich-Ergebens von Macht wie von Subjekten und dessen Zwiespältigkeit in den Vordergrund.

Ähnlich wie bei Althusser tritt dann auch bei Michel Foucault eine Thematisierung des Ereignisses als zwiespältige Schaltstelle in den Hintergrund. Zwar verwendet er in einzelnen frühen Texten den Begriff der „Entstehung" im Sinne von „Auftauchen, das Prinzip und das einzige Gesetz eines Aufblitzens",[8] und hebt dabei hervor, dass sich ein solcher Prozess immer in einem bestimmten Kräfteverhältnis

---

7 Althusser, Ideologie und ideologische Staatsapparate, 1977, S. 142f.
8 Michel Foucault, „Nietzsche, die Genealogie, die Historie", in: *Von der Subversion des Wissens*, hg. v. Walter Seitter, München: Hanser, 1974, S. 83-109, S. 92.

vollzieht, den es zu analysieren gilt. In diesem Zusammenhang erwähnt er „das Ereignis in seiner einschneidenden Einzigartigkeit"[9] als „Zufall des Kampfes" bzw. als „Würfelspiel". Seine Haltung dazu bleibt jedoch insofern auch im Unklaren, als er – gleichsam im selben Atemzug – davon spricht, dass das Ereignis zugleich eine „Umkehrung eines Kräfteverhältnisses, der Sturz einer Macht, die Umfunktionierung einer Sprache und ihre Verwendung gegen die bisherigen Sprecher, die Schwächung, die Vergiftung einer Herrschaft durch sie selbst, das maskierte Auftreten einer anderen Herrschaft"[10] sei. Damit ist das Ereignis dann doch allein als „subversives" bestimmt, seine Beteiligung an der Hervorbringung von Herrschaft sowie seine zwiespältige Rolle in der gleichzeitigen Unterminierung und Konstituierung von Macht bleibt ausgeklammert. Dem entspricht auch, dass Foucault in einer Anfang der 1970er Jahre geführten Diskussion mit Studierenden das Ereignis als etwas beschreibt, das vom „Wissen, so wie es in unserer Gesellschaft organisiert ist", ausgeschlossen ist: Es ist das, was außerhalb steht, gebannt werden muss.[11] Als solches ist es für ihn nicht an der jeweiligen Neuordnung und Umleitung von Wissen und die daran gebundenen hegemonialen Regime beteiligt. Seine Haupttexte konzentrieren sich dann auch einseitig darauf, das Schreiben und Umschreiben von Diskursen des Wissens nachzuzeichnen und nicht auf eine Untersuchung der Faszinationsgeschichte von Diskursen bzw. wie sich diese über Involvierung verbreiten und wie und wo genau sie wirksam bzw. bestritten werden. Auf diese Weise erscheinen Diskurse als Wissensregime, über die eine Disziplinarmacht als gleichsam monolithischer, wenn auch beständig neu geordneter „Block" sowie Subjektpositionen und diese bewohnende „gelehrige Körper" hervorgebracht werden. Die von ihm erwähnten, kontingenten und von Auseinandersetzung geprägten Prozesse des „Entstehens" erscheinen so reduziert auf Prozesse der gleichsam „ewigen" Perpetuierung von Macht – denen dann ebenfalls gleichsam monumentale „Ereignisse" entgegengestellt sind, ohne dass es „dazwischen" zu Herausforderungen, Provokationen, Unterbrechungen und unvorhergesehenen Verkettungen kommt.[12]

Foucaults Herangehensweise ist vielleicht am stärksten von einem Misstrauen gegenüber der Faszination ästhetischer Taktiken und ihrer Kraft zur Involvierung

---

9 Ebd., S. 98.
10 Ebd.
11 „Gespräch zwischen Michel Foucault und Studenten. Jenseits von Gut und Böse", in: *Von der Subversion des Wissens,* hg. v. Walter Seitter, München: Hanser, 1974, S. 110-127, S. 113.
12 Darauf haben unter anderem so unterschiedliche Autoren wie Stuart Hall und Jacques Derrida in ihrer Auseinandersetzung mit Foucault hingewiesen: Stuart Hall, „Introduction: Who Needs ‚Identity'?", in: *Questions of Cultural Identity,* hg. v. ders. und Paul du Gay, London, Thousand Oaks, New Delhi: Sage Publ., 1996, S. 1-17, S. 10ff. Jacques Derrida beschäftigt sich ebenfalls mit der schwierigen „Position", die Freud und die Psychoanalyse in den Texten Foucaults einnehmen. Siehe: Jacques Derrida, „‚Gerecht sein gegenüber Freud.' Die Geschichte des Wahnsinns im Zeitalter der Psychoanalyse", in: *Jacques Derrida. Vergessen wir nicht – die Psychoanalyse!,* hg. v. Hans-Dieter Gondek, Frankfurt am Main: Suhrkamp, 1998, S. 59-127.

geprägt. Er kann diese nur rein pessimistisch als Angriffe auf das Selbst und als Betörung der Seele bewerten.[13] Dies mag der Grund gewesen sein, warum ein anderer Theoretiker, Michel de Certeau, sich dazu verleiten ließ, eine Art Komplementärbuch zu den Texten Foucaults zu verfassen: „L'art de faire" (1980). In diesem stellte er genau die Fasziniertheit und Produktivität der Rezeption in den Vordergrund, die bei Foucault ins Negative gewendet auftreten und präsentierte diese als kreative, fintenreiche und subversive Handlungen des „gemeinen Volks". Er bezeichnete sie als „Taktiken", die „unterhalb" bzw. im Schatten der Foucault'schen strategischen Diskurse operieren würden und von diesen unterschieden gesehen werden können.[14] Auf diese Weise legte er eine Art Köder aus, der von Teilen der Foucault-Rezeption dankbar aufgenommen wurde, die daran anknüpfend beständig „dominante Strategien" den „subversiven Taktiken" gegenüberstellen und dabei Erstere meist als Praxis der Disziplinarmacht verurteilten und Letztere als subversive Praktiken der Verbraucher feierten. Binäre Argumentationsschemata, wie sie in anderen Schulen der ästhetischen Theorie bzw. der Filmtheorie, die ich in früheren Kapiteln dieses Buches diskutierte, in Gebrauch waren, wurden so aufgegriffen und mit Theoremen von Foucault und de Certeau in Beziehung gesetzt. Verunreinigungen und wechselseitige Teilhabe zwischen Strategien und Taktiken, ein Umkippen von den einen in die anderen oder das gemeinsame Re-Definieren von Ordnungen blieben dagegen meist im Dunkeln.

Während die mit Ereignissen verbundene Kontingenz des Werdens auf diese Weise bei Althusser oder Foucault beschränkt bzw. zurückgenommen oder mittels Selbstpraktiken steuerbar erscheint, knüpft dieses Buch an eine Tradition an, die kontingentes Eintreten und Verbreiten von Wirkung auch für den Bereich des ästhetischen Agierens stark macht. Diese Tradition hat selbst eine lange, weitverzweigte Genealogie. Einer ihrer „Ursprünge" kann etwa in der antiken Kairos-Philosophie aufgespürt werden, die ebenfalls das Potenzial sogenannter „günstiger" Momente und deren Kraft zur Transformation des Gegebenen ins Zentrum stellte und für verschiedene der eben angesprochenen Theorien ebenfalls als Bezugspunkt dient. Michel de Certeau etwa machte den *kairos* ebenfalls zu einem Angelpunkt seiner Philosophie der Praxis und schlug zugleich eine Brücke zur an anderer Stelle in diesem Buch untersuchten Geschichtsphilosophie Walter Benjamins. Dabei beschrieb er das Ereignis durchaus in einer Weise, die der hier vertretenen Definition

---

13 Foucault sieht in den *logoi*, den wahren Reden, verstanden als materiell verkörperte Aussagen, die einzige Möglichkeit, das Selbst vor rhetorischer Verführung, Schmeichelei, Geschwätz und den damit verbundenen Manipulationen zu bewahren: „Auf eben diese Weise – als Festung, Zitadelle auf der Anhöhe, in der man Schutz suchen kann – hat der *logos* präsent zu sein, sobald ein Ereignis eintritt, sobald sich das Subjekt auf dem flachen Land des Alltags bedroht fühlt. Man sucht bei sich selbst als *logos* Schutz. Von dort aus hat man die Möglichkeit, dem Ereignis zu wehren und zu vermeiden, dass man ihm gegenüber *hetton* (der Schwächere) ist, und man steht schließlich als der Überlegene da." Siehe: Michel Foucault, *Hermeneutik des Subjekts. Vorlesungen am Collège de France* (1981/82), Frankfurt am Main, 2004, S. 399.
14 de Certeau, Kunst des Handelns, 1988, S. 185.

nahekommt, folgendermaßen: In die Zusammensetzung des Ausgangsortes tritt ein Zeit-Splitter, ein Blitz der Erinnerung, im „rechten Augenblick", den die Griechen eben als *kairos* bezeichneten, ein, führt zur Modifikation des Raumes und bringt das Subjekt in einer je spezifischen, neuen Form hervor. Dieser Moment ist für alle überraschend: für das involvierte und damit als solches erst bestätigte Subjekt sowie für die Zuschauer.[15] Dennoch wies de Certeau den *kairos* schliesslich nachdrücklich den Taktiken und Finten „des Volkes" zu und sah, wie bereits bemerkt, davon ab, das im Ereignis liegende Potential der Etablierung von Übergängen zwischen dem, was er als „Taktiken" und „Strategien" bezeichnet, zu entwickeln. Foucault dagegen sah im *kairos* in erster Linie eine günstige Situation für das „Aussprechen der Wahrheit", den die sich überwachende, „hörende Seele" durch Erfahrung, Sachverstand und Geschicklichkeit zu wählen hat.[16] Erschütterung, Berührt-Werden, Neuorientierung des Interesses und die transformative, zugleich unterminierende, also auch affirmierende Kraft des Ereignisses erscheinen in seinen Texten damit als etwas, das von einer scheinbar vorab existenten, autonomen Instanz zunächst einmal abgewehrt werden muss.

Diese Anmerkungen zu einer Genealogie des Ereignisses deuten bereits an, dass die Tradition, an die dieses Buch anknüpft und die es zugleich untersucht, selbst in einer bestimmten Weise geprägt ist. Sie ist zum Beispiel eng mit einem bestimmten Verständnis von menschlichem Handeln bzw. Intervenieren verknüpft, das als eine bestimmte Art der Tätigkeit, d.h., als eine isolierbare Einheit verstanden wird, die kühn, spektakulär und punktuell in den Lauf der Dinge eingreift und diesen dabei durchbricht, also gewissermaßen aus ihm herausragt. Dies steht zum Beispiel in Gegensatz zum chinesischen strategischen Denken, an das hier zum Zweck der Schärfung von Konzepten kurz erinnert werden soll und das im Gegensatz zur abendländischen Tradition Transformation als diffuse, umfassende Entfaltung begreift, in der sich Wirkung in der Situation vollkommen auflöst.[17] Hier dominieren Entwicklung, Aufspüren, Abwarten und Übergang, während in der abendländischen Tradition Handeln als ein Erwägen und Berechnen des Ereignisses immer noch mit einem gewissen Heroismus – mit Spiel, Gefahr und wagemutigem schnellen Zugreifen – verbunden ist.

IV.2. Kontingentes Entstehen von Gemeinschaft

Der mexikanische Künstler Gabriel Orozco hat ein Schachspiel gestaltet, das alle mit diesem Spiel verbundenen Regeln aus den Angeln hebt. In *Horses Running Endlessly* (1995, Abbildung) sind wir mit einem hölzernen Brett konfrontiert, das nicht zwei-, sondern mehrfärbig (weiß, schwarz, hellbeige, mittelbraun, dunkelbraun etc.) ist. Darauf sind Figuren platziert, die – passend zu den Feldern – in eben diesen verschie-

---

15 Ebd., S. 163f.
16 Foucault, Hermeneutik, 2004, insbes. S. 429 und S. 469.
17 Dazu: François Jullien, *Über die Wirksamkeit*, Berlin, 1999, S. 87ff. und S. 118.

94. *Horses Running Endlessly*, Gabriel Orozco, 1995. © Gabriel Orozco, courtesy Marian Goodman Gallery, New York

denen Farben auftreten, ansonsten jedoch, ganz anders als es für dieses Spiel typisch ist, in keiner Weise hierarchisch unterschieden sind. Das ganze Brett ist mit ein und derselben Figur bestückt – dem „Pferd" bzw. „Springer", der für seine Winkelzüge bekannt ist. Was ist hier geschehen? Zum einen führt uns diese Arbeit ein bekanntes Spiel in einer Weise transformiert vor, dass sich die Frage nach der Spielbarkeit und deren Gesetzen neu stellt. Darüber hinaus scheint die Art der Transformation jedoch vor allem die dem Schachspiel inhärenten Hierarchien zu betreffen: Wie nach einer politischen Revolution sind alle Figuren, welche die oberen Ränge der Gesellschaft repräsentieren, abgeschafft, d.h., König, Dame, Läufer und Türme fehlen. Aber auch der unterste Rang, jener der Bauern, ist verschwunden. Durchgesetzt hat sich gewissermaßen die „untere" Mittelklasse, die noch dazu gewöhnlich die gefinkeltsten, „schrägsten" Züge ausführt. Das Feld ist auf diese Weise von einander „Gleichen" bewohnt, die nur durch die diversen Farben unterschieden sind. Wie sich die Figuren mit- und gegeneinander bewegen, ist so zum einen offen für Verhandlung und Auseinandersetzungen, andererseits aber auch Produkt der reinen Kontingenz des Verlaufs der Züge und Gegenzüge. Wir haben es also mit einem zunächst unabschließbaren „Spiel" zwischen einer noch zu bestimmenden Anzahl von Spielenden zu tun – was auch im Titel als „endloses Pferderennen" aufgegriffen ist.

Gabriel Orozco reagiert mit dieser Arbeit auf unsere zeitgenössische *conditio humana*: Agierende, die einander zunächst „gleich" sind, laufen über ein vielgliedriges Feld und bringen kontingente Konstellationen – Zusammenballungen, Konfrontationen, Zusammenstöße etc. – hervor. Dominanz und Macht sind hier nicht mehr durch die „Tradition" (des Spiels) determiniert, sondern erscheinen als etwas, das beständig offen gehalten ist. Jeder Zug wird zu einer Positionierung, d.h. zu einer flüchtigen, partiellen und parteilichen Ordnung, die auf die einzelne Spielfigur zurückwirkt: Die jeweilige Bewegung drückt eine „Meinung" oder „Einschätzung" des Laufs der Dinge aus, ohne andere Reglementierung. Wie ich in einem früheren Kapitel gezeigt habe, war das der Französischen Revolution folgende Europa des 18. und 19. Jahrhundert von Umwälzungen gekennzeichnet, mit denen sich vergleichbare, konflikthafte Auseinandersetzungen um das temporäre Erlangen von Macht, die tendenzielle Möglichkeit der Partizipation „aller" an dieser Macht sowie – damit zusammenhängend – auch neue ästhetische und taktische Veranstaltungen zur Generierung politisch agierender Kollektivkörper durchgesetzt haben.

Wie bereits dargelegt, beinhaltete dieser historische Transformationsprozess auch, dass verschiedenste gesellschaftliche Instanzen beginnen, das Kalkulieren von signifikanten Ereignissen der Wahrnehmung in Angriff zu nehmen und diesbezügliche Verfahrensweisen und Wissensfelder zu entwickeln. Von den revolutionären Kunstschaffenden und dem politischen Aktivismus der Straße bis hin zur Werbewirtschaft, der Freizeitindustrie oder der Politik im engeren Sinn entwickeln alle Konzepte und Idealitätsschablonen, die dann in die Wirklichkeit umgesetzt werden sollen. Mit Verweis auf das von Gabriel Orozco gestaltete Schachspiel kann jedoch auch festgehalten werden, dass „Umsetzen" nicht mit „Durchsetzen" verwechselt werden sollte: Trotz aller Willensanstrengung und aller dabei entwickelter Gewalt gibt es in demokratischen politischen Räumen keinen Ort, von dem aus eine Überstülpung von Konzepten eindimensional realisiert werden kann, sondern jede Initiative bleibt auf Anerkennung durch andere angewiesen.

Die sich mit der französischen Revolution in neuer Weise herausbildende, öffentliche, politische Sphäre ist dabei als jener Raum bestimmbar geworden, in dem die von Seiten der Werbung und Vermarktung, der Politik bzw. des Politischen, der Kunst und der Erziehungs- und Überwachungsinstanzen entworfenen „Interventionen" Präsenz zu erzielen suchen und miteinander in Austausch treten. In diesem öffentlichen Raum streiten demnach immer schon ganz unterschiedliche Perspektiven, Projekte, Pläne und Wünsche um Dominanz: Es gibt eine vielstimmige ästhetische Provokation zwischen verschiedenen Positionen des Sprechens, Zeigens, Auftretens und Handelns, Hörens, Sehens und Zuschauens, die gemeinsam das, was ich unter Entlehnung eines Begriffes von Hannah Arendt als „öffentlichen Erscheinungs- und Wahrnehmungsraum" bezeichne, überhaupt erst hervorbringen. Wichtig ist also, dass ein solcher Raum nicht gleichsam vorab existent ist und nachträglich in multipler Weise bespielt wird, sondern dass wir ihn erst durch unser gemeinsames Handeln und unsere Wahrnehmungen hervorbringen.[18] Keiner der an einem solchen Raumbildungsprozess beteiligten Agenten ist, wie ebenfalls bereits bemerkt wurde, souverän – zwar können alle Handlungen setzen und ihre Perspek-

---

18 Zum Begriff des „Erscheinungsraums": Hannah Arendt, *Vom Leben des Geistes. Das Denken. Das Wollen,* München und Zürich: Piper, 1998, S. 31.

tiven, Wünsche und Befürchtungen zum Ausdruck bringen, sie sind dabei jedoch stets auf andere angewiesen, die das einmal Begonnene entweder weiterführen oder auch ignorieren oder bestreiten können. Die Bühnen der Politik bzw. die Sphäre der Kunst im engeren Sinn stehen mit dieser Sphäre des Politischen und Öffentlichen in einer Verbindung der Herausforderung, der Bewerbung, der Sichtbarmachung bzw. der Kritik – sie gehen jedoch nicht in ihr auf.

In diesem im öffentlichen Erscheinungsraum präsenten Zu- und Gegeneinander sind alle hier präsenten Wahrnehmungen, Repräsentationen und Gebrauchsweisen von „Blindfeldern" gekennzeichnet: von Verzerrungen, Verkennungen, Missverständnissen. Diese Blindfelder sind, wie Henri Lefèbvre es einmal genannt hat, „nicht nur dunkel und ungewiss, kaum erforscht, sondern blind, so wie es auf der Netzhaut einen blinden Fleck gibt, der Mittelpunkt und gleichzeitige Negation des Gesichtssinns ist. Paradoxa. Das Auge sieht nicht, es bedarf des Spiegels."[19] Über diesen Begriff kann offengehalten werden, dass die in der Öffentlichkeit präsenten Perspektiven und Ansätze, die Welt zu ordnen und mit Sinn auszustatten, stets durch eine Kluft voneinander getrennt sind, die in der Rekonstruktion dieser Auseinandersetzungen von keiner Warte aus völlig eliminiert werden kann. Eine solche Kluft ist demnach nicht eine, die vermeidbar wäre, sondern konstitutiv für unseren Umgang mit der Welt.

Dabei weisen die multiplen, öffentlichen Gefüge, an denen wir teilhaben, mehr Einstiegspunkte und Räume für Auseinandersetzungen denn je auf: Dazu gehören Bürgerinitiativen, Demonstrationen oder öffentliche Diskussionen genauso wie Filmvorführungen, Ausstellungen, Konzerte oder das Internet. Überall können sich signifikante Momente der Wahrnehmung ereignen, die unser Handeln in Gang setzen und die, genauso wie unser Auftreten, unser Zurück-Antworten und unsere Initiativen zentral daran Teil haben, wie sich gesellschaftlicher Zusammenhalt herstellt.

An manchen Punkten in diesem öffentlichen Handlungsgefüge kommt es demnach zu Zusammenstößen, die „Verkettungen" zwischen den unterschiedlichen Perspektiven und Handlungen schaffen.[20] Solche Verkettungen können auf unterschiedliche Weise hervorgebracht werden: Auf der Ebene des Handelns beispielsweise, indem von einem (kollektiven) Subjekt ein Anfang gesetzt wird, der dann von anderen aufgegriffen, damit aber auch angeeignet, transformiert und weiterbefördert wird. Auf der Ebene der Wahrnehmung dadurch, dass Bilder und Sichtweisen Faszinationsgeschichten nach sich ziehen, die unterschiedliche Subjekte psychisch und physisch involvieren. Auf der Ebene der Imagination kann es zu Verschränkungen kommen, indem manche Projektionen und Vorstellungen von verschiedensten Agenten und Agentinnen „geteilt" werden, und auf der Ebene der Repräsentation kann ein und derselbe Körper oder können Körper, die eine gewisse Familienähnlichkeit aufweisen, ebenfalls von ganz unterschiedlicher Seite mit ganz

---

19 Lefèbvre, Revolution der Städte, 1990, S. 35.
20 Wie bereits an anderer Stelle bemerkt haben Ernesto Laclau und Chantal Mouffe für das Entstehen solcher Verkettungen den Begriff der „Artikulation" vorgeschlagen. Vgl. Laclau und Mouffe, Hegemony, 1985, insbes. S. 109f.

diversen Gruppen von Repräsentation anstrebenden Personenkreisen und mit ganz verschiedenen, der Repräsentation zugänglichen Sachverhalten verknüpft werden.

Diese Wahrnehmungs- und Handlungsketten sind, wie die verschiedenen Essays in diesem Buch gezeigt haben, stets zugleich von Äquivalenz und Differenz geprägt: Denn einerseits wird über sie Unterschiedliches in eine Beziehung der Ähnlichkeit oder Zusammengehörigkeit gesetzt, etwa indem einzelne ästhetische Konzepte und Motive – ein Beispiel waren Bilder der Verspottung von Demokratie in der Weimarer Republik – als Verkörperungen ganz unterschiedlicher politischer Positionen wahrgenommen und benutzt werden, die sich zugleich gerade durch diese vielfältigen Involvierungen als Punkte herauskristallisieren, über die sich diese verschiedenen Gruppen auf ganz ungeplante Weise miteinander verschränken und wechselseitig stützen. Andererseits legt jede dieser Wahrnehmungen und Handlungen auch Zeugnis von einem je spezifischen Moment des Sich-Identifizierens und Involvierens ab, in dem sich der oder die Handelnde oder Blickende augenblicklich seiner oder ihrer eigenen, von anderen differenzierten Identität versichert.

Das bisher Dargelegte ließ bereits deutlich werden, dass der zweite Begriff, der neben dem Ereignis in der vorliegenden Arbeit in den Vordergrund rückt, jener der „Kontingenz" ist. Er rührt vom lateinischen Verb „contingere" her, das in der transitiven Bedeutung „(etwas) berühren", „erfassen", „ergreifen", „treffen" oder „erreichen" meint. In der intransitiven Bedeutung kann es mit „zuteil werden", „gelingen" oder „glücken" übersetzt werden und als unpersönliches Verb in der dritten Person Singular meint es sinngemäß „es ereignet sich", „es gelingt" oder „es glückt". Die Nominalform „Kontingenz" verweist auf „ein zukünftiges Ereignis, das möglich ist, aber nicht mit Gewissheit vorhergesagt werden kann", und „Kontingent" ist im Sinne von „Anteil" bzw. „Teil eines größeren Ganzen zu verstehen, der aber auch selbst ein Ganzes ist". Dementsprechend verweist das Adjektiv „kontingent" auf „zufällig" oder „abhängig von". Wichtig für den Zusammenhang dieses Buches sind sowohl Bedeutungen wie „(etwas) berühren", „treffen" und „gelingen" als auch, dass sich etwas sowohl ereignen als auch nicht ereignen kann. Aufgrund von letzterer Bedeutung steht der Begriff auch in enger Verbindung mit dem Möglichen, mit Potenz oder Potenzialitäten.

„Kontingenz" stellt demnach nochmals nachdrücklich die Vorherrschaft des Willens über die Möglichkeiten des Seins in Frage und setzt an die Stelle der Fantasie, das Wollen könne das Geschehen kontrollieren, das „Können", d.h. das Betreten einer Schwelle zwischen Intention und der Ausbreitung der Effekte der gesetzten Handlungen. Das Sein bewahrt also in gewisser Weise stets seine Potenz, was in der Kategorie des „Kontingenten" als etwas beschrieben werden kann, das weder notwendig noch ewig, sondern davon geprägt ist, dass im selben Moment, in dem etwas geschieht, auch dessen Gegenteil hätte geschehen können. Ereignisse stehen mit dem Kontingenten insofern in enger Beziehung, als sie Momente eines solchen stets möglichen Übergangs und kontingenten Werdens darstellen.[21]

---

21 Dazu auch: Giorgio Agamben, *Bartleby oder die Kontingenz, gefolgt von Die absolute Immanenz*, Berlin, 1989, insbes. S. 41 und S. 53.

Ähnlich wie der Begriff des Ereignisses so erlangte auch jener der Kontingenz in den letzten Jahren in verschiedenen kulturwissenschaftlichen und kulturtheoretischen Diskursen eine gesteigerte Aufmerksamkeit. Hier sollen zwei davon herausgegriffen und in den Grundzügen umrissen werden, um nochmals deutlich zu machen, was dabei auf dem Spiel steht, und um eine für den Motivationszusammenhang zu diesem Buch wichtige Diskussionsverlagerung anschaulich zu machen. Zum einen tauchte der Begriff der Kontingenz in den 1980er Jahren in gewissen Kreisen des marxistischen Diskurses sowie in den davon ausgehend sich herausbildenden britischen *Cultural Studies* verstärkt auf. So verteidigten hier Anfang der 1980er Jahre Ernesto Laclau und Chantal Mouffe ein „field of contingent variations as opposed to essential determination."[22] Ihre Position traf damals mit jener der sich zeitgleich durchsetzenden *Cultural Studies* zusammen. Stuart Hall zum Beispiel trat mit einem Essay, der den programmatischen Titel „The problem of ideology. Marxism without guarantees" trägt, ebenfalls an, „the notion of fixed ideological meanings and class ascribed ideologies with the concepts of ideological terrains of struggle and the task of ideological transformation"[23] zu ersetzen. Diese als dekonstruierend (Laclau/Mouffe) oder als rekonstruierend (Hall) verstandenen Herangehensweisen bezogen sich alle auf Antonio Gramsci, der mit seinem Konzept von politischer Hegemonie bereits demonstriert hatte, dass bestimmte Machtverhältnisse nicht über Organisierung eindimensional durchgesetzt werden, sondern sich im Zusammenspiel und in Auseinandersetzung zwischen unterschiedlichen politischen Kräften auf je kontingente Weise ergeben.[24] In dieser Rezeptionswelle der 1980er Jahre wurde die klassisch-marxistische Rückbindung von Gramscis Hegemoniebegriff jedoch noch weitergehend hinterfragt, indem gezeigt wurde, dass es keine gesellschaftliche Ebene – auch nicht die ökonomische, die so lange und auch noch bei Gramsci selbst im Brennpunkt marxistischer Analysen stand – gibt, die das politische Geschehen determinieren könne. Dagegen bestehen, wie nun demonstriert wurde, politische Machtverhältnisse stets aus zufällig sich ergebenden, von keiner Seite aus kontrollierbaren Konstellationen und sind dabei selbst ebenfalls immer nur vorläufig und weiterhin veränderbar.

Parallel zu dieser Re-Lektüre des Marxismus entdeckte in den 1980er Jahren dann auch die liberale Kritik Kontingenz auf neue Weise und stellte sie ins Zentrum einer philosophischen Beschreibung der Gegenwart. So hob zum Beispiel Richard Rorty[25] ebenfalls hervor, dass die Menschen das Werden der Welt nicht in

---

22 Laclau und Mouffe, Hegemony, 1985, S. 99. Zur Kontingenz siehe auch: Anna Schober, „Contingency", in: *Performance Research*, Nr. 11.3. („Lexikon"), 2008, S. 29-33. Abgedruckt auch in: *documenta 12 magazines*, Nr. 2 (Life!), 2007.
23 Stuart Hall, „The problem of ideology. Marxisms without guarantees" (1983), in: *Stuart Hall. Critical dialogues in cultural studies*, hg. v. David Morley und Kuan-Hsing Chen, London and New York: Routedge, 1996, S. 25-46, S. 41.
24 Für Gramsci „übernimmt" eine bestimmte Klasse die Staatsmacht nicht, sondern „wird" zur Staatsmacht. Siehe: Antonio Gramsci, *Selections of the prison notebooks*, New York, 1971, S. 258.
25 Richard Rorty, *Contingency, irony, and solidarity*, Cambridge u. a., 1989, S. 21f.

ihren Händen halten, sondern dass Sprache und Kultur das Ergebnis unzähliger kleiner, von keiner Warte aus kontrollierbarer Verschiebungen und Verbindungen sind. Als Ahnväter für seine radikal kontingente Weltsicht bezog er sich auf so unterschiedliche Denker wie Donald Davidson, Ludwig Wittgenstein, Friedrich Nietzsche, Sigmund Freud oder Hans Blumenberg, die alle, so Rorty, ebenfalls den Zufall ins Zentrum ihrer Recherchen rücken, d.h., die Tatsache hervorheben, dass sich etwas ergeben oder auch nicht ergeben kann, sowie, dass diesem Werden keine geheime Notwendigkeit innewohnt. Ihre Beschreibungen treten damit ebenfalls in Kontrast zur Idee, dass die Geschichte der Kultur einem Telos, etwa der Entdeckung der Wahrheit oder der fortschreitenden Emanzipation folgt, und sie versuchen, an einen Punkt zu gelangen, wo weder Gott, noch die natürliche Welt als eine Art Quasi-Gottheit verehrt werde, sondern wo alles – Sprache, Bewusstsein, Gemeinschaft, politische Konstellationen – als Produkte von Zeit und Zufall erscheinen. Unter Rekurs auf die Arbeit von Sigmund Freud stellt Rorty auch das menschliche Selbst als ein Netzwerk aus Kontingenzen statt als potenziell um die Zentralstelle der „Vernunft" geordnetes System von Anlagen dar. Dabei zeigt er, dass alle möglichen Details des irdischen Lebens – ein Stück Stoff genauso wie ein bestimmter Begriff oder ein ästhetisches Verfahren – die Funktion übernehmen können, eines Menschen Identität mit sich selbst, aber auch seine Verbundenheit mit anderen zu dramatisieren und zu kristallieren.[26]

Auch wenn der Begriff der Kontingenz auf dieser Weise in verschiedenen Zugängen zu einer zentralen Argumentationsfigur geworden war, blieb ein Bereich davon merkwürdig unberührt: jener der Ästhetik. Rorty selbst ist dafür ein gutes Beispiel, auf das ich später nochmals ausführlicher zu sprechen kommen werde. Denn obwohl er die Kontingenz der Gemeinschaft, der Sprache und des Selbst offensiv thematisiert, erklärt er gleichzeitig die ästhetische Taktik der Ironie wieder zu einem Programm der Gegenwart – diese erscheint seiner Darlegung zufolge nicht in derselben Weise der Kontingenz unterworfen zu sein wie die anderen Erscheinungen. Mit dem Hinterfragen eines ökonomischen Determinismus oder eines Essenzialismus der Person ist es also offenbar gleichzeitig zu einer Verlagerung und zur Ausbildung einer Art „Determinismus der Form" gekommen – was zudem davon gestützt worden ist, dass sich die kulturwissenschaftliche wie die philosophische Forschung ganz generell den ästhetischen Phänomenen verstärkt zuwandte. Denn wie ich in einem anderen Kapitel dieses Buches bereits ausführlich darlegte, setzten sich in den 1980er Jahren, also gerade dann, als die Kontingenz in den hier angesprochenen Theoriefeldern eine außerordentliche Konjunktur erfuhr, in manchen Bereichen der ästhetischen Theorie, der Filmtheorie oder der *Gender Studies* besonders eingefrorenen Bewertungen bestimmter ästhetischer Taktiken als politisch „subversiv" durch. Dieses Buch versucht, über ein schrittweises, mehrschichtiges Vorgehen einen solchen „Determinismus der Form" zu hinterfragen: indem zum einen die komplexe Geschichte der politischen Beurteilung ästhetischer Taktiken nachgezeichnet und gefragt wurde, auf

---

26 Ebd., S. 37.

welche historische und milieuspezifische Situation diese je reagiert bzw. inwiefern sie einen eher eingefrorenen oder eher experimentelleren Umgang favorisiert. Zum anderen wurde für einzelne Milieus das komplexe Aktionsgefüge, an dem diese Taktiken teilhaben, im Detail rekonstruiert, worüber die nicht-intendierten Handlungs- und Bilderketten sowie die darüber kontingent sich ergebenden politischen Konstellationen in den Vordergrund der Untersuchung rückten.

IV.3. Vielstimmige Öffentlichkeit

Die in diesem Buch verhandelten ästhetischen Taktiken haben also auf stets kontingente Weise an der Herstellung von Öffentlichkeit teil, und vice versa ist der öffentliche Raum, wie ebenfalls bereits bemerkt, nicht ein vorab gegebenes Gebilde, sondern wird durch unsere Initiativen sowie durch deren Weiterverhandlungen auf stets aktuelle, nicht planbare Weise produziert. Öffentlichkeit lebt demnach von der Präsenz der Anderen und einem in der Pluralität erzielten vielstimmigen Sich-Zeigen, Sprechen, Handeln, Fragen und Zurück-Antworten.[27] Dies bedeutet jedoch auch, dass nicht jeder für die Allgemeinheit zugängliche Raum als „öffentlicher" und „politischer" bezeichnet werden kann: Wie ich an anderer Stelle in diesem Buch gezeigt habe, kann mit diesen Attributen nur jene aus Initiativen gebildete Formation belegt werden, die Bisheriges in Frage stellt, Provokationen setzt, gängige Zuordnungen herausfordert, neu bzw. anders zur Disposition stellt oder eine Reorganisation von Ordnung oder veränderte Zuweisung der Körper vorschlägt. Jedes Element der Gemeinschaft, des Selbst oder der Sprache bzw. der uns umgebenden visuellen oder Hör-Welten kann dafür jedoch herangezogen werden.

Aufgrund der notwendigen Vielstimmigkeit und Pluralität, die der so je aktuell sich ergebenden, öffentlichen Sphäre zukommt, führt es auch zu groben Misskonzeptionen, wenn in diesem Zusammenhang die Unterscheidung „Öffentlichkeit/ Gegenöffentlichkeit" verwendet wird. Denn mit einer solchen Aufteilung wird der Moment der Pluralität, der wechselseitigen Herausforderung und Abhängigkeit sowie des dabei erfolgenden möglichen Übergangs oder Umkippens zwischen dem, was mit diversen Taktiken angepeilt wird, und dem, was sich in der Realisierung bestimmter Konstellationen als Dominanz ergibt, gerade ausgeschlossen. Michael Warner verfängt sich in diese Problematik in einem Buch, das den programmatischen Titel „Publics and Counterpublics" trägt, wenn er formuliert: „A counterpu-

---

27 In dieser Hinsicht ist auch der allen griechischen Auswanderern mitgegebene Satz „Wo immer ihr seid, werdet ihr eine Polis sein" als ein Hinweis darauf zu verstehen, dass diese Polis nicht auf eine ein für allemal vorab gegebene „Heimat" angewiesen ist, sondern sich stets überall neu im Miteinander-sprechen-und-Handeln herstellen kann. Dazu: Arendt, Vita Activa, 1981, S. 250. Diese Konzeption einer Herstellung des Öffentlichen durch politisches Handeln setzte Arendt in den 1950er und 1960er Jahren provokativ den sich verbreitenden Tendenzen des Rückzugs ins Private und der Abschottung des Einzelnen von allem Neuen, Fremdartigen und Überraschenden entgegen.

blic maintains at some level, conscious or not, an awareness of its subordinate status. The cultural horizon against which it marks itself off is not just a general or wider public but a dominant one."[28] Auf diese Weise sieht er davon ab, dass „dominant" und „subordinate status" nicht vorab fixiert, sondern ganz im Gegenteil stets bereits mit Gegenstand der Auseinandersetzung sind. Ob und in welcher Form mit den ästhetisch-politischen Taktiken von Queer- oder Transgender-Gruppen – die Warner als Beispiel wählt – dominante Erscheinungen unintendiert mitetabliert werden, ob und wie sie „subversiv" wirken und marginalisierte Gemeinschaften bejahen, ist, entgegen seinen Ausführungen, völlig offen und wird sich stets kontingent entscheiden. Meist werden sich solche Taktiken gleichzeitig in mehrere Richtungen ausbreiten: d.h. sie können sowohl den Zusammenhalt innerhalb einer „differenten" Gruppe stärken als auch, und zwar gleichzeitig, dominante Erscheinungen mitgenerieren. In welcher Form dies geschieht, könnte Gegenstand einer kulturwissenschaftlichen Analyse sein – dies tritt bei Warner jedoch hinter einer Gegenüberstellung der scheinbar fixen Entitäten „Öffentlichkeiten/Gegenöffentlichkeiten" zurück, die das Kontingente und die Unvorhersehbarkeit bzw. die Offenheit des Ergebnisses kollektiver Auseinandersetzungen aushebelt. Herkömmliche Zuschreibungen bezüglich „Mainstream" und „marginal" werden auf diese Weise eher wiederholt und gefestigt, trotz der explizit artikulierten Intention, gegen gängige Ausschluss-Szenarien anzuschreiben.

Hier tritt demnach wieder die uns bereits gut bekannte Tradition eines an ästhetische Taktiken geknüpften binären Argumentierens zutage, gegen die sich das vorliegende Buch wendet und an dessen Stelle es ein Aufzeigen von mehreren Vektoren, in die ein und dasselbe ästhetisch-politische Phänomen gleichzeitig weisen kann, setzen möchte.[29] Dieses „Erbe" des Binären kommt allerdings nicht nur im Wortpaar „Öffentlichkeit Gegenöffentlichkeit" zum Vorschein, sondern auch im Begriffsgespann „Empire Multitude." Michael Hardt und Antonio Negri, die Letzteres in Umlauf setzten, beschreiben beides als Tendenz – das „Empire" als Tendenz einer Form der Macht, „der es gelingen kann, die gegenwärtige Weltordnung dauerhaft zu festigen"[30] und „die Multitude" als Projekt einer im Inneren von Empire entstehenden Alternative, die in der Lage ist, „im Gegensatz zur Bourgeoisie und zu allen anderen exklusiven und beschränkten Klassenformationen (...) die Gesellschaft selbstbestimmt zu gestalten."[31] Auch wenn, so Hardt und Negri, die über „verteilte Netzwerke" operierende Multitude als Gegner des Empire bestimmt ist, sind beide nicht als komplementär zu denken: „Während das Empire ständig von der Multitude und ihrer sozialen Produktivität abhängt, ist die Multitude potenziell autonom und verfügt über die Fähigkeit, eigenständig eine Gesellschaft zu schaffen."[32] Auf diese Weise wird jedoch nicht gesehen, dass es auch „der Multitude", wie plural und weit verzweigt auch

---

28 Michael Warner, *Publics and Counterpublics*, New York, 2002, S. 119.
29 Dazu auch: Hansen, Mass Production of the Senses, 1999, S. 64.
30 Hardt und Negri, Multitude, 2004, S. 9.
31 Ebd., S. 14.
32 Ebd., S. 252.

immer sie operieren mag, um eine Erlangung von Sichtbarkeit und Hörbarkeit sowie um eine Ausdehnung ihres Handlungsspielraums, eine Erweiterung ihres Aktionsradius und um ein potenzielles Sich-Einverleiben des Verfügbaren gehen muss, will sie als politisches Projekt nicht einfach stagnieren und einschlafen. Ähnlich wie in der Zweiteilung, die Michael Warner vornimmt, wird darüber hinaus auch in der Konzeption von Hardt und Negri Kreativität, das imaginative Anpeilen von Ereignissen sowie das Potenzial der Schaffung einer neuen Welt allein auf Seiten der Multitude verortet: „*Kairos* ist der Augenblick, in dem sich der Pfeil vom Bogen löst, der Augenblick, in dem die Entscheidung für eine Handlung getroffen wird. Revolutionäre Politik muss in der Bewegung der Multitudes und durch die Akkumulation gemeinsamer und kooperativer Entscheidungen den Augenblick des Bruches oder Klinamen erfassen, der eine neue Welt erschaffen kann (Hervorhebung im Original)."[33] Dabei wird jedoch nicht ausreichend berücksichtigt, dass genau diese Aktivität des Anpeilens von Ereignissen im 20. Jahrhundert von ganz unterschiedlicher Seite aus massiv und ebenso utopiegeladen in Angriff genommen wird, politisch aktivistische Gruppen also keinerlei Monopol auf diese Praxis haben. Dies klingt zwar zum Teil durch, etwa wenn Hardt und Negri von „Netzwerkkämpfen" oder „biopolitischen Auseinandersetzungen" sprechen – dennoch wird der Moment des Unvorhersehbaren, Unkontrollierbaren, des Exzesses etc. auch von ihnen wieder allein auf Seiten der Multitude inszeniert und nicht in eine Analyse der Praktiken einbezogen, die sie als „Empire" bezeichnen. Als Konsequenz daraus gibt es dann auch in dieser Herangehensweise keine Analyse der Prozesse der Verschränkungen, Verkettungen oder zwiespältigen Übergänge zwischen Multitude und Empire, zwischen „wir" und „sie".

Dem entspricht auch, dass die Multitude an anderen Stellen dann doch nicht so ungeformt, ungeordnet und monströs repräsentiert erscheint, wie zunächst behauptet wird. Für sie wird abermals eine bestimmte ästhetische Form favorisiert: jene des Karnevals und der „Queer Politics", d.h. der Vorführung „schräger", ungewöhnlicher Geschlechter-Performances, etwa als Drag Queen oder als „butch".[34] Diese Formen der ästhetischen Inszenierung werden wiederum eindimensional als „Rebellion" politisch beurteilt, womit in bereits bekannter Manier Intention und Effekte in-eins-gesetzt auftreten. Dadurch wird deutlich, dass sich auch diese Theorie offensiv in die in diesem Buch untersuchte Tradition der Weitergabe des Arguments von der polischen Effektivität politischer Formen einschreibt.[35] Ästhetische

---

33 Ebd., S. 392f.
34 Ebd., S. 237f. und S. 227.
35 Ganz explizit werden die Konzepte von Hardt und Negri dann von Gerald Raunig mit einer Genealogie der künstlerischen Avantgarde verschränkt. Auch von ihm werden Verkettungen immer nur auf der Seite der Multitude, des Alternativen gesehen, etwa zwischen „Kunstmaschinen und revolutionären Maschinen." Nicht intendierte Verkettungen zwischen Handlungen, die als widerständig konzipiert werden, aber dennoch – ungeplant und unvorhergesehen – eine je aktuelle Dominanz von Erscheinungen und Machtverhältnissen mithervorbringen, kommen dagegen nicht in den Blick. Dies führt auch hier tendenziell zu einem Feiern eines karnevalesken, „wilden", offensiven „Dagegen-Seins." Siehe: Gerald Raunig, *Kunst und Revolution. Künstlerischer Aktivismus im langen 20. Jahrhundert,* Wien, 2005, ins-

Taktiken werden nicht als Mittel in einem konflikthaften Prozess der Auseinandersetzungen zwischen ganz unterschiedlichen Gruppen mit offenem Ausgang untersucht, sondern als „effektive" Strategie zur Verbreitung einer spezifischen Weltsicht beschworen. Dabei wird die Grenze zwischen „wir" (Multitude) und „sie" (Empire) beständig im Text mitinszeniert und scheint vor überraschenden Querschlägen und Übergängen frei zu sein: „Wir", das sind die kreativen, produktiven, kommunikativen, sich vernetzenden „Ungeheuer (...) – Schulabbrecher, sexuelle Abweichler, Freaks, Überlebende pathologischer Familien und so weiter."[36] „Sie" dagegen befestigen, führen Kriege, produzieren, ahmen nach, verwandeln – scheinen dafür jedoch signifikante Ereignisse, günstige Momente und kreatives Kalkulieren nicht in dem Maße nutzen zu können, wie von den „Gegnern" behauptet wird. Begleitend dazu kippt der Text dann auch immer wieder von einer Analyse der vielfältigen mit der Globalisierung einhergehenden Verschiebungen auf politischer, sozialer, ökonomischer und kultureller Ebene in eine Art zelebrierenden, an uns gerichteten Gesang um, der versucht, „Dagegen-Sein", das Karnevaleske, das Sich-Vernetzen sowie ein Sich-Ausbreiten der Multitude herbeizurufen. Dies wird etwa an folgendem Statement besonders deutlich: „Die amerikanischen Revolutionäre des 18. Jahrhunderts pflegten zu sagen: ‚Die kommende Menschheit wird vollkommen republikanisch sein.' Ähnlich könnten wir heute sagen: ‚Die kommende Menschheit wird ganz Multitude sein.' Den neuen Bewegungen, die globale Demokratie fordern, gilt nicht nur die Singularität jedes Einzelnen als grundlegendes Organisationsprinzip, sondern sie begreifen diese Singularität auch als Prozess der Selbstveränderung, Hybridisierung und Métissage. Die Vielheit der Multitude bedeutet nicht nur, unterschiedlich zu sein, sondern auch unterschiedlich zu werden. Werde anders als du bist! Diese Singularitäten handeln freilich gemeinsam und bilden damit einen neuen Menschentypus, das heißt, eine politisch koordinierte Subjektivität, die von der Multitude geschaffen wird. Die grundlegende Entscheidung, die von der Multitude getroffen wird, ist diejenige, eine neue

---

bes. S. 15 f. und S. 50. Raunig bezieht sich dabei auf die Theorien von Gilles Deleuze und Felix Guattari, jedoch ohne den komplexen theoretischen Überbau des Deleuze'schen „Werdens" zu berücksichtigen und für eine Analyse der Beispiele zu übersetzen. Dazu: Gilles Deleuze, *Logik des Sinns. Aesthetica,* Frankfurt am Main, 1993. Alain Badiou hat gegenüber solchen Verwendungen der Deleuze'schen Theorie den Einwand erhoben, dass sie nicht berücksichtigen, dass dessen Denken nicht darauf ausgerichtet ist, das Multiple zu befreien, sondern es einem erneuerten Konzept des „Einen" zu unterstellen: „Let me say in passing (...) to those who still believe that one can invoke Deleuze's name as a way of sanctioning ‚democratic' debates, the legitimate diversity of opinions, the consumerist satisfaction of desires, or, again, the mixture of vague hedonism and ‚interesting conversations' that passes for an art of living. They should examine attentively who Deleuze's heroes of thought are: Melville's Bartleby the scrivener (‚I would prefer not to') or Beckett's Unnamable (‚you must go on, I can't go on, I'll go on')." Alain Badiou, *Deleuze. The Clamour of Being,* Minneapolis und London, 2000, S. 69ff.

36 Hardt und Negri, Multitude, 2004, S. 218.

Menschheit zu schaffen. Wenn man Liebe politisch begreift, dann ist diese Schaffung einer neuen Menschheit der höchste Akt der Liebe."[37]

Dieses Querlesen verschiedener, heute präsenter Theorieangebote unterstreicht nochmals die Bedeutsamkeit, die der Unkontrollierbarkeit des Ereignisses sowie der Unvorhersehbarkeit und Offenheit des kontingenten Werdens für die Etablierung von Gemeinschaft heute zukommt. Dabei halten die hier in den Vordergrund gespielten Begriffe „Ereignis", „Kontingenz" und „vielstimmige Öffentlichkeit" auch offen, dass das, was uns zum öffentlichen politischen Handeln antreibt, ganz Unterschiedliches sein kann: momenthafte Konfrontation mit überraschenden Wahrnehmungsereignissen genauso wie erlebte Ungerechtigkeit und Diskriminierung, faszinierende Reden, ein anziehendes und involvierendes Zusammensein mit anderen, herausfordernde Handlungen, schockierende oder aufrüttelnde Bilder oder Filme bzw. Erzählungen, die uns lange beschäftigen.

Indem diese Begriffe all diese Formen des Zusammentreffens ansprechen, stellen sie sich schließlich auch einer weiteren, oft aufgegriffenen Konzeption von Öffentlichkeit entgegen: jener von Jürgen Habermas, der als Öffentlichkeit in erster Linie eine von Vernunft geleitete Kultur des öffentlichen Räsonnements beschrieben hat.[38] Habermas geht bekanntlich davon aus, dass Aushandlungen in einer idealtypisch konzipierten „bürgerlichen Öffentlichkeit" zunächst über das Vorbringen von Argumenten und Beweisen und ihrer rationalen Kritik erreicht werden. Visuelle Erscheinungen wie Film, Fotografie und die Stilwelten der Selbstpräsentation werden – auch wenn dies nachträglich von ihm selbst etwas abgeschwächt präsentiert wird – allein als Hinweise auf einen „Verfall" von öffentlicher Kultur bewertet.[39] Auf diese Weise erhebt er vernunftgeleitetes Aushandeln von einem möglichen Instrument des öffentlichen Austausches zur einzig gültigen Norm. Darüber hinaus sieht seine Konzeption auch von einer Nähe bzw. Verwandtschaft von politischem Urteilen und Geschmacksurteil ab, wie sie an anderer Stelle in diesem Buch umrissen wurde und hier nochmals knapp zusammengefasst werden soll.[40] Denn wir sind, wie unter Zuhilfenahme von Überlegungen Hannah Arendts bereits dargelegt wurde, im Fall des Beurteilens politischer Sachverhalte – ähnlich wie im Fall von Geschmacksurteilen – mit dem Partikularen in seiner Einzigartigkeit konfrontiert: d.h. es ist stets dieser spezifische Sachverhalt, genau dieses Bild oder diese Begegnung, die uns involvieren, unsere Aufmerksamkeit halten und uns zum Handeln bringen. Dabei sind wir in Urteilsprozesse verstrickt, für die es, wie Arendt unter Bezugnahme auf Kants reflektierende Urteile herausarbeitet, keine vorab gegebene Regel gibt (im Gegensatz zu dem, was dieser für die bestimmenden Ur-

---

37 Ebd., S. 391.
38 Jürgen Habermas, *Strukturwandel der Öffentlichkeit*, Frankfurt am Main, 1990, S. 86f.
39 Habermas, Strukturwandel, 1990, S. 225f.
40 Dazu: Hannah Arendt, *Das Urteilen. Texte zu Kants Politischer Philosophie*, München und Zürich: Piper, 1998, insbes. S. 104ff. Zu diesen Einwänden gegen das Habermas'sche Konzept von Öffentlichkeit auch: Zerilli, Aesthetic Judgement and the Public Sphere, 2004, S. 68ff.

teile festhält). Wie die verschiedenen in diesem Buch präsentierten Beispiele und Fallstudien gezeigt haben, sind solche, reflektierende Urteile auslösende Ereignisse[41] wie die diversen Taktiken, die ausgebildet werden, um sie anpeilen zu können, ganz immanent daran beteiligt, wie sich Öffentlichkeit je aktuell herstellt. Deshalb muss auch eine Theoretisierung des politischen Raums solche Ereignisse und deren Signifikanz jenseits von „Verfall" und „Aushöhlung" berücksichtigen – auch wenn dies nicht bedeutet, dass damit rationales Räsonnieren aus den Praktiken des ästhetischen und politischen Urteilens ausgeschlossen wäre.

IV.4. Das Erfinden der Avantgarde-Tradition

Im Unterschied zu anderen Kunstschaffenden verbinden die Aktivisten und Aktivistinnen der Avantgarde das von ihnen praktizierte Kalkulieren nicht-kalkulierbarer Ereignisse der Wahrnehmung meist mit explizit artikulierten politischen Ansprüchen. Wie das oben zitierte Statement von Wilhelm Hein gezeigt hat, in dem die Gewalt seines Fasziniert-Seins durch den surrealistischen Filmemacher Luis Buñuel zum Ausdruck kommt, sind die in den verschiedenen „Zeitschnitten" auftauchenden avantgardistischen Praktiken dabei auch durch starke Gefühle und beharrliche Aneignungsprozesse aneinander gebunden. Diese Faszinationsgeschichte und diese Übernahme immer ähnlicher Taktiken und Bewertungen quer durch das 20. Jahrhundert möchte ich abschließend unter Entlehnung eines Begriffs von Eric Hobsbawm als „Erfindung der (avantgardistischen) Tradition"[42] bezeichnen. Denn dieser Prozess weist einige zentrale Züge auf, die, so Hobsbawm, für „traditions, including invented ones" charakteristisch sind – etwa Fixierung und Formalisierung, Beständigkeit, eine herausragende rituelle und symbolische Funktion von Praktiken sowie eine Bezugnahme auf die Vergangenheit, selbst wenn diese nur dazu dient, Widerholung nahe zu legen bzw. zu rechtfertigen.[43]

Hobsbawm hat diesbezüglich darauf hingewiesen, dass dieser Prozess der Neuerfindung von Tradition dann besonders häufig auftreten wird, wenn die schnelle Transformation von Gesellschaft jene sozialen Gefüge zum Zerbrechen bringt, auf die die „alten Traditionen" zugeschnitten waren und neue Strukturen hervorbringt, für die diese nicht anwendbar sind. Ein solcher Erfindungsprozess wird aber auch eintreten, wenn sich zeigt, dass die alten Traditionen und ihre institutionellen Träger und Bewerber nicht länger ausreichend anpassbar und flexibel sind bzw. wenn sie durch einschneidende gesellschaftliche Ereignisse außer Kraft gesetzt werden.

---

41 Ereignis und reflektierendes Urteil fallen demnach nicht zusammen: Denn bei Letzterem kommen die Einbildungskraft und ihre Geleise ins Spiel, während Ersteres eher mit einem Überwältigt-Werden und einem Verrücken des Gewohnten zu tun hat. Zur Kluft zwischen Wahrnehmung und Urteilen siehe auch: Arendt, Urteilen, 1998, S. 90.

42 Eric Hobsbawm, „Introduction: Inventing Traditions", in: *The Invention of Tradition*, hg. v. ders. und Terence Ranger, Cambridge: Cambridge Univ. Press, 2005, S. 1-14.

43 Hobsbawm, Introduction, 2005, S. 2f.

Solche Veränderungen haben, wie er weiter ausführt, in den letzten 200 Jahren in besonders signifikanter Weise stattgefunden, sodass auch Prozesse der Neuerfindung von Tradition in diesem Zeitraum sehr häufig zu beobachten sind.[44] Dies deckt sich mit dem in diesem Buch nachvollzogenen Prozess der Erfindung einer avantgardistischen Tradition, der seit der Französischen Revolution und der deutschen Romantik mit größerer Vehemenz vorangetrieben wurde und dann vor allem quer durch diverse Milieus des 20. Jahrhunderts in speziell auffälliger Dichte und Vernetztheit erfolgte. Als Markierungen, die deutlich sichtbare Schübe in diesem Prozess der Traditionserfindung hervorbrachten, erscheinen die großen Kriege des 20. Jahrhunderts: Dies trifft sowohl auf den Ersten Weltkrieg zu, der unmittelbar darauf folgend den Dadaismus auf die öffentliche Bühne gebracht hat, als auch auf den Zweiten Weltkrieg und den Faschismus, die erst mit der Studentenbewegung der 1960er Jahre und einem davon angetriebenen Zurück-Blicken auf die Zwischenkriegszeit und die politisch-ästhetische Tradition der Weimarer Republik „überbrückt" wurden. Aber auch der Vietnamkrieg, der maßgeblich zur Ausbreitung der Studentenbewegung beitrug, sowie die Kriege im zerfallenden Jugoslawien der 1990er Jahre, die wieder zu einem ausgeprägten Sich-neu-Verorten durch Traditionserfindung geführt haben, werden als solche Markierungen erkennbar.

Das Nachvollziehen des verzweigten Prozesses der Erfindung dieser Tradition in den verschiedenen Kapiteln dieses Buches hat auch die Charakteristika einer solchen Tradition zutage gebracht. Dazu gehören, wie wir sehen konnten, die häufige Verwendung von Gesten der Zurückweisung und der Provokation des Überlieferten und anderer Sinnsetzungen genauso wie eine Fixierung auf bestimmte ästhetische Taktiken (Montage, Collage, Verfremdung, Parodie, Ironie), die Selbst-Legitimation durch einen Verweis auf die Krisenhaftigkeit der eigenen Gegenwart, die Bezugnahme auf je neue Medien, ein Betonen von Sichtbarkeit und visueller Evidenz oder eine Orientierung an der Ästhetik des Marginalisierten und der gesellschaftlich Ausgestoßenen. Darüber hinaus sind aber auch ein offensives Umgehen mit Sexualität, das Ausstellen von Zitaten aus der Welt der Pornografie und der Obszönität, ein Exponieren des Körpers und ein Austesten von diesbezüglichen Grenzen Teil dieses Prozesses.

Rückblickend kann dem noch hinzugefügt werden, dass eine der zentralen Besonderheiten dieser Tradition auch die mehr oder minder explizit artikulierte Sehnsucht nach Subversion zu sein scheint. Denn die diversen Taktiken werden stets mit dem Verweis präsentiert, dass über sie das Gegebene durchbrochen und etwas Anderes, Neues sprunghaft zum Durchbruch gebracht werden soll. Der massive Zugriff auf die Subjekte, den wir quer durch das 20. Jahrhundert etwa in Form von Trainingsstrukturen beobachten können, die in neuen Medien genauso stecken wie in veränderten Verkehrsmitteln, Hygieneprodukten, Nahrungsmitteln und medizinischen Verfahren, hat also auch zu einer Intensivierung der Suche nach „Gegentaktiken" geführt, mit denen den herrschenden Verhältnissen effektiv entgegenge-

---

44 Ebd., S. 4f.

95. *Belle Haleine. Eau de Voilette*, Rrose Sélavy/ Marcel Duchamp, 1921. © VG Bild-Kunst und 2001 Succession Marcel Duchamp, ARS, N.Y. / ADAGP, Paris.

treten werden könne. Die hartnäckige Suche nach solchen Taktiken, der damit verbundene Prozess der Erfindung einer „Tradition" und die dabei ebenso beständig durchscheinende Sehnsucht nach Subversion dürfen jedoch, wie die verschiedenen Milieustudien ja zeigten, nicht mit einer tatsächlichen Realisierung von politischer Subversion verwechselt werden – auch wenn dies von einzelnen Gruppen als Teil dieses Prozesses noch so beständig beschworen wird. Denn die diversen Praktiken sind, wie hier ebenfalls deutlich wurde, stets auf plurale und zwiespältige Weise an Prozessen der Umformulierung des Gegebenen beteiligt.

Die in diesem Buch untersuchten Beispiele haben darüber hinaus vor Augen geführt, dass die jeweilige erfindungsreiche Einschreibung in eine Tradition der Avantgarde stets den Versuch darstellt, über Beständigkeit, Wiederholung, ein Anknüpfen an bereits bekannte Ahnen – „Vorväter" und „Mütter" – und das Fabrizieren von Berührungspunkten und Ähnlichkeiten dem unserer Gegenwart eigenen Zerbrechen von Welt[45] entgegentreten zu können. In den einzelnen, mit diesem Erfindungsprozess verbundenen Handlungen hallen also stets frühere Äußerungen nach, die gewissermaßen mitzitiert werden und die einzelnen Eingriffe so ausgiebig mit autoritativer Kraft anreichern.[46] Zugleich tritt aber jede einzelne der hier untersuchten Bewegungen – wie in den einzelnen Milieustudien ebenfalls zum Aus-

---

[45] Dazu: Clifford Geertz, *Welt in Stücken. Kultur und Politik am Ende des 20. Jahrhunderts*, Wien, 1995.
[46] Butler, Haß spricht, 2006, S. 84.

96. *Parfum Grève Generale, bonne odeur*, Malerei/Collage, Jean-Jacques Lebel, 1960. © Jean-Jacques Lebel, archive, Paris (ADAGT) und VG Bild-Kunst

druck kommt – in einen solchen Prozess des Weitertragens und Sich-Einschreibens als Reaktion auf eine ganz spezifische Situation ein. Dabei verändert und adaptiert sie gewöhnlich Handlungsmuster und mit diesen verbundene Überzeugungen, an denen sie zugleich jedoch partizipiert.

Schließlich kann noch ein weiterer Aspekt an diesem Traditionserfindungsprozess hervorgehoben werden, der bereits mehrfach angesprochen worden ist, bisher jedoch nicht in seiner Gesamtheit pointiert formuliert wurde. Die mit dieser Erfindung einhergehenden Akte kommen bis zu einem gewissen Grad der zweiten Erfordernis von Praxis – der Kapazität, mit dem Unvorhersehbaren und dem Kontingenten umzugehen – in die Quere.[47] Die Unveränderlichkeit, Wiederholung und Imitation, die diesem Traditionsbildungsprozess inhärent sind, ermöglichen es den einzelnen Gruppen oder Individuen zwar, Anstöße sowie Modelle und Bezugspunkte für ihre eigenen Handlungen zu finden, zugleich stellt aber genau diese Einbindung, dieses Zitieren und diese Orientierung auch eine Art Hindernis dar, mit den politischen Prozessen, in welche die Handelnden involviert sind, auf spontanere und beweglichere Art umzugehen.

---

47 Dazu auch: Hobsbawm, Introduction, 2005, S. 3.

Dabei beziehen sich die einzelnen, an diesem „Erfindungsprozess" beteiligten Gruppen und Individuen quer durch das 20. Jahrhundert auch im Detail aufeinander, indem sie sich etwa immer auf dieselben „Ahnen" berufen oder wechselseitig Anleihe an den diversen Praktiken und an deren theoretischen Verhandlungen nehmen sowie „genealogische Linien" herstellen und solche Bezugnahmen und Übernahmen zum Teil plakativ ausstellen. Dies zeigt nochmals eine kleine Reihe von künstlerischen Arbeiten, die alle mehr oder weniger direkt Verbindungslinien zu einem *Readymade* von Marcel Duchamp/Rrose Selavy konstruieren.

Duchamp hat sich Anfang des 20. Jahrhunderts in besonders passionierter Weise dem neuartigen, künstlerischen Austesten der Möglichkeiten des Zufalls zugewandt. So findet man von ihm zum Beispiel die Geschichte erzählt, er habe zum Jahreswechsel 1913/14 gemeinsam mit seinen beiden jüngeren Schwestern zum Spaß „Zufallsmusik" komponiert, indem alle während eines Spiels so viele Noten aus einem Hut gezogen und der Reihe nach aufgeschrieben haben, wie es Silben in der Wörterbuchdefinition des Begriffes „imprimer" gab. Das Resultat wurde schließlich den anderen Familienmitgliedern vorgesungen und von Marcel Duchamp „Erratum Musical" benannt.[48] In den darauf folgenden Jahren begann der Zufall dann vor allem bei der Auswahl von beiläufig gefundenen Objekten und ihrer Neudefinition als *Readymades* eine große Rolle für seine künstlerische Arbeit zu spielen. Im Gefolge Dadas wurde der Zufall demnach auch von ihm beansprucht, um der Tradition, dem herrschenden Geschmack und der bewussten Intention entrinnen zu können.

Eines dieser *Readymades* ist ein kleines, von Rrose Selavy/Marcel Duchamp 1921 in Umlauf gesetztes Parfumflakon, das mit einem Etikett versehen ist, auf dem „Belle Halaine. Eau de Voilette" geschrieben steht und ein kleines Porträt des „Schöpfers" bzw. der „Schöpferin" dieser Kreation angebracht ist (Abbildung). Kunst präsentierte sich hier als eine elegante, mit der Erscheinung von „Rrose Selavy/Marcel Duchamp" verbundene, wohlriechende Geste, mit der zugleich die Grenzen des Kunstbetriebs im engeren Sinn wie auch die der Geschlechterordnung überschritten werden kann. Ein paar Jahrzehnte später, 1960, taucht diese Arbeit dann gewissermassen in einer anderen „zitiert" auf: In *Parfum Grève Général. Bonne Odeur* spielt Jean-Jacques Lebel (Abbildung) auf diesen Eingriff Duchamps an, bringt ihn jedoch unter anderem mit dem explizit politischen Begriff des „Generalstreiks" sowie mit einer Collage aus Zeitungsausschnitten und anderen kleinen Papierelementen zusammen, in der alltägliche Gewalt, barbusige Frauen, Raumfahrtsutensilien, Medienstars und Werbeanzeigen von Banken auf Zielscheiben und Kitschpostkarten treffen. Ganz „zufällig" findet sich etwa in der Bildmitte die ebenfalls aus einer Zeitung ausgeschnittene Phrase „L'Europe oublié" (das vergessene Europa) platziert. Ein paar Jahrzehnte später affichierte der serbische Künstler Raša Todosijević dann Poster auf einigen, die Straßen Belgrads säumenden Plakatwänden, in denen mögliche Referenzen auf die beiden genannten Beispiele zu fin-

---

48 Tomkins, Duchamp, 1996, S. 132.

den sind: Hier sind wir wieder mit einem Parfumflakon konfrontiert, diesmal jedoch in gemalter Form, auf dem in ähnlich verschnörkelter Schrift wie auf demjenigen von Rrose Selavy/Marcel Duchamp „La Fleur du Cloaque. Eau de Toilette" geschrieben steht (1996, Abbildung). Wie auf einem Plakat, das für dieses Parfum wirbt, ist der Flakon zunächst auf einem blitzblauen Grund platziert, dem jedoch ein weiterer unterlegt ist, der deutlich auf ein bekanntes Gemälde des Malers Henri Matisse anspielt – womit auch hier wieder ein Bezug zum Kunstbetrieb im engeren Sinn, allerdings in dessen Funktion für Werbung und PR, hergestellt ist. Das ganze Plakat ist mit „Europarfum" überschrieben, und am unteren Rand der Komposition ist folgende kleine Geschichte eingefügt, in der sowohl Dauer und Tradition als auch Erfindungsreichtum in Bezug zur aktuellen Situation in Szene gesetzt werden: „In 1945 Dragoljub Todosijević set up as a perfume manufacturer in Belgrade. From that year to the present time the firm (…) has carried on the business without a break. Our new perfume, La Fleur du Cloaque, the symbole of animal desires and virginal purity, perfume for the 21 century, is the finest choice made from selected liquids, scents and other precious substances (…)." Auch hier ist „Parfum" mit den glänzenden Techniken der Werbung und der Kunst in Verbindung gesetzt, sogleich jedoch auch mit übel riechenden Abwässern und – in einer Art Verweis auf den kleinen Schriftzug in *Parfum Grève General* – wieder mit „Europa", womit auf dessen Mit-Verantwortlichkeit für die aktuelle Situation angespielt wird. Diese Arbeit verbindet sich mit den beiden anderen Beispielen durch stilistische Elemente (der schnörkelige Schriftzug, Embleme und Signaturen, das Mischen von Kunst und Werbewelt) ebenso wie durch vielfältige, assoziative Anspielungen. Jede einzelne dieser drei Arbeiten bereichert die anderen mit Verweisen, Bedeutungsschichten und möglichen Konnotationslinien.

Gegenüber solchen eher impliziten Anknüpfungen, Adaptionen und Anverwandlungen haben manche Kunstschaffende diesen Prozess einer Traditionserfindung ganz ausdrücklich verfolgt und als Teil ihrer Arbeit „ausgestellt". Ein diesbezüglich recht programmatisch operierendes Projekt ist „East-Art-Map" der slowenischen Retro-Avantgarde-Gruppe IRWIN. Über eine Website,[49] ein weitläufiges Netzwerk von Forschungsgruppen und Universitäten, die Ausstellung *East Art Museum: An Exhibition of the East Art Map – A (Re)Construction of the History of Contemporary Art in Eastern Europe* (u.a. Karl Ernst Osthaus-Museum in Hagen, 2005) und in einem umfangreicher Katalog[50] setzte IRWIN ein breit angelegtes, kollektives Erfindungsprojekt in Gang, das verschiedene „Stationen" der Kunstproduktion in Osteuropa nach 1945 neu in Beziehung zueinander verortet und dabei auch Linien zu „Ahnen" früherer Zeitabschnitte (insbesondere der Zwischenkriegszeit) wie auch zu „Verwandten" im Westen zieht. Verschiedene Positionen der ost- und westeuropäischen Kunstproduktion werden so als eine gemeinsame „europäische" redefiniert. Manche Titel der im Katalog publizierten Essays – etwa: „From the Black Square to the White Flag", „Art for an Avant-Garde Society. Belgrade in the 1970s" oder „Subver-

---

[49] http://www.eastartmap.org (3.5.2007).
[50] *East Art Map. Contemporary Art and Eastern Europe,* hg. v. IRWIN, London, 2006.

97. *Europarfume. La Fleur du Cloaque*, Raša Todosijević, 1996.
© Raša Todosijević

sive Affirmation: On Mimesis as a Strategy of Resistance"[51] – machen rasch deutlich, dass bei diesem Traditions-Erfindungsprozess ebenfalls wieder die Behauptung von der politischen Effektivität ästhetischer Formen verbreitet wurde. Die dem Katalog beigelegte und auch in den Ausstellungen präsentierte Karte macht die verschiedenen hier „erfundenen" Verbindungslinien sowie Knotenpunkte, Ballungszentren und Vereinzelungen zudem auch schnell visuell begreif- und zuordenbar.

Wie bereits im zweiten Abschnitt dieses Buches nachvollzogen wurde, ist auch die kulturwissenschaftliche und philosophische Kritik Teil dieser beharrlichen Prozesse der Neuerfindung einer Avantgarde-Tradition. Zwar gibt es auch in der zweiten Hälfte des 20. Jahrhunderts Positionen wie jene des marxistischen Literaturwissenschaftlers Frederic Jameson, der behauptet, Parodie und Ironie seien im letzten Drittel des 20. Jahrhunderts zu nicht mehr wirksamen, völlig entleerten Formen

---

51 Siehe: Jürgen Harten, „From the Black Square to the White Flag", in: *East Art Map. Contemporary Art and Eastern Europe*, hg. v. IRWIN, London: Afterall Publ., 2006, S. 384-389; Lutz Becker, „Art for an Avant-Garde Society. Belgrade in the 1970s", in: *East Art Map. Contemporary Art and Eastern Europe*, hg. v. IRWIN, London: Afterall Publ., 2006, S. 390-400; Inke Arns und Sylvia Sasse, „Subversive Affirmation: On Mimesis as a Strategy of Resistance", in: *East Art Map. Contemporary Art and Eastern Europe*, hg. v. IRWIN, London: Afterall Publ., 2006, S. 414-455.

des politischen Sprechens und Zeigens geworden, da sie zu einer gesellschaftlich allgegenwärtigen Rede- und Zeigeweise geworden sind.[52] Womit er eine, vor allem am Höhepunkt der sogenannten „Postmoderne-Diskussion" verbreitete Auffassung artikulierte, der jedoch relativ einfach, zum Beispiel mit Bezug auf die historisch letzte, in diesem Buch verhandelte Milieustudie entgegengetreten werden kann. Denn diese führte nochmals deutlich vor Augen, dass in bestimmten historischen und geografischen Gefügen auch in den 1990er Jahren ironische und parodistische Formen euphorisch aufgegriffen, mit politischen Ansprüchen verbunden und so für einen aktuellen „Bilderstreit" adaptiert worden sind. Parallel zu solchen pauschalen Aburteilungen der ästhetischen Formen der Parodie oder der Ironie gibt es jedoch vor allem im zeitgenössischen kulturwissenschaftlichen und philosophischen Diskurs weit verbreitete Positionen, in denen sie, ähnlich wie in der Kunst, zum Programm erklärt werden.

An anderer Stelle habe ich diesbezüglich bereits auf die These von der politischen Subversion durch parodistische Performance hingewiesen, wie sie in den 1980er und 1990er Jahren von Judith Butler ausgearbeitet und später dann vor allem in der „Queer Theory" sehr einflussreich geworden ist. Zwar führte Butler, wie ebenfalls bereits ausgeführt wurde, in einer späteren Arbeit, eine implizite Revision dieser These vor und befürwortete eine viel vorsichtigere, reflektiertere Auffassung von politisch-ästhetischem Handeln als nicht-kontrollierbarem Tun; nichtsdestotrotz blieb jedoch in der Butler-Rezeption eher die alte, programmatische These einflussreich und nicht ihre revidierte Version.

Neben Butler gibt es aber noch eine weitere zeitgenössische Position, in der einer bestimmten ästhetischen Taktik – jener der Ironie – eine programmatische Stellung zukommt: die von Richard Rorty vertretene Version des Liberalismus. Die Tatsache, dass Rorty im Kontext dieser Fragen nochmals ins Spiel kommt, ist umso bemerkenswerter, als ich seine Herangehensweise an anderer Stelle bereits als eine präsentieren konnte, die ganz explizit die Kontingenz unseres In-der-Welt-Seins anerkennen will. Rorty ist zugleich jedoch Beispiel für eine Hinwendung zeitgenössischer Kritik zu kulturellen Erscheinungen und sieht dementsprechend in einer Ästhetisierung des Ethischen einen wichtigen Grundzug unserer postmodernen Zeit. Wir sind heute von einer so großen Vielfalt von Sprachspielen bewohnt und werden von so vielen Diskursen bestimmt, dass wir, so führt er aus, nicht mit Bestimmtheit zu sagen vermögen, wer wir sind und was das gute Leben für uns ist, d.h. unsere Natur ist nicht essenziell bestimmbar und offen dafür, von uns ästhetisch geformt zu werden.[53] Von allen Möglichkeiten der ästhetischen Lebensgestaltung hebt Rorty dann jedoch ausschließlich die zwei Formen der „Ironikerin" und des „starken Dichters" als vom Mainstream geschieden positiv hervor. Auf diese

---

52 Jameson, Postmodernism, 1984, S. 53ff.
53 Rorty, Contingency, 1989, S. 53. Dazu ausführlicher: Anna Schober, „Gewalt des Alltäglichen. Fragen an pragmatistische Theorien der (Medien)-Welt-Gestaltung", in: *Film/Denken – Der Beitrag der Philosophie zu den Film Studies*, hg. v. Brigitte Mayr, Ludwig Nagl, Eva Waniek, Wien: Synema, 2004, S. 203-212.

Weise verwechselt er jedoch das Ästhetische mit dem radikal Neuen und übersieht, dass man sich auch ästhetisch stilisieren kann, indem man vertraute Rollen und Lebensstile übernimmt und dabei ebenso vielfältige und unter Umständen provokante Formen ausbilden kann.[54] Darüber hinaus kann an Rortys Vision jedoch kritisiert werden, dass auch er, trotzdem er Kontingenz ins Zentrum seines Zugangs der Verhandlung von Welt stellt, Ironie wieder zu einem (liberalen) Konzept erklärt, das er fein säuberlich vom Mainstream trennt – diesem gesteht er keinerlei Möglichkeit ironischen Verstehens zu. Wie bereits an anderen Stellen ausgeführt, stellt aber gerade ein solches Ausrufen der Ironie als Konzept einen jener vielfältigen Kunstgriffe dar, mit der ihr die kritische Spitze genommen wird.[55] Dadurch, dass Rorty die Ironikerin zur Protagonistin seiner Idealgesellschaft macht, sie den Metaphysikern als eine Art „neuer Mensch" entgegenstellt und von ihr eine Neubeschreibung der Welt im Sinne des Liberalismus erwartet, schreibt auch er sein philosophisches Projekt in die in diesem Buch nachgezeichnete Tradition ein. Damit bildet er zwar charakteristische Züge der Wahrnehmungs- und Selbsterschaffungskonventionen der Gegenwart ab, reduziert die von ihm so ausführlich beschworene Fülle an Möglichkeiten eines Sich-Ergebens von kontingenten Verbindungen allerdings wieder auf eine dichotome Schubladisierung in eine Minderzahl von Ironikerinnen einerseits und eine Mehrheit von Metaphysikern andererseits. Zudem verarbeitet er Ironie in der bereits bekannten Manier in ein Programm, das ihr die Spitze abbricht.

IV.5. Verführungstaktiken und das Hervorbringen eines neuen, jungen Lebens

Die in diesem Buch untersuchten Manifeste, Aufforderungen oder Bekenntnisse, die von Bewegungen wie den Dadaisten, den Surrealisten, dem Expanded Cinema oder den neovantgardistische Gruppen in den Ländern des ehemaligen Ostblocks verbreitet werden, zeugen meist vom Willen, auf das Publikum einwirken zu wollen – entweder durch Verführung und Einladung, durch Provokation und Erschütterung, durch die Gewalt des Zertrümmerns oder durch Aufrufe und Forderungen. Diese Ansprüche werden stets damit untermauert, dass eine Kausalität zwischen der eigenen ästhetisch-politischen Intervention einerseits und einem bestimmten

---

54 Dazu: Richard Shusterman, *Kunst Leben. Die Ästhetik des Pragmatismus*, Frankfurt am Main, 1994, insbes. S. 234 und S. 238f. Zudem hinterfragt Shusterman auch die extreme Privatheit, die in Rortys Bild dem ästhetischen Leben zukommt. Er möchte Rortys Vision des ästhetischen Lebens in eine Richtung erweitern, die dem Sozialen stärker gerecht wird und Platz bietet für eine Pluralität der verschiedenen ästhetischen Lebensstile.

55 Ähnlich wie Ironie, wie ich bereits gezeigt habe, verharmlost werden kann, indem man sie zu einem Kunstgriff erklärt, der den ästhetischen Appeal eines Werkes steigert; indem man sie als eine Distanz schaffende Spiegelstruktur für das Selbst begreift oder indem man sie als integrales Element einer Dialektik der Geschichte präsentiert. Dazu: de Man, Concept of Irony, 1996, S. 163f.

98. *Die Kommunisten Fallen und die Devisen Steigen*, aus der Mappe *Gott mit uns*, Berlin, der Malik Verlag, George Grosz, 1920. © VG Bild-Kunst und Akademie der Künste, Berlin, Kunstsammlung

Ergebnis auf einer politisch-ideologischen Ebene andererseits in Szene gesetzt wird. Dies ist beispielsweise dann der Fall, wenn Bertolt Brecht[56] die Verfremdung als Verfahren beschreibt, das den Dingen ihre Selbstverständlichkeit raubt, wenn Protagonisten und Protagonistinnen des Expanded Cinema von einer ästhetischen Praxis des „Zertrümmerns" sprechen, mittels der die Sinnlichkeit der Körper „befreit" werden könne,[57] oder wenn serbische Oppositionsgruppen in den 1990er Jahren ästhetische Tricks wie die Parodie oder die Ironie als politisch effiziente Mittel gegen den herrschenden Bilderkult des Milošević-Regimes präsentieren.[58] Dieser vorgeführten Kausalität steht jedoch, wie herausgearbeitet wurde, stets die Schwierigkeit entgegen, die Effekte der eigenen avantgardistischen Verfahren kontrollieren zu können. Diese Unkalkulierbarkeit des Tuns wird im Allgemeinen jedoch überspielt, indem die Kunstschaffenden – in den um diese Ereignisse herum erfundenen Geschichten – die Möglichkeit des Eingreifens in ein politisches Gefüge in die Gewissheit einer bestimmten, erreichten Position verwandeln. Dieses Überspielen

---

56 Brecht, Über experimentelles Theater, 1970, S. 117.
57 Weibel, Kritik der Kunst, 1973, S. 42.
58 Milja Jovanović in: Belgrad Interviews, 2000, S. 153.

der Unberechenbarkeit der eigenen Handlungen habe ich als eine der zentralen „Verführungsstrategien" avantgardistischer wie neoavantgardistischer Bewegungen bezeichnet. In dem Zusammenhang ist auch deutlich geworden, dass es hier ein Zusammentreffen mit diskursiven Strategien des „klassischen Emanzipationsdiskurses" gibt: Denn auch in diesem werden die emanzipierten Identitäten meist als dem Emanzipationsakt vorausgehend imaginiert.[59]

Darüber hinaus kann aber noch eine weitere Parallele zwischen dem Diskurs der Avantgarde und demjenigen anderer Emanzipationsbewegungen festgestellt werden: Denn Ersterer ist ja auch davon gekennzeichnet, dass der Anspruch erhoben wird, durch die eigene künstlerische Initiative das „Wohnen" auf Erden „verbessern", d.h., es befreiter und emanzipierter gestalten zu können. Die Erzählungen und Deklarationen, mit denen avantgardistische Künstler und Künstlerinnen ihre Interventionen beschreiben und legitimieren, sind damit – ähnlich wie jene politischer Emanzipationsbewegungen – auch vom Mythos des „neuen Lebens" gekennzeichnet. So heißt es etwa in einer bereits zitierten Passage aus dem „Pamphlet gegen die Weimarische Lebensauffassung": „Wir leben dem Unsicheren (…) Wir wollen alles selbst schaffen – unsere neue Welt."[60] Richard Huelsenbeck nimmt in einem Text mit dem Titel „Der neue Mensch" selbst die Rolle eines solchen ein und wendet sich dabei mit folgenden Worten an seine „Jünger und Zuhörer": „Ihr habt kein Verhältnis zu den Dingen, ihr seht über die kleinen Dinge hinweg zu großen fiktiven Bergen (…) Der neue Mensch weiß den Tod zu fürchten um des ewigen Lebens willen; denn er will seiner Geistigkeit ein Monument setzen, er hat Ehre im Leib, er denkt edler als ihr."[61] Dieses „neue Leben" wird dabei nicht nur, wie hier, als „edles" und „ehrenhaftes" präsentiert, sondern meist zudem auch als ein „junges", „naives" – wie folgende Formulierung von Hugo Ball aus dem Jahr 1916 zeigt: „Unser Versuch, das Publikum mit künstlerischen Dingen zu unterhalten, drängt uns in ebenso anregender wie instruktiver Weise zum ununterbrochen Lebendigen, Neuen, Naiven."[62] Für dieses „neue, junge Leben" wird also obendrein die Möglichkeit der „Rückkehr" zum Spontanen, Ursprünglichen und Sinnesfreudigen beschworen und damit verbunden werden, wie ebenfalls an anderer Stelle bereits verhandelt wurde, das Alte und damit Verbrauchte und Konventionelle – etwa die Moral, der Staat, die Krankheiten, die Bourgeoisie und ihre Traditionen und Vorurteile – angeklagt und verurteilt.

Dies setzt sich auch in den anderen, hier untersuchten Zeitschnitten fort. So spricht zum Beispiel Valie Export 1975 im Zusammenhang mit einem von ihr veranstalteten Frauen-Symposium das „neue bewußtsein der frau" bzw. „mädchen und frauen" an, „deren artikulationen die soziale problematik, die ‚neue' emotionalität, das ‚neue' verhalten demonstrieren."[63] Peter Weibel schreibt die von ihm

---

59 Dazu: Laclau, Jenseits von Emanzipation, 2002, S. 43.
60 Hausmann, Pamphlet gegen die Weimarische Lebensauffassung, 1977, S. 52.
61 Huelsenbeck, Der neue Mensch, 1977, S. 13f.
62 Ball, Flucht aus der Zeit, 1992, S. 9.
63 Valie Export, Magna. *Feminismus: Kunst und Kreativität*, Wien, 1975 (Reprint), S. 1.

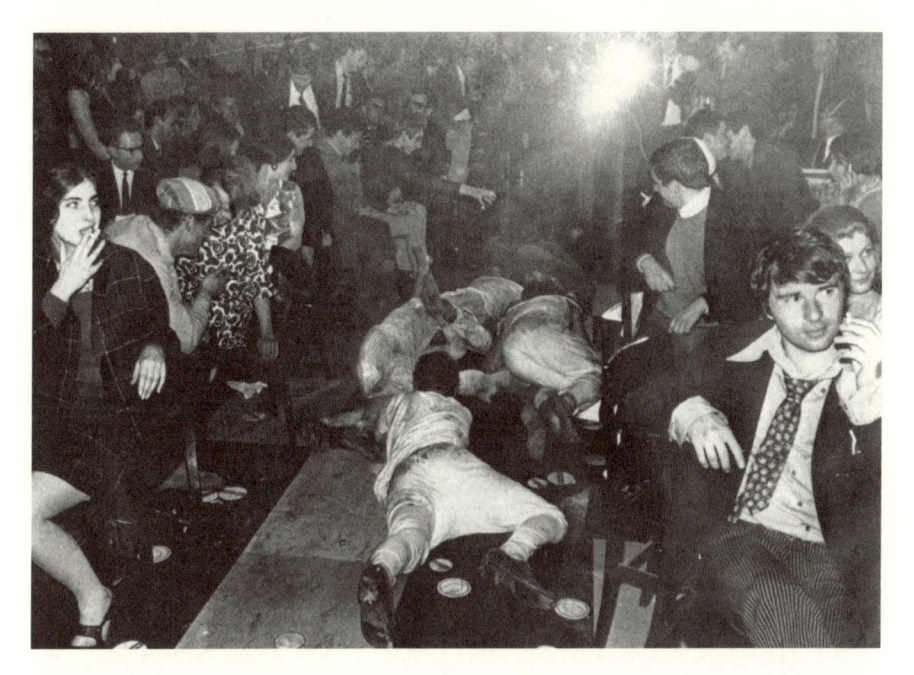

99. *Zock-Fest*, 21. April 1967. © bildkompendium wiener aktionismus und film, MUMOK, Museum Moderner Kunst Stiftung Ludwig Wien, courtesy Peter Weibel

mitgeschaffene Bewegung in einem Essay mit dem Titel „Wozu Avantgarde?" ebenfalls in eine Tradition der Bewegungen des „Neuen Lebens" ein, indem er sich auf das von G. Apollinaire verfasste Manifest, „Der neue Geist und die Dichter" (1918) bezieht, und ausgehend davon die Poesie als ein gewagtes und zu wagendes Experiment beschreibt, deren Aufgabe es sei, „für die Wiederbelebung des Unternehmungsgeistes, für das klare Verständnis seiner Zeit und dafür zu kämpfen, dass über die äußere und die innere Welt neue Ansichten aufkommen."[64] Zugleich wurde innerhalb dieser Kino-Bewegungen, wie ja bereits zur Sprache gekommen ist, Mitte der 1970er Jahre bereits Kritik am von der Avantgarde-Tradition verordneten „Diktat des immer Neuen" geübt.[65]

Nichtsdestotrotz haben die serbischen Oppositionsbewegungen der 1990er Jahre diesen Mythos des neuen und jungen Lebens erneut aufgegriffen. Dies klingt zum Beispiel durch, wenn eine Aktivistin von Otpor! festhält: „Unsere Jugend gibt uns das Recht, über alles Witze zu machen, was man nur noch verlachen kann. Gleichzeitig fordern wir den Rücktritt Miloševićʻ."[66] Womit sie ein Argument ins Spiel bringt, das auch von den PR-Beratern der Studentenproteste 1996/97 ver-

---

64 Weibel, Kritik der Kunst, 1973, S. 9.
65 Birgit Hein. In: Interview mit Gabriele Jutz, 2004, S. 127f.
66 Interview mit Milja Jovanovic. In: Belgrad Interviews, 2000, S. 152.

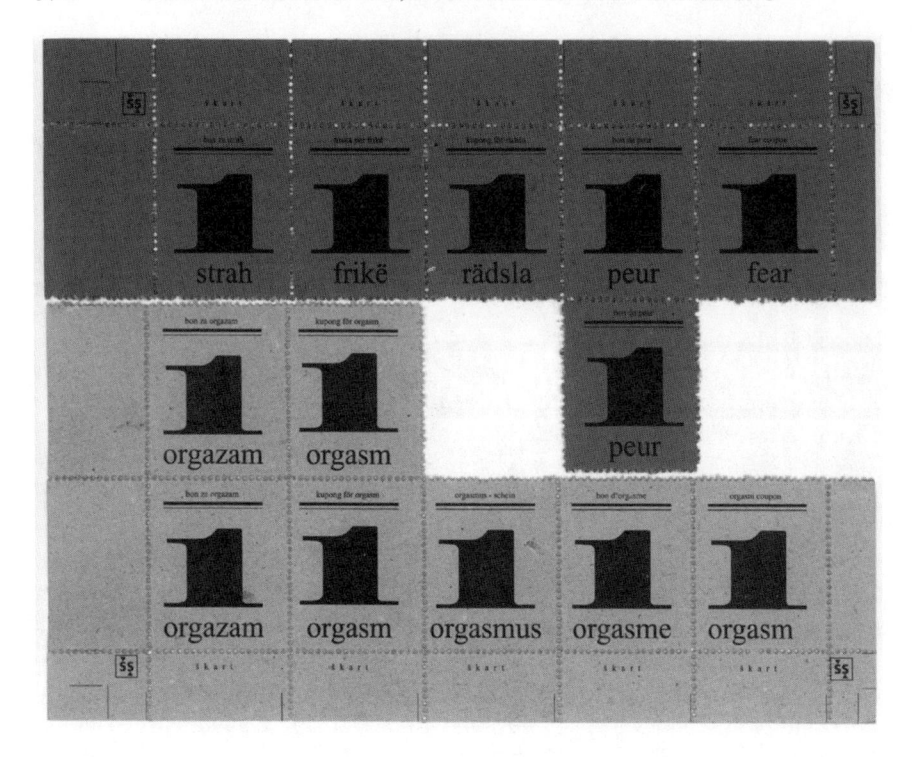

100. *Škart, Aktion Hilfs-Gutscheine zum Überleben*, Belgrad, 1998-2000. © Škart

wendet wurde, etwa von Jovan Čekić, wenn er – wie bereits erwähnt – argumentiert: „In my opinion the young people only have to request, not to explain anything, this is the nature of the youth; this was my strategy, don't explain anything, just request: we want passports, we want to go to Europe, we want democracy".[67]

Dieser Mythos des „neuen" und „jungen Lebens", der von den Bewegungen selbst zum Zweck der Legitimation und Verführung mit in Umlauf gesetzt wird und der sich auch in anderen Formen in der Gesellschaft breitmachten – z.B. als Beschwörung einer stetig durch intensiven Konsum ermöglichten Wiedergeburt – hat sicherlich einen nicht unwesentlichen Anteil daran, dass die Konstruktion eines „Werkes" in Zusammenhang mit avantgardistischen, explizit politisch engagierten Künstlern und Künstlerinnen meist auf das Jugend- oder Frühwerk fokussiert und selten auf das Spät- oder Alterswerk. Dann werden, wie es der Repräsentationsweise des Mythos eigen ist, Leben und Oeuvre, Ansprüche und Realisierungen gleichgesetzt und als überzeitlich, ewig gültig präsentiert.[68]

Unterstützt wird diese mythengeleitete Konstruktion dadurch, dass avantgardistische Künstler und Künstlerinnen ihre Initiation meist als Teil von Bewegungen

---

67 Interview mit Jovan Čekić, am 17.02.2004.
68 Zu diesem Begriff des Mythischen siehe: Schober, Blue Jeans, 2001, S. 232ff.

oder Gruppen erfahren, die erfolgreich das in genau bemessene Form zu bringen vermögen, was in einem bestimmten Milieu als signifikant herausragt – weswegen ihre Aktionen oft auch so eine geballte Aufmerksamkeit auf sich zogen. Dabei entstehen dann, meist in einer sehr kurzen Zeitspanne, eine Reihe von Arbeiten, die in der Folge zu einer Art „Monument" bzw. „Denkmal" für bestimmte ästhetisch-politische Bewegung „eingefroren" werden – und diesen so auch Dauerhaftigkeit verleihen: Dada-Arbeiten wie die Blätter aus der George-Grosz-Mappe *Gott mit uns!* (1920, Abbildung) erscheinen so als eine Art „Monument" für die deutsche Revolution der Zwischenkriegszeit bzw. die Weimarer Republik; Arbeiten des Expanded Cinema, beispielsweise die Fotos, die das Zock-Fest *zock exercises* (1967, Abbildung) dokumentieren, als Materialisierung der Studentenbewegung der 1960er Jahre und neo-avantgardistische öffentliche Interventionen wie der Gruppe Škart stehen für die serbische Anti-Milošević- und Demokratisierungsbewegung (etwa: *Hilfs-Gutscheine zum Überleben*, 1998, Abbildung). Der Betrieb der Kunst im engeren Sinn tut das seine, bestimmte Werke als Inkarnationen von Zeitgeist zu präsentieren, zu vertreiben, zu diskutieren und zu vermarkten – was ebenfalls dazu führt, dass die Künstler und Künstlerinnen später, wenn die politischen Rahmen und Netzwerke andere geworden sind, ihre Tätigkeit nur schwer aus dem hell und weit leuchtenden Schein der zum Markenzeichen gewordenen früheren Arbeit lösen können. Die eigentümliche Fixierung avantgardistischer Künstler und Künstlerinnen auf ihr Frühwerk, die ich am Anfang dieses Schlusskapitels angesprochen habe, scheint demnach in erster Linie mit einer Spannung und einem möglichen Konflikt zwischen politischem Aktivismus und der Konstruktion eines dauerhaften Werkes zu tun zu haben, auf die ich nun abschließend genauer eingehen möchte.

IV.6. Politischer Aktivismus und der Werkcharakter der Kunst

Die von avantgardistischen und neoavantgardistischen Gruppen im öffentlichen, politischen Raum getätigten Eingriffe sind also zunächst einmal flüchtiger Natur: Mittels Aktionen oder Arbeiten wird eine Initiative gesetzt, die wirkt oder auch nicht, weiter verhandelt, aufgenommen oder ignoriert wird. Dem steht die Konstruktion eines Werkes entgegen, die von einem Gefüge aus Galerien, Museen, Ausstellungshäusern, Kunstzeitschriften, journalistischen Beiträgen und anderen kulturkritischen Besprechungskanälen – dem ganzen Betrieb der Kunst im engeren Sinn – in Verbindung mit den Kunstschaffenden selbst unternommen wird. Dabei wird die von Letzteren geschaffene „eigene Welt der Form nach"[69] isoliert und der Aufbewahrung und Schaustellung in Museen, Sammlungen, an öffentlichen Plätzen sowie der öffentlichen Diskussion und Besprechung zugeführt (Abbildung).

---

69 Friedrich Hölderlin, *Sämtliche Werke. Große Stuttgarter Ausgabe*, hg. v. Friedrich Beißner und Adolf Beck, Bd. IV, Stuttgart: Kohlhammer, 1943-1985, S. 250.

Dieser Spannung zwischen flüchtiger, politischer Provokation und dem Werkcharakter von Kunst werde ich nun abschließend unter Verwendung von Vorarbeiten von Hannah Arendt nachspüren und versuchen, für Fragestellungen dieses Buches produktiv zu machen. Für Arendt ist der öffentliche Raum stets ein „Erscheinungsraum", der erst durch unser Sprechen und Handeln, aber auch durch ein Uns-Zeigen und Uns-etwas-Zeigen hergestellt wird, wobei wir uns über ein solches Tun miteinander über die Verfasstheit von Gegenwart, Vergangenheit und Zukunft streiten. Spezifisch auf den öffentlichen Raum ihrer Gegenwart bezogen konstatiert Arendt eine überbordende „Überschätzung des Lebens", der sie eine sogenannte „Weltliebe" entgegensetzt. Dieser Begriff soll darauf aufmerksam machen, dass nicht jedes Sich-auf-der-Erde-Einrichten eine Welt erzeugt. Unser Erdentum wird, wie Arendt formuliert, erst dann „zur Welt im eigentlichen Sinn (...), wenn die Gesamtheit der Weltdinge so hergestellt und organisiert ist, daß sie dem verzehrenden Lebensprozeß der in ihr wohnenden Menschen widerstehen und die Menschen, sofern sie sterblich sind, überdauern kann".[70] Während Verbrauchen und Verzehren also das ausmacht, was sie „Leben" nennt, ist die Welt unabhängig von ihren Zweck- und Funktionszusammenhängen in ihrem Sosein präsent.

An dieser Stelle kommt die Kunst wieder ins Spiel. Denn Kunstwerke haben, so kann mit Arendt argumentiert werden, eine engere Beziehung zum Politischen als andere Dinge, da sie erstens der Öffentlichkeit bedürfen, um durch Aktualisierung Geltung zu erlangen und zweitens Gedankendinge sind, weil hier durch Denken und Gedenken eine Umwandlung des Wirklichen geschieht, welche die flüchtigen Ereignisse, Taten und Worte gewissermaßen „dingfest" macht.[71] Kunstwerke können also – wie die zu „Monumenten" fixierten Arbeiten avantgardistischer und neoavantgardistischer Kunstschaffender ja zeigen – Dauer und mögliche Unvergänglichkeit in der Welt manifestieren und auf diese Weise dem Politischen Bestand verleihen. Wie die Kunstwerke der Öffentlichkeit bedürfen, so ist umgekehrt das Politische allerdings auf die Kunstwerke angewiesen, um Dauerhaftigkeit und Unsterblichkeit zu gewinnen.

Dennoch ist das Verhältnis zwischen Kunst und dem Politischen nicht nur von einem solchen gegenseitigen Aufeinander-angewiesen-Sein geprägt, sondern auch von einem gravierenden Konflikt. Dieser betrifft die Frage, welche Maßstäbe sich in der öffentlichen Welt durchsetzen sollen: jene des politischen Handelns oder jene des künstlerischen Herstellens. In diesem Zusammenhang kommt der Unterschied zwischen diesen beiden Formen des Tuns zu tragen. Denn das Politische ist in der auch in diesem Buch vorgestellten Definition in erster Linie davon gekennzeichnet, dass es stets im Fluss ist. Es lebt von flüchtigen Handlungen und Initiativen, die dann von anderen aufgenommen, bestritten und weiterverhandelt werden, die aber auch ins Leere laufen bzw. abgewählt werden können. Kunst kann sich in diese Auseinandersetzungen involvieren und dann dem Politischen Dauerhaftig-

---

[70] Hannah Arendt, „Kultur und Politik", in: *Zwischen Vergangenheit und Zukunft. Übungen im politischen Denken I*, hg. v. dies., München und Zürich: Piper, 1994, S. 277-304, S. 289.
[71] Ebd., S. 290.

101. *Das Ausstellen der Avantgarde,* Präsentation des Wiener Aktionismus im MMK (Museum Moderner Kunst Stiftung Ludwig Wien), 2005. © MUMOK, Museum Moderner Kunst Stiftung Ludwig Wien

keit verleihen, zugleich ist sie jedoch vom Herstellen geprägt, das, ganz anders als das politische Handeln, sich alles und jedes einverleibt und einem Endprodukt unterordnet und das Konstruieren eines Werkes gegenüber den gemeinschaftlichen, unabgeschlossenen Prozessen privilegiert. Aufgrund dieser verschlingenden und damit möglicherweise „zerstörerischen" und „destruktiven" Qualitäten des Zweck-Mittel-Denkens, das dem Herstellen eigenen ist, wurden die Künstler, wie Arendt bemerkte, zeitweilig auch aus der griechischen Polis ausgeschlossen.[72]

Diese Unterscheidung zwischen den politischen und den künstlerischen Tätigkeiten stellt unser Alltagsverständnis für einen Moment gewissermaßen auf den Kopf: Denn während wir das Politische im Allgemeinen mit Unmenschlichkeit und Gewalt und das Kulturelle mit Humanität und Versöhnung verbinden, kann mit Arendt darauf hingewiesen werden, dass, umgekehrt, das Herstellen in der Kunst, aber etwa auch in der Wissenschaft mit Gewalt und der Zweck-Mittel-Kategorie verbunden und allein das Politische fähig sei, Gewalt aus dem Zusammenleben der Menschen auszuschalten, indem es darauf baut, Gemeinsamkeit allein durch die Macht dessen, was die Griechen *peithein* nannten, also die Kunst des Überredens und Überzeugens sowie des Handelns, hervorzubringen. Das Handeln

---

72 Ebd., S. 291f.

benötigt also das Herstellen, um der Beständigkeit willen. Zugleich muss es das Politische aber auch vor der Kultur und dem Herstellen verteidigen, weil jedes Herstellen zugleich ein Zerstören ist. Diese Spannung zwischen dem Kulturellen und dem Politischen kann demnach auch nicht ein für allemal zugunsten einer der beiden Seiten entschieden werden, sondern muss stets verhandelbar bleiben.

Noch eine weitere öffentliche Tätigkeit entspricht allerdings, wie wir bereits gesehen haben, dem Gemeinsamen von Kultur und Politik: das Urteil und, genauer noch, das Geschmacksurteil. Dabei macht Arendt deutlich, dass urteilendes Denken immer ein Denken des Zwei-in-Einem ist, d.h. eine Tätigkeit, die stetig ihre Beziehung zum Gemeinsinn, zur Pluralität der Menschen und des Menschen befragt.[73] Dem Geschmack, den sie solcherart auch „Gemeinsinn" oder „Weltsinn" nennt, verdanken wir demnach, dass unsere fünf Sinne in einer Welt ankommen, die wir mit anderen teilen und beurteilen. Wie das politische Urteil so kann auch das Geschmacksurteil niemanden zwingen und nichts beweisen, sondern nur um die Zustimmung der anderen werben – ein Werben, das den bevorzugten Umgangsformen der griechischen Polis, dem gemeinsamen Handeln und dem Überzeugen, gleicht.[74] Auf diese Weise bringt der Geschmack das, was sowieso schon das Öffentliche bildet, Kultur und Politik, noch enger zusammen und vermag, die Spannung zwischen ihnen auszugleichen, die vom Konflikt herrührt, in den Herstellen und Handeln immer wieder geraten. Zugleich birgt der öffentliche Raum jedoch – und das gilt es Arendts Ausführungen, die von einem eher traditionellen Kunstverständnis geleitet sind, hinzuzufügen – auch ein Potenzial für formale Eingriffe: Denn auch mittels ästhetischer Provokation, mittels eines Zurückweisens und Irritierens sowie über das Erfinden neuer und ungewöhnlicher Formen kann Aufmerksamkeit erzeugt und ein Anfang gesetzt werden – der dann jedoch wieder auf ein Antworten und Weiterverhandeln durch andere angewiesen ist.

Noch etwas soll an Arendts Konzeption von Öffentlichkeit herausgestrichen werden: Auch wenn über das Urteilen und dessen Bezug zum Partikularen und Einzigartigen, das unerwartet Begrenzungen zu öffnen und eine Beziehung zu etablieren vermag, die für dieses Buch so wichtigen Ereignisse der Wahrnehmung in gewisser Weise präsent gehalten werden, tritt deren Kontingenz und Signifikanz gegenüber dem, was Arendt als „reflektierende Urteile" oder „Denk-Übung" bezeichnet, doch in den Hintergrund. Das Ereignis und das reflektierende Urteil sind für Arendt durch eine Kluft voneinander getrennt, wobei, so legt sie dar, bei Letzterem vor allem die Einbildungskraft angesprochen ist, während das Ereignis für sie in erster Linie mit Überwältigung und einem Verrücken des Gewohnten in Beziehung gebracht wird.[75] Doch während sie Handeln und Urteilen als öffentliche Tugenden bewirbt und sie bewusst stärker ins Zentrum zeitgenössischer Aufmerksamkeit heben möchte, kommen die Querschläge der Wahrnehmung und die Neuorientierung durch ästhetische Faszination und Verrückung nur implizit ins

---

73 Arendt, Urteilen, 1998, insbes. S. 97.
74 Arendt, Kultur und Politik, 1994, S. 300.
75 Arendt, Urteilen, 1998, S. 90.

Bild. Manche der für das in diesem Buch Dargelegte so wichtigen Dimensionen signifikanter Ereignisse im öffentlichen Raum – etwa die des körperlichen Berührens oder des psychischen Involvierens und Haltens von Aufmerksamkeit – werden für das Herstellen von Öffentlichkeit nicht weiter produktiv gemacht.[76] Dennoch ist ihr Verständnis von Öffentlichkeit als vielstimmiges Tun und Erbauen einer gemeinsamen Welt mit der hier präsentierten Konzeption von Ereignis und Kontingenz durchaus kompatibel – auch wenn dabei die signifikante Kraft des Erlebens und die auch mit ästhetischen Taktiken verbundenen Potenziale des Eingreifens stärker berücksichtigt werden müssten.

Im Zentrum dieses Buches stehen jedoch nicht Arbeiten aus dem Gebiet der Kunst im engeren Sinn, wie Arendt sie im Sinn hatte. In dem von mir hier untersuchten Prozess der Erfindung einer ästhetischen und politischen Tradition wurde im Gegenteil stets explizit der Anspruch erhoben, den Betrieb der Kunst im engeren Sinn zu verlassen. Deshalb ist die von Arendt thematisierte Spannung zwischen Kunst und dem Politischen – und das ist mein abschließendes Resümee – in dieser spezifischen Tradition der künstlerisch-politischen Intervention und des neo-avantgardistischen politischen Handelns in einer radikalisierten Form präsent. Denn zum einen erheben die an der Erfindung dieser Tradition Beteiligten, kommen sie von Seiten der Kunst, stets vehement den Anspruch, politisch wirken zu wollen, weswegen sie das Kunstwerk beispielsweise auch zu einer „Kunstaktion" umdefinieren, die sich ganz spezifisch auf das im öffentlichen Erscheinungsraum Verhandelte und Umstrittene bezieht. Dabei lösen sich die Agierenden sehr weit vom Werkcharakter der Kunst und von den Prozessen des Herstellens und wenden sich dem Handeln zu. Avantgardistische Interventionen leben vom Ereignis, vom Momenthaften, das unvorhersehbare Artikulationen und Weiterverarbeitungen herbeiführt. Zugleich bleiben aber auch diese Aktivisten und Aktivistinnen Kunstschaffende in dem Sinn, dass auch sie – trotz dieser Ansprüche und Auflösungsprozesse – alles und jedes der Konstruktion eines Werkes dienstbar machen und dabei, wie andere Herstellende, auch zerstören, rauben, sich einverleiben und für die eigene Position Meisterschaft behaupten.[77] Diese Spannung wird jedoch kaum jemals explizit benannt: Politisch engagierte, neo-avantgardistische Kunstschaffende und die sie begleitende kritische Reflexion wenden sich dem Handeln und dem Politischen plakativ und emphatisch zu und spielen dabei den herstellenden Part ihrer Aktivität meist herunter. Zugleich wird – unter dem Verweis auf den Kunstcharakter ihres Tuns oder indem allein auf der Intention einer Arbeit beharrt wird

---

76 Dazu siehe: Anna Schober, „Die doppelte Sprache der Kleider, Gebärden und Bauten. Öffentlichkeit und Raum in der Begriffswelt Hannah Arendts", in: *Von Mir Nach Dort. File 2: Standort + Identität*, hg. v. Ruth Eva Maurer und Hannes Luxbacher, Wien: Edition Selene, 2002, S. 128-137.

77 Auch wenn dies von manchen Kritikern und Kritikerinnen explizit negiert wird. Etwa: „postproduction artists do not make a distinction between their work and that of others, or between their own gestures and those of viewers." Siehe: Bourriaud, Postproduction, 2002, S. 41.

102. *G8*, Genf, 2003.
© Steeve Iuncker

– häufig auch eine Weigerung ausgesprochen, die diversen Formen der Weiterverhandlung und die unvorhersehbaren Reaktionen, die dabei mithervorgebracht werden, zu diskutieren. Und zudem wird diese Werk-kreierende Dimension durch ein sich ebenfalls über diese Kunstformen speisendes Netzwerk an Kulturzentren, Galerien, Zeitschriften, d. h. das System der Kunst im engeren Sinn bzw. die zeitgenössischen Zusammenhänge aus Erziehungs- und Kulturinstitutionen unterstützt und beworben.

Aber auch wenn die Aktivisten und Aktivistinnen auf Seiten des politischen Engagements angesiedelt sind, wie etwa in der Alterglobalisierungsbewegung, verheddern sie sich oft in ähnlichen Fangstricken. Denn durch die offensiv ausgestellte Bezugnahme auf die hier untersuchte Tradition gewinnen sie zwar ebenfalls Gewissheit, plakative Zuordenbarkeit und ein Netz an attraktiven Ahnen, zugleich übernehmen sie jedoch die Konventionen, eingefrorenen Praktiken und schematischen Beurteilungen, die sich in diesem Traditionserfindungsprozess ebenso herausgebildet haben. Sie erhalten so die Möglichkeit, den „dauerhaften" Aspekt ihrer Praxis in den Vordergrund zu stellen, allerdings mit dem Preis, dass genau dies es erschwert, die kontingenten politischen und ästhetischen Verkettungen ihrer Handlungen in ihrer Mehrdeutigkeit anerkennen zu können.

Dieses Buch wurde jedoch nicht mit dem Anspruch geschrieben, ein einziges Konzept für den politischen Umgang mit den ästhetischen Taktiken der Ironie, Montage oder Verfremdung zu finden. Im Nachspüren des Prozesses der „Erfindung" der Avantgarde-Tradition erschien diese für zeitgenössische Bewegungen gleichzeitig motivierend und inspirierend sowie – durch die eingefrorenen Konzepte und Konventionen, in die sie sich gefangen hat – rigide und beschränkend zu wirken. Die mehrgleisige Genealogie dieser ästhetischen Praktiken sowie die abschließende Erörterung der grundsätzlichen Spannung zwischen Kunst und politischem Handeln hat jedoch gezeigt, dass etwas gewonnen wäre, würde diese Spannung expliziter verhandelt und die Zwiespältigkeit des eigenen ästhetisch-politischen Tuns anerkannt werden: Kunst könnte dadurch bereichert und politisches Handeln und Urteilen verlebendigt, d. h. erfindungsreicher und im Hinblick auf unvorhergesehene Verkettungen aufmerksamer werden.

Verwendete Literatur

Adorno, Theodor W., *Ästhetische Theorie*, Frankfurt am Main, 1973.
Adorno, Theodor W. u. a., *Der autoritäre Charakter. Studien über Autorität und Vorurteil*, hg. v. Institut für Sozialwissenschaft, Amsterdam, 1968.
Adorno, Theodor W., „Rückblickend auf den Surrealismus", in: *Noten zur Literatur*, hg. v. ders., Bd. 1., Berlin und Frankfurt am Main 1958, S. 153-160.
Adorno; Theodor W., *Walter Benjamin. Briefe und Briefwechsel*, hg. v. Henri Lonitz, Frankfurt am Main: Suhrkamp, 1994.
Adriani, Götz, „Biographische Dokumentation", in: *Hannah Höch*, hg. v. Götz Adriani, Köln: DuMont, 1980.
Agamben, Giorgio, *Bartleby oder die Kontingenz, gefolgt von Die absolute Immanenz*, Berlin, 1989,
Albrecht, Niels, *Die Macht einer Verleumdungskampagne. Antidemokratische Agitationen in Presse und Justiz gegen die Weimarer Republik und ihren ersten Reichspräsidenten Friedrich Ebert vom „Badebild" bis zum Magdeburger Prozess*, unveröffentlichte Dissertation, Bremen, 2002.
Alexander, Georg, „Otto Mühl – der Bürger als Amokläufer", in: *film*, Mai, 1968, S. 1-5.
Althusser, Louis, *Ideologie und ideologische Staatsapparate*, Hamburg und Berlin, 1977.
Anđelković, Branislava und Dimitrijević, Branislav, „Murder or Happy People", in: *2nd Annual Exhibition. Murder One*, hg. v. Centre for Contemporary Art, Belgrad: Fund for an Open Society, 1997, S. 13-59.
Anđelković, Branislava, „The Testament of Katarina Ivanović", in: *Umetnost Na Kraju Veka/ Art At The End Of The Century*, hg. v. Irina Subotić, Belgrad: Clio, 1998, S. 284-295.
„Ansätze eines genuin proletarischen Theaters bis 1925", in: *Weimarer Republik*, hg. v. Kunstamt Kreuzberg, Berlin und Hamburg: Elefanten Press, 1977, S. 5-25.
Arendt, Hannah, *Das Urteilen. Texte zu Kants Politischer Philosophie*, München und Zürich: Piper, 1998.
Arendt, Hannah, „Kultur und Politik", in: *Zwischen Vergangenheit und Zukunft. Übungen im politischen Denken I*, hg. v. dies., München und Zürich: Piper, 1994, S. 277-304.
Arendt, Hannah, *Vita activa oder: Vom tätigen Leben*, München und Zürich, 1981.
Arendt, Hannah, *Vom Leben des Geistes. Das Denken. Das Wollen*, München und Zürich: Piper, 1998.
Arendt, Hannah, *Walter Benjamin, Berthold Brecht. Zwei Essays*, München, 1971.
Arns, Inke und Sasse, Sylvia, „Subversive Affirmation: On Mimesis as a Strategy of Resistance", in: *East Art Map. Contemporary Art and Eastern Europe*, hg. v. IRWIN, London: Afterall Publ., 2006, S. 414-455.
Auslander, Philip, *Presence and Resistance. Postmodernism and Cultural Politics in Contemporary American Performance*, Michigan, 1994.

Baader, Johannes, „Tretet dada bei" (1919), in: *Dada Berlin. Texte, Manifeste, Aktionen*, hg. v. Hanne Bergius und Karl Riha, Stuttgart: Reclam, 1977, S. 70-71.
Bachtin, Michail, *Rabelais und seine Welt. Volkskultur als Gegenkultur*, Frankfurt am Main, 1995.

Badiou, Alain, *Deleuze. The Clamour of Being*, Minneapolis und London, 2000.
Baitello jun., Norval, *Die Dada-Internationale. Der Dadaismus in Berlin und der Modernismus in Brasilien*, Frankfurt am Main u.a., 1987.
Ball, Hugo, „Die Flucht aus der Zeit" (1916), in: *Dada Zürich. Texte, Manifeste, Dokumente*, hg. v. Karl Riha und Waltraud Wende-Hohenberger, Stuttgart: Reclam, 1992, S. 7-25.
Ball, Hugo, „Eröffnungs-Manifest, 1. Dada-Abend. Zürich, 14. Juli 1916", in: *Dada Zürich. Texte, Manifeste, Dokumente*, hg. v. Karl Riha und Waltraud Wende-Hohenberger, Stuttgart: Reclam, 1992, S. 30.
Ball, Hugo, *Flametti oder Vom Dandysmus der Armen*, Berlin, 1918.
Banes, Sally, *Greenwich Village, 1963: Avant-Garde Performance and the Effervescent Body*, Durham, 1993.
Barck, Karlheinz, „Walter Benjamin and Erich Auerbach: Fragments of a Correspondence", in: *Diacritics*, Nr. 22 (Herbst-Winter), 1992, S. 81-83.
Barthes, Roland, „Das französische Avantgardetheater", in: *Roland Barthes. Ich habe das Theater immer sehr geliebt, und dennoch gehe ich fast nie mehr hin*, hg. v. Jean-Loup Rivière, Berlin: Alexander Verlag, 2001, S. 253-264.
Barthes, Roland, „Der dritte Sinn", in: *Der entgegenkommende und der stumpfe Sinn*, hg. v. ders., Frankfurt am Main: Suhrkamp, 1990, S. 47-66.
Barthes, Roland, *Die helle Kammer. Bemerkungen zur Photographie*, Frankfurt am Main, 1985.
Barthes, Roland, *S/Z*, Frankfurt am Main, 1987.
Barthes, Roland, „Verbeugungen", in: *Das Reich der Zeichen*, hg. v. ders., Frankfurt am Main: Suhrkamp, 1981, S. 87-93.
Becker, Lutz, „Art for an Avant-Garde Society. Belgrade in the 1970s", in: *East Art Map. Contemporary Art and Eastern Europe*, hg. v. IRWIN, London: Afterall Publ., 2006, S. 390-400.
Behler, Ernst, *Klassische Ironie, Romantische Ironie, Tragische Ironie. Zum Ursprung dieser Begriffe*, Darmstadt, 1972.
Belgrad Interviews. Jugoslawien nach NATO-Angriff und 15 Jahren nationalistischem Populismus. Gespräche und Texte, hg. v. Katja Eydel und Katja Diefenbach, Berlin: bbooks, 2000.
Benjamin, Briefe, hg. v. Gershom Sholem und Theodor W. Adorno, Frankfurt am Main: Suhrkamp, 1977.
Benjamin, Walter, „‚Bert Brecht' (1930)", in: *Walter Benjamin. Versuche über Brecht*, hg. v. Rolf Tiedemann, Frankfurt am Main: Suhrkamp, 1971, S. 9-16.
Benjamin, Walter, „Conversations with Brecht", in: *New Left Review*, Nr. 77 (Jänner-Februar), 1977, S. 51-57.
Benjamin, Walter, „Das Leben der Studenten", in: *Diskus – Frankfurter Studentenzeitung*, Nr. 9 (November), 1959, S. 9.
Walter Benjamin. Gesammelte Schriften in 7 Bänden, unter Mitwirkung von Theodor W. Adorno und Gershom Sholem hg. v. Rolf Tiedemann und Hermann Schweppenhäuser, Frankfurt am Main: Suhrkamp, 1999.
Benjamin, Walter, „Surrealism", in: *New Left Review*, Nr. 108 (März-April), 1978, S. 47-58.
Benjamin, Walter, „The Author as Producer", in: *New Left Review*, Nr. 62 (Juni), 1979, S. 83-96.
Berger, John, *Ways of Seeing*, London, 1972.
Bergius, Hanne, *Montage und Metamechanik. Dada Berlin – Artistik von Polaritäten*, Berlin, 2000.

Beyerle, Mo, Brinckmann, Noll, Gramann, Karola und Sykora, Katharina, „Ein Interview mit Birgit Hein", in: *Frauen und Film*, Nr. 37 (Avantgarde und Experiment), 1984, S. 95-101.
Beyme, Klaus von, *Das Zeitalter der Avantgarden: Kunst und Gesellschaft; 1905-1955*, München, 2005.
bildkompendium wiener aktionismus und film, hg. v. Peter Weibel unter Mitarbeit von Valie Export, Köln: Kohlkunstverlag, 1970.
Bloch, Ernst, „Diskussionen über Expressionismus" (1938), in: *Erbschaft dieser Zeit*, hg. v. ders., Frankfurt am Main: Suhrkamp, 1962, S. 255-278.
Böckelmann, Frank und Nagel, Herbert, *Subversive Aktion. Der Sinn der Organisation ist ihr Scheitern*, Frankfurt am Main, 1976.
Bogdanov, Alexander, *Die Kunst und das Proletariat*, Leipzig, 1919.
Bohrer, Karl Heinz, „Studentenbewegung – Walter Benjamin – Surrealismus", in: *Merkur. Deutsche Zeitschrift für europäisches Denken*, Nr. 51/12 (Dezember), 1997, S. 1069-1080.
Botz, Gerhard und Müller, Albert, „Über Differenz/ Identität in der österreichischen Gesellschafts- und Politikgeschichte seit 1945", in: *Identität: Differenz. Tribüne Trigon 1940-1990. Eine Topografie der Moderne*, hg. v. Peter Weibel und Christa Steinle, Wien, Köln, Weimar: Böhlau, 1992, S. 525-550.
Bourriaud, Nicolas, *Postproduction*, New York, 2002.
Bowie, Andrew, *From Romanticism to Critical Theory. The Philosophy of German Literary Theory*, London und New York, 1997.
Brecht, Bertolt, „Against George Lukács", in: *New Left Review*, Nr. 84 (März-April), 1974, S. 39-54.
Brecht, Bertolt, „Four poems", in: *New Left Review*, Nr. 40 (November-Dezember), 1966, S. 51-54.
Brecht, Bertolt, „Über experimentelles Theater" (1939/40), in: *Bertolt Brecht. Über experimentelles Theater*, hg. v. Werner Hecht, Frankfurt am Main: Suhrkamp, 1970, S. 103-121.
Bredekamp, Horst, *Kunst als Medium sozialer Konflikte. Bilderkämpfe von der Spätantike bis zur Hussitenrevolution*, Frankfurt am Main, 1975.
Brewster, Ben, „Walter Benjamin and the Arcades Project", in: *New Left Review*, Nr. 48 (März-April), 1968, S. 72-76.
Briefe aus der Französischen Revolution, hg. v. Gustav Landauer, Bd. 1, Frankfurt am Main und Berlin: Rütten und Loening, 1922.
Buck-Morss, Susan, „Aesthetics and Anasthetics: Walter Benjamin's Artwork Essay Reconsidered", in: *October*, Nr. 62 (Herbst), 1992, S. 3-41.
Bürger, Peter, *Theorie der Avantgarde*, Frankfurt am Main, 1974.
Burke, Peter, *Ludwig XIV. Die Inszenierung des Sonnenkönigs*, Berlin, 2001.
Butler, Judith, *Das Unbehagen der Geschlechter*, Frankfurt am Main, 1991.
Butler, Judith, *Haß spricht. Zur Politik des Performativen*, Frankfurt am Main, 2006.

Cameron, Vivian, „Political Exposures: Sexuality and Caricature in the French Revolution", in: *Eroticism and the Body Politic*, hg. v. Lynn Hunt, Baltimore und London: Johns Hopkins Univ. Press, 1991, S. 90-107.
Clark, Lygia, „O Corpo Coletivo", in: *Vivências/ Lebenserfahrung*, hg. v. Sabine Breitwieser, Wien: Generali Foundation, 2000.
Clark, Lygia, „On the Suppression of the Objects (Notes, 1975)", in: *Lygia Clark*, hg. v. Manuel J. Borja-Villel, Barcelona: Fundació Antoni Tàpies, 1998, S. 265.

Clark, Lygia, „The Phantasmagoria of the Body", in: *Lygia Clark*, hg. v. Manuel J. Borja-Villel, Barcelona: Fundació Antoni Tàpies, 1998, S. 314-315.
Clark, Lygia, „Wir unterbreiten Vorschläge" (1968), in: *Vivências/ Lebenserfahrung*, hg. v. Sabine Breitwieser, Wien: Generali Foundation, 2000, S. 133.
Collins, Anthony, *A Discourse Concerning Ridicule and Irony in Writing*, London, 1729.
Čolović, Ivan, „Palm-reading and ,The Little Serbian Fist'", in: *The Politics of Symbol in Serbia. Essays in Political Anthropology*, hg. v. ders., London: Hurst & Company, 2002, S. 295-304.
Čolović, Ivan, „Piano", in: *The Politics of Symbol in Serbia*, hg. v. ders., London: Hurst, 2002, S. 228-231.
Comolli, Jean-Luc und Narboni, Paul, „Cinema/ ideology/ criticism", in: *Screen*, Nr. 12/1 (Frühjahr), 1971, S. 27-36.
Corrigan, Timothy, *A Cinema Without Walls. Movies and Culture after Vietnam*, New Brunswick und New Jersey, 1991.
Costello, Diarmuid, „Aura, Face, Photography: Re-Reading Benjamin Today", in: *Walter Benjamin and Art*, hg. v. Andrew Benjamin, London und New York: Continuum, 2005, S. 164-184.
Crimp, Douglas, „The Photographic Activity of Postmodernism", in: *On The Museums's Ruins*, hg. v. ders., Cambridge MA: MIT Press, 1993, S. 108-125.
Čubrillo, Jasmina, „On Reality Checking – a Retrospective Report from Belgrade", in: *ÖZG, Österreichische Zeitschrift für Geschichtswissenschaften*, Nr. 3 („Ästhetik des Politischen"), 2004, S.153-159.

DADA Almanach, hg. v. Richard Huelsenbeck Berlin: Ed. Nautilus, 1920.
Dada and the Press, hg. v. Harriett Watts und Stephen C. Foster, New Haven u.a.: Thomson Gale, 2004.
„DADA in Europa", in: *Der Dada*, Nr. 3, 1920, S. [5].
„Dadaistisches Manifest" (1918), in: *Dada Berlin. Texte, Manifeste, Aktionen*, hg. v. Hanne Bergius und Karl Riha, Stuttgart: Reclam, 1977, S. 22-25.
„,Dada-Reklame-Gesellschaft'" (1920), in: *Dada Berlin. Texte, Manifeste, Aktionen*, hg. v. Hanne Bergius und Karl Riha, Stuttgart: Reclam, 1977, S. 109.
Dada Zürich. Texte, Manifeste, Dokumente, hg. v. Karl Riha und Waltraud Wende-Hohenberger, Stuttgart: Reclam, 1992.
Daney, Serge, „Die Leinwand des Phantasmas (Bazin und die Tiere)", in: *Serge Daney. Von der Welt ins Bild. Augenzeugenberichte eines Cinephilen*, hg. v. Christa Blümlinger, Berlin: Vorwerk 8, 2000, S. 68-77.
Daney, Serge, *Im Verborgenen. Kino – Reisen – Kritik*, Wien, 2000.
de Certeau, Michel, *Kunst des Handelns*, Berlin, 1980.
Decisions of Otpor! Congress, Belgrad, http://www.otpor.net/documents/090100_Congres_Decisions.html (25.06.02).
Decomposition. Post-Disciplinary Performance, hg. v. Sue-Ellen Case, Philip Brett und Susan Leigh Foster, Bloomington and Indianapolis: Indiana Univ. Press, 2000.
de Man, Paul, „Kant and Schiller", in: *Aesthetic Ideology. Paul de Man*, hg. v. Andrzej Warminski, Minneapolis: University of Minnesota Press, 1996, S. 129-162.
de Man, Paul, „The Concept of Irony", in: *Aesthetic Ideology. Paul de Man*, hg. v. Andrzej Warminski, Minneapolis: University of Minnesota Press, 1996, S. 163-184.
Deleuze, Gilles, *Logik des Sinns. Aesthetica*, Frankfurt am Main, 1993.
Demirović, Alex, „Bodenlose Politik – Dialoge über Theorie und Praxis" (1989), in: *Frankfurter Schule und Studentenbewegung. Von der Flaschenpost zum Molotowcocktail 1946 bis 1995*, hg. v. Wolfgang Kraushaar, München: Rogner und Bernhard, 2003, S. 71-98.

Denoyelle, Francoise, *La Lumière de Paris. Les Usages de la Photographie 1919-1939*, Paris, 1997.
Dentith, Simon, *Parody*, London und New York, 2000.
Derrida, Jacques, *Eine gewisse unmögliche Möglichkeit, vom Ereignis zu sprechen*, Berlin, 2003.
Derrida, Jacques, „‚Gerecht sein gegenüber Freud.' Die Geschichte des Wahnsinns im Zeitalter der Psychoanalyse", in: *Jacques Derrida. Vergessen wir nicht – die Psychoanalyse!*, hg. v. Hans-Dieter Gondek, Frankfurt am Main: Suhrkamp, 1998, S. 59-127.
Derrida, Jacques, *Marx' Gespenster. Der Staat der Schuld, die Trauerarbeit und die neue Internationale*, Frankfurt am Main, 1996.
Derrida, Jacques, „Signatur. Ereignis. Kontext", in: *Randgänge der Philosophie*, hg. v. ders., Wien: Passagen-Verlag, 1999, S. 291-314.
„Die Geburt der Kunstmetropole Köln", in: *Die 60er Jahre. Kölns Weg zur Kunstmetropole. Vom Happening zum Kunstmarkt*, hg. v. Wulf Herzogenrath und Gabriele Lueg, Köln: Köln. Kunstverein, 1986, S. 12-25.
Dimitrijević, Branislav, „Heterotopography", in: *Umetnost Na Kraju Veka/ Art At The End Of The Century*, hg. v. Irina Subotić, Belgrad: Clio 1998, S. 268-278.
Dimitrijević, Branislav, „the grand compromise: on examples of the use of political references in serbian art of the 90's, and its historical background", in: *Strategies of Presentation*, hg. v. Barbara Borčič and Saša Nabergoj, Ljubljana: SCCA-Ljubljana, 2001, S. 37-44.
Doherty, Brigid, „‚See: We Are All Neurasthenics!' or, The Trauma of Dada Montage", in: *Critical Inquiry*, Nr. 24 (Herbst), 1997, S. 82-132.
Dokumente der deutschen Arbeiterbewegung zur Journalistik. Teil II: 1900 bis 1945, Leipzig: Fernstudium der Journalistik, 1963.
Dominique Gonzalez-Foerster, Pierre Huyghe and Philippe Parreno, Paris, 1998.
Douglas, Mary, „Judgements on James Frazier", in: *Daedalus*, Nr. 107/4 (Winter), 1978, S. 151-164.
Dragićević-Šešić, Milena, *Art management*, hg. v. Soros Yu-Fund, Belgrad, 1996.
Dragićević-Šešić, Milena, *Borders and Maps – Artist's Response to the Zeitgeist*, unveröffentlichtes Manuskript, 1997.
Dragićević-Šešić, Milena und Stojković, Branimir, *KULTURA – menadžment, animacija, marketing*, Belgrad, 2003.
Dragićević-Šešić, Milena, „Multicultural Iconography of civic protest in Belgrade 1996-97 – The xenophobia of the authorities ridiculed", in: *Interculturality versus Racism and Xenophobia*, hg. v. Božidar Jakšić, Belgrad: Forum for Ethnic Relations, 1998, S. 13-21.
Dragićević-Šešić, Milena, *Populist War Culture – Kitsch Patriotism*, Belgrad, 1992, unveröffentl. Manuskript.
Dragićević-Šešić, Milena, *The cultural policy and cultural life in the posttotalitarian period in Eastern and Central Europe*, unveröffentlichtes Manuskript, o. J. (ca.1991).
Dragićević-Šešić, Milena, *Urban provocations*, unveröffentlichtes Manuskript, o. J.
Dreher, Thomas, *Performance Art nach 1945. Aktionstheater und Intermedia*, München, 2001.
Düttmann, Alexander, García, *Zwischen den Kulturen. Spannungen im Kampf um Anerkennung*, Frankfurt am Main, 1997.

Eagleton, Terry, *The Ideology of Aesthetics*, Oxford, 1990.
East Art Map. Contemporary Art and Eastern Europe, hg. v. IRWIN, London, 2006.
Eiland, Howard, „Reception in Distraction", in: *Walter Benjamin's Philosophy. Destruction and Experience*, hg. v. Andrew Benjamin und Peter Osborne, London und New York: Clinamen Press, 1994, S. 3-13.

„Entartete ‚Kunst'. Ausstellungsführer. Reprint", in: *Nationalsozialismus und ‚Entartete Kunst'. Die ‚Kunststadt' München 1937*, hg. v. Peter-Klaus Schuster, München: Prestel, 1988, S. [183-216].

„Erstes Manifest des Surrealismus" (1924), in: *Die Manifeste des Surrealismus*, hg. v. André Breton, Reinbek bei Hamburg: Rowohlt 1986, S. 99-43.

Eva Hesse. A Memorial Exhibition, hg. v. The Solomon R. Guggenheim Museum, New York, Berkeley und New York: The Solomon R. Guggenheim Museum, 1972.

Export, Valie, „gedanken zur video kunst" (1973), in: *Split:Reality Valie Export*, hg. v. Monika Faber, Wien: Springer, 1997, S. 92.

Export, Valie, *Magna. Feminismus: Kunst und Kreativität*, Wien, 1975 (Reprint).

Export, Valie, „Mediale Anagramme. Ein Gedanken- und Bilder-Vortrag. Frühe Arbeiten", in: *White Cube/Black Box. Skulpturensammlung. Vorträge*, hg. v. Sabine Breitwieser, Wien: Generali Foundation, 1996, S. 99-127.

Export, Valie, *TAPP- UND TASTFILM*, unveröffentl. Manuskript, o.O., o.J.

Export, Valie, „Wer nicht bemalt ist, ist stumpfsinnig", in: *Kronenzeitung*, 16.6.1973, S. 8.

Export, Valie, „Woman's Art. Ein Manifest", in: *Neues Forum*, Nr. 228 (Jänner), 1973, S. 47.

Eyal, Gil, Szelényi, Iván und Townsley, Eleanor, *Making Capitalism Without Capitalists. The New Ruling Elites in Eastern Europe*, London und New York, 2000.

Fehér, Ferenc, „Lukács und Benjamin: Affinitäten und Divergenzen", in: *Georg Lukács – Jenseits der Polemiken. Beiträge zur Rekonstruktion seiner Philosophie*, hg. v. Rüdiger Dannemann, Frankfurt am Main: Sendler, 1989, S. 53-70.

Fenves, Peter, „Is there an answer to the aestheticizing of the political?", in: *Walter Benjamin and Art*, hg. v. Andrew Benjamin, London und New York: Continuum, 2005, S. 60-72.

Fleck, Robert, *Die Mühl-Kommune. Freie Sexualität und Aktionismus. Die Geschichte eines Experiments*, Köln, 2003.

Flusser, Vilém, „Die Geste des Rasierens", in: *Gesten. Versuch einer Phänomenologie*, hg. v. ders., Frankfurt am Main: Fischer Taschenbuch Verlag, 1994, S. 143-150.

Forti, Simona, „Biopolitica delle anime", in: *Filosofia Politica*, Nr. XVII/ 3 (Dezember), 2003, S. 397-418.

Foster, Hal, *The Anti-Aesthetics: Essays in Postmodern Culture*, Seattle, 1983.

„Fotomontage Ausstellung", in: *Der Arbeiter-Fotograf*, Nr. 6, 1931, S. 136.

Foucault, Michel, *Hermeneutik des Subjekts. Vorlesungen am Collège de France (1981/82)*, Frankfurt am Main, 2004.

Foucault, Michel, „Nietzsche, die Genealogie, die Historie", in: *Von der Subversion des Wissens*, hg. v. Walter Seitter, München: Hanser, 1974, S. 83-109.

Fraisse, Geneviève, *Geschlecht und Moderne. Archäologien der Gleichberechtigung*, Frankfurt am Main, 1995.

Frankfurter Schule und Studentenbewegung. Von der Flaschenpost zum Molotowcocktail 1946 bis 1995, hg. v. Wolfgang Kraushaar, München: Rogner und Bernhard, 2003.

Fuchs, Eduard, *Illustrierte Sittengeschichte vom Mittelalter bis zur Gegenwart.*, Bd. 1 (Renaissance), München, 1912.

Fuchs, Rainer, „Verarbeitung des Zweiten Weltkriegs in der österreichischen Kunst", in: *Die Verarbeitung des Zweiten Weltkriegs in der zeitgenössischen Kunst und Literatur*, hg. v. Stiftung Kunst und Gesellschaft Amsterdam, München: Schreiber, 2000, S. 97-123.

Furtado Kestler, Izabela Maria, *Die Exilliteratur und das Exil der deutschsprachigen Schriftsteller und Publizisten in Brasilien*, Frankfurt am Main u. a., 1992.

Geertz, Clifford, *Welt in Stücken. Kultur und Politik am Ende des 20. Jahrhunderts*, Wien, 1995.
George Grosz, Briefe, hg. v. Herbert Knust, Reinbek bei Hamburg: Rowohlt, 1979.
„Gespräch zwischen Michel Foucault und Studenten. Jenseits von Gut und Böse", in: *Von der Subversion des Wissens*, hg. v. Walter Seitter, München: Hanser, 1974, S. 110-127.
Gibbins, John R. und Reimer, Bo, *The Politics of Postmodernity. An Introduction to Contemporary Politics and Culture*, London, Thousand Oaks, New Delhi, 1999.
Ginzburg, Carlo, „Spurensicherung. Der Jäger entziffert die Fährte, Sherlock Holmes nimmt die Lupe, Freud liest Morelli – Die Wissenschaft auf der Suche nach sich selbst", in: *Spurensicherung. Die Wissenschaft auf der Suche nach sich selbst*, hg. v. ders., Berlin: Wagenbach, 1995, S. 7-44.
Ginzburg, Carlo, „Verfremdung. Vorgeschichte eines literarischen Verfahrens", in: *Holzaugen. Über Nähe und Distanz*, hg. v. ders., Berlin: Wagenbach, 1999, S. 11-41.
Gitlin, Todd, *The Whole World is Watching. Mass Media in the Making and Unmaking of the New Left*, Berkeley, Los Angeles, London, 2003.
Glauben Daheim. Zeugnisse evangelischer Frömmigkeit, hg. v. Ulrike Lange, Kassel: Arbeitsgemeinschaft Friedhof und Denkmal, 1994.
Goergen, Jeanpaul, „'Filmisch sei der Strich, klar, einfach.' George Grosz und der Film", in: *George Grosz. Berlin-New York*, hg. v. Peter-Klaus Schuster, Berlin: Ars-Nicolai-Gmbh., 1995, S. 211-218.
Golyscheff, Jefim, Hausmann, Raoul und Huelsenbeck, Richard, „Was ist der Dadaismus und was will er in Deutschland?" (1919), in: *Dada Berlin. Texte, Manifeste, Aktionen*, hg. v. Hanne Bergius und Karl Riha, Stuttgart: Reclam, 1977, S. 61-62.
Gordy, Eric D., *The Culture of Power in Serbia. Nationalism and the Destruction of Alternatives*, Pennsylvania, 1999.
Gorsen, Peter, *Das Prinzip Obszön. Kunst, Pornografie und Gesellschaft*, Reinbek bei Hamburg, 1969.
Gorsen, Peter, *Sexualästhetik. Zur bürgerlichen Rezeption von Obszönität und Pornografie*, Reinbek bei Hamburg, 1972.
Gramsci, Antonio, „Notizen zu einer Einführung und einer Einleitung ins Studium der Philosophie und Kulturgeschichte", in: *Gefängnishefte*, hg. v. ders., 10. und 11. Heft, Bd. 6, Hamburg und Berlin: Argument-Verl., 1994, S. 1375-1493.
Gramsci, Antonio, *Selections of the prison notebooks*, New York, 1971.
Greenberg, Allan C., *Artists and Revolution. Dada and the Bauhaus. 1917-1925*, Michigan, 1979.
Greenberg, Clement, „Avant-Garde and Kitsch", in: *Art and Culture. Critical Essays*, hg. v. ders., London: Thames and Hudson, 1973, S. 3-21.
Gross, Otto, *Schriften 1913-1920. Von geschlechtlicher Not zur sozialen Katastrophe*, Hamburg, 2000.
Grosz, George, „Abwicklung", in: *Das Kunstblatt*, Nr. 2/ 61 (Februar), 1924, S. 33-38.
Grosz, Georg und Heartfield, John, „Der Kunstlump" (1919/29), in: *Dada Berlin. Texte, Manifeste, Aktionen*, hg. v. Hanne Bergius und Karl Riha, Stuttgart: Reclam 1977, S. 84-87.
Grosz, George, *Ein kleines Ja und ein großes Nein*, Hamburg, 1955.
Grosz, George, „Für – und wider", in: *Das Stachelschwein*, Nr. 5/ 14 (März), 1925, S. 29-32.
Grosz, George, „Kannst Du radfahren?", in: *Neue Jugend. Prospekt zur Kleinen Grosz Mappe*, Berlin, Juni 1917, S. 1.
Gruchot, Piet, „Konstruktive Sabotage. Walter Benjamin und der bürgerliche Intellektuelle", in: *alternative. Zeitschrift für Literatur und Diskussion*, Nr. 56/57 („Walter Benjamin"), 1967, S. 204-210.

Habermas, Jürgen, *Strukturwandel der Öffentlichkeit*, Frankfurt am Main, 1990.
Habich, Christiane, *W+B Hein: Dokumente 1967-1985. Fotos, Briefe, Texte*, Frankfurt am Main, 1985.
Hall, Stuart, „Introduction: Who Needs ‚Identity'?", in: *Questions of Cultural Identity*, hg. v. ders. und Paul du Gay, London, Thousand Oaks, New Delhi: Sage Publ., 1996, S. 1-17.
Hall, Stuart, „The Emergence of Cultural Studies and the Crisis of the Humanities", in: *October*, Nr. 53 (Sommer), 1990, S. 11-23.
Hall, Stuart, „The problem of ideology. Marxisms without guarantees" (1983), in: *Stuart Hall. Critical dialogues in cultural studies*, hg. v. David Morley und Kuan-Hsing Chen, London and New York: Routledge, 1996, S. 25-46.
Hannah Höch. Eine Lebenscollage, hg. v. Künstlerarchiv der Berlinischen Galerie. Landesmuseum für Moderne Kunst, Photographie und Architektur, Bd. I-3, Berlin: Archiv Ed., 2001.
Hansen, Miriam, „The Mass Production of the Senses: Classical Cinema as Vernacular Modernism", in: *Modernism-Modernity*, Nr. 6.2., 1999, S. 59-77.
Hansen-Loeve, Friedrich, „Die Selbstentfremdung des Intellektuellen", in: *Neues Forum*, Nr. 35 (November), 1965, S. 401-402.
Haraway, Donna, „A manifesto for cyborgs: Science, technology, and socialist feminism in the 1980s", in: *Socialist Review*, Nr. 80 (März-April), 1985, S. 65-105.
Hardt, Michael und Negri, Antonio, *Multitude. Krieg und Demokratie im Empire*, Frankfurt am Main und New York, 2004.
Harten, Jürgen, „From the Black Square to the White Flag", in: *East Art Map. Contemporary Art and Eastern Europe*, hg. v. IRWIN, London: Afterall Publ., 2006, S. 384-389.
Haug, Wolfgang Fritz, „Vorbemerkung", in: *Das Argument*, Nr. 32, 1965, S. 30.
Hausmann, Raoul, „Alitterel. Delitterel. Sublitterel" (1919), in: *Dada Berlin. Texte, Manifeste, Aktionen*, hg. v. Hanne Bergius und Karl Riha, Stuttgart: Reclam, 1977, S. 54-56.
Hausmann, Raoul, „Dada empört sich, regt sich und stirbt in Berlin" (1970), in: *Dada Berlin. Texte, Manifeste, Aktionen*, hg. v. Hanne Bergius und Karl Riha, Stuttgart: Reclam, 1977, S. 3-12.
Hausmann, Raoul, „Dada ist mehr als Dada", in: *De Stijl*, Nr. 3, 1921, S. 42.
Hausmann, Raoul, „Der deutsche Spießer ärgert sich" (1919), in: *Dada Berlin. Texte, Manifeste, Aktionen*, hg. v. Hanne Bergius und Karl Riha, Stuttgart: Reclam, 1977, S. 66-69.
Hausmann, Raoul, Pamphlet gegen die Weimarische Lebensauffassung" (1919), in: *Dada Berlin. Texte, Manifeste, Aktionen*, hg. v. Hanne Bergius und Karl Riha, Stuttgart: Reclam, 1977, S. 49-52.
Hausmann, Raoul, „Synthetisches Cino der Malerei" (1918), in: *Dada Berlin. Texte, Manifeste, Aktionen*, hg. v. Hanne Bergius und Karl Riha, Stuttgart: Reclam, 1977, S. 29-32.
Hausmann, Raoul, „Was die Kunstkritik nach Ansicht des Dadasophen zur Dada-Ausstellung sagen wird" (1920), in: *Dada Berlin. Texte, Manifeste, Aktionen*, hg. v. Hanne Bergius und Karl Riha, Stuttgart: Reclam, 1977, S. 115-116.
Heath, Stephen, „Lessons from Brecht", in: *Screen*, Nr. 15/ 2 (Sommer), 1974, S. 103-111.
Heath, Stephen, „Narrative Space", in: *Questions of Cinema*, hg. v. ders., Bloomington and Indianapolis: Indiana Univ. Press, 1981, S. 19-75.
Hebdige, Dick, *Hiding in the Light. On images and things*, London und New York, 1988.
Hebdige, Dick, *Subculture. The Meaning of Style*, London, 1979.
Hein, Birgit, *Film als Film – 1910 bis heute*, Stuttgart, 1984.

Hein, Birgit, *Film im Underground. Von seinen Anfängen bis zum unabhängigen Kino*, Frankfurt am Main, Berlin und Wien, 1971.
Hein, Birgit, „Interview mit Gabriele Jutz", in: *X-Screen. Filmische Installationen und Aktionen der Sechziger- und Siebzigerjahre*, hg. v. Mathias Michalka, Köln: König, 2004, S. 122-133.
Herzfelde, Wieland, „John Heartfield und George Grosz. Zum 75. Geburtstag meines Bruders", in: *Mitteilungen der deutschen AdK Berlin (DDR)*, Nr. 4/ 4 (Juli/August), 1966, S. 2-4.
Herzfelde, Wieland, „Zur Einführung in die Erste internationale Dada-Messe" (1920), in: *Dada Berlin. Texte, Manifeste, Aktionen*, hg. v. Hanne Bergius und Karl Riha, Stuttgart: Reclam, 1977, S. 117-119.
Herzog, Dagmar, *Die Politisierung der Lust. Sexualität in der deutschen Geschichte des zwanzigsten Jahrhunderts*, München, 2005.
„Hitlers Rede zur Eröffnung der ‚Großen Deutschen Kunstausstellung' 1937", in: *Nationalsozialismus und ‚Entartete Kunst'. Die ‚Kunststadt' München 1937*, hg. v. Peter-Klaus Schuster, München: Prestel, 1988, S. [242-252].
Hobsbawm, Eric, „Introduction: Inventing Traditions", in: *The Invention of Tradition*, hg. v. ders. und Terence Ranger, Cambridge: Cambridge Univ. Press, 2005, S. 1-14.
Hobsbawm, Eric, „Mass-Producing Traditions: Europe, 1870-1914", in: *The Invention of Tradition*, hg. v. ders. und Terence Ranger, Cambridge: Cambridge University Press, 1983, S. 263-307.
Höfel, Robert, „Reklameträger", in: *Seidels Reklame. Das Blatt der wirtschaftlichen Werbung*, Februar 1914, S. 73-78.
Hölderlin, Friedrich, *Sämtliche Werke. Große Stuttgarter Ausgabe*, hg. v. Friedrich Beißner und Adolf Beck, Bd. IV, Stuttgart: Kohlhammer, 1943-1985.
Höllering, Franz, „Fotomontage", in: *Der Arbeiter-Fotograf*, Nr. 8, 1928, S. 3-4.
Hoffmann, Justin, *Destruktionskunst. Der Mythos der Zerstörung in der Kunst der frühen sechziger Jahre*, München, 1995.
Holz, Hans Heinz, „Philosophie als Interpretation. Thesen zum theologischen Horizont der Metaphysik Benjamins", in: *alternative. Zeitschrift für Literatur und Diskussion*, Nr. 56/57 (Oktober-Dezember), 1967, S. 235-242.
Honnef, Klaus, „Symbolische Form als anschauliches Erkenntnisprinzip – Ein Versuch zur Montage", in: *John Heartfield*, hg. v. Akademie der Künste Berlin, Köln: DuMont, 1991, S. 38-53.
Huelsenbeck, Richard, „Der neue Mensch. (Auszug)", in: *Dada Berlin. Texte, Manifeste, Aktionen*, hg. v. Hanne Bergius und Karl Riha, Stuttgart: Reclam, 1977, S. 13-14.
Huelsenbeck, Richard, „Durch Dada erledigt. Ein Trialog zwischen menschlichen Wesen", in: *Dada Berlin. Texte, Manifeste, Aktionen*, hg. v. Hanne Bergius und Karl Riha, Stuttgart: Reclam, 1977, S. 110-114.
Huelsenbeck, Richard, „Erste Dadarede in Deutschland" (1918), in: *Dada Berlin. Texte, Manifeste, Aktionen*, hg. v. Hanne Bergius und Karl Riha, Stuttgart: Reclam, 1977, S. 16-19.
Huelsenbeck, Richard, *Phantastische Gebete*, Zürich, 1960.
Hunt, Lynn, „Pornografie und die Französische Revolution", in: *Die Erfindung der Pornografie. Obszönität und die Ursprünge der Moderne*, hg. v. dies., Frankfurt am Main: Fischer, 1994, S. 243-283.
Hutcheon, Linda, *A Theory of Parody. The Teachings of Twentieth-Century Art Forms*, Urbana und Chicago, 2000.
Hutcheon, Linda, *Irony's edge. The theory and politics of irony*, London und New York, 1994.

Imdahl, Max, „Pose und Indoktrination. Zu Werken der Plastik und Malerei im Dritten Reich", in: *Max Imdahl. Gesammelte Schriften*, hg. v. Gottfried Böhm, Bd. 3 (Reflexion, Theorie, Methode), Frankfurt am Main: Suhrkamp, 1996, S. 575-590.

International Exhibition of Modern Art, 2013 featuring Alfred Barr's Museum of Modern Art, New York, 1936, hg. v. Branislav Dimitrijević und Dejan Stretenović, Belgrad: Museum of Modern Art, 2003.

Iversen, Margaret, „What is a photograph?", in: *Art History*, Nr. 17/ 3 (September), 1994, S. 450-464.

Jahraus, Oliver, *Die Aktionen des Wiener Aktionismus. Subversion der Kultur und Disponierung des Bewusstseins*, München, 2001.

Jameson, Frederic, „Postmodernism, or the cultural logic of late capitalism", in: *New Left Review*, Nr. I/ 146, 1984, S. 53-92.

Japp, Uwe, *Theorie der Ironie*, Frankfurt am Main, 1999.

Jaspers, Karl, *Vom Ursprung und Ziel der Geschichte*, München, 1949.

Jeismann, Michael und Westheider, Rolf, „Wofür stirbt der Bürger? Nationaler Totenkult und Staatsbürgertum in Deutschland und Frankreich seit der Französischen Revolution", in: *Der Politische Totenkult. Kriegerdenkmäler in der Moderne*, hg. v. Reinhart Koselleck und Michael Jeismann, München: Fink , 1994, S. 23-50.

John Heartfield, hg. v. Akademie der Künste Berlin, Köln: DuMont, 1991.

„John Heartfield. Ein wiederentdeckter Brief über expressionistische Filmpläne", in: *kintop 8. Film und Projektionskunst*, hg. v. Frank Kessler, Sabine Lenk, Martin Loiperdinger, Frankfurt am Main 1999, S. 169-180.

„John Heartfield in einem Gespräch mit Bengt Dahlbäck vom Moderna Museet in Stockholm (1967)", in: *John Heartfield*, hg. v. Akademie der Künste Berlin, Köln: DuMont, 1991, S. 14.

„John Heartfield und seine photographischen Arbeiten", in: *Gebrauchsgrafik. Monatsschrift zur Förderung künstlerischer Reklame*, Nr. 4/7, 1927, S. 17-32.

Jentsch, Ralph, *George Grosz. The Berlin Years*, Mailand, 1997.

Jovic, Dejan, *Jugoslavija – drzava koja je odumrla*, Belgrad und Zagreb, 2003.

Jovićević, Aleksandra, „Everybody Laughed: Civil And Student Protest in Serbia 1996/97, Between Theatre, Paratheatre and Carnival", in: *Walking ON THE SPOT. Civil Protest In Serbia*, hg. v. B92, Belgrad: B 92, 1997, S. 45-56.

Jürgen-Hereth, Hans, *Dada Parodien*, Siegen, 1998.

Jullien, François, *Über die Wirksamkeit*, Berlin, 1999.

Jung, Franz, Der *Weg nach unten. Aufzeichnungen aus einer großen Zeit*, Hamburg, 1961.

Kaltenecker, Siegfried, *Spie(ge)lformen. Männlichkeit und Differenz im Kino*, Frankfurt am Main, 1996.

Kanehl, Oskar, *Straße frei*, Berlin, 1928.

Kant, Immanuel, „Kritik der Urteilskraft", in: *Immanuel Kant. Werkausgabe*, hg. v. Wilhelm Weischedel, Bd. X, Frankfurt am Main: Suhrkamp, 1974.

Karginov, German, *Rodchenko*, London, 1986.

Kaufman, Robert, „Aura; Still", in: *Walter Benjamin and Art*, hg. v. Andrew Benjamin, London und New York: Continuum, 2005, S. 121-147.

Kester, Grant, „Aethetic Evangelists: Conversion And Empowerment in Contemporary Community Art", in: *Afterimage* , Nr. 22 (Januar), 1995, S. 5-11.

Königstein, Horst, „Das Recht auf Lust. Report über Sex-Filme (I)", in: *film*, November, 1968, S. 12-17.

Korff, Gottfried, „Rote Fahnen und geballte Faust. Zur Symbolik der Arbeiterbewegung in der Weimarer Republik", in: *Transformationen der Arbeiterkultur*, hg. v. Peter Assion, Marburg: Jonas-Verlag, 1986, S. 86-107.

Kristeva, Julia, *Sémèiôtikè: Recherches pour une sémanalyse*, Paris, 1969.

Kristeva, Julia, „The Subject in Process" (1973), in: *The Tel Quel Reader*, hg. v. Patrick French und Roland-Francois Lack, London und New York: Routledge, 1998, S. 133-178.

Kristl, Vlado, „Vorwort zum Obrigkeitsfilm", in: *Avantgardistischer Film 1951-1971: Theorie*, hg. v. Gottfried Schlemmer, München: Hanser, 1973, S. 112.

Kritische Friedrich-Schlegel-Ausgabe, hg. v. Hans Eichner, Bd. 2, München, Paderborn, Wien, Zürich: Schöningh, 1967.

Krüger, Horst, „Dieser subtile, zerebrale Reiz", in: *Streitzeitschrift*, Nr. VII/1, 1969, S. 14.

Kuhn, Annette, „Lawless Seeing", in: *The Power of the Image: Essays on Representation and Sexuality*, hg. v. dies., London: Routledge, 1985, S. 19-47.

„Kunstbolschewismus am Ende. Aus der Rede des Führers zur Eröffnung des Hauses der Deutschen Kunst in München," in: „Entartete ‚Kunst'. Ausstellungsführer. Reprint", in: *Nationalsozialismus und ‚Entartete Kunst'. Die ‚Kunststadt' München 1937*, hg. v. Peter-Klaus Schuster, München: Prestel, 1988, S. [208-112].

Kwon, Miwon, *One Place After Another. Site-Specific Art And Locational Identity*, Cambridge MA und London Engl., 2004.

Lacan, Jacques, *Le Séminaire de Jacques Lacan, Livre XI, ‚Les quatre concepts fondamentaux de la psychoanalyse'*, Paris, 1973.

Lachmann, Renate, „Die ‚Verfremdung' und das ‚Neue Sehen' bei Viktor Šklovskij", in: *Poetica. Zeitschrift für Sprach- und Literaturwissenschaft*, Nr. 3, 1970, S. 226-249.

Laclau, Ernesto, „An Ethics of Militant Engagement", in: *Think Again: Alain Badiou and the Future of Philosophy*, hg. v. Peter Hallward, London u.a.: Continuum, 2004, S. 120-137.

Laclau, Ernesto und Mouffe, Chantal, *Hegemony & Socialist Strategy. Towards a Radical Democratic Politics*, London und New York, 1985.

Laclau, Ernesto, „Identity and Hegemony", in: *Contingency, Hegemony, Universality. Contemporary Dialogues on the Left*, hg. v. Judith Butler, ders. und Slavoj Žižek, London und New York: Verso, 2000, S. 44-89.

Laclau, Ernesto, „Jenseits von Emanzipation", in: *Emanzipation und Differenz*, hg. v. ders., Wien: Turia+Kant, 2002, S. 23-44.

Laclau, Ernesto, *New Reflections on the Revolution of Our Time*, London und New York, 1990.

Laclau, Ernesto, *Politik und Ideologie im Marxismus. Kapitalismus-Faschismus-Populismus*, Berlin, 1981.

Laclau, Ernesto, „Was haben leere Signifikanten mit Politik zu tun?", in: *Emanzipation und Differenz*, hg. v. ders., Wien: Turia+Kant, 2002, S. 65–78.

Laclau, Ernesto, „Why constructing a ‚people' is the main task of radical politics", in: *Critical Inquiry*. Nr. 32/4 (Sommer), 2006, S. 646-680.

„Legen Sie Ihr Geld in dada an!" (1919), in: *Dada Berlin. Texte, Manifeste, Aktionen*, hg. v. Hanne Bergius und Karl Riha, Stuttgart: Reclam, 1977, S. 59-60.

Lefèbvre, Henri, *Die Revolution der Städte*, Frankfurt am Main, 1990.

Lefort, Claude, *Fortdauer des Theologisch-Politischen*, Wien, 1999.

Lefort, Claude, „The Image of the Body and Totalitarianism", in: *The Political Forms of Modern Society. Bureaucracy, Democracy, Totalitarianism*, hg. v. ders., Cambridge und Massachusetts: Polity Press, 1986, S. 292-306.

Lethen, Helmut, „Zur Materialistischen Kunsttheorie Benjamins", in: *alternative. Zeitschrift für Literatur und Diskussion*, Nr. 56/57 („Walter Benjamin"), 1967, S. 225-234.
Lévi-Strauss, Claude, *Das wilde Denken*, Frankfurt am Main, 1973.
Lichtblau, Klaus, *Transformationen der Moderne*, Wien und Berlin, 2002.
Lukács, George, „Es geht um den Realismus", in: *Marxismus und Literatur*, hg. v. Fritz J. Raddatz, Bd. II, Reinbek bei Hamburg: Rowohlt, 1989, S. 60-86.
Lukács, George, „'Größe und Verfall' des Expressionismus", in: *Marxismus und Literatur*, hg. v. Fritz J. Raddatz, Bd. II, Reinbek bei Hamburg: Rowohlt, 1989, S. 7-50.
Lygia Clark, hg. v. Manuel J. Borja-Villel, Barcelona: Fundació Antoni Tàpies, 1998.

MacCabe, Colin, „Realism and the Cinema: Notes on some Brechtian theses", in: *Screen*, Nr. 15/2 (Sommer), 1974, S. 7-27.
Mahon, Alyce, „Verstoss gegen die Guten Sitten: Jean-Jacques Lebel und der Marquise de Sade", in: *Jean-Jacques Lebel*, hg. v. Museum Moderner Kunst Stiftung Ludwig Wien, Wien: Museum Moderner Kunst Stiftung Ludwig, 1998, S. 1998, S. 71-92.
Maier-Metz, Harald, *Expressionismus – Dada – Agitprop. Zur Entwicklung des Malik-Kreises in Berlin 1912-1924*, Frankfurt am Main, 1984.
Makela, Maria, „By Design: The Early Work of Hannah Höch in Context", in: *The Photomontages of Hannah Höch*, hg. v. Maria Makela und Peter Boswell, Minneapolis: Distributed Art Publ., 1996, S. 49-79.
Marckwardt, Wilhelm, *Die Illustrierte der Weimarer Zeit: Publizistische Funktion, ökonomische Entwicklung und inhaltliche Tendenzen*, München, 1982.
Margolin, Victor, *Struggle for Utopia: Rodchenko. Lissitzky. Moholy-Nagy. 1917-1946*, Chicago und London 1997.
Marx, Karl, *Der Achtzehnte Brumaire des Louis Bonaparte*, Berlin, 1946.
Matvejević, Pedrag, *Die Welt „ex". Bekenntnisse*, Zürich, 1997.
Mayer, Raimund, „'Dada Ist Gross Dada Ist Schön' Zur Geschichte von 'Dada Zürich'", in: *Dada in Zürich*, hg. v. Hans Bollinger, Guido Magnaguagno und Raimund Mayer, Zürich: Arche-Verlag, 1985, S. 9-79.
McCloskey, Barbara, *George Grosz and the Communist Party. Art and Radicalism in Crisis, 1918 to 1936*, Princeton und New Jersey, 1997.
Merquior, José Guilherme, *Arte e Sociedade em Marcuse, Adorno e Benjamin*, Rio de Janeiro, 1969.
Milošević, Milan, *Political Guide to Serbia 2000. Directory of Yugoslavia*, Belgrad, 2000.
Mitchell, Stanley, „Reception of Walter Benjamin in Britain", in: *Global Benjamin*, hg.v. Klaus Garber und Ludger Rehm, Bd. 3, München: Fink, 1992, S. 1422-1427.
Moorman, Charlotte, „Eine Künstlerin im Gerichtssaal", in: *Nam June Paik. Video Time – Video Space*, hg. v. Toni Stooss und Thomas Kellein, Stuttgart: Cantz, 1991, S. 51-55.
Mouffe, Chantal, *Über das Politische. Wider die kosmopolitische Illusion*, Frankfurt am Main, 2007.
Mühl, Otto, „Die Materialaktion. Reprint", in: *Identität: Differenz. Tribüne Trigon. 1940-1990. Eine Topografie der Moderne*, hg. v. Peter Weibel und Christa Steinle, Wien, Köln, Weimar: Böhlau, 1992, S. 270.
Mühl, Otto, *Mama & Papa. Materialaktion 63-69*, Frankfurt am Main: Kohlkunstverlag, 1968.
Mühl, Otto, *Papa Omo*, Wien, 1967.
Mühl, Otto, „Warum ich aufgehört habe", in: *Neues Forum*, Nr. 228 (Jänner), 1973, S. 39-42.

Mühl, Otto, „ZOCK. aspekte einer totalrevolution, Reprint", in: *Otto Mühl – Arbeiten auf Papier aus den 60er Jahren,* hg. v. Robert Fleck, Frankfurt am Main: Portikus, 1992, S. 81-104.

Nancy, Jean-Luc, *Corpus,* Berlin, 2003.
Nancy, Jean-Luc, *Das Vergessen der Philosophie,* Wien, 2001.
Nancy, Jean-Luc, *Kalkül des Dichters. Nach Hölderlins Maß,* Stuttgart, 1997.
Narboni, Jean und Comolli, Jean-Louis, „Cinéma-idéologie-Critique", in: *Cahiers du cinéma,* Nr. 216/17, 1969, S. 7-15.
Nietzsche, Friedrich, „Aus dem Nachlaß der Achtzigerjahre", in: *Werke in drei Bänden,* hg. v. Karl Schlechta, Bd. 3, München: Hanser, 1966, S. 415-925.
Nietzsche, Friedrich, „Götzen-Dämmerung", in: *Werke in drei Bänden,* hg. v. Karl Schlechta, Bd. 3, München: Hanser, 1966, S. 939-1033.
Nietzsche, Friedrich, „Über Wahrheit und Lüge im außermoralischen Sinn", in: *Werke in drei Bänden,* hg. v. Karl Schlechta, Bd. 3, München: Hanser, 1966, S. 309-322.
Nietzsche, Friedrich, *Zur Genealogie der Moral. Eine Streitschrift,* Frankfurt am Main und Leipzig 1991.
Nooteboom, Cees, *Rituale,* Frankfurt am Main, 1985.
Novalis, *Schriften,* hg. v.. Richard Samuel in Zusammenarbeit mit Hans-Joachim Mähl und Gerhard Schulz, Bd. 3, Stuttgart: Kohlhammer, 1960.

Ohff, Heinz, „Einleitung", in: *Hannah Höch, Eine Lebenscollage,* hg. v. Künstlerarchiv der Berlinischen Galerie. Landesmuseum für Moderne Kunst, Photographie und Architektur, Bd. II, Berlin: Archiv Ed., 1995, S. 11-17.
Oiticica, Hélio, „Block-Experiments in Cosmococa – program in progress" (1973), in: *Hélio Oiticica,* hg. v. Guy Brett, Rotterdam, Paris, Barcelona, Lissabon, Minneapolis: Ed. du Jeu de Paume, 1992, S. 174-183.
Oiticica, Hélio, „Creleisure" (1970), in: *Hélio Oiticica,* hg. v. Guy Brett, Rotterdam, Paris, Barcelona, Lissabon, Minneapolis: Ed. du Jeu de Paume, 1992, S. 136.
Oiticica, Hélio, „Environmental Programm" (1954-1969), in: *Hélio Oiticica,* hg. v. Guy Brett, Rotterdam, Paris, Barcelona, Lissabon, Minneapolis: Ed. du Jeu de Paume, 1992, S. 103-105.
Oiticica, Hélio, „General Scheme of the New Objectivity" (1967), in: *Hélio Oiticica,* hg. v. Guy Brett, Rotterdam, Paris, Barcelona, Lissabon, Minneapolis: Ed. du Jeu de Paume, 1992, S. 110-120.
Oiticica, Hélio, „Notes on the Parangolé" (1965), in: *Hélio Oiticica,* hg. v. Guy Brett, Rotterdam, Paris, Barcelona, Lissabon, Minneapolis: Ed. du Jeu de Paume, 1992, S. 93-96.
Oiticica, Hélio, „Parangolé Synthesis" (1972), in: *Hélio Oiticica,* hg. v. Guy Brett, Rotterdam, Paris, Barcelona, Lissabon, Minneapolis: Ed. du Jeu de Paume, 1992, S. 165–170.
Oiticica, Hélio, „Position and Programme" (1966), in: *Hélio Oiticica,* hg. v. Guy Brett, Rotterdam, Paris, Barcelona, Lissabon, Minneapolis: Ed. du Jeu de Paume, 1992, S. 100.
Oiticica, Hélio, „Tropicália" (1968), in: *Vivências/ Lebenserfahrung,* hg. v. Sabine Breitwieser, Wien: Generali Foundation, 2000, S. 262-265.
Orton, Fred und Pollock, Griselda, „Avant-Gardes and Partisans Reviewed", in: *Avant-Gardes and Partisans Reviewed,* hg. v. dies., Manchester: Manchester Univ. Press, 1996, S. 141-164.
Osborne, Peter, „Small-Scale Victories, Large-Scale Defeats. Walter Benjamin's Politics of Time", in: *Walter Benjamin's Philosophy. Destruction and Experience,* hg. v. Andrew Benjamin und Peter Osborne, London und New York: Clinamen Press, 1994, S. 59-109.

Ostrow, Saul, „Rehearsing Revolution and Life: The Embodiment of Benjamin's Artwork Essay at the End of the Age of Mechanical Reproduction", in: Walter Benjamin and Art, hg. v. Andrew Benjamin, London und New York: Continuum, 2005, S. 226-247.
Otto Muehl. Leben/Kunst/Werk. Aktion Utopie Malerei 1960-2004, hg. v. Peter Noever, Köln: König, 2004.

Palm, Michael, „Which way? Drei Pfade durchs Bild-Gebüsch von Kurt Kren", in: *Ex Underground. Kurt Kren. seine Filme*, hg. v. Hans Scheugl, Wien: Arge Index, 1996, S. 114-129.
„Parolen, Proteste, Pornographie. Ein Brief von Edgar Reitz", in: *film*, Februar 1968, S. 17-18.
Passuth, Krisztina, *Moholy-Nagy*, London, 1985.
Pehlke, Michael, „Sexualität als Zuschauersport. Zur Phänomenologie des pornografischen Films", in: *Semiotik des Films. Mit Analysen kommerzieller Pornos und revolutionärer Agitationsfilme*, hg. v. Friedrich Knilli, München:, 1971, S. 183-203.
Petersen, Susanne, *Marktweiber und Amazonen. Frauen der Französischen Revolution. Dokumente, Kommentare, Bilder*, Köln, 1987.
Peukert, Detlev J. K., *Die Weimarer Republik. Krisenjahre der Klassischen Moderne*, Frankfurt am Main, 1987.
Platz dem Arbeiter! Erstes Jahrbuch des Malik-Verlages, hg. v. Julian Gumpez, Berlin: Malik Verlag, 1924.
Ploebst, Helmut, *no wind no word. Neue Choreographie in der Gesellschaft des Spektakels*, München, 2001.
Pollock, Griselda, „Feminism/Foucault–Surveillance/Sexuality", in: *Visual Culture. Images and Interpretations*, hg. v. Norman Bryson und Michael Ann Holly, Hannover und London: Wesleyan Univ. Press, 1994, S. 1-41.
Pomian, Krzystof, „Religion and Politics in a Time of Glasnost", in: *Restructuring Eastern Europe. Towards a New European Order*, hg. v. Ronald J. Hill u. a., Worcester: Elgar, 1990, S. 113-129.
Power, Politics and Culture. Interviews with Edward W. Said, hg. v. Gauri Viswanathan, London: Bloomsbury, 2005.
Pressler, Günter Karl, „Profil der Fakten. Zur Walter-Benjamin-Rezeption in Brasilien", in: *Global Benjamin*, hg.v. Klaus Garber und Ludger Rehm, Bd. 3, München: Fink , 1992, S. 1335-1352.
Prutsch, Ursula, „Instrumentalisierung deutschsprachiger Wissenschafter zur Modernisierung Brasiliens in den dreißiger und vierziger Jahren", in: zeitgeschichte.at. *4. österreichischer Zeitgeschichtetag 1999*, hg. v. Manfred Lechner und Dietmar Seiler, Innsbruck, Wien, Bozen: Studien Verlag, 1999, S. 362-368.

Radosavljećić-Vasiljević, Darka, „Sketches for the Belgrade Visual Art Scene of The Nineties", in: *Umetnost Na Kraju Veka/ Art At The End Of The Century*, hg. v. Irina Subotić, Belgrad: Clio 1998, S. 346-356.
Ramet, Sabrina Petra, *Balkan Babel. Politics, Culture & Religion in Yugoslavia*, Boulder, San Francisco und Oxford, 1992.
Rancière, Jacques, *Das Unvernehmen. Politik und Philosophie*, Frankfurt am Main, 2002.
Rancière, Jacques, *The politics of aesthetics*, London und New York, 2004.
Rathkolb, Oliver, *Die paradoxe Republik. Österreich 1945 bis 2005,* Wien, 2006.
Raunig, Gerald, *Kunst und Revolution. Künstlerischer Aktivismus im langen 20. Jahrhundert*, Wien, 2005.
Reich, Wilhelm, *Listen Little Man*, New York, 1973.

Richter, Hans, „Gegen Ohne Für Dada" (1919), in: *Dada Zürich. Texte, Manifeste, Dokumente*, hg. v. Karl Riha und Waltraud Wende-Hohenberger, Stuttgart: Reclam, 1992, S. 33-35.
Rodowick, David, *The Crisis of Political Modernism*, Urbana, 1988.
Rorty, Richard, *Contingency, irony, and solidarity*, Cambridge u. a., 1989.
Rosenberg, Alfred, *Der Mythus des 20. Jahrhunderts. Eine Wertung der seelisch-geistigen Gestaltungskämpfe unserer Zeit*, München, 1942.

Said, Edward W., „Criticism and the Art of Politics", in: *Power, Politics and Culture. Interviews with Edward W. Said*, hg. v. Gauri Viswanathan, London: Bloomsbury, 2005, 118-163.
Said, Edward W., „Culture and Imperialism", in: *Power, Politics and Culture. Interviews with Edward W. Said*, hg. v. Gauri Viswanathan, London: Bloomsbury, 2004, S. 183-207.
Salecl, Renata, „National Identity and Socialist Moral Majority", in: *Becoming National. A Reader*, hg. v. Geoff Eley u. a., New York u. Oxford: Oxford Univ. Press, 1996, S. 417-424.
Saper, Craig J., *Artificial Mythologies. A Guide to Cultural Intervention*, Minneapolis und London, 1997.
Schaefer, Eric, „Gauging a revolution: 16 mm Film and the Rise of the Pornographic Feature", in: *porn studies*, hg. v. Linda Williams, Durham und London: Duke University Press, 2004 , 2004, S. 370-400.
Scharfrichter der bürgerlichen Seele. Raoul Hausmann in Berlin 1900-1933. Unveröffentlichte Briefe, Texte, Dokumente aus den Künstler-Archiven der Berlinischen Galerie, hg. v. Eva Züchner, Berlin: Hatje, 1998, S. 445.
Scheugl, Hans und Schmidt jr., Ernst, *Eine Subgeschichte des Films. Lexikon des Avantgarde-, Experimental- und Undergroundfilms*, Bd. 1+ 2, Frankfurt am Main, 1974.
Scheugl, Hans, Erweitertes Kino. Die Wiener Filme der 60er Jahre, Wien, 2002.
Schlegel, Friedrich, „Athenäums-Fragment Nr. 53", in: *Kritische Friedrich-Schlegel-Ausgabe*, hg. v. Hans Eichner, Bd. 2, München, Paderborn, Wien, Zürich: Schöningh, 1967, S. 173.
Schlegel, Friedrich, *Literary Notebooks*, hg. v. Hans Eichner, London: Athlone Press, 1957.
Schlegel, Friedrich, „Philosophische Lehrjahre. 1796-1806", in: *Kritische Friedrich-Schlegel-Ausgabe*, hg. v. Ernst Behler, Bd. 19: 2, München, Paderborn, Wien, Zürich: Schöningh, 1971.
Schlemmer, Gottfried, „Anmerkung zum Undergroundfilm", in: *Avantgardistischer Film 1951-1971: Theorie*, hg. v. ders., München: Hanser, 1973, S. 18-23.
Schmidt jr., Ernst, „Filmtext (Ausschnitt)", in: *Avantgardistischer Film 1951-1971: Theorie*, hg. v. Gottfried Schlemmer, München: Hanser, 1973, S. 82-87.
Schmölzer, Hilde, *Das böse Wien. 16 Gespräche mit österreichischen Künstlern*, München: Nymphenburger, 1973.
Schober, Anna, „Bilderhuldigung, Parodie und Bilderzerstörung in Serbien in den 1990er Jahren", in: *ÖZG, Österreichische Zeitschrift für Geschichtswissenschaften*, Nr. 3 („Ästhetik des Politischen"), 2004, S. 22-50.
Schober, Anna, *Blue Jeans. Vom Leben in Stoffen und Bildern*, Frankfurt am Main und New York, 2001.
Schober, Anna, „Contingency", in: *Performance Research*, Nr. 11.3. („Lexikon"), 2008, S. 29-33. Abgedruckt auch in: *documenta 12 magazines*, Nr. 2 (Life!), 2007.
Schober, Anna, „Die doppelte Sprache der Kleider, Gebärden und Bauten. Öffentlichkeit und Raum in der Begriffswelt Hannah Arendts", in: *Von Mir Nach Dort. File 2: Standort*

+ *Identität*, hg. v. Ruth Eva Maurer und Hannes Luxbacher, Wien: Edition Selene, 2002, S. 128-137.

Schober, Anna, „Ein Stück Nicht-Zeit in der Zeit. Historische Ausstellungen als Foren von Öffentlichkeit", in: *eForum zeitGeschichte Österreich*, Nr. 2/2001, http://www.eforum-zeitgeschichte.at/2_01a2.html (06.07.2005).

Schober, Anna, „Gewalt des Alltäglichen. Fragen an pragmatistische Theorien der (Medien)-Welt-Gestaltung", in: *Film/Denken – Der Beitrag der Philosophie zu den Film Studies*, hg. v. Brigitte Mayr, Ludwig Nagl, Eva Waniek, Wien: Synema, 2004, S. 203-212.

Schober, Anna, „Jetztzeit, der Mythos des neuen, jungen Lebens und das Alterswerk der Avantgardisten", in: *Kunst ist gestaltete Zeit. Über das Altern*, hg. v. Irmgard Bohunovsky-Bärnthaler, Klagenfurt: Ritter, 2007, S. 206-232.

Schober, Anna, „Kairos im Kino. Über die angebliche Unvereinbarkeit von Subversion und Bejahung", in: *räumen. Baupläne zwischen Architektur, Raum, Visualität und Geschlecht*, hg. v. Irene Nierhaus, Felicitas Konecny, Wien: Edition Selene, 2002, S. 241-267.

Schober, Anna, „Körperereignisse. Die zwiespältigen Gesten der Avantgarde", in: *Westend. Neue Zeitschrift für Sozialforschung*, Nr. 1 (Liebe und Kapitalismus), 2005, S. 61-77.

Schober, Anna, „Lumpen Design, Penis Fashion and Body-Part Amplifiers. Artistic Responses to the New Image-Environments in Former Socialist Countries since 1989", in: *Performance Research*, Nr. 10/ 2 („On Form"), 2005, S. 25–37.

Schober, Anna, *Montierte Geschichten. Programmatisch inszenierte historische Ausstellungen*, Wien, 1994.

Schober, Anna, „The Desire for Bodily Subversions: Episodes, Interplays and Monsters", in: *Performance Research*, Nr. 2 („Bodiescapes"), 2003, S. 69-81.

Schuh, Franz, „Über (literarische) Radikalität. Konrad Bayer und die fünfziger Jahre", in: *Schreibkräfte. Über Literatur, Glück und Unglück*, hg. v. ders., Köln: DuMont, 2000, S. 132-182.

seltene. urbane. praktiken, hg. v. Peter Arlt und Judith Laister, Graz: Verl. Forum Stadtpark, 2005.

Sennett, Richard, *Verfall und Ende des öffentlichen Lebens. Die Tyrannei der Intimität*, Frankfurt am Main, 1990.

Sheppard, Richard, „Dada and Mysticism: Influences and Affinities", in: *Dada Spectrum. The Dialectics of Revolt*, hg. v. Stephen Foster und Rudolf Kuenzli, Madison: The University of Iowa Press & Coda Press, 1979, S. 91-113.

Shigeno, Rei, *From the Dialectics of the Universal to the Politics of Exclusion: The Philosophy, Politics and Nationalism of the Praxis Group from the 1950s to the 1990s*, unveröffentlichte Dissertation, Essex University, Colchester, 2004.

Sholem, Gershom, *Walter Benjamin – die Geschichte einer Freundschaft*, Frankfurt am Main, 1990.

Shusterman, Richard, *Kunst Leben. Die Ästhetik des Pragmatismus*, Frankfurt am Main, 1994.

„Signifikante Ereignisse der Wahrnehmung und das Entstehen von Gemeinschaften und Geschichten. Ein Briefwechsel zwischen Jean-Luc Nancy und Anna Schober", in: *ÖZG, Österreichische Zeitschrift für Geschichtswissenschaften*, Nr. 3 („Ästhetik des Politischen"), 2004, S. 129-138.

Silverman, Kaja, „Fragments of a Fashionable Discourse", in: *Studies in Entertainment. Critical Approaches to Mass Culture*, hg. v. Tania Modleski, Bloomington und Indianapolis: Indiana University Press, 1986, S. 139-152.

Simmel, Georg, „Die Großstädte und das Geistesleben", in: *Das Individuum und die Freiheit. Essays*, hg. v. ders., Berlin: Wagenbach, 1984, S. 192-204.

Simmel, Georg, „Die Mode", in: *Die Listen der Mode*, hg. v. Silvia Bovenschen, Frankfurt am Main: Suhrkamp, 1986, S. 179-215.
„Sire, geben Sie Pornofreiheit!?", in: *Neues Forum*, Nr. 200/201 (August und September), 1970, S. 843-847.
Slavujević, Zoran, „Borba za vlast u Srbiji kroz prizmu izbornih kampanja", in: *Izborne borbe u Jugoslaviji, 1990-1992*, hg. v. Vladimir Goati et al., Belgrad: Radnička štampa, 1993, S. 55-166.
Solomon-Godeau, Abigail, „Reconsidering Erotic Photography: Notes for a Project of Historical Salvage", in: *Photography at the Dock: Essays on Photographic History, Institutions, and Practices*, hg. v. dies., Minneapolis: Univ. of Minnesota Press, 1991, S. 220-237.
Solomon-Godeau, Abigail, „The Other Side of Venus: The Visual Economy of Feminine Display", in: *The Sex of Things. Gender and Consumption in Historical Perspective* hg. v. Victoria de Grazia und Ellen Furlough, Berkeley, Los Angeles, London: Univ. of California, Press, 1996, S. 113-150.
Sontheimer, Kurt, *Antidemokratisches Denken in der Weimarer Republik. Die politischen Ideen des deutschen Nationalismus zwischen 1918 und 1933*, München, 1968.
Soros, George, *Die offene Gesellschaft. Für eine Reform des globalen Kapitalismus*, Berlin, 2001.
Sörries, Reiner und Witt, Janette, „Religiöser Wandschmuck im trauten Heim", in: *Glauben Daheim, Zur Erinnerung. Zeugnisse evangelischer Frömmigkeit*, hg. v. Ulrike Lange, Kassel: Arbeitsgemeinschaft Friedhof und Denkmal, 1994, S. 43-53.
Spann, Othmar, *Der wahre Staat. Vorlesungen über den Abbruch und Neubau der Gesellschaft*, Jena, 1931.
Starr, Amory, *global revolt. A guide to the movements against globalization*, London und New York, 2005.
Stauf von der March, Ottokar, „Demokratie und Republik, Plutokratie und Zusammenbruch. Betrachtungen in Deutschlands Marterjahren", in: *Der Völkische Sprechabend*, Nr. 57 (Mai), 1928, S. 1-39.
Steiner, George, „Mit Engels und Marx gegen Lenin", in: *Neues Forum*, Nr. 58 (Oktober), 1958, S. 357-360.
Stern, Frank, *Dann bin ich um den Schlaf gebracht. Ein Jahrtausend jüdisch-deutsche Kulturgeschichte*, Berlin, 2002.
Stretenović, Dejan, „Buka /Noise", in: Šetnja u mestu: građanski protest u Srbiji 17.11.1996-20.3.1997 /Walking on the Spot: civil protest in Serbia November 17 1996 - March 20, 1997, hg. v. Darka Radosavljević, Belgrad: B92, 1997, S. 86-104.
Suárez, Juan A., *Bike Boys, Drag Queens, and Superstars. Avant-Garde, Mass Culture and Gay Identities in the 1960s Underground Cinema*, Bloomington und Indianapolis, 1996.
SUBversionen. Zum Verhältnis von Politik und Ästhetik in der Gegenwart, hg.v. Thomas Ernst, Patricia Gozalbez Cantó, Sebastian Richter, Nadja Sennewald, Julia Tieke, Bielefeld: Transscript, 2008.
Swift, Jonathan, *A modest proposal for preventing the children of poor people from being a burthen to their parents or country and for making them beneficial to the public*, Dublin, 1729.

Thaemlitz, Terre, *Viva McGlam? Is Transgenderism a Critique of or a Capitulation to Opulence-Driven Glamour Models?* Siehe: http://www.comatonse.com/writings/vivamcglam.html (28.10.2006).
Theweleit, Klaus, *Männerphantasien. Bd. 2. Männerkörper. Zur Psychoanalyse des weißen Terrors*, Reinbek bei Hamburg, 1987.
Thomson, J. A. K , *Irony. An historical introduction*, Cambridge, 1927.

Thompson, Mark, *Proizvodnja rata: Mediji u Srbiji, Hrvatskoj, i Bosni i Hercegovini*, Belgrad, 1995.
Tieck, Peter Leberecht, „Der gestiefelte Kater", in: *Tiecks Werke*, hg. v. Gotthold Ludwig Klee, Bd. 1, Leipzig und Wien: Bibliograph. Inst. 1892, S. 103-166.
Tomkins, Calvin, *Duchamp. A Biography*, London, 1996.
Troeltsch, Ernst, *Spektator-Briefe. Aufsätze über die deutsche Revolution und die Weltpolitik (1918/22)*, Tübingen, 1924.
Tucholsky, Kurt, „Dada", in: *Kurt Tucholsky. Gesammelte Werke*, hg. v. Mary Gerold-Tucholsky und Fritz J. Raddatz, Bd. 1, Reinbek bei Hamburg: Rororo 1960, S. 702.

Uhse, Beate, *„Ich will Freiheit für die Liebe". Die Autobiographie*, München, 2001.

VanDerBeek, Stan, „Culture: Intercom and Expanded Cinema. A Proposal and Manifesto", in: *Film Culture*, Nr. 40 (Frühjahr), 1966, S. 15-18.
Veloso, Caetano, *Tropical Truth. A Story of Music and Revolution in Brazil*, London, 2003.
Verdery, Katherine, *The political lives of death bodies. Reburial and postsocialist change*, New York, 1999.

Wagner, Birgit, „Auslöschen, vernichten, gründen, schaffen: zu den performativen Funktionen der Manifeste", in: *Die ganze Welt ist eine Manifestation. Die europäische Avantgarde und ihre Manifeste*, hg. v. Wolfgang Asholt und Walter Fähnders, Darmstadt: Wissenschaftliche Buchgesellschaft , 1997, S. 39-57.
Walzel, Oskar, *Deutsche Romantik. Eine Skizze*, Leipzig, 1912.
Warneken, Bernd Jürgen, „'Die friedliche Gewalt des Volkswillens.' Muster und Deutungsmuster von Demonstrationen im deutschen Kaiserreich", in: *Massenmedium Straße. Zur Kulturgeschichte der Demonstration*, hg. v. ders., Frankfurt/Main und New York: Campus Verlag, 1991, S. 97-119.
Warner, Michael, *Publics and Counterpublics*, New York, 2002.
Watt, W. Montgomery, *Der Einfluß des Islam auf das europäische Mittelalter*, Berlin, 1988.
Weibel, Peter, „Aktion statt Theater", in: *Neues Forum* Nr. 221 (Mai), 1972, S. 48-52.
Weibel, Peter Raoul, „Expanded Cinema", in: *film*, November 1969, S. 41-52.
Weibel, Peter, *Kritik der Kunst. Kunst der Kritik. Es says & I say*, München, 1973.
Weibel, Peter, „selbst-porträt einer theorie in selbst-zitaten", in: *Avantgardistischer Film 1951-1971: Theorie*, hg. v. Gottfried Schlemmer, München: Hanser, 1973, S. 108-111.
Weibel, Peter, „Vortrag bei „kunst und revolution", 7. 8. 68, über finanzminister dr. koren", in: *bildkompendium wiener aktionismus und film*, hg. v. Peter Weibel unter Mitarbeit von Valie Export, Köln: Kohlkunstverlag, 1970, S. 262ff., o. S. (Anhang „texte (auswahl)").
Wer sich nicht entrüstet, wird verprügelt. Polizei und Kunstmarkt in Köln", in: *film*, Dezember, 1968, S. 1 u. S. 7.
Wescher, Herta, *Die Collage*, Köln, 1968.
Williams, Linda, *Hard Core: Power, Pleasure, and the 'Frenzy of the Visible'*, Berkeley, 1989.
Williams, Raymond, *The Country and the City*, Oxford, 1975.
Wilson, Elizabeth, *Begegnungen mit der Sphinx. Stadtleben, Chaos und Frauen*, Basel, Berlin und Boston, 1993.
„Wir. Variante eines Manifestes" (1922), in: *Texte zur Theorie des Films*, hg. v. Franz-Josef Albersmaier, Stuttgart: Reclam, 1973, S. 20.
Wittgenstein, Ludwig, *Über Gewissheit*, Werkausgabe, Bd. 8, Frankfurt am Main, 1984.
Wittgenstein, Ludwig, *Vorlesungen und Gespräche über Ästhetik, Psychoanalyse und religiösen Glauben*, Frankfurt am Main, 2000.

XSCREEN. Materialien über den Underground-Film, hg. v. W+B Hein, Christian Michelis, Rolf Wiest, Köln: Phaidon-Verlags-GmbH, 1971.

Zerilli, Linda M., „Aesthetic Judgement and the Public Sphere in the Thought of Hannah Arendt", in: *ÖZG. Österreichische Zeitschrift für Geschichtswissenschaften*, Nr. 3 („Ästhetik des Politischen"), 2004, S. 67-94.

Zerilli, Linda M. G., *Feminism and the Abyss of Freedom*, Chicago, 2005.

Zerilli, Linda M. G., „The Arendtian Body", in: *Feminist Interpretations of Hannah Arendt*, hg. v. Bonnie Honig, Pennsylvania: Pennsylvania State Univ. Press, 1995, S. 167-193.

„Zock schlägt zurück: Ein Wiener Happening mit Polizeieinsatz", in: *bildkompendium wiener aktionismus und film*, hg. v. Peter Weibel unter Mitarbeit von Valie Export, Köln: Kohlkunstverlag, 1970, S. 164.

Zünd-Up, hg. v. Martina Kandeler-Fritsch, Wien und York: Springer, 2001.

Zur Theorie des sozialistischen Realismus, hg. v. Institut für Gesellschaftswissenschaften beim ZK der SED, Berlin: Dietz, 1974.

„15 Minuten tägliche Übung Für DaDa", in: *Der Dada*, Nr.3, 1920, S. [6-7], S. [6].

Verwendete Zeitungen und Zeitschriften

Alternative. Zeitschrift für Literatur und Diskussion, Cahiers du Cinéma, Das Argument, Das Kunstblatt, Das Stachelschwein, Der Dada, Der Völkische Sprechabend, De Stijl, Der Arbeiter-Fotograf, Die Rote Fahne, Express, film, Film Culture, Jedermann sein eigener Fußball, Kladderadatsch, Kölner Stadtanzeiger, Kölnische Rundschau, Kurier, Neues Forum, New Left Review, Streitzeitschrift, Screen.

Personenregister

Adorno, Theodor W.: 35, 115–117, 131, 135, 136, 149, 173, 286, 381
Althusser, Louis: 166, 169, 170–171, 345, 347, 381
Anger, Kenneth: 263, 280, 295
Arendt, Hannah: 9, 74, 83, 117, 164, 192, 195, 350, 355, 359–360, 374–377, 381, 395, 399
Aristophanes: 110–111, 316

Baader, Johannes: 31, 213, 216, 228, 243, 381
Bachtin, Michail: 109, 272, 382
Ball, Hugo: 37, 54, 59, 118, 119, 370, 382
Barthes, Roland: 26, 32, 45, 85, 110, 115, 142–148, 167, 169, 180, 193, 237, 382
Bel, Jerôme: 104, 200–203

Benjamin, Walter: 6, 15, 34–35, 37–38, 43–45, 83, 85, 88, 105, 109, 112, 115–118, 124–153, 162–169, 172–173, 179–182, 189, 193, 195–196, 347, 381, 382-384, 386, 388–389, 391–392, 394, 396
Bloch, Ernst: 90, 116, 132–133, 383
Boccaccio, Giovanni: 111
Bouabdellah, Zoulikha: 203–204
Brakhage, Stan: 155, 256, 281
Brant, Sebastian: 111
Brecht, Bertold: 6, 35–36, 43, 61, 83, 105, 107, 109, 118, 127, 130–137, 146, 149–152, 160, 163–169, 172–173, 195, 230, 369, 381–383, 388, 392
Breton, André: 23–24, 35, 81–82, 386
Brus, Günther: 153, 155, 256, 282, 292–293
Buñuel, Luis: 263, 342–344, 360

Butler, Judith: 17, 194, 197–198, 362, 367, 383, 391

Cage, John: 150, 156, 172, 184, 263, 267
Chaucer, Geoffrey: 111
Clark, Lygia: 175–177, 181–186, 383–384, 392
Crimp, Douglas: 195–196, 384

de Certeau, Michel: 55, 347–348, 384
de Man, Paul: 113, 115, 143, 188, 189–194, 237, 344, 368, 384
Deren, Maya: 263
Derrida, Jacques: 61, 83, 115, 190–193, 198, 344, 346, 385
Descartes, René: 84
Duchamp, Marcel: 48–51, 53, 56–57, 120, 263, 267, 331–332, 364–365, 398

Eagleton, Terry: 115, 385
Ebert, Friedrich: 217, 234–237, 381
Export, Valie: 24, 28–29, 36–37, 46, 49–54, 60–62, 153, 157–159, 161, 255, 257, 261–266, 282, 287–288, 294, 296, 341, 370–371, 383, 386, 398–399

Foster, Hal: 195–196, 198, 386
Foucault, Michel: 115, 270, 345–348, 386–387, 394
Freud, Sigmund: 44, 100, 130, 149, 160, 279, 346, 354, 370, 385, 387

Genet, Jean: 255, 263
Ginzburg, Carlo: 44–45, 106–107, 387
Godard, Jean-Luc: 164, 166, 168, 170, 172, 174
Goethe, Johann Wolfgang von: 112

Gramsci, Antonio: 163, 169, 171, 195, 353, 387
Grosz, George: 23, 27–28, 43, 78, 80, 132, 177, 212–231, 239, 241, 243, 245–246, 248–251, 272– 276, 369, 373, 387, 389–390, 392

Habermas, Jürgen: 359, 388
Hall, Stuart: 163, 346, 353, 388
Haraway, Donna: 104, 198, 388
Hardt, Michael: 19, 198, 356–358, 388
Hausmann, Raoul: 27, 31–32, 34, 37, 40, 42–44, 50–51, 54–55, 59–61, 77–79, 120, 124, 154, 212–217, 226–228, 244, 247–248, 370, 387–388, 395
Heartfield, John: 23–24, 35, 45, 78–80, 108, 211–212, 214, 216–218, 220–222, 227, 229–233, 238–239, 245, 247, 251, 387, 389–390
Heath, Stephen: 16, 166–170, 388
Hein, Birgit: 10, 28–29, 31, 50, 54, 61, 154–155, 160–161, 253–258, 261–262, 264, 290, 294, 296–297, 343, 371, 383, 388–389, 399
Hein, Wilhelm: 10, 27, 50, 54, 61, 153–155, 157, 160, 253–254, 256–262, 264, 288–290, 296–297, 342–345, 360, 388, 399
Hendrix, Jimi: 172
Herzfelde, Wieland: 37–38, 212, 217–218, 247, 250, 389
Hitler, Adolf: 241, 246–247, 249, 389
Hobsbawm, Eric: 76, 360, 363, 389
Höch, Hannah: 27, 121–124, 126, 138, 147, 213, 216, 227, 234–235, 237, 248, 341, 381, 388, 392–393
Honnef, Klaus: 108–109, 389
Huelsenbeck, Richard: 34, 60, 78, 119–120, 148, 212–215, 221, 233, 370, 384, 387, 389
Huyssen, Andreas: 195

Imamura, Takahiko: 256
IRWIN: 365–366, 381, 382, 385, 388

Jean Paul: 112

Joyce, James: 109, 179

Kant, Immanuel: 193, 194, 237, 344, 359, 381, 384, 390
Kaprow, Allan: 156, 165, 267
Korff, Gottfried: 72, 391
Kren, Kurt: 153, 253, 255–256, 258, 261–263, 284–286, 288, 394

Laclau, Ernesto: 9–10, 24, 63–64, 68–69, 71, 194, 241, 243, 292, 316, 351, 353, 370, 391
Lebel, Jean-Jacques: 150, 264–268, 271–272, 281, 363–364, 392
Lefèbvre, Henri: 73, 150, 351, 391
Lefort, Claude: 67, 69–70, 79, 83, 86, 116, 220, 243, 300, 391
Le Grice, Malcolm: 165, 257, 263
Le Roy, Xavier: 104, 201
Lévi-Strauss, Claude: 84, 392
Liebknecht, Karl: 120, 214
Lukács, Georg: 131–135, 163–164, 383, 386, 392
Luxemburg, Rosa: 120, 214, 218
Lyotard, Jean-François: 117

Macari, Lucia: 58
MacCabe, Colin: 16, 166–168, 392
Macunias, George: 165
Malewitsch, Kasimir: 105
Man Ray: 48–49, 51, 56–57, 119–120, 263, 267
Marc Aurel: 106–107
Markopoulos, Gregory: 155, 255, 257
Marković, Mirjana: 99, 307, 330
Mekas, Jonas: 155
Mendieta, Ana: 57–58
Milivojević, Era: 328
Milošević, Slobodan: 19, 23, 29, 32, 34, 46–47, 53, 61–62, 93, 96, 99, 100, 206, 297, 301, 304, 307–320, 324–327, 329–330, 334–336, 369, 373
Moholy-Nagy, Lázló: 22, 24, 392, 394
Montaigne, Michel de: 107
Moormann, Charlotte: 279–280

PERSONENREGISTER

Mühl, Otto: 148–149, 153, 155, 157, 160, 253–256, 258–259, 261–263, 275–276, 278, 282–289, 294–296, 341–342, 381, 386, 392, 393
Mulvey, Laura: 16, 166

Nancy, Jean-Luc: 40, 86–87, 192–193, 393, 396
Negri, Toni: 19, 198, 356–358, 388
Nekes, Werner: 254, 256
Nietzsche, Friedrich: 21, 114, 184, 345, 354, 386, 393
Novalis: 111–113, 115, 126, 393

Oiticica, Hélio: 174–187, 393
Ondák, Roman: 13–14,
Ono, Yoko: 267
Orozco, Gabriel: 348–350
Otpor!: 30, 34, 333–335, 371, 384

Paik, Nam June: 151, 156, 255, 279–280, 392
Pape, Lygia: 175–177, 181–182
Picabia, Francis: 81–82

Rancière, Jacques : 71–73, 77, 271, 394
Reich, Wilhelm: 55, 394
Rodtschenko, Alexander: 22, 26, 33, 43
Rorty, Richard: 17, 19, 353–354, 367–368, 395

Said, Edward: 90, 174, 194, 394–395
Scheugl, Hans: 153–154, 160, 278, 282, 286, 394–395
Schiller, Friedrich: 82, 117, 193–194, 237, 344, 384
Schlegel, Friedrich: 111–113, 115, 189, 391, 395
Schlemmer, Gottfried: 37, 153, 264, 287, 391, 395, 398

Schlichter, Rudolf: 80, 177, 224–225
Schmidt jr., Ernst: 37, 153–155, 160, 282, 395
Schneemann, Carolee: 165, 267
Schwitters, Kurt: 120, 248
Sholem, Gershom: 35, 130, 131, 382, 396
Simmel, Georg: 43, 88, 396–397
Sitney, P. Adams: 155
Škart: 10, 23–24, 30–31, 33, 55, 62, 206–208, 319, 337–339, 372–373
Smith, Jack: 156, 184, 263, 280, 295
Sokrates: 110–111, 114
Soros, George: 46, 93, 208, 314–316, 322, 325–327, 385, 397

Tieck, Peter Lebrecht: 112, 113, 398
Tito, Josip Broz: 299, 300–301, 305–307, 311, 323–324, 332
Todosijević, Raša: 10, 328, 364–365
Tolstoi, Leo: 107
Tzara, Tristan: 77

Uhse, Beate: 291, 295, 296, 398

VanDerBeek, Stan: 38, 39, 155, 398
Voltaire: 107

Warhol, Andy: 255, 257, 263, 281, 295
Weibel, Peter: 23, 28–29, 31, 33–34, 36–41, 49–51, 53–54, 59–62, 153–154, 156–161, 255, 257, 261–266, 282–284, 287–288, 292, 296, 369, 371, 383, 392, 398–399.
Willhelm II.: 219, 232
Williams, Raymond: 195, 398
Wittgenstein, Ludwig: 106, 149, 191, 211, 354, 398
Wollen, Peter: 166